中国环境宏观战略研究
综合报告卷

（下）

中国工程院
环境保护部 编

中国环境科学出版社·北京

目　录

中央领导批示

中央及部领导讲话

中国环境宏观战略研究成果要点

中国环境宏观战略研究综合报告

课题组综述报告

第一课题组各专题研究报告

第一课题组各专题研究报告

课题组组长：沈国舫

课题组副组长：牛文元　陆钟武　石立英　夏　光

课题组联络员：裴晓菲

十年来的环境形势与未来发展趋势

责任专家：魏山峰

首席专家：丁中元

联 络 员：邢　核

顾　　问：彭近新　李国刚　朱建平

研究人员：蒋火华　邢　核　董文福　曹　东　於　方　蒋洪强　宁国华
王瑞斌　刘廷良　刘　方　刘砚华　张建辉　傅德黔　曹　颖
赵　越

环境保护战略的回顾与总结

责任专家：夏　光

首席专家：茅于轼

联 络 员：裴晓菲

顾　　问：牛文元　杨朝飞　彭近新　陈祖新　李仁涵　郑易生　杨　鹏

研究人员：裴晓菲　胡　涛　吴玉萍　杨小明　苏　杨　夏　申　Haakon Vennemo
孙若梅　郗小林　安耀辉　韩　雪

中国环境问题成因综合分析

责任专家：王　毅　陈劭锋

首席专家：陆钟武　陆大道

联 络 员：陈劭锋

顾　　问：夏　光　魏山峰　贾　峰　马　中　王学军　张世秋　周宏春　潘家华　郑易生　徐华清　王奋宇

研究人员：陈劭锋　刘　扬　邹秀萍　石　磊　苏利阳

环境宏观战略若干理论问题研究

责任专家：石立英　夏　光

首席专家：牛文元

联 络 员：裴晓菲

顾　　问：叶文虎　杨朝飞　陈祖新　邢振纲　杨　鹏

研究人员：夏　光　周国梅　殷培红　韩孝成　杨小明　吴舜泽　逯元堂　于　雷　王振海　苏　杨　史　丹　唐志鹏

第一章
十年来的环境形势与未来发展趋势

一、基本情况

（一）研究意义及说明

“十年来的环境形势与未来发展趋势”专题是中国环境宏观战略研究的第一专题，在整个宏观战略研究中起着最基础的作用，为整个宏观战略研究提供基础资料，为其他专题提供环境质量目标和污染物排放控制目标，是新时期制定环境保护发展战略的前提。只有客观地反映我国10年来的环境变化情况，准确判断我国当前的环境形势及未来发展趋势，才能实事求是地找出问题，提出对策，制定出切实可行的环保发展战略，走中国环境保护新道路。

当前，对我国环境形势的判断有多种声音。我们认为，环境形势应该包括但不限于环境质量，还与经济、社会、人口、自然状况、国家发展战略、国家环境政策等密切相关。目前，环保部门根据历年环境质量监测数据和国家标准评价环境质量状况；水利、农业、国土、建设、卫生、林业、气象、海洋等部门根据各自开展的资源和环境监测工作，评判环境问题；公众根据自己身边的污染情况描述环境问题。由于角度不同，加之数据不一致、规范不统一，评价指标和评价标准又存在一定差异，导致对环境形势的评价结论和看法有时互相矛盾，甚至误导公众及媒体、造成部门矛盾、干扰领导决策、影响社会和谐。所以，准确判断我国的环境形势十分重要，必须站在国家层面，结合经济、社会、人口、能源和环境状况等，对全国环境形势做出综合判断。但由于我国社会正处于转型期，影响环境的因素甚多，包括自然因素、环境承载能力、经济社会发展情况、人口压力、污染物排放压力、资源环境的利用情况等，甚至与国家的法制化程度、科技水平、公众的环保意识等都密切相关，加之对环境问题的看法在很多方面尚没有形成定论或共识，所以要全面、准确、客观地判断我国环境形势是一件十分困难的事情。

本专题通过对20多年来，尤其是近10年来系统的环境质量监测数据进行分析，结合新出现的典型污染物和新型环境问题，整体评价我国环境质量；在此基础上，结合污染源排放统计数据和国家环境政策措施，对我国环境状况进行评述；并结合经济发展、人口压力、能源消耗、产业结构、消费能力等因素，尽可能地描述和判断我国的环境形势和未来发展趋势。在研究过程中，①我们尽量避免用个别监测指标或单纯采用常规的监测结果反映环境质量，而是结合典型环境问题的监测数据和权威机构的研究资料整体反映；②我们尽量避免仅采用环保部门的资料来评述环境状况，而是结合国家各部门的年鉴公报等资料综合评述；③我们尽量避免仅就环境质量监测数据、污染源排放统计数据和本部门的数据来判断整体环境形势，而是综合考虑我国经济、人口、能源、产业、消费等多种因素，并结合我国所处的国际环境，力图从整体上和大尺度范围对我国的环境形势做出综合判断。

（二）研究内容

① 1996—2006 年城市空气、酸雨、地表水、近岸海域、噪声、固体废物、辐射、生态等环境质量分析；

② 1996—2006 年污染物排放总量、排放强度与经济发展的对比分析；

③ 通过对经济发展、人口增长、产业结构调整和能源消耗情况的趋势预测分析，确定未来主要控制的指标环境质量目标（包括确定主要污染物及其排放总量、环境质量目标）；

④ 环境质量和主要污染物排放量的国际比较及影响。

（三）研究目标

① 客观反映我国环境质量状况，准确判断当前我国的环境形势，全面了解我国经济社会发展对环境的影响和环境政策的实施效果，尽可能预测未来的环境状况发展趋势；

② 根据我国国民经济中长期发展规划并参考国外发达国家环境现状，为实现我国 2020 年全面实现小康社会和 2050 年达到中等发达国家水平这一国家战略目标，确定所必须满足和可能达到的环境质量目标；

③ 通过相关性分析，研究提出主要污染物到 2020 年和 2050 年的排放控制要求，为总课题的各个专题研究提供重要的基础依据；

④ 研究确定未来主要控制的环境指标，为制定国家环境管理政策提供依据。

（四）技术路线（图 3-1-1）

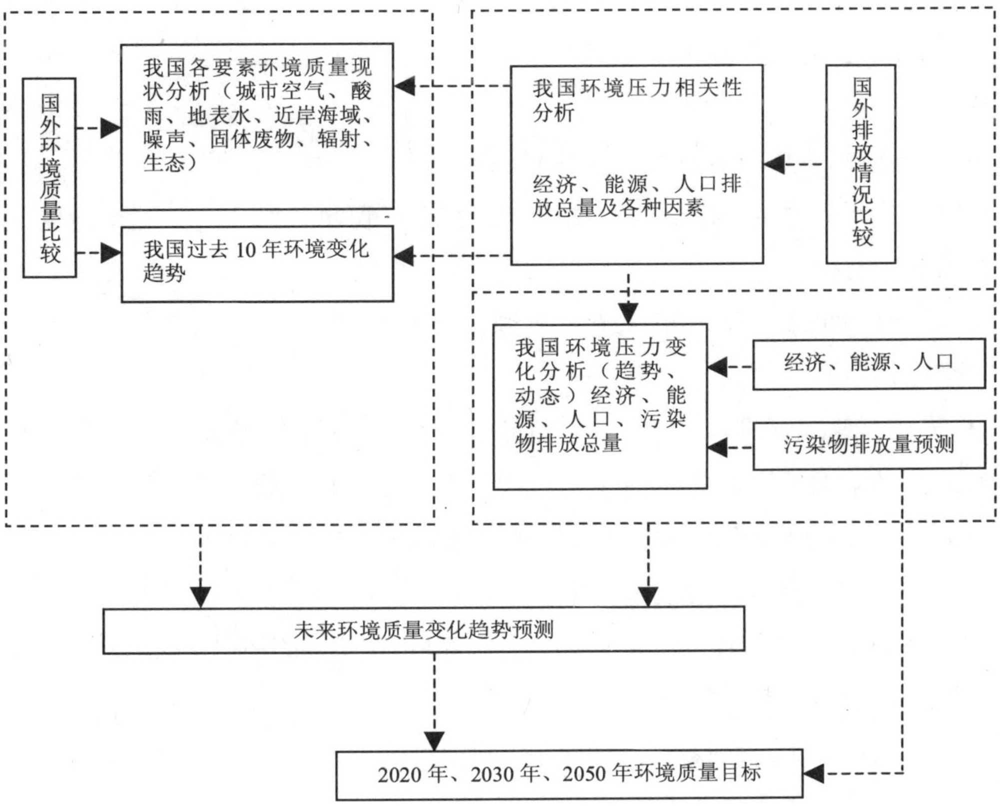

图 3-1-1　项目技术路线

（五）数据来源

我国的环境监测工作起步于 20 世纪 70 年代中期，随着管理“三废”工作的开展，各省市相继建立了环境监测站。目前，全国环保系统共有 2 322 个环境监测站，约 4.8 万人。其中，国家级（总站）1 个，省级环境监测站 39 个，地市级环境监测站 396 个，县级环境监测站 1 886 个，组建了国家级、省级、市级环境监测网；有 29 个省级环境监测站通过国家级计量认证、1 400 多个监测站通过省级计量认证、120 多个监测站通过国家实验室认可。

环境监测系统积累了近 30 年的环境质量监测数据，基本具备说清环境质量现状及其变化的能力；也积累了 10 余年的环境统计资料，基本具备分析污染物排放总量、排放强度与经济发展的对比分析能力；同时结合国家各部门的统计年鉴、行业公报和国家专项调查报告、权威机构的研究资料，基本能够支撑本专题的研究需要，总体上能够达到项目研究目标。

1．现有的环境质量监测数据基本上可以评价全国环境质量现状和变化情况

从20世纪80年代开始，全国各级环境监测站比较完整地开展了环境各要素的质量监测，对空气质量、酸雨、地表水水质、饮用水水源地水质、近岸海域水质、城市噪声、生态等进行了系统的监测。

（1）2006年全国环境质量现状判断的数据基础

① 全国559个城市的空气质量监测结果（113个环保重点城市为每日监测结果，监测项目为SO_2、PM_{10}、NO_2）；

② 524个城市的酸雨监测结果（逢雨必测，监测项目为pH，SO_4^{2-}、NO_3^-等阴离子和Ca^{2+}、NH_4^+等阳离子）；

③ 长江、黄河、珠江、淮河、松花江、海河、辽河七大水系及浙闽、西北、西南诸河的745个国控断面（其中河流断面593个，湖库点位152个）的每月监测数据（常规监测指标为24项）；113个环保重点城市的382个饮用水水源地水质的每月监测结果；

④ 299个近岸海域国控点位的监测结果；

⑤ 378个城市的城市区域环境噪声监测结果、398个城市的道路交通噪声监测结果、168个城市的功能区噪声监测结果；

⑥ 2005年全国各省、自治区、直辖市的生态遥感监测的数据和评价结果。

（2）十年来全国环境质量变化判断的数据基础

① 城市环境空气质量变化：选取1990年以来，重点是1996—2006年来环保重点城市的空气质量监测数据，统一采用SO_2、PM_{10}（TSP）、NO_2（NO_x）三项指标进行分析评价；

② 酸雨污染变化：选取1996—2006年来可比城市的酸雨降水酸度和SO_4^{2-}、NO_3^-等阴离子和Ca^{2+}、NH_4^+等阳离子的沉降量来进行分析评价；

③ 地表水水质变化：选取1996—2006年来七大水系国控断面的监测数据，统一采用9项主要污染指标进行水质类别分析评价（湖泊水库兼用6项指标进行营养状态评价）；

④ 海水水质变化：全海水质选取国家海洋部门2002—2006年的海域监测结果，近岸海域水质选取1996—2006年近岸水质的监测结果进行分析评价；

⑤ 声环境质量变化：选取1996—2006年可比城市的城市区域噪声和道路交通噪声监测数据进行分析评价；

⑥ 生态环境变化：选取2000—2005年全国各省、自治区、直辖市的生态环境状况指数（包括生物丰度指数、植被覆盖指数、水网密度指数、土地退化指数、环境质量指数）变化值进行分析评价。

但是，由于环境监测整体能力距全面、准确、客观地反映环境质量状况尚有差距，主要表现在：一是监测领域尚不全面，我国目前开展例行监测的领域只有城市空气、地表水（城

市饮用水水源地水质）、噪声和重点污染源，生态、固体废物、土壤、振动、电磁波、地面沉降、恶臭等领域还未开展例行监测，相应的监测数据也不系统、完整；二是监测指标尚不能按国家标准测齐测全，如《环境空气质量标准》（GB 3095—1996）中有 10 项指标，目前只是对 SO_2、NO_2、可吸入颗粒物三项指标进行例行监测；三是监测范围不完全，如环境空气中目前主要侧重于对城市空气环境的监测，对广大的农村地区空气环境监测不够，仅能依靠部分环境背景点数据和部分典型调查数据反映情况；地表水的监测点位也多布设于大江大河干流，支流和小河流偏少，各部门的环境监测数据共享程度低。

2．污染物排放量和排放强度数据来源于较系统的环境统计资料

我国的环境统计工作始于 1981 年，经过 20 多年的发展，目前环境统计工作日渐完善，环境统计最初是从工业“三废”排放、利用及处理情况开始。从 1997 年开始，工业污染物排放的统计范围增加了乡镇企业部分，同时对社会生活及其他污染物也进行了统计。统计的污染物指标包括废水及废水中的 COD、氨氮、汞、镉、六价铬、铅、砷、挥发酚、石油类，废气及废气中的二氧化硫、烟尘、工业粉尘，工业固体废物等。

3．对总体环境形势的分析判断是基于如下资料和信息

① 在采用环保部门系统完整的监测和统计数据的基础上，大量参阅了国家各部门的统计年鉴和行业公报数据，在缺乏系统完整的数据时，还大量采用了国家专项调查报告和权威机构的研究资料，作为其他环境问题的典型补充。

② 我国经济、社会、人口、产业结构、能源消耗和消费水平的情况。

二、城市空气

（一）现状

1．概况

（1）约 38%的城市空气超过国家二级质量标准

2006 年监测的 559 个大陆城市中，按照目前重点控制指标 PM_{10}、SO_2、NO_2 来评价（以下同）。全国空气质量达到一级标准的城市 24 个（占 4.3%），二级标准的城市 325 个（占 58.1%），三级标准的城市 159 个（占 28.5%），劣于三级标准的城市 51 个（占 9.1%）。全国空气质量达到和优于二级的城市比例为 62.4%（表 3-1-1）。

必须引起注意的是，县级城市受严重污染的比例高于地级及以上城市，这也是受近几年

来随着乡镇企业发展，特别是重点大气污染行业和产品的生产由大城市向小城市和乡镇转移的影响。

表 3-1-1　城市空气质量按级别的分布

空气质量级别	县级城市	地级及以上城市	全国城市
一级城市比例/%	7.2	2.2	4.3
二级城市比例/%	65.0	53.1	58.1
三级城市比例/%	18.6	35.7	28.5
劣于三级城市比例/%	9.3	9.0	9.1

（2）地级及以上城市超标率达 45%

地级及以上城市的空气质量比县级城市污染较重，超过二级标准的城市比例达到 45%。其中陕西、甘肃、河北、宁夏、陕西、内蒙古和新疆地区的地级及以上城市超过二级的比例达到 70%以上。

（3）环保重点城市超标率达 56%

在全国 113 个国家环保重点城市中，主要污染物年均浓度超过二级标准的比例为 55.8%，其中超过三级标准的城市比例为 7.1%。

（4）主要污染物是 PM_{10}

在常规监测的三项污染物中，以 PM_{10} 的污染最重，其次是 SO_2，NO_2 最轻。绝大部分城市的空气质量级别是由 PM_{10} 确定的（表 3-1-2）。

表 3-1-2　2006 年三项污染物城市平均浓度和级别比较

项目	年均值/（mg/m^3）	一级城市比例/%	二级城市比例/%	三级城市比例/%	劣于三级城市比例/%
PM_{10}	0.094	4.8	61.6	27.4	6.2
SO_2	0.037	28.3	58.5	9.6	3.6
NO_2	0.027	87.4	12.6	0	0

2．常规监测项目

（1）颗粒物（PM_{10}）污染严重，北方城市更为突出

① 全国三分之一城市浓度超过二级标准。

2006 年，453 个城市中，PM_{10} 年均浓度达到一级标准的城市 22 个（占 4.8%），二级标准的城市 279 个（占 61.6%），三级标准的城市 124 个（占 27.4%），劣于三级标准的城市 28 个（占 6.2%）（表 3-1-3）。全国 33.6%的城市 PM_{10} 年均浓度超过二级标准，其中地级及以上城市超标比例为 34.9%，县级城市超标比例为 31.0%。PM_{10} 的超标城市比例远远高于 SO_2 和 NO_2

的超标城市比例，表明颗粒物污染是目前城市空气最主要的污染物，在相当长时间内将是决定我国空气质量污染水平的主要影响因素。

如果按照欧盟空气质量 2005 年达到良好的级别（PM_{10}≤0.040 mg/m³）的标准评价，我国城市空气质量超标率达到 95%。2006 年城市的 PM_{10} 平均浓度分布见图 3-1-2。

表 3-1-3　　2006 年城市 PM_{10} 浓度分级的比例

PM_{10} 年均浓度级别	县级城市	地级及以上城市	全国城市
一级城市比例/%	6.3	4.1	4.8
二级城市比例/%	62.7	61.0	61.6
三级城市比例/%	21.5	30.5	27.4
劣于三级城市比例/%	9.5	4.4	6.2

注：PM_{10} 浓度分级，一级浓度值≤0.04 mg/m³；二级，0.04 mg/m³＜浓度值≤0.10 mg/m³；三级，0.10 mg/m³＜浓度值≤0.15 mg/m³；劣于三级＞0.15 mg/m³。

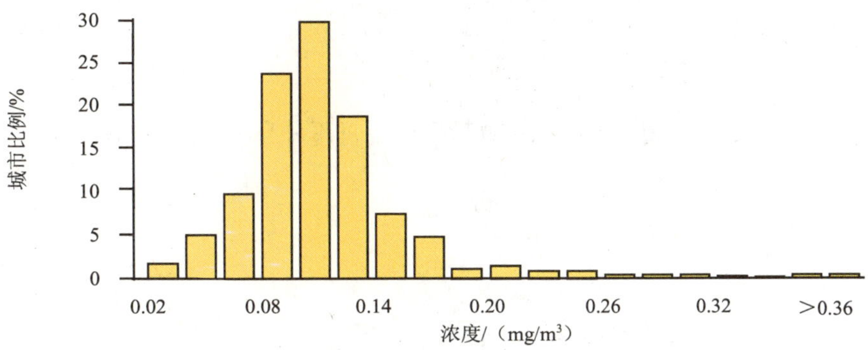

图 3-1-2　2006 年城市的 PM_{10} 平均浓度分布

② 北方城市污染重于南方城市。

PM_{10} 污染较为严重的城市主要分布在山西、新疆、甘肃、北京、陕西、宁夏、四川、内蒙古、河北等地区（图 3-1-3），形成北部地区煤烟与自然沙尘混合型的颗粒物重污染区域。

在全国参与统计的城市中，北方城市有 212 个，南方城市有 241 个。全国城市总体平均的 PM_{10} 年均浓度接近国家二级标准；北方城市 PM_{10} 平均浓度相对较高，超过二级标准；南方城市 PM_{10} 平均浓度低于二级标准；113 个重点城市 PM_{10} 平均浓度较高，接近二级标准（图 3-1-4）。

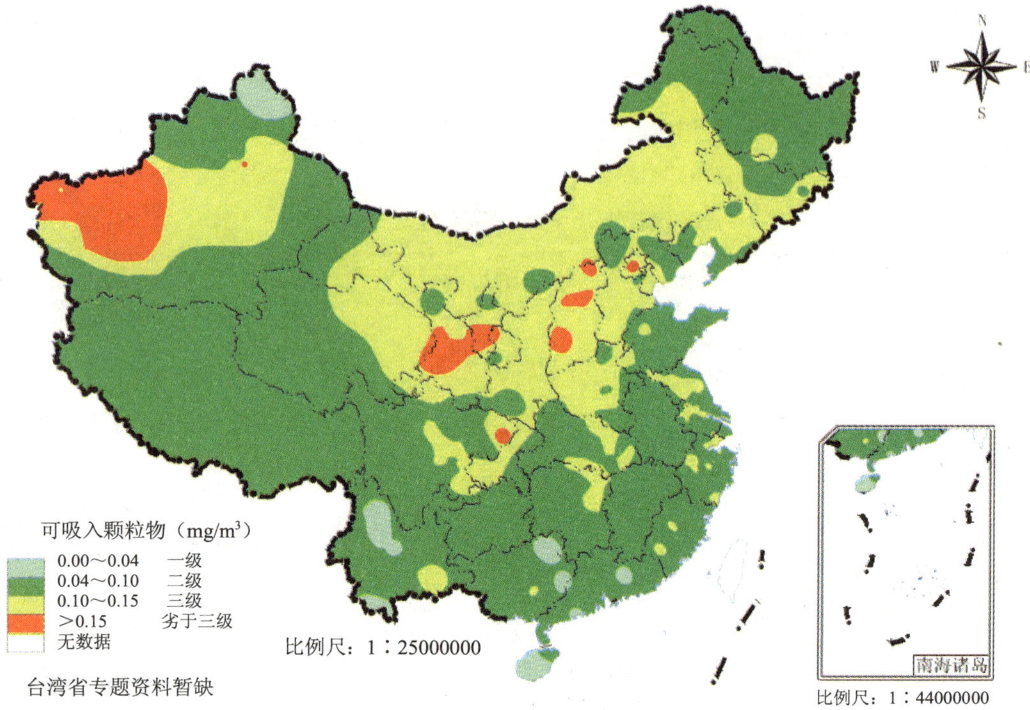

图 3-1-3 全国城市 PM_{10} 浓度分布图

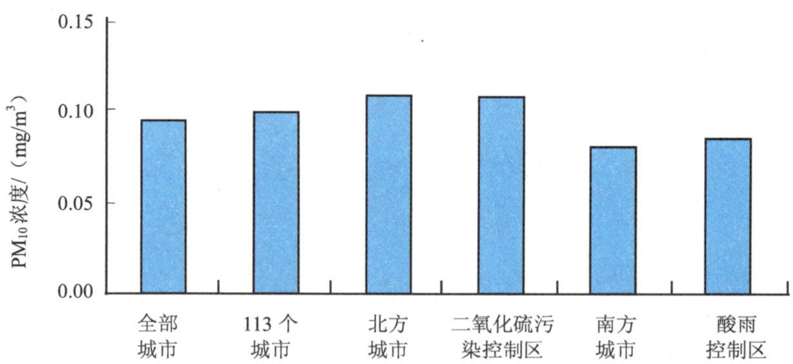

图 3-1-4 PM_{10} 浓度水平比较图

③ 颗粒物污染远远严重于发达国家。

世界银行《2006 年世界发展指标》对世界各国大城市 2002 年空气中 PM_{10} 污染状况的调查数据见图 3-1-5。我国的大城市 PM_{10} 污染程度较高（0.031～0.195 mg/m³）。按 2002 年环境质量数据比较，广州、上海、武汉、北京、沈阳、重庆与部分发达国家及欠发达国家城市相比，发达国家城市浓度基本在 0.02～0.06 mg/m³，我国广州、上海在 0.07～0.09 mg/m³，高于图 3-1-5 中的发达国家城市的 1 倍左右，而武汉等其他城市则高出 2～3 倍，与曼谷、雅加达、德里、开罗等重污染城市处于同一水平。

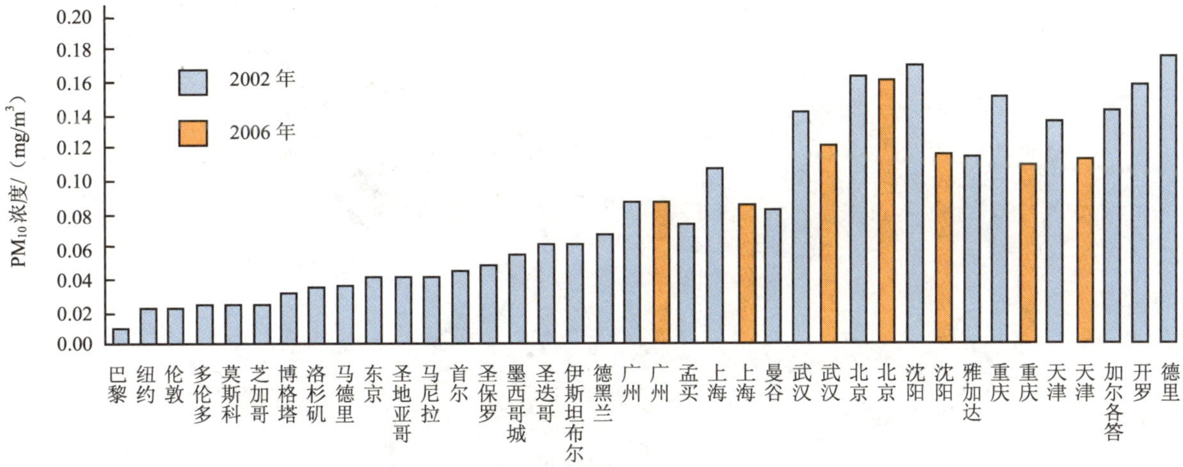

图 3-1-5　各国大城市（500 万以上人口）PM_{10} 浓度的比较

欧洲各国 2002 年 PM_{10} 的年平均浓度分布状况在大部分地区 PM_{10} 的浓度仅在 5～15 μg/m³，只有局部地区分布在 20～30 μg/m³，即使是浓度较高的地区也远低于我国地区背景水平。

（2）SO_2 污染相对较轻，86%的城市年日均值达到二级标准，但中部地区污染严重

① 全国约 13%的城市超过二级标准。

尽管相对颗粒物而言，SO_2 污染稍轻，但污染形势依然严峻（图 3-1-6）。2006 年，全国 554 个城市 SO_2 监测结果表明，SO_2 年均浓度达到一级标准的城市 157 个（占 28.3%），二级标准的城市 324 个（占 58.5%），三级标准的城市 53 个（占 9.6%），劣于三级标准的城市 20 个（占 3.6%）。全国 13.2%的城市 SO_2 年均浓度超过二级标准，其中地级及以上城市的超标比例为 19.1%，县级城市的超标比例为 5.1%（表 3-1-4）。

SO_2 污染较为严重的城市主要分布在山西、内蒙古、新疆、贵州、河北、广西、重庆等地区，形成了以中部地区为代表的煤烟型空气污染地区。这些地区均是煤炭资源开采的主要基地，也是煤炭等初级能源应用的地区，特别是工业和生活面源排放最大的地区。其中平均值超过三级标准的城市分别是乌鲁木齐、邢台、张家口、阳泉、晋中、运城、忻州、乌海等 20 个城市。

2006 年，全国城市空气中 SO_2 浓度年均值在 0.001～0.163 mg/m³ 范围内。全国城市 SO_2 年均浓度分布区间较宽，城市间污染程度差异较大。

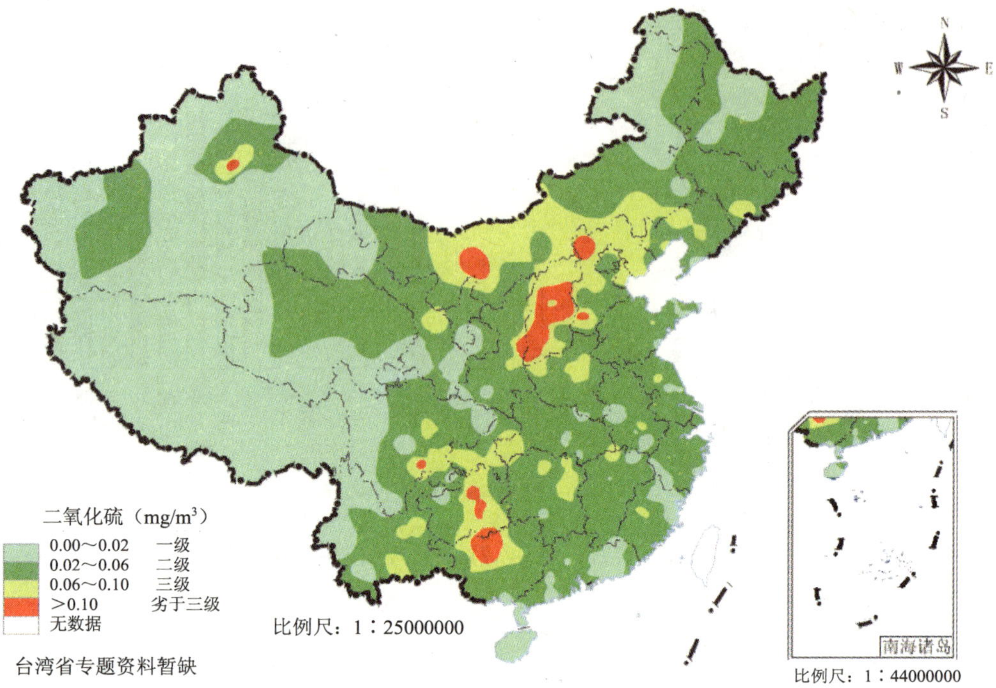

图 3-1-6　2006 年全国城市 SO_2 浓度分布图

表 3-1-4　　2006 年 SO_2 浓度分级城市比例

SO_2 年均浓度级别	县级城市	地级及以上城市	全国城市
一级城市比例/%	38.5	20.9	28.3
二级城市比例/%	56.4	60.0	58.5
三级城市比例/%	3.0	14.4	9.6
劣于三级城市比例/%	2.1	4.7	3.6

注：SO_2 浓度分级，一级 ≤0.02 mg/m³；二级，0.02 mg/m³ < 浓度值 ≤0.06 mg/m³；三级，0.06 mg/m³ < 浓度值 ≤ 0.10 mg/m³；四级 > 0.10 mg/m³。

② SO_2 污染控制区的污染相对较重，约一半城市超过二级标准。

SO_2 污染控制区可比的 63 个城市中，SO_2 年均浓度达到二级标准的城市比例占 51.6%；超标城市比例占 48.4%；其中劣于三级的城市比例占 16.1%（表 3-1-5）。

酸雨控制区可比的 115 个城市中，SO_2 年均浓度达到二级标准的城市比例占 79.2%；超标城市比例占 20.8%；其中劣于三级的城市比例占 3.3%。

表 3-1-5　　两控区 SO_2 污染情况

控制区	城市数	一级比例/%	二级比例/%	三级比例/%	劣于三级比例/%
SO_2 污染控制区	63	1.6	50.0	32.3	16.1
酸雨控制区	115	14.2	65.0	17.5	3.3

③ 中部地区污染最重，其次是西部地区。

2006 年全国 554 个开展 SO_2 监测的城市中，东部城市 295 个，SO_2 平均浓度 0.032 mg/m^3；中部城市 118 个，SO_2 平均浓度 0.045 mg/m^3；西部城市 141 个，SO_2 平均浓度 0.041 mg/m^3。通过比较可以看出，东部地区 SO_2 平均浓度最低，西部次之，中部地区最高（图 3-1-7）。

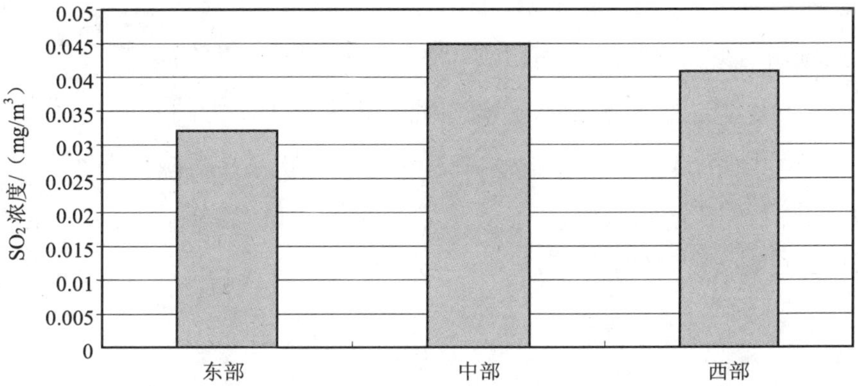

图 3-1-7 2006 年不同地区 SO_2 平均浓度水平比较

西部城市 SO_2 超过二级标准的比例为 22.7%，高于东部地区的 7.1%，也高于中部地区的 21.2%；若按照南北方城市比较，北方城市超过二级标准比例为 18.1%，高于南方城市的 10.4%。

④ 1/3 的重点城市超过二级标准，部分城市日浓度峰值频率大。

2006 年，重点城市空气污染状况仍然比较严峻。113 个重点城市中，SO_2 浓度级别为一级、二级、三级和劣三级的城市比例分别是 8.8%、60.2%、26.5%和 4.5%，超标城市比例为 31.0%。

特别值得注意的是，在部分城市高浓度出现频率较高，短期高浓度对人体有明显的危害（图 3-1-8）。2006 年乌鲁木齐、宜宾、柳州、杭州、北京、太原、株洲等城市日均浓度超过二级，三级标准天数较多（表 3-1-6），乌鲁木齐、宜宾有 1/3 天数超过二级标准，乌鲁木齐超过三级的天数达到 1/5 左右。由此可见，虽然全国年均浓度 SO_2 超标城市不多，但高浓度出现的频率依然较高，对人体健康产生严重影响。

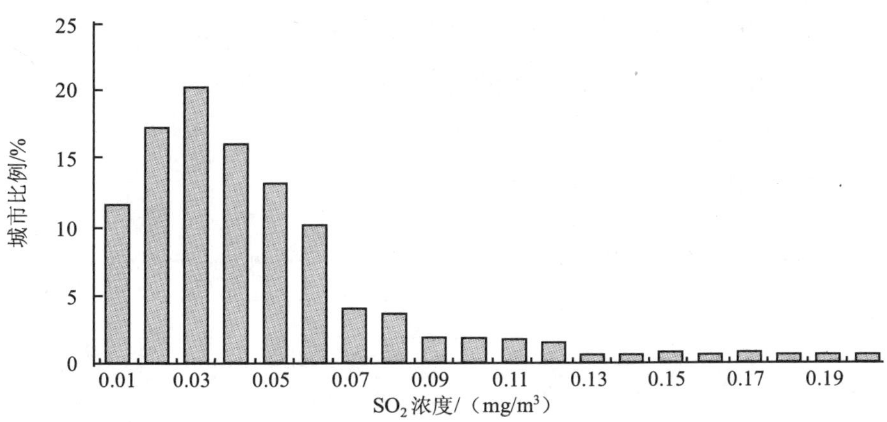

图 3-1-8 2006 年城市 SO_2 平均浓度的分布

表 3-1-6 部分重点城市 2006 年 SO_2 超过二级、三级的天数

项目	北京	大同	乌鲁木齐	宜宾	太原	杭州	柳州
超二级天数/d	27	75	100	119	4	45	50
超三级天数/d	3	18	60	13	4	2	9

⑤ SO_2 污染仍居于世界污染较重的城市范围。

对世界各国大城市 1995—2001 年空气中 SO_2 污染平均状况的调查显示（图 3-1-9），2006 年我国大城市 SO_2 浓度与世界其他国家 2002 年的浓度相比，仍然普遍高于发达国家城市。洛杉矶、巴黎、多伦多等城市基本在 0.01～0.02 mg/m³ 的水平，我国城市的水平约为 0.03 mg/m³，其中上海、广州、武汉等南方城市浓度高于发达国家城市的 2 倍，天津、北京、沈阳、重庆等城市一般高出发达国家城市的 3 倍。

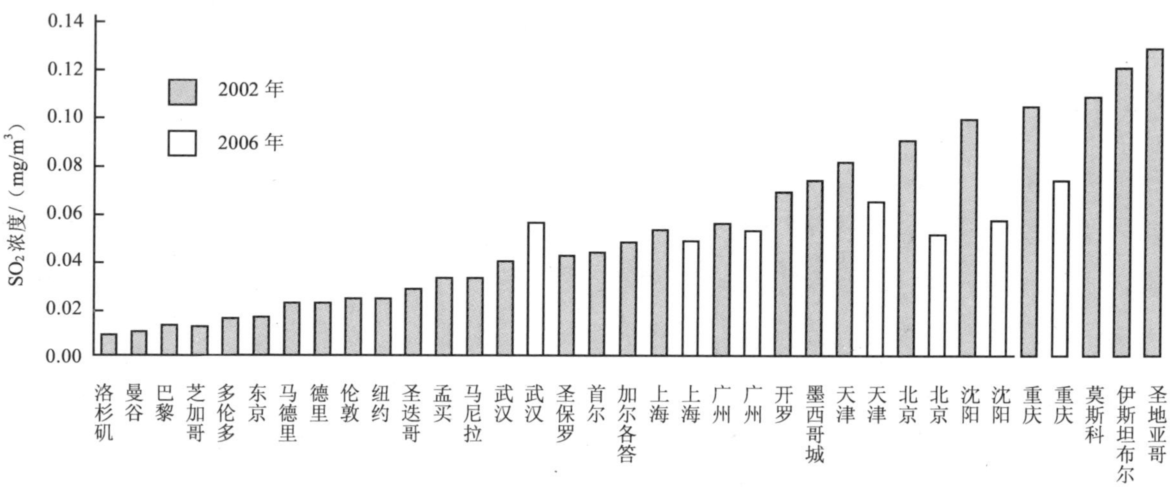

图 3-1-9 各国大城市（500 万以上人口）SO_2 浓度的比较

（3）NO_2 污染相对较轻，但部分城市污染严重

① 全国约 87%的城市达到一级标准。

2006 年，全国统计的 555 个城市中 NO_2 年均浓度全部达到二级标准，其中达到一级标准的城市 485 个（占 87.4%），达到二级标准的城市 70 个（占 12.6%）。地级以上城市和县级城市的污染级别分布情况差别不大（表 3-1-7）。

表 3-1-7 2006 年城市的 NO_2 浓度分级比例

NO_2 年均浓度级别	县级城市	地级以上城市	全国城市
一级城市比例/%	88.4	86.6	87.4
二级城市比例/%	11.6	13.3	12.6

注：NO_2 浓度一级标准 ≤0.04 mg/m³；二级标准 0.04 mg/m³ < 浓度值 ≤0.08 mg/m³。

2006 年，全国城市空气中 NO_2 浓度年均值在 0.002～0.077 mg/m^3 范围内（图 3-1-10）。全国城市 NO_2 年均浓度分布区间较宽，城市间污染程度差异较大；浓度分布主要集中于 0.015～0.040 mg/m^3（低于一级标准），占城市比例的 82.3%，不同浓度的城市比例呈正态分布，其中浓度在 0.025 mg/m^3 附近的城市比例很集中。

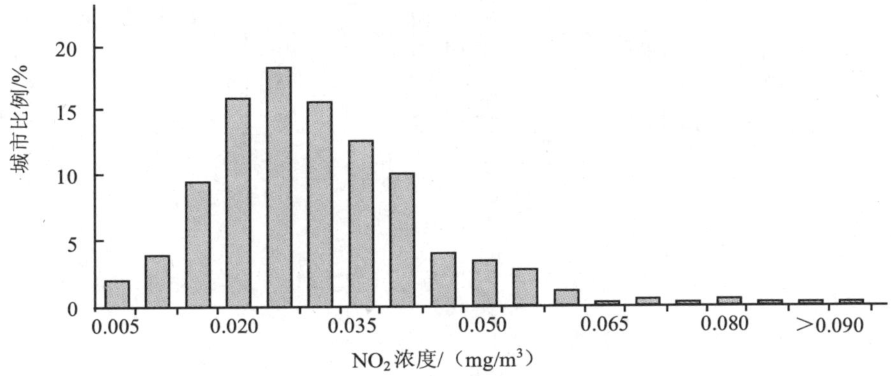

图 3-1-10　2006 年城市的 NO_2 平均浓度分布

② 重点城市污染不可忽视。

113 个重点城市总体平均的 NO_2 年均浓度为 0.035 mg/m^3，满足国家一级标准，但广州、北京、乌鲁木齐、深圳、兰州等大城市的 NO_2 浓度相对较高，年均浓度在 0.052～0.067 mg/m^3，超过二级标准。

值得注意的是，随着城市汽车拥有量的急剧增加，在部分城市 NO_2 日均浓度超标现象比较严重，广州超二级标准天数达到 1/3。而且超三级标准天数亦有 22 天，北京超二级标准天数达到 24%。随着国家城市公路建设和车辆的迅速增加，氮氧化物对空气环境的危害也必然进一步增加（表 3-1-8）。基本形成长江三角洲和珠江三角洲以汽车尾气和二次有机污染类型的典型区域。

表 3-1-8　2006 年部分重点城市 NO_2 日均浓度超标天数

城市	北京	广州	深圳	上海	武汉	杭州
超二级天数/d	88	105	51	49	33	45
超三级天数/d	14	22	6	3	0	2

③ 与国外主要城市相比，我国 NO_2 浓度水平差异不明显。

从中外部分大城市（500 万以上人口）NO_2 浓度水平来看，差异并不明显。2002 年我国广州、北京浓度较高，至 2006 年，我国大部分城市的 NO_2 浓度水平已有明显的下降，与国外 2002 年的水平基本相当（图 3-1-11）。

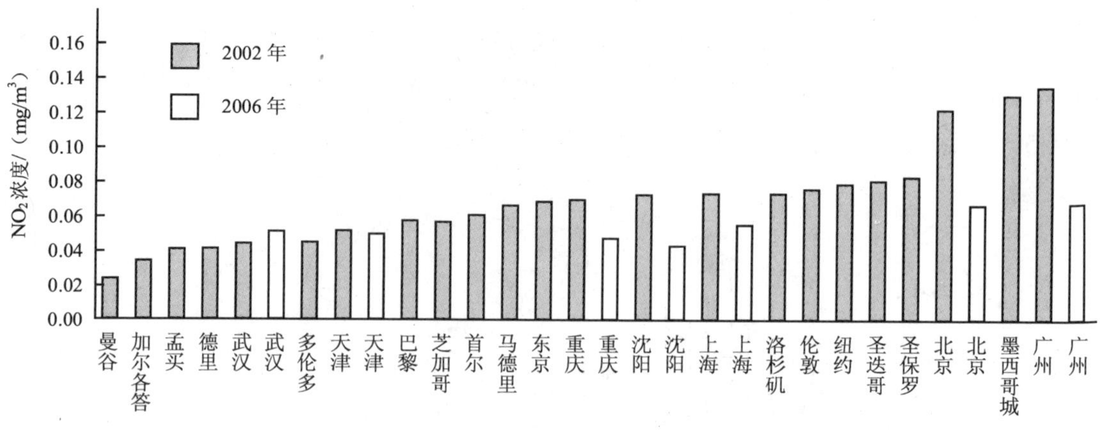

图 3-1-11　各国大城市（500 万以上人口）NO_2 浓度的比较

必须注意的是，我国城市机动车数量正处以加速增长阶段，交通阻塞状况甚于发达国家，NO_2 污染极有可能超过其他国家。

3．细粒子（$PM_{2.5}$）污染日益严重，阴霾天气明显增多

从 20 世纪 90 年代开始，美国及一些发达国家开始关注细粒子（空气动力学直径小于 2.5 μm）污染问题。通过近 10 年的研究，制定了以维护人体健康为根本目的的空气质量标准，并制订了一系列的实施行动计划。$PM_{2.5}$ 可通过呼吸进入人体的上下呼吸道并在肺部沉积，甚至通过肺泡，进入人体血液。另外，细颗粒物容易富集重金属，酸性氧化物，有机污染物（如多环芳烃、农药等），并且是细菌、病毒和真菌的载体，是对人体危害最大的污染物之一。

美国颁布空气 $PM_{2.5}$ 的年均值标准为 0.015 mg/m^3，24 小时均值标准为 0.035 mg/m^3。世界卫生组织推荐的 $PM_{2.5}$ 的年均值标准为 0.010 mg/m^3，24 小时均值标准为 0.025 mg/m^3。我国目前还没有 $PM_{2.5}$ 的空气质量标准限值。

由于我国没有将 $PM_{2.5}$ 作为空气质量的常规监测项目，因此没有系统完整的数据来评价细粒子的污染状况，现仅从有关城市监测站研究监测的资料来说明目前细粒子的污染特征和概况。

（1）细粒子质量浓度比例高，污染更为严重

江苏省监测站对南京市的调查结果表明：调查期间（2001 年各季节）不同动力学直径的粒子的质量浓度分布基本特征是，PM_{10}（直径小于和等于 10 μm）占 TSP（直径小于和等于 100 μm）质量浓度比例的 71%；而 $PM_{2.5}$ 占 PM_{10} 比例在 28%～89%，平均高达 70%。在调查期间的 PM_{10} 日平均浓度范围在 100～450 μg/m^3，平均浓度为 317 μg/m^3，其中 $PM_{2.5}$ 日平均浓度为 221 μg/m^3，若按美国空气质量标准（日均浓度 65 μg/m^3）评价，日浓度超标 3 倍以上，在浓度最高的交通干线两侧，超标 6.5 倍。这种分布在我国南方城市中具有一定的代表性。

根据环境监测总站对广州、武汉、兰州、重庆 4 个城市 $PM_{2.5}$浓度的调查数据（表 3-1-9），$PM_{2.5}$污染是比较严重的。按美国公布的年均值标准来衡量，上述 4 个城市所有监测点位的年均值均超标，而且细粒子的污染范围更广，城市市区与郊区对照点无明显差异，部分城市郊区浓度高于市区浓度（表 3-1-10）。

表 3-1-9　　1995—1996 年 4 个城市 $PM_{2.5}$ 年均值　　单位：mg/m^3

城市	浓度值			
	污染点		对照点	
	1995 年	1996 年	1995 年	1996 年
广州	0.160	0.140	0.079	0.062
武汉	0.070	0.075	0.057	0.046
兰州	0.141	0.094	0.118	0.080
重庆	0.113	0.076	0.097	0.068

资料来源：魏复盛，等. 空气污染对呼吸健康影响研究. 北京：中国环境科学出版社，2001。

表 3-1-10　　城市 $PM_{2.5}$ 日均值超标率

城市	污染点		对照点	
	样本数	超标率/%	样本数	超标率/%
广州	119	85.7	125	47.2
武汉	94	44.7	96	26.0
兰州	113	63.4	112	44.7
重庆	118	70.3	112	58.9

资料来源：魏复盛，等. 空气污染对呼吸健康影响研究. 北京：中国环境科学出版社，2001。

表 3-1-11 列出了 4 个城市 $PM_{2.5}$在 PM_{10}中所占比例的平均值。可以看出，4 个城市 $PM_{2.5}$在 PM_{10}中所占的比例在 50%～75%，污染点的细颗粒物浓度普遍比对照点高，这可能是由于细颗粒物在空气中停留的时间长，可以输送到较远的距离，而粗颗粒物相对比较容易沉降。表 3-1-12 列出了 4 个城市 PM_{10}在 TSP 中所占比例的平均值，PM_{10}在 TSP 中所占比例为 20%～60%，这与颗粒物的产生条件等因素有关，兰州 TSP 中扬尘比例大，粗颗粒物含量相对较高，以 1995 年为例，PM_{10}在 TSP 中比例为 29.3%；而重庆和广州相对潮湿，扬尘较少，PM_{10}含量相对较高，PM_{10}在 TSP 中的比例，以 1995 年为例，广州对照点为 58%，重庆两个点分别为 61.2%和 62.1%。

表 3-1-11　　城市 $PM_{2.5}$ 在 PM_{10} 中所占比例　　单位：%

城市	年份	污染点	对照点
		$PM_{2.5}/PM_{10}$	$PM_{2.5}/PM_{10}$
广州	1995	61.8	58.5
	1996	65.1	65.5
武汉	1995	52.6	60.6
	1996	60.5	67.6

城市	年份	污染点	对照点
		$PM_{2.5}/PM_{10}$	$PM_{2.5}/PM_{10}$
兰州	1995	51.6	61.4
	1996	51.9	57.1
重庆	1995	64.7	75.1
	1996	66.1	70.1

表 3-1-12 城市 PM_{10} 在 TSP 中所占比例 单位：%

城市	年份	污染点	对照点
		PM_{10}/TSP	PM_{10}/TSP
广州	1995	—	58.0
	1996	46.9	46.3
武汉	1995	35.2	41.9
	1996	36.3	26.9
兰州	1995	29.3	28.2
	1996	19.3	25.2
重庆	1995	61.2	62.1
	1996	36.3	46.6

不仅是在上述城市，北京等地的研究结果也说明这种现象，$PM_{2.5}$ 在 PM_{10} 中所占比例北京为 63%、广州为 75%，如图 3-1-12 所示。南方城市一般高于北方城市，我国的比例普遍高于加拿大（50%）及美国（51%）。

美国 $PM_{2.5}$ 日污染指数的分布，均在 0.05 mg/m^3 以下，大大低于我国的日平均水平。

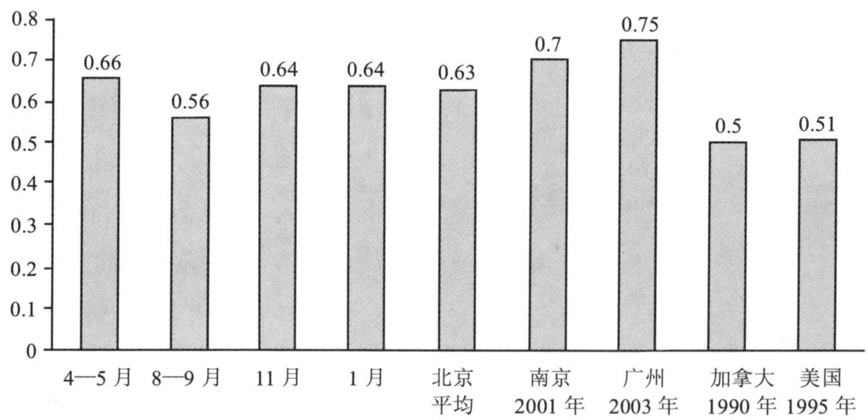

图 3-1-12 北京及有关城市空气中 $PM_{2.5}$ 与 PM_{10} 比例

（2）成分复杂，对人体危害大

在江苏调查点位中 $PM_{2.5}$ 颗粒中含有大量的多环芳烃，其总浓度达到 86 μg/m^3，占 PM_{10} 颗粒中浓度值的 82%。由此可见，颗粒物中的有机物主要是含附在细粒子之中。在细粒子中含有大量的挥发性有机物外，还含有约 12 种水溶性有机酸、有机醛，其中草酸浓度最高，达 0.66 μg/m^3，比美国纽约、日本东京的含量高出 2～3 倍。水溶性酸碱等二次污染物也是细粒子中的重要组成之一，这是由于污染排放的 SO_2、NO_x 等制酸物质在光化学作用下，生成粒径小于 2.5 μm 的二次 SO_4^{2-}、NO_3^-气溶胶而容易富集在细粒子之中。

（3）"灰霾"天气频率普遍增高

近年来有关灰霾出现的情况频频见报，当出现严重灰霾时，城市上空灰白，近地层往往呈现棕灰色，远处物体模糊，浑浊，在此气象条件下，人体感到呼吸不舒畅，所以往往把灰霾与空气污染等同起来。实际上灰霾是霾的别称，霾是一种大气现象，是对特定的大气现象的表述，不是一个科学定义。气象部门是通过能见度和湿度的观测去判断霾是否出现，通常在能见度小于 10 km 情况下，当湿度少于 70%，则判断为有霾，而当湿度大于 70%，则称为雾，它们的科学定义都是气溶胶。

灰霾天气的增加一定程度上说明了我国大气氧化能力不断加强，高浓度细颗粒物和气溶胶前期污染物的增加等情况下使大气能见度降低，同时也极不利于大气污染物的扩散，从而导致空气污染的加重（图 3-1-13）。

1957—2005 年，我国东部年平均能见度下降 10 km，下降速率为 0.4 km/a，西部地区能见度下降的幅度和速率是东部地区的一半，显示出我国以能见度为表征的区域霾问题日趋严重，而且东部地区尤为明显。

图 3-1-13　城市灰霾天气

通过对广州市环境监测数据和气象资料的对比分析，广州自 20 世纪 50 年代开始，灰霾天气日逐年增加，而深圳的资料表明，自 50 年代以来灰霾天气一直是增加的趋势。广州与深圳各年份灰霾天气日变化趋势见图 3-1-14。

据有关统计资料显示，2002 年广州市灰霾天气有 85 天，2003 年上升至 98 天，2004 年达到了 144 天，相当于每 5 天中就有 2 天为灰霾天气。由于灰霾现象是区域性大气污染，不仅珠三角城市群受到灰霾天气的影响，近年来香港的灰霾天气也在逐年增多。1990—2003 年珠江三角洲地区能见度低于 8 km 的时间百分比见图 3-1-15。

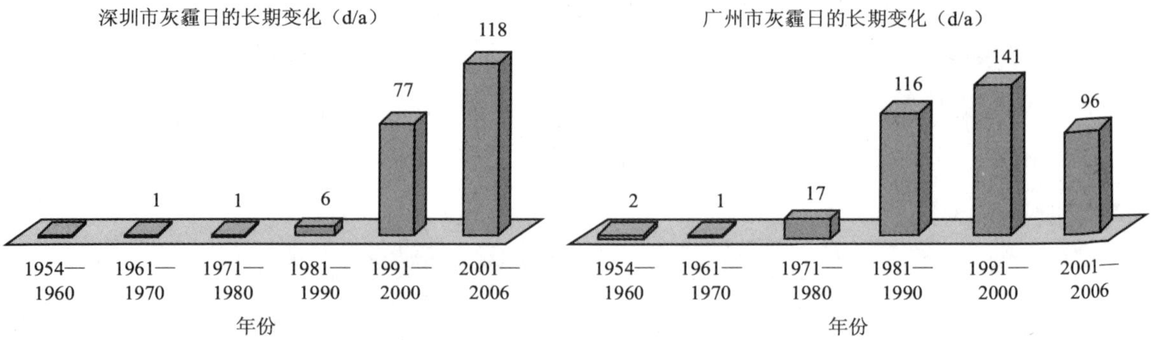

图 3-1-14 广州与深圳各年份灰霾天气日变化趋势

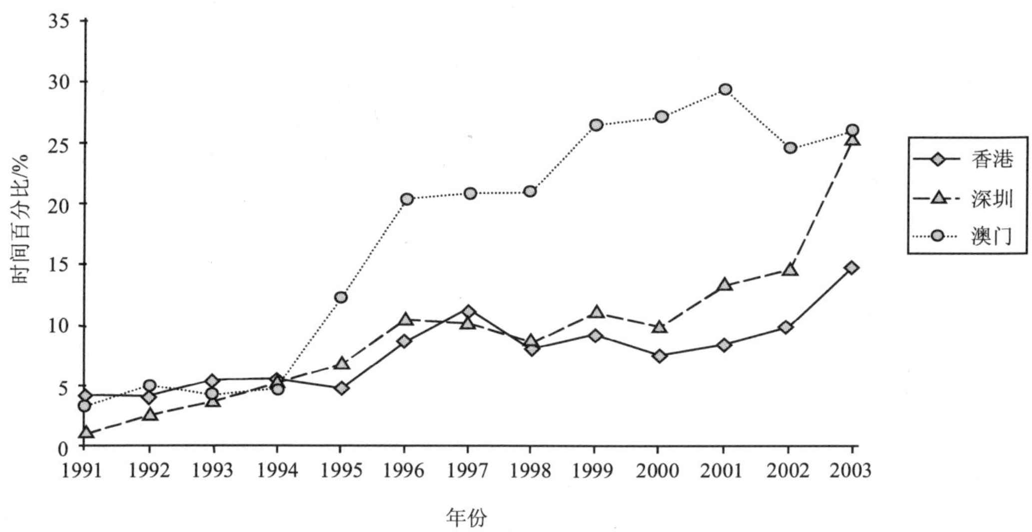

图 3-1-15 1990—2003 年珠江三角洲地区能见度低于 8 km 的时间百分比

4．空气中有机污染物的危害潜势令人担忧

环境空气中有毒有害有机物的污染目前尚未得到应有的关注，也没有系统全面的监测与研究，但部分城市的调查资料说明，我国空气中有机物污染已经较为普遍，虽然目前污染物的浓度水平没有超过参考标准，但发展趋势必须引起我们的高度重视。

2001 年江苏省环境监测中心站对南京市交通、居住、商业、工业和风景区进行了空气中有机污染状况调查，结果表明空气中挥发性有机污染物共检出烃类 189 种，其中主要是芳烃 39 种，烯烃 51 种，分别占总检出化合物的 20.5%和 26.8%，醇类、醛类、酮类等含氧有机化合物也占较大的比例。

在检出的可定量分析的 14 种 VOC（挥发性有机物）中，有 9 种芳烃和 CO_2 是环保部重点控制的空气有害污染物。浓度水平最高的为甲苯：10.22 μg/m³，其他均在 10 μg/m³ 以下。

甲苯、乙苯、二甲苯的浓度水平分布是交通区大于商业旅游区大于居住区大于工业区大于清洁对照点。由此可以看出，检测的挥发性有机污染物主要来源于汽车尾气，其次是宾馆饭店的饮食炉灶。中国居民区大气有害物质的最高允许浓度（TJ 36—79）规定日均值为 0.80 mg/m^3，显然，目前的测定值低于此浓度。但是，苯和某些烯烃是有毒致癌物质，并且能够在人体蓄积。这些物质的环境浓度虽然不高，但在空气中同时存在数十种或几十种挥发性有机化合物，对人体的联合叠加毒性作用不容忽视。

《北京市大气污染控制对策研究》也表明，相当一部分 VOCs 是吸附在 PM_{10} 和 $PM_{2.5}$ 颗粒物中，在 PM_{10} 和 $PM_{2.5}$ 中，有机物占总重量的 39%～51%和 24.6%～46.6%。

北京市 2007 年 8 月 17—20 日好运北京测试赛限车行驶监测结果表明，监测点附近可检出 84 种 VOCs，主要成分包括饱和烷烃 10 种、烯烃 6 种、芳香烃 9 种、卤代烃 14 种、醇类 8 种、醛酮类 12 种、酸酯类 6 种、胺类 10 种，SO_2 等其他物质 9 种。虽然各种有机物浓度尚未超过居住区环境质量标准，但各种有毒有害物质同时存在对人体健康的影响的协同效应不可忽视。

从表 3-1-13 在限车行前后的浓度比较可以看出，汽车尾气排放的有机物在空气有机物总量中占重要比重。

表 3-1-13　车辆限车行前后各类挥发性有机物浓度水平比较　单位：μg/m^3

	限车行前		限车行后			
	8 月 15 日	8 月 16 日	8 月 17 日	8 月 18 日	8 月 19 日	8 月 20 日
烷烃	69.1	51.7	42.3	34.0	22.5	19.6
烯烃	14.1	11.2	3.80	1.67	1.03	0.83
芳香烃	128.3	95.7	67.2	46.8	35.8	30.8
卤代烃	84.0	64.5	35.4	42.8	42.1	24.1
醇类	16.4	6.5	2.93	1.97	0.48	0.60
醛酮类	37.2	39.9	16.9	20.6	9.02	2.06
酯类	21.3	13.1	11.8	10.8	5.71	1.13
酰胺类	11.1	13.6	9.21	13.3	9.49	3.41
其他	7.5	13.5	8.86	9.95	8.22	4.86
VOCs	388.8	308.9	198.5	181.9	134.3	87.4

5. 臭氧污染区域性明显

臭氧是光化学烟雾的代表性污染物，城市臭氧主要是由挥发性有机气体（VOCs）与氮氧化物（NO_x）经过一系列复杂的光化学反应形成的。由于机动车排放大量的光化学前体物 VOCs 与 NO_x，因此，机动车排放是城市臭氧污染的最重要来源。由于臭氧前体物和臭氧本身在大气中的输送，使得光化学烟雾往往成为一个区域性问题，其覆盖范围可达几十甚至数百公里以上。

目前，发达国家已将臭氧列入大气常规监测项目，世界卫生组织（WHO）2005 年发布的《空气质量准则》中，推荐的臭氧的 8 小时平均浓度为 0.1 mg/m^3。我国《环境空气质量标准》虽然有臭氧的指标，但基本没有开展日常监测。

（1）珠江三角洲臭氧污染状况

2006 年各网络城市臭氧平均浓度在 0.026～0.079 mg/m^3，但是个别城市点位均有不同时段的小时浓度超过国家二级标准限值（0.2 mg/m^3）（图 3-1-16），最高小时浓度可达 0.47 mg/m^3。各城市的最高小时浓度、最高小时月份和超标率列于表 3-1-14 和图 3-1-16 中，超标率最高的是东莞、中山、珠海等地区，最高浓度可超标 1 倍以上。

高浓度主要是发生在城市郊区点位，如广州天湖、香港塔门和惠州金果湾。这一现象是由于城市排放的臭氧前驱物（NO_x 与 VOCs）从排放到发生光化学反应而生成臭氧需要一定的时间，因此臭氧的浓度高峰往往出现在排放源的下风方向地区（表 3-1-14）。

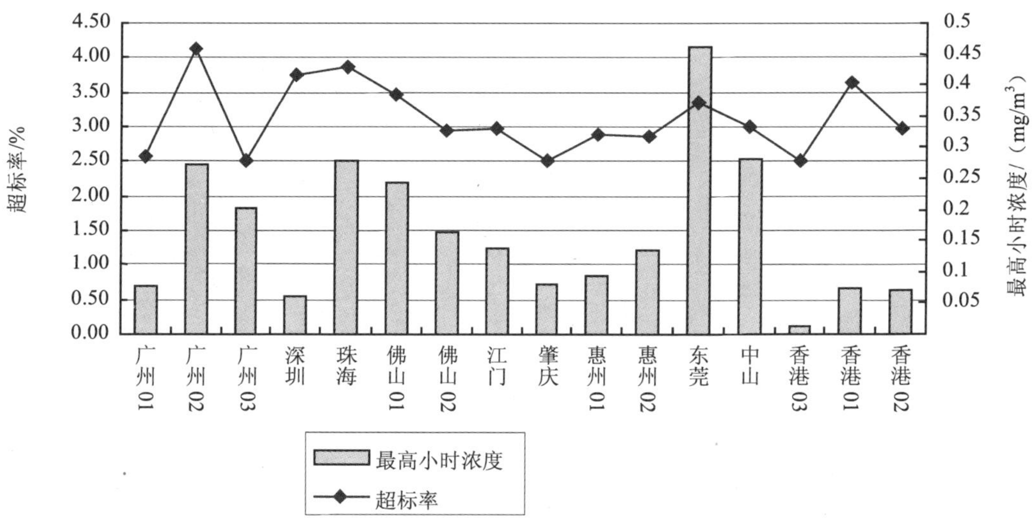

图 3-1-16　2006 年珠江三角洲城市臭氧小时浓度分布和超标率

表 3-1-14　珠江三角洲城市臭氧小时浓度超标情况

城市	超标时数	超标率/%	最高小时浓度/（mg/m^3）	最高小时月份
广州 01	57	0.69	0.286	5
广州 02	199	2.44	0.458	8
广州 03	143	1.83	0.278	8
深圳	44	0.54	0.416	9
珠海	190	2.51	0.431	10
佛山 01	173	2.18	0.384	9
佛山 02	112	1.46	0.326	9
江门	99	1.24	0.331	9
肇庆	57	0.73	0.279	9

城市	超标时数	超标率/%	最高小时浓度/（mg/m³）	最高小时月份
惠州 01	69	0.83	0.32	10
惠州 02	94	1.21	0.318	8
东莞	115	4.16	0.373	11
中山	179	2.53	0.333	9
香港 03	9	0.11	0.278	7
香港 01	57	0.67	0.405	8
香港 02	53	0.63	0.33	7，8

从图 3-1-17 可以看出：监测地区的臭氧月平均浓度较高月份在 8、9、10 月份，特别是 10 月份各城市都是出于高污染水平。这是由于这个季节有阳光强烈、温度高等适合光化学反应生成臭氧的有利条件。

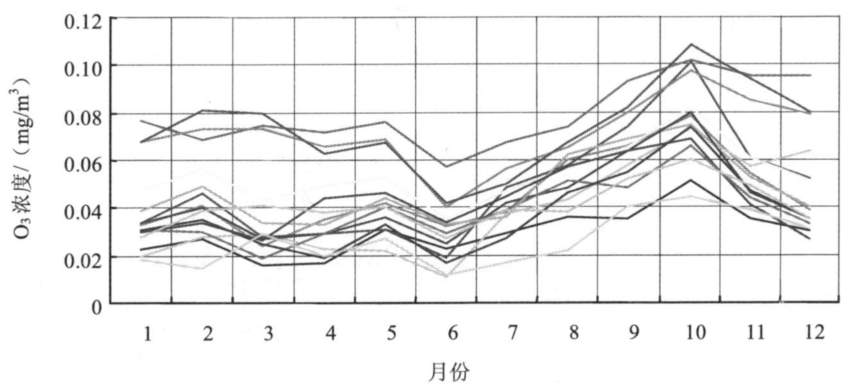

图 3-1-17　2006 年珠江三角洲城市臭氧月平均浓度分布

（2）北京臭氧污染状况

通过对 1985—2000 年北京地面臭氧监测数据的分析，1996 年以后的臭氧超标日和小时数持续上升（图 3-1-18），表明臭氧污染日趋严重，特别是 1999 年和 2000 年臭氧超标天数和小时数显著增加，分别达到 110 d、109 d 和 645 h、627 h。图 3-1-19 显示臭氧最大值的年际变化，可以看出 1996 年最大小时浓度为 448 μg/m³，而 2000 年最大小时浓度值高达 486 μg/m³，超过环境空气质量二级标准 1.43 倍。而且 2000 年一日中各监测点臭氧小时浓度出现了连续 8 h 超标现象，个别监测点出现了连续 10 h 超标。

长期监测表明，北京市每年 4—11 月容易出现臭氧污染，主要是因为这段时间气温高、阳光充足、湿度和风速小有利于臭氧生成和累积。臭氧小时均值超标多发生在 13 时—17 时，而 10 时—12 时和 18 时—20 时相对较小。

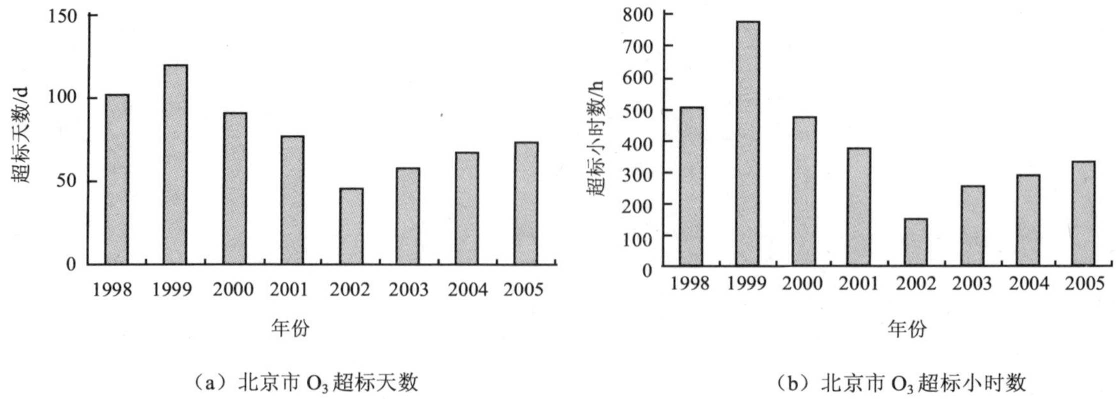

图 3-1-18　近年来北京市近地层臭氧超标天数和超标小时数的变化

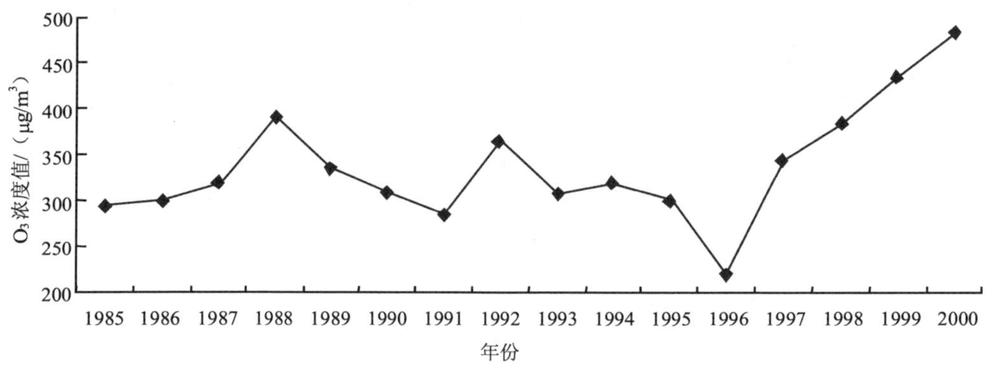

图 3-1-19　北京市 1985—2000 年近地层臭氧最大小时浓度值的变化

（3）我国地面臭氧浓度与国外水平相近

美国环境空气中的臭氧体积分数在 1986 年为 0.17×10^{-6}（浓度值约为 0.36 mg/m^3）左右，随后臭氧基本呈上升趋势，至 1991 年达到峰值，为 0.24×10^{-6}（约为 0.51 mg/m^3）左右。1991—2006 年，臭氧浓度整体呈下降趋势。2004—2006 年，臭氧浓度基本保持在 0.13×10^{-6} 左右（约为 0.28 mg/m^3）（图 3-1-20）。因此，我国目前地面臭氧浓度水平一般低于美国。

图 3-1-20　美国环境空气臭氧的体积分数

6. 空气污染由城市区向郊区和农村发展

随着乡镇经济的快速发展，特别是拥有一定矿产资源的地方，小煤矿、铁矿、小冶炼、小化工、小水泥等重污染企业依然在发展；另外，在城市布局调整过程中，污染较重的企业由城市中心向郊区、农村搬迁，东部沿海地区向中西部搬迁，其结果是城市空气质量好了，而郊区空气污染加重了。

根据江苏农村环境空气监测结果，影响农村环境空气质量的首要污染物是可吸入颗粒物。各监测点二氧化硫（图 3-1-21）和二氧化氮（图 3-1-22）年均值分别在 0.001～0.055 mg/m^3 和 0.001～0.055 mg/m^3，均达到国家二级标准，部分点位的二氧化硫和二氧化氮年均值优于国家一级标准；可吸入颗粒物年均值（图 3-1-23）在 0.002～0.172 mg/m^3，溧阳天目湖和常熟蒋巷监测点分别有两个年份年均值超标，最大超标倍数出现在 2004 年的常熟蒋巷监测点，超标倍数为 0.72 倍。

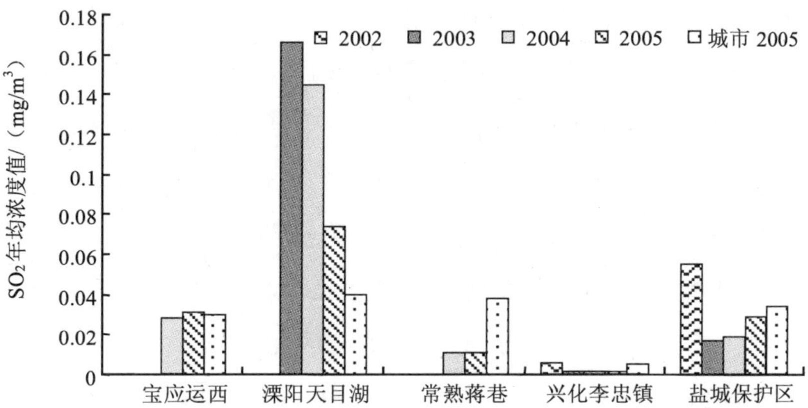

图 3-1-21　农村二氧化硫年均浓度值

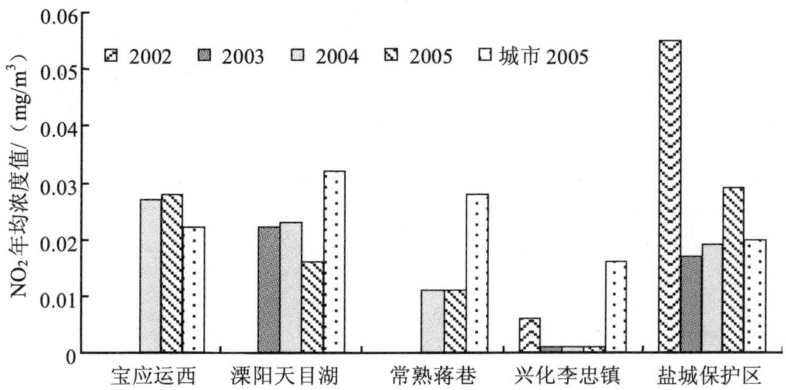

图 3-1-22　农村二氧化氮年均浓度值

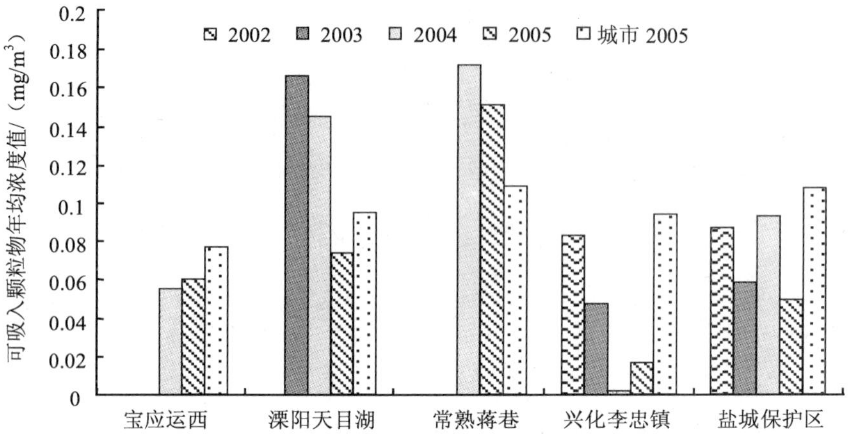

图 3-1-23 农村监测点可吸入颗粒物年均浓度值

与城市环境空气质量相比，农村空气环境质量整体上要好于城市空气环境质量，但农村局部地区污染重于城市。其中，宝应运西和溧阳天目湖监测点的二氧化硫年均浓度、宝应运西和盐城保护区监测点的二氧化氮年均浓度、常熟蒋巷监测点的可吸入颗粒物年均浓度均高于相应的城市浓度。这与农村乡镇企业的发展和农村生活特点城市化趋势有密切关系，必须引起高度重视。

20 世纪 90 年代以前，每个城市均在城市郊区选择基本不受城市污染的监测点位作为城市空气质量评价的清洁对照点，各种污染物浓度基本在较低水平，但是，到 90 年代以后由于城市建成区的不但扩大，乡镇企业的发展以及市区污染企业的搬迁，致使许多城市没有合适的对照点位。在仅保留的 80 多个城市的对照点中，2006 年的三项污染物平均浓度见表 3-1-15，其中 PM_{10} 背景点的浓度基本与城市平均值相同，接近于二级标准限值，由此可见，由于郊区工业的发展、公路交通的建设，颗粒物的污染已经接近于城市市区，甚至可能高于市区。

表 3-1-15 2006 年部分城市背景点与城市均值比较 单位：mg/m^3

项目	PM_{10}	SO_2	NO_2
80 个城市背景点平均值	0.090	0.026	0.020
540 个城市平均值	0.093	0.038	0.028

（二）变化分析

1．总体变化

（1）空气污染类型在变化

从 20 世纪 70 年代末我国的大气环境问题引起关注的 30 多年以来，大气污染防治工作经历了消烟除尘到尾气控制，从源头治理到全过程控制，从点源治理到集中控制、从城市环境综合整治到区域污染控制、从浓度控制到总量控制等宏观战略、政策方针和规划措施一系列的转变，大气污染防治的重点也随污染物来源和地区的差异而不断深化。

特别是自 1990 年至 2006 年的 16 年我国的 GDP 增加了 10 倍，能源消费总量增加了 1.5 倍，煤炭消费增加了 1.26 倍，城市人口增加了 0.86 倍，大气环境的直接和间接压力不断增加和变化；由城市型、工业型、煤烟型污染为主的污染特点已经逐步转变为城市—农村区域性、工业—交通—二次污染混合型的特点（表 3-1-16）。

表 3-1-16　　我国空气污染变化历程

	1980—1990 年	1990—2000 年	2000 年至今
主要污染源	燃煤、工业	燃煤、工业、扬尘	燃煤、工业、机动车、扬尘
主要污染物	SO_2，TSP，PM_{10}	SO_2，NO_x，TSP，PM_{10}	SO_2，PM_{10}，$PM_{2.5}$ NO_x，VOCs，NH_3
主要大气污染问题	煤烟	煤烟、酸雨、颗粒物	煤烟、酸雨、光化学污染、灰霾/细粒子、有毒有害物质
大气污染尺度	局地	局地+区域	区域+半球

资料来源：摘自本项目《大气环境战略报告》。

（2）城市传统污染物的污染有一定的改善，但污染范围在扩大，新的污染问题十分突出

因此，传统的 SO_2、TSP/PM_{10} 等污染问题还未解决，$PM_{2.5}$、NO_x、VOCs 等问题又接踵而至。

城市空气中主要控制的污染物（SO_2、NO_x/NO_2、TSP/PM_{10}）的浓度和达标城市比例有一定程度的改善。

但是，我国的大气污染类型已经由单一的煤烟型污染转变为复合型污染，污染范围已经由城市局地污染转变为区域甚至更大范围的污染，与此同时，大气污染加重的趋势在一定程度上和范围内已有所减缓。但大气污染并没有从根本上得到有效的控制，仍在不断加重。2001—2006 年，全国地级及以上城市（可比城市）中，空气质量达到和优于二级的城市（按主要控制污染物 SO_2、NO_2、PM_{10} 评价，下同）总体呈下降趋势，由 2001 年的 74.1%降为 2006 年的 62.2%。其中，达标率最低值出现在 2004 年，达标率仅为 49.9%。

通过污染物减排政策、措施的实施，全国城市空气质量（主要控制指标）总体上有好转的趋势，但部分城市仍在加重；城市建成区的空气质量有明显的好转趋势，而郊区和农村空气污染在加重；三项主要控制的污染物浓度有降低的趋势，但是有机污染物、细粒子等污染越来越突出；空气污染的区域化比较明显，污染程度依然严重。

（3）全国达到二级标准的城市比例先降后升，受超标空气影响的城市人口呈减少趋势

2001—2006 年，全国地级及以上城市（可比城市）中，空气质量达到和优于二级的城市

（按主要控制污染物 SO_2、NO_2、PM_{10} 评价，下同）比例先降后升，2004 年降到谷底，达标率为 49.9%。自 2004 年以后的 3 年中，达标城市比例逐步提高，到 2006 年达到 62.2%，比 2004 年提高了 12.3 个百分点（图 3-1-24）。

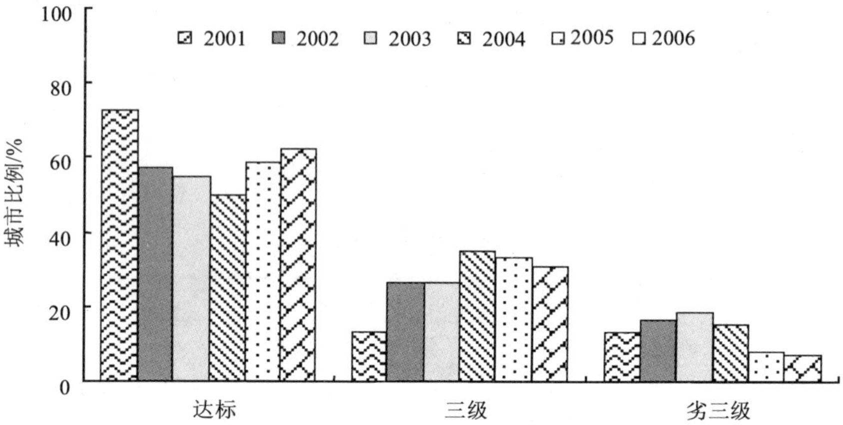

图 3-1-24　可比城市环境空气质量年际比较

受空气质量超标影响的城市人口比例偏高的形势得到扭转，以地级及以上城市为主体的可比城市达标人口比例整体呈增加态势，从 2001 年的 30.6%提高到 2006 年的 50.3%（图 3-1-25）。

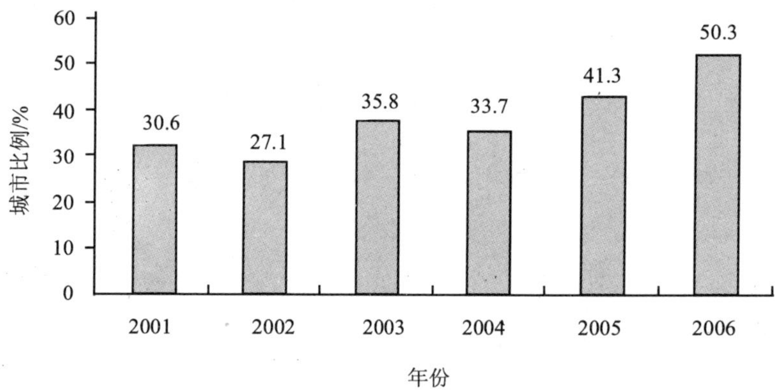

图 3-1-25　可比城市的达标城市人口比例

2．常规监测项目

（1）全国城市 SO_2 年平均浓度降低趋势明显，但部分城市依然在加重

全国：全国的 SO_2 排放量虽然呈逐年增加的趋势，但是由于城市民用煤的大量减少，电、燃气的普及率提高，特别是原分布在城市区域的工厂、电厂大量搬迁到郊区等措施，使大部分城市的 SO_2 污染负荷有较大的减少，城市 SO_2 平均浓度和达标率明显提高。

1996 年、2000 年和 2006 年 SO_2 年均浓度达国家二级标准城市的比例分别为 63.1%、78.7% 和 86.8%，SO_2 浓度超过三级标准的城市比例分别为 20.7%、11.7%和 3.6%（图 3-1-26）。

340 多个可比城市空气中 SO_2 平均浓度总体上呈下降趋势，2006 年比 1996 年下降了 44.9%。平均浓度降低明显的是原污染非常严重的重庆、四川、山西、陕西、贵州、内蒙古等地区的城市（图 3-1-27）。

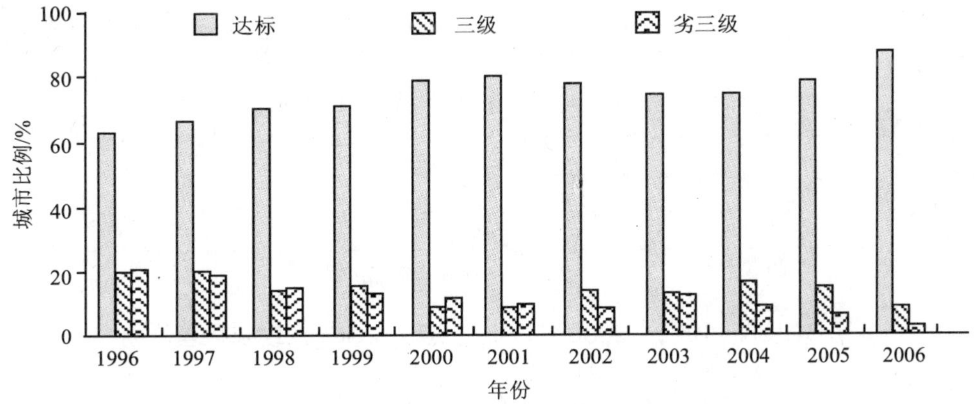

图 3-1-26　1996—2006 年我国城市 SO_2 达标情况

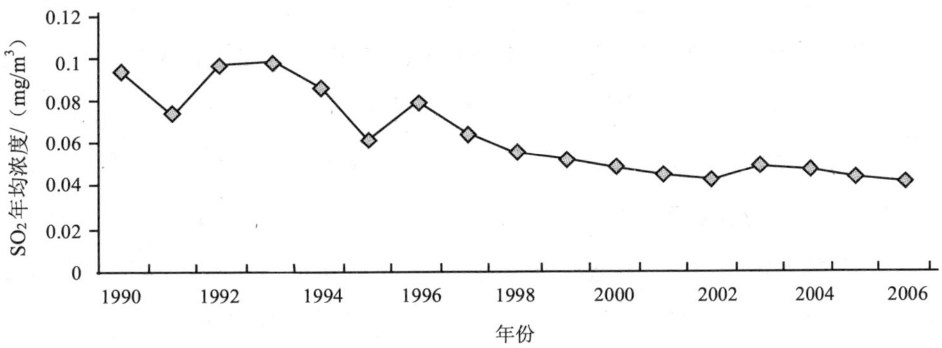

图 3-1-27　1990—2006 年我国城市 SO_2 年均浓度变化趋势

重点城市：若从 1991 年和 1995 年分别与 2006 年相比较，全国城市 SO_2 年均浓度变化趋势明显，分别由 0.074 mg/m³ 和 0.066 mg/m³ 降低到了 0.042 mg/m³，分别降低了 43%和 32.4%，而浓度降低幅度较大的地区主要是 SO_2 污染较重的地区：山西、重庆、四川、贵州、云南、江西、山东等地。

必须注意的是，2006 年和 1991 年相比有 170 个城市 SO_2 平均浓度有较大幅度的降低，但是仍有 86 个城市（占可比 340 个城市的 25%）浓度是增加的，污染加重趋势明显；2006 年和 1995 年相比，有 97 个城市（占可比城市的 35%）浓度不同程度增加。污染加重的城市分别在辽宁、黑龙江、上海、江苏、安徽、福建、广东等省份。

1995 年到 2006 年全国环保重点城市中（可比城市 63 个），其中 SO_2 浓度上升的城市比例为 29%，SO_2 浓度上升最多的城市分别是乌鲁木齐、昆明、徐州、桂林、厦门，SO_2 浓度降低最多的城市分别是贵阳、重庆、宜昌、淄博、太原（图 3-1-28）。

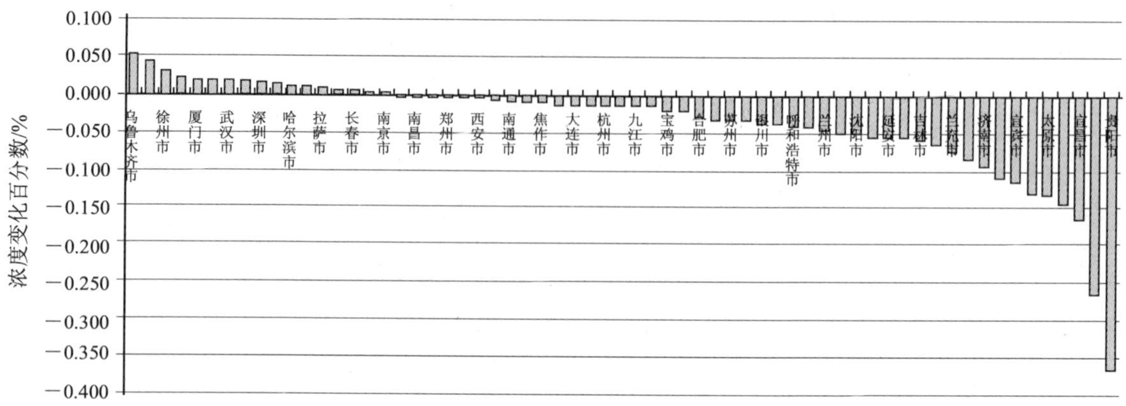

图 3-1-28 1995—2006 年环保重点城市 SO_2 浓度变化差值图

（2）颗粒物（TSP/PM_{10}）城市污染程度减轻，但是污染范围在扩大

全国：颗粒物一直是我国空气质量评价的主要项目之一，2000 年以前监测和评价的是 TSP（总悬浮颗粒物），而自 2000 年以后改为 PM_{10}。若按颗粒物达标比例比较，2006 年 PM_{10} 年均浓度达到二级标准的城市比例为 62.8%，比 1996 年、2000 年分别增加了 34.1 个百分点和 25.9 个百分点；2006 年颗粒物浓度超过国家三级标准的城市比例为 5.3%，比 1996 年和 2000 年分别下降了 33.8 个百分点和 25.0 个百分点（图 3-1-29，图 3-1-30）。

重点城市：1990 年到 2000 年全国重点城市 TSP 浓度下降的有 41 个，占可比城市（53 个）的 71.9%，其中下降最多的城市是南充、石家庄、重庆、洛阳、长春，TSP 浓度上升的城市有 12 个，占可比城市的 29.1%，上升最多的是石嘴山、大同、安阳、怀化、百色（图 3-1-31）。

2001 年到 2006 年全国 113 个重点城市（可比城市 61 个）PM_{10} 浓度增加城市有 18 个，占统计城市的 24.6%，其中浓度上升较大的是：克拉玛依、宁波、昆明、大连、厦门等城市（图 3-1-32）。

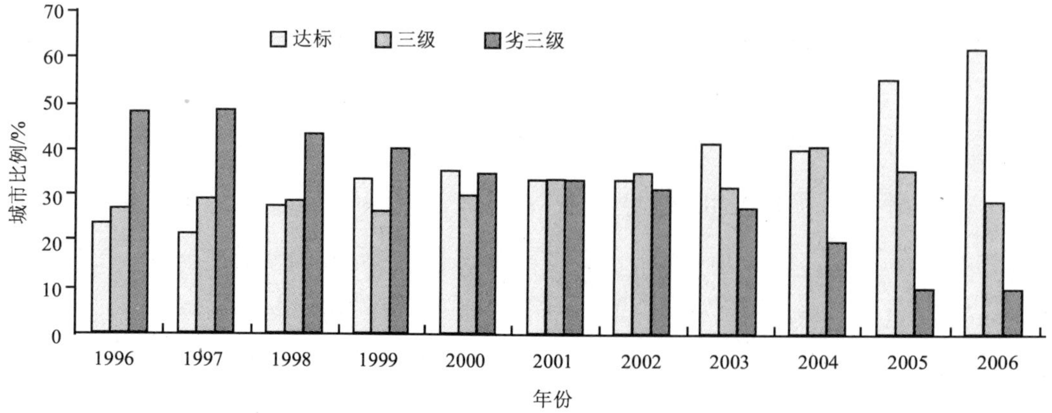

图 3-1-29 1996—2006 年城市空气颗粒物（TSP/PM_{10}）级别比例变化

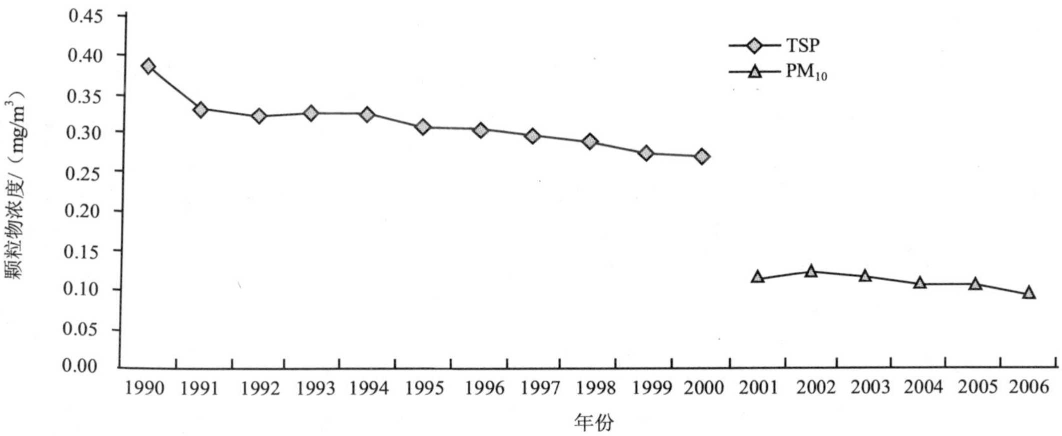

图 3-1-30　1990—2006 年城市空气中颗粒物（TSP/PM_{10}）浓度变化趋势

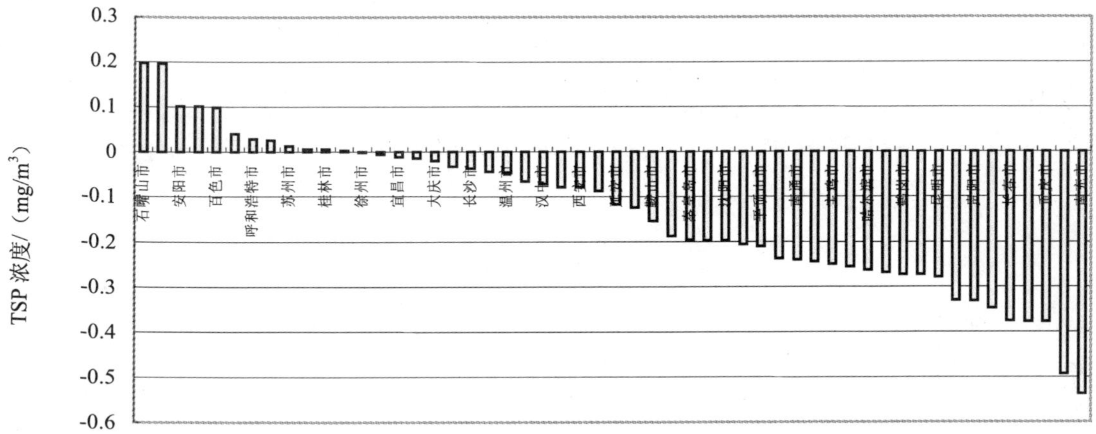

图 3-1-31　1990—2000 年环保重点城市 TSP 浓度变化

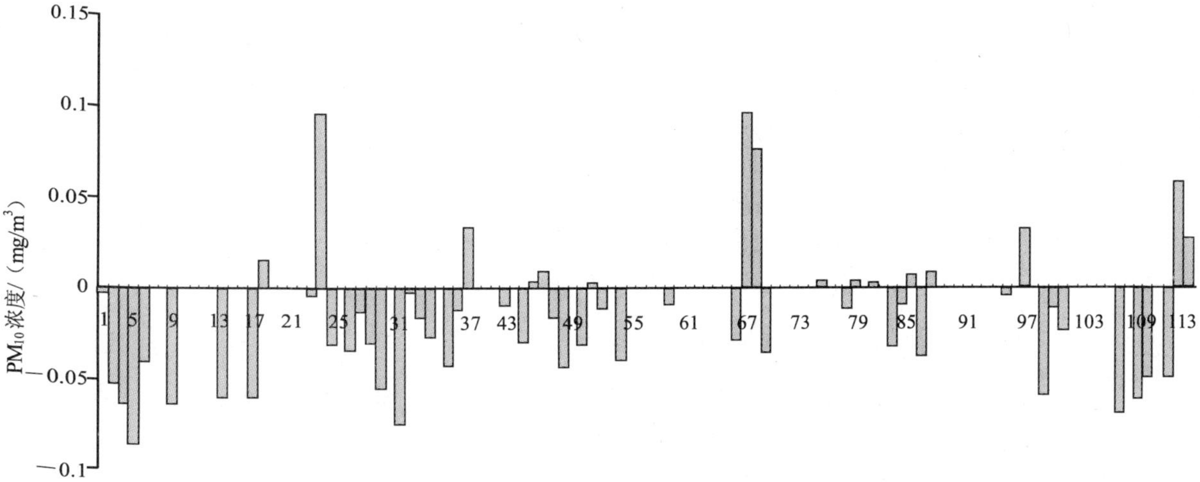

图 3-1-32　2001—2006 年环保重点城市 PM_{10} 浓度变化差值图

（3）NO_2（NO_x）污染程度比较稳定

全国：我国城市空气中的 NO_x 监测和评价指标在 2001 年前后作了调整，2001 年以前均应用 NO_x 评价，而 2001 年之后改用 NO_2 进行评价（图 3-1-33）。国家空气质量标准中 NO_x 是 NO_2 浓度值的 1.25 倍。通过 1997—2000 年对比监测的浓度比例在 1.27～1.34 倍，故评价结果不会导致污染程度的变化。2001—2006 年，全国 341 个可比城市的 NO_2 达到国家一级标准和二级标准的城市比例基本持平，分别在 81.8%～85.3%和 14.7%～18.2%波动，没有三级和劣三级的城市（表 3-1-17）。

表 3-1-17　2001—2006 年可比城市 NO_2 级别比例变化

年份	一级/%	二级/%	三级/%	劣三级/%
2001	81.8	18.2	0	0
2002	83.0	17.0	0	0
2003	83.2	16.8	0	0
2004	83.8	16.2	0	0
2005	85.3	14.7	0	0
2006	85.1	14.9	0	0

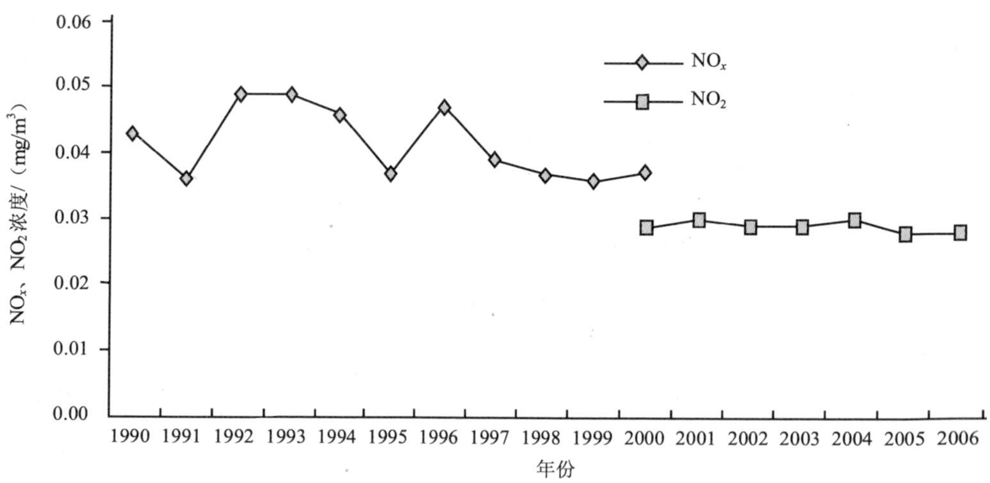

图 3-1-33　1990—2006 年城市空气中 NO_x、NO_2 浓度变化趋势

重点城市：1995 年到 2000 年在 65 个可比城市中，NO_x 浓度上升的城市占 46%，上升最大的城市是石家庄、唐山、秦皇岛、保定、安阳。下降最高的城市是大连、兰州、郑州、合肥、长春（图 3-1-34）。

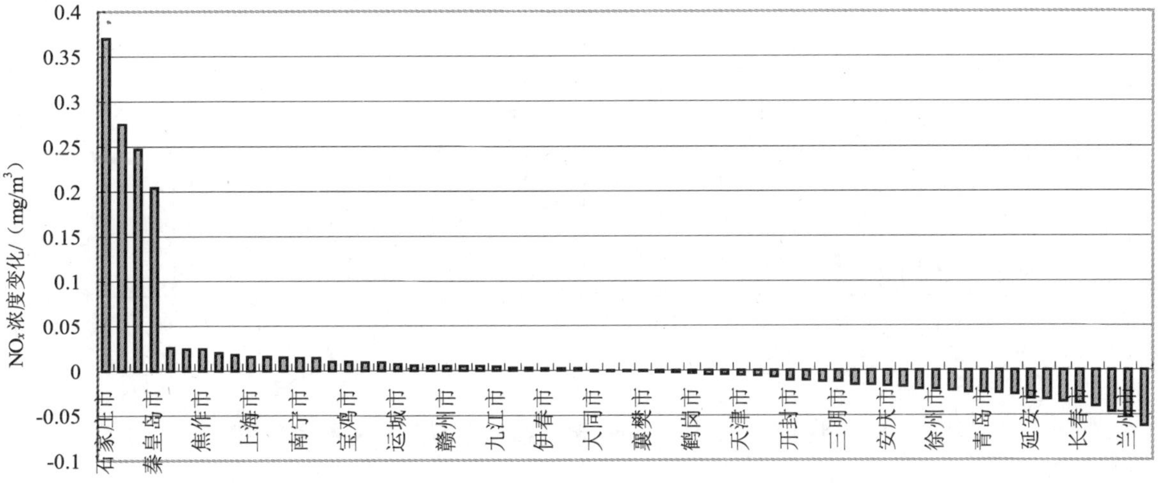

图 3-1-34　全国重点城市 1995—2000 年 NO_x浓度变化

2001 年到 2006 年全国 113 个重点城市 NO_2浓度增加的城市有 51 个，占统计城市的 45.1%，其中浓度上升最多的是南京、宁波、厦门、泸州、西安（图 3-1-35）。

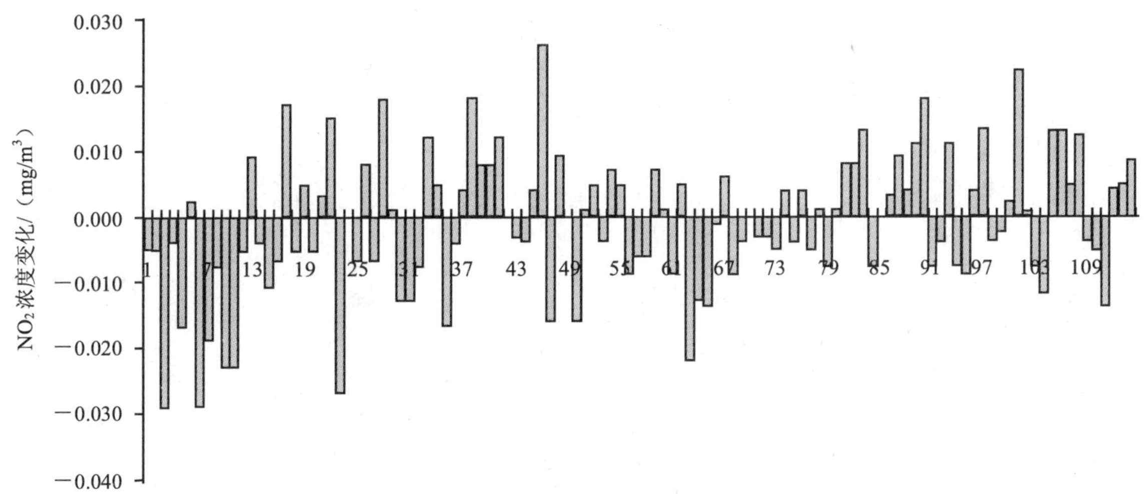

图 3-1-35　2001—2006 年环保重点城市 NO_2浓度变化

3. 区域变化情况

（1）SO_2控制区污染改善明显

与 1998 年相比，2006 年 SO_2污染控制区内 SO_2浓度达标城市比例由 32.8%增加到 51.6%，增加 18.8 个百分点，超过国家三级标准的城市比例由 37.5%下降到 16.1%，降低 21.4 个百分点（图 3-1-36）。

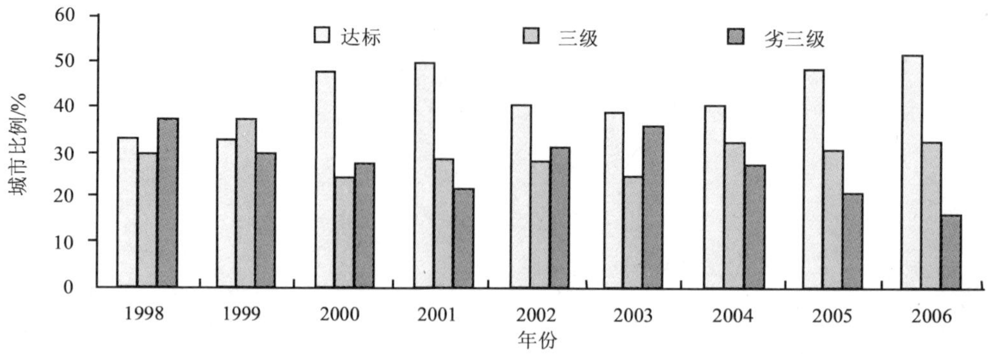

图 3-1-36　1998—2006 年 SO_2 污染控制区 SO_2 达标级别比例

（2）酸雨控制区 SO_2 污染加重趋势得到遏制

2006 年酸雨控制区内 SO_2 超过国家三级标准的城市比例为 3.3%，比 1998 年下降了 12.4 个百分点（图 3-1-37）。总体上看，“两控区”内 SO_2 污染加重趋势基本得到遏制，但波动变化较大，部分城市仍处于高污染水平，少部分城市污染程度有可能加重。

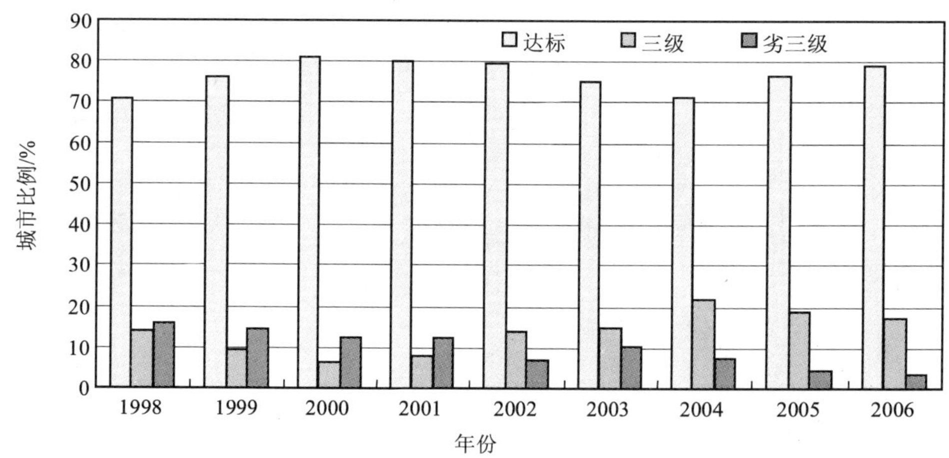

图 3-1-37　1998—2006 年酸雨控制区 SO_2 污染分级比例

（三）污染状况分析

我国大气污染类型已经开始由单一的煤烟型向煤烟—汽车尾气—二次污染物复合型转变，故空气污染的因素（指与污染物排放直接相关的因素）具有全国共性，也有地区的不同特性，本研究仅从能源消费、工业发展、生活排污、汽车尾气城市建设及自然沙尘等方面的变化来分析导致空气质量变化的主要因素，为制定大气污染防治战略和对策提供有针对性的依据。

1．能源消费量高，消费结构以煤为主

（1）世界能源消费趋势

① 能源作为国民经济发展的基础，对于国家社会经济的发展、人民生活水平的提高至关重要。一个国家的能源消费总量、结构及单位经济能耗不仅反映了国家的经济总量、产业产品结构和工业技术水平的高低，同时也反映了人们消费观念的变化程度，更重要的是反映伴随能源消费而排放的污染物对大气环境及生态系统的影响。因此，能源消费及其构成是大气环境的重要因素之一。

② 全球能源消费从 1972 年的 238 EJ（$1EJ=10^{18}J=23.9\times10^5$万 t 石油当量①）到 2004 年的 464 EJ，增加了近一倍。从 1972 年至 1990 年间，平均增长率为 2.4%，而 1990 年到 2004 年下降到年均增长 1.4%。最近 10 年中能耗增长最快的是亚洲，年均增长率达到 3.2%。目前，国际能源格局正在经历深刻变化，从消费上看，能源消费重心正在从西方发达国家向亚太地区转移，尤其是很多发展中国家的能源消费增长迅速。

③ 在人类消耗的能源中有 45%用来加热，10%用于高温生产，15%用于发电，30%用于运输。同时，在消耗的能源中有 80%是由化石燃料燃烧提供。这些化石燃料燃烧而产生的 CO_2、CH_4 和 NO_x 已经超过环境可承受的程度，同时排放的 SO_2 等其他污染物已对人类的生命造成威胁。

④ 自 19 世纪中叶以来，全球由于化石燃料燃烧排放的 CO_2 约 1 100 Gt。据预测，世界能源消耗到 2030 年将比 2004 年增加 50%以上，同时，相应排放的 CO_2 也从 2004 年的 26.1 Gt 增加到 30～40 Gt。

⑤ 2005 年，世界一次能源的消费增长 2.7%，低于 2004 年 4.4%的增长率，但仍高于过去 10 年的平均水平。各个地区以及各种燃料的消费增长均有所下滑，但是亚太地区能源消费增长仍然强劲，增长率达 5.8%；北美的增长率仅为 0.3%，增长最弱。

（2）我国能源消费量持续上升，单位 GDP 能耗呈下降趋势

中国是能源生产大国，同时也是能源消费大国。从 1990 年到 2006 年间，GDP 增长 10 倍，而我国能源消总量按标准煤计算从 1990 年的 98 703 万 t 增长到 2006 年的 245 669 万 t（图 3-1-38），增长了 149%，年均增长 9.3%，我国已成为仅次于美国的能源消费大国。

同时，我国单位 GDP 的能耗是呈下降趋势，从 1990 年的 5.29 t/万元下降到 2006 年的 1.17 t/万元，下降了 78%，年均下降 9.0%，从 1996—2006 年 10 年间万元 GDP 能耗年均下降 5.0%（图 3-1-38）。

① 1t 石油当量=41 816×10^6J。

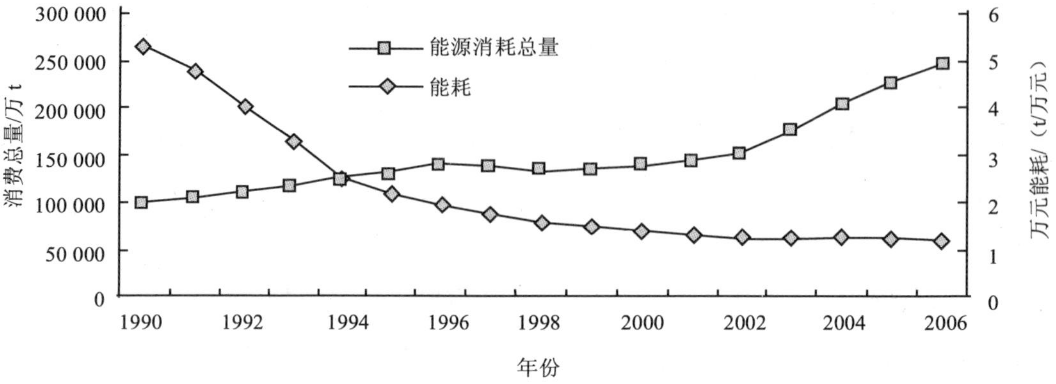

图 3-1-38 能源消费总量及万元 GDP 能耗的年际变化

注：能源消费按标准煤计算。

（3）我国能源消费水平的地区差异大

我国各省的单位工业增加值能耗的基本分布是东部沿海发达地区低，中西部地区万元工业增加值能耗普遍高于东部。工业能耗最高的是宁夏，达到 9.03 t/万元，最低的是广东，仅为 1.08 t/万元，两者相差 8 倍，中部地区的工业增加值能耗介于东部和西部之间（图 3-1-39），这说明西部和中部的工业技术水平和产业结构是以高能耗、高污染、低效益的产业和产品为主。

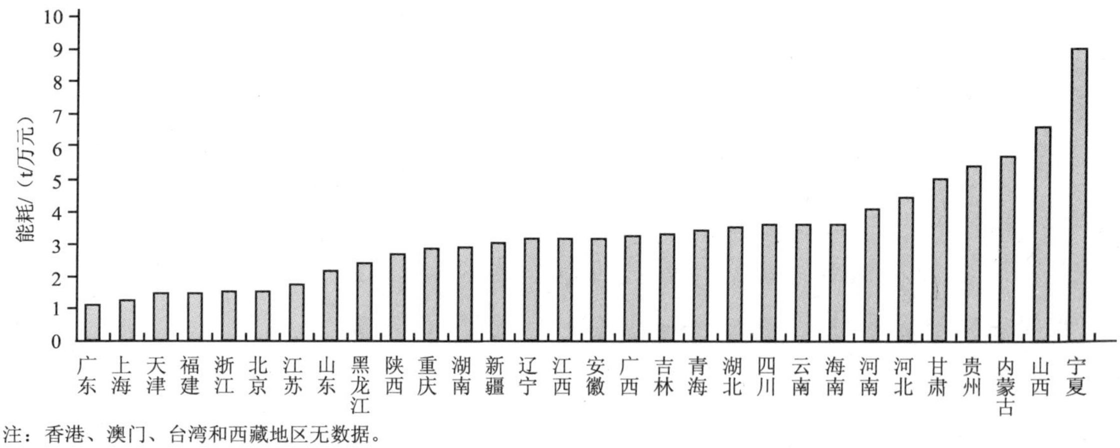

注：香港、澳门、台湾和西藏地区无数据。

图 3-1-39 2005 年我国各地区单位工业增加值能耗

（4）我国单位能耗效益水平远低于发达国家

能耗高而效益低是我国工业化进程的现状之一。尽管在 20 世纪的最后 20 年，通过经济结构调整、技术进步和加强管理，我国节能提效工作取得显著成绩，但我国的能源利用效率与世界先进水平相比仍存在较大差距。中国的综合能源效率约为 33%，比发达国家低约 10 个百分点。电力、钢铁、有色、石化、建材、化工、轻工、纺织 8 个行业主要产品单位能耗平均比国际先进水平高 40%。钢铁、水泥、纸和纸板的单位产品综合能耗比国际先进水平分别高 21%、45%、120%。机动车油耗水平比欧洲高 25%，比日本高 25%。中国单位建筑面积采暖能耗相当于气候条件相当的发达国家的 2～3 倍。

按汇率法计算，2005 年我国单位 GDP 能耗是世界平均水平的近 3 倍，是英国的 6.7 倍，日本的 6 倍，美国的 3.7 倍，墨西哥的 3.6 倍，巴西的 2.8 倍，印度的 1.4 倍（图 3-1-40）。这些数据说明我国目前的能源使用效率仍较低，同时也充分表明了中国在提高能源使用效率的方面存在巨大潜力。

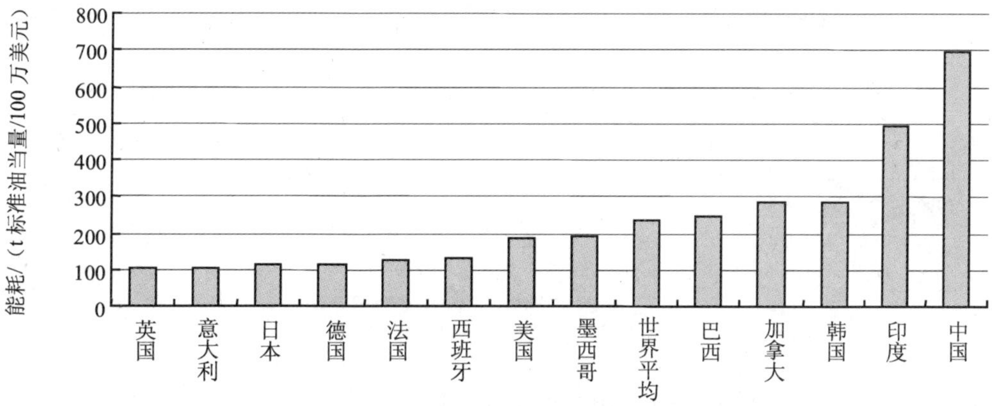

图 3-1-40　2005 年我国能耗与发达国家能耗水平比较

数据来源：能源数据 2007 版（内部资料）。

（5）以煤为主的能源消费结构是造成空气污染的重要原因

在我国的能源消费结构中，煤炭一直占有主要的比重，在 1990 年能源消费总量中煤炭占 76.2%，尽管多年来我国致力于能源结构调整，但以煤为主的能源消费结构一直没有改变，到 2006 年，煤炭仍占 69.3%（图 3-1-41）。天然气、核电、风能等清洁能源在不断增加，但所占比例依然较小。

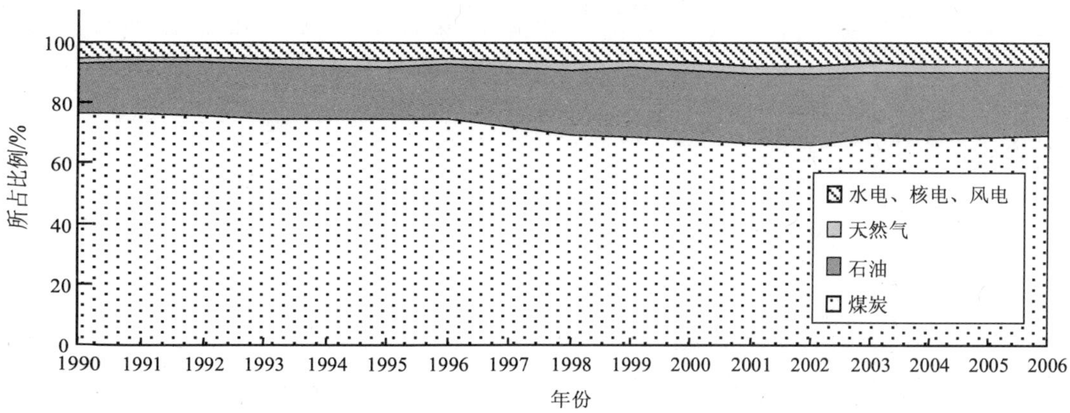

图 3-1-41　1990—2006 年中国能源消费构成

我国煤炭消费量按标准煤计算从 1990 年的 7.5 亿 t 增加到 2006 年的 17.0 亿 t，增长了 126.4%，年均增长 5.2%，其中从 1996—2002 年煤炭消费量维持不变，平均年增长率仅为 0.3%，但是从 2003—2006 年，年均增长率达到 12.4%，其中以火电行业煤炭消费量增加最快（图 3-1-42）。

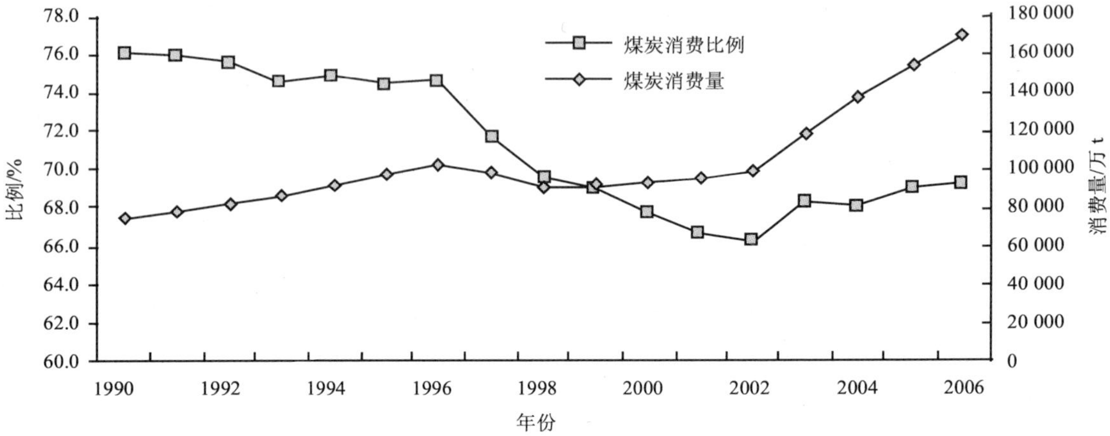

图 3-1-42 煤炭消费量及能源结构中煤炭消费比例年际变化

2002 年，我国能源消费结构中的煤炭比例为 66.5%，比世界平均水平高出 41%，美国、加拿大、法国、德国、日本等发达国家能源消费结构中的煤炭比例分别只有 24.2%、10.6%、4.9%、25.7%、20.7%，远远低于我国能源消费结构中的煤炭比例。另外，同属发展中国家的印度在能源消费结构中的煤炭比例也比我国低将近 10%（表 3-1-18）。全世界能源消费以石油所占比重最大，达到 37.5%，比煤炭多 12 个百分点。在表 3-1-18 所列的主要国家中，我国能源消费中石油所占比重仅比俄罗斯多，低于世界平均水平 13 个百分点。

表 3-1-18 2002 年世界能源消耗比较

国家	消费比例/%				
	石油	天然气	煤炭	核能	总量/100 万 t*
美国	39.0	26.2	24.2	8.1	2 292.8
加拿大	31.0	25.2	10.6	5.9	288.3
巴西	48.1	6.9	6.8	1.9	177.5
法国	36.0	14.9	4.9	38.3	257.9
德国	38.6	22.6	25.7	11.3	329.3
俄罗斯	19.2	54.6	15.4	5.0	640.2
中国	24.6	2.7	66.5	0.6	997.8
印度	30.0	7.8	55.6	1.4	325.2
日本	47.6	13.7	20.7	14.0	509.4
世界	37.5	24.3	25.5	6.5	9 405.1

*按 100 万 t 石油当量计算。

资料来源：BP Statistical Review of World Energy，June 2003。

（6）煤炭消费去向主要是工业，工业煤炭消费中主要是以燃料煤为主

我国能源消费以煤炭为主，而煤炭的消费去向主要是工业。从 1995—2006 年，工业煤炭消费占煤炭总消费的比例由 85.4%提高到 94.3%，同时，其他煤炭消费量所占比例总体呈下降趋势，尤其是生活煤炭消费量所占比例下降趋势最为明显（表 3-1-19）。

表 3-1-19　我国历年分行业煤炭消费量比例　单位：%

年份	农、林、牧、渔、水利业	工业	建筑业	交通运输、仓储和邮政业	批发、零售业和住宿、餐饮业	其他行业	生活消费
1995	1.3	85.4	0.3	1.0	0.7	1.4	9.8
1999	1.3	89.6	0.4	1.0	0.7	0.5	6.5
2000	1.2	90.4	0.4	0.9	0.6	0.5	6.0
2001	1.2	90.8	0.4	0.8	0.6	0.5	5.8
2002	1.1	91.3	0.4	0.7	0.6	0.5	5.4
2003	1.0	92.3	0.3	0.6	0.5	0.4	4.8
2004	1.2	93.0	0.3	0.4	0.5	0.4	4.2
2005	1.1	93.5	0.3	0.4	0.4	0.4	4.0
2006	1.0	94.3	0.2	0.3	0.4	0.3	3.5

在工业用煤中，电力、冶金、建材、化工行业一直是我国煤炭的主要用户（图 3-1-43），并且超过 2/3 的煤炭是作为燃料煤，因此，煤炭燃烧过程中必然排放出大量的 SO_2、NO_x、烟尘、CO_2 等污染物，使我国部分地区形成典型的煤烟型污染。

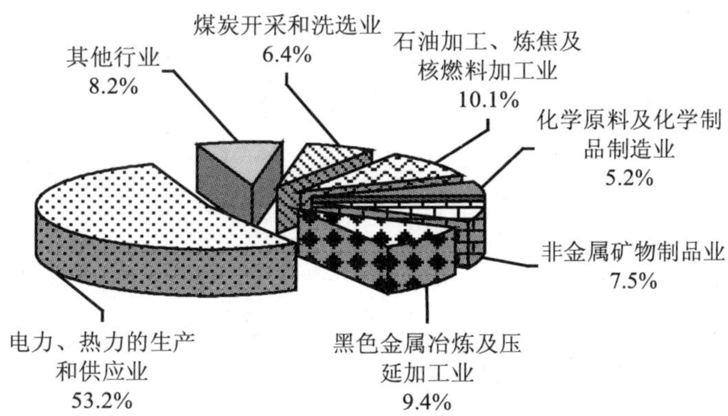

图 3-1-43　2006 年我国工业分行业煤炭消费量比例

（7）生活用煤量减少是城市空气中 SO_2 浓度降低的重要原因

在我国煤炭消费中，由于城市能源结构的变化，以气代煤，以电代煤的措施得到普遍推广，使城市燃气率的不断提高，生活煤炭消耗量从 1990 年的 16 699.7 万 t 下降到 2005 年的 8 386.3 万 t，下降了近一半，而同期工业煤耗不断增加，从 1990 年的 81 090.9 万 t 猛增到 2006

年的 225 539.4 万 t（图 3-1-44）。虽然生活用煤量占总煤炭消耗量比重不大，但是对于城市空气质量而言是至关重要的，量不大但分布广，低空排放并且治理难度大，因此生活煤炭消费及其排放的污染物减少对城市空气质量控制指标的好转起到重要作用。

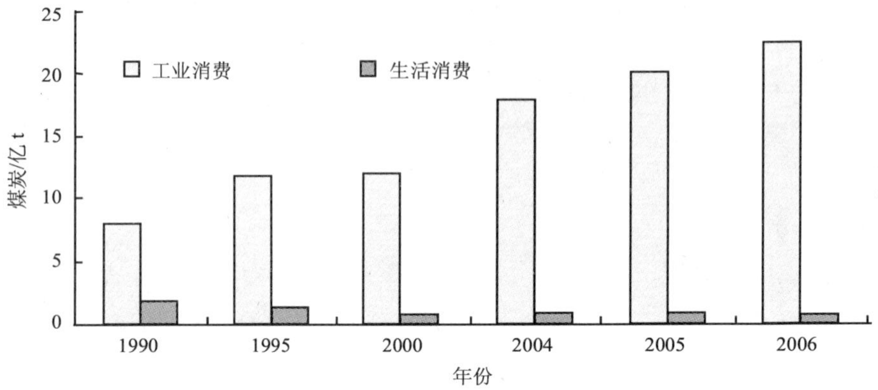

图 3-1-44　1990—2005 年我国生活用煤和工业用煤量变化

2. 工业与生活大气污染物排放量增加是空气污染的直接因素

（1）SO_2 排放量呈增加趋势，以工业排放为主，排放强度呈下降趋势

2006 年全国 SO_2 排放量 2 588.8 万 t。其中工业 SO_2 排放量 2 234.8 万 t，占 SO_2 排放总量的 86.3%；生活 SO_2 排放量 354.0 万 t，占 SO_2 排放总量的 13.7%。可见，SO_2 排放量主要是以工业排放为主。

从 1997—2006 年，全国 SO_2 排放总量呈现先降后升的趋势，变化比较明显。这与我国煤炭消费密切相关，从 1997—2002 年，我国煤炭消费总量变化不大，由于废气治理、工艺技术水平提高使得 SO_2 排放呈现下降趋势，从 1997 年的 2 346 万 t 下降到 2002 年的 1 927 万 t，下降了 17.9%；而从 2003 年开始，由于我国煤炭消费量激增，SO_2 排放量也大幅上升，从 2002 年的 1 927 万 t 增加到 2006 年的 2 589 万 t，上升了 34.4%，年均增加 7.7%，但还是低于年均 12.4%的煤炭消费增长速度。

在 SO_2 总排放量中，生活 SO_2 排放量是呈现逐年下降的趋势，这是生活煤炭消费量下降的结果。而从 1981—2006 年，全国工业 SO_2 排放量总体上呈现出波动中上升的趋势（图 3-1-45），同时，工业 SO_2 历年排放量占 SO_2 排放总量的比例较大，近年来占到 80%以上（图 3-1-46），因此工业 SO_2 排放量的变化在很大程度上决定着 SO_2 排放总量的变化趋势。

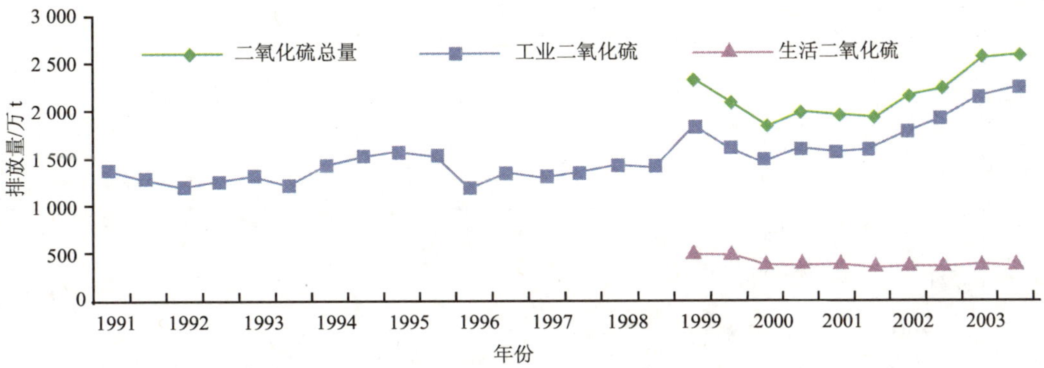

图 3-1-45　全国 SO_2 排放量的年际变化

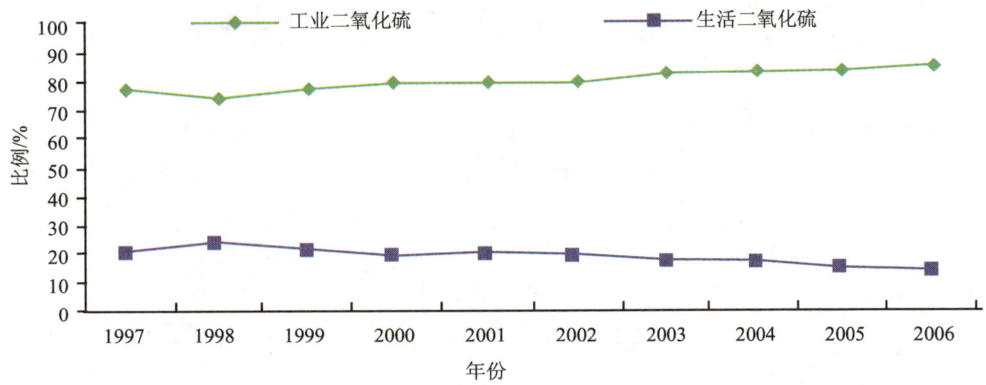

图 3-1-46　SO_2 排放结构的年际变化

注：1997 年工业污染物排放与往年相比增加了乡镇企业及其非重点估算部分。

从 1997—2006 年，全国 SO_2 排放强度（kg/万元）是逐年下降，从 29.7 kg/万元下降到 12.4 kg/万元，下降了 58%，年均下降 6.5%（图 3-1-47）。

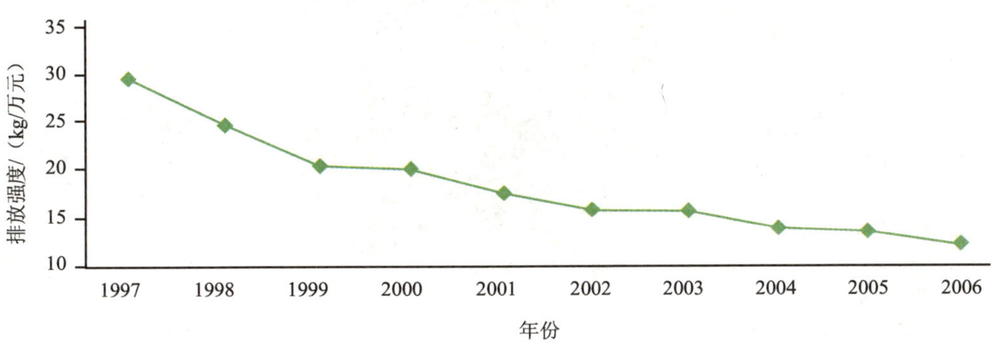

图 3-1-47　全国 SO_2 排放强度的年际变化

从 1981—2006 年，全国工业 SO_2 排放强度（工业 SO_2 排放量/工业增加值）同样呈现明显的下降趋势，从 669.3 kg/万元下降到 24.5 kg/万元，下降了 27 倍多，从 1996—2006 年 10 年间排放强度年均下降 4.7%（图 3-1-48）。

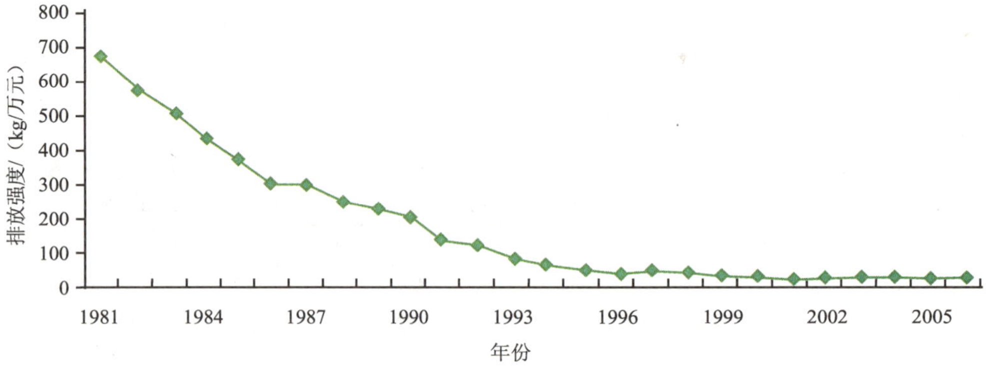

图 3-1-48　全国工业 SO_2 排放强度的年际变化

（2）SO_2 排放地区分布差异显著

2006 年 SO_2 排放量超过 100 万 t 的地区有山东、河南、内蒙古、河北、山西、贵州、江苏、四川、广东、辽宁，这 10 个省（区）的 SO_2 排放总量为 1 474.3 万 t，占全国 SO_2 排放总量的 56.9%（图 3-1-49）。

从 SO_2 排放负荷的分布和浓度分布图可以看出，排放量大和年均浓度高的地区基本相同。

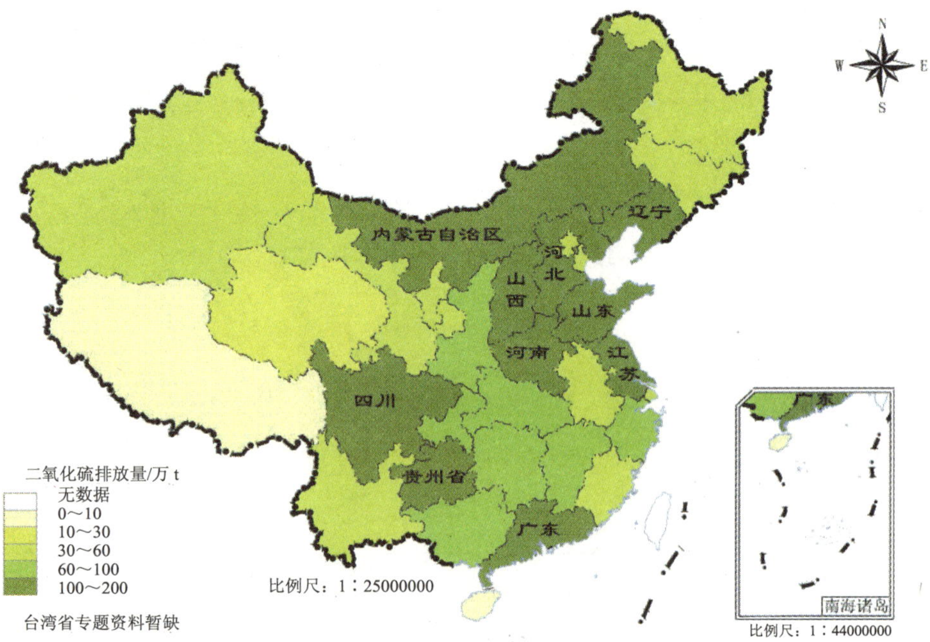

图 3-1-49　各省（区、市）2006 年 SO_2 排放量

（3）工业 SO_2 排放负荷的行业结构变化不明显

2006 年，主要工业行业 SO_2 排放量前 4 位的依次是：电力、热力的生产和供应业；非金属矿物制品业；黑色金属冶炼及压延加工业；化学原料及化学制品制造业。这 4 个行业的 SO_2 排放量占重点调查企业 SO_2 排放总量的 81.3%，其中电力、热力的生产和供应业所占比例最大，为 58.0%（图 3-1-50）。

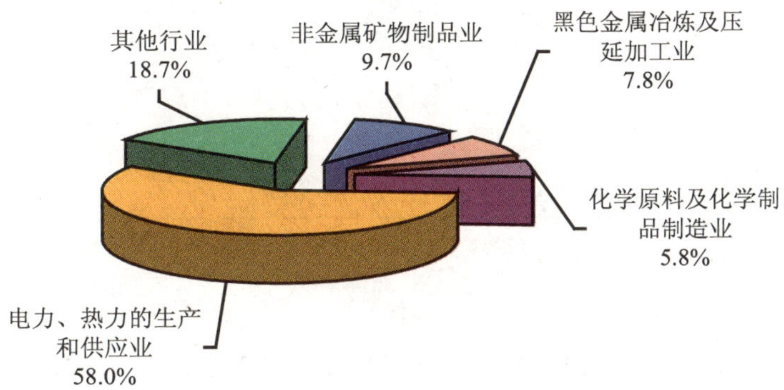

图 3-1-50　2006 年全国工业行业 SO_2 排放情况

从 1998—2006 年，SO_2 排放量一直占前 5 位的工业行业分别是（排名不分先后）：电力、热力的生产和供应业；非金属矿物制品业；黑色金属冶炼及压延加工业；化学原料及化学制品制造业；有色金属冶炼及压延加工业。这 5 个工业行业的 SO_2 排放量占历年重点调查企业 SO_2 排放总量的比例在 79.1%～84.9%。其中，电力、热力的生产和供应业、非金属矿物制品业历年来的 SO_2 排放量始终占据前两位，电力、热力的生产和供应业的 SO_2 污染贡献率更是占到一半以上（表 3-1-20）。

表 3-1-20　主要工业行业 SO_2 排放量污染贡献率的年际变化　单位：%

年份	电力、热力的生产和供应业	非金属矿物制品业	黑色金属冶炼及压延加工业	化学原料及化学制品制造业	有色金属冶炼及压延加工业	累计
1998	49.8	10.4	5.8	7.0	6.1	79.1
1999	52.9	10.0	6.1	6.9	5.6	81.5
2000	55.0	10.1	5.7	6.1	5.6	82.5
2001	53.9	11.7	5.4	5.8	4.5	81.3
2002	55.0	11.4	6.0	5.4	4.9	82.7
2003	58.0	10.4	5.6	5.6	3.9	83.5
2004	57.0	10.0	6.5	5.9	4.0	83.4
2005	58.9	9.0	7.2	5.9	3.6	84.6
2006	58.0	9.7	7.8	5.8	3.6	84.9

(4) 烟尘排放量呈下降趋势，以工业排放为主，行业排放负荷聚集度高

2006 年，全国烟尘排放总量 1 088.8 万 t，其中工业烟尘排放量 864.5 万 t，占总排放量的 79.4%；生活烟尘排放量 224.3 万 t，占总排放量的 20.6%（图 3-1-51）。

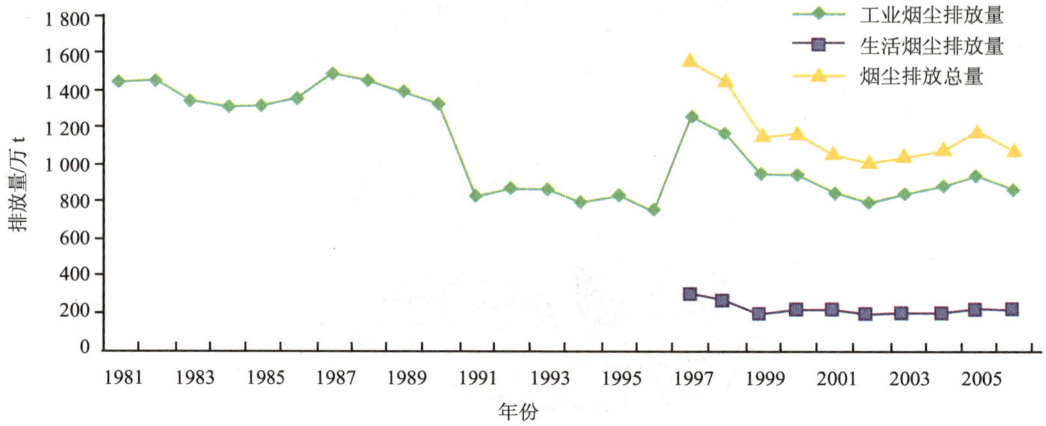

图 3-1-51 烟尘排放量的年际变化

注：1997 年工业污染物排放与往年相比增加了乡镇企业及其非重点估算部分。

从 1997—2006 年，全国烟尘排放总量呈下降趋势，其中生活烟尘排放量在经历了开始一定的下降后呈现比较稳定的排放趋势。从 1981—1996 年，工业烟尘在波动中呈下降趋势，从 1997—2006 年，工业烟尘排放量总体也呈下降的趋势（图 3-1-52）。同时，工业烟尘历年排放量占烟尘排放总量的比重较大，近年来占到将近 80%的比例，因此工业烟尘排放量的变化在很大程度上决定烟尘排放总量的变化趋势。

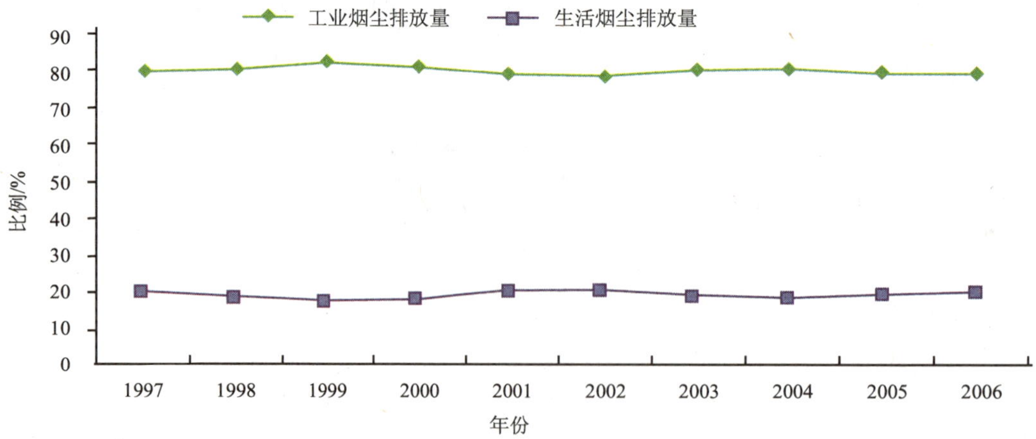

图 3-1-52 烟尘排放结构的年际变化

注：1997 年工业污染物排放与往年相比增加了乡镇企业及其非重点估算部分。

2006 年，烟尘排放量前 4 位的工业行业依次是：电力、热力的生产和供应业；非金属矿

物制品业；黑色金属冶炼及压延加工业；化学原料及化学制品制造业；这 4 个行业的烟尘排放量占重点调查企业烟尘排放总量的 75.9%（图 3-1-53）。

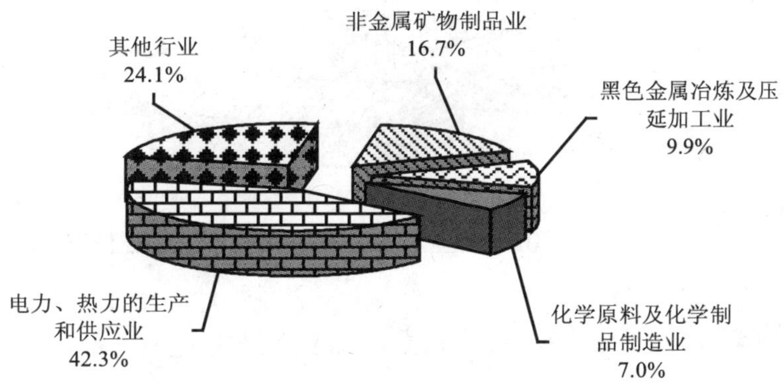

图 3-1-53　2006 年全国工业行业烟尘排放情况

（5）工业粉尘排放呈下降趋势，行业排放负荷聚集度高

2006 年，全国工业粉尘排放总量 808.4 万 t。从 1981—1996 年，工业粉尘排放量呈现明显的下降过程，由于 1997 年工业粉尘排放量统计中增加了乡镇企业及其非重点估算，因此当年的排放量是历史最高水平，之后从 1998—2006 年，工业粉尘排放量仍保持明显的下降趋势（图 3-1-54）。

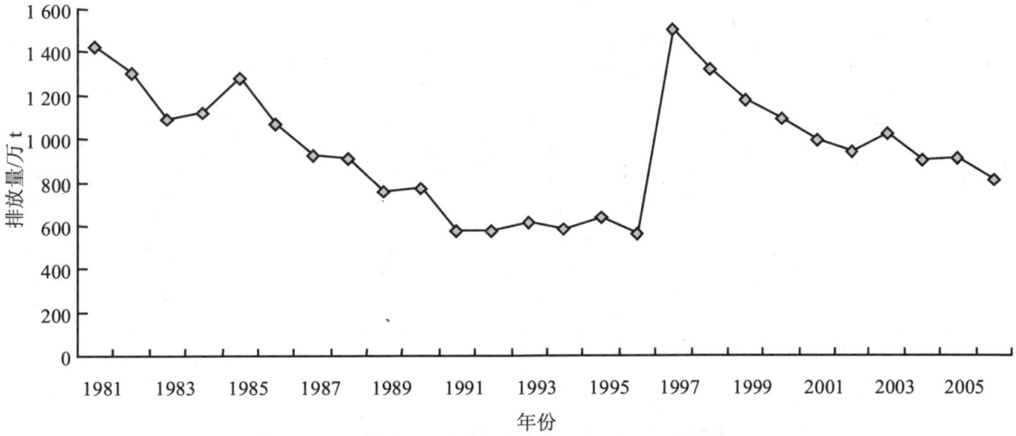

图 3-1-54　1981—2005 年工业粉尘排放量的年际变化

注：1997 年工业污染物排放与往年相比增加了乡镇企业及其非重点估算部分。

2006 年，工业粉尘排放量主要集中于非金属矿物制品业和黑色金属冶炼及压延加工业，这两个工业行业的工业粉尘排放量占重点调查企业工业粉尘排放总量的 85.9%，其中非金属矿物制品业的工业粉尘污染贡献率达到了 70.2%。近几年，非金属矿物制品业的工业粉尘污染贡献率基本都在 70%以上（图 3-1-55）。

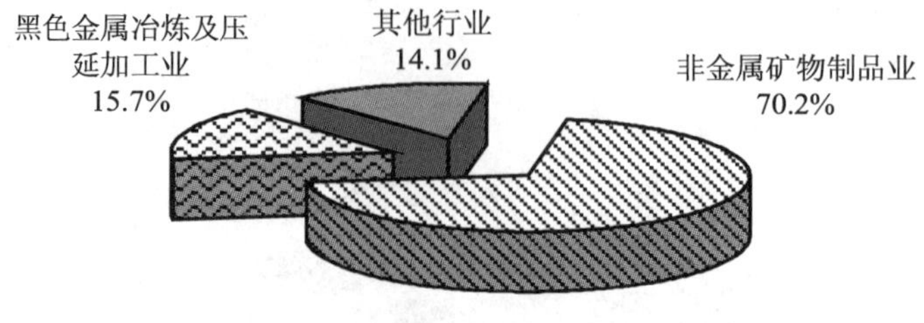

图 3-1-55 2006 年全国工业行业工业粉尘排放情况

（6）火电企业 SO_2 排放量增长明显，占工业 SO_2 排放量比重大

① 电力行业发电以煤电为主，火电发电量增加迅速。

电力工业是能源工业的重要组成部分，是推动和支撑社会经济发展的重要基础。我国自实施改革开放政策以来，为了确保国民经济的快速发展，电力工业发展迅速，发电量由 1978 年的 2 566 亿 kW・h 增加到 2006 年的 28 344 亿 kW・h，增长约 11 倍。

从 1991—2006 年，我国火力发电量由 5 525 亿 kW・h 增加到 23 573 亿 kW・h，增长了 4 倍多，年均增速达 10.1%。同时，历年来火电发电占我国发电总量的比例基本都在 80%以上（图 3-1-56）。

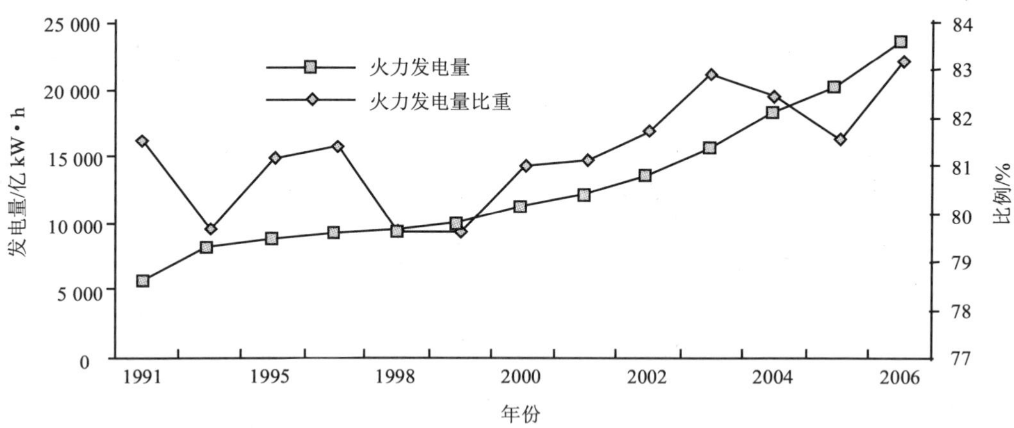

图 3-1-56 我国火力发电量及比重的年际变化

② 火电企业 SO_2 排放量增长快，占工业排放量比重大。

2006 年，纳入重点调查范围的火电厂 1 571 家，共消耗 10.3 亿 t 煤，占全国工业煤炭消耗量的 44.8%（环境统计数据）。全国火电厂 SO_2 排放量为 1 141.8 万 t，比上年增加 2.8%，其排放量占全国工业 SO_2 排放量的 51.1%。

从环境统计数据看，火电企业从 1997 年的 605 家增加到了 2006 年的 1 571 家，10 年时间增加了 1 000 多家火电企业，火电行业 SO_2 排放量逐年增加。同时，占工业 SO_2 排放总量的比例也是逐年升高，到 2005 年开始超过了一半，达到 51.2%，2006 年火电厂排放的 SO_2 占工业 SO_2 的比例仍维持在一半以上的水平（图 3-1-57）。

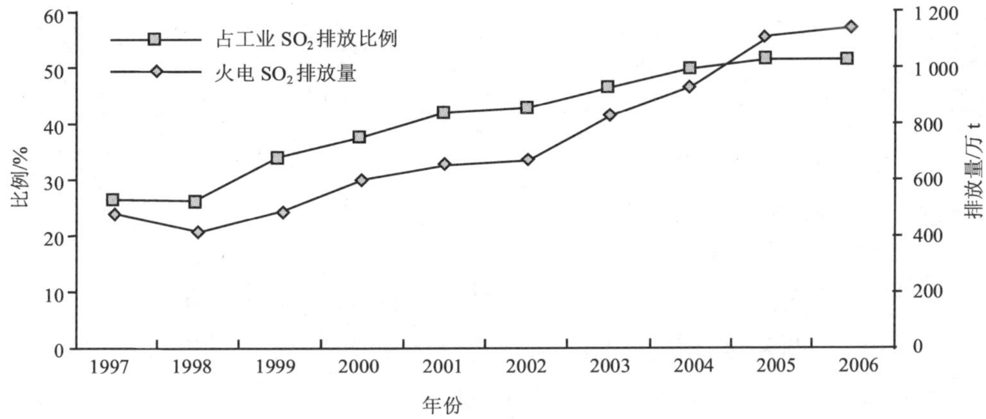

图 3-1-57　火电厂 SO_2 排放量及占工业排放比例年际变化

由于火电厂不仅 SO_2 排放量大而且增加的比例远快于其他行业的增加速率，同时，新建的电厂基本在远离城市区的地域，许多老电厂也由于"以新带老"和"建新停老"的基本政策，故增加的 SO_2 排放量对市区的影响较小，而且由于原位于市区的老电厂被拆除，这也是在 SO_2 排放量增加的情况下，城市的 SO_2 浓度反而减少的重要原因。

③ 火电企业脱硫水平低，SO_2 减排潜力大。

我国从 20 世纪 70 年代开始研究 SO_2 控制问题，80 年代中期在四川白马电厂建立了旋转喷雾工业试验装置，90 年代首次在重庆珞璜电厂两台 36 万 kW 机组上安装了石灰石-石膏湿法烟气脱硫装置。近年来，通过加大烟气脱硫技术引进及国产化示范工程力度，截至 2005 年年底，我国已安装的火电脱硫设施已由 2000 年的 500 万 kW 提高到 4 600 多万 kW，火电企业的 SO_2 去除率由 2001 年的 9.9%增加到 2006 年的 26.2%（表 3-1-21），但 SO_2 的去除率仍然较低，很多火电企业还没有安装脱硫设施，另外，一些小火电机组仍在运行，没有淘汰。今后通过关停小火电机组，安装脱硫设施等措施，火电企业的 SO_2 有很大的减排空间。火电企业的 SO_2 减排措施的保障实施将是实现我国 SO_2 减排目标的关键因素。

表 3-1-21　2001—2006 年我国火电行业 SO_2 排放和治理情况

年份	排放量/万 t	去除量/万 t	去除率/%
2001	654.4	71.6	9.9
2002	665.8	84.7	11.3
2003	825.6	96.9	10.5
2004	929.3	155.9	14.4
2005	1 111.0	229.8	17.1
2006	1 141.8	406.4	26.2

3．“两控区” SO_2 排放占全国一半以上

2006 年，全国“两控区”（酸雨和 SO_2 控制区）SO_2 排放量为 1 376 万 t，占全国 SO_2 排放量的 53.2%。其中，“两控区”工业 SO_2 排放量 1 219 万 t，比上年减少 6.2%，占全国工业 SO_2 排放量的 54.6%；生活 SO_2 排放量为 157 万 t，比上年减少 9.2%，占全国生活 SO_2 排放量的 44.4%（表 3-1-22）。

从 2003—2005 年，“两控区” SO_2 排放量逐年增加，而到 2006 年，排放量有所降低。

表 3-1-22　“两控区” SO_2 排放量　单位：万 t

年份	总计			酸雨控制区			SO_2 控制区		
	合计	工业	生活	合计	工业	生活	合计	工业	生活
2001	—	904	—	—	548	—	—	356	—
2002	—	901	—	—	520	—	—	381	—
2003	1 251	1 073	178	768	667	102	482	406	76
2004	1 342	1 182	160	827	729	99	515	453	61
2005	1 472	1 299	173	848	785	103	585	514	71
2006	1 376	1 219	157	799	708	91	577	511	66

4．东、中、西部地区主要废气污染物排放区域差异明显

2006 年，全国东、中、西部地区的 SO_2 排放量分别为 964.7 万 t、694.2 万 t 和 929.9 万 t，分别占全国排放总量的 37.3%、26.8%、35.9%。

从 1998—2006 年，全国东、中、西部地区的 SO_2 排放量总体都是呈上升趋势，这 9 年来，东、中、西部地区的 SO_2 排放量分别增长了 14.1%、38.1%、25.1%，中部地区增长最快，其次是西部地区，西部地区的 SO_2 排放量目前已接近东部地区（图 3-1-58）。

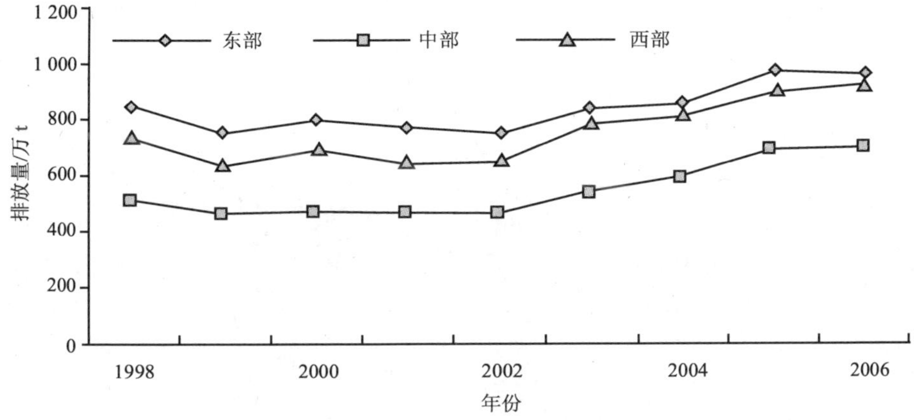

图 3-1-58 全国东、中、西部地区 SO_2 排放量年际变化

从东、中、西部地区 SO_2 排放量所占比例来看，东部地区所占比例有下降的趋势，中部地区近年来 SO_2 排放量所占比例有一定的上升，西部地区则是呈现波动变化（图 3-1-59）。

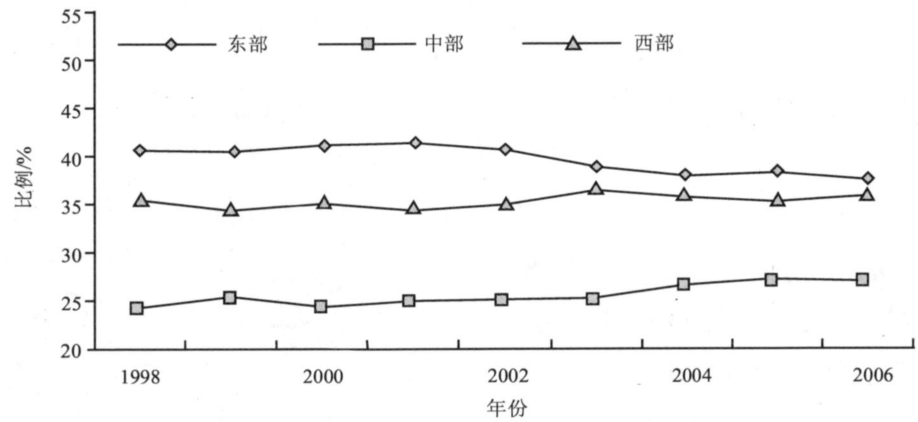

图 3-1-59 全国东、中、西部地区 SO_2 排放量比例年际变化

2006 年，东、中、西部地区的 SO_2 排放强度分别是 7.0 kg/万元、13.0 kg/万元、23.7 kg/万元；工业 SO_2 的排放强度分别是 13.2 kg/万元、25.9 kg/万元、52.7 kg/万元。排放强度的地区差异非常明显，西部地区排放强度相当于中部的 2 倍和东部的 3 倍，这与西部地区煤炭资源较丰富，西电东输的经济布局有关，同时也导致了中、西部 SO_2 污染严重的地区分布特点（图 3-1-60）。

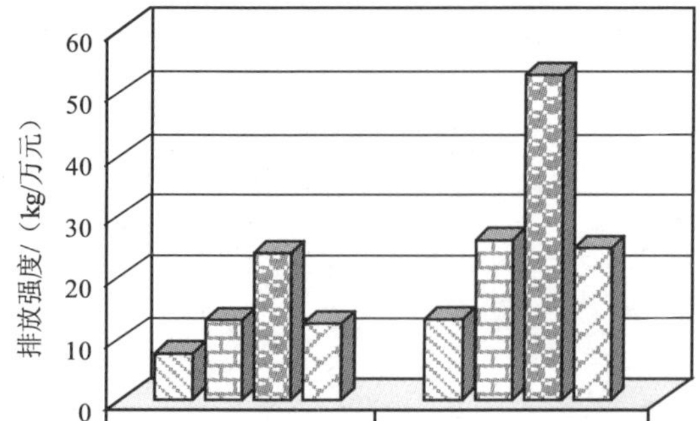

	SO_2排放强度/（kg/万元 GDP）	工业 SO_2排放强度/（kg/万元工业增加值）
东部	7.0	13.2
中部	13.0	25.9
西部	23.7	52.9
全国	12.4	24.7

图 3-1-60　2006 年东、中、西部地区 SO_2 排放强度

5. 机动车污染日益突出，光化学烟雾污染可能性在增加

近年来，城市公路运输事业随着经济发展、城市人口的增加和消费水平的提高而不断发展，公路建设速度和机动车数量更是与日俱增。1985—2005 年，我国私人汽车拥有量从 28.5 万辆增加到 1 848.1 万辆（图 3-1-61），年均增长 3.19%；1981—2005 年，公路里程从 89.8 万 km 增加到 193.1 万 km（图 3-1-62），增加了 115%。

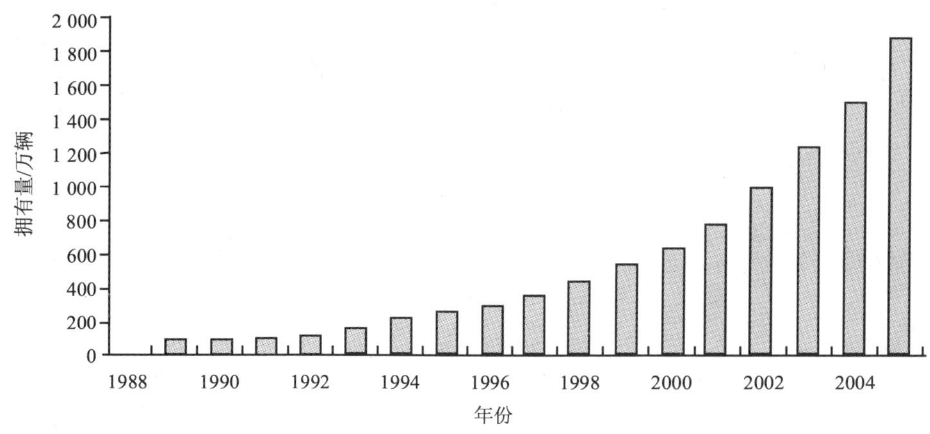

图 3-1-61　我国私人汽车拥有量的年际变化

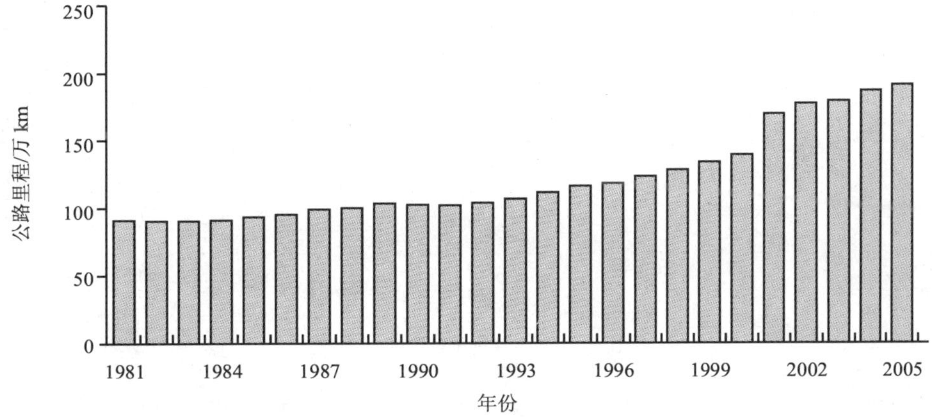

图 3-1-62　我国公路里程的年际变化

交通状况是一个城市发展和繁荣的基础和象征，但是与此同时，公路交通对空气环境和生态系统的压力也随之增加，在工业、生活污染之后已经成为城市环境的重要污染因素，而且在今后 10 年、20 年中一定会发展成与发达国家一样，成为空气中 NO_x、CO、VOCs 和 PM_{10} 及由此而产生的二次污染物的首要来源。

公路交通污染的产生主要有三个途径，一是汽车尾气排放的 NO_x、CO、VOCs 和细粒子（以 $PM_{2.5}$ 为主）；二是由于机动车运行导致公路集尘的飞扬而形成以 PM_{10} 为主的颗粒物污染；三是机动车轮胎和刹车片磨损排放的细粒子污染。

由于没有机动车排放污染物的统计数据，有关单位对交通污染进行了一些研究，其结果充分说明了机动车和公路污染对空气质量的重要性。

（1）机动车尾气已成为城市空气中 NO_x、CO、VOCs 的主要排放源

北京市主要污染物来源研究结果及交通车辆限流期间空气质量的研究结果表明，机动车排放是影响空气质量的最主要因素之一。

① 北京市主要污染物来源研究结果表明（表 3-1-23）：全市 NO_x、VOCs 和 CO 的排放负荷中，机动车尾气所占负荷比例分别为 34.3%、73.5%和 46.7%，均占各种来源的首位。经历 10 多年的监测结果显示，在三环与四环之间的交通环境的 NO_x 浓度的年均值在 105～219 μg/m^3，远高于郊区；而空气中 NO_x 质量浓度的污染负荷中来源于汽车尾气的比例占 73%的绝对优势。

表 3-1-23　　北京空气中 NO_x 质量浓度的来源贡献率　　单位：%

受体点	工业				采暖			民用	机动车
	电厂	电源	面源	小计	电源	面源	小计		
车公庄	1.3	1.6	4.8	7.6	2.2	7.0	9.2	1.9	81.3
前门	1.0	4.7	7.7	13.4	1.7	5.8	7.6	3.8	75.2
东四	3.3	1.5	6.5	11.3	1.5	5.2	6.7	3.6	78.4
天坛	1.8	35.0	5.7	42.5	1.6	4.0	5.6	2.5	49.5
奥体中心	1.4	2.1	5.8	9.3	2.2	6.0	8.2	2.1	80.5
农展馆	4.7	0.5	6.3	11.4	1.7	5.2	7.0	3.1	78.5
古城	3.1	25.7	20.0	48.9	1.3	8.9	10.2	1.2	39.7
全市平均	2.4	5.1	8.1	15.6	1.8	6.3	8.1	2.8	73.6

② 好运北京体育赛事期间。2007 年 8 月 17—20 日 北京市实施了机动车单双号行驶交通措施，以检验部分机动车停驶后空气质量改善的效果。多家技术研究单位分别利用各种先进手段和方法对限行前后的北京空气质量进行监测和研究，结果表明（表 3-1-24），限行前后主要控制污染物浓度均有不同程度的降低，并且与流量有密切的相关性。

表 3-1-24　　车辆限行前后各类挥发性有机物浓度水平比较　　单位：μg/m³

	限行前		限行后			
	8 月 15 日	8 月 16 日	8 月 17 日	8 月 18 日	8 月 19 日	8 月 20 日
烷烃	69.1	51.7	42.3	34.0	22.5	19.6
烯烃	14.1	11.2	3.80	1.67	1.03	0.83
芳香烃	128.3	95.7	67.2	46.8	35.8	30.8
卤代烃	84.0	64.5	35.4	42.8	42.1	24.1
醇类	16.4	6.5	2.93	1.97	0.48	0.60
醛酮类	37.2	39.9	16.9	20.6	9.02	2.06
酯类	21.3	13.1	11.8	10.8	5.71	1.13
酰胺类	11.1	13.6	9.21	13.3	9.49	3.41
其他	7.5	13.5	8.86	9.95	8.22	4.86
VOCs	388.8	308.9	198.5	181.9	134.3	87.4

从健翔桥的流量观测可知，全市限行后监测点的车流量由 16 日平均 8 136 辆/h 减少到 5 661 辆/h，减少了 30.4%。

北京大学和中国环科院采用 MOBILE 模型和 PART5 模型计算结果提出，限行前后每天减少 NO_x 排放量 87 t，CO 排放量 1 362 t，PM_{10} 4.8 t。

不同方法监测到的空气中低空 NO_2 浓度减少了 20%～25%，而 120 m 高空和 280 m 高空分别减少了 31%和 30%；通过飞行监测，在四环和五环间的 950 m 高空的 NO_x 减少了 30%；空气中 CO 浓度减少了 23%～25%。

中国环境监测总站在健翔桥点位的监测表明，VOCs 各类物质的平均质量浓度在车辆限行前后有明显变化，8 月 15 日、16 日车辆限行前 VOCs 平均质量浓度分别为 348.9 μg/m^3，限行后 8 月 17—20 日 VOCs 平均质量浓度分别为 150.5 μg/m^3，限行后 VOCs 减少了近 57%。芳香烃、醛酮类降低最为显著，降低比例分别达到 55%与 67%，烷烃、卤代烃亦分别降低 46%与 48%（表 3-1-24）。

限行前后北京挥发性有机污染物浓度与国外有关城市比较说明（表 3-1-25）：国内外典型城市大气中烷烃、烯烃、芳香烃类等挥发性有机物见表（为选择污染状况接近的情景进行比较，国外城市列出的是至少 10 年前的浓度水平）。大阪和芝加哥分别具有最高（501.2 μg/m^3）和最低总 VOCs 质量浓度（129.7 μg/m^3），限行后北京大气中这 3 种烃类化合物的质量浓度总和（76.6 μg/m^3）好于北京 2002—2003 年的水平，而限行前质量浓度总和为 185.0 μg/m^3，与汉堡（179.9 μg/m^3）的浓度水平近似。本次监测各类 VOCs 化合物在总 VOCs 中所占比例以芳香烃为最高，其次是烷烃。

表 3-1-25　　北京与国内外城市 VOCs 中各组分质量浓度　　单位：μg/m^3

组分质量浓度	城市（年份）						
	汉堡（1981）	大阪（1993）	芝加哥（1989）	亚特兰大（1991）	北京（2002—2003）	北京	
						限行前（2007）	限行后（2007）
烯烃	20.4	53.5	19.0	13.2	26.6	12.6	1.8
烷烃	78.5	232.3	77.9	169.7	57.9	60.4	29.6
芳香烃	80.9	215.4	32.8	149.4	38.0	112.0	45.2
总 VOCs	179.9	501.2	129.7	332.3	122.5	185.0	76.6

根据厦门市的相关研究表明（表 3-1-26），机动车排放的主要污染物为 CO、HC、NO_x、PM_{10}，各种机动车污染物排放量变化较大。

表 3-1-26　　厦门市机动车污染物排放情况　　单位：g/（km・辆）

项目	轻型车	轿车	出租车	公交车	大客车	大货车	摩托车
CO	13.2	10.9	14.2	15.6	16.5	18.5	4.5
HC	1.26	0.82	1.39	2.01	0.29	0.50	0.65
NO_x	1.87	1.54	2.73	3.73	9.23	9.93	0.24
PM_{10}	0.60	0.42	1.04	4.50	2.04	3.33	0.30

① 厦门市轻型车 CO、HC、NO_x 的排放分别是美国 1994—1996 年轿车排放标准限值的 3.9 倍、5.0 倍、4.7 倍，与 1996 年的 EURO Ⅱ 排放标准限值相比，厦门市轿车 CO 排放是 EURO Ⅱ 标准限值的 5.0 倍，HC 和 NO_x 的排放是 EURO Ⅱ 标准限值的 4.7 倍。

② 与西方 20 世纪 90 年代相比，厦门市机动车 CO 的平均排放因子比北美高 1.18 倍，比欧洲高 0.91 倍；HC 的平均排放因子比北美高 0.60 倍，比欧洲高 0.26 倍；NO_x 的平均排放因

子比北美高 2.88 倍，比欧洲高 1.56 倍。

（2）防治光化学烟雾污染迫在眉睫

光化学烟雾是指大气中NO_x、碳氢化合物和氧化剂在日光作用下形成的二次污染。光化学烟雾可以说是工业发达、汽车拥挤的大城市的一个隐患。继 1943 年美国洛杉矶市发生世界上最早的光化学烟雾事件后，世界上很多城市如北美、日本、澳大利亚和欧洲部分地区也都不断发生过光化学烟雾事件。早在 20 世纪 70 年代末我国兰州西固石油化工区就首次出现了光化学烟雾，1986 年夏季在北京也发现了光化学烟雾的迹象；1995 年 5 月成都也出现了光化学烟雾；同年 6 月在上海也相继出现了光化学烟雾；2002 年 3 月 15 日天津市出现了“辣”得人睁不开眼睛的光化学烟雾事件。

截至目前，我国虽然只在少数城市发现过光化学烟雾污染，但随着城市汽车的急剧增加，排入大气的 NO_x 和 HC 为光化学烟雾的形成提供了丰富的来源，我国中部、南部特别是沿海城市均面临着光化学烟雾污染的威胁。

（3）城市扬尘已成为城市 PM_{10}的首要因素

从各种单一污染源排出来的初始污染物如烟尘、工业粉尘、建筑尘、土壤尘等在扩散的过程中一部分沉降于城市公路表面，而后形成混合态颗粒物，由于汽车运行中的扰动，反复扰动到空气中，被称为城市扬尘。

公路运输扬尘已导致相当部分城市尤其是中小城市空气中颗粒物污染的主要来源。20 世纪 80 年代初期，我国城市颗粒物（降尘、TSP）主要来源为工业生产，特别是重工业城市、电厂、水泥厂、冶炼等重点工业粉尘、烟尘排放企业集中于市区，加之除尘水平较低，而且城市交通公路网络尚未形成，故城市主要颗粒物是粗粒子（空气动力学直径 100 μm 以下），主要来源为工业生产。但是随着工业生产中除尘控制技术的提高，工业布局调整，国家对重污染企业采取的关、停、并、转、迁等各项措施后，工业烟尘、粉尘大大减少，而且大部分排污单位搬迁到远离市区的郊区县。同时，城市公路网络的形成，汽车拥有量上升、车流量不断增大，致使公路扬尘和汽车尾气成为城市大气污染物的主要来源。

空气中颗粒物污染已经成为我国大部分城市的主要污染物。为了有针对性地采取措施，各个城市进行了颗粒物源解析。结果表明，包括汽车尾气和公路扬尘的公路交通是PM_{10}和$PM_{2.5}$的主要来源。

天津南开大学关于城市颗粒物源解析的一项研究结果表明，天津、济南、石家庄、太原、乌鲁木齐、安阳和邯郸城市中PM_{10}的来源贡献中城市公路扬尘占 30%～47%，汽车尾气占 8%～15%，合计为 38%～58%（表 3-1-27）。

北京市的研究结果说明（图 3-1-63），PM_{10}来源中，机动车和公路扬尘占 21.3%，比其他来源均高，$PM_{2.5}$的来源中机动车和扬尘占 32%，也是最重要的来源。

表 3-1-27　　部分城市颗粒物源解析结果　　单位：%

源类	天津	济南	石家庄	太原	乌鲁木齐	安阳	邯郸
城市扬尘	33	30	47	32	30	37	35
煤烟尘	25	19	13	18	28	18	19
建筑水泥尘	3	3	10	7	10	13	13
钢铁尘			1	5		2	4
土壤风沙尘	11	22	13	9	8	9	6
汽车尾气尘	11	9		15	10	8	11
硫酸盐	8			11	10	6	5
硝酸盐	0			4	1		
总和	92	83	92	99	97	93	90
其他	8	17	8	1	3	7	10
监测值（μg/m³）	179.89	156.69	399.87	260.01	302.61	330.48	433

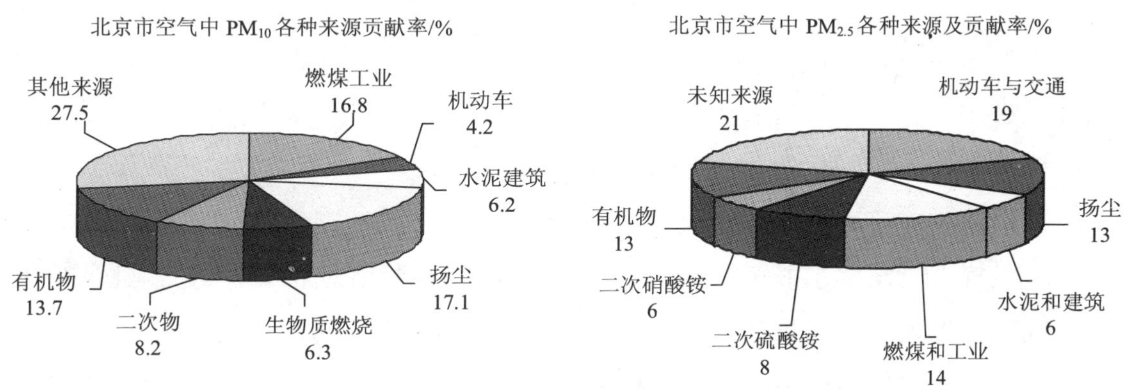

图 3-1-63　北京市空气中颗粒物来源贡献率

6. 沙尘天气对我国城市空气质量尤其是北方城市的影响显著

沙尘暴是一种灾害性的大气现象，是荒漠化的后果，是人类不适当的活动对自然环境干扰的结果，也是影响我国大气环境质量的重要因素。

目前全球沙尘暴主要是发生在四大地区，一是非洲撒哈拉沙漠中非沙暴区，二是美国中南部沙暴区，三是澳洲中部沙暴区，四是由哈萨克斯坦、蒙古国南部和中国西北部组成的中亚沙暴区，其中中非沙暴区和东亚沙暴区处于活跃期。中亚沙暴区的风系为东亚冬季风，由亚洲大陆北部即西北利亚地区与北太平洋之间的温差形成的，随着两者之间的温差加大使得该地区频频出现沙尘暴。

（1）沙尘暴频繁，影响范围大

我国近几年来沙尘天气次数列于表 3-1-28 中，每年频繁发生，而且主要集中在冬后春季 3—5 月份，每年发生的频次不等，没有明显的增多或减少的趋势，其发生的频次主要取决于上年度的降水情况和当年的春季的气象状况，基本不受上年或当年人为活动的影响。沙尘天气的气候背景基本是：

冬后的春季气候回升较快，而且偏暖时间长，致使地表层解冻早，土壤水分蒸发加大，土质疏松，为春季沙尘天气的频繁发生提供了丰富的沙尘源；

北方降水持续偏少春旱蔓延，再加上气温持续偏高，土壤墒情下降，导致干旱范围不断扩大，造成地表疏松，为沙尘天气的发生提供有利条件。

表 3-1-28　　历年沙尘天气发生次数统计表

类型	2000 年	2001 年	2002 年	2003 年	2004 年	2006 年	2007 年
沙尘天气过程	19	22	17	10	18	11	13
强沙尘暴	2	5	5	0	1	5	
沙尘暴	7	11	7	2	5	6	
扬沙	10	6	5	8	12		
持续天数/d	10～25	10～25	15～30	10～25	10～20	23	24

我国沙尘暴对空气质量的影响范围大，一般情况均可涉及内蒙古、青海、宁夏、银川、甘肃、山西、陕西、河北、天津、北京、辽宁、吉林、黑龙江以及江苏、浙江、山东等约占国土面积一半以上的北方乃至部分南方地区的城市。

（2）对城市空气质量影响大，可控制程度低

由于沙尘天气主要发生在每年的春季 3—5 月，从沙尘暴源地携带大量的颗粒物的气流弥漫整个北部或南部地区，使影响地区的颗粒物污染达到顶峰。

根据国家环境保护总局沙尘暴研究监测网对 2002 年春季 3—4 月沙尘天气的跟踪调查结果表明：

北京在 2002 年 3—5 月共发生沙尘天气 21 次，其中在 3—4 月份发生 13 次，延续时间为 17 天，占两个月总天数的 28%。

北京地区最高 PM_{10} 浓度可达到 1 878 μg/m³；TSP 两小时浓度可达到 11 000 μg/m³，在沙尘源附近的内蒙古阿拉善、苏尼特地区可出现 49 000 μg/m³ 的峰值；在张家口、宣化、包头、集宁、通辽、银川等地也多次出现 1 000～26 000 μg/m³ 的现象。

沙尘天气期间，北京降尘量平均达到 367.6 t/h；3 月 20 日连续 7 小时的沙尘天气的降尘量达到最高值 1 021 t/h。经过估计，3—4 月北京地区 13 次沙尘天气的总降尘量约 10.7 万 t，也就是说，3—4 月份由沙尘源带来的尘土降落在北京地区的就有 10 万 t。

根据初步估算，经过北京的总沙尘水平通过量可达 41.1 万 t（按宽为 1 km 计算）；巨大的尘土对城市空气来说是个难以人为控制的灾害，同时对于沙尘源地区来说也是一个灾害，每年仅沙尘天气带走土地表层宝贵的土壤就数百万吨，大大促进了沙漠化的进程。

2000—2002 年，大连地区共出现 15 次沙尘天气，主要发生在冬、春季，每次持续时间在 10～70 h 不等。沙尘天气时，市区 5 个空气自动监测子站监测到 PM_{10} 最大值为 5.53 mg/m³，高于正常监测值近百倍。受此影响，市区 3、4 月份自然降尘量高于正常年份 10 余 t，沙尘暴

对大连市大气环境造成严重污染（表 3-1-29）。

表 3-1-29　2002 年 3 次强沙尘暴对大连市的影响统计

时间	历时/h	降尘量/t	每平方公里降尘/（t/km^2）	人均/kg
2002 年 3 月 16—18 日	50	800	3.6	0.4
2002 年 3 月 20—22 日	60	1 600	7.3	0.8
2002 年 4 月 6—9 日	71	3 200	13.3	1.6
合计	181	5 600	24.2	2.8

（3）沙尘天气是城市空气质量目标实现的重要难题

各级政府将城市空气质量良好的数量比例作为考核环境保护业绩重要指标任务，对于北方城市而言，沙尘天气导致的空气质量恶化是当地政府和环境保护部门无能为力的。以北京市 2004 年为例，国家气象部门报道的全国沙尘天气有 19 次，延续时间达 35 天，而北京市环境监测中心监测到的 2—5 月份出现的 PM_{10} 浓度峰值日（浓度大于 200 μg/m^3）23 天的时间，与国家报告的沙尘天气日基本是一一对应（图 3-1-64），沙尘天气影响的严重污染天数占 4 个月的天数的 1/5。2—5 月监测的 PM_{10} 日平均浓度为 0.160 mg/m^3，如不计算 23 天的沙尘天气的影响，日平均浓度为 0.137 mg/m^3，也就是说，23 天的沙尘天气使北京市的高污染日增加了 23 天，平均浓度增加了 0.023 mg/m^3。

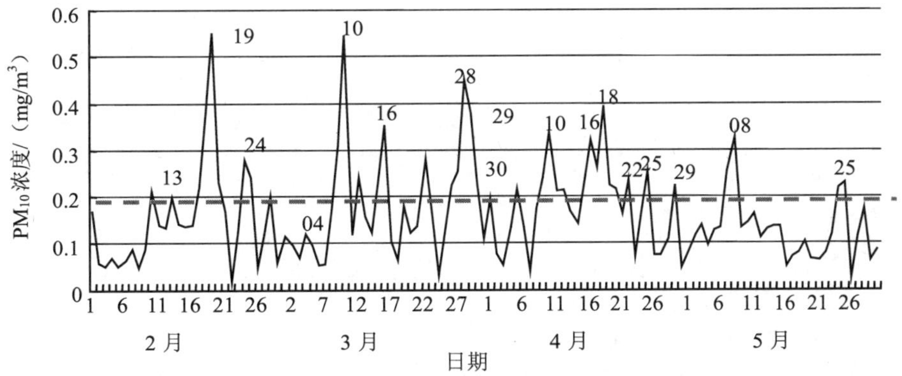

图 3-1-64　北京市 2004 年沙尘天气日与 PM_{10} 浓度高峰日的对应

而且这种影响不仅是北京市，受影响的城市均是如此，只是受影响的程度不同而已。图 3-1-65 是随意选择的部分城市 3—5 月份 PM_{10} 高峰值日与国家发布的沙尘天气日相关图，可以看出，这些城市的高浓度峰值与沙尘日基本是一一相对应，这也说明对北京的分析不是偶然的巧合，而是沙尘天气影响的必然结果，是有关政府和环境保护部门在制订计划目标时必须考虑的。

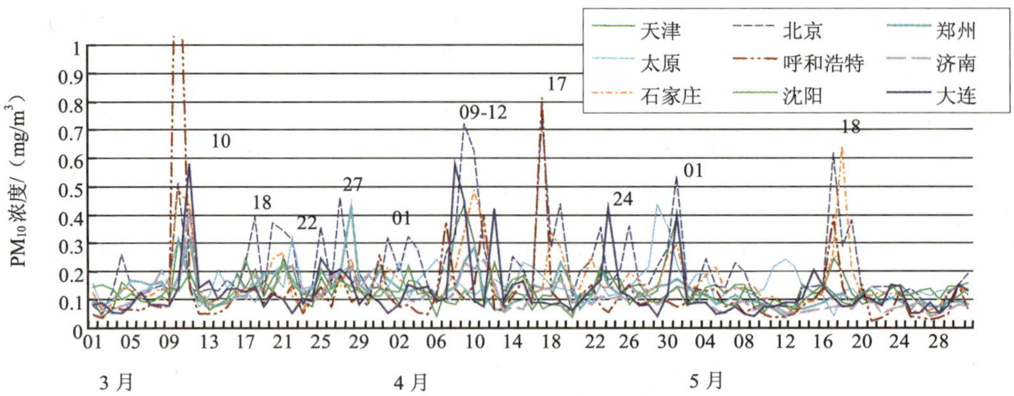

图 3-1-65　2006 年沙尘天气与部分城市 PM_{10} 高峰值的对应比较

7．废气治理投资持续增加，但占国内生产总值比重偏小，投资不足

我国经过环境污染治理几十年的建设，废气治理投资金额持续增加，从 1983 年的 4.1 亿元增加到 2005 年的 21.3 亿元，增加了 5 倍多（图 3-1-66）。同时，历年来，废气污染治理投资在工业污染治理投资中的比例呈增加趋势，从 1983 年仅占 27.8%增加到 2006 年的 48.2%，但是占国内生产总值的比例一直很低，大部分年份都在 0.1%以下，最高也只达到 0.12%（图 3-1-67）。

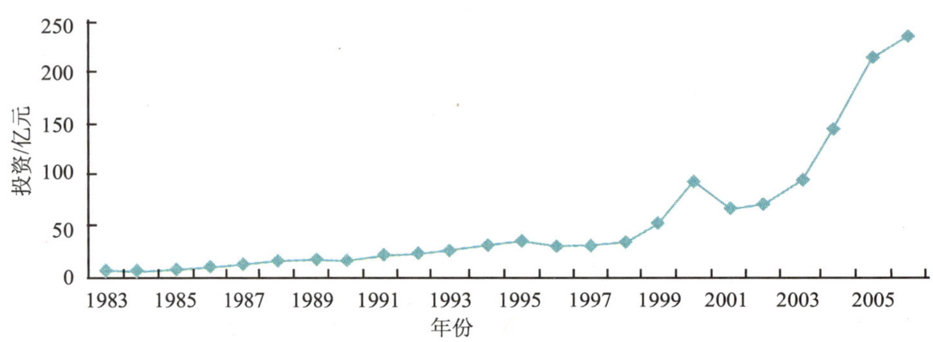

图 3-1-66　废气治理投资年际变化

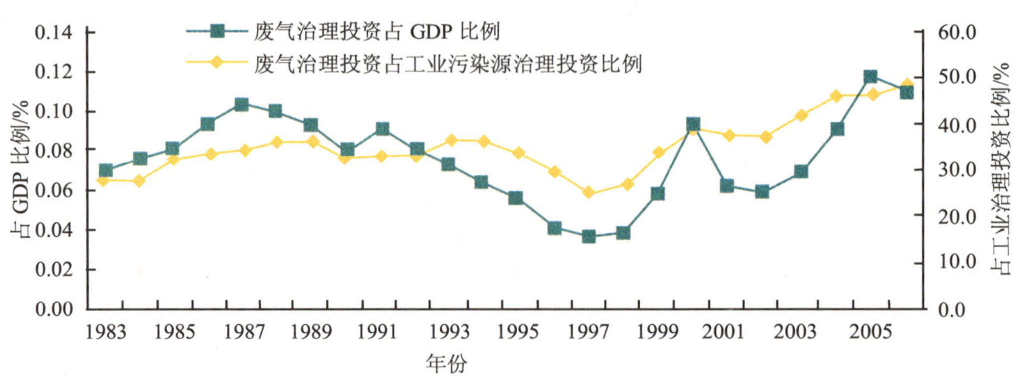

图 3-1-67　废气治理投资占工业污染源治理投资和 GDP 比例的年际变化

（四）小结

① 监测的 559 个城市中，38%的城市超过国家二级质量标准。可吸入颗粒物（PM_{10}）为城市空气的首要污染物，北方城市更为严重；86%的城市 SO_2 年日均值达到二级标准，但中部地区污染突出；珠江三角洲、长江三角洲、京津唐等城市群 NO_2 污染相对较重；典型研究表明，部分地区已经显现细颗粒物（$PM_{2.5}$）、臭氧、VOCs、汞等污染问题。

② 城市空气中常规监测污染物的浓度有所下降，但污染依然严重。污染范围明显扩大，呈现由市区向郊区、由城市向农村蔓延的趋势。部分地区污染类型发生变化，出现由煤烟型污染向煤烟型—机动车尾气复合型污染转变。

③ 能源结构以煤为主，大气污染治理设施建设滞后，城市基础设施不能满足城市发展的需要，以及机动车数量快速增长，是造成我国城市空气污染的主要原因。沙尘等自然因素对城市空气质量也有一定影响。

④ 我国 95%的城市空气质量标准均超过欧盟空气质量标准；可吸入颗粒物、SO_2 浓度高于发达国家的城市。

⑤ 在继续控制 SO_2 污染的同时，建议重视对可吸入颗粒物的控制，加强细颗粒物（$PM_{2.5}$）、NO_x、臭氧、VOCs、汞等的监测与控制。

三、酸雨

（一）现状

1．全国酸雨状况

（1）全国五分之二的监测城市降水是酸雨（pH＜5.6）

2006 年，524 个城市降水监测结果表明，全国市（县）降水 pH 年均值范围为 3.85（福建泉州市）～8.58（新疆昌吉市）。降水 pH 年均值低于 5.6 的城市 205 个，占 39.1%，其中低于 5.0 的城市 149 个，占 28.4%；低于 4.5 的城市 56 个，占 10.7%。

（2）近一半的城市出现过酸雨

在 524 个监测的城市中，283 个城市出现至少 1 次以上的酸雨，占 54.0%；酸雨发生频率在 25%以上的城市 198 个，占 37.8%；酸雨发生频率在 75%以上的城市 87 个，占 16.6%。

（3）约占 1/3 的国土面积酸雨频率在 5%以上

2006 年，全国酸雨发生频率在 5%以上的区域占国土面积的 32.6%，酸雨发生频率在 25%以上的区域占国土面积的 15.4%（图 3-1-68）。

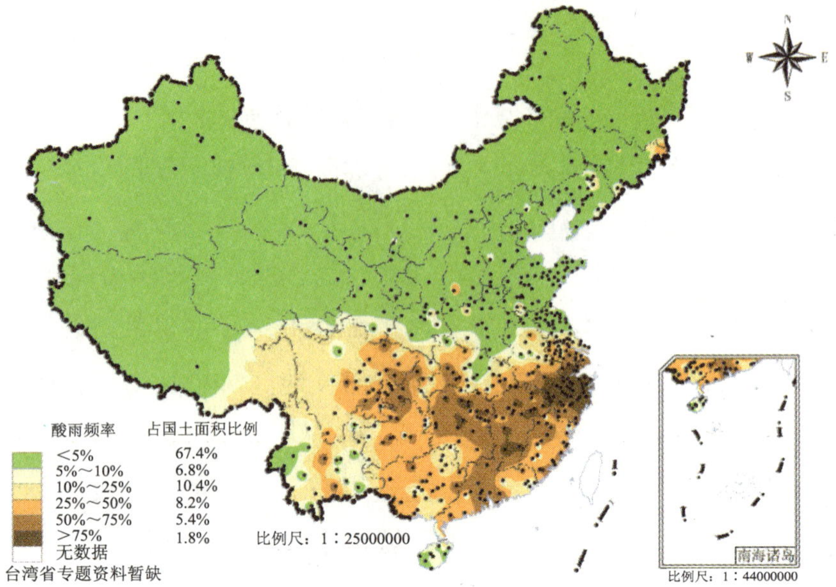

图 3-1-68　2006 年全国酸雨发生频率区域分布图

（4）酸雨主要分布区域

2006 年，全国酸雨分布区域主要集中在长江以南，青藏高原以东的区域。主要包括浙江、江西、湖南、福建、贵州、重庆、上海的大部分地区，以及江苏、安徽、湖北、广东、广西、四川的部分地区（图 3-1-69）。

酸雨较严重（降水 pH 年均值低于 5.0）的区域主要分布在浙江、江西、湖南三省，以及重庆大部分地区和四川东南部地区。

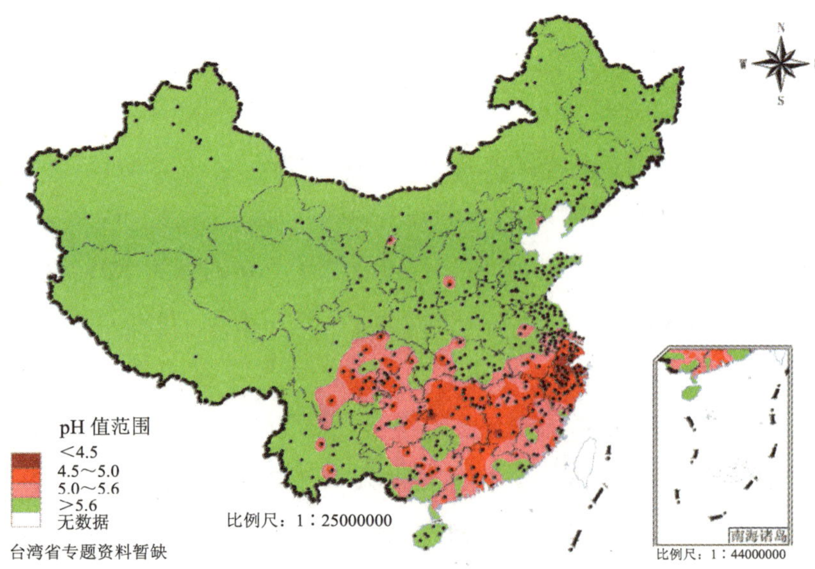

图 3-1-69　2006 年全国降水 pH 年均值等值线图

（5）我国降水酸度与东亚其他国家程度相当

根据东亚酸雨监测网的监测结果（2004 年），44 个监测点位中，pH 年均值低于 5.6（含）的有 38 个，其中低于 4.5 的测点有 1 个，为马来西亚的 Petaling Jaya 监测点。从降水酸度的角度分析，我国与东亚其他国家程度相当（图 3-1-70）。

从 pH 分布图（图 3-1-70）可以看出，我国东南部的日本、韩国、印度、马来西亚等各国的降水 pH 均较低，与我国厦门、珠海接近，基本在 pH＜5.0 范围内。

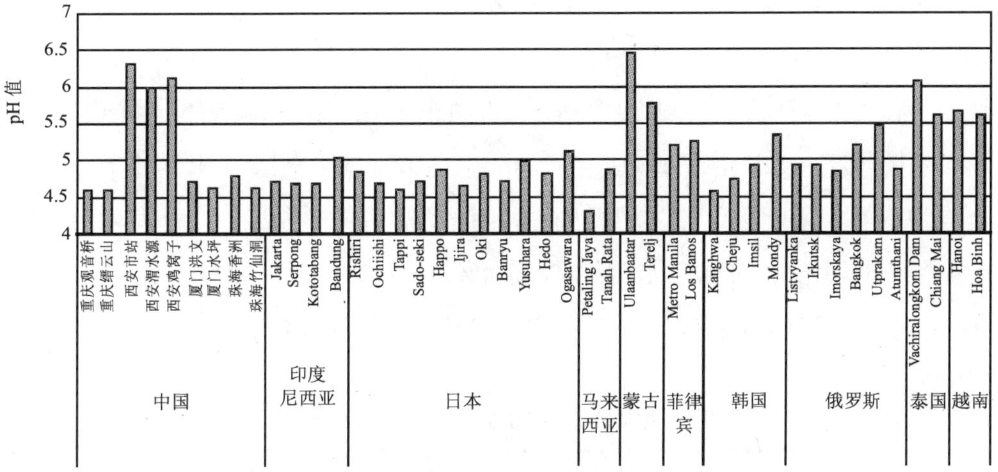

图 3-1-70 东亚酸雨网监测点降水酸度

（6）我国酸雨污染较美国轻

从降水 pH 分布可以知道，美国的酸雨污染比我国更为严重，其大部分国土面积的酸度都在 5.6（按我国酸雨平均基准值）下，特别是在东部地区基本在 5.0 以下，严重污染［按 pH（4.5 评价）的面积几乎达到国土面积的 1/5～1/4］。

2．两控区酸雨状况

（1）两控区降水酸度

酸雨控制区内，209 个参加统计的城市，降水 pH 年均值范围在 3.85（福建泉州市）～7.08（云南昭通市）之间。降水 pH 年均值低于 5.6 的城市 149 个，占 71.3%；低于 4.5 的城市 48 个，占 23.0%。

SO_2 污染控制区内，84 个参加统计的城市，降水 pH 年均值范围在 4.50（山西临汾市）～7.58（新疆乌鲁木齐市）之间。降水 pH 年均值小于 5.6 的城市 6 个，占 7.1%。

从表 3-1-30 数据可以看出，酸雨控制区降水酸度小于 5.6 的城市，其比例大于全国。

表 3-1-30　　2006 年全国降水 pH 年均值统计表

年均 pH 值范围		<4.5	4.5～5.0	5.0～5.6	5.6～7.0	≥7.0
全国	城市数	56	93	56	231	88
	所占比例/%	10.7	17.7	10.7	44.1	16.8
酸雨控制区	城市数	48	65	36	57	3
	所占比例%	23.0	31.1	17.2	27.3	1.4
SO_2 污染控制区	城市数	1	1	4	62	16
	所占比例/%	1.2	1.2	4.8	73.8	19.0

（2）酸雨频率

酸雨控制区内，出现至少 1 次以上的酸雨的城市占 87.6%；酸雨发生频率在 25%以上的城市占 70.8%；酸雨发生频率在 75%以上的城市占 33.0%，比全国高出 7 个百分点。

SO_2污染控制区内，出现至少 1 次以上的酸雨的城市占 28.6%；酸雨发生频率在 25%以上的城市占 6.0%；未出现酸雨的城市比例达到 71.4%。

如表 3-1-31 所示，酸雨控制区的高酸雨频率的城市比例远高于全国。

表 3-1-31　　2006 年全国酸雨发生频率分段统计表

酸雨发生频率/%		0	0～25%	25%～50%	50%～75%	≥75%
全国	城市数	241	85	61	50	87
	所占比例/%	46.0	16.2	11.6	9.5	16.6
酸雨控制区	城市数	26	35	42	37	69
	所占比例/%	12.4	16.7	20.1	17.7	33.0
SO_2 污染控制区	城市数	60	19	5	0	0
	所占比例/%	71.4	22.6	6.0	0.0	0.0

3．降水化学组成

（1）全国降水化学组成

2006 年，全国降水化学监测结果表明，我国降水中的主要阳离子为 Ca^{2+}和 NH_4^+，分别占离子总当量的 26.3%和 13.7%；降水中的主要阴离子是 SO_4^{2-}，占 29.2%；NO_3^-占 5.7%（图 3-1-71）。

降水中 SO_4^{2-}和 NO_3^-的当量浓度比为 5.1，表明我国降水中的致酸物质仍以硫酸盐为主。

（2）两控区降水化学组成

酸雨控制区内，降水中 SO_4^{2-}及 NO_3^-占离子总当量比分别为 32.8%和 6.8%，均高于全国平均水平；Ca^{2+}占 21.5%，低于全国平均水平；NH_4^+占 16.0%，高于全国平均水平，见图 3-1-72。

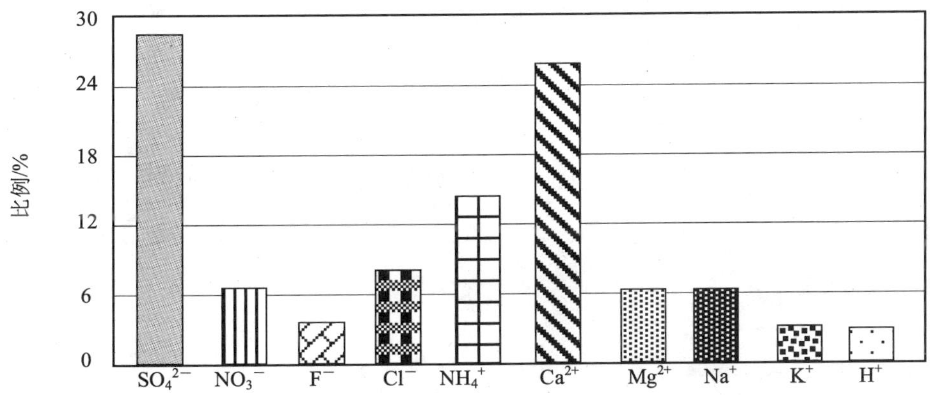

图 3-1-71　2006 年全国降水中主要离子当量浓度百分比

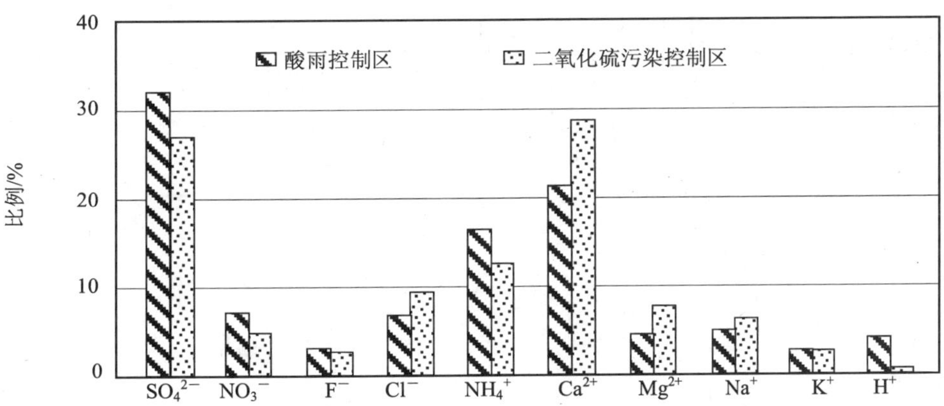

图 3-1-72　2006 年两控区降水中主要离子当量浓度百分比

SO_2污染控制区内，降水中所监测的各项离子浓度均高于全国平均水平，SO_4^{2-}及 NO_3^-占离子总当量比分别为 27.3%和 4.2%，低于全国平均水平；Ca^{2+}为 29.5%，高于全国平均水平；NH_4^+为 12.2%，低于全国平均水平。SO_2污染控制区内降水中存在较高浓度的致酸离子，同时也存在较高浓度的碱性离子，但降水中致酸离子的相对比例低于全国平均水平，因此酸性降水出现的频率低于全国水平。

（二）酸雨变化情况

1．概况

（1）10 年来出现酸雨城市比例有所减少

从降水酸度的总体变化趋势看，1996—2006 年，全国出现酸雨的城市和降水 pH 年均值小于 5.6 的城市比例变化趋势一致，即 1998—2002 年呈现下降趋势，下降幅度较大，降水年均 pH 值小于 5.6 的城市比例下降了 13.6 个百分点，出现酸雨的城市比例下降了 27 个百分点。

而 2003 年、2004 年有所回升，两年间降水年均 pH 值小于 5.6 的城市比例和出现酸雨的城市比例分别上升了 8 个百分点和 6.5 个百分点（图 3-1-73），2005 年、2006 年两年比 2004 年又略有降低。

2002 年后出现酸雨和 pH 年均值小于 5.6 的城市比例又呈上升趋势。2006 年比 2002 年出现酸雨的城市上升了 3 个百分点，pH 年均值小于 5.6 的城市比例增加了 6.5 个百分点，表明酸雨污染程度有所加重。

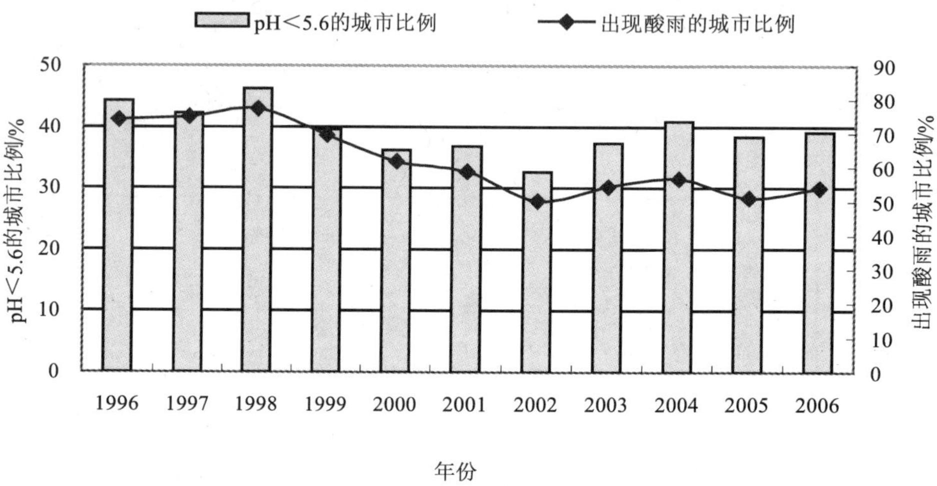

图 3-1-73　1996—2006 年全国酸雨统计结果

（2）酸雨污染严重的城市比例增加

从降水酸度分布来看，降水 pH 年均值在 4.5～5.0 的城市比例变化趋势和降水为酸雨（pH 年均值＜5.6）的城市比例变化一致。2000 年以后，酸雨污染严重的城市（pH 值＜5.0）的比例明显上升，2006 年比 2000 年增加了 12.3 个百分点，我国酸雨污染呈加重的趋势（图 3-1-74）。

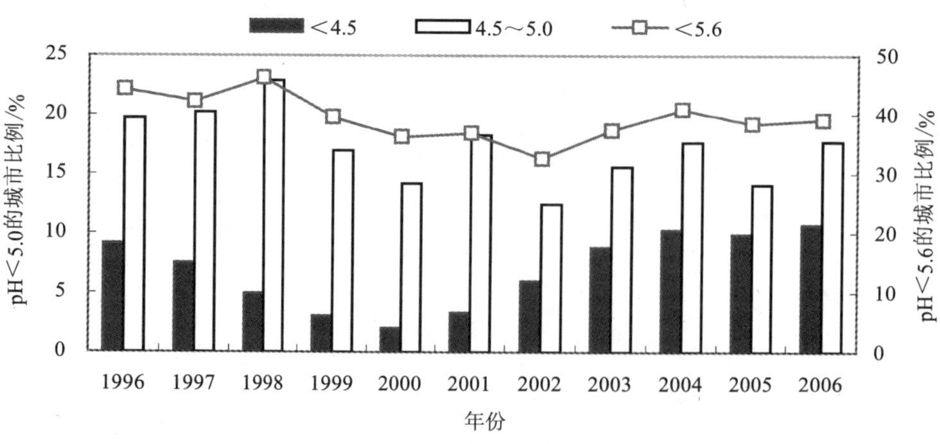

图 3-1-74　全国降水酸度分布

(3) 全国降水酸度总体升高

2000 年以来,我国降水酸度呈总体升高趋势,降水 pH 年均值由 2000 年的 5.22 降低到 2006 年的 4.82,酸雨污染呈现加重趋势(图 3-1-75)。

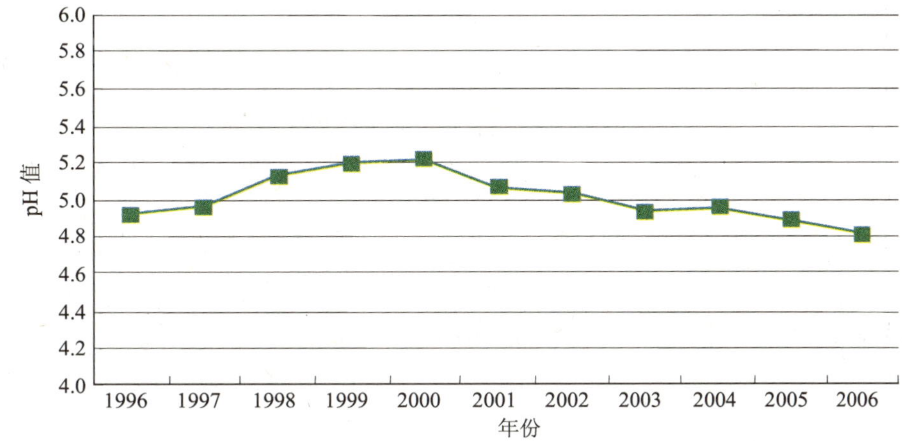

图 3-1-75 全国降水 pH 年均值变化

2002—2005 年的全国酸雨普查期间,全国酸雨区域的边界在年际间有所变化,但总体分布格局保持稳定。降水 pH 年均值低于 5.0 的较重酸雨区域及降水 pH 年均值低于 4.5 的重酸雨区域的面积占国土面积的比例呈现增加趋势(图 3-1-76)。

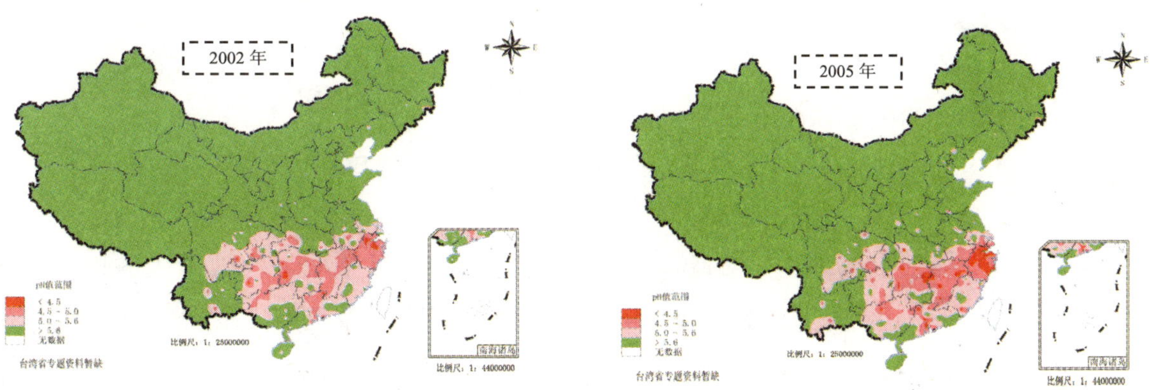

图 3-1-76 2002 年、2005 年降水 pH 分布图

(4) 酸雨重污染城市比例与 SO_2 排放量呈显著性正相关

我国降水中硫酸盐是主要的致酸物质,酸雨的污染与 SO_2 排放密切相关。我国的 SO_2 排放量近 10 年来呈马鞍型变化趋势(图 3-1-77),但酸雨污染的范围并没有明显的变化,而酸雨重污染(即 pH<4.5)城市比例与 SO_2 排放量的变化趋势相似,两者的相关系数达到 0.843,呈显著性正相关(图 3-1-78),这一规律表明:

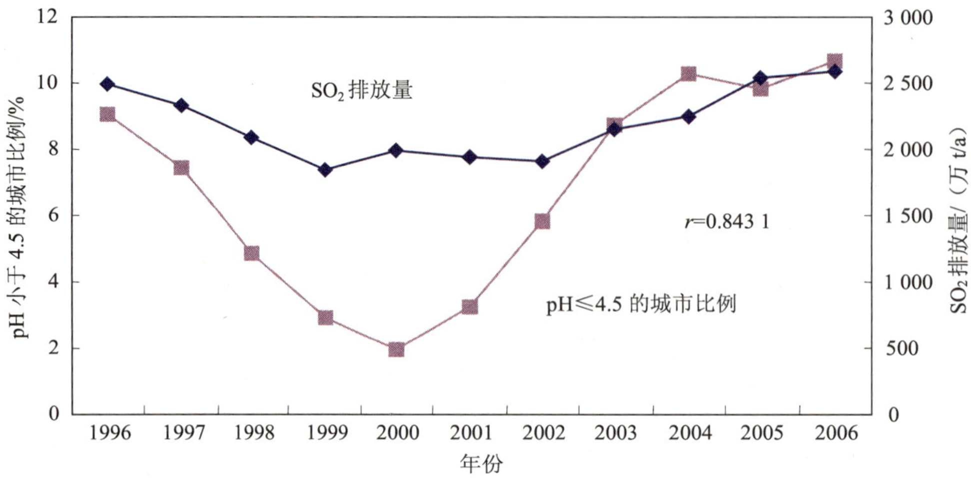

图 3-1-77　1996—2006 年全国酸雨重污染城市比例与 SO_2 排放量趋势图

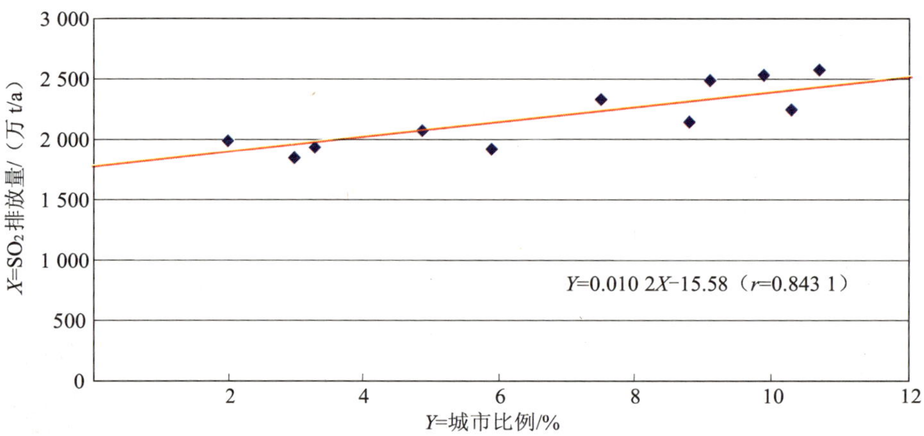

图 3-1-78　1996—2006 年重酸雨污染城市比例与 SO_2 排放量相关图

① 我国 SO_2 排放量的增加主要集中在部分省、市，而且是原来排放量大的地区煤炭消费量增加明显（如山西、陕西等地），并非普遍地增加，故造成原来发生酸雨的地区酸雨污染程度增加，而污染的范围并不一定扩大。

② 由于近几年煤炭消费量的增加数量最快的是火电厂，这种排放强度大，排放高度高的点源在一般的气象条件下对局地的 SO_2 浓度贡献不一定大，但是在 SO_2 氧化速率大的地区随降水而下形成酸雨污染的可能性较大。

2．酸雨控制区

在酸雨控制区内，1996—2006 年，出现酸雨的城市比例总体呈下降趋势，10 年来减少了 11.2 个百分点。从降水酸度分布来看（图 3-1-79），2000 年之后降水 pH 年均值低于 5.6 的城市比例呈总体升高趋势。

通过分析，10 年来全国酸雨污染程度的变化分两个阶段，1996—2000 年酸雨污染呈现减轻的趋势，但是 2000—2006 年，重污染（pH＜4.5）的城市比例明显增加，说明污染有加重的趋势（图 3-1-80）。

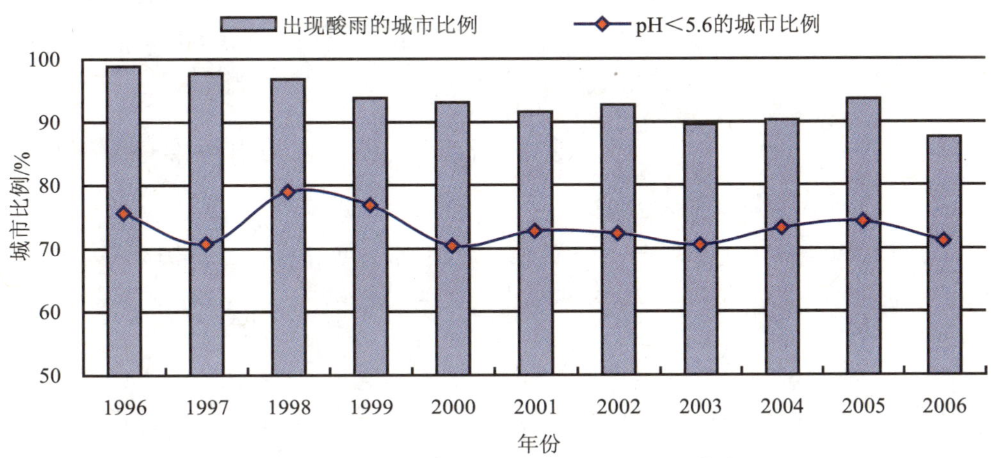

图 3-1-79　酸雨控制区城市出现酸雨及 pH 值小于 5.6 降水的情况

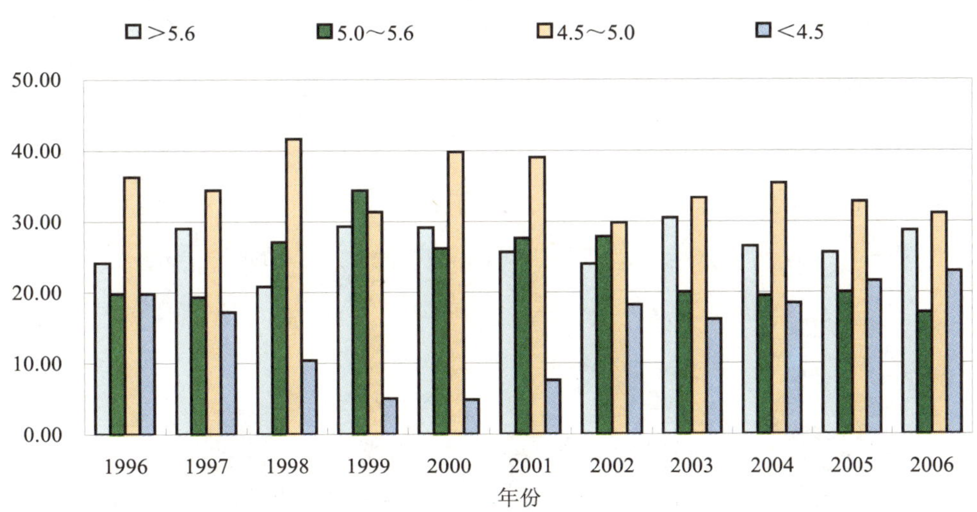

图 3-1-80　酸雨控制区降水酸度频率分布情况

3．酸雨区域分布

从 20 世纪 80 年代开始，我国逐步形成西南、华中、华东和华南 4 大酸雨区。

以重庆、贵阳为代表的西南酸雨区，“八五”期间（1991—1995 年），污染状况有所缓和，但中心区域仍然是酸雨污染严重的区域；“九五”期间（1996—2000 年），西南酸雨区年际变化不大，污染程度仍然较重。2001—2006 年，西南地区的酸雨污染有所减轻。

以长沙、南昌为代表的华中酸雨区污染程度有了进一步的发展，“八五”期间（1991—1995 年），华中酸雨区出现酸雨的频率增加，年均 pH 值逐渐降低，酸雨污染范围明显增大，成为我国酸雨污染最严重的区域，“九五”期间（1996—2000 年），华中酸雨区部分中心城市酸雨强度有所下降，但 2001—2006 年，以湖南、江西两省为中心的华中地区酸雨强度又有所增加。

“九五”期间（1996—2000 年），华东酸雨区江苏、福建省酸雨污染有所减轻，浙江省酸雨污染有加重趋势。2001—2006 年，浙江省酸雨污染进一步加重。

以南宁、柳州和韶关为代表的华南酸雨区，酸雨污染变化不大，酸雨污染比较普遍，但酸雨区污染中心不明显。2001—2006 年，华南珠江三角洲地区的酸雨污染加重，形成了较典型的分布区域。

“九五”初期，北方地区出现酸雨的区域分布在山东省青岛市和吉林省图们市周围区域，到“九五”末期，仅图们市仍存在酸雨污染。2000 年以后，北方除图们市外，河北、山西、辽宁、吉林、陕西的部分城市及北京、天津均出现酸雨，酸雨控制区外酸雨污染的问题也应引起重视。

4. 主要离子沉降量

(1) 主要离子沉降量比较

① SO_4^{2-}沉降量。

我国南方地区 SO_4^{2-}的平均沉降总量高于北方地区。SO_2 控制区 SO_4^{2-}的平均沉降量与北方地区沉降量持平。酸雨控制区 SO_4^{2-}的平均沉降量高出南方地区平均沉降量 5%左右（图 3-1-81）。

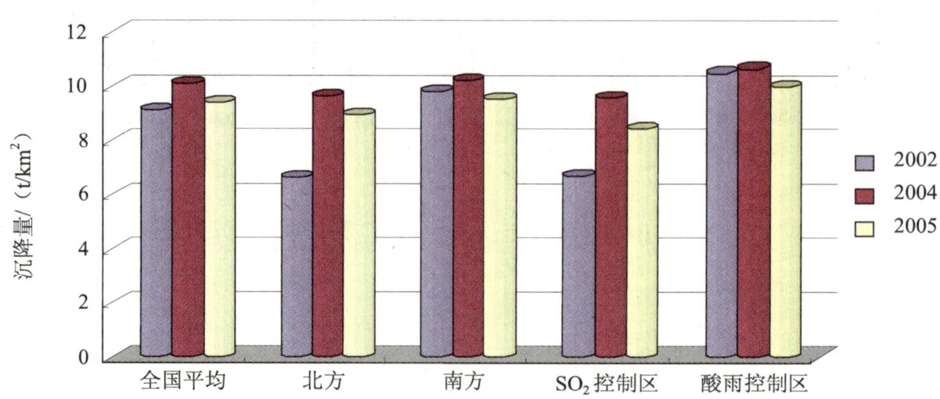

图 3-1-81　硫酸根离子沉降量变化

② NO_3^-沉降量。

我国南方地区硝酸根离子的平均湿沉降总量高于北方地区。SO_2 控制区硝酸根离子的平均沉降量与北方地区沉降量持平。2002 年、2004 年、2005 年三年普查期间，酸雨控制区硝酸根离子的平均沉降量分别高出南方地区平均沉降量 7%、3%和 4%（图 3-1-82）。

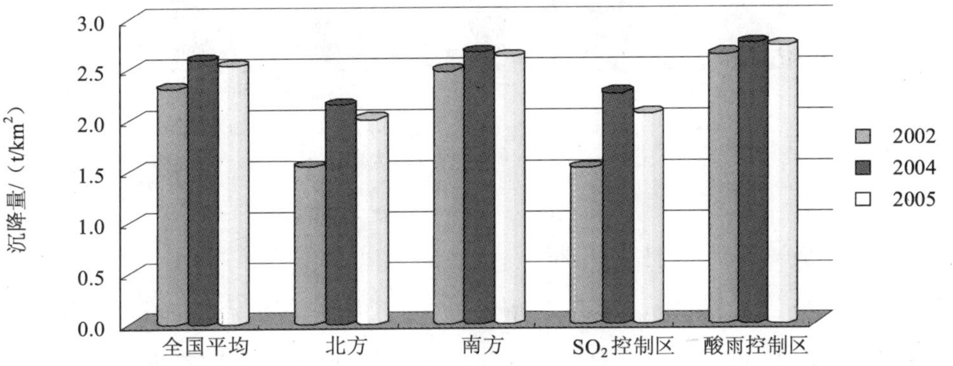

图 3-1-82　硝酸根离子沉降量变化

③ NH_4^+沉降量。

我国南方地区铵根离子的平均湿沉降总量高于北方地区。SO_2 控制区铵根离子的平均沉降量与北方地区沉降量持平。2002 年、2004 年、2005 年三年普查期间，酸雨控制区铵根离子的平均沉降量分别高出南方地区平均沉降量的 2%～5%（图 3-1-83）。

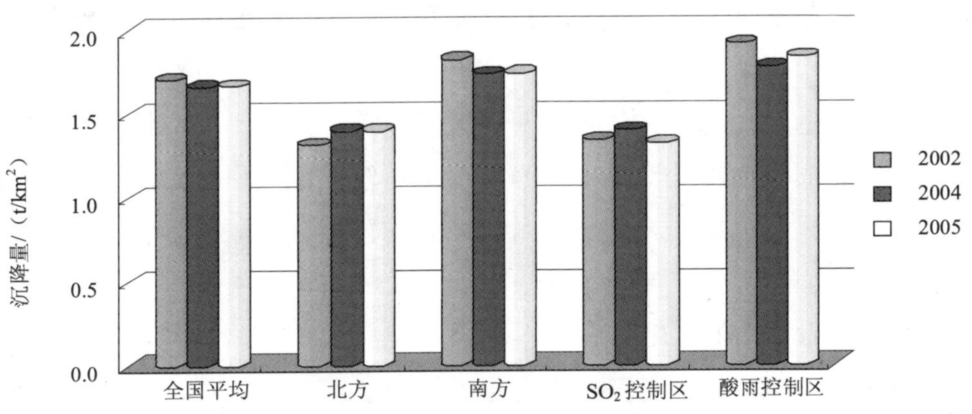

图 3-1-83　铵根离子沉降量变化

④ Ca^{2+}沉降量。

我国北方地区钙离子的平均湿沉降总量高于南方地区。SO_2 控制区内钙离子的平均沉降量小于北方地区平均沉降量。酸雨控制区内钙离子的平均沉降量与南方地区平均沉降量持平（图 3-1-84）。

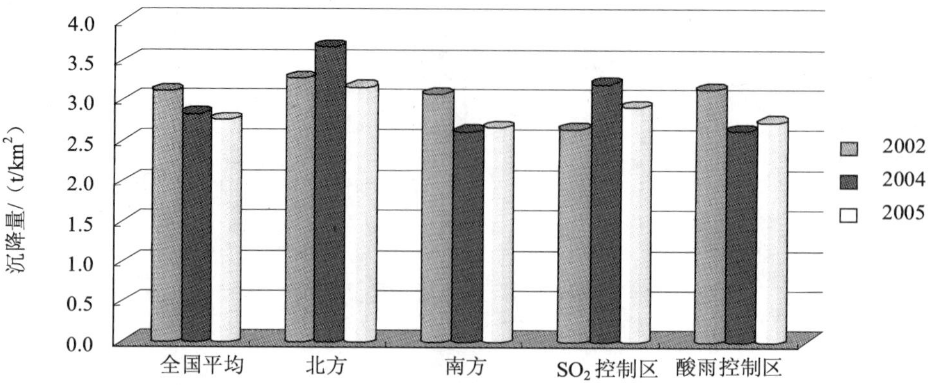

图 3-1-84　钙离子沉降量变化

（2）我国主要离子沉降量的区域分布

我国硫酸根离子沉降总体表现为南方高于北方，不同地区硫酸根离子沉降量差异明显。在南方存在连片的高硫酸根离子沉降区域，包括西南地区的四川东部、重庆、贵州；华南地区的广西中北部、广东北部及珠江三角洲地区；华中和华东地区的湖南、湖北南部、安徽、江苏西南部、山东西部及北部、河南东部。

我国硝酸根离子沉降量较高的区域分布：西南地区的四川东部和重庆中西部；华南地区包括广西东北部、广东中部；华中和华东地区包括湖南、江西、福建、浙江、安徽、山东、江苏南部、河南东北部。

我国钙离子沉降量较高的区域分布：西南地区的重庆、贵州；华南地区的广东中部、广西和湖南南部；华中和华东地区的湖北、安徽、河南、山东；华北及西北地区的山西、陕西、河北西南部地区。

我国铵根离子沉降量较高的区域分布：西南地区的重庆、四川东部地区；华中及华东地区的湖南、湖北南部、安徽中部及南部、江西西部；山东西部；华南的珠江三角洲地区；华北地区的河北南部、京津部分地区。此外，东北辽宁的鞍山、抚顺、本溪一带铵根离子沉降量也较高。

（3）降水中 SO_4^{2-}/NO_3^- 比例变化

北方地区硫酸根离子和硝酸根离子的浓度比值高于全国平均水平，而南方地区二者的比例低于全国平均水平，表明南方地区降水中硝酸根离子对酸度的影响大于北方地区。南方降水中硫酸根离子和硝酸根离子浓度的比值总体降低，表明南方地区硝酸根离子对降水酸度的贡献在逐渐增强（图 3-1-85）。

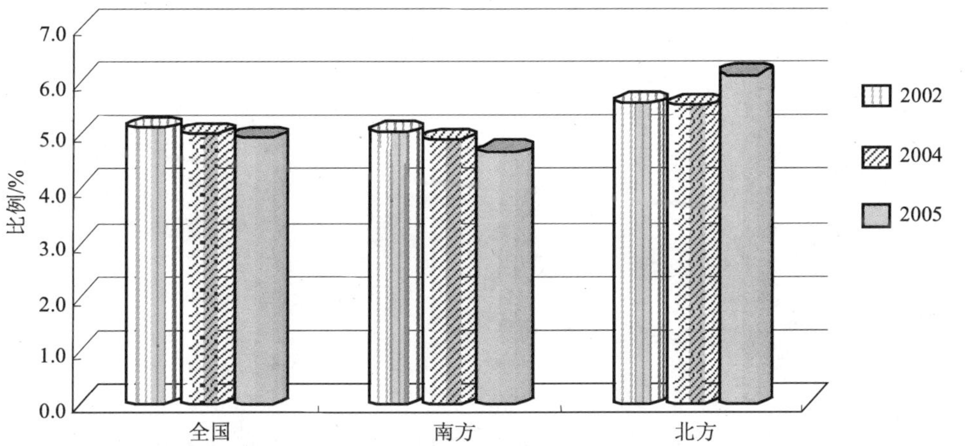

图 3-1-85　降水中 SO_4^{2-}/NO_3^- 比例变化

（4）我国沉降量和其他国家的比较

① 东亚地区各国 SO_4^{2-} 湿沉降量。

东亚酸沉降网各参加国的硫酸盐湿沉降量示于图 3-1-86 中，通过比较可以看出，我国重庆、西安、厦门的硫酸盐沉降量远高于东亚的其他国家。

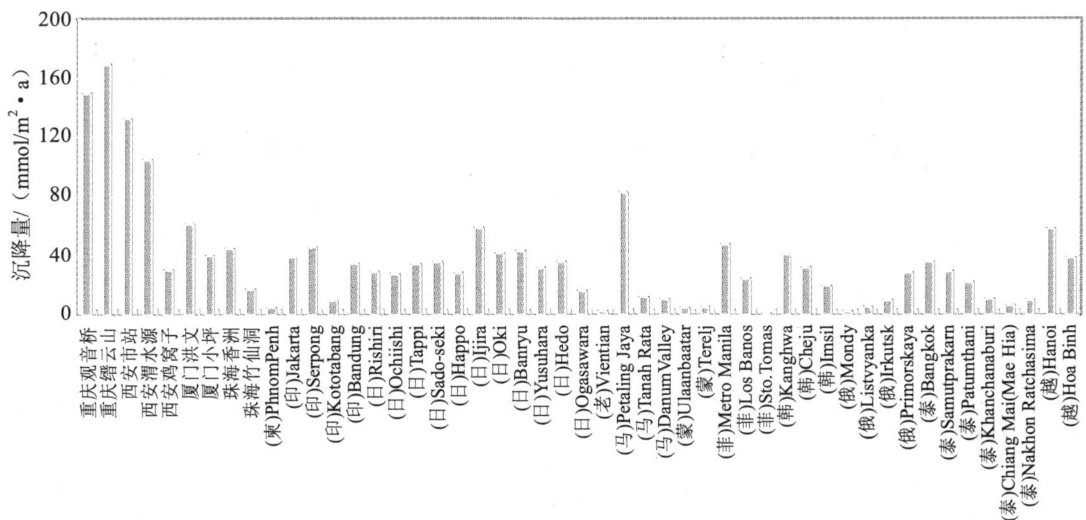

图 3-1-86　2006 年东亚地区国家降水中硫酸盐沉降量比较

② 与美国及其他国家比较。

用我国 2002 年、2004 年、2005 年沉降量平均值与美国、日本 1998—2000 年三年的平均值进行比较（图 3-1-87，图 3-1-88）。

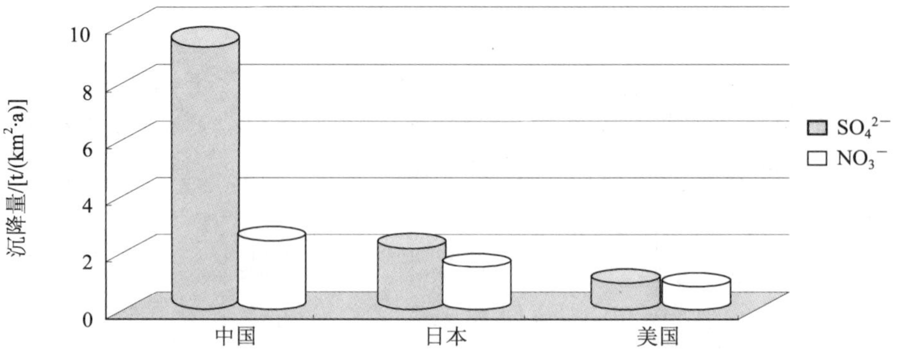

图 3-1-87 我国与美国、日本硫酸根、硝酸根离子沉降量的比较

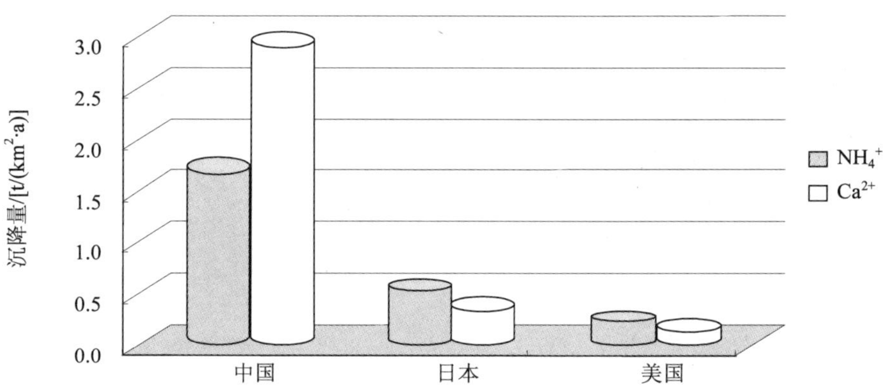

图 3-1-88 我国与美国、日本铵根及钙离子沉降量的比较

结果表明，我国的硫酸根离子沉降量约为日本的 4.2 倍，美国的 9.4 倍；我国的硝酸根离子沉降量约为日本的 1.7 倍，美国的 2.9 倍；我国的铵根离子沉降量约为日本的 3.3 倍，美国的 8.3 倍；我国的钙离子沉降量约为日本的 8.6 倍，美国的 23 倍。

（三）小结

① 监测的 524 个城市中，54.4%的城市出现过酸雨，39.1%的城市降水 pH 年均值<5.6。全国酸雨分布区域主要集中在长江以南、青藏高原以东的区域。酸雨较严重（降水 pH 年均值低于 5.0）的区域主要分布在浙江、江西、湖南三省，以及重庆大部分地区和四川东南部。降水中的主要阴离子是 SO_4^{2-}。

② 燃煤是造成酸雨的主要原因，部分地区机动车的快速增长也是形成酸雨的原因之一。

③ 从降水酸度来看，我国酸雨污染程度与日本、韩国、印度等东亚国家相当，较美国为轻。从沉降量来看，我国主要离子沉降量高于东亚其他国家和美国。

④ 建议进一步优化能源结构，提倡使用清洁能源，提高燃煤火电机组中装备脱硫设施的

比例。加强对部分城市特别是大城市机动车尾气的监测和控制，加强酸雨对生态环境的影响研究。

四、地表水

（一）现状

1. 概况

（1）全国地表水总体水质污染严重

国家地表水监测网实际监测的 745 个断面中（其中河流断面 593 个，湖库点位 152 个），Ⅰ～Ⅲ类和Ⅴ类、劣Ⅴ类水质的断面比例分别为 40%、38%。主要污染指标为高锰酸盐指数、氨氮和石油类（图 3-1-89）。

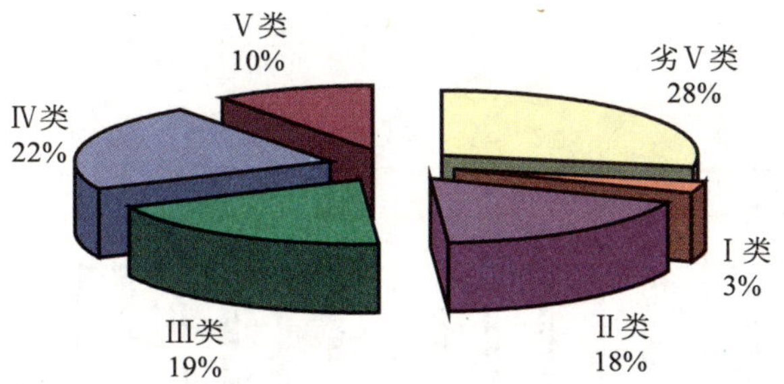

图 3-1-89　2006 年地表水断面水质类别比例

（2）主要水系干流水质污染较轻，支流污染较重

长江干流水质优，支流水体为轻度污染，三峡库区水质优；黄河干流水体为轻度污染，支流为重度污染；珠江干流、支流水质良好，珠江广州段为中度污染；松花江干流为轻度污染，支流为重度污染；淮河干流水体为轻度污染，支流为中度污染；海河为重度污染，海河水系其他主要河流中，滦河水质良好，永定河为轻度污染，其余均为重度污染；辽河干流水体为中度污染，支流总体为重度污染；南水北调（东线）总体为中度污染；浙闽水系，西南、西北诸河水质良好；国界河流中，鸭绿江水质为优，黑龙江为轻度污染，图们江为重度污染。

重度污染（劣Ⅴ类）的河流断面主要分布在：河北省（17.0%）、山东省（13.4%）、辽宁省（12.5%）、安徽省（10.7%）、河南省（9.8%）、吉林省（7.1%）。

（3）湖库水质

包括太湖、滇池、巢湖在内的27个重点湖泊和水库的水质是：

劣Ⅴ类湖库有：太湖、滇池、白洋淀、达赉湖、大伙房水库、大明湖、东湖、洪泽湖、崂山水库、门楼水库、南四湖、西湖、玄武湖；

Ⅴ类水质湖库有：巢湖、洞庭湖、鄱阳湖、松花湖、于桥水库；

Ⅳ类水质有：镜泊湖；

其余湖库均满足Ⅲ类水质要求。

（4）湖库富营养化程度

在数据齐全的26个湖库中：

重度富营养化的有：滇池草海；

中度富营养化的有：达赉湖、滇池外海、东湖、太湖、大伙房水库和巢湖；

轻度富营养化的有：大明湖、洞庭湖、玄武湖、洪泽湖、西湖、南四湖、镜泊湖和密云水库；

其余湖库均为中营养或贫营养状态（图3-1-90）。

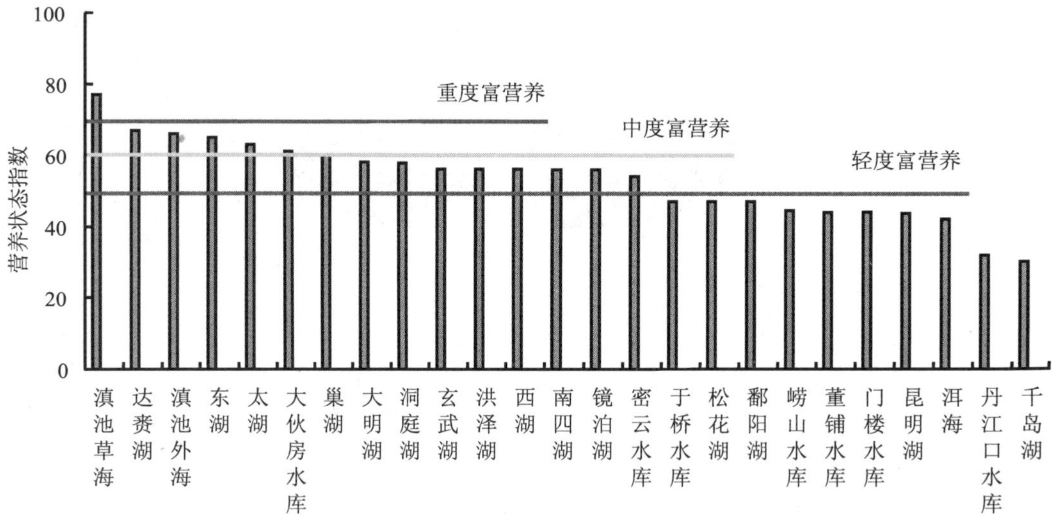

图3-1-90 湖泊、水库营养状态指数比较

2. 主要江河水系水质

（1）长江干流水质优，支流轻度污染

① 干流。

2006年度长江干流水质为优。31个断面中，Ⅰ～Ⅲ类水质占94%；Ⅳ类水质占6%。

Ⅳ类水质断面为金沙江昭通铁路桥和长江芜湖东西梁山两个断面，超标指标为石油类（图3-1-91）。

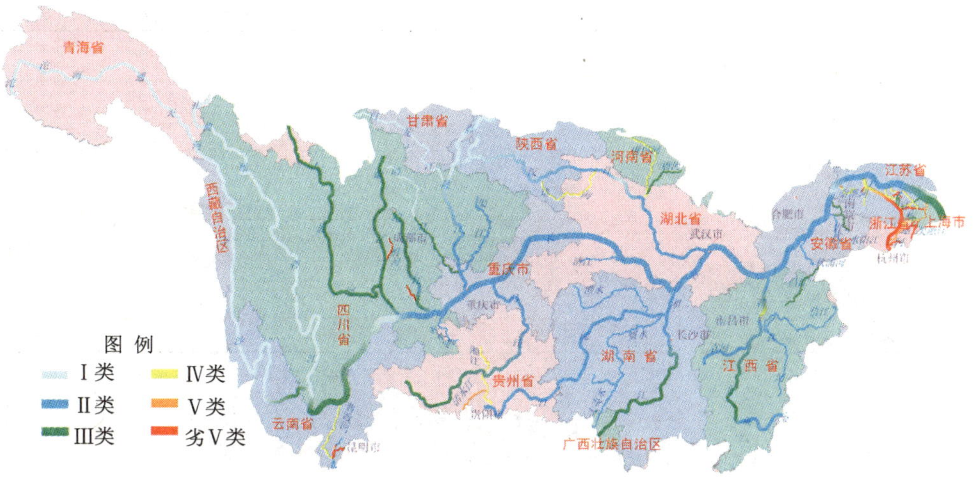

图 3-1-91 长江水系水质示意图

② 支流。

长江支流水体轻度污染。38 条支流 72 个断面的水质类别为：Ⅰ～Ⅲ类水质占 69%，Ⅳ、Ⅴ类占 21%，劣Ⅴ类占 10%。主要污染指标为石油类、氨氮和五日生化需氧量。

长江十大支流中，雅砻江、嘉陵江、乌江、沅江和汉江水质为优；大渡河、岷江、湘江和赣江水质良好，但岷江在眉山市段为中度污染、赣江在南昌段为中度污染，污染物均为氨氮；沱江 4 个监测断面水质均为轻度污染，主要污染指标为石油类、溶解氧和五日生化需氧量。

支流中劣Ⅴ类水质主要在：云南昆明市螳螂川段、贵州贵阳市清水江段、贵州遵义市湘江段、四川成都市府河段、四川自贡市釜溪河段、安徽滁州市滁河段、江苏苏州市京杭运河段。

③ 省界断面。

长江省界断面水质良好。20 个断面中，Ⅰ～Ⅲ类水质占 85%，Ⅳ类水质占 10%，劣Ⅴ类水质占 5%。

省界断面中污染最严重的断面是滁河滁州汊河断面（皖—苏），主要污染指标是氨氮和五日生化需氧量。

④ 三峡库区。

长江三峡库区水质为优，库区 6 个国控断面水质均为Ⅰ、Ⅱ类。

（2）黄河干流水体轻度污染，支流重度污染

① 干流。

黄河干流水体属轻度污染。监测的 22 个断面中，Ⅰ～Ⅲ类水质断面占 68%，Ⅳ类占 32%，无Ⅴ类和劣Ⅴ类水质。主要污染指标为氨氮、高锰酸盐指数和挥发酚（图 3-1-92）。

黄河干流宁夏段，内蒙古包头段，河南三门峡段，山东菏泽段水体为轻度污染；其他河段水质为优或良好（图 3-1-93）。

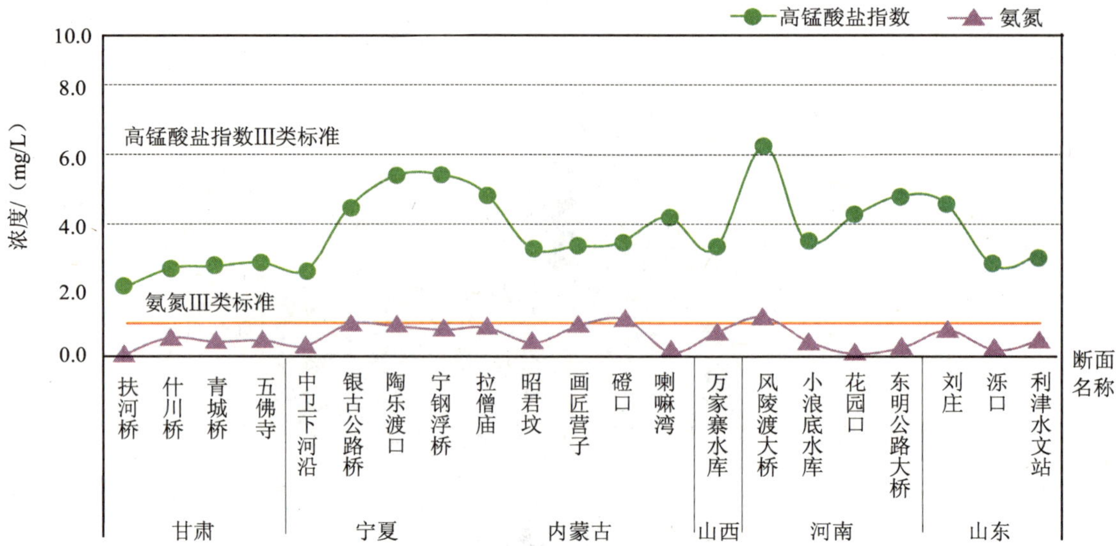

图 3-1-92 黄河干流高锰酸盐指数、氨氮浓度沿程变化

图 3-1-93 黄河水系水质示意图

② 支流。

黄河支流水体属重度污染。22 个支流断面中，I ～III类水质断面占 32%，IV、V类占 18%，劣V类占 50%。主要污染指标为石油类、氨氮和五日生化需氧量。

支流污染严重的河段是渭河下游咸阳段、西安段和渭南段；湟水河西宁下游段；汾河太原段、临汾段和运城段；北洛河渭南段和涑水河运城段（图 3-1-94）。

③ 省界断面。

黄河水系 11 个省界断面中，II ～III类水质断面占 46%，IV类占 18%，劣V类占 36%。主要污染指标为高锰酸盐指数、氨氮和五日生化需氧量。

劣V类断面主要是：湟水河民和桥断面（青—甘）、渭河渭南潼关吊桥断面（陕—豫、晋）、汾河运城河津大桥断面（晋—陕）、涑水河运城张留庄断面（晋—陕）。

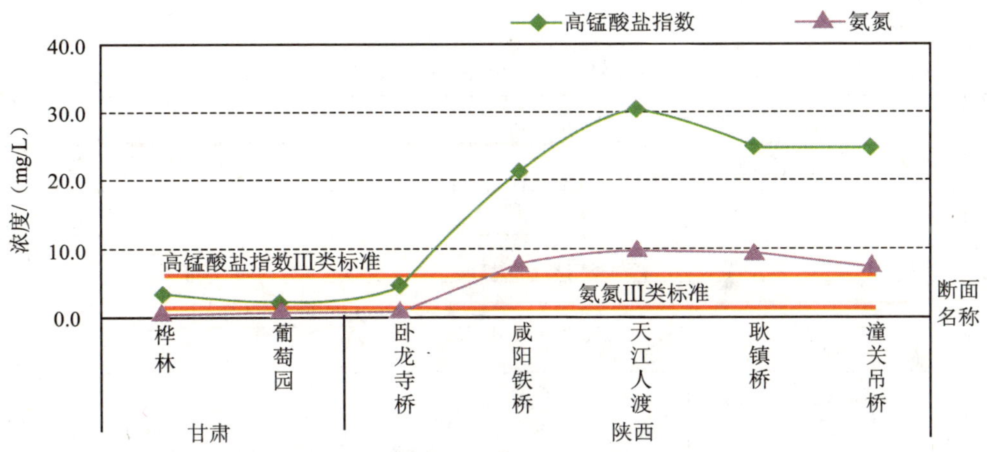

图 3-1-94 渭河高锰酸盐指数、氨氮浓度沿程变化

（3）珠江干流、支流水质良好

① 干流。

珠江干流水质良好。15 个监测断面中，Ⅰ～Ⅲ类水质占 87%；Ⅳ类水质占 13%，无Ⅴ类和劣Ⅴ类水质断面。珠江在广州境内污染明显加重，氨氮超过Ⅲ类标准（图 3-1-95）。

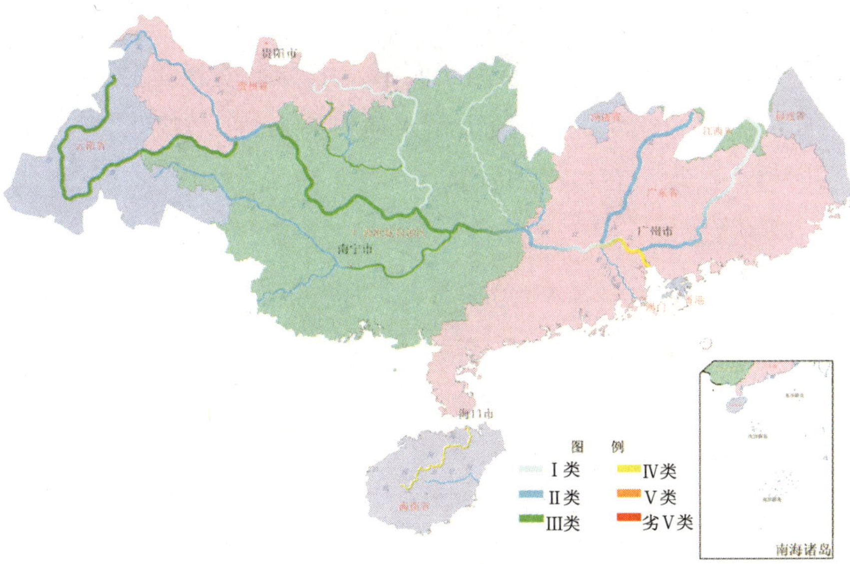

图 3-1-95 珠江水系水质示意图

珠江广州段为中度污染，莲花山、长洲断面为Ⅳ类水质，主要污染指标是石油类和氨氮（图 3-1-96）。

② 支流。

珠江支流水质良好。12 条支流的Ⅰ～Ⅲ类水质占 86%，Ⅳ类水质占 7%，劣Ⅴ类水质占 7%。深圳河污染严重，深圳河口断面水质为劣Ⅴ类，主要污染指标为氨氮、五日生化需氧量和溶解氧。

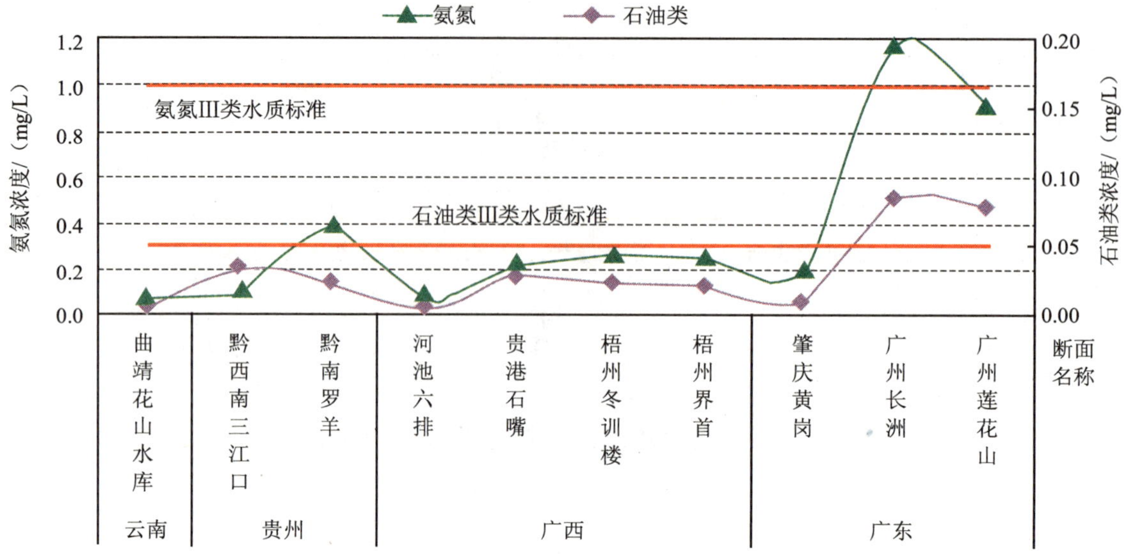

图 3-1-96　珠江干流氨氮、石油类浓度沿程变化

（4）松花江干流轻度污染，支流重度污染

① 干流。

松花江干流水体为轻度污染。11 个监测断面中，III类水质断面占 36%，IV类占 64%，无V类和劣V类水质断面（图 3-1-97）。干流上游水质良好，进入下游黑龙江境内后污染加重。主要污染指标为高锰酸盐指数、石油类和氨氮（图 3-1-98）。

图 3-1-97　松花江水系水质示意图

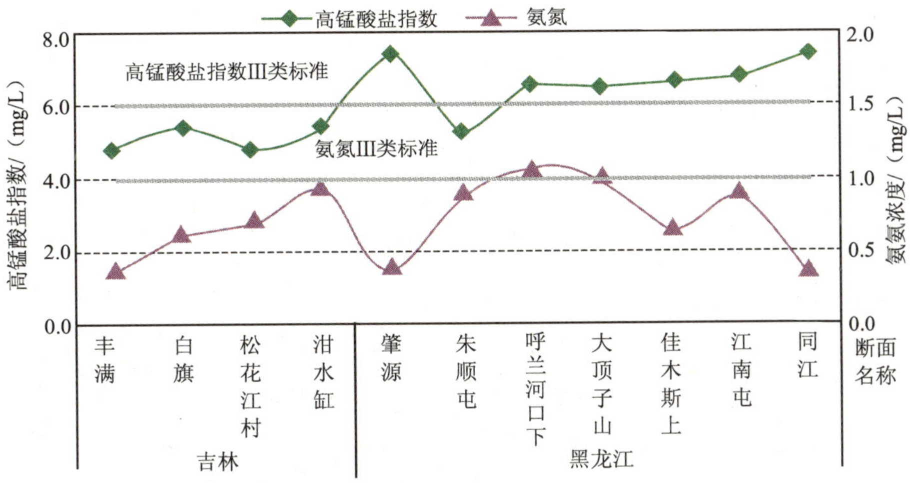

图 3-1-98 松花江干流高锰酸盐指数、氨氮浓度沿程变化

② 支流。

松花江支流总体为重度污染。监测的 14 个水质断面中，III类水质断面占 14%；Ⅳ、Ⅴ类占 43%，劣Ⅴ类占 43%。主要污染指标为高锰酸盐指数、氨氮和五日生化需氧量。

嫩江、雅鲁河和洮儿河为轻度污染；牡丹江为中度污染；阿什河、呼兰河、饮马河和伊通河为重度污染。

支流劣Ⅴ类水质断面有：嫩江齐齐哈尔江桥断面、阿什河哈尔滨阿什河口内断面、呼兰河哈尔滨呼兰河口内断面、牡丹江敦化甩湾子断面、饮马河长春靠山南楼断面和伊通河长春杨家崴子大桥断面。

（5）淮河干流轻度污染，支流中度污染

① 干流。

淮河干流为轻度污染。14 个断面中，Ⅱ、III类水质断面有 6 个，占 43%；Ⅳ类水质断面有 8 个，占 57%。主要污染指标是氨氮、五日生化需氧量和石油类（图 3-1-99）。干流河南段水质较好，进入安徽段后水质污染加重（图 3-1-100）。

② 支流。

淮河支流水体总体上属中度污染。支流 54 个断面中，Ⅱ、III类水质断面占 26%，Ⅳ、Ⅴ类占 35%，劣Ⅴ类占 39%。主要污染指标是高锰酸盐指数、五日生化需氧量和氨氮。

主要一级支流中，史灌河水质优；西淝河水质良好，洪河、沱河、浉河、潢河、浍河轻度污染；涡河、颍河重度污染。

劣Ⅴ类断面所在城市主要是：安徽亳州市、安徽滁州市、安徽阜阳市、安徽宿州市、河南周口市、河南商丘市、江苏邳州市、江苏徐州市、江苏淮安市。

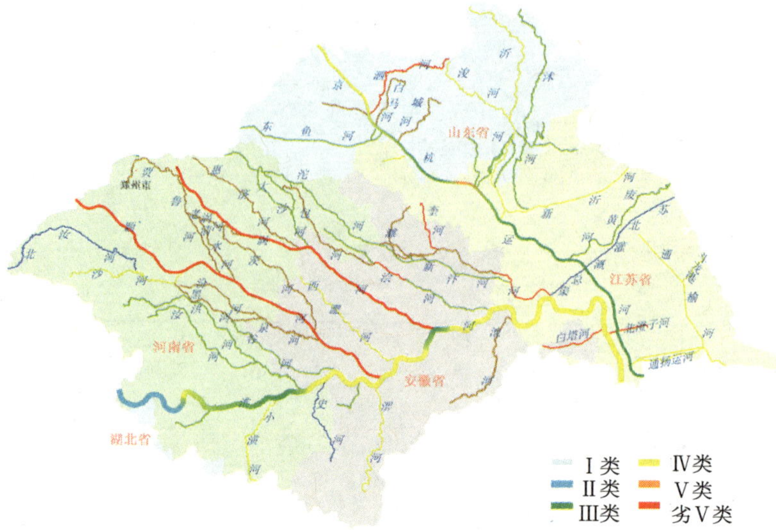

图 3-1-99 淮河水系水质示意图

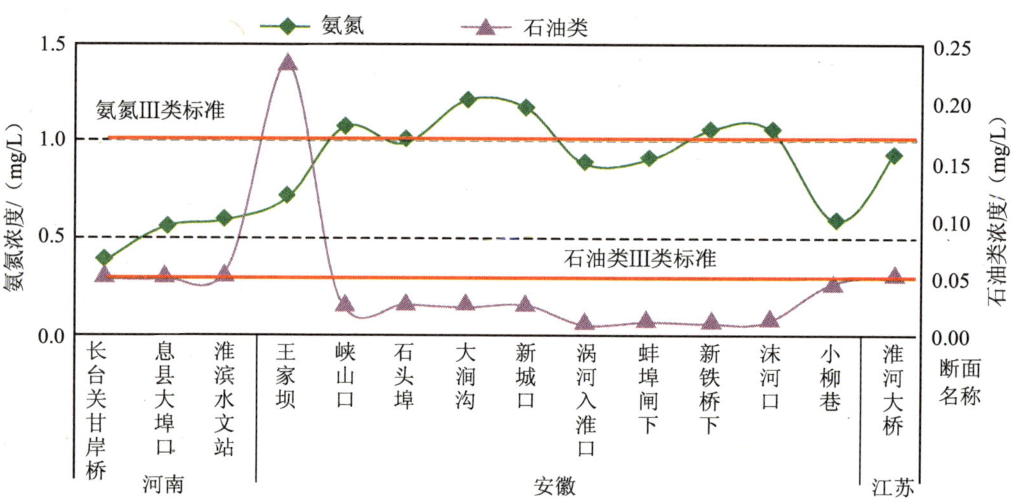

图 3-1-100 2006 年淮河干流石油类、氨氮浓度沿程变化

③ 省界断面。

淮河省界断面总体上为中度污染。32 个省界断面的水质类别比例为：Ⅲ类占 16%，Ⅳ、Ⅴ类占 53%，劣Ⅴ类占 31%。主要污染指标是五日生化需氧量、高锰酸盐指数和石油类。

污染较重的断面是：豫—皖交界的涡河鹿邑付桥断面、涡河亳州断面、包河马桥断面、颍河界首断面、惠济河刘寨村后断面、黑茨河倪邱断面、泉河许庄断面，皖—苏交界的濉河泗县八里桥断面，苏—皖交界的奎河杨庄断面，苏—鲁交界的西邳苍分洪道艾山西大桥断面。

（6）海河水系为重度污染

① 海河。

海河水体为重度污染。海河大闸和三岔口断面水质分别为劣Ⅴ类和Ⅳ类，主要污染指标为氨氮（图 3-1-101）。

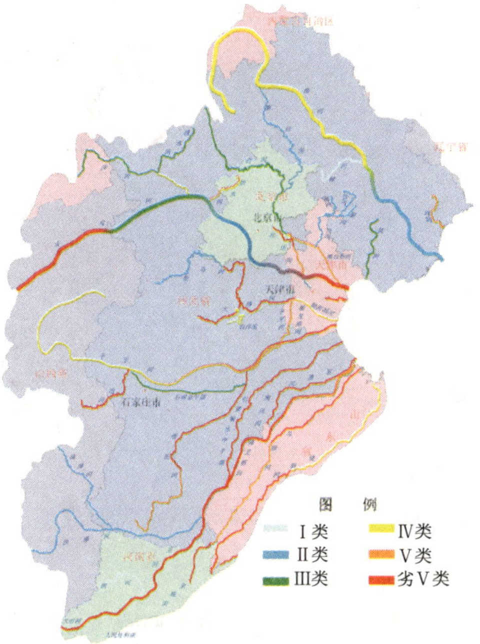

图 3-1-101　海河水系水质示意图

② 其他河流。

海河水系其他主要河流为重度污染。监测的 61 个断面中，Ⅰ～Ⅲ类水质断面占 23%，Ⅳ、Ⅴ类占 20%，劣Ⅴ类占 57%。主要污染指标为五日生化需氧量、高锰酸盐指数和氨氮。

滦河水质良好，永定河为轻度污染，北运河、漳卫新河、大沙河、子牙河、马颊河、陡骇河为重度污染。

③ 省界断面。

海河省界断面总体上为重度污染。20 个断面中，Ⅱ、Ⅲ类水质占 30%；Ⅳ、Ⅴ类占 30%；劣Ⅴ类占 40%。主要污染指标为高锰酸盐指数、五日生化需氧量和石油类。

2006 年污染较重的断面是豫—鲁交界的徒骇河毕屯断面、卫运河称钩湾断面、马颊河任堂桥断面、金堤河张秋断面，豫—冀交界的卫河龙王庙断面，鲁—冀交界的南运河桑园桥断面、岔河田龙庄断面，京—冀交界的北运河王家摆断面。

（7）辽河水系为重度污染

① 干流。

辽河干流水质污染严重。监测的 13 个断面中，Ⅱ、Ⅲ类占 31%，Ⅳ类占 31%，劣Ⅴ类占 38%，主要污染指标为五日生化需氧量、高锰酸盐指数和氨氮。老哈河水质良好，东辽河和西辽河为轻度污染，辽河为重度污染（图 3-1-102）。

劣Ⅴ类断面所在城市主要是：吉林双辽市、辽宁盘锦市、辽宁沈阳市、辽宁铁岭市（图 3-1-103）。

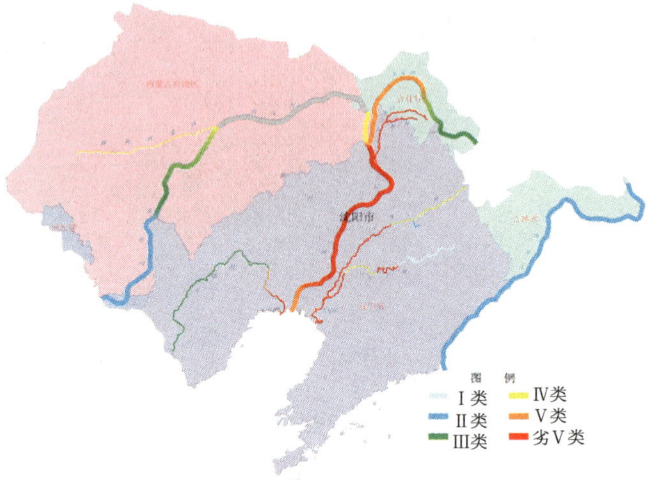

图 3-1-102 辽河水系水质示意图

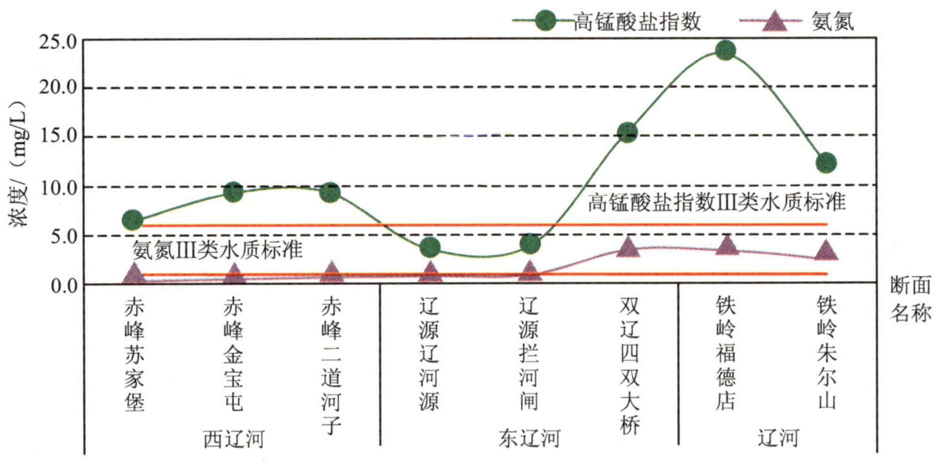

图 3-1-103 辽河干流高锰酸盐指数、氨氮浓度沿程变化

② 支流。

辽河支流总体为重度污染。西拉木伦河为轻度污染，条子河和招苏台河为重度污染。辽河支流主要污染指标为高锰酸盐指数、五日生化需氧量和氨氮。

③ 大辽河及其支流。

大辽河及其支流水体重度污染。监测的 12 个断面中，Ⅱ、Ⅲ类水质占 25%，Ⅳ、Ⅴ类占 17%，劣Ⅴ类占 58%。主要污染指标为氨氮和挥发酚。

太子河为中度污染，大辽河、浑河为重度污染。污染严重的断面主要集中在沈阳、营口、本溪、鞍山境内（图 3-1-104）。

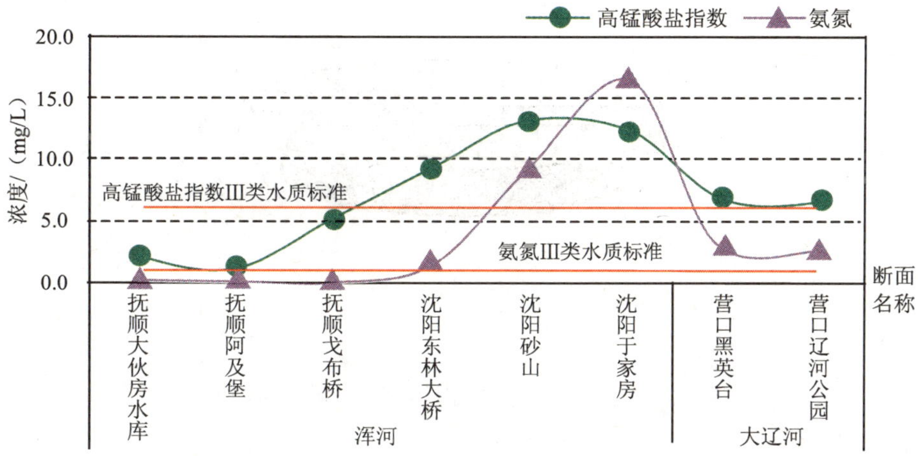

图 3-1-104　浑河、大辽河高锰酸盐指数、氨氮浓度沿程变化

（8）浙闽水系水质良好

2006 年浙闽区河流总体水质良好。21 条河流的 32 个监测断面中，Ⅰ～Ⅲ类水质断面占 75%；Ⅳ类水质断面占 21.9%；Ⅴ类水质断面占 3.1%。主要污染指标为石油类、氨氮和五日生化需氧量（图 3-1-105）。

浙江境内 6 条河流总体为轻度污染，14 个监测断面中，Ⅰ、Ⅱ、Ⅲ、Ⅳ类水质断面分别有 1 个、3 个、3 个和 7 个，分别占 7.2%、21.4%、21.4%和 50%。福建境内河流水质为优，18 个监测断面中，Ⅱ、Ⅲ、Ⅴ类水质断面分别有 7 个、10 个和 1 个，分别占 38.9%、55.5%和 5.6%。

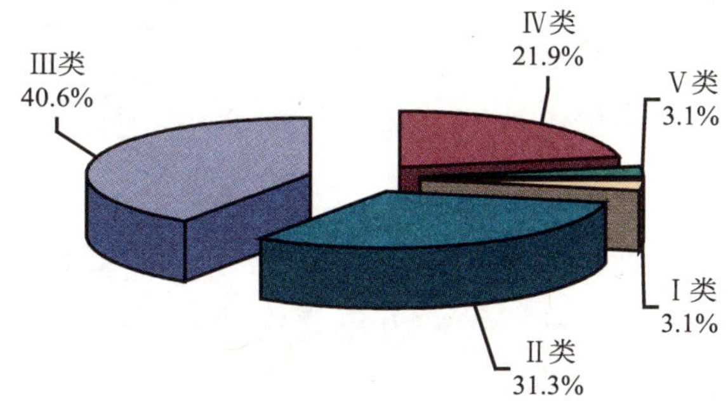

图 3-1-105　2006 年浙闽区河流水质类别比例

（9）西北诸河水质良好

2006 年西北诸河总体水质保持良好。8 条河流的 28 个监测断面中，Ⅰ～Ⅲ类水质断面 23 个，占 82.1%；Ⅳ类水质断面 4 个，占 14.3%；劣Ⅴ类断面 1 个，占 3.6%，为喀什地区克孜河的十二医院断面，主要超标项目为氨氮（图 3-1-106）。

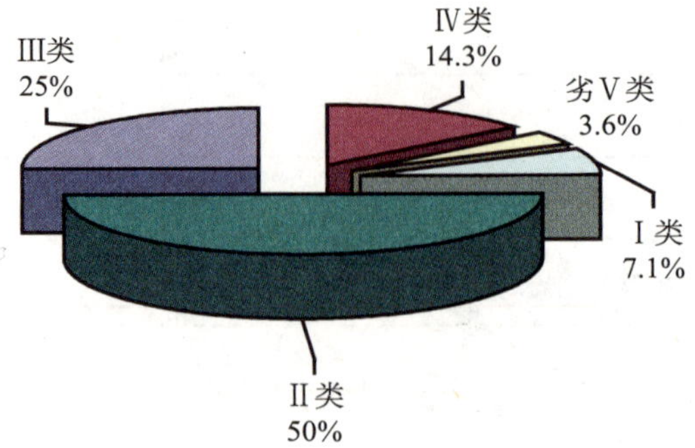

图 3-1-106　2006 年西北诸河水质类别比例

（10）西南诸河水质良好

2006 年西南诸河水质保持良好。10 条河流的 17 个监测断面中，Ⅰ类水质断面 3 个，占 17.6%；Ⅱ类 7 个，占 41.2%；Ⅲ类 4 个，占 23.5%；Ⅳ类 1 个，占 5.9%；劣Ⅴ类 2 个，占 11.8%。主要污染指标为铅、高锰酸盐指数和石油类。

西南诸河各监测断面中，西藏境内监测断面均为Ⅰ类和Ⅱ类水质；云南境内监测断面中，南溪河中越桥断面为Ⅳ类水质，超标项目为石油类；红河的龙脖渡口和河口县医院断面为劣Ⅴ类水质，超标项目为铅和高锰酸盐指数；其余断面均满足Ⅲ类水质标准。

（11）国界河流中图们江为重度污染

① 黑龙江。

黑龙江水系整体为轻度污染。监测的 12 个断面中，Ⅲ类水质断面占 17%，Ⅳ、Ⅴ类占 83%。主要污染指标为高锰酸盐指数和石油类。

黑龙江干流、海拉尔河、额尔古纳河、克鲁伦河和乌苏里江均为轻度污染。

② 图们江。

图们江水体为重度污染。图们江 5 个监测断面中，Ⅱ、Ⅲ类水质断面 2 个，劣Ⅴ类水质断面 3 个。主要污染指标为高锰酸盐指数和五日生化需氧量。

③ 鸭绿江。

中朝边界鸭绿江水质为优，6 个监测断面均满足Ⅱ类水质要求。

④ 澜沧江。

澜沧江出境水质为优，监测断面满足Ⅱ类水质要求。

（12）南水北调部分断面污染较重

① 东线。

南水北调东线输水干线京杭大运河鲁南运河段蔺家坝断面为Ⅲ类水质；韩庄运河段台儿庄大桥断面为Ⅴ类水质；里运河段槐泗河口断面为Ⅱ类水质。

汇入南运河的卫河为劣Ⅴ类水质；汇入南四湖的 5 条支流中，沿河为Ⅲ类水质，西支河、东渔河为Ⅳ类水质，白马河、城郭河为劣Ⅴ类水质。主要污染指标是五日生化需氧量、石油类和高锰酸盐指数。汇入洪泽湖的淮河干流为Ⅳ类水质，主要污染指标是氨氮。

② 中线源头丹江口水库。

丹江口水库总体为Ⅲ类水质，属于中营养。

南水北调中线取水口断面陶岔为Ⅱ类水质。

3. 重点湖泊和水库

（1）太湖水质劣Ⅴ类、属中度富营养状态

① 太湖湖体水质。

全湖高锰酸盐指数满足Ⅲ类水质标准，总磷年均值为 0.1 mg/L，满足Ⅳ类标准，总氮年均值为 3.2 mg/L，超过Ⅴ类标准，全湖为劣Ⅴ类水质。主要污染指标为总氮。

营养状态评价表明，东部沿岸区为轻度富营养状态，其余各湖区为中度富营养状态，全湖平均处于中度富营养状态。

② 环湖河流。

环湖主要河流及交界水体为中度污染。监测的 87 个断面中，符合Ⅲ类以上水质的断面占 20%；Ⅳ、Ⅴ类占 49%；劣Ⅴ类占 31%（图 3-1-107）。主要污染指标为氨氮、五日生化需氧量和石油类。

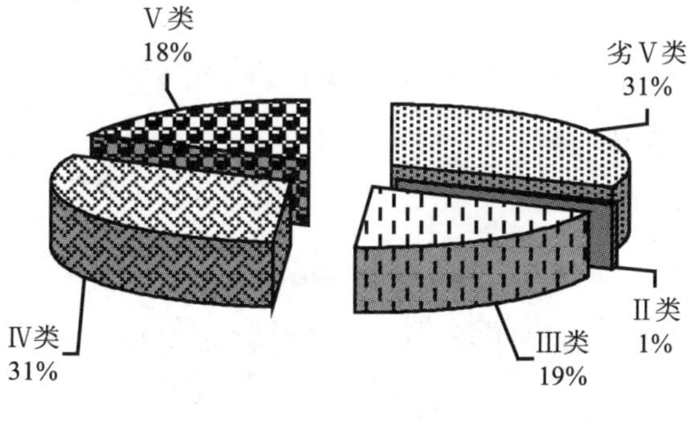

图 3-1-107　太湖环湖河流水质类别比例

（2）滇池水质劣Ⅴ类、草海属重度富营养状态、外海为中度富营养状态

① 湖体。

滇池湖体共监测 10 个点位。草海总氮年均值为 13.7 mg/L、总磷年均值为 1.4 mg/L，外海总氮年均值为 2.3 mg/L、总磷年均值为 0.2 mg/L，草海、外海均为劣Ⅴ类水质。滇池主要污染指标为总磷、总氮和氨氮。

营养状态评价表明，外海为中度富营养状态，草海为重度富营养状态。

② 环湖河流。

滇池环湖河流为重度污染，8 个断面中盘龙江松华坝口断面为Ⅱ类水质，东大河入湖口断面和洛龙河入湖口断面为Ⅳ类水质，其余 5 个断面均为劣Ⅴ类水质。主要污染指标为氨氮。劣Ⅴ类支流汇入滇池中，湖体水质难以改善（图 3-1-108）。

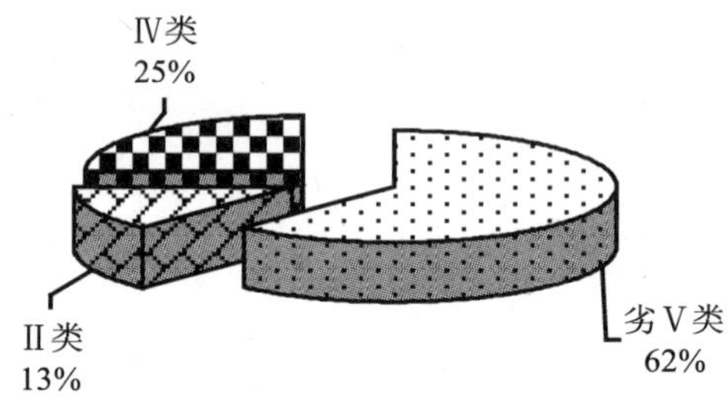

图 3-1-108 滇池环湖河流水质类别比例

（3）巢湖水质Ⅴ类、属中度富营养状态

① 湖体。

巢湖湖体共监测 12 个点位。东半湖和西半湖均为Ⅴ类水质，全湖总氮年均值为 1.6 mg/L、总磷年均值为 0.1 mg/L，平均为Ⅴ类水质。主要污染指标为总氮、总磷。

营养状态评价表明，东半湖为轻度富营养状态，西半湖为中度富营养状态，全湖平均为中度富营养状态。

② 环湖河流。

巢湖环湖河流 12 个监测断面中（包括两个纳污控制断面），Ⅲ类以上水质断面占 8%；Ⅳ类和Ⅴ类水质占 67%，劣Ⅴ类占 25%（图 3-1-109）。

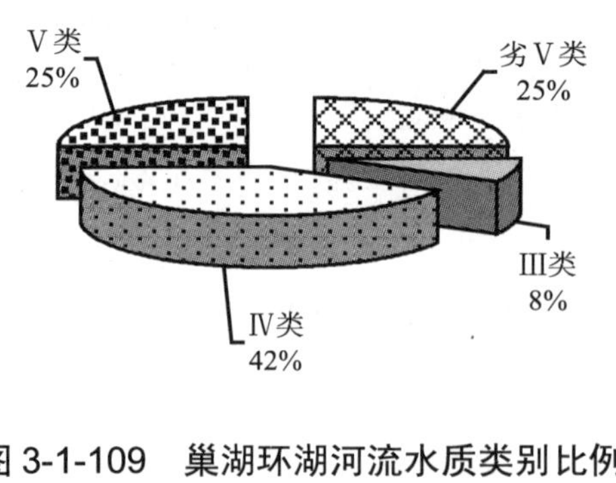

图 3-1-109 巢湖环湖河流水质类别比例

（4）大型湖泊富营养化十分普遍

监测的 9 个大型淡水湖泊中（表 3-1-32），兴凯湖为Ⅱ类水质，洱海为Ⅲ类水质，镜泊湖为Ⅳ类水质，洞庭湖、鄱阳湖为Ⅴ类水质，洪泽湖、南四湖、达赉湖和白洋淀为劣Ⅴ类水质。

各湖主要污染指标是总氮和总磷。

营养状态评价表明，洱海、鄱阳湖为中营养，洪泽湖、南四湖、镜泊湖为轻度富营养，达赉湖为中度富营养，洞庭湖、白洋淀为重度富营养。

表 3-1-32　　2006 年大型淡水湖泊评价结果

湖库名称	营养状态指数	营养状态	水质		主要污染指标
			2006 年	2005 年	
洱海	42	中度营养	Ⅲ	Ⅲ	—
洞庭湖	58	轻度富营养	Ⅴ	Ⅴ	总磷
洪泽湖	56	轻度富营养	劣Ⅴ	劣Ⅴ	总氮
南四湖	56	轻度富营养	劣Ⅴ	Ⅴ	总氮
鄱阳湖	47	中度营养	Ⅴ	Ⅳ	总磷
镜泊湖	56	轻度富营养	Ⅳ	Ⅳ	高锰酸盐指数
达赉湖	67	中度富营养	劣Ⅴ	劣Ⅴ	pH、高锰酸盐指数、总氮
白洋淀	89	重富营养	劣Ⅴ	劣Ⅴ	总氮、氨氮、总磷
兴凯湖	—	项目不全未计算	Ⅱ	Ⅱ	—

（5）城市内湖污染严重，氮磷污染突出

监测的 5 个城市内湖中（表 3-1-33），昆明湖为Ⅲ类水质，西湖、东湖、玄武湖、大明湖为劣Ⅴ类水质。主要污染指标是总氮、总磷。

营养状态评价表明，昆明湖为中度营养状态，玄武湖、西湖、大明湖为轻度富营养状态，东湖为中度富营养状态。

表 3-1-33　　2006 年城市内湖水质评价结果

湖库名称	营养状态指数	营养状态	水质		主要污染指标
			2006 年	2005 年	
昆明湖	44	中度营养	Ⅲ	Ⅴ	—
东湖	65	中度富营养	劣Ⅴ	劣Ⅴ	总磷
西湖	56	轻度富营养	劣Ⅴ	劣Ⅴ	总氮
玄武湖	56	轻度富营养	劣Ⅴ	Ⅴ	总氮
大明湖	58	轻度富营养	劣Ⅴ	劣Ⅴ	总氮

（6）主要水库富营养化程度较轻，部分水库水质较差

监测的 11 座大型水库中（表 3-1-34），石门水库为Ⅱ类水质；密云水库、丹江口水库、董铺水库、千岛湖为Ⅲ类水质；于桥水库、松花湖为Ⅴ类水质；大伙房水库、石梁河水库、门楼水库和崂山水库为劣Ⅴ类水质。大型水库主要污染指标为总氮。

营养状态评价表明，大伙房水库、石梁河水库为中度富营养状态，密云水库为轻度富营养状态，其余 8 座水库均为中、贫营养状态。

表 3-1-34　　2006 年大型水库水质评价结果

湖库名称	营养状态指数	营养状态	水质		主要污染指标
			2006 年	2005 年	
丹江口水库	32	中度营养	Ⅲ	Ⅲ	—
大伙房水库	61	中度富营养	劣Ⅴ	劣Ⅴ	总氮
于桥水库	47	中度营养	Ⅴ	Ⅳ	总氮
松花湖	47	中度营养	Ⅴ	Ⅴ	总氮
密云水库	54	轻度富营养	Ⅲ	Ⅲ	—
董铺水库	44	中度营养	Ⅲ	Ⅲ	—
崂山水库	44	中度营养	劣Ⅴ	劣Ⅴ	总氮
门楼水库	44	中度营养	劣Ⅴ	劣Ⅴ	总氮
千岛湖	30	贫营养	Ⅲ	Ⅲ	—
石门水库	—	项目不全未计算	Ⅱ	Ⅱ	—

4．其他水环境问题

（1）饮用水源安全日益突出

① 我国城乡饮用水源安全形势严峻。

在“传统型环境健康风险”（由于发展和基础设施不足带来的不卫生饮用水、疾病感染等）尚未完全得到解决的同时，我国的“现代型环境健康风险”（主要是环境污染引起的健康问题）越来越突出。饮用水安全与健康风险加大已成为影响人们生活质量和建设社会主义和谐社会的重要因素。

日益严重的水污染使得许多城市饮用水源频频告急。大型城市的水源地尽管耗费巨资一再搬迁，但依然无法跟上水污染的扩展速度，传统的饮用水处理流程已经明显无法保证对现有水源的处理效果，而且传统的处理消毒方式会导致水中产生大量具有潜在危害的致癌、致畸、致突变物质（简称“三致”物质），而目前中国限于财力，尚缺乏对水中“三致”物质的监测和控制，水质检测指标远远落后于国际先进水平。尽管有关疾病的环境致因研究存在很大的争议，但有些地区仍有证据表明，一些恶性病变的发病率和疾病发病率在急剧上升，而饮用水的品质低下是致病的主要原因之一。当前城市中各种深加工水制品市场（如瓶装水、桶装水和管道分质供水等）的迅速发展足以说明公众对饮用水的安全性存在极大忧虑。

近年来，日趋严重的水污染形势不仅制约了经济建设的顺利进行，而且对人体健康和饮用水安全也构成威胁。

② 环保重点城市饮用水水源地总体水质一般。

2006 年 113 个环保重点城市共监测了 382 个集中式饮用水水源地，其中地表水源地 230 个，地下水源地 152 个。监测结果表明，重点城市年取水总量为 191.0×10^4 万 t（月均监测取水总量为 15.9 亿 t），达标水量为 138.1×10^4 万 t，占 72.3%；不达标水量为 52.9×10^4 万 t，占 27.7%。重点城市饮用水水源地总体水质一般（图 3-1-110）。

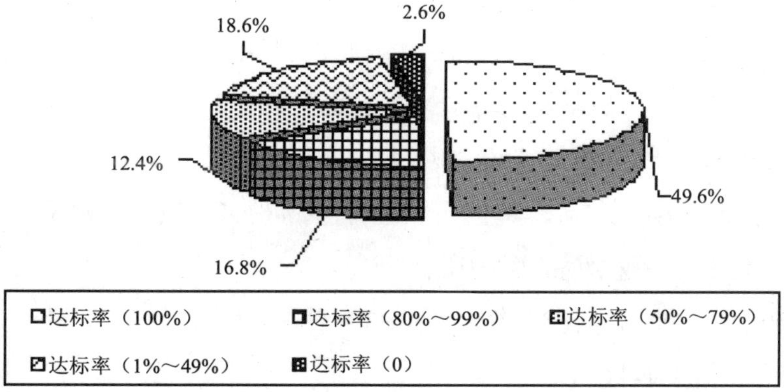

图 3-1-110　2006 年重点城市（113 个）饮用水水源地水质达标率

③ 河流型水源地主要污染指标为粪大肠菌群、湖库型为总氮、地下水为铁。

重点城市饮用水水源污染主要受生活污水和农业、养殖业的污染，河流型水源地主要污染指标为粪大肠菌群（图 3-1-111），湖库型水源地主要污染指标为总氮，虽然经水厂处理和消毒后可保证供水水质达标，但是这说明饮用水水源地受生物污染和总氮污染是严重的。

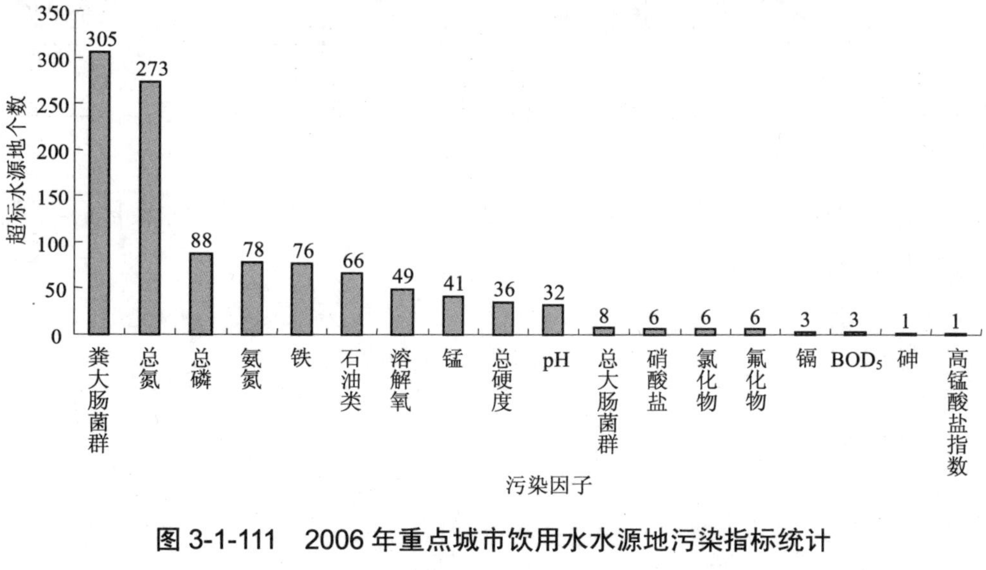

图 3-1-111　2006 年重点城市饮用水水源地污染指标统计

地下水主要污染指标为总硬度，主要由地质环境背景影响所致，与人为污染无关。哈尔滨等部分地区水源地铁、锰超标普遍，尤其是锰在净化处理过程中，不易去除，对供水水质感官性状（色、味）可能产生的影响应予以重视。

（2）持久性有机物（POPs）严重威胁人体健康

近年来，国际上关于有毒有害有机污染物的基础研究不断取得重大进展，认识进一步深入，有毒有害有机污染物目前已经受到国际环境保护组织、各国政府的高度关注，特别是持久性有机污染物（POPs）已经成为全球环境卫生安全和食品卫生安全体系面临的重大研究课题。由于这些 POPs 广泛存在于土壤、水和空气等环境介质中，它们对健康已造成严重威胁，如抑制生物体免疫系统的功能，降低生物体对病原的抵抗能力，致癌作用等。许多 POPs 能干扰机体内分泌系统的结构和功能而产生各种毒效应，被称为环境内分泌干扰物（EEDs）。已被证实或怀疑为 EEDs 的化学物达 150 种以上。

近几年的监测调查表明：长江、黄河、珠江、海河、松花江、太湖、巢湖、滇池等流域均存在一定程度的有毒有害有机污染物污染。

长江流域共检出 107 种目标化合物，其中 39 种属于我国优先控制污染物，77 种属于环保部优先控制污染物（图 3-1-112）。

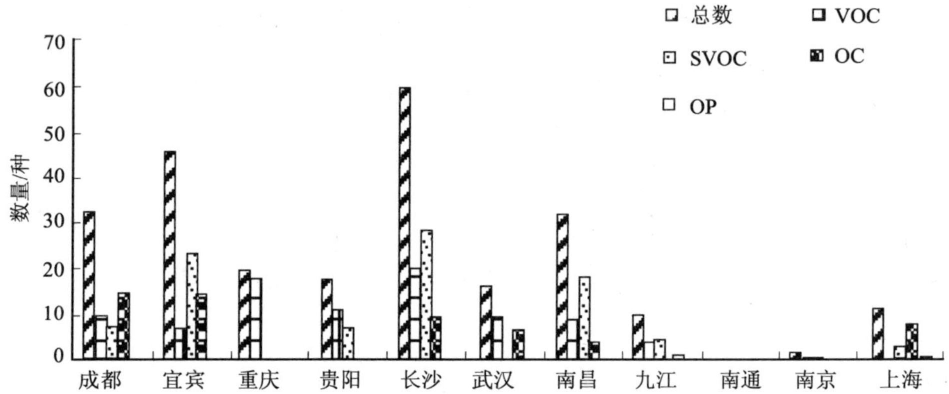

图 3-1-112 长江流域各城市有毒有害有机污染物检出数量

黄河流域共检出 60 种目标化合物，其中 28 种属于我国优先控制污染物，40 种属于环保部优先控制污染物（图 3-1-113）。

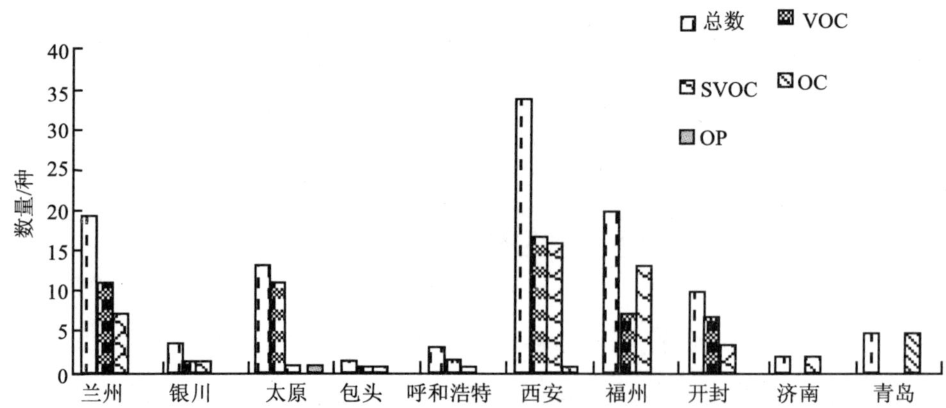

图 3-1-113 黄河流域各城市有毒有害有机污染物检出数量

珠江流域共检出 38 种目标化合物，其中属于我国优先控制污染物的有 13 种，属于环保部优先控制污染物的有 25 种。

松花江流域共检出目标化合物 107 种，其中 40 种属于我国优先控制污染物，72 种属于环保部优先控制污染物。

海河流域共检出目标化合物 23 种，属于我国优先控制污染物的有 10 种，属于环保部优先控制污染物的有 20 种。

太湖流域共检出目标化合物 81 种，33 种属于我国优先控制污染物，53 种属于环保部优先控制污染物。

巢湖流域共检出目标化合物 21 种，属于我国优先控制污染物的有 12 种，属于环保部优先控制污染物的有 16 种。

滇池检出目标化合物 16 种，属于我国优先控制污染物的有 5 种，属于环保部优先控制污染物的有 10 种。

总体上看，我国地表水受到一定程度的有毒有害有机物的污染，其种类较多，检出率较高，虽然浓度水平一般较低，但是依然有超标现象发生，对人体健康的潜在威胁很大，因此，控制有毒有害有机物的排放和污染必须提到议事日程上来。

（3）粪大肠菌群污染还未引起足够重视

粪大肠菌群一般来源于生活污水和农业、养殖业的废水排放，居民饮用水、游泳、农灌用水对该指标有不同的要求。我国重点城市饮用水水源根据 2006 年对 140 个河流型饮用水水源地的监测结果，水源地超标率为 25.6%，如果粪大肠菌群不参评，则超标率为 12.1%，下降近一半多；若按超标水量评价，超标率为 32.4%，如果粪大肠菌群不参评，则超标率为 24.6%，下降 7.8 个百分点。可见粪大肠菌群对地表水质量影响很大。另外，我国地表水粪大肠菌群污染呈现明显的地域差别，南方河流污染严重，北方河流污染较轻。因粪大肠菌群导致水质超标的水源地中，99%属于南方河流。超标最严重的水源地为湖南湘潭第三水厂水源地，超标倍数为 91 倍（表 3-1-35）。

表 3-1-35　　2006 年重点城市饮用水水源地水质超标情况

超标率	粪大肠菌群参评	粪大肠菌群不参评
水量超标率	32.4%	24.6%
水源地超标率	25.6%	12.1%

虽然粪大肠菌群作为水体卫生状况和集中式饮用水水源地水质评价指标，不参加地表水水质类别评价，而饮用水经自来水厂消毒处理后可以保证该项指标达标但由于我国特别是南方地区城市密集，人口众多，人们日常生活娱乐中，游泳和农灌用水等活动都会直接接触受污染水质，受到粪大肠菌群污染的影响，并通过这两种途径对食品安全和人体健康造成危害。

5. 国际比较

（1）河流

由于国外特别是发达国家的水环境重点监测和评价指标与我国不尽相同，故对水质污染程度的比较很难用相同的污染指标来分析，但可以对各国水质及评价方法作一总体的比较。

① 地表水质量评价方法比较。

美国对河流、湖泊的水质评价方法不尽相同，基本是按水体功能要求进行评价，共将河流、湖泊分为 11 种功能，根据参与监测和评价河流长度、湖泊面积的水质状况与功能要求的比较进行评价，评价结果分为 3 种类型，即 good（良好）、threatened（警告）和 impaired（功能削弱），并计算每种功能区河长、面积的比例。

英国对地表水的评价方法和结果表征与我国基本相同，将水质分为 5 级，即 A1、A2、B、C、D，并以达到不同级别河长的比例作为评价结果（表 3-1-36）。

表 3-1-36 中国、英国地表水质量评价级别对照表

	污染程度	good（良好）		threatened（警告）		impaired（功能削弱）
英国	水质级别	A1	A2	B	C	D
	污染程度	Excellet（极好）	Good（好）	Fair（干净）	Poor（差）	Swriously Poluted（严重污染）
中国	水质级别	Ⅰ、Ⅱ	Ⅲ	Ⅳ	Ⅴ	劣Ⅴ
	污染程度	优	良好	轻度污染	中度污染	重度污染

② 美国河流水质量评价结果。

据《美国国家水质报告》，美国各州共对 106 万英里[①]的河段长度进行了评价，占河流总长度的 19%。其中，良好河段长度为 697 266 英里，占评估河段长度的 65.8%；警告（即受到威胁）河段长度为 56 870 英里，占评估河段长度的 5.4%；功能削弱的河段长度为 295 530 英里，占 27.9%。各功能河长的水质情况见表 3-1-37。在各功能水体中，功能削弱比例较大的是航运、水力发电和特殊疗养与生态保护，其河段长度占功能削弱河段长度的比例分别为 87.18%、59.94%、66%（表 3-1-37）。

通过对各功能水体污染的来源分析表明，美国地表水污染主要受到农业活动的影响，其次为水利工程建设，城市污水排放只占第四位。我国现在的水污染控制措施主要在控制城市污水排放方面，对于农村面源污染还缺乏行之有效的措施和手段；而对水利工程建设和运行对水质污染的影响关注不够，例如，淮河流域特别是支流闸坝密布，使得许多河流已经丧失了基本的功能，这些水利设施对河流水质有什么影响至今也没有作过详细、全面的评估。

从评价结果可以看出，美国河流污染程度比较英国重，但是比我国污染要轻很多，功能

① 1 英里=1.609 344 km。

削弱（按相当于我国的重污染水平比较）河长比例占 27.9%。

表 3-1-37 美国水质评级结果

水质状况水体功能	总评价河长/英里	良好/%	警告/%	功能减削/%
鱼贝及野生动植物繁殖	460 204	62.49	6.93	29.39
主要接触性娱乐	184 262	55.16	4.86	39.37
非接触性娱乐	92 780	65.58	1.55	31.85
饮用水源	103 410	76.7	2.5	20.22
水生物养殖	0	0	0	0
农业用水	148 662	88.49	1.18	9.81
工业工业用水	30 941	72.71	0.92	25.84
旅游	20 264	48.08	38.58	12.82
特殊疗养与生态保护	13 559	19.46	14.28	66
水力发电	3 880	34.41	5.31	59.94
航运	942	12.79	0	87.18
合计	1 058 904	5.8	5.4	27.9

③ 英国河流水质评价。

2005 年，英国全国河流总长度为 25 429 km，其中没有进行评价的河流长度为 2 116 km，占 8.4%，在监测和评价的河长中，A1、A2 和 B 级的长度占评价全国总长度的 88.6%，C 级只占 2.8%，严重污染的比例仅占 0.2%。可见，我国河流水质量与英国相比相差甚远。

英国河流水质从 1999 年到 2005 年的 7 年时间内，有明显的变化（表 3-1-38），A1、A2 级别的河流长度有大幅度的提高，而 C 和 D 级别的河流长度减少了 30%（图 3-1-114），到 2005 年，水质为差和严重污染（C 和 D）程度的河长比例仅占 3%。根据水利部《2006 年中国水资源质量年报》，2006 年我国河流为劣Ⅴ类的河流长度为 22.5%。可见我国河流水质状况与英国相比相差甚远。

表 3-1-38 英国 1999—2005 年河流水质评价结果

年份		未评价河段	极好	好	干净	差	严重污染	合计
1999	河段长度/km （比例/%）	—	—	—	2 577.0 （10.1）	1 077.7 （4.2）	91.2 （0.4）	25 381.8 （100）
2000	河段长度/km （比例/%）	12 815.6 （50.3）	3 171.5 （12.5）	6 087.2 （23.9）	2 453.2 （9.6）	853.9 （3.4）	73.4 （0.3）	25 454.6 （100）
2001	河段长度/km （比例/%）	11 960.1 （46.9）	3 874..5 （15.2）	6 324.9 （24.8）	2 339.1 （9.2）	929.4 （3.6）	82.5 （0.3）	25 510.5 （100）
2002	河段长度/km （比例/%）	7 981.9 （30.5）	5 279.4 （20.1）	8 655.5 （33）	2 562.7 （9.8）	902.9 （3.4）	56.3 （0.2）	25 444.7 （100）
2003	河段长度/km （比例/%）	5 903.3 （23.2）	6 815.2 （26.8）	9 540.4 （37.5）	2 373.8 （9.3）	750.8 （3.0）	52.6 （0.2）	25 436.1 （100）
2004	河段长度/km （比例/%）	3 806.5 （15）	7 659.9 （30.1）	10 612.5 （41.7）	2 587.6 （10.2）	716.6 （2.8）	50.6 （0.2）	25 436.1 （100）

年份		未评价河段	极好	好	干净	差	严重污染	合计
2005	河段长度/km （比例/%）	2 126.4 （8.4）	8 003.9 （31.5）	12 053.1 （47.4）	2 469.8 （9.7）	723.6 （2.8）	52.3 （0.2）	25 429.1 （100）

1999 年级别 C 和 D 的实际长度为 1 169 km

2005 年级别 C 和 D 的实际长度为 776 km

2006 年级别 C 和 D 的目标长度为 818 km

1999—2005 年，级别 C 和 D 的实际长度变化为－393 km（－34%）

1999—2006 年，级别 C 和 D 的目标长度变化为－351 km（－30%）

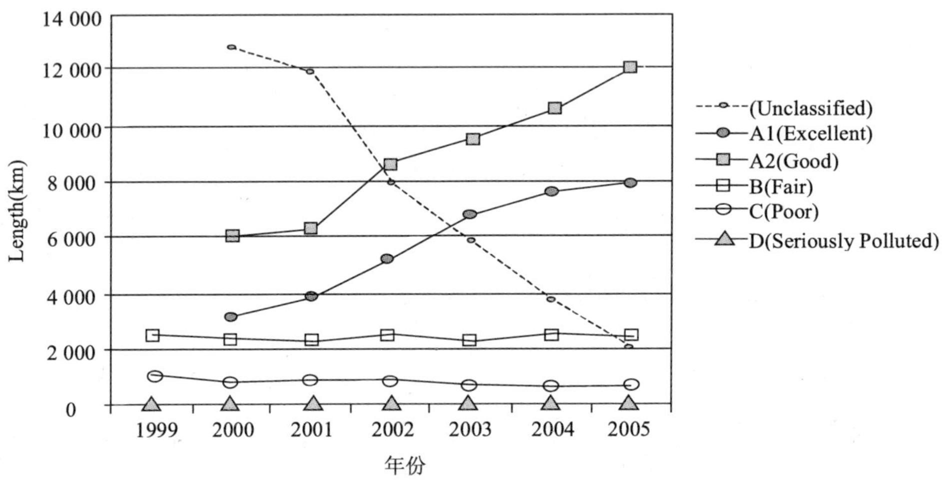

图 3-1-114 英国河流水质量级别变化趋势图

（2）湖泊

国外湖泊数据基本是 20 世纪 90 年代初监测的数据，由于这些国家，特别是欧洲国家的水环境质量趋于稳定状况，正常年份的变化很小，因此与我国当前的数据具有一定的可比性。我国的太湖、巢湖、滇池的富营养化程度较高，1995 年太湖为轻度富营养、滇池为中度富营养、巢湖为重度富营养，与世界其他国家和地区湖泊相比，除了比丹麦的阿勒湖富营养程度轻以外，比其他湖泊的富营养化程度都要重（图 3-1-115）。

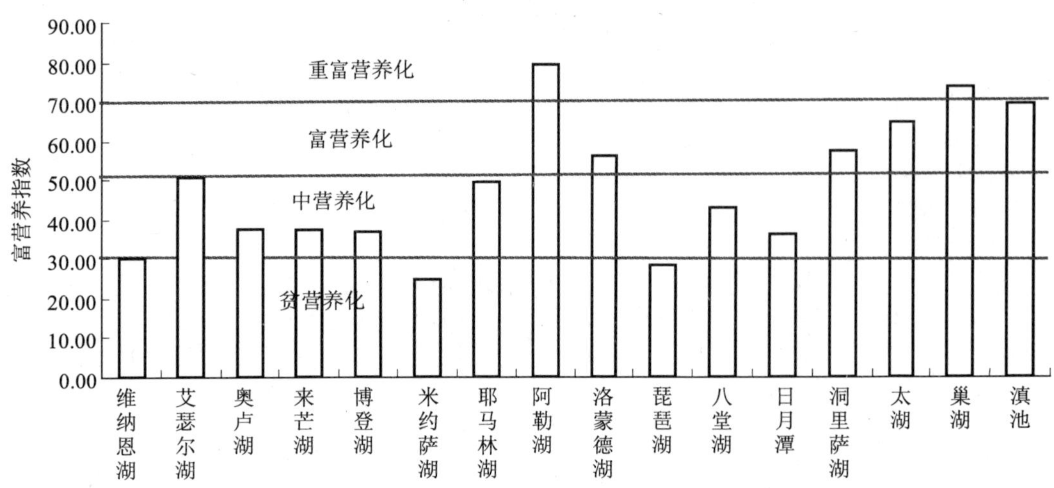

图 3-1-115 国内外部分湖泊富营养化评价结果

从表 3-1-39 还可以看出，平均水深小于 5 m 的浅型湖泊的富营养化程度较重，如丹麦的阿勒湖（水深 3 m）、荷兰的艾瑟尔湖（水深 5 m）、柬埔寨的洞里萨湖（水深 4 m）与我国的太湖（水深 1.9 m）、滇池（水深 4.4 m）均属富营养化或重富营养化水平。

表 3-1-39　　国内外部分湖泊富营养化比较

湖泊名称	国家和地区	表面积/km^2	最大水深/m	平均水深/m	富营养指数	富营养级别
维纳恩湖	瑞典	5 670	153	106	30.28	中
艾瑟尔湖	荷兰	2 000	6	5	51.25	富
奥卢湖	芬兰	893	35	8	36.98	中
来芒湖	法国、瑞士	584	310	152.7	37.54	中
博登湖	奥地利、德国、瑞士	539	252	100	36.58	中
米约萨湖	挪威	362	449	153	24.57	贫
耶马林湖	瑞典	478	22	6	49.29	中
阿勒湖	丹麦	42	6	3	79.18	重富
洛蒙德湖	英国	71	190	37	56.09	富
琵琶湖	日本	670.49		41	28.65	贫
八堂湖	韩国	36.5		6.7	42.78	中
日月潭	中国台湾地区	11.6	27		36.18	中
洞里萨湖	柬埔寨	2 450	12	4	57.32	富
太湖（95）	中国	2 340	4.8	1.9	64.66	富
巢湖（95）	中国	760	12.8	8.4	73.85	重富
滇池（95）	中国	300		4.4	69.28	富
太湖（06）	中国	2 340	4.8	1.9	69.11	富
巢湖（06）	中国	760	12.8	8.4	63.31	富
滇池（06）	中国	300		4.4	78.60	重富

（3）清洁水源享有率

中国现在城乡基础设施严重滞后，一些地方甚至处于空白状态，致使中国的清洁饮用水源和卫生设施享有率（享有人口占总人口比例）等指标，明显低于世界平均水平，至今仍然徘徊在世界低收入水平国家行列。按照环境保护总局发布的一项报告，2005 年中国仍有 3 亿多人口没有清洁的饮用水水源。世界银行 2000 年一项统计数据表明，中国民众清洁水源享有率低于印度、伊朗等国家的同期水平（表 3-1-40）。

表 3-1-40　　中国享有清洁水源和卫生设施状况

国家/地区	清洁水源享有率/%	卫生设施享有率/%
世界	82	54
低收入国家	75	—
中收入国家	83	61
高收入国家	99	—

国家/地区	清洁水源享有率/%	卫生设施享有率/%
中国	77	44
日本	100	100
加拿大	100	100
美国	100	100
德国	100	100
澳大利亚	100	100
印度	86	30
韩国	92	36
伊朗	93	84
俄罗斯	96	87

数据来源：世界银行数据库 2000 年。

（二）地表水水质变化情况

1．总体变化情况

我国地表水水质总体变化趋势评价是按常规监测的 24 项指标中水质类别最差的单项污染物的类别确定为评价水体的类别，评价各年全国 700 多个国控断面的类别比例的变化趋势来宏观定性描述水质整体的变化趋势（图 3-1-116）。

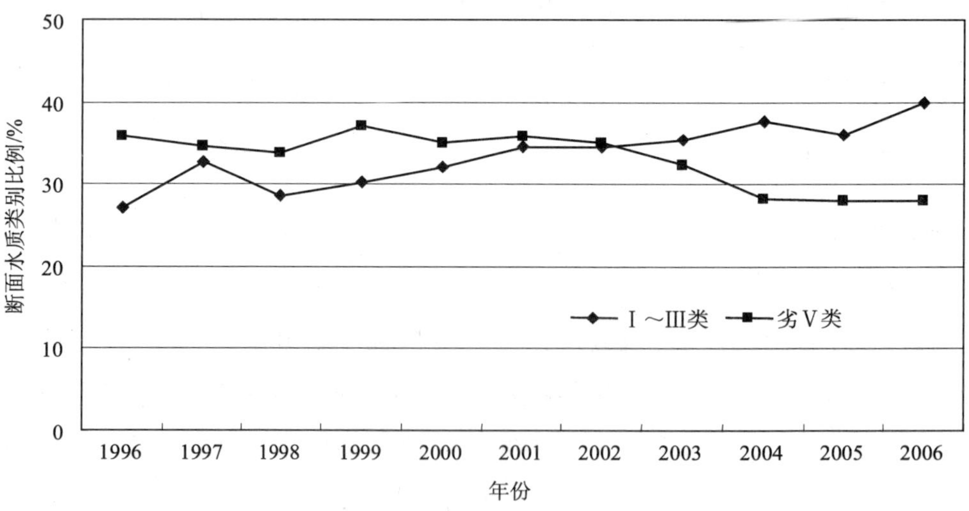

图 3-1-116　1996—2006 年地表水水质变化趋势

1996—2005 年，我国重点流域主要控制污染物污染有所减轻，但污染依然严重。Ⅰ～Ⅲ类断面水质类别比例由 1996 年的 27%上升至 2006 年的 40%，上升了 13 个百分点，劣Ⅴ类比例由 36%下降至 28%，下降了 8 个百分点。

总体上看，近年来我国水污染的影响早已超越局部和“点源”的范围，发展成为流域性污染问题。流域污染状况表现为支流重于干流，城市河段重于一般河段，下游地区重于上游地区。

2. 主要江河水系

（1）长江水系水质基本稳定

1996—2004 年长江水质为轻度污染，2005 年、2006 年水质为良好。按断面水质类别比例年际变化分析，长江水质自 1999 年以来持续好转，Ⅰ～Ⅲ类断面水质类别比例由 37%上升至 76%，上升了 39 个百分点，劣Ⅴ类比例由 18%下降至 7%，下降了 11 个百分点，水质改善明显（图 3-1-117）。

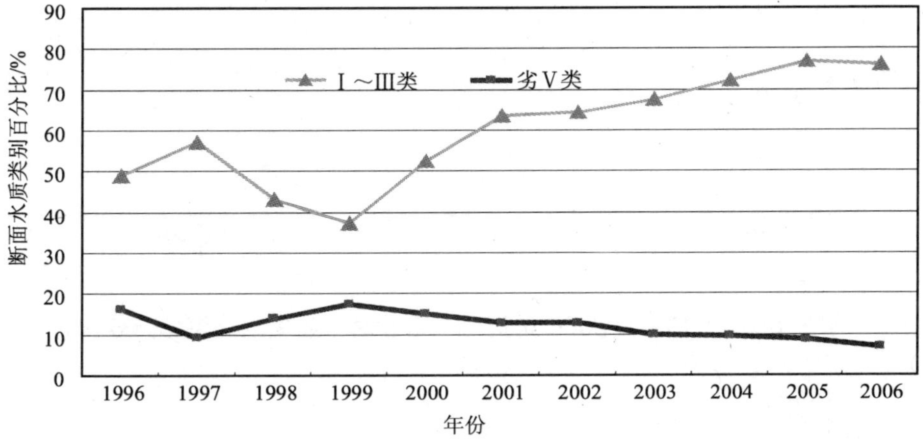

图 3-1-117　1996—2006 年长江水系断面水质类别比例年际变化

影响长江水质的主要污染指标为石油类。1996—2006 年，长江石油类污染呈减轻趋势，从 2005 年开始，石油类年均值浓度已经达到《地表水环境质量标准》（GB 3838—2002）Ⅲ类标准。1996—2006 年长江水系石油类年际变化见图 3-1-118。

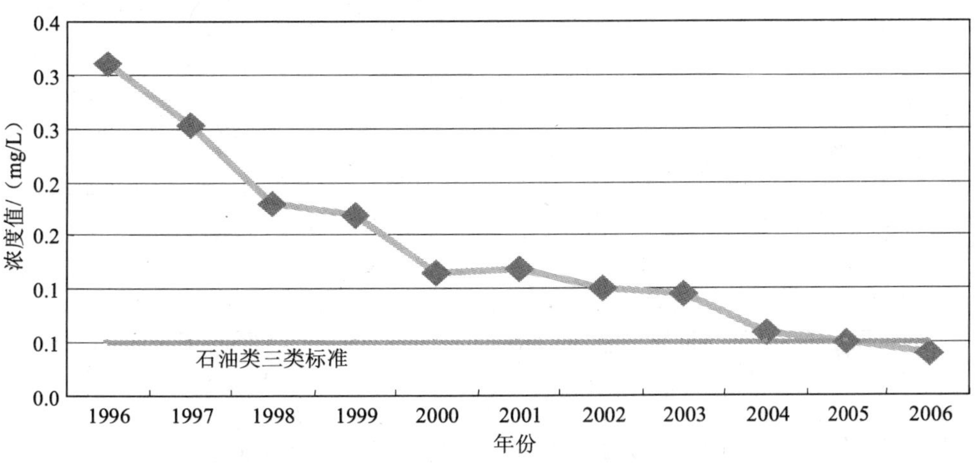

图 3-1-118　1996—2006 年长江水系石油类年际变化

（2）黄河水系水质呈相对改善趋势

1996 年以来，随着沿河地区对工业废水的治理以及生活污水处理厂的建设和运行，黄河水系水质呈改善趋势。2006 年与 1996 年相比，黄河Ⅰ～Ⅲ类水质比例由 10%提高到 50%，劣Ⅴ类水质由 52%降低至 25%（图 3-1-119）。

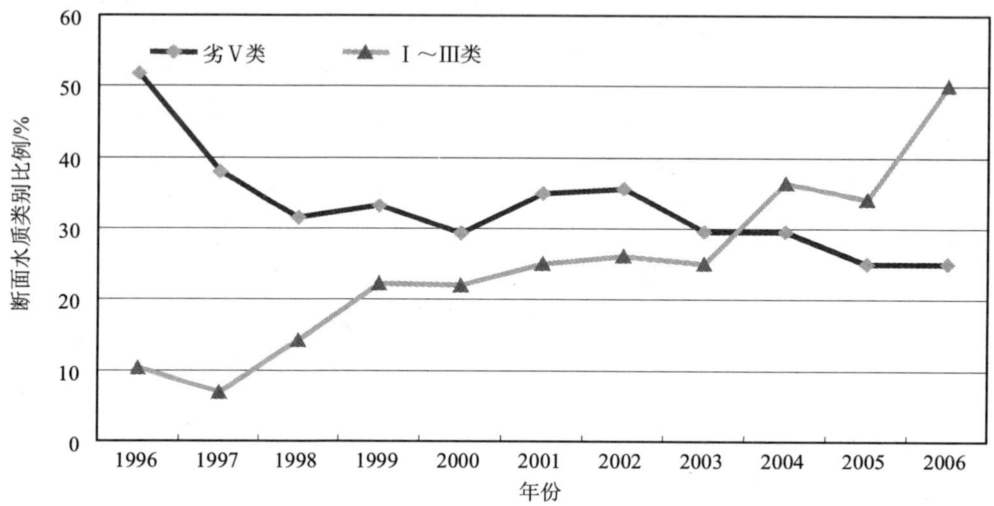

图 3-1-119　1996—2006 年黄河水系断面水质类别比例年际变化

影响黄河水系水质的主要污染指标为挥发酚、氨氮和高锰酸盐指数。尽管挥发酚和氨氮的年均浓度总体呈减轻趋势，但仍超过地表水Ⅲ类标准，且近年污染有所反弹。（图 3-1-120，图 3-1-121）；高锰酸盐指数波动明显（图 3-1-122）。至 2006 年，3 个指标仍高于Ⅲ类水质标准。

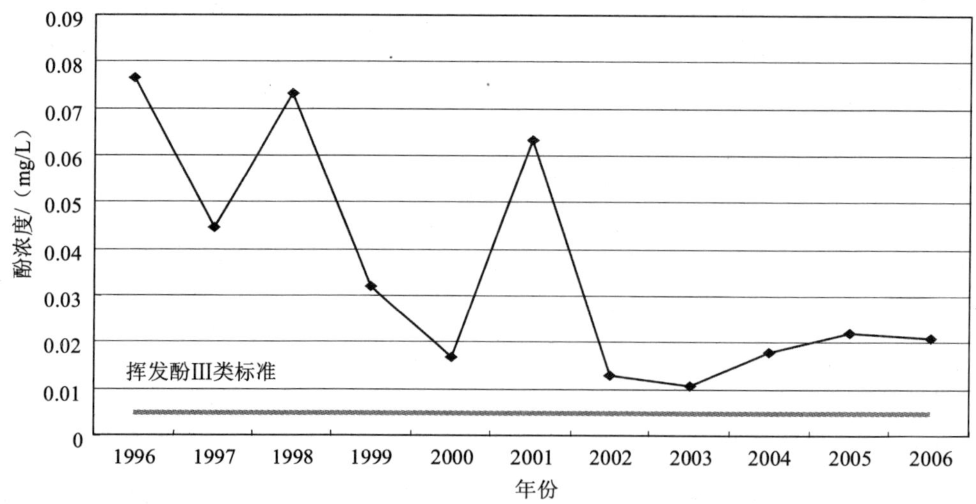

图 3-1-120　1996—2006 年黄河水系挥发酚年际变化

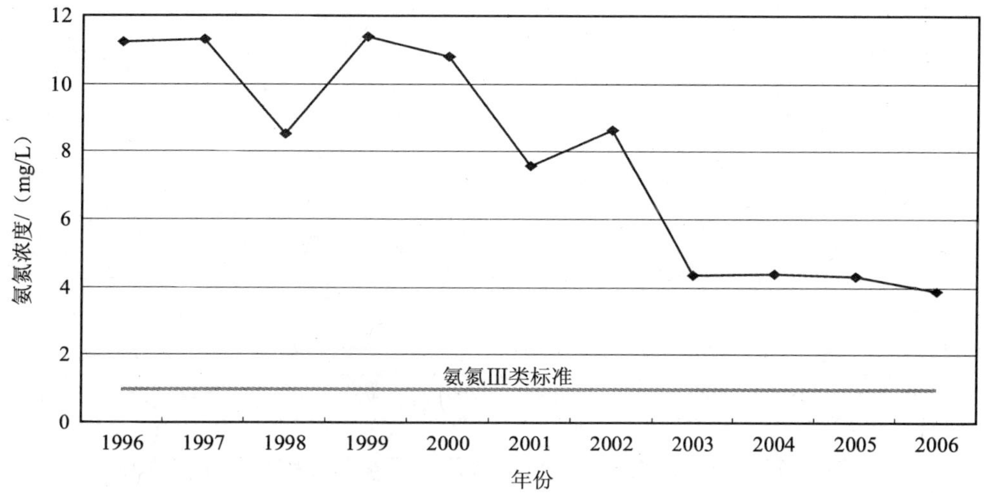

图 3-1-121　1996—2006 年黄河水系氨氮年际变化

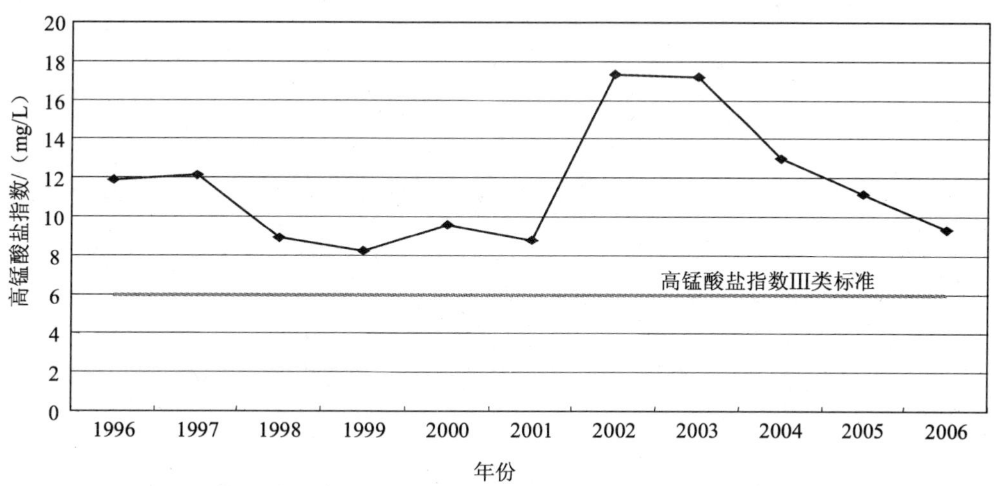

图 3-1-122　1996—2006 年黄河水系高锰酸盐指数年际变化

（3）珠江水系水质保持稳定

按断面水质类别比例的年际变化分析，10 年来，珠江水系总体水质较好，劣Ⅴ类断面比例一直在 10%以下，年际间水质变化不明显（图 3-1-123）。

影响珠江水系水质的主要污染指标为石油类。污染较重的区域为珠江广州段，航运使石油类指标偏高。自 1996 年以来，珠江水系石油类污染呈减轻趋势，2004 年珠江石油类浓度达到III类标准（图 3-1-124）。

（4）2000 年后松花江水系水质有所改善，但污染仍处于较重水平

“九五”期间松花江水系水质较差，且污染逐年加重，至 2000 年，水系劣Ⅴ类水质断面比例超过 40%，污染较重；“十五”期间松花江水系水质呈改善趋势，2006 年水质又有一定程度的反弹（图 3-1-125）。

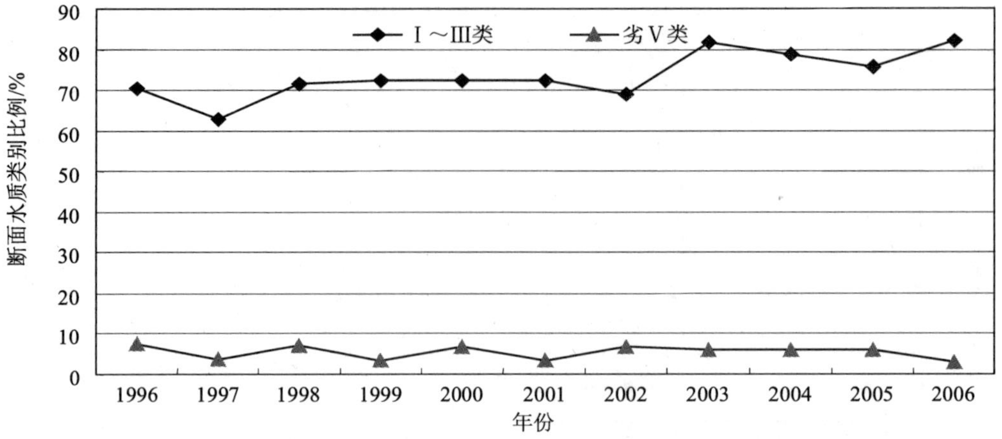

图 3-1-123　1996—2006 年珠江水系断面水质类别比例年际变化

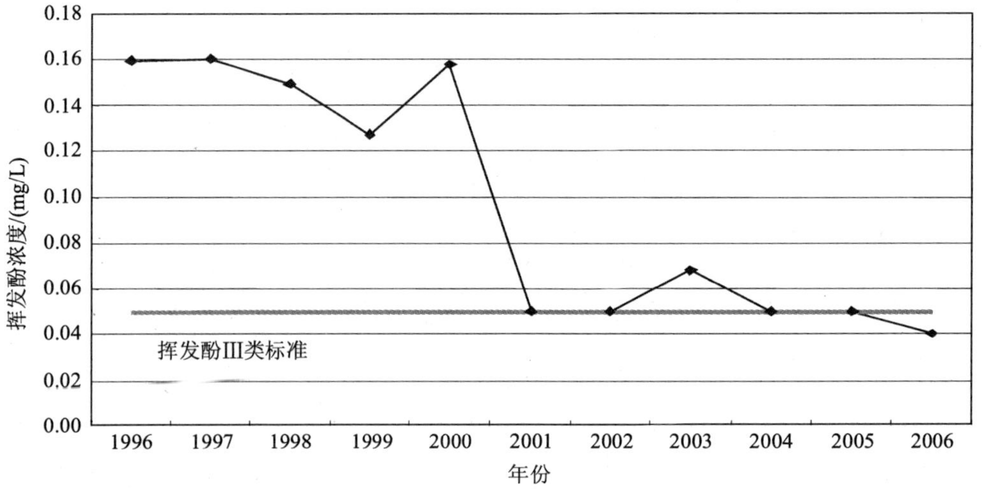

图 3-1-124　1996—2006 年珠江水系石油类年际变化

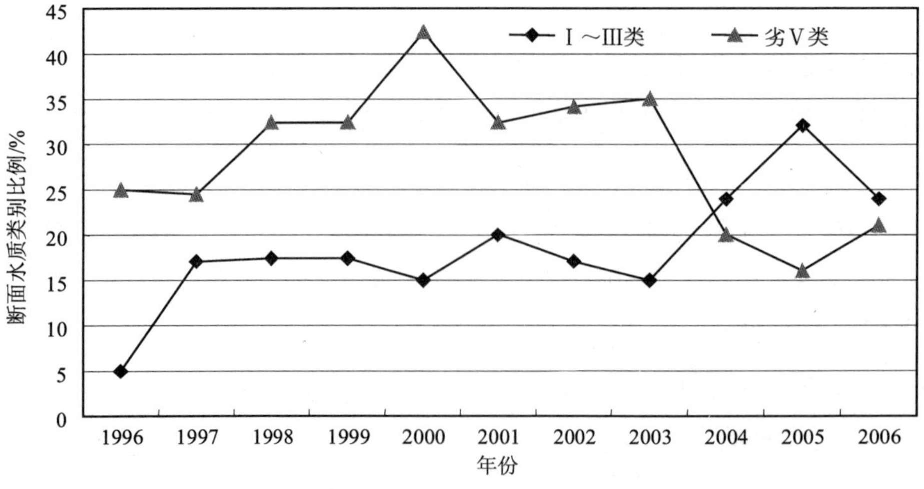

图 3-1-125　1996—2006 年松花江水系断面水质类别比例年际变化

影响松花江水系水质的主要污染指标为石油类、高锰酸盐指数和氨氮（图 3-1-126，图 3-1-127，图 3-1-128）。高锰酸盐指数自“十五”以来呈下降趋势；氨氮总体呈加重趋势，特别是近三年来，污染一直处于较高水平。

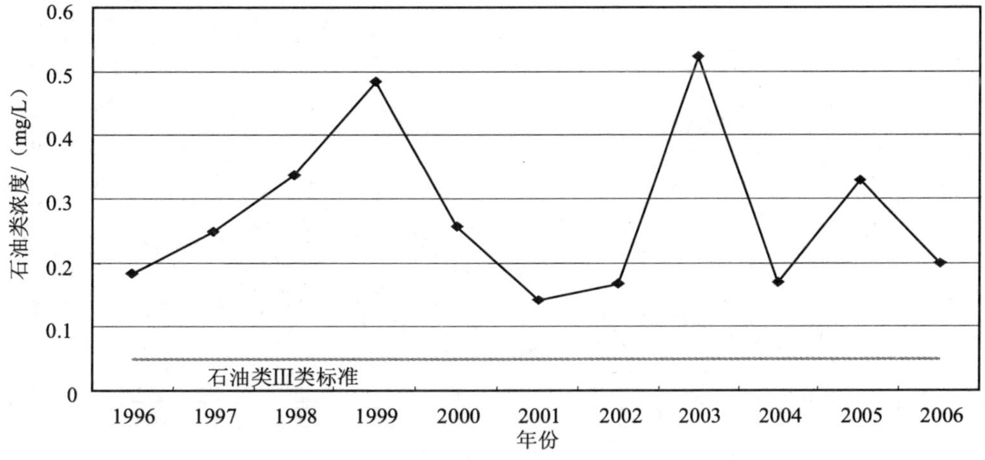

图 3-1-126　1996—2006 年松花江水系石油类年际变化

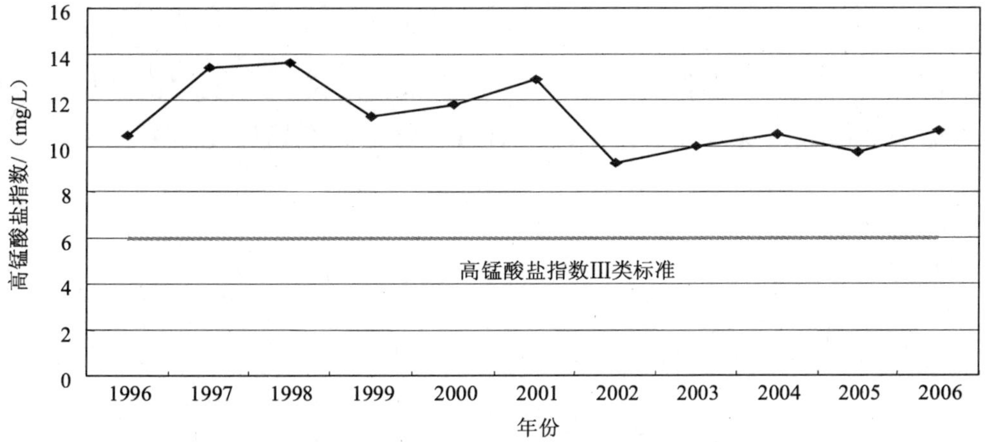

图 3-1-127　1996—2006 年松花江水系高锰酸盐指数年际变化

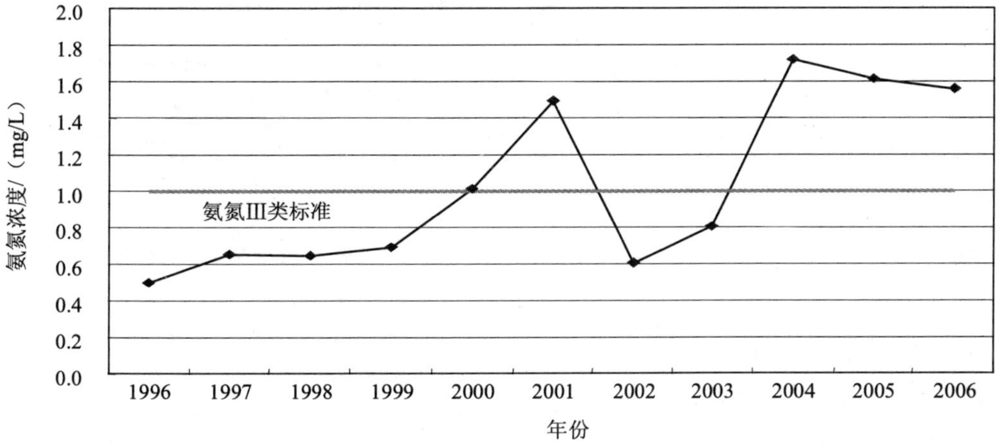

图 3-1-128　1996—2006 年松花江水系氨氮年际变化

（5）10 年以来淮河水系污染呈明显减轻趋势

1996 年以后淮河污染呈明显减轻趋势，Ⅱ～Ⅲ类水质断面比例明显上升，劣Ⅴ类水质断面比例明显减少（图 3-1-129）。但部分支流污染仍很严重。

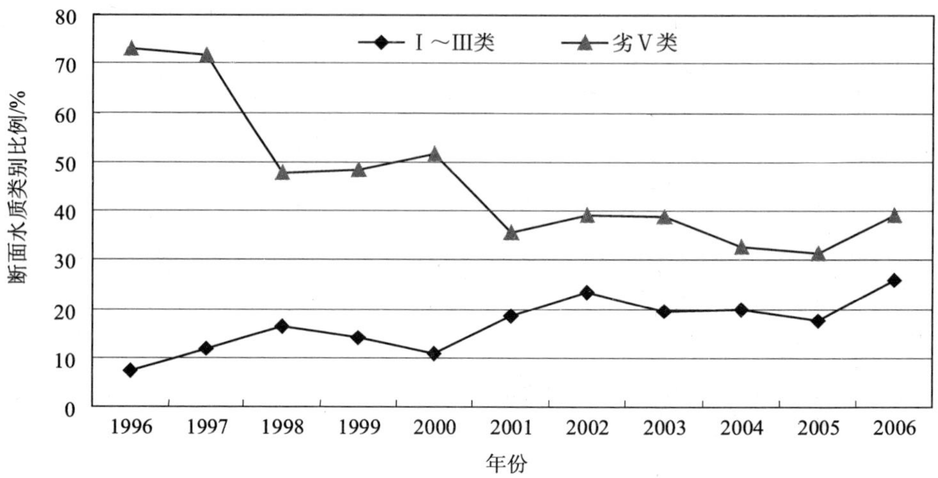

图 3-1-129　1996—2006 年淮河水系断面水质类别比例年际变化

影响淮河水系水质的主要污染指标为高锰酸盐指数、氨氮和五日生化需氧量。1996—2006 年淮河水系高锰酸盐指数、氨氮和五日生化需氧量总体呈降低趋势（图 3-1-130）。

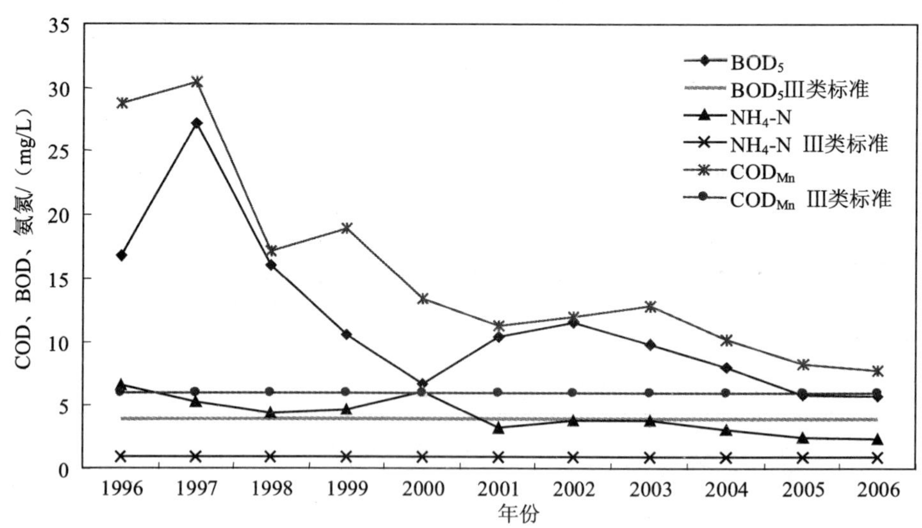

图 3-1-130　1996—2006 年淮河水系高锰酸盐指数、氨氮、五日生化需氧量年际变化

（6）海河水系污染呈加重趋势

据相关分析表明，1998 年以来，海河污染呈加重趋势。2006 年与 1998 年相比，海河水系Ⅰ～Ⅲ类水质比例由 25%减少至 22%，劣Ⅴ类水质断面比例由 42%增加至 57%（图 3-1-131）。

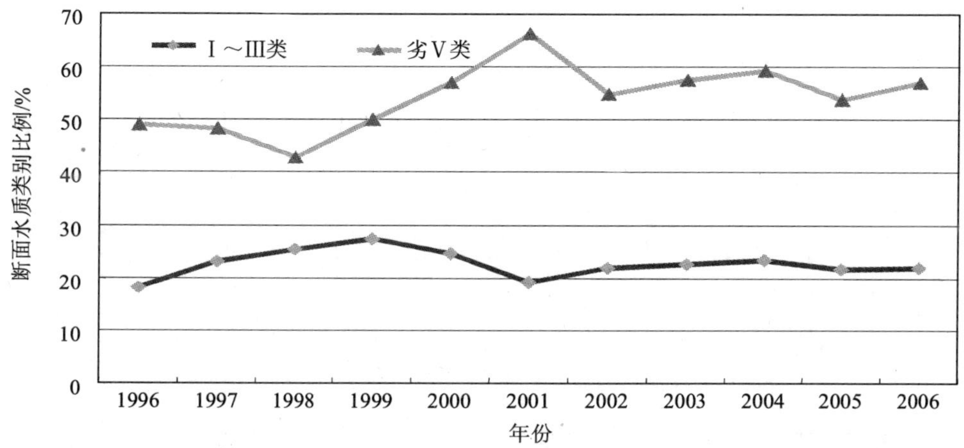

图 3-1-131　1996—2006 年海河水系断面水质类别比例年际变化

影响海河水系水质的主要污染指标为高锰酸盐指数（图 3-1-132）、氨氮（图 3-1-133）和五日生化需氧量（图 3-1-134）。自 2002 年以后，3 项污染物浓度有一定程度的降低，但水质级别变化不大。

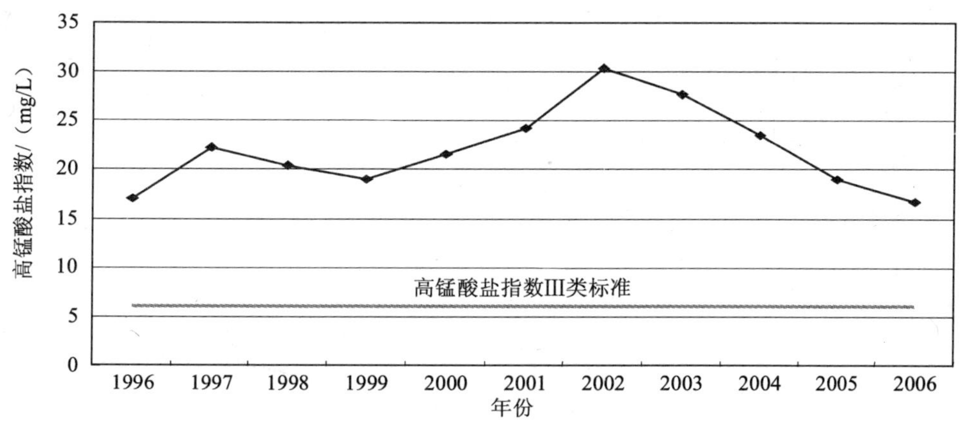

图 3-1-132　1996—2006 年海河水系高锰酸盐指数年际变化

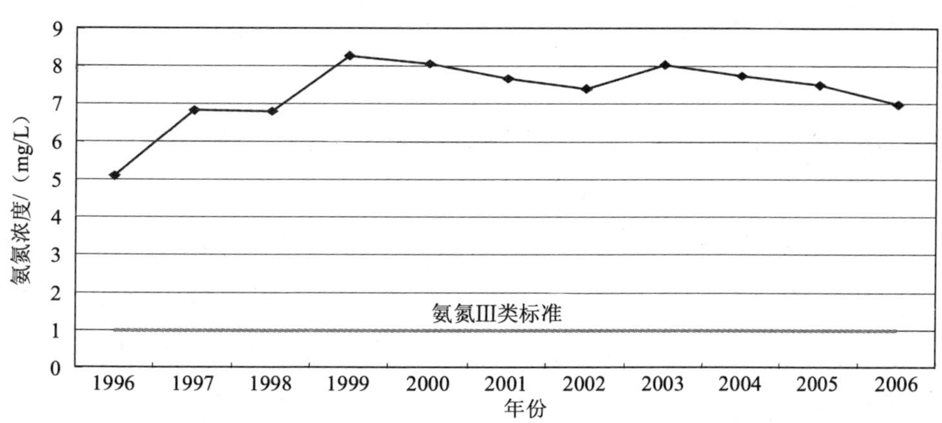

图 3-1-133　1996—2006 年海河水系氨氮年际变化

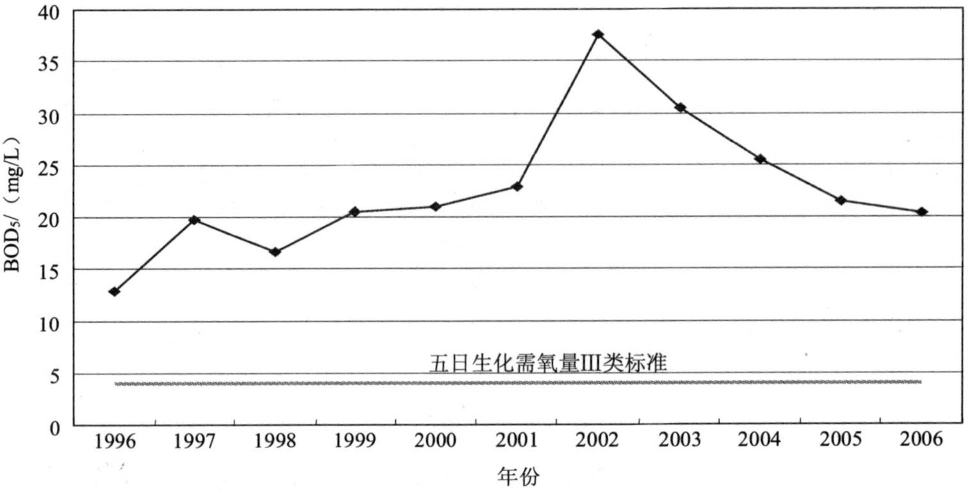

图 3-1-134　1996—2006 年海河水系五日生化需氧量年际变化

（7）辽河水系污染较重，水质无明显变化

按断面水质类别比例年际变化分析，辽河水系污染较重，除 2004 年为中度污染外，其余时段均属重度污染，劣V类水质断面比例大于 40%。从 2001 年开始，辽河水系污染呈逐年减轻趋势，但污染仍然较重（图 3-1-135）。

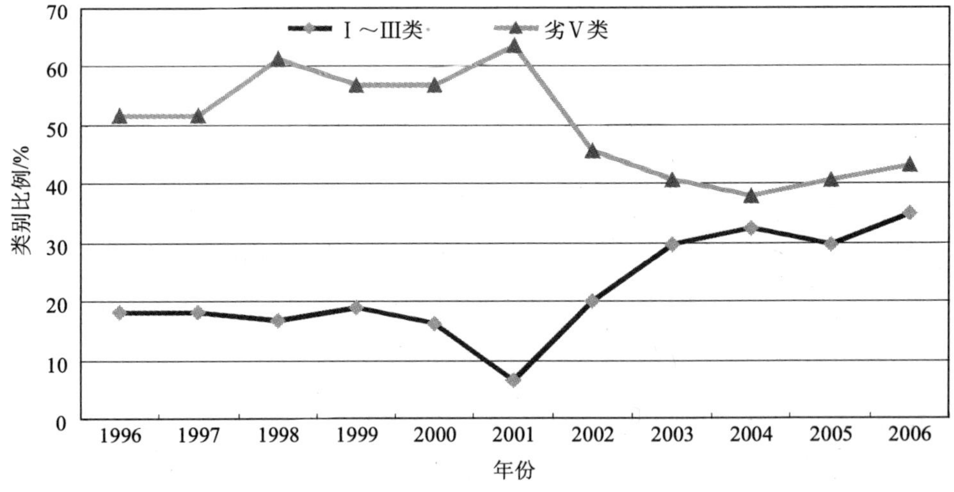

图 3-1-135　1996—2006 年辽河水系断面水质类别比例年际变化

统计分析表明，影响辽河水系水质的主要污染指标为高锰酸盐指数、氨氮、五日生化需氧量和挥发酚（图 3-1-136，图 3-1-137，图 3-1-138，图 3-1-139）。2000 年以来，辽河水系高锰酸盐指数虽有明显降低，但上述 4 项指标均在地表水环境质量III类标准以上，表明辽河水系仍需进一步加大污染防治力度。

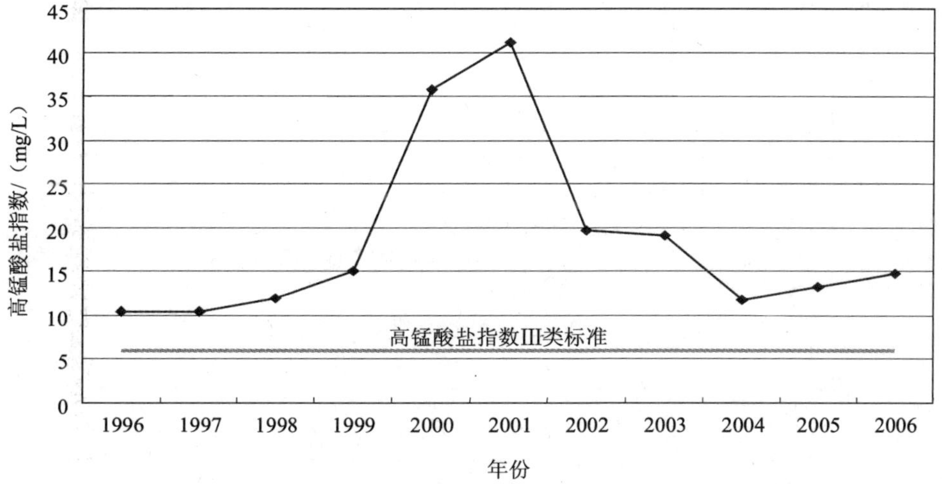

图 3-1-136　1996—2006 年辽河水系高锰酸盐指数年际变化

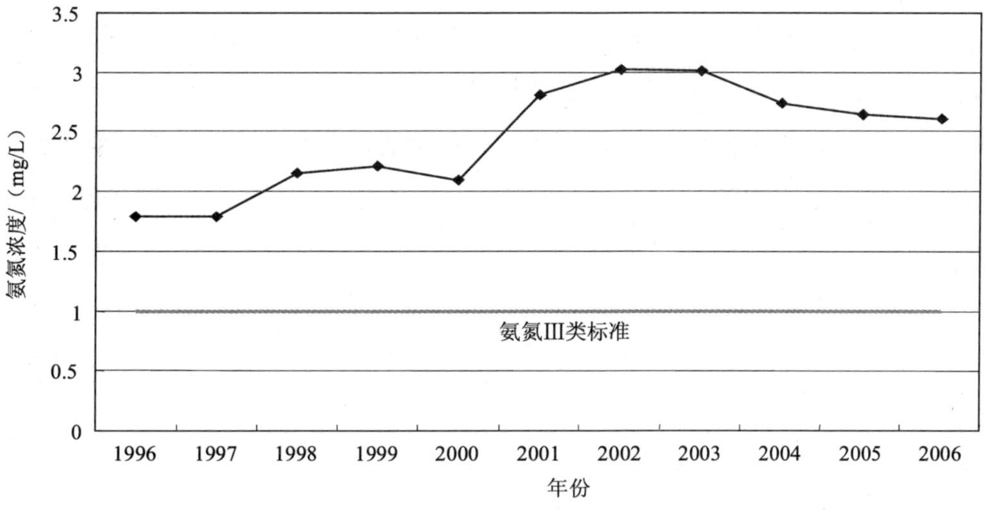

图 3-1-137　1996—2006 年辽河水系氨氮年际变化

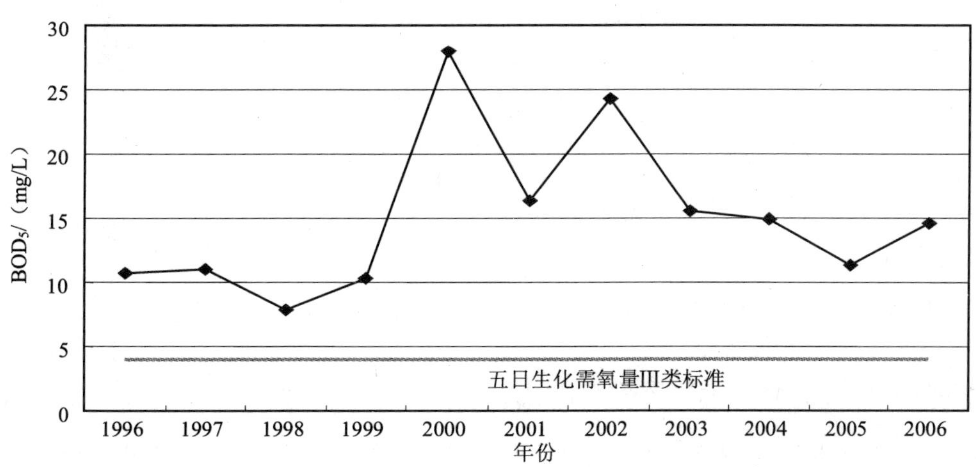

图 3-1-138　1996—2006 年辽河水系五日生化需氧量年际变化

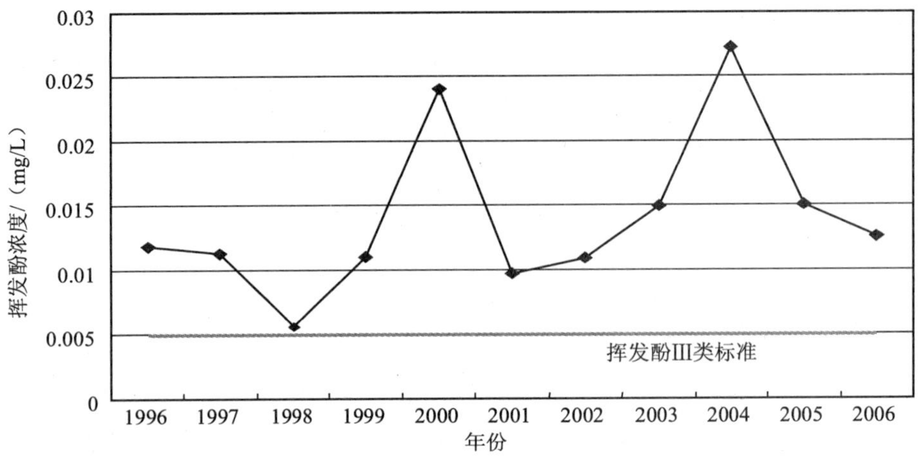

图 3-1-139 1996—2006 年辽河水系挥发酚年际变化

（8）浙闽水系总体为轻度污染，呈改善趋势

2001—2006 年，浙闽河流总体为轻度污染，Ⅰ～Ⅲ类水质多在 63%以上，2006 年达到 75%；劣Ⅴ类断面比例除 2004 年为 3%以外，其余 5 年均为 0%（表 3-1-41）。从图 3-1-140 可以看出，自 2003 年起，年际间Ⅰ～Ⅲ类水质比例呈上升趋势，Ⅳ、Ⅴ类水质比例则呈下降趋势。

表 3-1-41 2001—2006 年浙闽区河流整体水质类别比例年度变化

年份	监测断面数	Ⅰ类		Ⅱ类		Ⅲ类		Ⅳ类		Ⅴ类		劣Ⅴ类	
		个数	比例/%	个数	比例/%	个数	比例/%	个数	比例/%	个数	比例/%	个数	比例/%
2001	31	1	3	16	52	4	13	9	29	1	3	0	0
2002	30	2	7	15	50	2	7	11	37	0	0	0	0
2003	30	0	0	10	33	9	30	11	37	0	0	0	0
2004	31	0	0	11	35	10	32	7	23	2	6	1	3
2005	32	2	6	9	28	13	41	7	22	1	3	0	0
2006	32	1	3	10	31	13	41	7	22	1	3	0	0

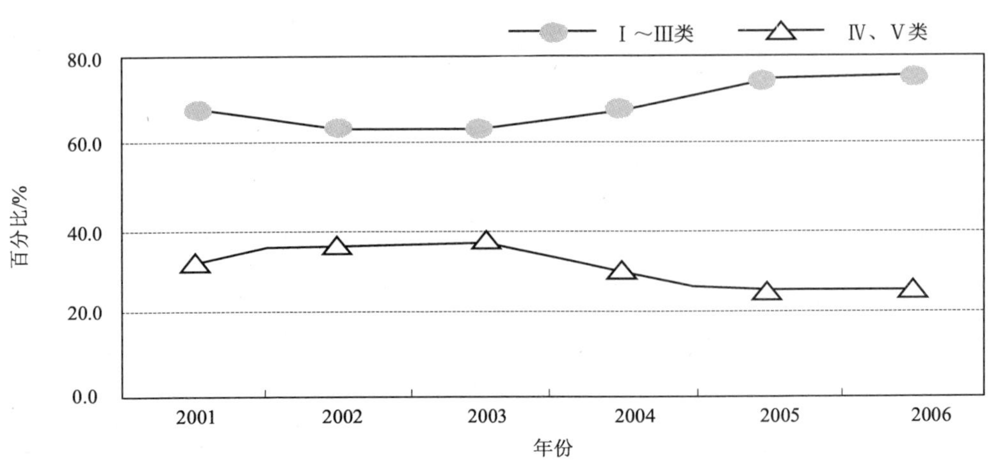

图 3-1-140 2001—2006 年浙闽区河流水质类别比例年际变化

(9)西北诸河整体水质良好，无明显变化

2001—2006年，西北区河流整体水质无明显变化，一直保持良好，Ⅰ～Ⅲ类水质多在85%以上；劣Ⅴ类断面比例在2005年和2006年为4%，其余4年均为0%（图3-1-141，表3-1-42）。

表3-1-42　　2001—2006年西北诸河整体水质类别变化

年份	监测断面数	Ⅰ类		Ⅱ类		Ⅲ类		Ⅳ类		Ⅴ类		劣Ⅴ类	
		个数	比例/%	个数	比例/%	个数	比例/%	个数	比例/%	个数	比例/%	个数	比例/%
2001	27	5	19	11	41	10	37	1	4	0	0	0	0
2002	27	6	22	14	52	3	11	3	11	1	4	0	0
2003	19	4	21	8	42	4	21	3	16	0	0	0	0
2004	28	7	25	11	39	7	25	3	11	0	0	0	0
2005	28	6	21	12	43	6	21	2	7	1	4	1	4
2006	28	2	7	14	50	7	25	4	14	0	0	1	4

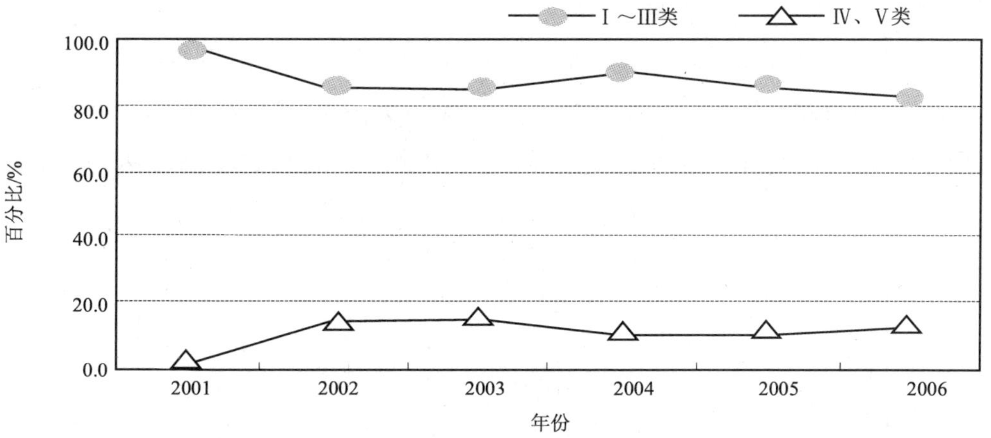

图3-1-141　2001—2006年西北诸河水质类别比例年际变化

(10)西南诸河总体为轻度污染，呈好转趋势

2001—2006年，西南区河流总体为轻度污染，呈好转趋势。由表3-1-43和图3-1-142可见，Ⅰ～Ⅲ类水质断面比例由2001年的35%上升为2006年的82%，Ⅳ、Ⅴ类水质五年的变化趋势与Ⅰ～Ⅲ类变化趋势正相反，劣Ⅴ类水质比例基本保持在12%。

表3-1-43　　2001—2006年西南诸河流整体水质类别变化

年份	监测断面数	Ⅰ类		Ⅱ类		Ⅲ类		Ⅳ类		Ⅴ类		劣Ⅴ类	
		个数	比例/%	个数	比例/%	个数	比例/%	个数	比例/%	个数	比例/%	个数	比例/%
2001	17	0	0	2	12	4	24	9	53	0	0	2	12
2002	17	2	12	8	47	3	18	1	6	0	0	3	18
2003	17	1	6	9	53	0	0	4	24	1	6	2	12
2004	17	2	12	11	65	1	6	0	0	1	6	2	12
2005	17	1	6	9	53	4	24	1	6	0	0	2	12
2006	17	3	18	7	41	4	23	1	6	0	0	2	12

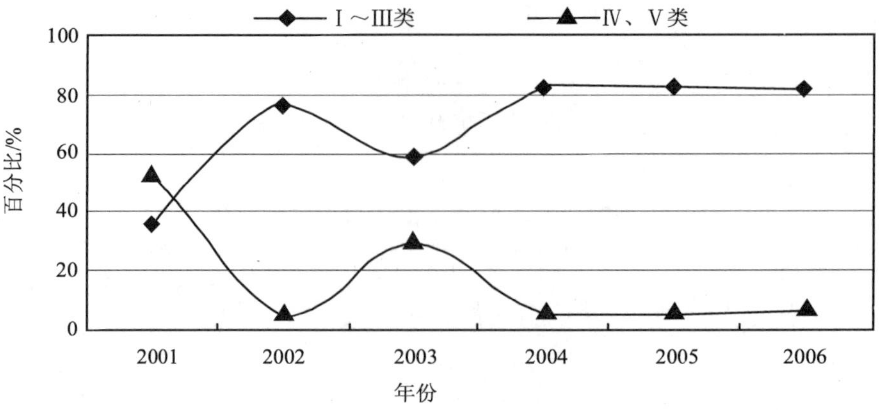

图 3-1-142　2001—2006 年西南诸河水质类别比例变化

（11）三峡库区干流水质呈好转趋势

① 三峡库区干流水质。

1998—2005 年，三峡库区长江干流重庆段枯水（图 3-1-143）、平水（图 3-1-144）、丰水水期（图 3-1-145）达到或优于III类水质比例基本持平，分别为 94%、96%、95%；2002 年之后长江干流水质明显变好，每年三个水期达到和优于III类水质的断面比例都达到 100%。

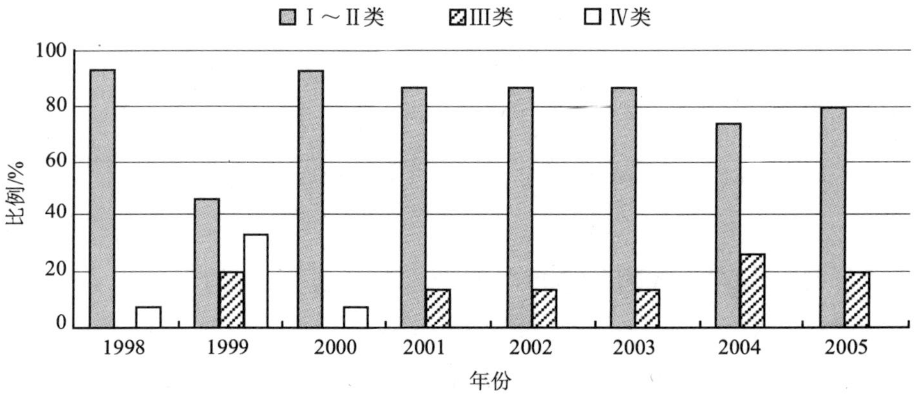

图 3-1-143　1998—2005 年枯水期三峡库区长江干流各类水质比例

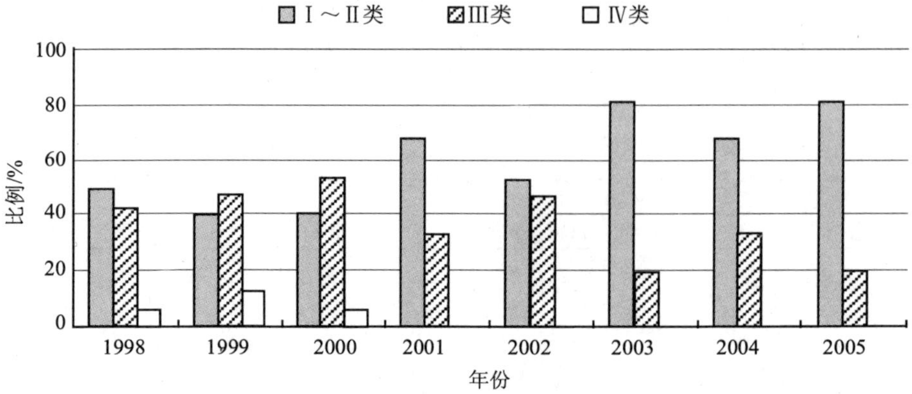

图 3-1-144　1998—2005 年平水期三峡库区长江干流各类水质比例

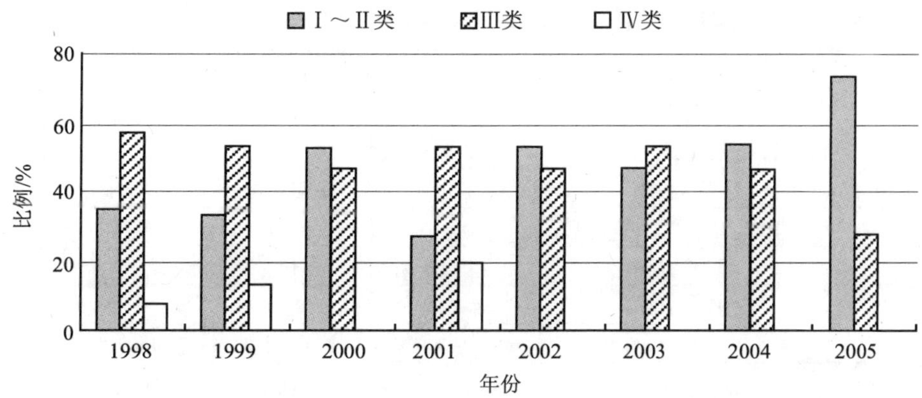

图 3-1-145　1998—2005 年丰水期三峡库区长江干流各类水质比例

② 入库主要支流水质污染依然较重。

2002—2005 年，三峡库区主要支流各水期达到或优于III类水质的断面比例都呈逐年增长趋势。3 个水期的主要污染指标是 COD_{Mn}、BOD_5、NH_3-N、石油类，平均超标率分别为 10.4%、14.0%、18.7%、28.5%（表 3-1-44）。水质为V类和劣V类的支流共有 7 条，分别是一品河、花溪河、桃花溪、龙溪河、大溪河、綦江河、苎溪河。这些支流除苎溪河外都分布在三峡库区 139 m 水位线以上。

表 3-1-44　　2002—2005 年三峡库区主要支流水质评价结果

水期	年度	水质类别所占比例/%					
		I	II	III	IV	V	劣V
枯水期	2002	10	27	20	27	5	10
	2003	10	25	23	27	5	10
	2004	12	20	37	17	0	14
	2005	18	32	24	6	5	15
平水期	2002	0	18	42	25	7	7
	2003	10	26	26	15	15	8
	2004	7	27	34	14	7	12
	2005	11	26	39	8	8	8
丰水期	2002	0	29	37	20	10	3
	2003	10	23	34	26	0	7
	2004	11	31	32	15	0	11
	2005	8	32	34	13	5	8

③ 上游地区主要支流水质改善趋势明显。

“十五”期间，四川省地表水环境质量总体改善明显（表 3-1-45）。五大河流干流和支流监测断面达标比例分别由 2001 年的 58.1%和 53.1%上升为 2005 年的 75%和 66.7%。水质污染由重到轻顺序依次为：沱江、岷江、嘉陵江、长江干流和金沙江。

表 3-1-45　　2001—2005 年四川省主要支流水质综合评价

河流名称	评价水质类别	水质状况	主要污染项目	达标率/%
金沙江	Ⅰ～Ⅲ类 100%	优		100
岷江	Ⅰ～Ⅲ类 58.3%、Ⅳ类 25.0%、Ⅴ类 8.3%、劣Ⅴ类 8.3%	轻度污染	Oil、NH_3-N、DO	41.67
沱江	Ⅳ类 44.4%、Ⅴ类 33.3%、劣Ⅴ类 22.2%	中度污染	NH_3-N、Oil	0
嘉陵江	Ⅱ、Ⅲ类 87.5%、Ⅳ类 12.5%	良好		100
雅砻江	Ⅰ类 100%	优		100
安宁河	Ⅲ类 100%	良好		100
府河	Ⅴ类 100%	中度污染	NH_3-N、Oil、BOD_5	0
青衣江	Ⅱ类	优		100
大渡河	Ⅱ、Ⅲ类 100%	优		100
绵远河	Ⅳ类 50%、劣Ⅴ类 50%	重度污染	NH_3-N、Oil	50.0
北河	Ⅳ类 100%	轻度污染	Oil	0
中河	Ⅳ类	轻度污染	NH_3-N、Oil	0
毗河	劣Ⅴ类	重度污染	NH_3-N、Oil	0
釜溪河	劣Ⅴ类 100%	重度污染	NH_3-N、Oil、BOD_5	50.0
渠江	Ⅱ类 100%	优		100
州河	Ⅳ类	轻度污染	Oil	0
巴河	Ⅱ类 100%	优		100
涪江	Ⅰ～Ⅲ类 83.3%、Ⅳ类 16.7%	良好		66.67
琼江	Ⅳ类	轻度污染	Oil	0

注：河流达标率为五年均值达标断面数占监测断面总数的百分率。

岷江成都段污染较重，以Ⅳ、劣Ⅴ类水质为主，主要污染指标为 NH_3-N 和石油类；眉山段以劣Ⅴ、Ⅲ类水质为主，主要污染指标为 NH_3-N；乐山段、宜宾段分别以Ⅳ类、Ⅲ类水质为主，基本能达到水域功能要求。岷江支流中，大渡河、青衣江以Ⅱ类水质为主，水质优良。府河以劣Ⅴ类水质为主，主要污染指标为 NH_3-N 和石油类。

沱江干流成都—资阳段以Ⅲ、Ⅳ类水质为主，主要污染指标为 NH_3-N；内江段以Ⅳ类水质为主，主要污染指标为石油类；自贡段以Ⅳ、Ⅴ类水质为主，主要污染指标为 NH_3-N。沱江支流中，北河德阳—成都金堂段以Ⅳ类水质为主，主要污染指标为 NH_3-N；绵远河德阳城区段为劣Ⅴ类水质，主要污染指标为 NH_3-N；中河成都金堂入境段为Ⅳ类水质，主要污染指标为 NH_3-N；毗河成都段为劣Ⅴ类水质，主要污染指标为 NH_3-N；自贡釜溪河以劣Ⅴ类水质为主，主要污染指标为 NH_3-N 和石油类。

④ 库区城市岸边污染带状况。

2001—2003 年，重庆主城区、涪陵区、万州区、忠县、奉节县、巫山县、巴东县等城市河段均存在较为明显的岸边污染带（表 3-1-46）。根据类比估算，1997—2000 年，三峡库区大型城市污水口下游形成的污染带总长 25～30 km，宽 10～150 m，面积约 1.5～2.6 km^2。蓄水后三峡库区城市污染带面积与蓄水前相比普遍增大，COD_{Mn}、NH_3-N、TP 单位负荷形成的污染带面积比天然河道分别增加 450%、270%、160%。说明三峡库区蓄水后，导致水流减缓，水体自净能力减弱，城市污染带加重趋势明显。

表 3-1-46　　三峡水库蓄水前后库区典型城市污水口 COD_{Mn} 超标污染带变化

排污口	蓄水前（天然状态）			蓄水后（175 m）			蓄水前后比较百分数		
	长/m	宽/m	面积/m²	长/m	宽/m	面积/m²	长/m	宽/m	面积/m²
桃花溪	500	20	7 000	400	30	8 400	−20%	+50%	+20%
李家沱	1 000	30	18 000	250	50	22 500	−25%	+68%	+25%
菜园坝	200	25	4 000	250	35	7 000	+25%	+40%	+75%
涪陵磷肥厂	180	38	4 600	204	45	8 270	+13%	+18%	+80%
龙宝河	156	31.5	3 660	274.3	71.1	16 876	+76%	+126%	+360%
苎溪河	374	35.6	9 757	847	223	118 463	+126%	+530%	+1 110%

注：表中数据摘自“三峡水库水污染控制研究课题成果”。

⑤ 重要支流和滞水区富营养化状况。

2005 年三峡库区 13 条一级支流 26 个断面中，富营养断面比例为 17.9%，其中重、中、轻度富营养断面比例分别为 5.1%，3.8%和 9.0%（图 3-1-146）。由于受到水库蓄水的影响，近几年来三峡库区部分次级河流回水河段已多次出现水华现象，而且频次和范围均在增加，其藻类优势种主要为蓝藻、绿藻、硅藻等。分析认为，滞缓的水流、充足的 N、P 营养盐来源、适当的水温和充足的阳光是三峡水库实现 139 m 蓄水后水体藻类快速增长进而诱发水华的重要原因。

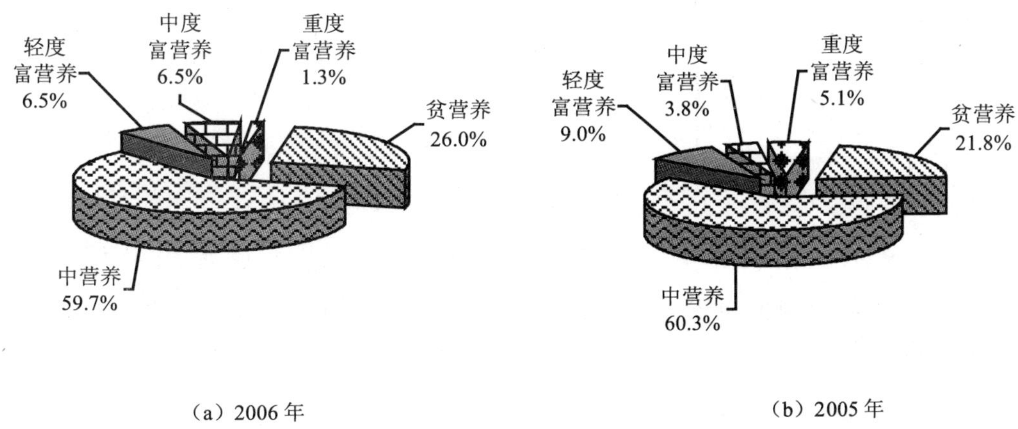

图 3-1-146　2005 年及 2006 年 3—5 月 13 条河流水体综合营养状态统计

（12）南水北调东线污染严重

2001—2006 年，南水北调东线整体水质为重度污染或中度污染，劣Ⅴ类水质比例呈波动变化（图 3-1-147），2003 年达到 50.0%，为最高值，2004—2005 年有所降低，2006 年又有回升，水质类别比例见表 3-1-47。

表 3-1-47　　2001—2006 年南水北调东线水质变化情况

年份	总数	Ⅰ类		Ⅱ类		Ⅲ类		Ⅳ类		Ⅴ类		劣Ⅴ类	
		个数	比例/%	个数	比例/%	个数	比例/%	个数	比例/%	个数	比例/%	个数	比例/%
2001	10	0	0.0	1	10.0	1	10.0	1	10.0	3	30.0	4	40.0
2002	10	0	0.0	0	0.0	1	10.0	1	10.0	6	60.0	2	20.0
2003	10	0	0.0	0	0.0	1	10.0	3	30.0	1	10.0	5	50.0
2004	10	0	0.0	0	0.0	2	20.0	2	20.0	4	40.0	2	20.0
2005	10	0	0.0	0	0.0	2	20.0	4	40.0	2	20.0	2	20.0
2006	10	0	0.0	1	10.0	2	20.0	3	30.0	1	10.0	3	30.0

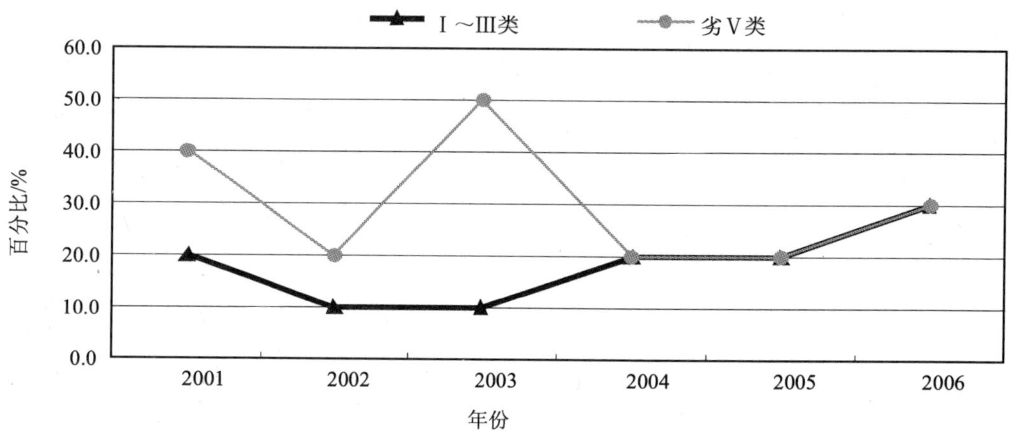

图 3-1-147　2001—2006 年南水北调东线水质类别年际变化

3．湖泊、水库

20 世纪 70 年代调查的 34 个湖泊中，呈现富营养化的湖泊占所评价面积的 5%；1986—1989 年调查结果显示，富营养化湖泊面积增加至 35.76%；至 90 年代我国东部的湖泊几乎都处于富营养化状态，可以说湖泊水污染现象在近 30 年来呈迅速增长趋势（摘自《中国可持续发展水资源战略研究报告集》）。

（1）太湖高锰酸盐指数、总磷和总氮污染依然严重

太湖湖体水质近年来均为劣Ⅴ类，水质类别无明显变化。

按主要污染指标的年际变化分析，10 年来，太湖高锰酸盐指数（图 3-1-148）、污染呈波动变化，总磷（图 3-1-149）有一定程度的好转，总氮（图 3-1-151）总体呈加重趋势。

2004—2007 年，太湖入湖河流总磷（图 3-1-150）浓度呈上升趋势，2006 年已经超过《地表水环境质量标准》（GB 3838—2002）Ⅲ类标准；总氮（图 3-1-152）浓度整体呈下降趋势，但污染依然严重，均处于劣Ⅴ类水平；高锰酸盐指数（图 3-1-153）整体呈上升趋势，但依然满足Ⅲ类水质标准。

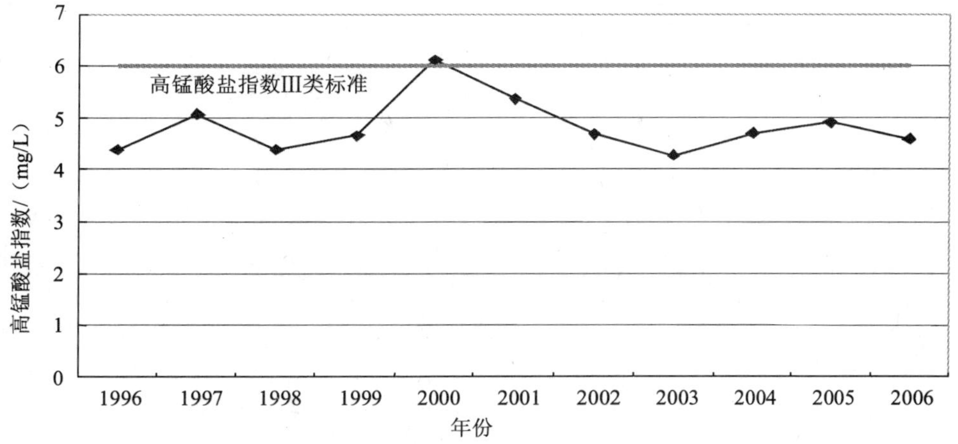

图 3-1-148　1996—2006 年太湖高锰酸盐指数年际变化

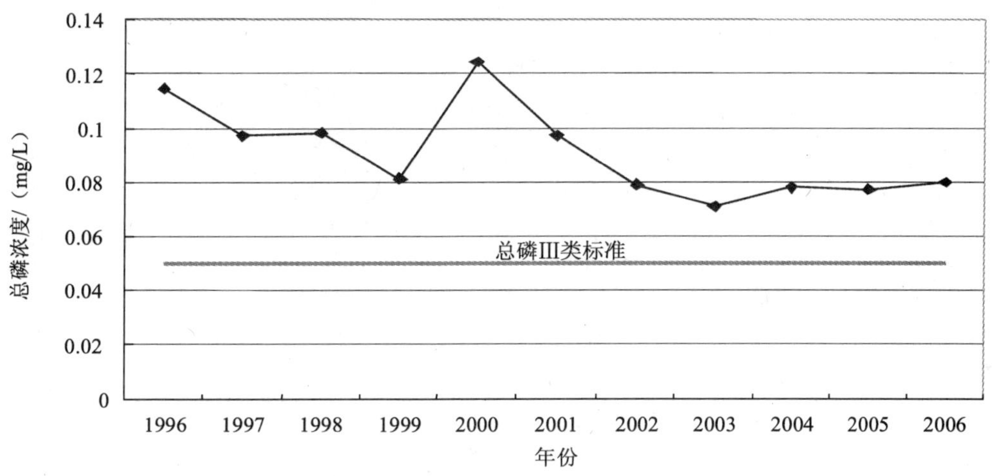

图 3-1-149　1996—2006 年太湖总磷年际变化

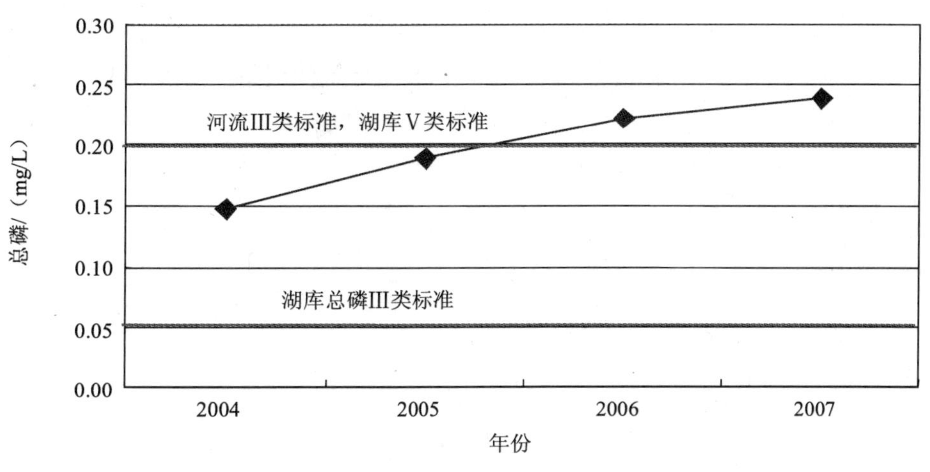

图 3-1-150　太湖入湖河流总磷年均浓度变化趋势

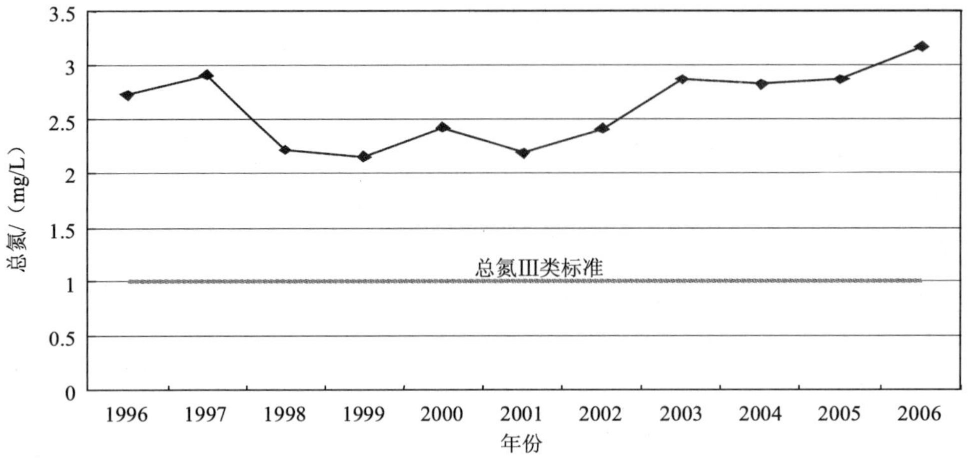

图 3-1-151　1996—2006 年太湖总氮年际变化

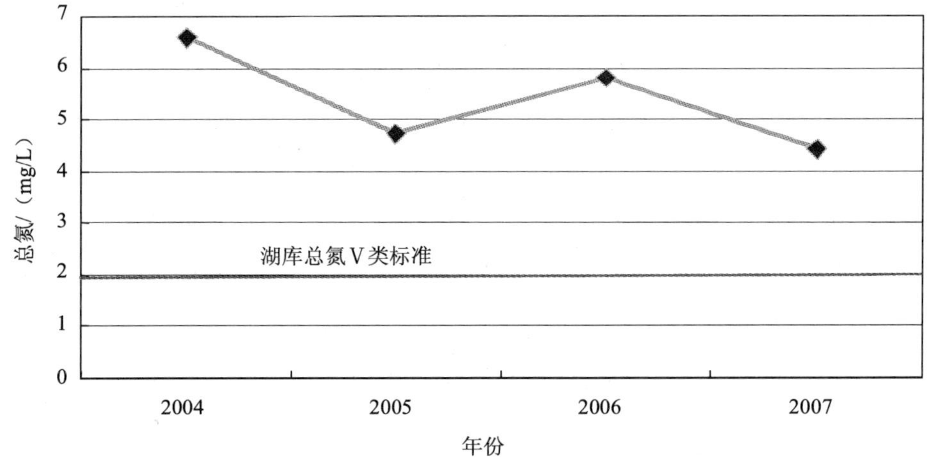

图 3-1-152　2004—2007 年太湖入湖河流总氮浓度年均值变化趋势

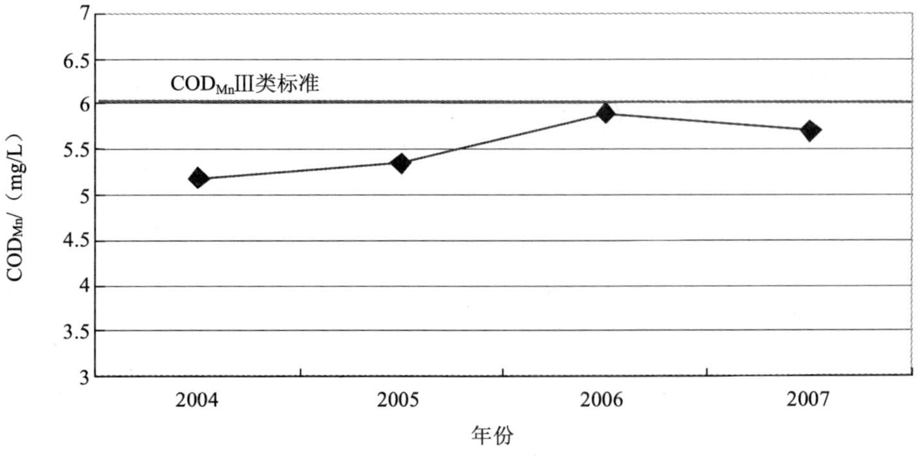

图 3-1-153　2004—2007 年太湖入湖河流 COD_{Mn} 年均浓度变化趋势

2001—2006 年，太湖营养状态指数变化不明显，处于轻度富营养和中度富营养状态之间，近两年湖体营养程度较 2002 年和 2003 年有所加重，为中度富营养状态（表 3-1-48）。

表 3-1-48　2001—2006 年太湖湖体主要污染指标及水质状况年际变化

年份	湖体水质	营养状态指数	营养状态
2001	劣Ⅴ	61	中度富营养
2002	劣Ⅴ	59	轻度富营养
2003	劣Ⅴ	58	轻度富营养
2004	劣Ⅴ	61	中度富营养
2005	劣Ⅴ	62	中度富营养
2006	劣Ⅴ	63	中度富营养

（2）滇池高锰酸盐指数、总磷和总氮污染程度较高

滇池水质近年来均为劣Ⅴ类，水质类别无明显变化。

按主要污染指标年际变化分析，滇池高锰酸盐指数、总磷和总氮的污染程度较高，但高锰酸盐指数（图 3-1-154）、总磷（图 3-1-155）、总氮（图 3-1-156）三项污染物自 2000 年后，浓度下降趋势比较明显。

2001—2006 年，草海营养状态指数呈下降趋势，由重度富营养状态变为中度富营养状态，外海营养状态指数 2006 年达到最大值，营养状态由中度富营养状态变为重度富营养状态（表 3-1-49）。

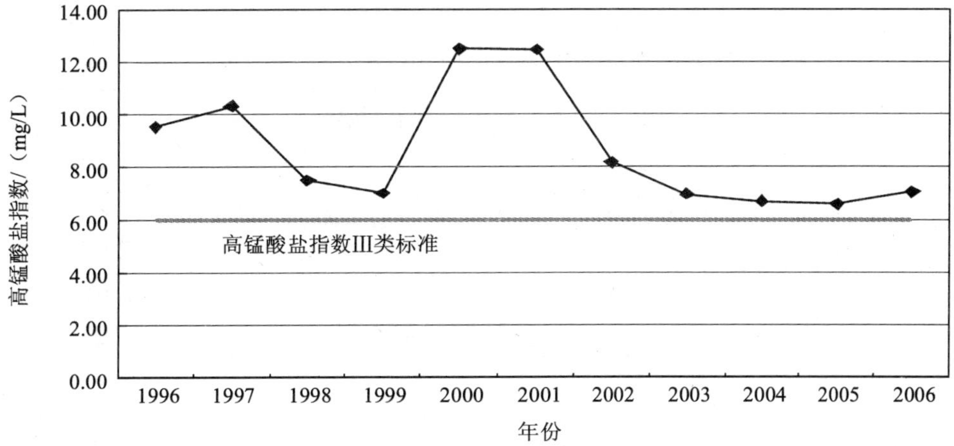

图 3-1-154　1996—2006 年滇池高锰酸盐指数年际变化

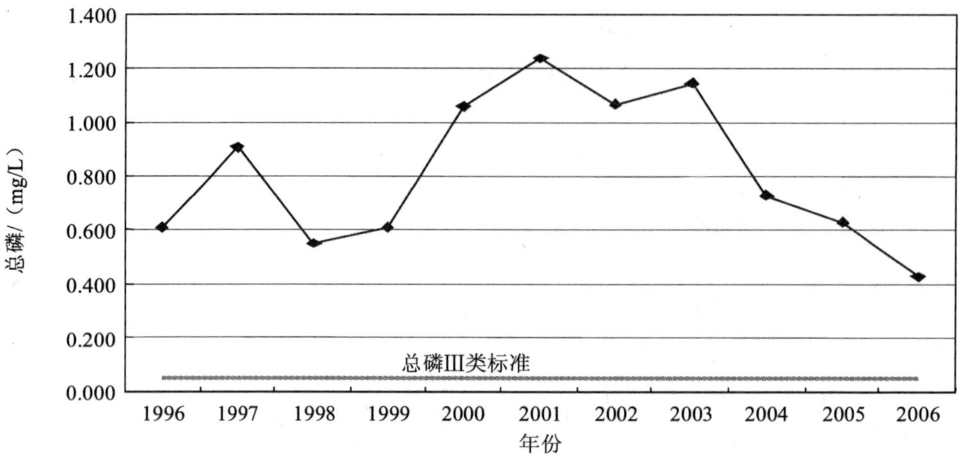

图 3-1-155 1996—2006 年滇池总磷年际变化

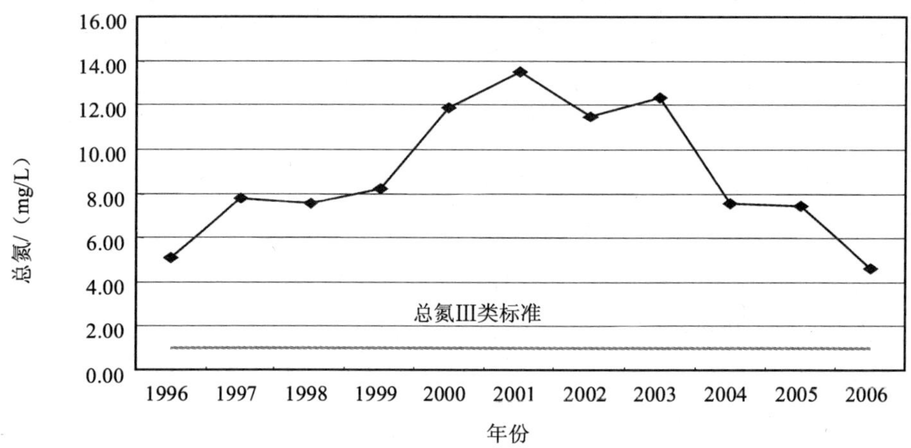

图 3-1-156 1996—2006 年滇池总氮年际变化

表 3-1-49 2001—2006 年滇池湖体主要污染指标及水质状况变化

年份	湖区	湖体水质	营养状态指数	营养状态
2001	草海	劣V	82	重度富营养
	外海	劣V	66	中度富营养
2002	草海	劣V	79	重度富营养
	外海	劣V	61	中度富营养
2003	草海	劣V	76	重度富营养
	外海	劣V	63	中度富营养
2004	草海	劣V	79	重度富营养
	外海	V	63	中度富营养
2005	草海	劣V	76	重度富营养
	外海	劣V	62	中度富营养
2006	草海	劣V	70	中度富营养
	外海	劣V	77	重度富营养

（3）巢湖总磷、总氮仍处于高浓度污染状态

巢湖湖体水质近年来均为劣Ⅴ类，水质类别无明显变化。

按主要污染指标年际变化分析，巢湖高锰酸盐指数（图 3-1-157）和总磷（图 3-1-158）浓度变化不大，总氮（图 3-1-159）呈减轻趋势，但总氮、总磷仍处于高浓度污染状态。

2001—2006 年，巢湖营养状态指数变化不明显，西半湖基本处于中度富营养状态，东半湖基本处于轻度富营养状态（表 3-1-50）。

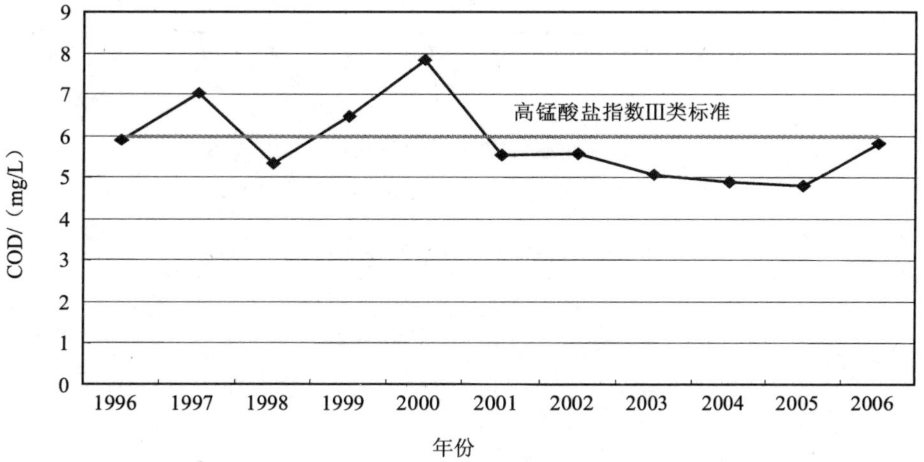

图 3-1-157　1996—2006 年巢湖高锰酸盐指数年际变化

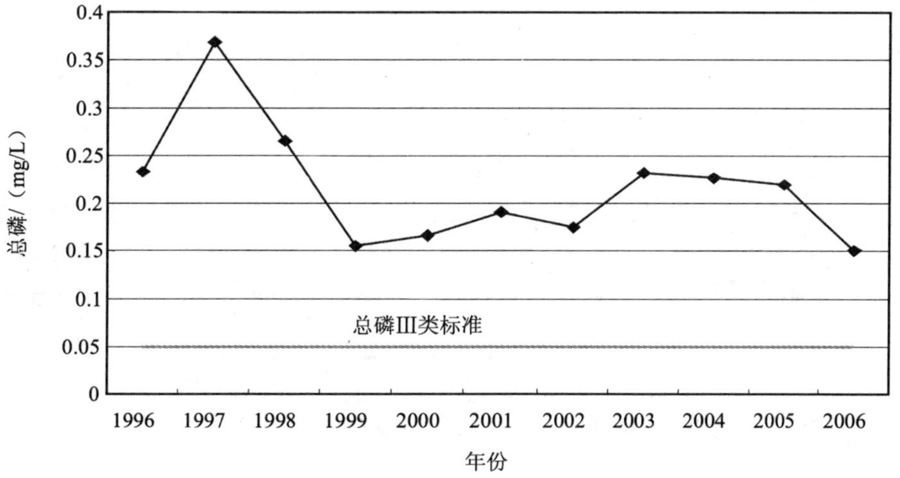

图 3-1-158　1996—2006 年巢湖总磷年际变化

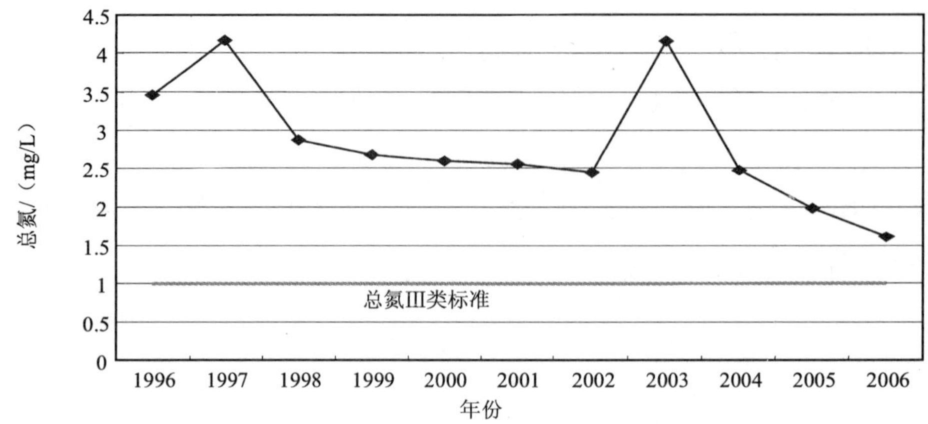

图 3-1-159　1996—2006 年巢湖总氮年际变化

表 3-1-50　2001—2006 年巢湖湖区主要污染指标及水质状况年际变化

年份	湖区	湖体水质	营养状态指数	营养状态
2001	西半湖	劣V	62	中度富营养
	东半湖	劣V	50	中营养
	全湖	劣V	58	轻度富营养
2002	西半湖	劣V	62	中度富营养
	东半湖	劣V	58	轻度富营养
	全湖	劣V	60	轻度富营养
2003	西半湖	劣V	67	中度富营养
	东半湖	V	54	轻度富营养
	全湖	劣V	63	中度富营养
2004	西半湖	劣V	67	中度富营养
	东半湖	V	54	轻度富营养
	全湖	劣V	62	中度富营养
2005	西半湖	劣V	65	中度富营养
	东半湖	V	52	轻度富营养
	全湖	劣V	61	中度富营养
2006	西半湖	V	64	中度富营养
	东半湖	V	53	轻度富营养
	全湖	V	60	轻度富营养

（4）其他大型淡水湖泊主要污染物为总氮、总磷

① 水质变化趋势。

2001—2006 年，主要大型湖泊的水质状况和变化趋势是：

洱海水质良好，一直为III类水体；

白洋淀为重度污染，劣V类水体；

达赉湖为劣V类；

洞庭湖水质由 2001 年的IV类变为 2006 年的V类；

洪泽湖 2004 年后水质下降为劣Ⅴ类；

镜泊湖水质为Ⅳ类；

南四湖水质基本为劣Ⅴ类；

鄱阳湖水质有波动。

污染严重的湖泊主要污染物是总氮、总磷，高锰酸盐指数一般都能符合Ⅲ类水质标准要求。

② 富营养化程度的变化趋势。

2001—2006 年，主要大型湖泊的富营养化程度变化趋势是（图 3-1-160）：

洱海为中营养状态；

白洋淀由中度富营养状态转为重度富营养状态；

达赉湖由轻度富营养状态转为中度富营养状态；

洞庭湖在 2005 年富营养状态较重，中度富营养，其余年份为中营养或轻度富营养状态；

洪泽湖营养状态好转，由中度富营养转为中营养状态；

镜泊湖在 2005 年富营养状态较重，为中度富营养状态；

南四湖营养状态好转，由中度富营养转为轻度富营养状态；

鄱阳湖基本为中营养状态。

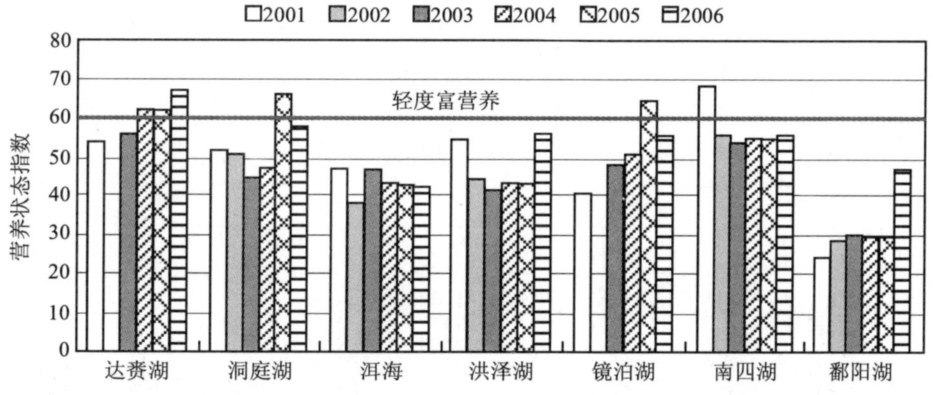

图 3-1-160　2001—2006 年大型淡水湖泊营养状态指数年际变化

（5）城市内湖富营养化程度有所好转，大明湖、东湖水质污染严重

2001—2006 年，城市内湖中大明湖、东湖水质污染严重，均为劣Ⅴ类水体，大明湖营养状态由重度富营养状态转为轻度富营养状态，东湖为中度富营养状态。

昆明湖在 2001—2005 年期间，水质逐渐变差，由Ⅲ类变为Ⅴ类，2006 年有所好转，为Ⅲ类水质。富营养化程度较其他城市内湖轻，为中营养或轻度富营养状态。

西湖除 2003 年水质为Ⅳ类外，其余年份均为Ⅴ类或劣Ⅴ类水质。富营养化状态有所减轻，由中度富营养状态转为轻度富营养状态。

玄武湖水质均为Ⅴ类或劣Ⅴ类，2006 年富营养化状态有所减轻，为轻度富营养状态。

由图 3-1-161 可以看出，除武汉东湖外，其他典型城市内湖的富营养化程度有不同程度的好转。

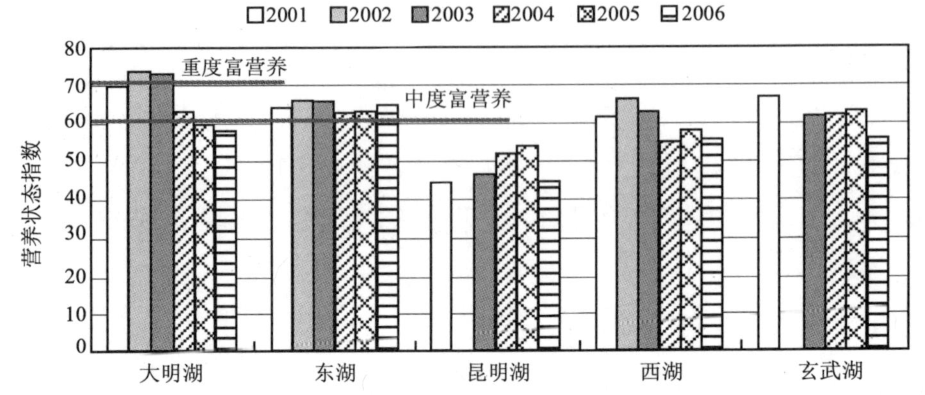

图 3-1-161 2001—2006 年城市内湖营养状态指数年际变化

（6）大型水库总体水质好于湖泊，富营养化程度较轻

大型水库总体水质好于湖泊，富营养程度相对较轻（图 3-1-162）。千岛湖、密云水库、董铺水库水质较好，除董铺水库 2002 年水质为Ⅳ类外，其余均满足Ⅲ类水质标准。崂山水库和门楼水库水质较差，除崂山水库 2004 年水质为Ⅴ类外，其余均为劣Ⅴ类水质。除千岛湖富营养状态为贫营养外，其余各水库基本保持在中营养状态，大伙房水库和密云水库富营养状态 2006 年变化较大，分别由中营养状态变为中度富营养状态和轻度富营养状态。

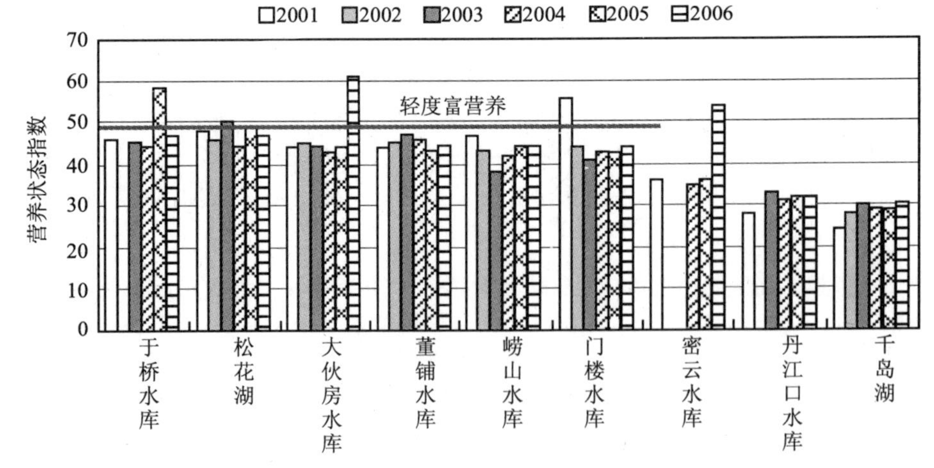

图 3-1-162 2001—2006 年大型水库营养状态指数年际变化

4. 主要污染指标统计结果

根据对近年来各监测断面监测数据的统计（约 700 个断面，每年监测 12 次，24 个常规监测项目），河流各监测指标中（图 3-1-163），超标情况（按一年各项目的“断面・次”统计其超标次数和比例），排在前十位的是：化学需氧量、粪大肠菌群、高锰酸盐指数、五日生化

需氧量、氨氮、石油类、总磷、溶解氧、挥发酚、阴离子表面活性剂。湖泊各监测指标中（图3-1-164），超标情况排在前十位的是：总氮、总磷、化学需氧量、高锰酸盐指数、五日生化需氧量、氨氮、pH、石油类、溶解氧、阴离子表面活性剂。湖泊特征污染指标明显，总磷、总氮、化学需氧量三项指标的超标率分别为 91.5%、85.8%、75.6%。因此，为了全国各地区及各时段的监测结果有可比性，一般按照 9 项指标进行评价，分别为 pH、溶解氧、高锰酸盐指数、五日生化需氧量、氨氮、挥发酚、石油类、汞、铅（湖库还包括总磷、总氮），特殊情况下其他指标也参加评价。这也反映了我国现阶段地表水污染是以有机物污染为主的特点。全国在局部河段、断面也出现有污染严重的现象，但整体上尚未形成全国流域性的污染状态。

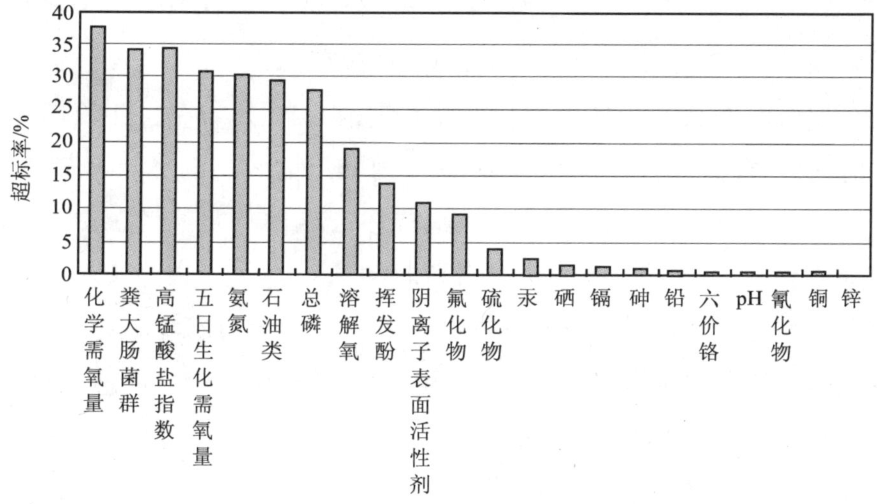

图 3-1-163　七大水系监测指标超标情况

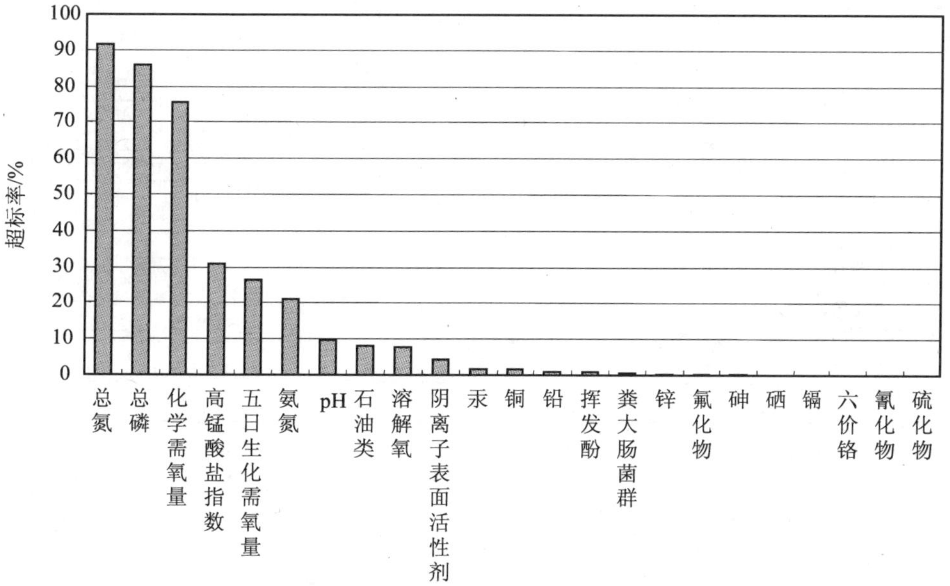

图 3-1-164　“三湖”监测指标超标情况

（三）压力分析

1．我国水资源形势严峻，生态环境用水亟待引起重视

（1）水资源总量较为丰富，但人均水资源量少，水资源分布不匀衡

我国水资源总量在世界上处于前列，根据全国利用 1956—1979 年水文气象资料开展的第一次水资源评价工作成果，我国水资源总量为 2.8 万亿 m^3；根据 1997—2005 年公布的水资源公报数据，我国年均水资源总量也是 2.8 万亿 m^3。但同时，依据 2005 年人口统计，我国人均水资源量仅为 2 151.8 m^3，按联合国可持续发展委员会等 7 个有关组织 1997 年对全世界 153 个国家和地区所做的统计，我国当年的人均水资源量排在第 121 位。

另外，我国水资源分布极不匀衡，全国水资源有 80.4%分布在长江流域及其以南地区，长江流域以北地区的水资源量仅占全国的 14.7%，内陆河地区的水资源量占 4.9%，这种水资源地理空间分布格局对我国北方地区的水环境造成很大压力，尤其是在海河流域、黄河流域中下游和西北内陆地区。

（2）我国用水结构不断变化，农业用水减少，工业和生活用水增加

我国是农业大国，农业用水占有绝对比重，但一直是呈递减趋势，从 1949 年的 97.1%逐步降到 1980 年的 88.2%、1993 年的 78.0%、1997 年的 70.4%和 2005 年的 63.6%，同时，工业和生活用水呈增长趋势（图 3-1-165）。我国这种用水结构的变化，不仅使工业和生活废水排放量增加，同时工业和生活用水的增加在很多时候挤占了农业用水，尤其是在北方地区，进而影响生态环境用水，这种现象在西北内陆河流域、黄河、淮河和海河流域都有存在，应该引起高度重视。

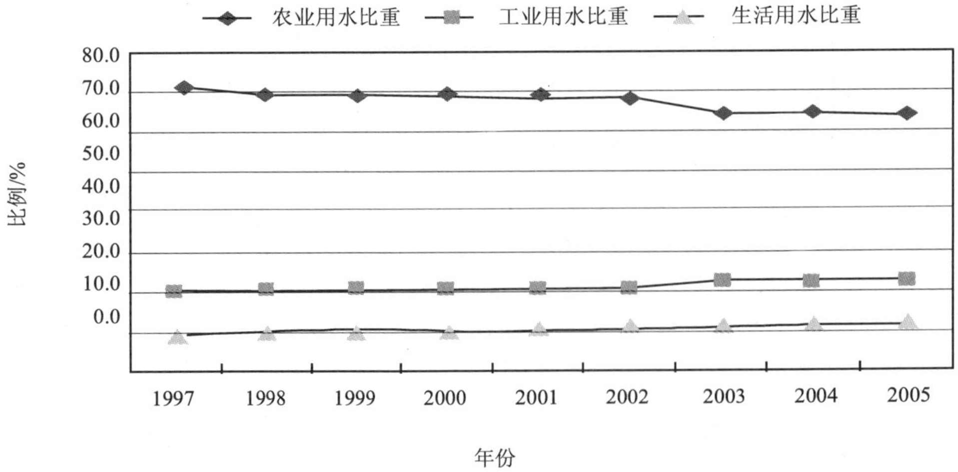

图 3-1-165　我国用水结构年际变化

2. 废水及污染物排放

（1）全国废水及主要污染物排放变化分析

① 废水排放总量逐年增加，生活排放量超过工业排放量。

2006 年全国废水排放总量 538.0 亿 t，其中工业废水排放量 240.2 亿 t，占 44.6%；生活污水排放量 297.8 亿 t，占 55.4%。

全国废水排放总量从 1997 年以来呈逐年上升趋势（图 3-1-166），由 1997 年的 415.8 亿 t 增加到 2006 年的 538.0 亿 t，增长了 29.4%，平均年增加 2.9%。

从废水排放结构来看（图 3-1-167），近 10 年（1997—2006 年）工业废水排放量在废水排放总量中比例逐年下降，从 54.5%下降到 44.6%；而生活污水排放量则是逐年上升，从 45.5%上升到 55.4%。

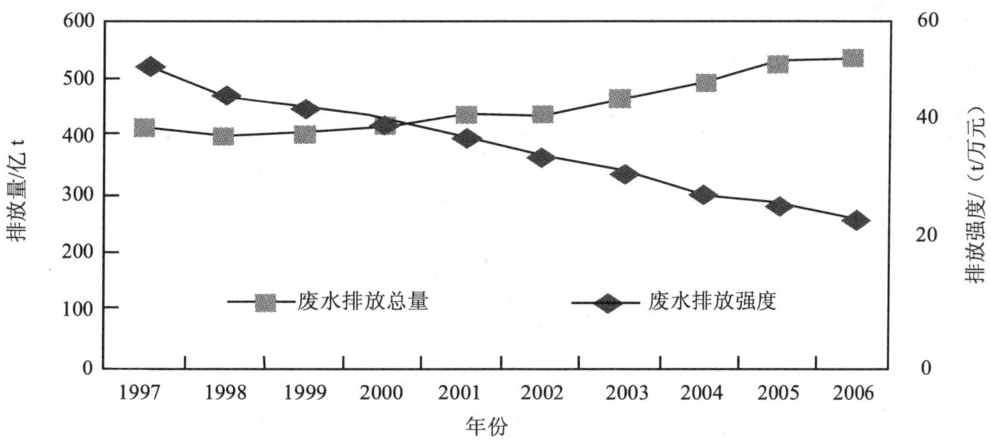

图 3-1-166　全国废水排放量和废水排放强度年际变化

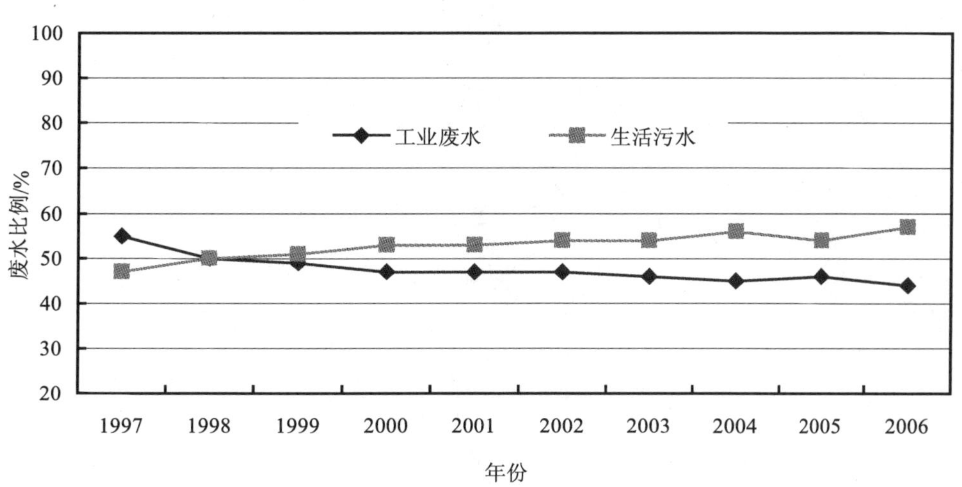

图 3-1-167　全国废水排放结构年际变化

② 废水排放强度逐年下降。

从 1997 年以来，虽然全国废水排放总量呈现逐年上升趋势，但废水排放强度（t/万元 GDP）是逐年下降的（图 3-1-166），由 1997 年的 52.7 t/万元下降到 2006 年的 25.6 t/万元，从 1997 年到 2006 年 10 年间，废水排放强度平均每年减少 5.7%。

③ 化学需氧量排放波动变化，排放强度下降，以生活化学需氧量排放为主。

2006 年全国废水中化学需氧量排放总量为 1 428.2 万 t，其中工业废水中化学需氧量排放量 541.5 万 t，工业化学需氧量排放量占化学需氧量排放总量的 38.0%；生活污水中化学需氧量排放量 886.7 万 t，占总量的 62.0%。

从 1997 年到 2006 年，全国废水中化学需氧量排放总量在波动变化中呈下降趋势（图 3-1-168），由 1997 年的 1 757.0 万 t 下降到 2006 年的 1 428.2 万 t，近 10 年平均每年下降了 2.3%。COD 排放强度（kg/万元）呈逐年下降趋势，由 1997 年的 22.2 kg/万元下降到 2006 年的 6.8 kg/万元，平均每年下降 12.3%。

化学需氧量的排放结构变化和废水排放结构的变化一致，工业 COD 排放所占比例逐年下降，而生活 COD 排放比例逐年上升（图 3-1-169）。

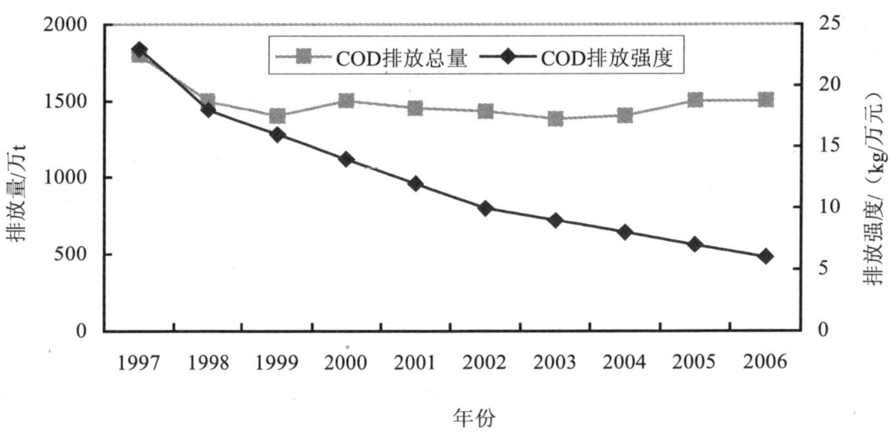

图 3-1-168 全国 COD 排放量和排放强度的年际变化

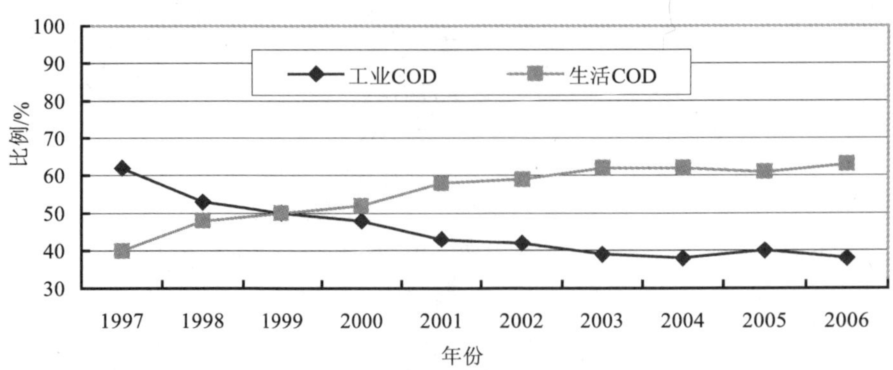

图 3-1-169 全国 COD 排放结构的年际变化

④ 氨氮排放量呈上升趋势，以生活氨氮排放为主。

2006 年，全国废水中氨氮排放总量 141.7 万 t。其中工业氨氮排放量 42.5 万 t，比上年减少 19.0%；生活氨氮排放量 99.2 万 t，占氨氮排放总量的 70.0%。

我国废水排放中氨氮排放量从“十五”才开始统计，在“十五”（2001—2005 年）期间，全国氨氮排放总量呈现上升趋势，到 2006 年开始下降（图 3-1-170）。在氨氮排放总量中，来自生活污水的氨氮排放量一直占有较大比例，历年所占比例在 65%～70%。

⑤ 废水及污染物排放的地区分布特征。

2006 年废水排放量超过 20 亿 t 的依次是广东、江苏、浙江、山东、河南、广西、四川、湖南、湖北、上海、河北、福建、辽宁（图 3-1-171），这 13 个省（区、市）废水排放量为 395.2 亿 t，占全国废水排放量的 73.6%。

2006 年废水排放强度（t/万元）最大的是广西，为 54.1 t/万元，其次是宁夏、重庆，分别为 45.0 t/万元和 43.2 t/万元；排放强度最小的是西藏和内蒙古，分别为 11.2 t/万元和 12.8 t/万元（图 3-1-172）。

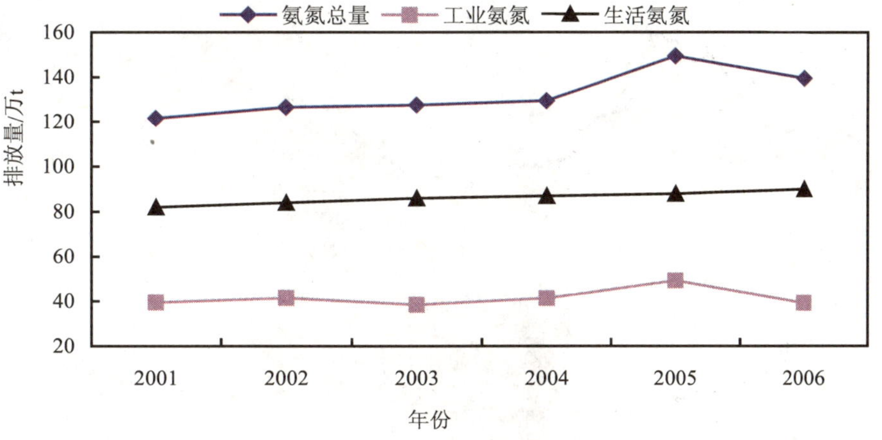

图 3-1-170　全国氨氮排放总量年际变化

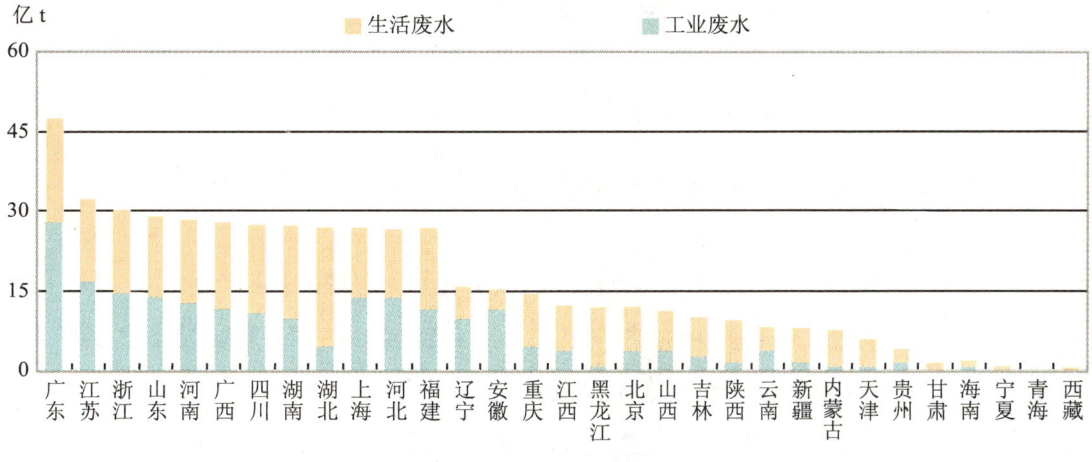

图 3-1-171　各省（区、市）2006 年废水排放情况

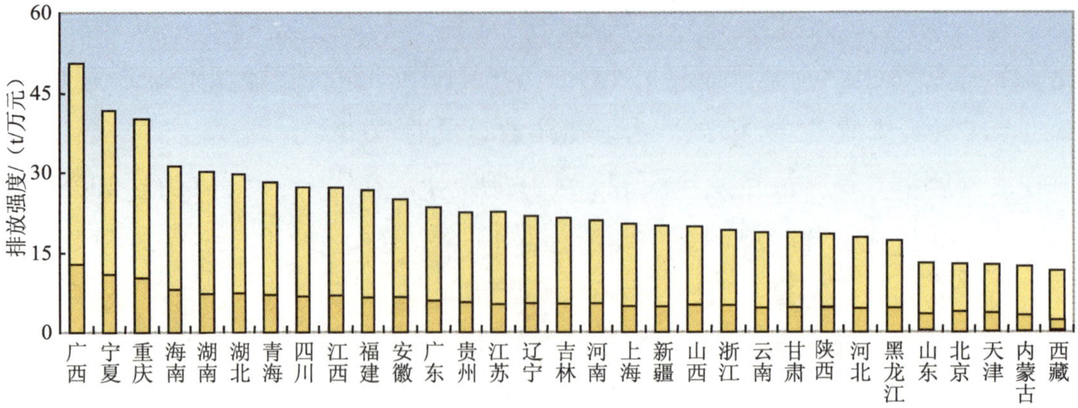

图 3-1-172　各省（区、市）2006 年废水排放强度

COD 排放量超过 60 万 t 的依次为广西、广东、江苏、湖南、四川、山东、河南、河北、辽宁和湖北（图 3-1-173），这 10 个省（区）的 COD 排放量占全国 COD 排放总量的 57.9%。

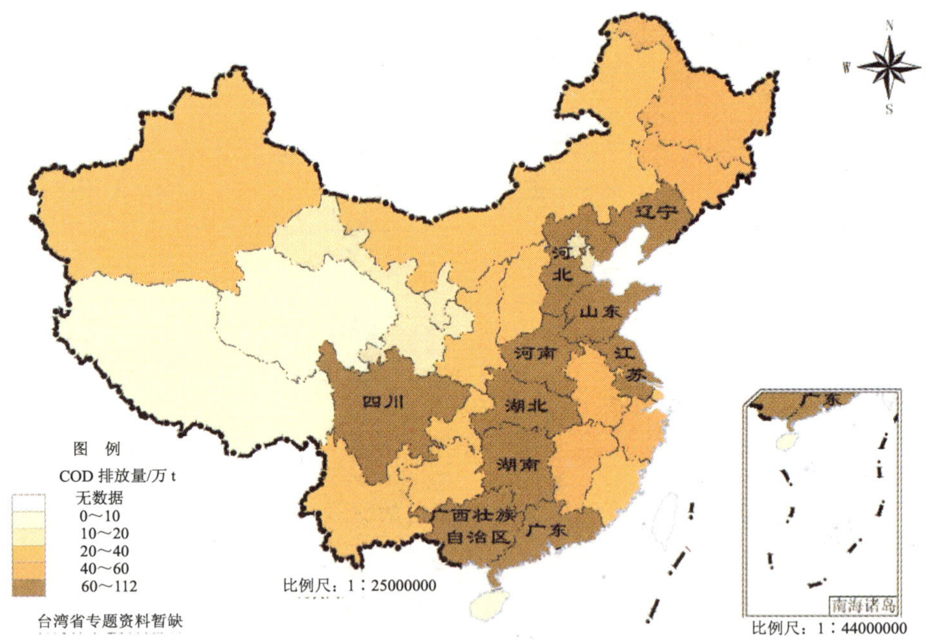

图 3-1-173　各省（区、市）2006 年 COD 排放情况

2006 年 COD 排放强度（kg/万元）最大的是广西，为 23.3 kg/万元，最小的是北京，为 1.4 kg/万元，两者相差 16 倍多。其他各地区 2006 年 COD 排放强度见图 3-1-174。从分布特点可以看出，排放强度大的主要是经济欠发达的西部和中部地区，而北京、上海、天津、山东、浙江、广东、江苏等经济相对发达地区其排放强度反而较小，这也反映了不同地区产业、产品结构和工业技术水平的差异、结构性污染比较明显。

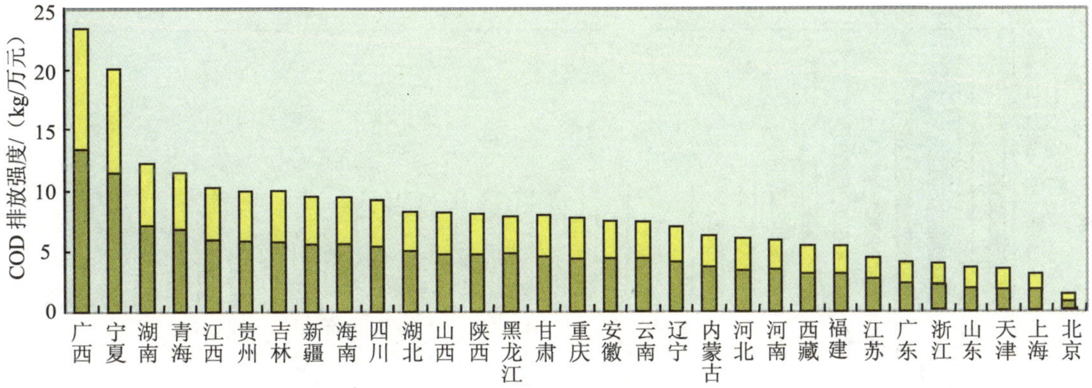

图 3-1-174 各省（区、市）2006 年 COD 排放强度

氨氮排放量超过 6 万 t 的依次为湖南、河南、广东、山东、江苏、湖北、辽宁、广西、河北、四川（图 3-1-175），这 10 个省（区）氨氮排放量为 80.6 万 t，占全国氨氮排放总量的 57.0%。

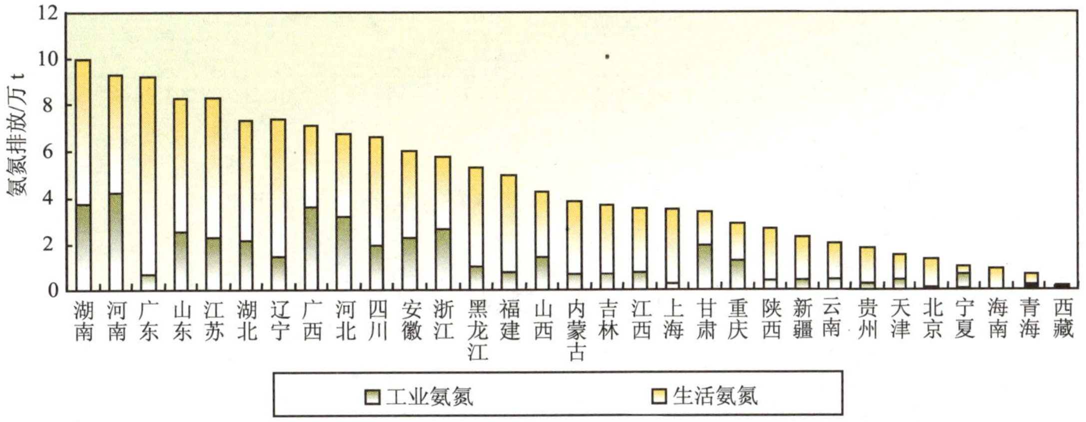

图 3-1-175 各省（区、市）2006 年氨氮排放情况

2006 年氨氮排放强度（kg/万元 GDP）最大的是广西，为 1.48 kg/万元，最小的是北京，为 0.17 kg/万元，两者相差将近 9 倍（图 3-1-176）。

从 1998—2006 年，废水排放量始终排在全国前 10 位的是广东、江苏、湖北、山东、湖南、河南、浙江和四川，这 8 个省的废水排放量占全国废水排放总量的比例在 50.2%～53.2%。其中，广东和江苏历年来废水排放量始终排在前两位，并且近 8 年来排放量呈现明显的增长趋势。另外，浙江、山东、河南、湖南的废水排放量增长也较为明显，而湖北的废水排放量略有下降（图 3-1-177）。

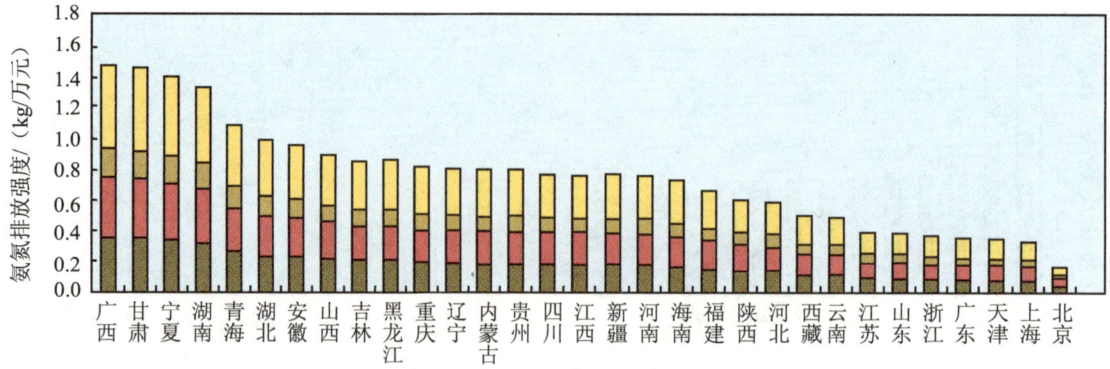

图 3-1-176　各省（区、市）2006 年氨氮排放强度

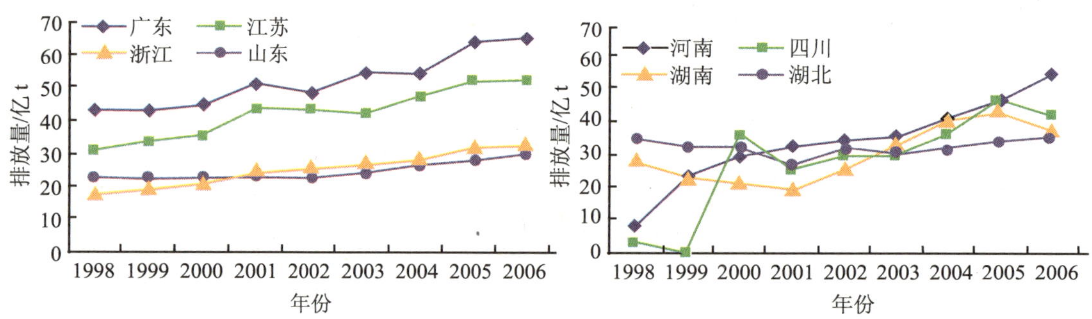

图 3-1-177　1998—2006 年废水排放大省的年际变化

从 1998—2006 年，COD 排放量前 11 位的地区分别是（排名不分先后）辽宁、河北、江苏、浙江、山东、河南、湖北、湖南、广东、广西、四川，这 11 个省（区）的 COD 排放量占全国 COD 排放总量的比例在 60.8%～62.6%（图 3-1-178）。

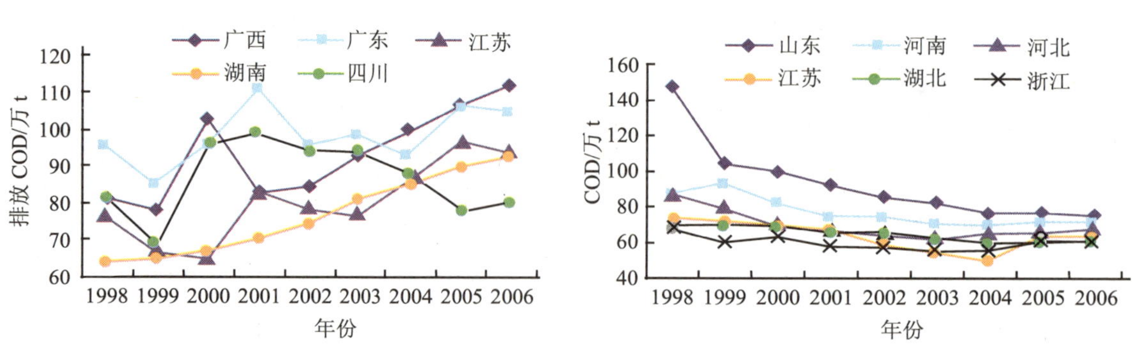

图 3-1-178　1998—2006 年 COD 排放大省的年际变化

从 1998—2006 年，湖南 COD 排放量呈明显的增加趋势，山东、河南、河北、辽宁、湖北、浙江的 COD 排放量呈下降趋势，其中尤以山东的下降幅度最为明显，而广东、江苏和广

西的 COD 排放量在波动变化有上升的趋势，四川则是在波动变化中呈下降趋势。

⑥ 东、中、西部地区的排放特征。

2006 年我国东部（北京、天津、河北、辽宁、上海、江苏、浙江、福建、山东、广东、海南）、中部（山西、吉林、黑龙江、安徽、江西、河南、湖北、湖南）、西部（内蒙古、广西、重庆、四川、贵州、云南、西藏、陕西、甘肃、青海、宁夏、新疆）的废水排放量分别是 287.8 亿 t、137.8 亿 t 和 111.2 亿 t，占全国排放总量的比例分别为 53.6%、25.7%、20.7%；COD 排放量分别为 570.8 万 t、493.8 万 t 和 341.7 万 t，占全国排放总量的比例分别为 40.0%、31.5%、28.5%；氨氮排放量分别是 57.8 万 t、49.4 万 t、34.2 万 t，占全国排放总量的比例分别为 40.9%、34.9%、24.2%（表 3-1-51）。

表 3-1-51　　我国东部、中部、西部 2006 年废水及主要污染物排放结构

地区	废水排放量比例/%	COD 排放量比例/%	氨氮排放量比例/%
东部	53.6	40.0	40.9
中部	25.7	31.5	34.9
西部	20.7	28.5	24.2

2006 年，我国东部、中部和西部废水排放强度（t/万元）分别为 21.0 t/万元、25.8 t/万元和 28.3 t/万元，呈现从东部向西部递增的趋势；COD 排放强度（kg/万元 GDP）分别为 4.2 kg/万元、8.4 kg/万元、10.3 kg/万元，变化的空间格局和废水排放强度一致；氨氮排放强度（kg/万元 GDP）分别为 0.42 kg/万元、0.92 kg/万元、0.87 kg/万元，东部的氨氮排放强度最低，而中部的氨氮排放强度最高，2006 年氨氮排放强度（kg/万元 GDP）最大的是广西，为 1.48 kg/万元，最小的是北京，为 0.17 kg/万元，两者相差将近 9 倍（图 3-1-179）。

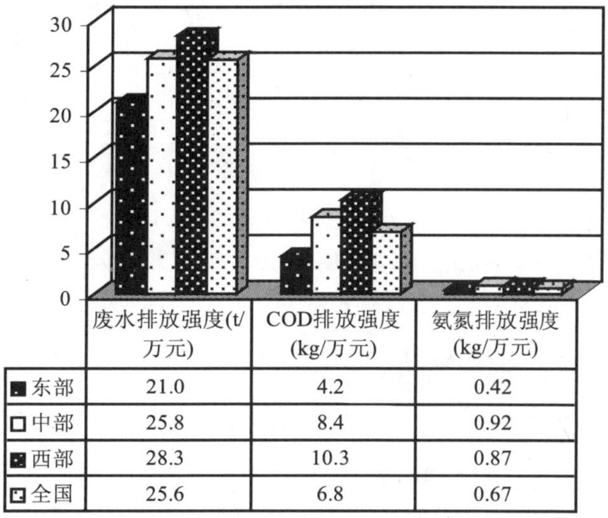

图 3-1-179　我国东部、中部、西部 2006 年废水及主要污染物排放强度

从 1998—2006 年，我国东、中、西部地区的废水排放量都是呈逐年增加的趋势，2006 年比 1998 年分别增加了 44.4%、16.2%和 43.7%，东部地区增长速度最快，其次是西部地区。历年来，东部地区的废水排放量占全国废水排放总量的比例在 49.7%～53.6%，平均 51.8%；中部地区占全国废水排放总量的比例在 25.6%～30.0%，平均 27.6%；西部地区占全国废水排放总量的比例在 19.6%～21.4%，平均 20.7%（图 3-1-180）。

从 1998—2006 年，我国东、中、西部地区的 COD 排放量都是呈波动变化，其中东部地区从 1998—2004 年是下降变化，之后到 2005 年有较大的增加，2006 年又略微有点下降；中部地区从 1998—2002 年是呈下降趋势，之后持续缓慢上升；西部地区在波动变化中有所上升（图 3-1-181）。

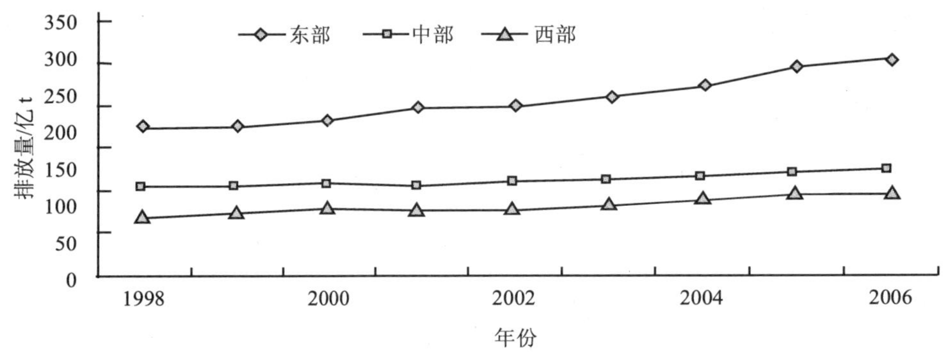

图 3-1-180 东、中、西部 1998—2006 年废水排放量年际变化

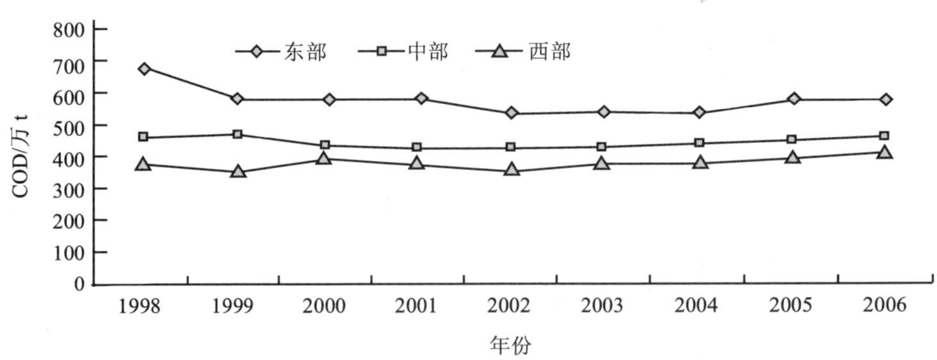

图 3-1-181 东、中、西部 1998—2006 年 COD 排放量年际变化

（2）工业废水及主要污染物排放情况

工业废水及污染物排放变化趋势有以下几个方面。

a. 工业废水排放波动变化，排放强度持续下降。

2006 年全国工业废水排放量 240.2 亿 t，比 1996 年增加 16.7%，平均每年增加 1.6%。

全国工业废水排放量从 1981—2006 年是呈先升后降而后又上升的变化过程。而工业废水排放强度（工业废水排放量/工业增加值）是呈明显的下降变化过程，从 1981 年的 1 136 t/万元下降到 2006 年的 27 t/万元，下降了近 43 倍（图 3-1-182）。

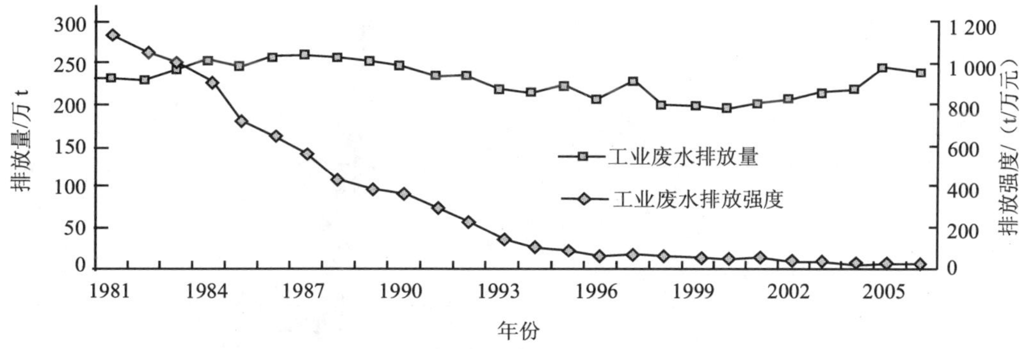

注：1997 年及以后的工业污染物排放增加了乡镇企业及乡镇企业的非重点估算（下同）。

图 3-1-182　1981—2006 年工业废水排放量和排放强度年际变化

b. 工业 COD 排放近 10 年呈下降趋势，排放强度持续降低。

2006 年全国工业废水中化学需氧量排放量 541.5 万 t，工业化学需氧量排放量占化学需氧量排放总量的 38.0%。

从 1986 年到 2006 年，全国工业 COD 排放量先是呈现起伏变化稍有上升的趋势，而后则是表现为较为明显的下降趋势（图 3-1-183）。

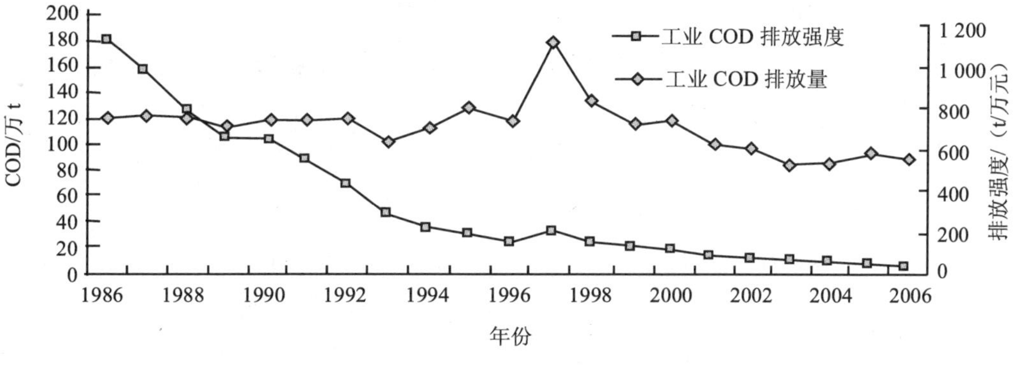

图 3-1-183　1981—2006 年全国工业 COD 排放量和排放强度年际变化

全国工业 COD 的排放强度（工业 COD 排放量/工业增加值）历年来呈现明显的下降趋势，从 1986 年的 182.9 kg/万元下降到 2006 年的 5.9 kg/万元，下降了近 40 倍（图 3-1-183）。

c. 工业氨氮排放呈波动变化，排放强度下降趋势明显。

2006 年全国工业氨氮排放量 42.5 万 t，比 2005 年下降了 19.2%，工业氨氮排放量占氨氮排放总量的比例是 30.0%（图 3-1-184）。

从“十五”开始，国家对废水中的氨氮排放量进行了统计，2001—2006 年，全国工业氨氮排放量除“十五”末期有较为明显的增长外，其余几年基本保持比较稳定的排放量。工业氨氮的排放强度（kg/万元工业增加值）是呈现下降的趋势，从 2001 年的 0.95 kg/万元下降到 2006 年的 0.47 kg/万元。

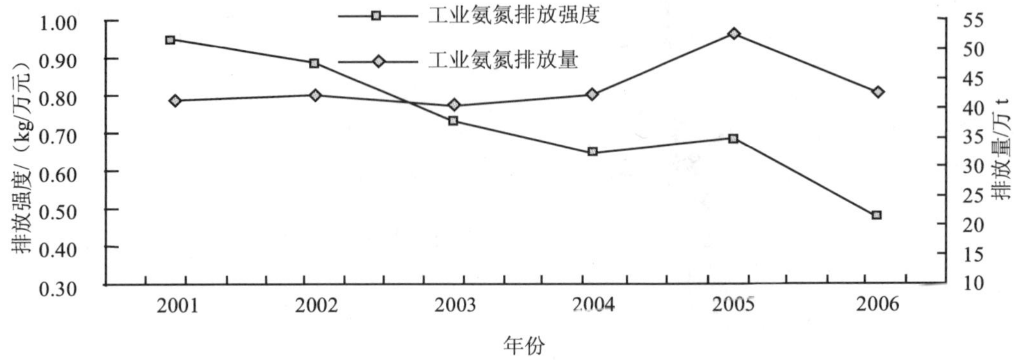

图 3-1-184 全国工业氨氮排放量和排放强度年际变化

d. 工业废水中其他污染物。

2006 年全国工业废水中石油类、挥发酚、氰化物、砷、铅、汞、镉和六价铬的排放量分别是 19 152.7 t、3 453.1 t、457.1 t、245.2 t、339.1 t、2.6 t、49.4 t 和 96.4 t，同比上年都有所下降。

从污染物排放量的空间分布来看，2006 年，黑龙江挥发酚排放量占全部总量的 61.6%；辽宁和湖南的氰化物排放量分别占全国总量的 20.2%和 10.6%；甘肃和湖南的砷排放量分别占全国总量的 38.4%和 32.7%；湖南、甘肃和青海的铅排放量分别占全国总量的 22.6%、21.8%和 16.6%。湖南的汞排放量占全国总量的 50.2%；湖南和甘肃的镉排放量分别占全国总量的 37.6%和 30.9%；浙江、江苏、湖南和广东的六价铬排放量分别占全国总量的 19.3%、15.0%、14.4%和 10.5%（表 3-1-52）。

表 3-1-52 2006 年废水中其他污染物的空间和行业分布特征

污染物	主要排放地区	主要排放行业
挥发酚	黑龙江	石油加工、炼焦及核燃料加工业；燃气生产和供应业；造纸及纸制品业
氰化物	辽宁、湖南	化学原料及化学制品制造业；黑色金属冶炼及压延加工业；燃气生产和供应业
砷	甘肃、湖南	有色金属冶炼及压延加工业；化学原料及化学制品制造业；有色金属矿采选业
铅	湖南、甘肃、青海	有色金属矿采选业；有色金属冶炼及压延加工业；黑色金属冶炼及压延加工业
汞	湖南	化学原料及化学制品制造业
镉	湖南、甘肃	有色金属冶炼及压延加工业；有色金属矿采选业
六价铬	浙江、江苏、湖南、广东	金属制品业；皮革毛皮羽毛（绒）及其制品业

从行业分布特征看（表 3-1-52），2006 年，化学原料及化学制品制造业、黑色金属冶炼及压延加工业、石油加工、炼焦及核燃料加工业的石油类排放量占全部工业行业排放总量的 20.7%、19.1%、15.6%。

石油加工、炼焦及核燃料加工业、燃气生产和供应业、造纸及纸制品业的挥发酚排放量分别占全部工业行业排放总量的 38.5%、22.6%、12.7%。

化学原料及化学制品制造业、黑色金属冶炼及压延加工业、燃气生产和供应业的氰化物排放量分别占全部工业行业排放总量的 40.5%、16.2%、12.2%。

有色金属冶炼及压延加工业、化学原料及化学制品制造业、有色金属矿采选业的砷排放量分别占全部工业行业排放总量的 49.4%、34.1%、10.8%。

有色金属矿采选业、有色金属冶炼及压延加工业、黑色金属冶炼及压延加工业的铅排放量分别占全部工业行业排放总量的 53.5%、21.9%、11.0%。

化学原料及化学制品制造业的汞排放量占全部工业行业排放总量的 59.8%；有色金属冶炼及压延加工业、有色金属矿采选业的镉排放量分别占全部工业行业排放总量的 62.1%、26.5%。

金属制品业、皮革毛皮羽毛（绒）及其制品业的六价铬排放量分别占全部工业行业排放总量的 34.7%、12.6%。

从 1981—2006 年，工业废水中石油类、挥发酚、氰化物、砷、铅、汞、镉和六价铬的排放量总体都是呈下降的趋势（图 3-1-185，图 3-1-186，图 3-1-187，图 3-1-188）。

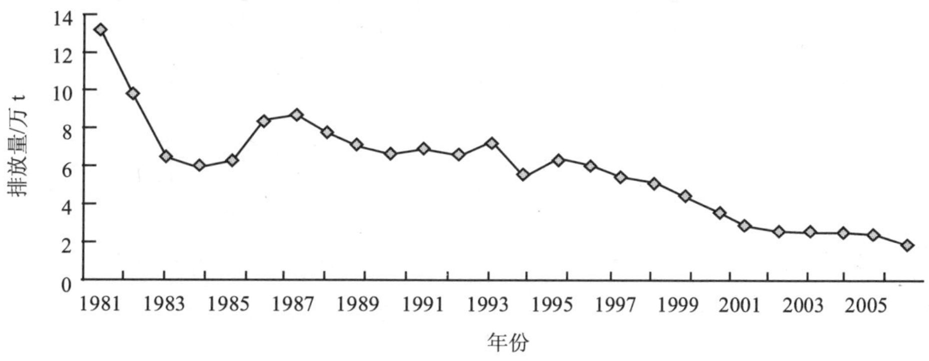

图 3-1-185　工业废水中石油类排放量年际变化

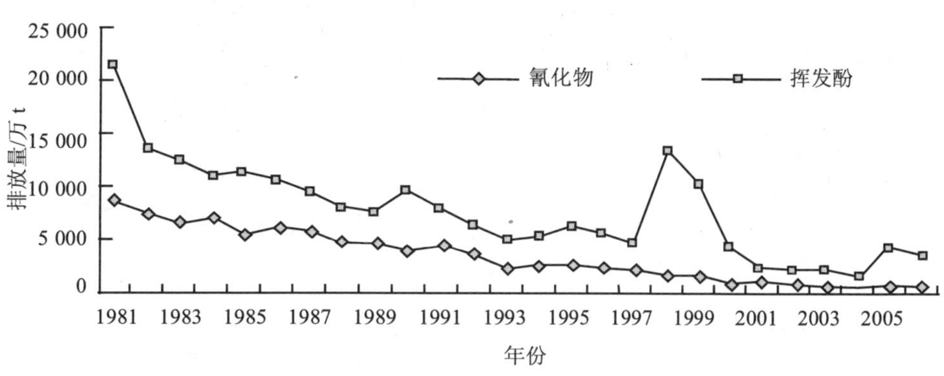

图 3-1-186　工业废水中挥发酚和氰化物排放量年际变化

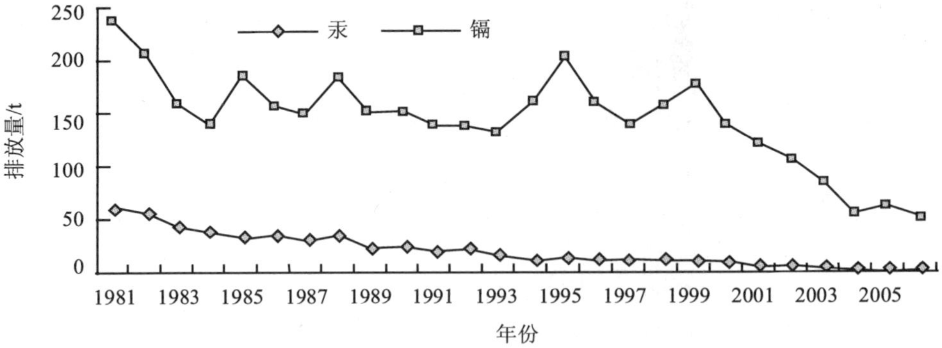

图 3-1-187 工业废水中汞和镉排放量年际变化

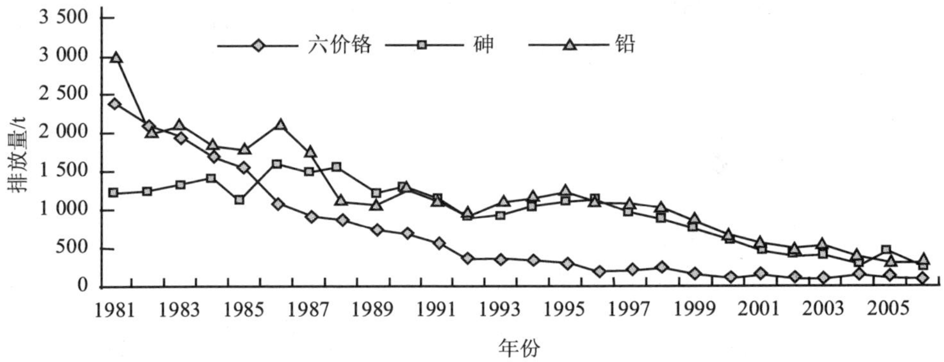

图 3-1-188 工业废水中砷、铅和六价铬排放量年际变化

工业废水排放较大的省（区）分别是江苏、广东、浙江、山东、河北、河南、广西、福建、四川、湖南，这 10 个省（区）的工业废水排放量占全国工业废水排放总量的 66.5%。

工业 COD 排放量较大省（区）有广西、河北、山东、河南、四川、广东、湖南、江苏、浙江、辽宁，这 10 个省（区）的工业 COD 排放量占全国的 63.3%，其中广西工业 COD 排放量占全国工业 COD 排放总量的 12.6%。

工业废水排放强度（t/万元工业增加值）最大的 3 个区（市）是广西、重庆和宁夏，排放强度分别是 80.8 t/万元、70.1 t/万元和 64.2 t/万元；工业 COD 排放强度（kg/万元工业增加值）最大的 3 个区是广西、宁夏和新疆，排放强度分别为 42.6 kg/万元、37.5 kg/万元和 13.7 kg/万元。

e. 我国东、中、西部地区工业废水和 COD 排放强度差异明显。

2006 年我国东、中、西部地区的工业废水排放强度分别为 20.2 t/万元、25.5 t/万元和 34.4 t/万元，呈现从东向西递增的空间格局；工业 COD 排放强度分别为 3.1 kg/万元、6.6 kg/万元和 12.6 kg/万元，东、西部差距更大（图 3-1-189）。

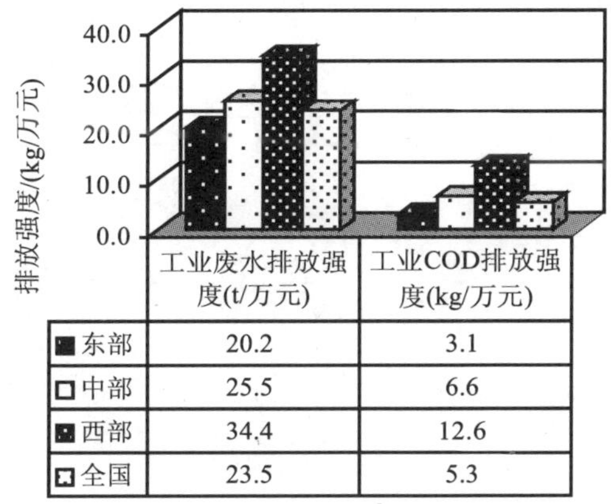

图 3-1-189　2006 年我国东、中、西部地区工业废水和 COD 排放强度

（3）工业行业污染物排放情况分析

① 工业行业的废水及主要污染物排放负荷及变化比较。

a. 废水排放量及变化比较。

2006 年，在统计的 39 个工业行业中，废水排放量位于前 6 位的行业依次是：造纸及纸制品业；化学原料及化学制品制造业；电力、热力的生产和供应业；纺织业；黑色金属冶炼及压延加工业；农副食品加工业。这 6 个行业排放的废水占重点统计企业废水排放量的 66.0%（图 3-1-190）。

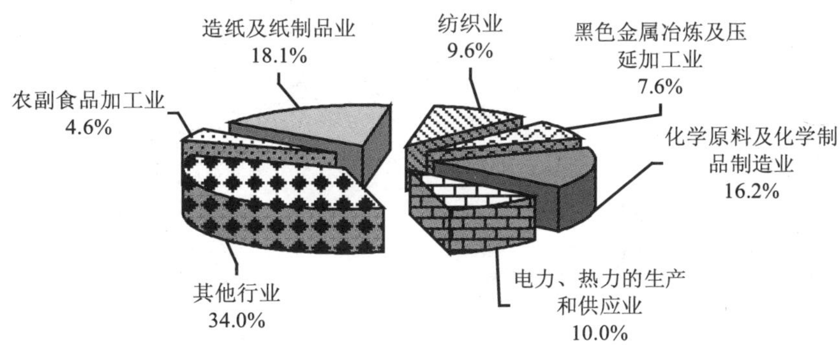

图 3-1-190　工业行业 2006 年废水排放情况

在统计的 39 个工业行业（2002 年以前是 40 个工业行业）中，1998—2006 年废水排放量位于前 6 位的行业（排名不分先后）是：纺织业；农副食品加工业；造纸及纸制品业；化学原料及化学制品制造业；黑色金属冶炼及压延加工业；电力、蒸汽及热水的生产供应业。这6个行业历年排放的废水量占重点统计企业废水排放总量的65.7%～68.4%（表3-1-53）。

表 3-1-53　　重点排污行业废水排放量污染贡献率变化趋势　　单位：%

年份	行业						累计
	化学原料及化学制品制造业	造纸及纸制品业	纺织业	黑色金属冶炼及压延加工业	电力、热力的生产和供应业	农副食品加工业	
1998	20.6	12.1	5.6	13.6	9.9	4.9	66.7
1999	20.2	13.4	5.4	12.6	10.4	4.6	66.6
2000	19.0	16.0	6.2	12.5	9.7	4.1	67.5
2001	17.8	16.7	6.9	10.3	12.0	3.7	67.4
2002	17.5	17.4	7.2	10.3	11.4	4.7	68.5
2003	16.5	16.8	7.4	9.3	13.1	5.1	68.2
2004	16.3	16.1	7.8	9.4	12.7	5.2	67.5
2005	15.7	17.0	8.0	7.9	11.6	5.5	65.7
2006	16.2	18.1	9.6	7.6	10.0	4.6	66.0

注：污染贡献率指该行业某种污染物排放量与重点统计企业此污染物排放总量之比，下同。

从1998年到2006年，化学原料及化学制品制造业和黑色金属冶炼及压延加工业的废水排放污染贡献率呈现下降的趋势；造纸及纸制品业、纺织业和电力、热力的生产和供应业的废水排放污染贡献率呈现上升的趋势，其中造纸及纸制品业的废水排放污染贡献率在2005年开始排在各行业之首；农副食品加工业的废水排放污染贡献率则表现为先下降而后上升的趋势（图3-1-191）。

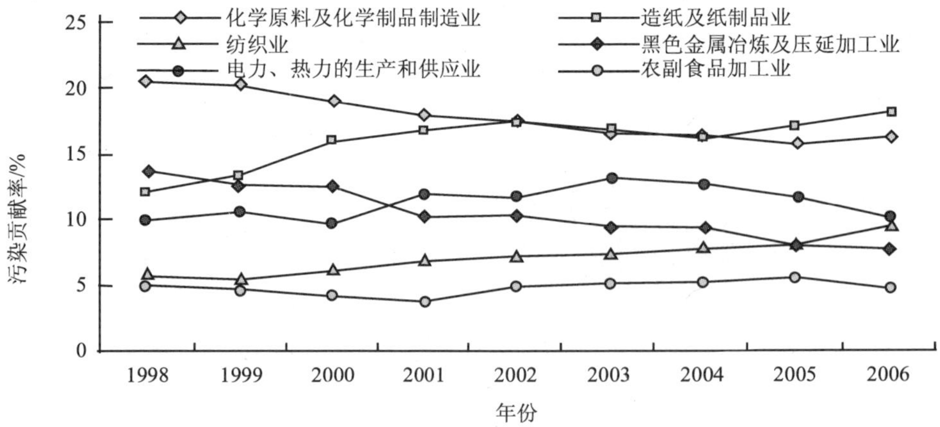

图 3-1-191　主要工业行业废水排放量污染贡献率年际变化

b. COD排放量及变化比较。

2006年，在统计的39个工业行业中，化学需氧量排放量位于前5位的行业分别是：造纸及纸制品业；农副食品加工业；化学原料及化学制品制造业；纺织业；饮料制造业。这5

个行业的化学需氧量排放量占全国重点统计企业化学需氧量排放量的 70.0%，其中造纸及纸制品业的污染贡献率排在各行业之首，占 1/3（图 3-1-192）。

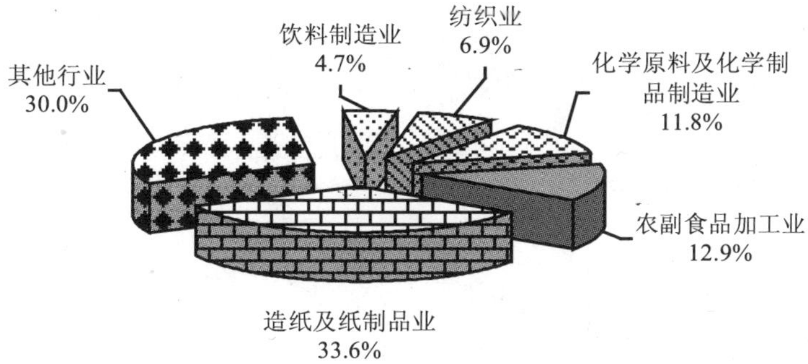

图 3-1-192 工业行业 2006 年废水中化学需氧量排放情况

在统计的 39 个工业行业中，1998—2006 年废水中化学需氧量排放量前 5 位的工业行业次序一直保持不变，依次是：造纸及纸制品业；食品加工业；化学原料及化学制品制造业；纺织业；饮料制造业。从 1998—2006 年，这 5 个工业行业化学需氧量排放量占重点统计企业化学需氧量排放量的比例在 67.5%～78.0%（表 3-1-54）。

表 3-1-54 重点行业化学需氧量污染贡献率的变化趋势 单位：%

年份	行业					累计
	造纸及纸制品业	农副食品加工业	化学原料及化学制品制造业	纺织业	饮料制造业	
1998	49.8	10.0	9.1	5.0	4.1	78.0
1999	45.7	10.9	8.6	5.6	4.8	75.6
2000	47.3	10.3	8.0	6.3	4.6	76.5
2001	40.8	9.9	9.5	4.9	7.2	72.3
2002	35.3	13.7	10.5	5.7	5.3	70.5
2003	34.6	14.4	10.5	5.6	5.0	70.1
2004	33.0	13.3	11.2	6.7	4.4	68.6
2005	32.4	13.7	11.5	6.1	3.8	67.5
2006	33.6	12.9	11.8	6.9	4.7	69.9

从化学需氧量污染贡献率来看，从 1998—2006 年造纸及纸制品业的污染贡献率下降幅度较大，食品加工业和化学原料及化学制品制造业的污染贡献率则略有上升趋势，纺织业和饮料制造业的污染贡献率在一定范围内波动，相对比较稳定（图 3-1-193）。

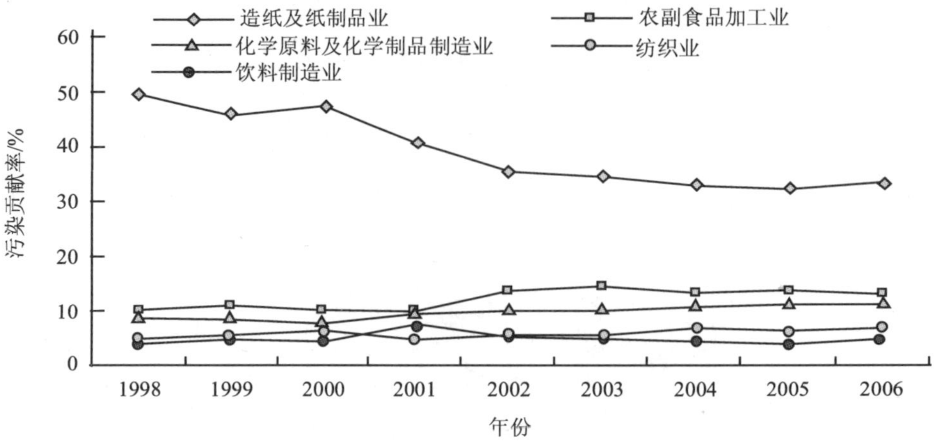

图 3-1-193 主要工业行业化学需氧量污染贡献率年际变化

c. 氨氮排放量及变化。

2006 年，在统计的 39 个工业行业中，氨氮排放量占前 5 位的工业行业依次是：化学原料及化学制品制造业；造纸及纸制品业；农副食品加工业；纺织业；黑色金属冶炼及压延加工业（图 3-1-194），这 5 个行业氨氮排放量占重点调查企业氨氮排放量的 69.6%，其中化学原料及化学制品制造业的氨氮排放量占重点调查企业氨氮排放量的 44.4%。

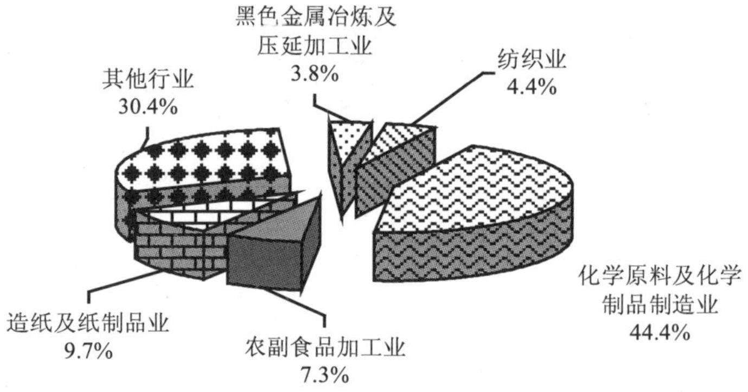

图 3-1-194 2006 年工业行业氨氮排放情况

从 2001—2006 年，氨氮排放量前 3 位的工业行业分别是（排名不分先后）：化学原料及化学制品制造业，造纸及纸制品业和农副食品加工业，这 3 个行业氨氮排放量历年来所占比例在 61.4%～67.9%。其中尤以化学原料及化学制品制造业的氨氮排放量所占比例为最大，在 2001 年，该行业的氨氮排放量污染贡献率达到一半还多，而后几年有所下降（表 3-1-55）。

表 3-1-55　　重点行业氨氮污染贡献率变化趋势　　单位：%

行业	2001 年	2002 年	2003 年	2004 年	2005 年	2006 年
化学原料及化学制品制造业	54.2	50.8	48.3	49.6	45.8	44.4
造纸及纸制品业	7.8	8.5	8.0	8.7	8.6	9.7
农副食品加工业	6.0	8.2	8.7	8.1	10.3	7.3
累计	67.9	67.4	64.9	66.4	64.7	61.4

② 重污染行业的污染物产生强度呈下降趋势。

从工业行业污染物排放负荷比较分析中可以看出，我国主要的重污染行业包括造纸及纸制品业、农副食品加工业、化学原料及化学制品制造业、纺织业、饮料制造业，这些重污染行业 2006 年 COD 产生强度（COD 产生量/环境统计某工业行业的工业总产值）分别为 185.4 kg/万元、36.5 kg/万元、13.4 kg/万元、21.4 kg/万元、42.1 kg/万元。

2001—2006 年，造纸及纸制品业、农副食品加工业、化学原料及化学制品制造业、纺织业、饮料制造业的产生强度分别下降了 2.4 倍、3.1 倍、2.6 倍、1.7 倍和 2.5 倍，重污染行业的产生强度下降趋势明显（图 3-1-195）。

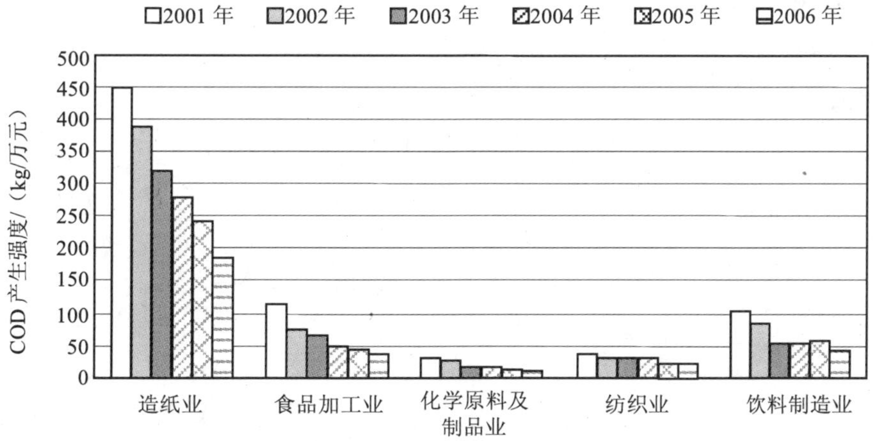

图 3-1-195　2001—2006 年重污染行业的 COD 产生强度

注：重污染行业的产生强度是指环境统计重点调查企业污染物产生量除以这些调查企业的工业总产值（当年价格）。

③ 重污染行业的排放强度下降趋势明显。

2006 年造纸及纸制品业、农副食品加工业、化学原料及化学制品制造业、纺织业、饮料制造业等重污染行业的排放强度分别是 53.6 kg/万元、13.7 kg/万元、4.7 kg/万元、5.4 kg/万元和 7.5 kg/万元。

1998—2006 年，重污染行业的化学需氧量排放强度都呈明显的下降趋势，其中造纸及纸制品业下降的幅度最大，从 1998 年的 463.2 kg/万元下降到 2006 年的 53.6 kg/万元，下降了近 9 倍（表 3-1-56）。这一趋势说明我国集中力量控制化学需氧量排放卓有成效，同时也是全国地表水中 COD_{Mn} 污染有所改善的根本原因。

表 3-1-56 重点行业化学需氧量排放强度变化趋势 单位：kg/万元

年份	行业				
	造纸及纸制品业	农副食品加工业	化学原料及化学制品制造业	纺织业	饮料制造业
1998	463.2	39.2	20.6	14.2	37.4
1999	331.6	44.6	14.8	13.3	28.0
2000	249.2	30.6	10.1	12.7	21.9
2001	168.4	26.7	9.8	8.2	30.3
2002	121.4	31.5	10.3	8.7	19.5
2003	91.5	26.9	6.8	7.3	14.4
2004	75.2	19.5	6.8	7.7	13.2
2005	68.7	18.9	6.1	6.2	11.2
2006	53.6	13.7	4.7	5.4	7.5

注：重污染行业的排放强度是指环境统计重点调查企业污染物排放量除以这些调查企业的工业总产值（当年价格）。

（4）生活污水及主要污染物排放情况

① 我国城市化水平的迅速提高，是城市生活污水增加的重要原因。

从 1985—2006 年，我国城市化率从 23.7%上升到了 43.9%（图 3-1-196），特别是 1991 年后，城市化率平均每年增加 1.1%；城镇人口数从 1985 年的 2.5 亿人增加到 2006 年的 5.8 亿人，增加了 2 倍多。

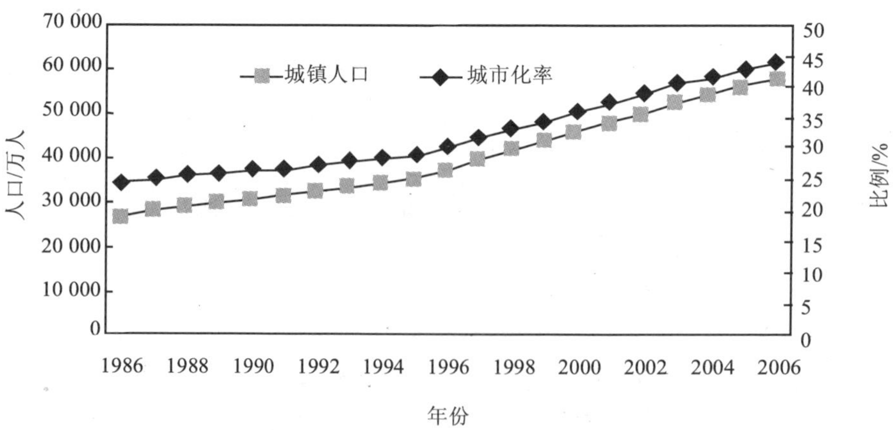

图 3-1-196 全国城镇人口和城市化率年际变化

人口的增加对环境的压力变化主要体现在城市人口的消费方式的变化。一个城市人口的用水量和污染物排放量是一个农村人口的 2～3 倍，城市人口生活水平的提高，公共饮食、服务行业的增加使城市生活污染物排放的数量和种类较人口数量的变化要大。

② 生活污水排放量持续增加。

2006 年，全国生活污水（指城镇生活污水，不包括农村生活污水）排放量 297.8 亿 t，占全国废水排放总量的 55.3%。

从 1997—2006 年，全国生活污水排放量呈持续增加趋势，从 189.1 万 t 增加到 296.6 万 t，增长了 56.9%，年均增长 5.1%。1999 年生活污水在废水排放总量中比例首次突破一半，之后的几年生活污水排放量所占比例一直呈增长趋势（图 3-1-197）。

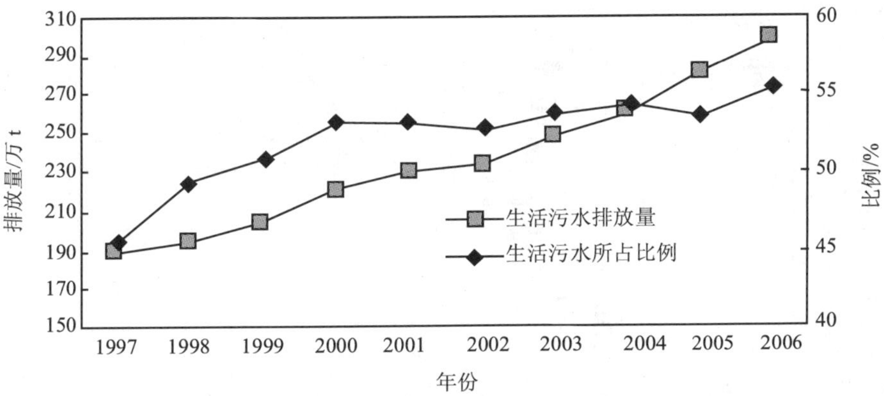

图 3-1-197　生活污水排放量及在废水排放总量中所占比例年际变化

③ 生活化学需氧量排放同样持续增加。

2006 年城镇生活化学需氧量排放量 885.4 万 t，占化学需氧量排放总量的 62%。

从 1997—2006 年，城镇生活化学需氧量排放量逐年增加，从 1997 年的 684 万 t 增加到 2006 年的 887 万 t，增长了 29.7%，平均每年增长 2.9%。这说明尽管近年来城镇生活污水处理厂发展较快，但对增加的生活污水来说其处理能力还远远不够。

④ 生活氮、磷排放情况。

2006 年城镇生活氨氮排放量 98.9 万 t，占氨氮排放总量的 70%，由此可见，氨氮排放量是以生活为主。

从 2001—2006 年，生活氨氮从 83.9 万 t 增加到 98.9 万 t，增长了 17.9%，年均增长 3.3%。

另据估算，2005 年全国城镇生活污水中总磷、总氮排放量分别为 14.4 万 t 和 154.8 万 t。

⑤ 生活污水及污染物排放的地区分布。

2006 年，城镇生活污水排放量最多的省（区、市）分别是广东、江苏、上海、山东、湖北、河南、湖南、四川、浙江、广西和辽宁，这 11 个省（区、市）的生活污水排放量都超过 10 亿 t，占全国生活污水排放总量的 65.4%，其中广东的生活污水占全国的 14.1%。

2006 年，城镇生活 COD 排放量最多的省（区、市）分别是广东、江苏、湖南、四川、湖北、广西、山东和河南，这 8 个省（区）的生活 COD 排放量均超过 40 万 t，占全国生活 COD

排放总量的 47.9%。

2006 年，城镇生活氨氮排放量最多的省分别是广东、湖南、江苏、辽宁、山东、湖北和河南，这 7 个省的生活氨氮排放量占全国排放总量的 43.5%。

（5）主要流域废水及污染物排放特征和变化趋势

2005 年，七大流域（松花江、辽河、海河、淮河、黄河、长江、珠江）废水、COD、氨氮排放量分别占全国排放总量的 79.0%、80.6%、81.6%。从排放总量上，废水排放量最大的是长江、珠江流域；COD 排放量最大的是长江、黄河、珠江；氨氮排放量最大的是长江、黄河（图 3-1-198）。

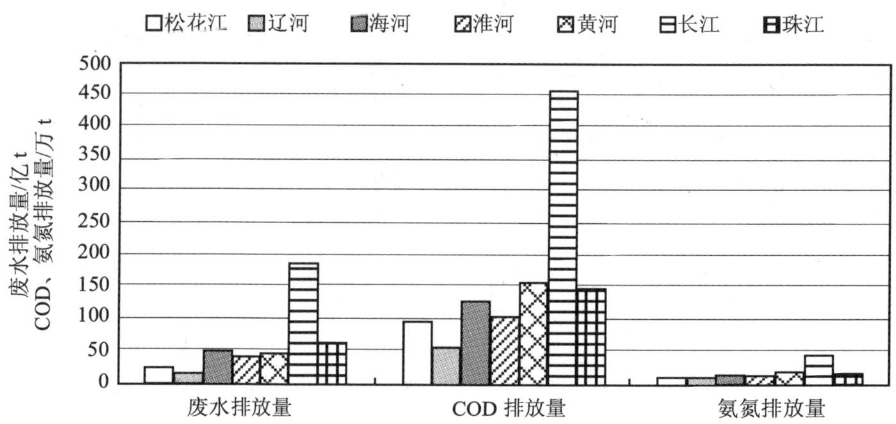

图 3-1-198　2005 年七大流域废水及污染物分布图

如果结合各流域地表水资源量来看，海河、淮河和黄河的水环境形势最为严峻，辽河和松花江的形势也不容乐观。其中，海河以占全国 0.5%的年地表水资源量接纳占全国总量 9.0%的废水量、8.9%的 COD 和 9.3%的氨氮排放量；淮河以占全国 4.1%的年地表水资源量接纳占全国总量 7.5%的废水量、7.3%的 COD 和 9.3%的氨氮排放量；黄河以占全国 2.4%的年地表水资源量接纳占全国总量 8.3%的废水量、11.1%的 COD 和 12.3%的氨氮排放量（表 3-1-57）。

表 3-1-57　七大流域废水及污染物排放量和地表水资源量占全国比例　单位：%

流域名称	松花江	辽河	海河	淮河	黄河	长江	珠江	总计
废水排放量	4.2	3.1	9.0	7.5	8.3	35.1	12.0	79.0
COD 排放量	6.7	4.0	8.9	7.3	11.1	32.1	10.5	80.6
氨氮排放量	6.5	5.2	9.3	9.3	12.3	30.0	8.8	81.6
地表水资源量	4.8	1.7	0.5	4.1	2.4	36.3	16.2	66.0

从 2002—2005 年，七大流域废水排放总量呈增加趋势，其中辽河、海河和珠江的废水排放量增加最多，分别增加了 44.1%、31.7%、22.9%；COD 和氨氮排放除长江流域有所减少之外，其他流域总体是呈增加趋势，其中 COD 排放增加最多的是松花江和辽河，分别增加 26.9%、

19.0%；氨氮排放增加最多的是辽河和松花江，分别增加 59.2%、27.3%（图 3-1-199，图 3-1-200，图 3-1-201）。

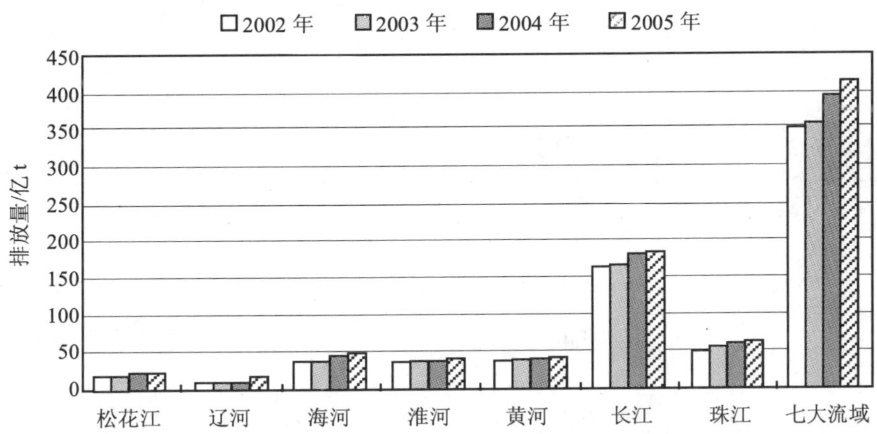

图 3-1-199　七大流域 2002—2005 年废水排放量年际变化

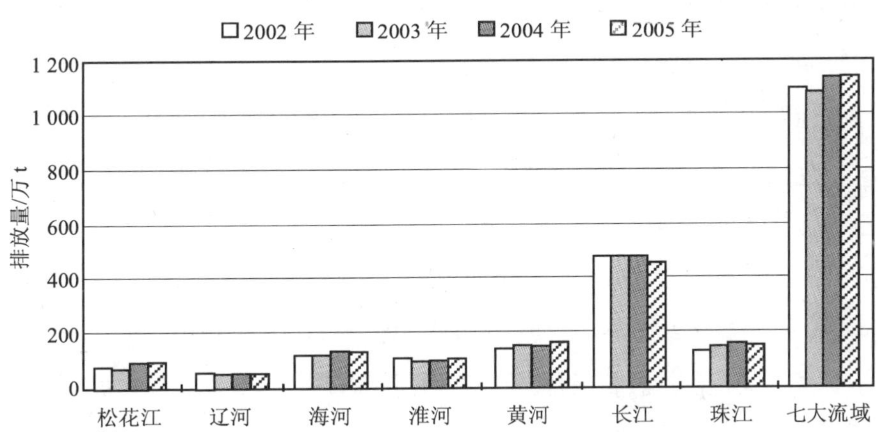

图 3-1-200　七大流域 2002—2005 年 COD 排放量年际变化

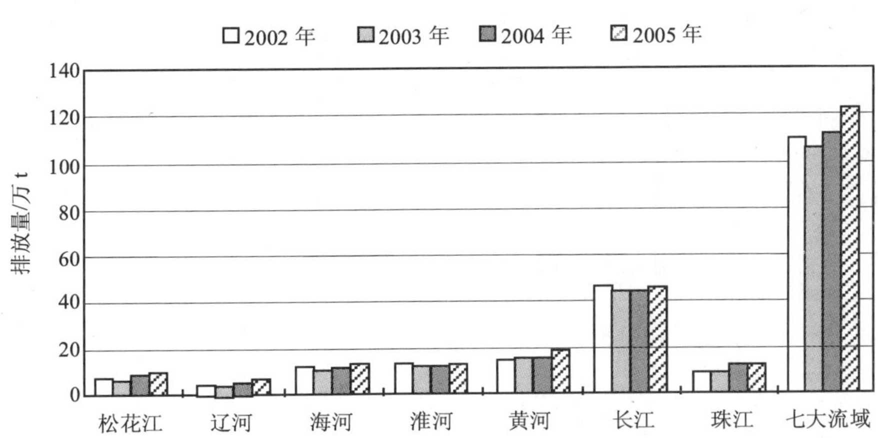

图 3-1-201　七大流域 2002—2005 年氨氮排放量年际变化

（6）主要湖泊地区废水及污染物排放特征

2005 年，巢湖、太湖和滇池接纳的废水排放量分别为 3.5 亿 t、28.6 亿 t 和 1.8 亿 t；COD 排放量分别是 7.7 万 t、37.9 万 t 和 2.0 万 t；氨氮排放量分别为 1.0 万 t、4.4 万 t 和 0.2 万 t（表 3-1-58）。

表 3-1-58 2005 年主要湖泊废水及污染物排放量和重污染行业分布

湖泊	废水排放量/亿 t	COD 排放量/万 t	氨氮排放量/万 t	重污染行业
巢湖	3.5	7.7	1.0	食品制造业；化学原料及化学制品制造业；电子设备制造业
太湖	28.6	37.9	4.4	纺织业；化学原料及化学制品制造业；造纸及纸制品业；黑色金属冶炼业；医药制造业
滇池	1.8	2.0	0.2	化学原料及化学制品制造业；造纸及纸制品业；燃气的生产和供应业；烟草制造业；纺织业；医药制造业

2005 年的环境统计数据显示，巢湖流域的重污染行业主要是食品制造业、化学原料及化学制品制造业、电子设备制造业，这 3 个重污染行业对巢湖的化学需氧量贡献率为 76.5%，其中食品制造业的化学需氧量污染贡献率为 55.1%；

太湖流域的重污染行业主要是纺织业、化学原料及化学制品制造业、造纸业、黑色金属冶炼业和医药制造业，这 5 个行业对太湖化学需氧量的污染贡献率为 71.9%，其中纺织业的化学需氧量污染贡献率为 36.9%；

滇池流域的重污染行业主要是化学原料及化学制品制造业、造纸及纸制品业、燃气的生产和供应业、烟草制造业、纺织业和医药制造业，这 6 个行业对滇池的化学需氧量污染贡献率为 74.4%，其中化学原料及化学制品制造业的化学需氧量污染贡献率为 31.0%。

（7）三峡库区及其上游地区废水及污染物排放特征

① 废水及主要污染物排放。

2005 年三峡库区及其上游地区（以下简称三峡地区）共接纳废水 38.0 亿 t，其中工业废水 19.2 亿 t，生活污水 18.8 亿 t；接纳化学需氧量为 104.1 万 t，其中工业化学需氧量为 33.8 万 t，生活化学需氧量为 70.4 万 t；接纳氨氮为 8.8 万 t，其中工业氨氮为 2.4 万 t，生活氨氮为 6.5 万 t（表 3-1-59）。

表 3-1-59 三峡库区及其上游主要污染物排放情况

区域	省市	废水排放量/亿 t			COD 排放量/万 t			氨氮排放量/万 t		
		合计	工业	生活	合计	工业	生活	合计	工业	生活
库区	湖北	0.39	0.25	0.14	0.30	0.06	0.24	0.02	—	0.02
	重庆	9.44	5.49	3.95	16.67	7.65	9.02	1.50	0.58	0.92
	合计	9.83	5.74	4.09	16.97	7.71	9.26	1.52	0.58	0.94

区域	省市	废水排放量/亿 t			COD 排放量/万 t			氨氮排放量/万 t		
		合计	工业	生活	合计	工业	生活	合计	工业	生活
影响区	湖北	1.15	0.43	0.72	1.76	0.62	1.14	0.26	0.09	0.17
	重庆	4.22	2.70	1.52	7.87	4.02	3.85	1.01	0.58	0.43
	四川	3.40	1.67	1.73	12.74	4.70	8.04	1.00	0.21	0.79
	贵州	0.20	0.05	0.14	1.07	0.33	0.74	0.07	0.01	0.06
	合计	8.97	4.85	4.11	23.44	9.67	13.77	2.34	0.89	1.45
上游区	重庆	0.18	0.06	0.12	0.47	0.07	0.40	0.04	—	0.04
	四川	13.94	7.02	6.92	42.87	13.90	28.97	3.29	0.70	2.59
	贵州	3.83	0.96	2.88	15.21	1.15	14.06	1.20	0.11	1.09
	云南	1.29	0.61	0.68	5.18	1.28	3.90	0.43	0.08	0.35
	合计	19.24	8.65	10.60	63.73	16.40	47.33	4.96	0.89	4.07
2005 年		38.04	19.24	18.80	104.14	33.78	70.36	8.82	2.36	6.46

三峡地区四川排放的废水量最大，其次为重庆、贵州、湖北、云南；化学需氧量和氨氮量排放最大的是四川，其次为重庆、贵州、云南、湖北（图 3-1-202）。

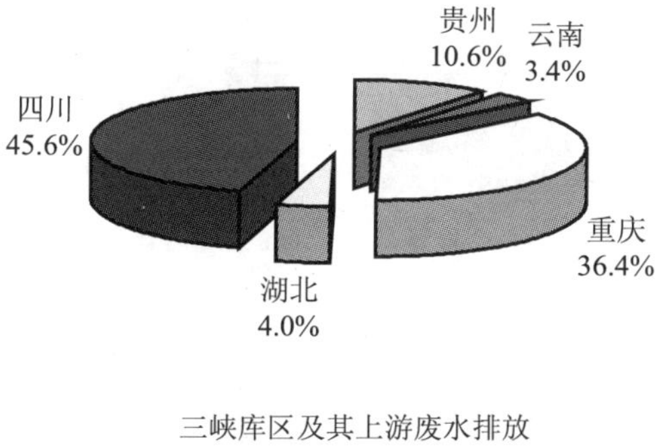

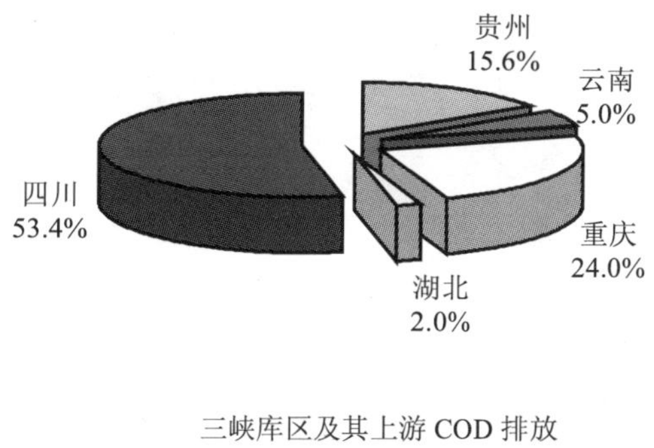

图 3-1-202　三峡地区各省（市）废水及 COD 排放特征

② 废水及主要污染物排放变化趋势。

从 2001—2005 年，三峡地区的废水及主要污染物排放呈现逐年增加的趋势（图 3-1-203，图 3-1-204），废水排放量从 2001 年的 20.4 亿 t 增加到 2005 年的 38.0 亿 t，增加了 86.5%，库区、影响区和上游区的废水排放量分别增加 51.9%、118.2%、95.9%，影响区增加最快；COD 排放量从 2001 年的 62.6 万 t 增加到 2005 年的 104.1 万 t，增加了 66.4%，库区、影响区、上游区的 COD 排放量分别增加 86.9%、61.5%、63.5%，库区增加速度最快。

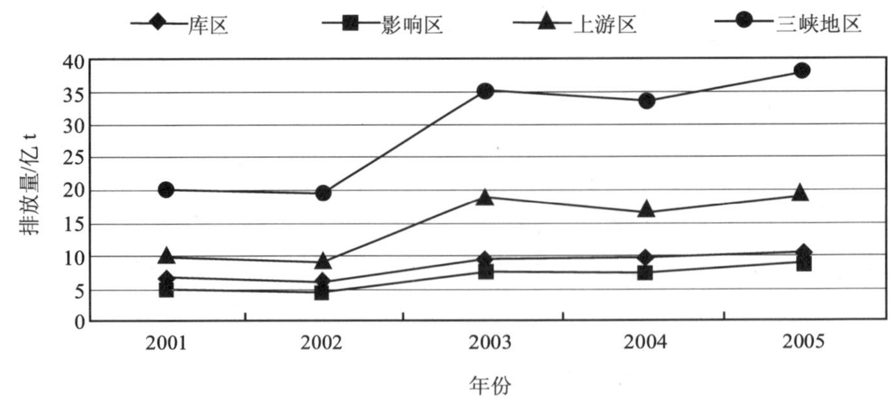

图 3-1-203　三峡库区及其上游地区废水排放年际变化

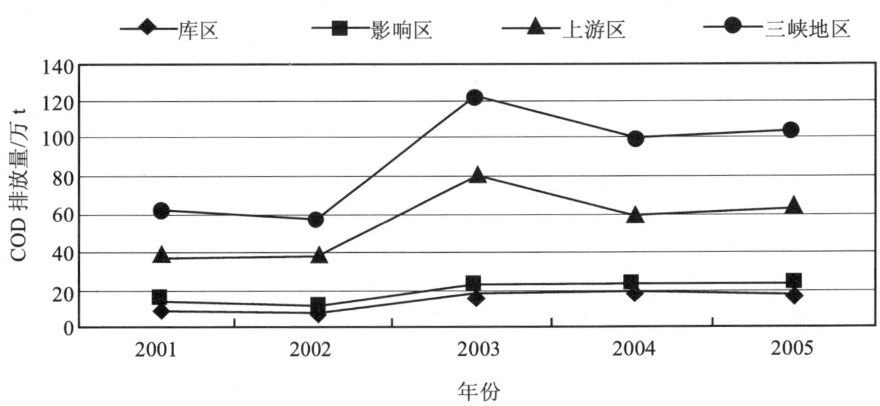

图 3-1-204　三峡库区及其上游地区 COD 排放年际变化

（8）“南水北调”东线工程沿线接纳废水及主要污染物情况

① 废水及主要污染物排放。

“南水北调”东线工程途经 6 个省（市）的 101 个县（区、市），其中：天津 3 个，河北 24 个，江苏 17 个，安徽 4 个，山东 43 个，河南 10 个。

2005 年“南水北调”东线沿线排放废水 148 504 万 t，其中工业废水 77 036 万 t，生活污水 71 468 万 t；COD 排放量 49.9 万 t，其中工业 COD 为 22.2 万 t，生活 COD 为 27.7 万 t；氨氮排放量 5.3 万 t，其中工业氨氮 2.1 万 t，生活氨氮为 3.2 万 t。从沿线各省（市）排放情况来看，污染物排放最大的是山东，其次是河南和江苏，安徽的排放量最小（表 3-1-60）。

② 废水及主要污染物排放变化趋势。

从 2002—2005 年，“南水北调”东线沿线废水及主要污染物排放呈先减后升的趋势，与 2002 年相比 2003 年废水及主要污染物排放有一定幅度的削减，从 2003—2005 年，污染物排放是逐年增加（表 3-1-61）。从总体上来看，2005 年废水、COD 和氨氮排放量相比 2002 年分别减少 0.6%、5.1%、6.8%。

表 3-1-60　　2005 年“南水北调”东线主要污染物排放情况

省（市）	废水/万 t			COD/t			氨氮/t		
	总计	工业	生活	总计	工业	生活	总计	工业	生活
天津	6 419	4 658	1 761	12 995	4 888	8 107	1 348	494	854
河北	13 275	5 886	7 389	67 057	35 418	31 639	7 903	4 185	3 718
江苏	38 593	17 461	21 132	106 559	30 285	76 274	10 530	2 307	8 223
安徽	2 937	1 108	1 829	10 712	1 956	8 756	1 142	120	1 022
山东	66 163	33 340	32 823	199 815	71 488	128 327	22 993	7 056	15 937
河南	21 117	14 583	6 534	101 729	78 040	23 689	9 108	6 588	2 520
合计	148 504	77 036	71 468	498 866	222 074	276 792	53 024	20 750	32 274

表 3-1-61　　“南水北调”东线主要污染物排放年际变化

年份	废水/万 t			COD/t			氨氮/t		
	总计	工业	生活	总计	工业	生活	总计	工业	生活
2002	149 367	80 576	68 791	525 446	247 607	277 839	56 895	24 192	32 703
2003	139 939	76 472	63 467	467 320	210 625	256 695	44 683	15 339	29 344
2004	144 312	76 016	68 296	490 742	219 749	270 993	47 053	16 123	30 930
2005	148 504	77 036	71 468	498 866	222 074	276 792	53 024	20 750	32 274

3. 农业面源是水环境营养物质污染的首要原因

（1）我国化肥施用量年增加幅度较大，以氮肥和磷肥为主

随着我国农业生产的发展，化肥施用量逐年增加，从 1978 年的 884 万 t 增加到 2005 年的 4 766.2 万 t，增加了 5.4 倍，从 1996—2005 年的 10 年间，化肥施用量增加了 24.5%。在化肥施用量中，氮肥和磷肥占有较大比重，从 1989—2005 年，氮肥平均占化肥施用量的 54.0%，磷肥平均占 17.0%，平均两者共计占化肥施用量的 71.0%（图 3-1-205）。

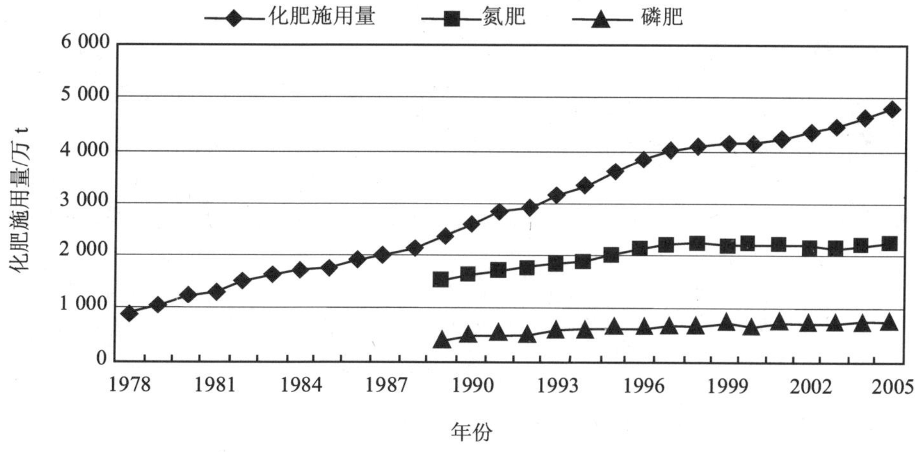

图 3-1-205　我国化肥施用量年际变化

（2）农业面源是水环境污染的重要来源，尤其是对湖库的富营养化贡献率大

很多研究已表明，农业面源会导致水体氮、磷等营养物超标，而氮和磷及其化合物是产生富营养化的主要营养物质，特别是磷。因此，农业面源对湖库的富营养化贡献率不容忽视，同时也是导致江河水质污染加重的主要原因。

据中国工程院“三峡库区及其上游水污染防治战略”咨询项目研究结果显示，2005 年，三峡地区污染物中总磷、总氮是以农业面源为主，其污染贡献率分别为 90%和 86%。

哈尔滨市在对西泉眼水库的污染源研究中也发现，农业面源的氮和磷占各种污染源总排放量的 80.8%和 78.4%（表 3-1-62）。

表 3-1-62　　西泉眼水库污染源的氮、磷污染负荷比较　　单位：kg/a

指标		点源	面源	降水	降尘	旅游业
总氮	负荷	14 000	279 249	20 498	31 489	325
	比例/%	4.1	80.8	5.9	9.1	0.1
总磷	负荷	1 600	12 646	625	1 233	38
	比例/%	9.9	78.4	3.9	7.6	0.2

资料来源：黑龙江省环境监测中心。

另据研究，太湖流域各类污染源中，来自农业面源的总磷、氨氮分别占 38%和 57%；滇池所有入湖污染物中，来自农业面源的总磷、总氮分别占 58%和 57%；巢湖污染物排放中，来自农业面源的总磷、总氮分别占 43.4%和 39.3%（表 3-1-63）。

表 3-1-63　　主要湖泊农业面源总磷和总氮（氨氮）的污染贡献率　　单位：%

项目	巢湖	太湖	滇池
总磷	43.4	38	58
总氮（氨氮）	39.3	57	57

资料来源：中国江河湖泊防污减灾对策，北京：中国水利水电出版社，2002。

4．水污染事故频发，严重威胁水环境安全

（1）水环境污染事故占整个环境污染事故的一半以上，同时危险化学品污染事故对水体的环境影响巨大

从 1991—2005 年，我国共发生水污染事故 16 710 次，平均每年发生水污染事故在 1 000 次以上，直接经济损失达 12.1 亿元。从发生次数看，占整个环境污染事故发生次数的 54.7%，直接经济损失占整个环境污染事故经济损失的 64.5%，由此可见，水环境污染事故严重影响我国的水体环境，对社会经济和人民群众的生产生活造成很大的影响，尤其是水污染事故中危险化学品的污染事故危害更为严重。据统计，从 2001—2005 年，在水污染事故中共发生危险化学品事故 263 起，平均每年有 50 多起。

从历年的情况来看，除 1996 年和 2000 年以外，我国水环境污染事故次数占整个环境污染事故的比例都在一半以上，最高达到 62.5%。水环境污染造成的经济损失占整个环境污染事故的经济损失最高的年份达 89.7%（图 3-1-206）。

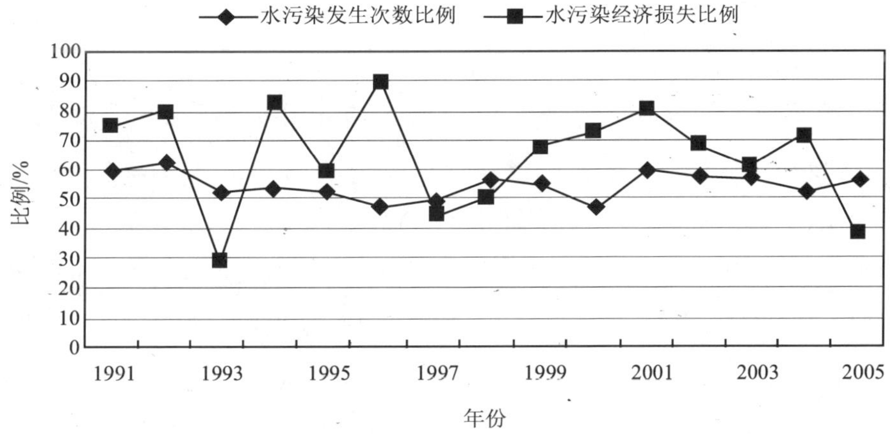

图 3-1-206　我国水污染事故发生次数和经济损失所占比例的历年变化

注：2005 年水污染经济损失未计入松花江水污染事故造成的经济损失。

（2）近几年典型水污染事故（表 3-1-64）

表 3-1-64　　我国近几年典型的水污染事故

时间	水污染事故名称	水污染事故内容
2004 年 3 月	沱江特大水污染事故	四川化工股份有限公司大量高浓度氨氮超标废水直接外排，经支流毗河流入沱江，严重污染沱江水质，发生死鱼和沱江沿线城市简阳、资阳、资中和内江四地（市）饮用水源污染
2005 年 11 月	松花江水污染事件	中石油吉林石化分公司双苯厂发生爆炸事故，约 100 t 苯、硝基苯和苯胺进入松花江，形成近百公里的污染带沿松花江下泄并进入黑龙江，对沿江居民的生产生活产生了影响
2005 年 3 月	浙江浦江县饮用水水源地污染事件	3 月 9 日，浦江县白马镇生活饮用水六价铬超标，造成 1 万多人饮用水受到影响
2005 年 12 月	珠江北江镉污染事件	韶关冶炼厂直接排放含镉超标废水，造成珠江北江水域发生重大环境污染事件
2006 年 9 月	湖南岳阳新墙河砷污染事件	临湘市浩源化工公司（硫酸厂）和桃林铅锌厂化工厂等非法排污导致新墙河流域砷化合物严重超标，威胁岳阳县城城市居民饮用水安全
2007 年 5 月	江苏省无锡市太湖蓝藻暴发事件	由于气温、水文、气象等综合因素影响，太湖蓝藻大量产生导致水质下降，使无锡市区市民的饮用水受到重大影响

5．工业废水污染治理和城市生活污水处理水平

（1）工业废水污染治理投资显著增加，污染治理水平逐年提高

① 工业废水污染治理投资逐年增加，但是增加幅度低于经济增长幅度。

在环境保护工作中，水环境污染治理一直是工业污染源治理的重点，因此，我国工业废水污染治理投资每年都呈增加趋势（图 3-1-207），从 1983 年的 6.3 亿元增加到 2006 年的 15.1 亿元，年均增长 3.9%。但是工业废水污染治理投资占国内生产总值的比例比较低，在 0.13%～0.06%。在 1992 年之前，工业废水污染治理投资占国内生产总值比例都是 0.1%以上，在这之后，除 2000 年外其他年份都在 0.1%以下，同时工业废水污染治理投资占工业污染源治理投资的比例也在下降，尤其是最近几年，在 2005 年，工业废水污染治理投资仅占工业污染源治理投资的 29.2%，是历史最低水平，到 2006 年有所回升，明显不能满足当前我国水污染环境治理投资的需求。

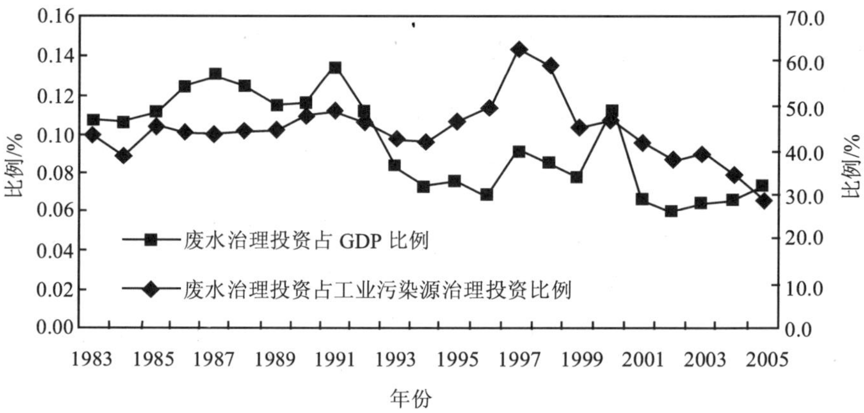

图 3-1-207 我国废水治理投资情况历年变化

② 工业废水处理能力逐步增加，但实际废水达标率远低于统计数据。

由于工业废水治理投资的增加，工业废水治理设施数从 1996 年的 44 861 套增加到 2006 年的 75 830 套，10 年间增加了 3 万多套的废水治理设施，平均每年增加 3 000 多套。工业废水处理能力由 2001 年的 14 380 万 t/d 增加到 2006 年的 19 553 万 t/d，5 年间增加了近 189 亿 t 的工业废水处理能力，年均增加近 38 亿 t 的工业废水处理能力。

环境统计的我国工业废水达标率显示：1981 年我国的工业废水排放达标率仅为 26.3%，而到 2004 年这一数值开始超过 90%，2006 年的工业废水排放达标率为 90.9%。但问题是由于我国经济发展是以快速为特点，是以数量占领市场并获得效益，结果导致了部分排污单位不重视污染治理设施的运行和管理，增排、偷排现象严重，“人来水清，人走水浑”的现象比较普遍，据监督监测结果反映，许多地区的实际达标率仅为 60%左右，这也说明，全国实际废

水污染物排放量必然大于统计量。

（2）城市生活污水处理能力和水平严重滞后于城市化的发展

① 2006 年我国城市污水处理现状。

2006 年，我国共有污水处理厂 939 座，设计处理能力达到 6 370 万 t/d，当年共处理污水 163 亿 t，其中处理生活污水 130 亿 t，占 79.8%。污水处理厂最多的省是江苏，共有 154 座，其次是山东和广东，分别为 104 座和 84 座；而污水处理能力最大的省是广东，达到 701 万 t/d，其次是江苏和山东。这说明，广东省的污水处理厂平均规模比江苏省要大。

2006 年，我国城镇生活污水平均处理率为 43.8%，其中，北京的城镇生活污水处理率最高，为 89.3%，其次是上海、天津，分别为 77.0%和 73.9%。而广东虽然污水处理能力最大，但由于其排放的城镇生活污水量全国第一，致使城镇生活污水处理率仅为 42.7%，低于全国平均水平。同时，宁夏、云南的污水处理能力在全国仅处于中等以下水平，但由于城镇生活污水排放量也较小，因此，城镇生活污水处理率排在全国前 5 位，超过江苏和浙江等城镇生活污水处理能力大省（图 3-1-208）。

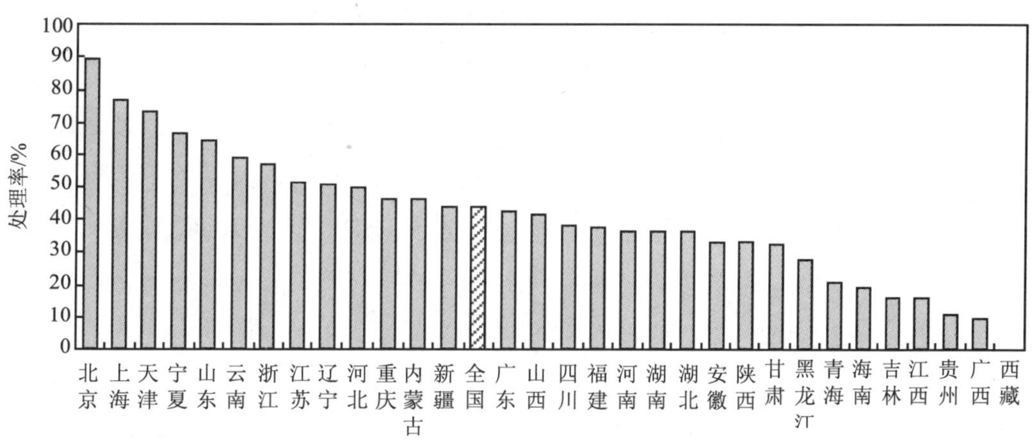

图 3-1-208　全国各省（市、区）2006 年城镇生活污水处理率

② 我国城市污水处理事业发展迅速。

近年来，在我国环境保护事业加快发展的形势下，城市污水处理厂的建设步伐比较快。从 1998—2006 年，我国城市污水处理厂由 266 座增加到 939 座；污水处理能力也由 1 136 万 t/d 增加到 6 370 万 t/d，增长了 5 倍多；实际污水处理量也从 29 亿 t/a 增加到 163 亿 t/a，其中处理生活污水由 20 亿 t/a 增加到 130 亿 t/a（表 3-1-65）。我国的城市生活污水处理率也由 10.3% 上升到 43.8%，这在一定程度上改善了我国的地表水环境，尤其是城市水环境。

表 3-1-65　　1998—2006 年我国城市污水处理厂概况

年份	厂数/座	设计处理能力/（万 t/d）	污水处理量/万 t	生活污水处理量/万 t
1998	266	1 136	292 745	199 929
1999	283	1 191	512 295	234 998
2000	315	1 659	438 325	320 667
2001	319	2 022	326 190	417 709
2002	418	2 544	632 848	522 483
2003	511	3 231	775 041	646 797
2004	637	4 255	1 014 404	857 963
2005	764	5 220	1 287 059	1 084 444
2006	939	6 370	1 631 339	1 304 230

③ 我国城市生活污水总体处理能力偏低，地区分布不平衡。

尽管近年来我国城市污水处理事业发展很快，城镇生活污水处理率也有较大提高，我国的城市生活污水处理率也由 10.3%上升到 43.8%，已经超过墨西哥（2005 年数据）和土耳其（2004 年数据）等国家，但和世界其他发达国家相比，差距仍然很大（表 3-1-66）。德国、瑞士、英国、荷兰等西欧发达国家的城镇生活污水处理率都超过 90%以上，我国近邻日本和韩国的城镇生活污水处理率分别达到了 67.0%和 78.8%。

截止到 2006 年年底，我国 335 个地级市中，只有 243 个城市建有不同规模的城市污水处理厂，仍有 92 个地级市在其辖区内没有一座污水处理厂。因此，我国的城市污水处理事业任重而道远，要实现“十一五”期末主要污染物同比下降 10%的目标，必须大力发展城镇生活污水处理设施。

表 3-1-66　　我国与世界其他国家城镇生活污水处理率比较

国家	年份	城镇生活污水处理率/%	国家	年份	城镇生活污水处理率/%
摩纳哥	2005	100.0	挪威	2004	75.9
新加坡	2005	99.9	智利	2005	73.3
荷兰	2004	98.6	加拿大	1999	71.7
英国	2002	97.5	爱尔兰	2001	70.0
瑞士	2004	96.7	意大利	1999	68.6
卢森堡	2003	94.8	日本	2003	67.0
德国	2004	93.5	葡萄牙	2003	60.0
丹麦	2002	87.9	波兰	2004	59.0
奥地利	2002	86.0	匈牙利	2002	57.4
瑞典	2002	85.0	希腊	1997	56.2
芬兰	2002	81.0	突尼斯	2004	46.8
新西兰	1999	80.0	中国	2006	43.8
法国	2001	79.4	墨西哥	2005	35.0
韩国	2003	78.8	土耳其	2004	35.0

资料来源：http: //www.unstats.un.org/。

同时，我国的城市污水处理设施呈现地区分布不均的空间格局，城市污水处理厂主要集中在东部地区。目前东部地区有城市污水处理厂 585 座，污水处理能力 4 264 万 t/d，占全国污水处理能力的 65.5%，而中部和西部地区的污水处理能力仅占全国的 18.8%和 15.7%。尽管我国中、西部地区城市化水平相对较低，城镇生活污水排放量较小，但是这些地区多数处于干旱、半干旱和半湿润地区，地表水资源稀缺，水环境容量较小，生态环境脆弱，因此这些地区的城镇生活污水处理不容忽视。

④ 污水处理设施运行负荷率有待进一步提高。

历年来，我国的城市污水处理设施平均运行负荷率在 65%～70%，还有一定的提升空间，造成运行负荷率不高的主要原因有两个：

城镇生活污水收集系统建设滞后，管网配套工程覆盖率低，污水不能全部收集进入污水处理厂，这是全国各地普遍存在的现象。

城市污水处理设施设计规模过大，这样可能导致管理运行费用过高，由于资金问题运行不充分；或者是设计处理规模超过了实际的处理需求，造成“大马拉小车”的现象，直接导致污水处理运行负荷率不高。

⑤ 污水资源化率低，污泥利用率不高。

在国外，城市污水处理之后的回用率较高，例如，以色列，这个干旱、半干旱地区的国家在 1997 年生活污水回用率就达 100%，而美国、德国、日本等发达国家，城市生活污水的资源化程度也很高。而在我国，目前城镇生活污水再生利用量仅占污水处理量的 4.6%，我国的污水资源化还有很大前景，尤其是在干旱、半干旱的缺水地区。

污水处理厂形成的污泥一方面由于含有寄生虫卵、病原微生物和重金属等有害物质，有恶臭，含水量高，不易填埋，如不妥善处理很容易造成二次污染，另一方面，污泥又是养分种类丰富的复合肥料，只要经过处理，利用污泥施肥对作物生长十分有利，我国有些地区已经开始试验性开发利用污水处理厂的污泥，并取得了很好的环境和经济效益。然而，目前，我国污泥利用率并不高，仅有 20%，还有将近 2.8%的污泥直接排向了外环境，造成了二次污染。

6. 河流库、坝是促使江河污染加重的重要原因之一

水利设施在抗旱防洪、调配水资源、解决农业用水、水土保持等方面都发挥着积极的作用，但其对水环境质量的负面影响也不容忽视。根据《美国水质报告 2000》的统计表明，美国功能削弱的河段中有 20%是由水利建设活动导致的。截止到 2006 年，全国已建成各类水闸 41 209 座、水库 85 849 座，它们在发挥巨大经济和社会效益的同时，对环境也产生着重要的影响。以淮河为例，淮河流域有大小水库 5 300 多座，

平均每 50 km^2 建水库 1 座，每条支流建水库近 10 座。此外，还建有大小闸坝 4 300 多座。近万座水库闸坝高度人工控制，河流的自然属性被人为改变。由于水资源短缺，造成城市生产生活用水挤占农业农水，农业用水又挤占水生态环境用水，导致水环境容量减少，河流径流量减少，水体稀释自净能力减弱，致使淮河基本丧失自净能力，水污染程度加剧。

7. 偷排现象严重，监管不到位

从长期掌握的情况来看，我国许多企业关于环保方面整体上还存在不少问题。偷排、直排行为时有发生，有些企业甚至采取各种方式逃避检查，有的不顾处罚和警告，屡查屡犯，顶风作案。造成这种现象发生的主要原因包括：①由于现行排污费的标准远低于企业污染治理成本，企业受行政处罚损失远低于企业违法排污收益，致使环境违法成本低、守法成本高。据有关统计，我国环境违法成本平均不及治理成本的 10%。按最高数额罚款，也不如一天偷排节省的费用，有些企业宁愿交些罚款，也不愿运转处理设施。导致守法不如违法，小违法不如大违法的现象屡见不鲜。②企业负责人素质普遍偏低，对法律法规认识不到位，环保意识很淡薄。③环保执法部门没有强制权，当场发现违法行为也不能当场强制制止，而必须按照规定走法律程序，少则几个月，多则一年甚至更长，导致效率太低而执法成本太高。④环保执法人员太少，企业分布又比较分散，需要监管的面太大，监管起来比较困难。一些企业正是利用了这一点，常常与环保执法人员“玩捉迷藏游戏”。

（四）小结

第一，地表水污染严重，监测的 745 个国控断面中，Ⅰ～Ⅲ类的断面比例为 40%，Ⅳ类和Ⅴ类为 32%，劣Ⅴ类为 28%。主要污染指标为高锰酸盐指数、氨氮和石油类。七大水系中，辽河、淮河、黄河、松花江、海河等水系国控断面劣Ⅴ类比例均超过 20%；监测的 27 个湖库中，15 个处于富营养状态，氮、磷污染严重；113 个国家环保重点城市饮用水水源地的不达标水量占 27.7%。

第二，重点流域主要控制污染物污染有所减轻，Ⅰ～Ⅲ类断面水质类别比例由 1996 年的 27%上升至 2006 年的 40%，劣Ⅴ类比例由 36%下降至 28%。主要污染指标由 COD、BOD 为主逐步转变为 COD、氮和磷为主。污染范围呈现出由支流向干流扩散、由城市河段向一般河段蔓延、由下游向上游扩展的流域性污染态势。

第三，工业废水超标排放严重；城市污水和污染物排放量逐年增加，污水处理能力严重滞后；农村面源污染未得到控制，是造成地表水污染的主要原因。闸坝建设过多，降低了水体的流动性，同时部分河流生态用水严重不足等也是造成水污染的原因之一。

第四，与发达国家相比，我国河流水质较差，湖泊富营养化程度较重。

第五，建议在继续控制 COD 的同时，加强对氮、磷等污染物的控制。

五、近岸海域

（一）现状

1．全国近岸海域水质状况

2006 年全国近岸海域水质总体为轻度污染，局部海域污染严重，富营养化程度较高；沉积物质量总体良好，污染综合潜在生态风险低，部分海域沉积物受滴滴涕、多氯联苯和砷等一定影响。近岸海域贝类体内污染物残留水平总体较低，污染不明显，特别是滴滴涕近年来降幅较大。赤潮发生依然频繁，浙中海域、渤海湾及长江口外海域为主发区，引发赤潮的生物种类主要为东海原甲藻、中肋骨条藻、棕囊藻、夜光藻及有毒的米氏凯伦藻等。

（1）总体水质

2006 年，全国近岸海域水质总体为轻度污染，按测点统计，全国近岸海域一、二类海水比例为 67.7%；三类海水为 8.0%；四类、劣四类海水为 24.3%（图 3-1-209）。

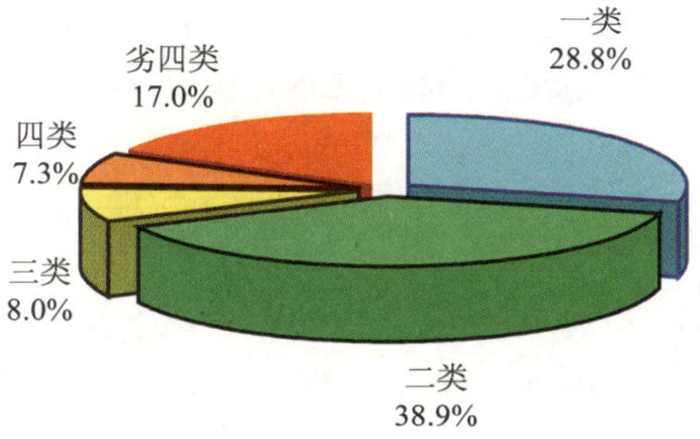

图 3-1-209　全国近岸海域水质类别

近岸海域监测面积共 259 847 km^2，其中一、二类海水面积为 186 820 km^2，三类海水面积 20 419 km^2，四类、劣四类海水面积 52 608 km^2（图 3-1-210）。

四大海区中，南海、黄海近岸海域水质良好，渤海为轻度污染，东海为中度污染。九个重要海湾中黄河口和北部湾海域水质良好，辽东湾、渤海湾、长江口、杭州湾和珠江口水质为重度污染。

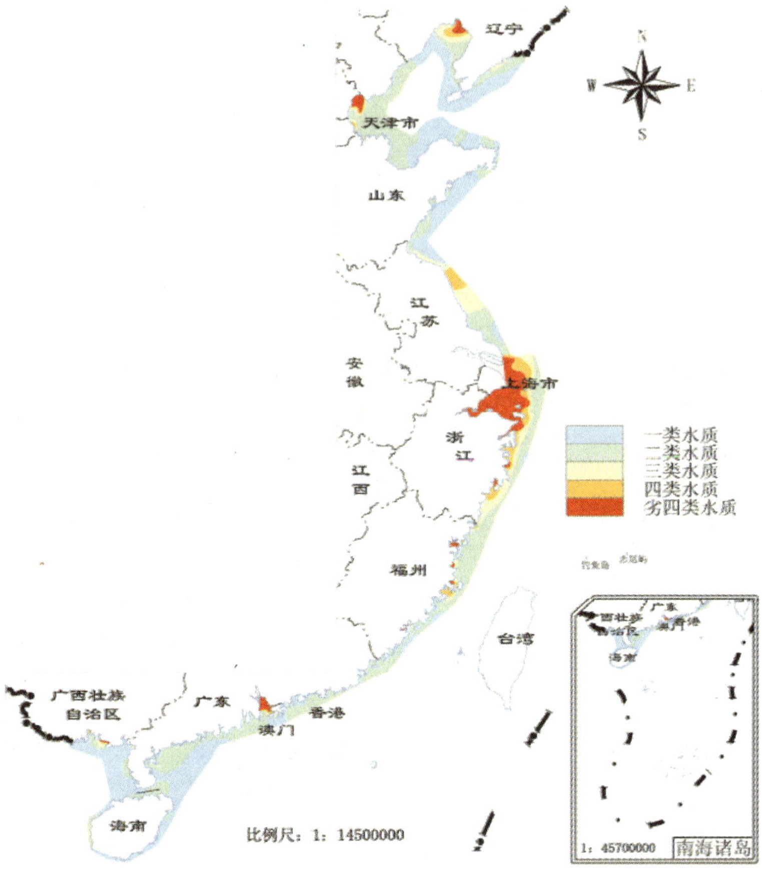

图 3-1-210　全国近岸海域水质分布

山东、广东和海南近岸海域水质优良，上海、浙江近岸海域水质为重度污染。丹东、葫芦岛等 26 个城市近岸海域水质较好，全部为一、二类水质；盘锦和嘉兴近岸海域污染严重，全部为劣四类水质。

2006 年，影响我国近岸海域水质的主要污染因子是无机氮和活性磷酸盐，化学需氧量、石油类、铅、pH、铜、镉、溶解氧和非离子氨有不同程度超标。

（2）四大海区近岸海域水质状况

渤海　轻度污染，一、二类海水比例为 69.6%；四类、劣四类海水为 21.7%。主要污染因子是无机氮、活性磷酸盐和石油类（图 3-1-211，表 3-1-67）。

黄海　水质良好，一、二类海水比例为 83.7%；四类、劣四类海水为 6.1%。主要污染因子是无机氮、pH 和活性磷酸盐。

东海　中度污染，一、二类海水比例为 41.5%；四类、劣四类海水为 52.2%。主要污染因子是活性磷酸盐、无机氮和石油类。

南海　水质良好，一、二类海水比例为 83.8%；四类、劣四类海水为 8.1%。主要污染因子为活性磷酸盐、无机氮和 pH。

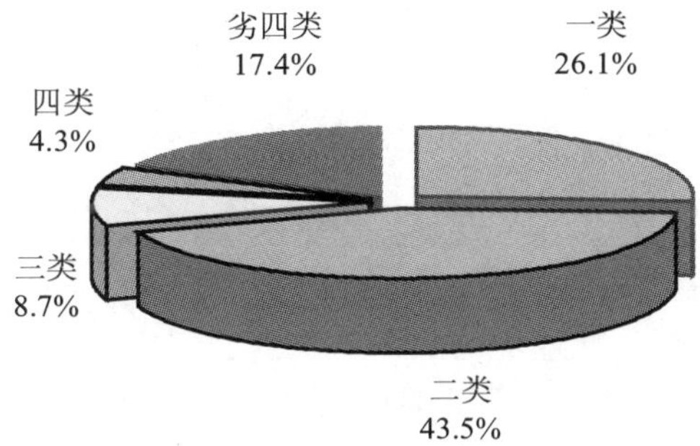

（a）渤海

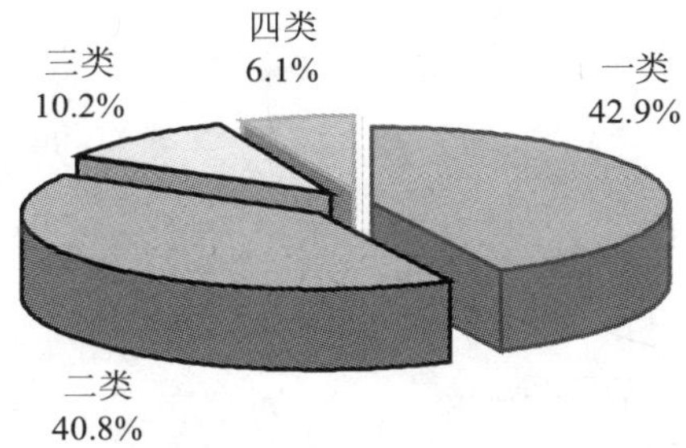

（b）黄海

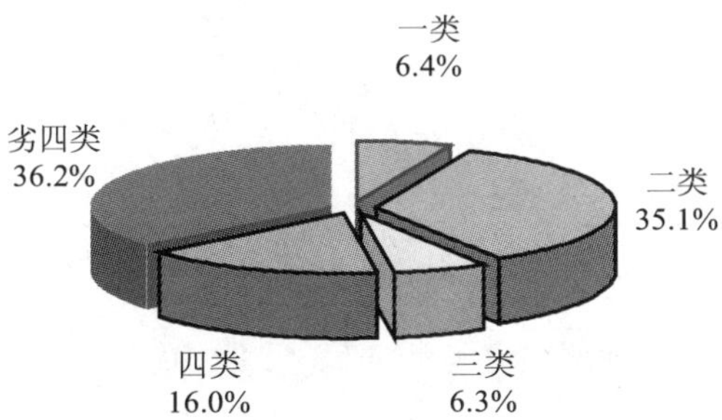

（c）东海

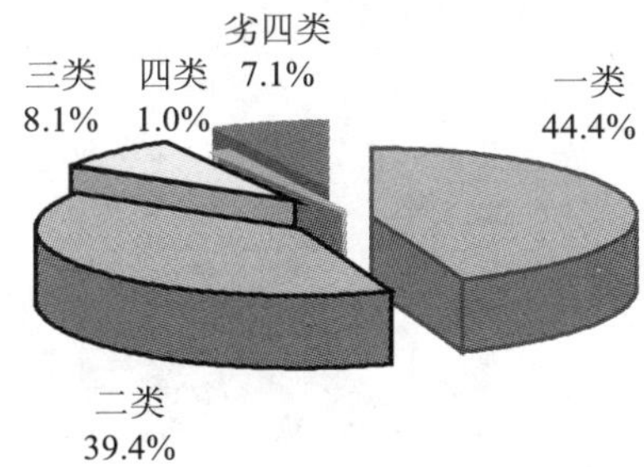

（d）南海

图 3-1-211　四大海区近岸海域水质状况

表 3-1-67　　　　四大海域海水水质评价结果

名称	测点数	一类/%	二类/%	三类/%	四类/%	劣四类/%	主要污染指标	最大超标指标与超标倍数
渤海	46	26.1	43.5	8.7	4.3	17.4	活性磷酸盐、化学需氧量、石油类、无机氮、铅	无机氮：6.4
东海	94	6.4	35.1	6.3	16.0	36.2	pH、无机氮、石油类、铜、活性磷酸盐、铅、化学需氧量	活性磷酸盐：8.7
黄海	49	42.9	40.8	10.2	6.1	0	石油类、pH、镉、铅、活性磷酸盐、化学需氧量、无机氮	石油类：2.5
南海	99	44.4	39.4	8.1	1.0	7.1	pH、溶解氧、无机氮、活性磷酸盐、非离子氨、石油类、铜、化学需氧量	活性磷酸盐：9.9
全国	288	28.8	38.9	8.0	7.3	17.0	无机氮、活性磷酸盐、石油类	活性磷酸盐：9.9

（3）沿海城市近岸海域水质状况

全国 55 个沿海城市中，丹东、葫芦岛、唐山、滨州、东营、烟台、潍坊、威海、日照、南通、漳州、揭阳、汕尾、惠州、江门、阳江、茂名、湛江、防城港、海口、文昌、琼海、陵水、昌江、儋州、临高26个沿海城市近岸海域水质较好，全部为一、二类水质；

盘锦和嘉兴近岸海域污染较重，全部为劣四类水质；

大连、营口、秦皇岛、青岛、连云港、宁德、福州、莆田、泉州、厦门、汕头、深圳、珠海、北海、钦州和三亚等近岸海域一、二类海水比例在60%以上；

污染重的城市海域主要污染物是：无机氮、活性磷酸盐、化学需氧量和石油类，锦州、连云港、宁德、福州、汕头海域的重金属镉、铅和铜污染较重。

（4）*主要海湾及河口水质状况*

9 个主要海湾及河口海域中，黄河口和北部湾水质良好，一、二类海水比例超过 80%；胶州湾为轻度污染，一、二类海水比例为 75%；闽江口为中度污染，二类海水和四类海水各占 50%（图 3-1-212，图 3-1-213）；杭州湾、长江口、辽东湾、珠江口和渤海湾水质均为重度污染，一、二类海水比例不足 40%（表 3-1-68）。

表 3-1-68 全国重要海湾水质评价结果

名称	测点数	一类/%	二类/%	三类/%	四类/%	劣四类/%	主要污染指标	最大超标污染物及超标倍数
辽东湾	4	0	25	25	0	50	无机氮、活性磷酸盐、铅	无机氮：3.2
渤海湾	8	0	37.5	0	12.5	50	无机氮、活性磷酸盐、石油类	无机氮：6.4
黄河口	3	0	100	0	0	0	—	—
胶州湾	4	25	50	0	25	0	无机氮	无机氮：0.9
长江口	13	0	0	7.7	23.1	69.2	无机氮、活性磷酸盐	无机氮：7
杭州湾	6	0	0	0	0	100	活性磷酸盐、无机氮、化学需氧量	无机氮：6.1
闽江口	2	0	50	0	50	0	无机氮、pH	无机氮：1.6
珠江口	10	10	20	10	0	60	活性磷酸盐、无机氮、非离子氨	活性磷酸盐：9.9
北部湾	26	65.4	15.4	11.5	3.8	3.8	无机氮、pH	无机氮：3

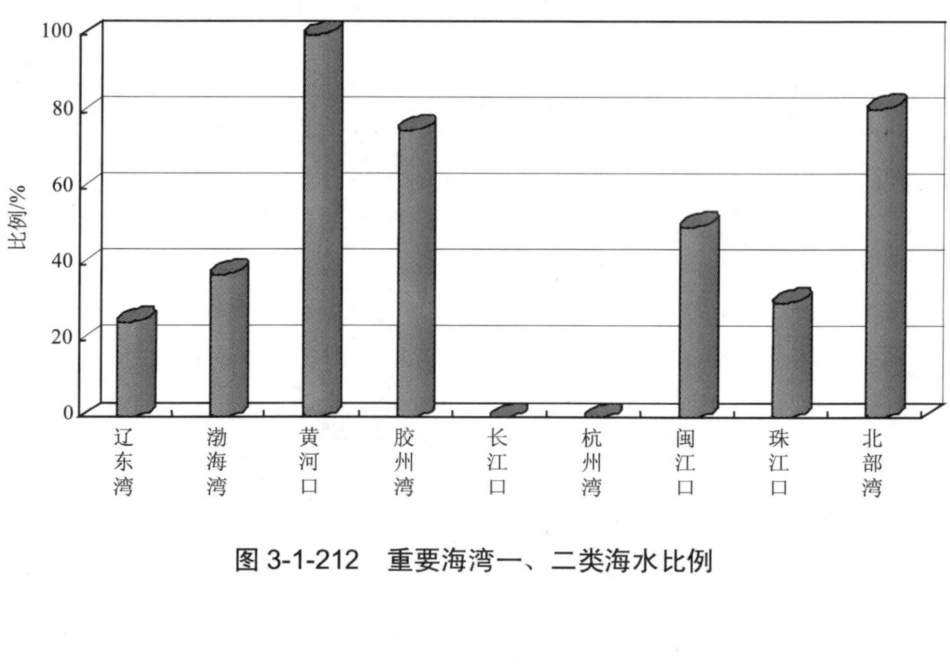

图 3-1-212 重要海湾一、二类海水比例

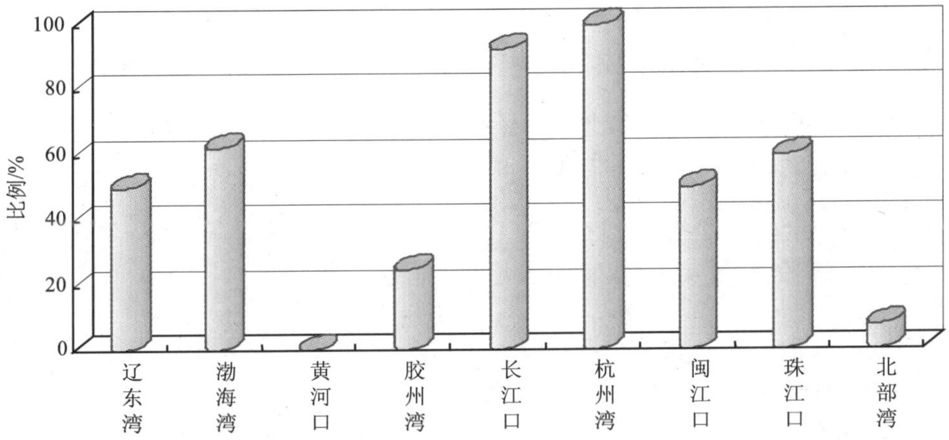

图 3-1-213　重要海湾四类、劣四类海水比例

（5）沿海各省、自治区、直辖市近岸海域水质状况

2006 年，全国沿海各省、自治区、直辖市近岸海域水质状况变化不大，普遍受到无机氮和活性磷酸盐污染。山东、海南和广东水质优良，一、二类海水比例达到 80%以上；上海、浙江近岸海域水质污染较重。

辽宁　轻度污染，一、二类海水比例为 73.0%，四类、劣四类海水为 11.5%。部分海域无机氮、活性磷酸盐和铅超标。

河北　轻度污染，二类海水比例为 75.0%，四类、劣四类海水为 25.0%。部分海域石油类、无机氮和活性磷酸盐超标。

天津　中度污染，二类、三类和劣四类海水比例分别为 40.0%、10.0%和 50.0%。主要受到无机氮污染，部分海域活性磷酸盐和石油类超标。

山东　水质优，一、二类海水比例为 97.1%，四类海水为 2.9%。

江苏　轻度污染，一、二类海水比例为 62.5%，四类、劣四类海水为 12.5%。部分海域石油类、化学需氧量和铅超标。

上海　重度污染，三类、四类、劣四类海水比例分别为 7.2%、21.4%、71.4%。无机氮和活性磷酸盐普遍超标。

浙江　重度污染，一、二类海水比例为 31.1%，四类、劣四类海水为 60.0%。普遍受到无机氮、活性磷酸盐污染，部分海域化学需氧量超标率较高。

福建　轻度污染，一、二类海水比例为 71.4%，四类、劣四类海水为 25.7%。部分海域受到无机氮、活性磷酸盐污染。

广东　水质良好，一、二类海水比例为 84.7%，四类、劣四类海水为 11.5%。主要污染因子为无机氮，个别海域活性磷酸盐、化学需氧量和溶解氧超标。

广西　轻度污染，一、二类海水比例为 77.2%，四类和劣四类海水比例均为 4.5%。主要污染因子为无机氮，部分海域 pH 超标。

海南　水质良好，一、二类海水比例为 88.0%，三类海水为 12.0%、无四类和劣四类海水。个别海域石油类、pH 和化学需氧量超标，但程度较轻。

（6）海水浴场水质状况

2006 年，共监测 28 个海水浴场，398 个次。监测结果表明（图 3-1-214）：

海水浴场水质为优的个次占 45.5%；

水质良的占 38.2%；

水质一般的占 6.0%；

水质差的占 10.3%；

影响浴场水质的主要污染因子为粪大肠菌群，其次为石油类。

在 28 个海水浴场中，每周水质均为优的浴场为锦州孙家湾浴场、威海国际海水浴场、日照海水浴场、舟山朱家尖浴场、珠海飞沙滩海滨浴场、北海银滩公园浴场、三亚亚龙湾浴场 7 个浴场。三亚大东海浴场、青岛仰口海水浴场优的个次占 80%以上。水质不太稳定的浴场有葫芦岛兴城海滨浴场、厦门鼓浪屿和曾厝垵浴场及深圳大梅沙海滨浴场，水质为差的个次占 50%以上，主要污染因子为粪大肠菌群、石油类、漂浮物。

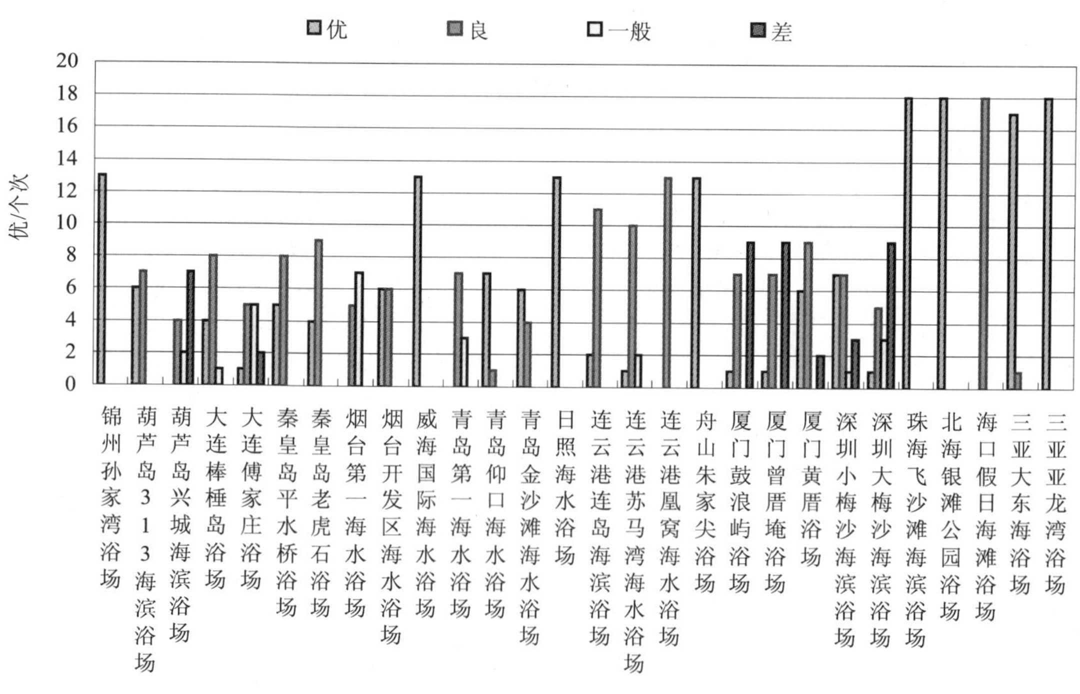

图 3-1-214　沿海城市海水浴场水质状况比较

（7）近岸海域海水主要污染指标

2006 年，影响全国近岸海域海水的主要污染物依然是无机氮和活性磷酸盐；个别海域石油类、化学需氧量、溶解氧、pH、铅、铜、汞、镉和非离子氨超标。

① 无机氮。

平均浓度为 0.313 mg/L，样品超标率为 31.4%。有 29 个沿海城市近岸海域均有样品超标。最高值出现在深圳海域，超标 7.1 倍。四大海区中东海无机氮浓度均值和样品超标率最高，其余依次为渤海、南海和黄海（图 3-1-215）。

② 活性磷酸盐。

平均浓度为 0.017 mg/L，样品超标率为 14.4%。天津、连云港、上海、深圳等 18 个沿海城市有超标现象，最高值出现在深圳海域，超标 9.9 倍（图 3-1-216）。

③ 化学需氧量。

平均浓度为 1.09 mg/L，样品超标率为 2.9%。最高值出现在嘉兴海域，超标 1.6 倍。

④ 石油类。

平均浓度 0.019 mg/L，样品超标率为 2.9%。最高值出现在沧州海域，超标 6.2 倍。天津、连云港、福州、厦门、深圳等 12 个沿海城市出现超标现象（图 3-1-217）。

⑤ 重金属。

铅：样品超标率为 2.2%。最高值出现在厦门海域，超标 1.0 倍；

铜：样品超标率为 0.8%。最高值出现在汕头海域，超标 1.5 倍；

汞：样品超标率为 0.2%。最高值出现在泉州海域，超标 1.0 倍；

镉：样品超标率为 0.1%。全国仅连云港海域有个别样品超标，最高值超标 1.0 倍。

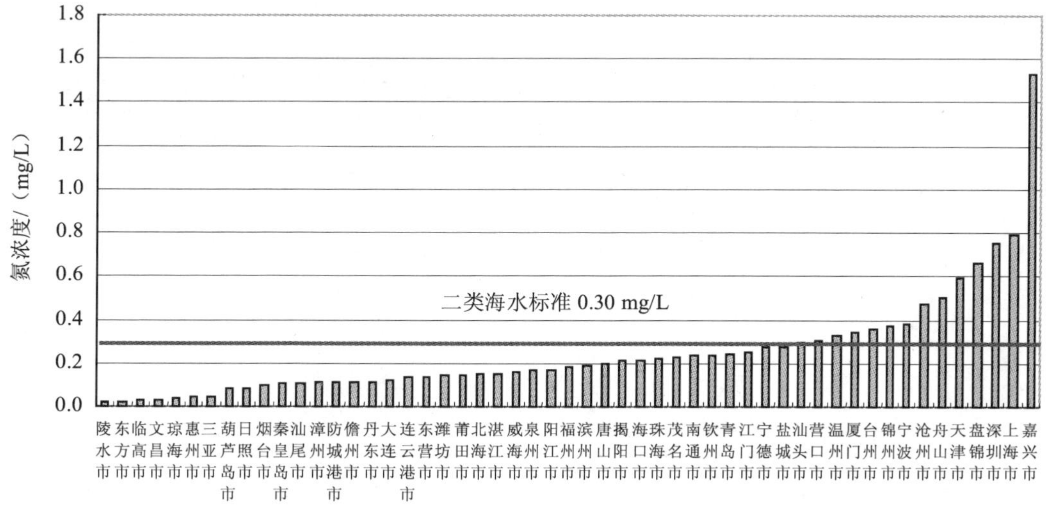

图 3-1-215　沿海城市近岸海域 2006 年无机氮浓度分布

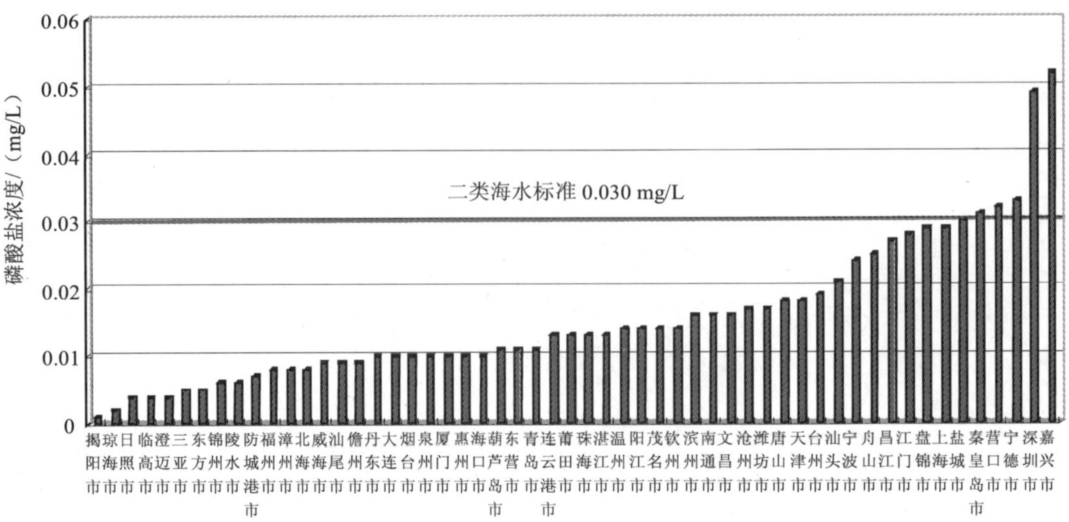

图 3-1-216 全国沿海城市近岸海域海水活性磷酸盐浓度

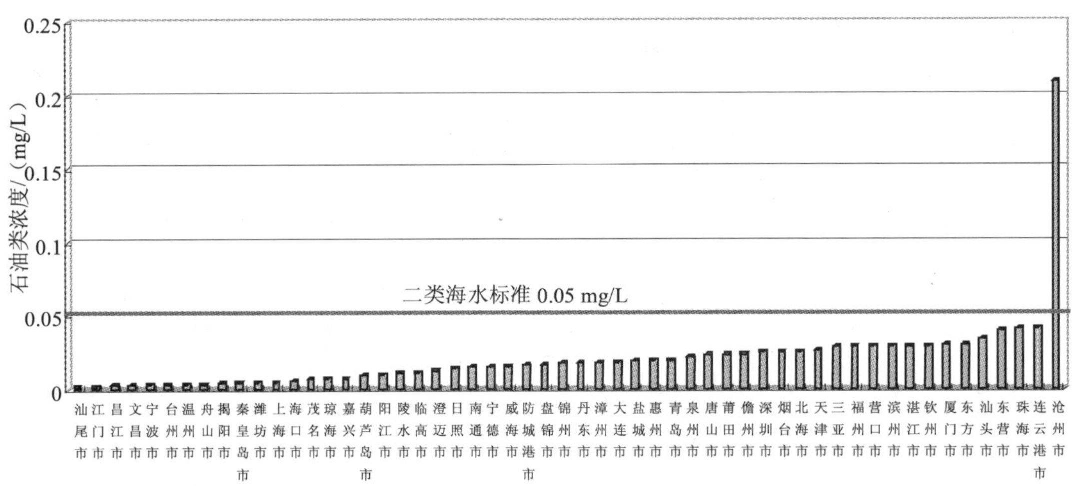

图 3-1-217 全国沿海城市海水石油类浓度

2．近岸海域沉积物质量（摘自《2006 年海洋环境质量公报》）

2006 年近岸海域沉积物质量总体良好，污染的综合潜在生态风险低，部分海域沉积物受到滴滴涕、多氯联苯和砷等的污染，沉积物中多氯联苯的污染程度加重，范围扩大。

辽宁　沉积物质量总体良好，综合潜在生态风险低。辽东湾海域沉积物受到砷、镉和滴滴涕的污染，大连近岸海域沉积物受到石油类的污染。

河北　沉积物质量良好，综合潜在生态风险低。

天津　沉积物质量较差，综合潜在生态风险较高。近岸海域沉积物受到滴滴涕和多氯联苯的污染。

山东　沉积物质量良好，综合潜在生态风险低。

江苏　沉积物质量总体良好，综合潜在生态风险低。南通近岸海域沉积物受到多氯联苯的污染。

上海　沉积物质量良好，综合潜在生态风险低。

浙江　沉积物质量总体良好，综合潜在生态风险低。杭州湾和宁波近岸海域沉积物受到砷的污染，温州近岸和三门湾海域沉积物受到铜和砷的污染。

福建　沉积物质量总体一般，综合潜在生态风险中。宁德近岸海域受到滴滴涕和多氯联苯的污染。

广东　沉积物质量总体良好，综合潜在生态风险低。粤东近岸海域沉积物受到镉、砷和石油类的污染，深圳近岸海域沉积物受到滴滴涕的污染，珠江口海域沉积物受到了砷、镉、铅和汞的污染，粤西近岸海域沉积物受到砷的污染。

广西　沉积物质量良好，综合潜在生态风险低。

海南　沉积物质量总体良好，综合潜在生态风险低。部分海域沉积物受到砷的污染。

3. 近岸海洋贝类污染情况（摘自《2005年海洋环境质量公报》）

2005 年，海洋局实施的贻贝监测计划监测范围覆盖了我国近岸海域，监测的贝类品种主要有菲律宾蛤仔、蓝蛤、文蛤、四角蛤蜊、泥螺、紫贻贝、翡翠贻贝、毛蚶、缢蛏、僧帽牡蛎、近江牡蛎、栉孔扇贝、泥蚶和香螺等。监测结果显示，近岸海域部分贝类体内的铅、镉和砷等污染物的残留量较高，并存在超标现象；部分地点贝类体内石油烃和滴滴涕的残留量超标。表明上述海域环境受到铅的轻微污染，局部海域环境受到镉、砷、石油烃和滴滴涕等的污染。

（二）近岸海域变化情况

1. 全海水质污染状况

2002—2006 年 5 年间，全海域未达到清洁海域水质标准的面积维持在 13.9 万～17.4 万 km^2，年平均约 15.5 万 km^2。其中，近岸未达到清洁海域水质标准面积平均为 11.0 万 km^2，约占我国近岸海域总面积的 55%，占近岸功能区总面积的 60%，近岸约 25%的海域水质处于中度污染和严重污染状态。渤海未达清洁海域水质标准的面积与其总面积之比一直高居四大海区之首，维持在 26%～41%（表 3-1-69）。

表 3-1-69　　2002—2006 年各海区未达到清洁海域水质标准的面积　　单位：km^2

海区	年份	较清洁	轻度污染	中度污染	严重污染	合计
渤海	2002	28 220	2 140	460	1 010	31 830
	2003	15 250	3 770	850	1 470	21 340
	2004	15 900	5 410	3 030	2 310	26 650
	2005	8 990	6 240	2 910	1 750	19 890
	2006	8 190	7 370	1 750	2 770	20 080
黄海	2002	27 110	560	—	—	27 670
	2003	14 440	5 700	3 520	3 200	26 860
	2004	15 600	12 900	11 310	8 080	47 890
	2005	21 880	13 870	4 040	3 150	42 940
	2006	17 300	12 060	4 840	9 230	43 430
东海	2002	38 160	15 370	15 190	21 610	112 760
	2003	32 370	5 440	8 550	17 170	63 530
	2004	21 550	13 620	12 110	20 680	67 960
	2005	21 080	10 490	10 730	22 950	65 250
	2006	20 860	23 110	8 380	14 660	67 010
南海	2002	17 530	1 800	2 130	3 100	24 560
	2003	18 420	7 100	1 990	2 840	30 350
	2004	12 580	8 570	4 360	990	26 500
	2005	5 850	3 460	470	1 420	11 200
	2006	4 670	9 600	2 470	1 710	18 450
合计	2002	111 020	19 870	17 780	25 720	174 390
	2003	80 480	22 010	14 910	24 680	142 080
	2004	65 630	40 500	30 810	32 060	169 000
	2005	57 800	34 060	18 150	29 270	139 280
	2006	51 020	52 140	17 440	28 370	148 970

数据来源：2006 年海洋环境质量公报。

2. 近岸海域水质类别变化趋势

（1）全国近岸海域水质类别变化

1996 年以来，全国近岸海域一、二类海水比例总体呈上升趋势，由 1996 年的 33.9%上升至 2006 年的 67.7%，增加了一倍；四类及四类以上海水比例呈下降趋势，由 1996 年的 52.6%下降为 2006 年的 24.3%，下降幅度较大，近岸海域水质总体有所好转。

1996 年至 2006 年的监测结果表明（图 3-1-218），无机氮、活性磷酸盐、石油类和化学需氧量是主要污染因子。

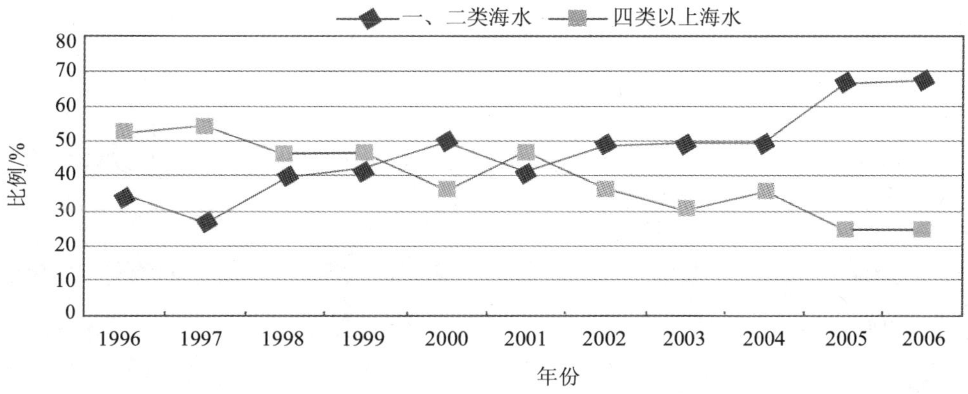

图 3-1-218　全国近岸海域一、二类海水与四类、劣四类海水比例年际比较

（2）四大海区水质变化趋势

自 1996 年以来，黄海一、二类海水比例上升幅度较大，居四海之首，其次为南海；渤海一、二类海水比例总体呈上升趋势，但波动较大（图 3-1-219）；东海一、二类海水比例变化不大，四类及劣四类海水比例居四海之首（图 3-1-220）。

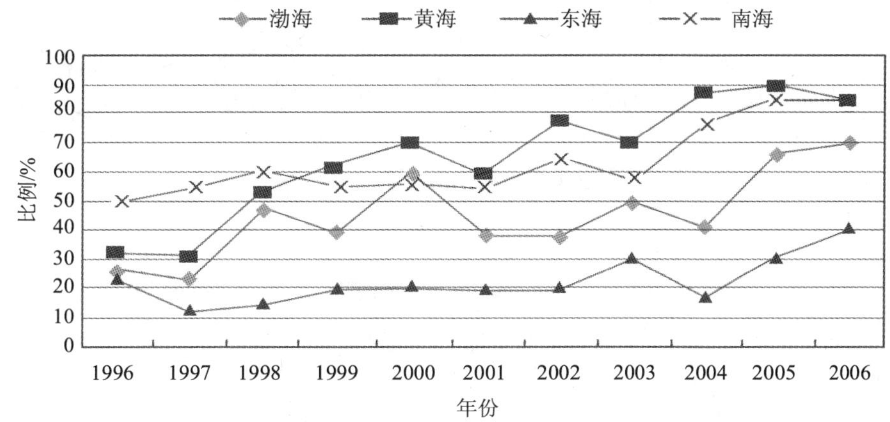

图 3-1-219　四大海区一、二类海水比例年际比较

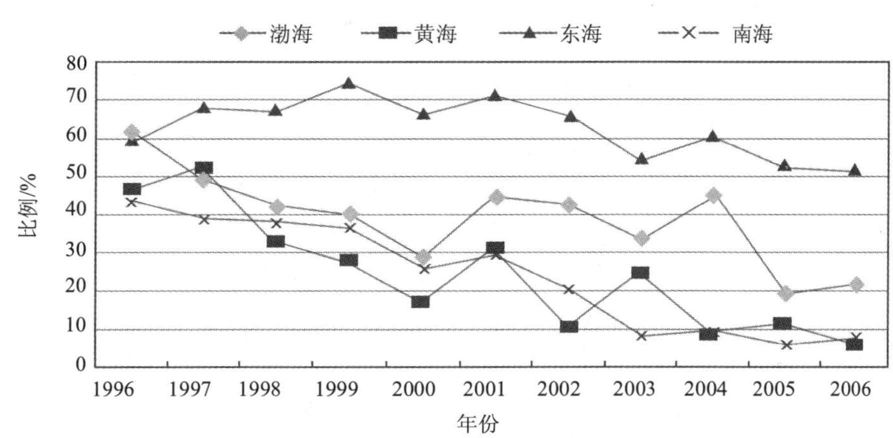

图 3-1-220　四大海区四类及劣四类海水比例年际比较

3. 主要污染物浓度变化趋势

（1）无机氮

1996 年至 2001 年全国近岸海域无机氮浓度变化不大，自 2001 年开始呈下降趋势。四大海区中渤海的无机氮浓度较高，1997 年最高（0.787 mg/L），自 1997 年开始呈下降趋势。东海的无机氮浓度变化不大，自 2000 年开始呈下降趋势。南海的无机氮浓度自 1996 年至 2000 年呈波动变化，2001 年开始呈下降趋势，自 2003 年开始优于一类海水标准。黄海的无机氮浓度 1998 年最高，1999 年开始呈下降趋势，2003 年又有所上升，2004 年开始优于一类海水标准（图 3-1-221）。

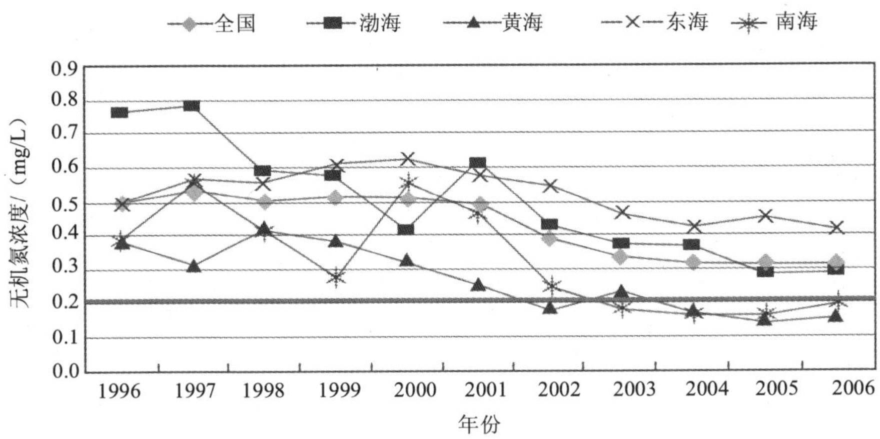

图 3-1-221 全国及四大海区无机氮浓度年际比较

注：一类海水标准为 0.20 mg/L。

（2）活性磷酸盐

自 1996 年以来，全国近岸海域活性磷酸盐浓度总体呈下降趋势，变化不大，2005 年最低。四大海区中南海和东海的活性磷酸盐污染较突出，南海 1996 年最高（0.046 mg/L），但自 1997 年开始呈下降趋势，自 2003 年开始活性磷酸盐浓度优于一类海水标准；东海的活性磷酸盐浓度自 1996 年开始呈缓慢上升趋势，至 2002 年开始略有下降，但仍居四海区之首。渤海自 1996 年以来，呈波动变化，2002 年最高（0.053 mg/L），2003 年降至 0.019 mg/L。南海自 1996 年来先升后降，自 2002 年开始优于一类海水标准（图 3-1-222）。

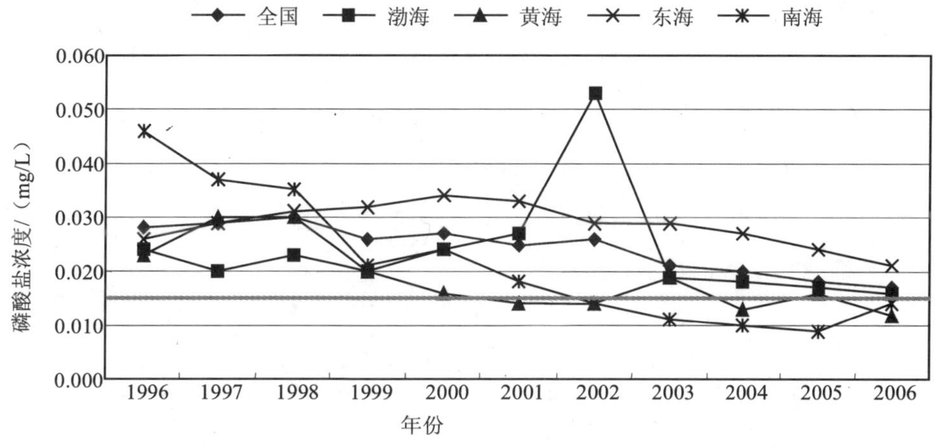

图 3-1-222　全国及四大海区活性磷酸盐浓度年际比较

注：一类海水标准为 0.015 mg/L。

（3）石油类

1996 年以来，全国近岸海域石油类浓度呈下降趋势，自 2000 年开始，平均浓度值优于一类海水标准。四大海区中，南海的石油类浓度较高，1996 年最高（0.155 mg/L），自 1997 年开始呈下降趋势，2005 年石油浓度均值最低，优于一类海水标准。渤海的石油类浓度自 1996 年开始呈下降趋势，但自 1999 年开始有所回升，高于一类海水标准，2005 年最低，优于一类海水标准。东海的石油类自 1996 年以来变化不大，2001 年最高（0.05 mg/L），均优于一类海水标准；黄海的石油类自 1996 年开始呈下降趋势，自 1998 年开始浓度值均优于一类海水标准。2006 年度全国及四大海区石油类浓度值均优于一类海水标准（图 3-1-223）。

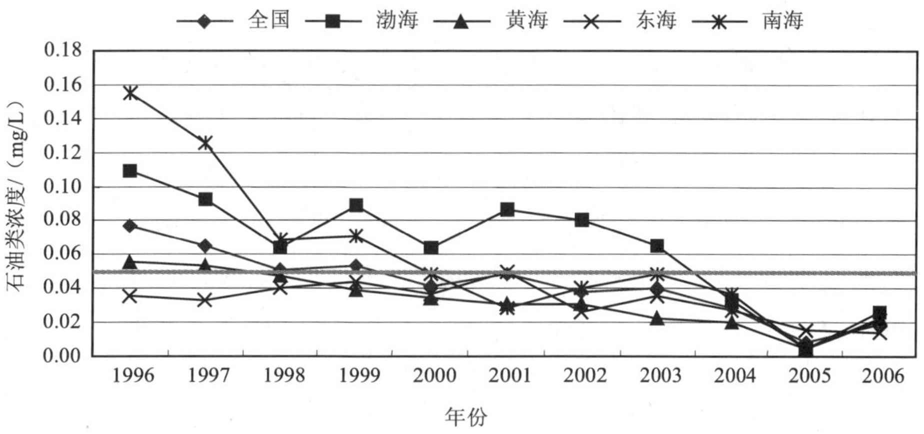

图 3-1-223　全国及四大海区石油类浓度年际比较

注：一、二类海水标准为 0.05 mg/L。

（4）化学需氧量

自 1996 年以来，全国近岸海域化学需氧量浓度呈下降趋势，均优于一类海水标准。四大海区中，渤海的化学需氧量浓度较高，自 1996 年开始呈下降趋势，但仍高于其他三个海区，自 2003 年开始化学需氧量浓度优于一类海水标准；南海的化学需氧量浓度 1997 年超过一类海水标准，其余年度均优于一类海水标准；东海和黄海的化学需氧量浓度 1996 年以来缓慢下降，一直优于一类海水标准（图 3-1-224）。

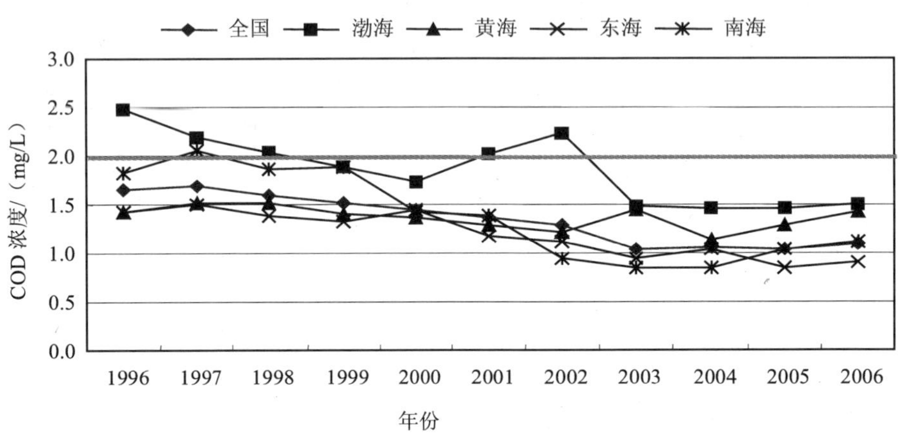

图 3-1-224　全国及四大海区化学需氧量浓度年际比较

注：一类海水标准为 2.0 mg/L。

4. 沉积物质量（摘自《2005 年海洋环境质量公报》）

近岸海域沉积物质量调查曾于 1997 年和 1998 年在进行渤海、黄海和东海、南海的环境质量综合调查时进行过，但之后就没能进行系统的全国性调查监测。浙江省舟山海洋生态环境监测站所监测的长江口与浙江近岸海域表层沉积物质量监测进行多年，从此区域的监测结果分析，铜是这一区域沉积物的主要超标指标，其他石油类、汞、砷、镉个别年份有超标现象，锌、铅、有机碳、硫化物等指标均在《海洋沉积物质量》（GB 18668—2002）第一类标准限值内。从各年份监测结果分析：除 2001 年有 6.4%为第三类外，其他年份全部为一、二类质量。从沉积物各指标监测浓度分析，年均值含量石油类呈明显的下降趋势，其他铜、汞、镉、砷、有机碳和铅均值含量年际变化不大，总体沉积物质量保持稳定态势（表 3-1-70，表 3-1-71）。

表 3-1-70　　1996—2005 年长江口与浙江近岸海域表层沉积物质量评价结果

年份	一类/%	二类/%	三类/%	劣三类/%	超标污染物	最大超标污染物	超标倍数
1996	76.9	23.1	0	0	铜（0.2）；石油类（0.3）；汞（0.3）	石油类	0.3
1998	97.0	3.0	0	0	铜（0.1）	铜	0.1
2001	68.1	25.5	6.4	0	镉（2.3）；铜（0.3）；砷（0.2）	镉	2.3
2003	77.6	22.4	0	0	铜（0.4）	铜	0.4
2005	89.7	10.3	0	0	铜（0.2）	铜	0.2

表 3-1-71　　1996—2005 年长江口与浙江近岸海域表层沉积物监测结果

项目	均值含量				
	1996 年	1998 年	2001 年	2003 年	2005 年
石油类/（mg/kg）	89.0	21.0	27.0	18.0	5.0
砷/（mg/kg）	9.18	10.99	12.83	10.03	10.95
铜/（mg/kg）	28.6	24.2	29.5	27.4	27.6
锌/（mg/kg）	89.0		72.3	83.5	82.4
镉/（mg/kg）	0.117	0.119	0.352	0.162	0.137
铅/（mg/kg）	23.7	19.1	19.7	13.0	21.5
汞/（mg/kg）	0.057	0.073	0.046	0.062	0.075
有机碳/%	0.51		0.677	0.595	0.493
硫化物/（mg/kg）			10.1		6.4
六六六/（μg/kg）	7.91	3.249			
滴滴涕/（μg/kg）	0.484	2.836			
有机质/%	0.949	1.243	1.26	1.026	0.919

5．海洋生物质量（摘自《2006 年海洋环境质量公报》）

中国海洋生物质量监测主要是通过贻贝监测实现的，根据近年结果显示，中国近岸海域部分贝类体内的铅、镉和砷等污染物的残留量较高，并存在超标现象，总体呈下降趋势，尤以滴滴涕的下降幅度显著，但渤海湾贝类体内的总汞和多氯联苯、宁德近岸贝类体内的镉，其残留水平仍均呈显著上升态势，广西和海南近岸贝类体内多种污染物残留水平呈上升态势（表 3-1-72）。

6．海洋生态系统健康状况（摘自《中国海洋发展报告》）

（1）海洋生态系统健康总体欠佳

中国从 2004 年开始设立生态监控区，对海岸带部分典型生态系统的健康状况进行监测评价。从连续三年的监测评价情况看，中国海岸带生态系统状况令人担忧。除了珊瑚礁、红树林和海草床生态系统健康状态良好以外，主要海湾、河口及滨海湿地生态系统处于亚健康或不健康状态，主要表现在富营养化及营养盐失衡，生物群落结构异常，河口产卵场退化，生境丧失或改变等。珊瑚礁、红树林和海草床生态系统健康状态保持良好状态得益于针对这些生态系统的生态监控区都位于自然保护区内。

表 3-1-72　　1997—2006 年近岸海域贝类体内污染物的残留水平变化趋势

海　域	石油烃	总 Hg	Cd	Pb	As	DDT	PCBs
大连近岸	**↘**	↗	+	+	↗	+	
辽东湾	**↘**	+	⇔	↗	+	**↘**	↗
渤海湾	+	**↗**	+	**↘**	↗	**↘**	**↗**
莱州湾	+	**↘**	+	⇔	**↘**	**↘**	
烟台威海	⇔	**↘**	⇔	-	**↘**	**↘**	+
青岛近岸	**↘**	+	**↘**	**↘**	**↘**	↗	+
苏北浅滩	⇔	+	**↘**	**↘**	**↘**	⇔	+
南通近岸	⇔	+	**↘**	**↘**	**↘**	↘	⇔
长江口	**↘**	+	**↘**	↗	+	⇔	⇔
杭州湾和宁波近岸	**↘**	**↘**	↗	+	**↘**	**↘**	**↘**
三门湾和温州近岸	**↘**	**↘**	+	⇔	↘	**↘**	**↘**
宁德近岸	↗	+	**↗**	+	⇔	**↘**	+
闽江口至厦门近岸	+	+	**↘**	**↘**	**↘**	**↘**	**↘**
粤东近岸	↗	**↘**	⇔	**↘**	**↘**		
深圳近岸	**↘**	**↘**	**↘**	**↘**	**↘**	**↘**	
珠江口	**↘**	**↘**	**↘**	**↘**	**↘**		
粤西近岸	+	**↘**	↘	**↘**	**↘**		
广　西	⇔	↗	**↘**	↗	+	+	+
海　南	↗	↗	**↘**	↗	+	↗	**↗**

图例：**↗** 显著升高　↗ 升高　+ 轻微升高　⇔ 基本不变　- 轻微降低　↘ 降低　**↘** 显著降低　（浅色空格）数据年限不够

（2）海洋生物多样性受到威胁

中国海域生态系统复杂多样，海洋生物物种、生态类群和群落结构均表现为丰富的多样性特征，但近年来中国海生物多样性受到严重威胁。中国海洋生物多样性威胁主要来自：

① 以过度捕捞为代表的对海洋物种的过度利用而直接导致种群数量下降甚至物种灭绝。例如，由于人为狂捕滥杀，尤其在产卵季节，在产卵场和洄游路线上的狂捕滥捉，造成海龟数量锐减；原来作为主要捕捞对象的大黄鱼、小黄鱼等鱼类资源由于过度捕捞，已经衰减，难以捕获。

② 严重的海洋污染导致物种栖息环境恶化，并由此引发的物种分布范围变小、物种数量减少。例如，中华白海豚是生活于河口内湾的小型齿鲸类。珠江口和厦门海域是主要的栖息地，历史上种群数量很大，但 20 世纪 80 年代以来数量骤减，已成为濒危物种，非正常死亡的事件始终不断。2004 年，珠江口白海豚保护区 4 头白海豚非正常死亡，死亡原因为陆源排污导致重金属等污染物在体内的高度蓄积。

③ 围海造地、海洋工程建设等导致的局部地区海洋生态系统遭到严重破坏。珊瑚礁、海草床、红树林、滨海芦苇湿地、河口和海岛均为中国典型的海洋生态系统类型，同时也是生物多样性丰富、生产力最高，最易受损害的生境。中国珊瑚礁种类约 200 多种，主要分布在海南、广西、广东和福建等沿海。造成珊瑚礁破坏的主要原因是人为因素，包括炸鱼、毒鱼、过度捕捞、船锚损伤和污染损害。由于大量开采珊瑚礁，近岸海域珊瑚礁生态系统受到严重破坏。中国珊瑚礁由 20 世纪 50 年代初的 5 万 hm^2 减少到 1.5 万 hm^2，滨海滩涂湿地面积累计减少 100 万 hm^2，相当于沿海湿地总面积的 50%，而且，围海造地使中国沿海湿地面积每年以 2 万 hm^2 的速度减少。就红树林而言，中国现有的红树林面积不足 2 万 hm^2，由于人类活动和自然变化，全国红树林面积已经减少了 65%。海草床是中国热带、亚热带、温带型近岸海域的一类典型海洋生态系统类型和浅海水域初级生产力的重要供给者；但迄今为止，中国尚无海草分布及生态系统受损状况的完整调研资料。可以肯定的是，中国海草床生态系统正受到各种开发利用活动的严重威胁，养殖等活动使海域光合作用能力降低，广东和海南部分区域的海草床呈现老化和退化趋势。

④ 以大米草和沙筛贝为代表的外来物种入侵危害本地物种。大米草已经对江苏、福建北部湾等沿海地区的海洋环境和水产养殖业造成严重危害。大米草蔓延之处，破坏了近海生物栖息环境，使沿海养殖贝类、藻类等大量生物窒息死亡；并使一些港道淤塞，影响海水交换能力，导致水质下降，大米草还使红树林大片消失。

（3）海洋渔业生态系统退化严重

中国渤海、黄海、东海和南海北部大陆架海域渔业资源开发利用从 20 世纪 50 年代初利用不足，逐步走向充分利用和过度捕捞。目前主要的传统经济渔业资源已经严重衰退。早在 20 世纪 70 年代末，三大海域几乎全部沿海和近海海域的底层和近底层的传统经济鱼类已经严重衰退和枯竭。一般认为，目前处于严重衰退状态的鱼类包括：大黄鱼、小黄鱼、带鱼、红娘鱼、黄姑鱼、鳕鱼、鳐类、鲆鲽类、鲷类等，只有中小型的中上层鱼类和头足类尚可捕捞。传统经济鱼类在海洋生态系统营养结构中处于关键种的位置，关键种数量锐减必然会影响到整个海洋生态系统中其他种类的组成结构。

从 20 世纪 70 年代末到 90 年代末的 20 年时间里，海洋捕捞量保持持续增长，1997 年至 1998 年的捕捞产量是 1978 年的 3 倍还多。海洋捕捞产量从 1997 年开始到 2005 年，海洋捕捞产量一直稳定在 1 400 万 t 左右。其中中国四大海区的捕捞产量占 92%左右。结合众多学者的估算，一般认为黄渤海鱼类可捕捞量在 200 万～250 万 t，东海为 300 万～350 万 t，南海北部大陆架海域包括北部湾在内，渔业资源可捕捞量为 180 万～200 万 t，根据这些估算，几大海域可捕捞资源量总和大约是 800 万 t，目前，仅中国从这些海区捕捞量就连续 8 年超过 1 400 万 t，远远超过估算的可捕捞量。这 20 年的产量增长是依靠大量捕获幼鱼资源和营养层级低的劣质鱼种实现的，而且这种捕捞已经导致了渔业生态系统难以逆转的严重退化。

如前所述，由于过度捕捞和海洋污染，中国周边四大海区的渔业资源已经严重退化和衰竭，海洋生态系统正发生难以逆转的异常变化，表现在渔业资源数量结构上为主要鱼类个体变小，低龄鱼比例增加，鱼性成熟提前，渔业资源已经演变为低层次和低营养级。以胶州湾海域为例，2002 年与 1984 年同期相比，胶州湾海域的浮游动物生物量下降近 50%，优势种发生了明显变化，海域底栖生物的生物量较 1984 年同期明显下降，生物量的构成也发生了较大的改变。

（三）海洋环境压力

近岸海域是人类经济活动频繁、受陆源污染物影响大、多界面相互作用强烈的敏感区域。近岸海域环境压力来源于陆源污染物的注入，海上流动污染源、资源开采作业、海洋灾害（赤潮等）及大气沉降等。根据已开展陆域直排海污染源和入海河流污染物入海量监测，赤潮监测、倾倒区周边海域监测、油气田开发区域环境监测结果，以上几方面已对海域生态环境构成了一定压力。

1. 直排海污染源污染物入海情况

2006 年，对 587 个日排污水量大于 100 m^3 的直排海工业污染源、生活污染源、综合排污口（河、沟、渠）进行了监测，污水排放总量为 35.8 亿 t。各项污染物排放总量为：COD_{Cr}48.7 万 t、石油类 0.972 万 t、氨氮 4.66 万 t、总磷 1.20 万 t、汞 50.1 t、六价铬 6.32 t、铅 13.5 t、镉 10.4 t。

（1）各类直排海污染源情况

直排海工业污染源 323 个，污水排放总量为 7.6 亿 t，污染物排放总量为：COD_{Cr}6.0 万 t、石油类 537 t、氨氮 2 794 t、总磷 126 t、砷 62.6 t、汞 24.0 t、六价铬 0.98 t、铅 2.6 t、镉 6.6 t。

直排海生活污染源 112 个，污水排放总量为 5.8 亿 t，污染物排放总量为：COD_{Cr}8.0 万 t、石油类 751 t、氨氮 9 870 t、总磷 1 096 t。

直排入海污水综合排放口 152 个，污水排放总量为 22.4 亿 t，污染物排放总量为：COD_{Cr}34.7 万 t、石油类 8 426 t、氨氮 3.39 万 t、总磷 1.08 万 t、汞 26.1 t、六价铬 5.34 t、铅 10.9 t、镉 3.7 t。

（2）污染物排入四大海区情况

四大海区中，587 个直排海污染源废水和主要污染物排放总量为：

废水：渤海 9.3 亿 t、黄海 1.9 亿 t、东海 12.1 亿 t、南海 12.5 亿 t。

COD_{Cr}：渤海 9.2 万 t、黄海 2.6 万 t、东海 19.1 万 t、南海 17.8 万 t。

石油类：渤海 598 t、黄海 64 t、东海 7 940 t、南海 1 114 t。

氨氮：渤海 1.05 万 t、黄海 0.19 万 t、东海 2.15 万 t、南海 1.27 万 t。

总磷：渤海 910 t、黄海 270 t、东海 8 627 t、南海 2 177 t。

（3）各省直排海污染源排放情况

沿海省份（区、市）中，广东、浙江、辽宁污水排放量较大，浙江、广西、广东 COD_{Cr} 排放量较大。而浙江排放的氮、磷最大，这是造成黄海，特别是杭州湾水质污染 100%劣四类的主要原因（表 3-1-73）。

表 3-1-73 沿海省份直排海污染源调查情况

省（区、市）	监测污染源数量	废水量/（$\times 10^4$t/a）	COD_{Cr}/（t/a）	石油类/（t/a）	氨氮/（t/a）	总磷/（t/a）
辽宁	32	52 120	35 772	474	3 765	366.0
河北	14	14 919	4 811	24	1 400	46.2
天津	14	8 679	13 632	69	1 706	30.2
山东	62	35 702	55 556	90	5 487	721.4
江苏	10	1 194	7 938	5	38	16.2
上海	20	18 997	13 690	69	941	—
浙江	214	64 481	127 752	7 752	17 294	8 296.9
福建	72	37 439	49 339	119	3 271	330.1
广东	101	90 934	71 715	825	9 039	1 237.6
广西	34	6 147	86 651	120	932	444.0
海南	14	27 603	19 651	168	2 680	494.9

2. 入海河流污染物入海情况

2006 年，对全国 156 个入海河流断面进行了主要污染物入海量监测，入海河流水质总体较差，33.3%的监测断面为劣 V 类水质。

（1）入海河流监测断面水质类别

156 个入海河流监测断面中（表 3-1-74），58 个断面为二、三类水质，占断面总数的 37.2%；46 个断面为Ⅳ、Ⅴ类水质，占 29.5%；52 个断面为劣Ⅴ类水质，占 33.3%。入海河流的主要污染物为总磷、氨氮和COD_{Mn}。劣Ⅴ类断面最多的在渤海和黄海入海河口（图 3-1-225）。

表 3-1-74　　入海河流监测断面水质类别

项目	不同水质类别断面数						断面总数
	Ⅰ类	Ⅱ类	Ⅲ类	Ⅳ类	Ⅴ类	劣Ⅴ类	
渤海	0	3	4	6	7	18	38
东海	0	4	6	9	1	6	26
黄海	0	5	16	8	2	17	48
南海	0	11	9	12	1	11	44
全国	0	23	35	35	11	52	156

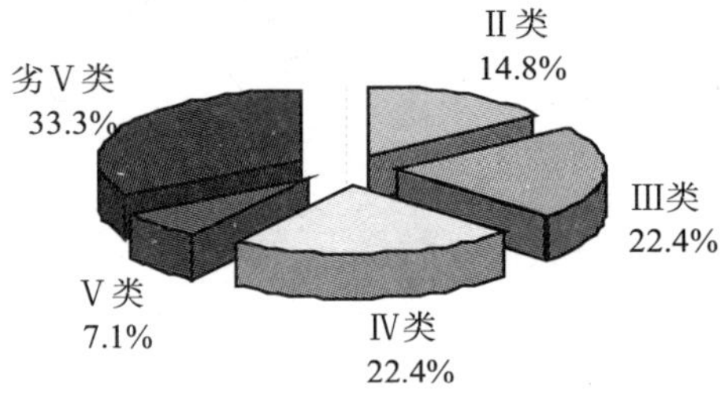

图 3-1-225　全国入海河流监测断面水质类别

（2）入海河流主要污染物入海情况

156 个入海河流断面的主要污染物排海总量为：COD_{Mn}473.6 万 t、氨氮 97.6 万 t、石油类 6.7 万 t、总磷 24.5 万 t。

COD_{Mn}排放至四大海区总量分别为：渤海 20.0 万 t、黄海 25.0 万 t、东海 335.6 万 t、南海 92.9 万 t。

氨氮排放至四大海区总量分别为：渤海 2.43 万 t、黄海 3.07 万 t、东海 74.1 万 t、南海 18.0 万 t。

石油类排放至四大海区总量分别为：渤海 0.24 万 t、黄海 0.42 万 t、东海 4.6 万 t、南海 1.5 万 t。

总磷排放至四大海区总量分别为：渤海 0.22 万 t、黄海 0.74 万 t、东海 21.0 万 t、南海 2.6 万 t。四大海区入海河流监测断面水质类别见图 3-1-226。

（3）重金属和其他污染物入海情况

部分河流入海断面重金属和挥发酚的监测结果表明，仅个别监测断面存在重金属超标现象。其中：铅监测 72 个断面，入海量为 2 967 t；汞监测 58 个断面，入海量为 53.5 t；挥发酚监测 73 个断面，入海量为 2 918 t。

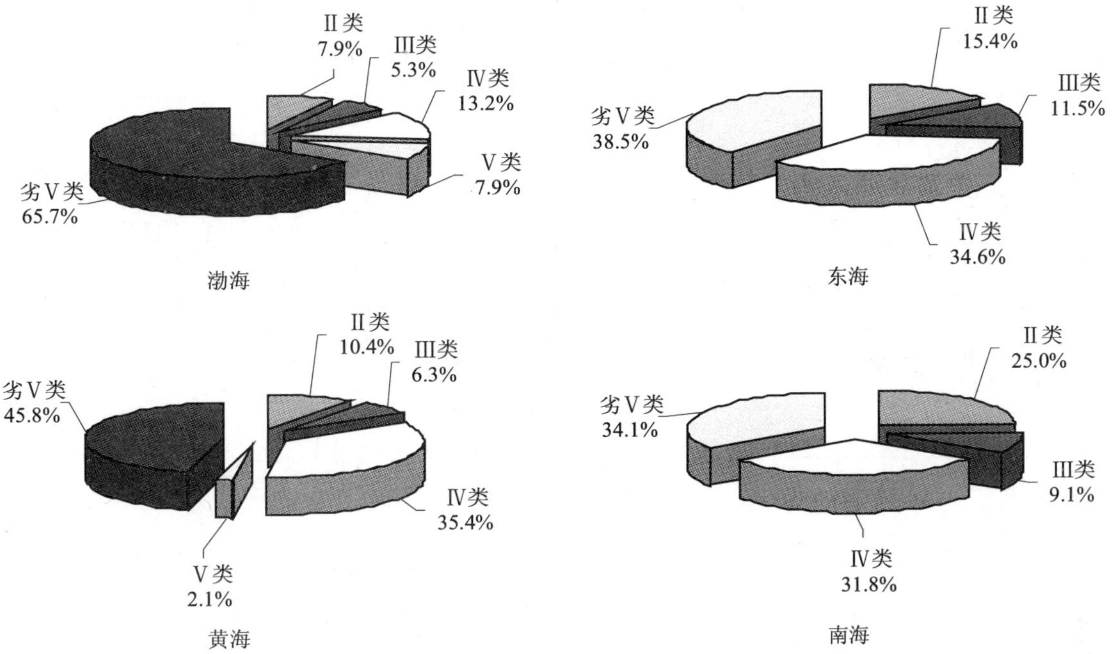

图 3-1-226　四大海区入海河流监测断面水质类别

3．赤潮（摘自《2006 年海洋环境质量公报》）

赤潮是中国近岸海域比较频发的海洋灾害，赤潮发生后往往会引起局部区域水体严重缺氧、异味，浮游生物大量死亡，生物群落结构遭受破坏，致使发生区域生态环境受到明显影响。2006 年，中国海域共发生赤潮 93 次，较上年约增加 13%，累计面积约 19 840 km^2（表 3-1-75）。

发生 100 km^2 以上的赤潮 31 次，累计面积 18 540 km^2，分别占赤潮发生次数和累积面积的 33%和 93%。超过 1 000 km^2 的赤潮发生 7 次。

赤潮高发区集中在东海海域，其赤潮发生次数和累积发生面积分别占全海域的 68%和 76%；大面积赤潮主要出现在渤海湾、长江口外和浙江中南部等海域。

引发赤潮的生物种类主要为具有毒害作用的米氏凯伦藻、棕囊藻和无毒性的中肋骨条藻、具齿原甲藻、夜光藻等。有毒赤潮生物引发或协同引发的赤潮 41 次，累积面积约 14 970 km^2，占全年赤潮累积发生次数和面积的 44%和 75%。

据统计，20 世纪 60 年代以前，我国渤海海域曾发生过 3 次赤潮，70 年代赤潮次数为 9 次，80 年代增加至 74 次，1990 年更猛增至一年 34 次，1998 年赤潮次数略有下降，但也发生了 22 次。1999 年 7 月间，渤海出现了前所未有的赤潮大爆发，赤潮面积达 6 300 km^2，延续时间达 9 天（表 3-1-76）。

表 3-1-75　　2006 年中国海域发生的大面积赤潮

起止时间	地点	面积/km²	赤潮生物种类
5 月 3 日—5 月 8 日	浙江舟山外至六横岛东南海域	1 000	具齿原甲藻、中肋骨条藻
5 月 14 日—5 月 17 日	长江口外海域	1 000	具齿原甲藻、米氏凯伦藻
5 月 20 日—5 月 27 日	渔山列岛附近海域	3 000	具齿原甲藻、米氏凯伦藻
6 月 12 日—6 月 14 日	浙江南部海域（洞头至北麂列岛）	2 100	米氏凯伦藻、具齿原甲藻
6 月 15 日—6 月 21 日	渔山列岛、象山附近海域	1 000	米氏凯伦藻、红色中缢虫
6 月 24 日—6 月 27 日	浙江中部渔山列岛至韭山列岛海域	1 200	旋链角毛藻、米氏凯伦藻
10 月 22 日—11 月 5 日	河北黄骅附近海域	1 600	球形棕囊藻

表 3-1-76　　近 10 年中国各海区赤潮发生频次

年份	1996	1997	1998	1999	2000	2001	2002	2003	2004	2005	2006	合计
渤海		3	7	3	7	20	13	12	12	9	11	97
黄海	1	1	1	4	4	8	4	5	13	13	2	56
东海	1	3	5	3	11	34	51	86	53	51	63	361
南海	1	1	10	6	6	15	11	16	18	9	17	110
总次数	3	8	23	16	28	77	79	119	96	82	93	624

数据来源：历年中国海洋灾害公报。

4．海洋倾倒对海洋环境影响（摘自《2006 年海洋环境质量公报》）

随着我国经济的快速发展，海洋倾倒量总体呈逐年增加的趋势。2006 年全国 105 个海洋倾倒区中有 83 个接受了废弃物的倾倒，倾倒的废弃物主要为疏浚物，共倾倒疏浚物 17 073 万 m³，比 2005 年减少 2 203 万 m³，减少 11.4%（表 3-1-77）。

表 3-1-77　　2006 年全国疏浚物海洋倾倒情况统计

省（自治区、直辖市）	使用倾倒区/个	倾倒量/万 m³	签发许可证/份
辽　宁	10	1 922	26
河　北	6	3 325	28
天　津	3	153	21
山　东	12	1 324	63
江　苏	2	569	15
上　海	11	3 776	190
浙　江	11	1 604	50
福　建	7	363	27
广　东	16	3 828	38
广　西	1	126	2
海　南	4	83	6
合　计	83	17 073	466

注：表中数据为 2005 年 12 月至 2006 年 11 月统计结果。

从 2001—2006 年全国疏浚物海洋倾倒情况统计，呈逐年增加态势，其中 2005 年倾倒量最大（图 3-1-227）。2006 年，国家海洋局对 24 个倾倒区及其周边环境状况进行了监测。监测内容主要是底栖环境状况等。监测结果表明，除个别倾倒区的底栖生物密度和生物量明显下降，群落结构趋于简单外，95.8%监测倾倒区的底质环境状况维持稳定，邻近海域底栖生物群落结构未因倾倒活动而产生明显变化，但倾倒区的生态环境尚存在一定压力。

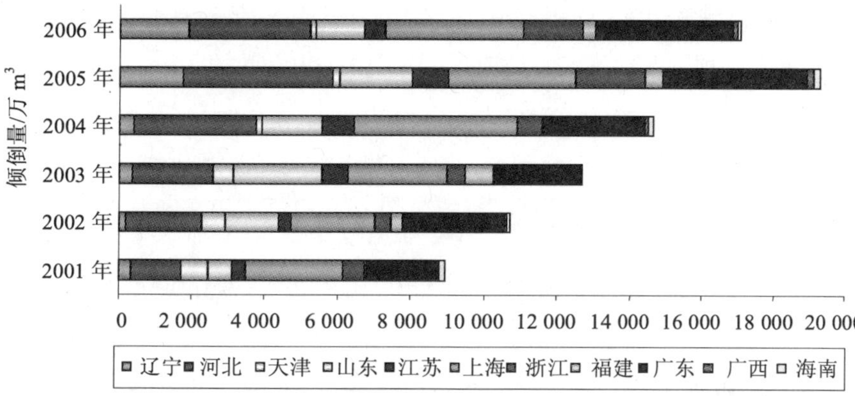

图 3-1-227　2001—2006 年全国疏浚物海洋倾倒情况

5. 海洋油气采集对环境的影响（摘自《2006 年海洋环境质量公报》）

至 2006 年年底，全国共有海上油气田 39 个，含油污水年排海量约 10 526 万 t，钻井泥浆年排海量约 81 371 t，钻屑年排海量约 46 439 t。根据国家海洋局对部分海洋油气区开展的专项监测结果显示（表 3-1-78），油气区周边海域环境质量总体维持良好，南海及东海油气区周边海域水质优良，符合该类功能区环境质量要求，但部分油气区周边海域环境出现变化，渤海监测油气区邻近海域水体中油类含量上升明显，个别站位油类含量已超二类水质标准；邻近海域底栖群落结构有所改变，耐污种数量增加，说明海洋油气采集作业对海域生态环境的影响已经有所显现。

渤海采油平台

表 3-1-78　　2006 年各海区海上油（气）田分布及排污状况统计

海　　区	油气田/个	含油污水排放量/万 t	钻井泥浆排放量/t	钻屑排放量/t
渤海、黄海	16	994	25 690	29 448
东　　海	2	153	2 273	1 240
南　　海	21	9 379	53 408	15 751
合　　计	39	10 526	81 371	46 439

注：表中数据为 2005 年 12 月至 2006 年 11 月统计结果。

（四）小结

① 近岸海域总体为轻度污染，其中，一、二类海水比例为 68%，三类海水为 8%，四类、劣四类海水为 24%；主要污染指标是无机氮和活性磷酸盐。四大海区中，南海、黄海水质良好；渤海轻度污染；东海中度污染。杭州湾、长江口、辽东湾、珠江口和渤海湾等海湾及河口重度污染，氮、磷污染问题突出，富营养化程度高，赤潮发生频繁。

② 近岸海域水质总体有所改善，一、二类海水比例由 1996 年的 34%上升至 2006 年的 68%，四类及四类以上海水比例由 1996 年的 53%下降为 2006 年的 24%。无机氮、活性磷酸盐、石油类、化学需氧量等污染指标浓度均有所下降。部分海域沉积物污染程度加重，范围扩大。

③ 近岸海域水质，受入海河流及直排海污染源入海污染物的影响较大。海水养殖业的持续快速发展对近岸海域污染的影响不容忽视。海洋石油开发、海洋倾废和船舶事故对海洋环境也构成一定威胁。

④ 建议进一步加强对陆源污染、海洋交通运输污染、海水养殖污染的控制；提高海洋环境监测能力和水平，及时、准确地掌握近岸海域污染对整个海洋生态系统的影响。

六、噪声

（一）现状

1. 概况

（1）区域噪声

全国 28.0%的城市区域声环境质量处于轻度污染或中度污染水平，0.3%的城市区域声环境处于重度污染状态；环保重点城市中，28 个城市区域声环境质量处于轻度污染或中度污染水平。

（2）道路交通噪声

全国道路交通噪声平均等效声级低于 70 dB（A）的城市占 92.3%，环保重点城市中道路交通噪声平均等效声级低于 70 dB（A）的占 92.9%。

在监测的重点城市的总路段长度中，等效声级超过 70 dB（A）的路长占 23.6%。

（3）功能区噪声

全国城市各类功能区昼间超标点次为 15.3%；夜间超标点次为 35.9%。各类功能区中 4 类功能区噪声夜间超标现象严重，此现象已持续多年没有改变。

（4）噪声信访状况

噪声信访状况由 2001 年的 15.4 万件上升至 2005 年的 25.6 万件，增幅达到了 66.2%。据统计噪声投诉信件占总环境污染投诉信件的 43%。

（5）噪声达标区状况

随着城市环境噪声管理的日益加强，安静工程在全国普遍开展，从 1996 年至 2005 年，噪声达标区数量增加 1 倍，部分居民居住小区声环境质量得到改善。

2. 城市区域声环境

（1）全国城市区域声环境

全国 378 个市（县）中：城市区域声环境质量好的城市有 19 个，占 5.0%；241 个城市为较好，占 63.8%；111 个城市为轻度污染，占 29.3%；6 个城市属中度污染，占 1.6%；1 个城市为重度污染，占 0.3%（图 3-1-228）。

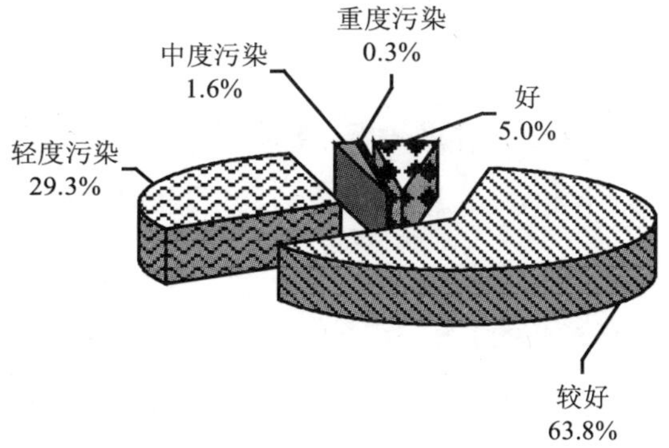

图 3-1-228　全国城市区域声环境质量比例

（2）环保重点城市区域声环境

环保重点城市区域环境噪声等效声级范围为 47.0～62.7dB（A），等效声级面积加权平均值为 54.5 dB（A）。

环保重点城市中处于轻度或中度污染水平的有 34 个，占 30.4%，其中 2 个城市处于中度污染［等效声级在 60.0～65.0 dB（A）］状态；处于轻度污染［等效声级在 55.0～60.0 dB（A）］水平的城市有 32 个，占 28.6%；处于较好［等效声级在 50.0～55.0 dB（A）］水平的城市有 78 个，占 69.6%。

3. 城市道路交通噪声

（1）全国城市道路交通噪声

2006 年，全国 398 个城市中，道路交通噪声（目前我国是昼间监测）平均等效声级≤68.0 dB（A）的城市有 229 个，占 57.5%；68.0～70.0 dB（A）的城市有 124 个，占 31.2%；

70.0～72.0 dB（A）的城市有 34 个，占 8.5%；72.0～74.0 dB（A）的城市有 7 个，占 1.8%；＞74.0 dB（A）的城市有 4 个，占 1.0%（图 3-1-229）。

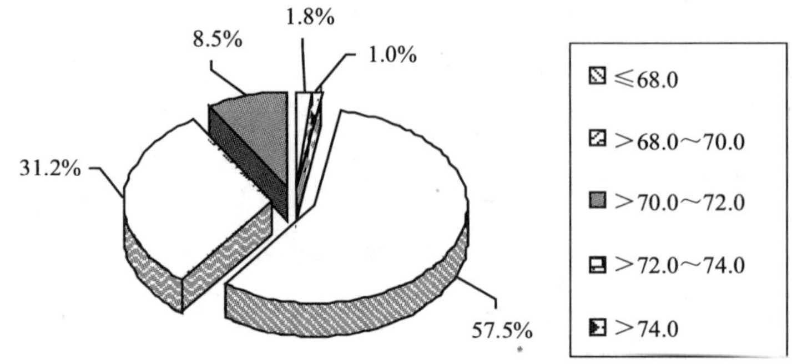

图 3-1-229　2006 年全国城市道路交通噪声等效声级比例

（2）重点城市道路交通噪声

环保重点城市共监测道路长度约 13 068 km，平均等效声级范围在 61.1～74.7 dB（A），道路交通噪声长度加权平均等效声级为 68.1 dB(A)，其中 2 959.2 km 路段等效声级超过 70.0 dB（A），占监测路段总长度的 22.6%。

2006 年，环保重点城市道路交通噪声平均等效声级较上年增加超过 1 dB（A）的城市有 8 个，占 7%；平均等效声级较上年降低超过 1 dB（A）的城市有 21 个，占 18.6%。

4．城市功能区噪声

经 2006 年监测数据统计，全年各类功能区共监测 7 694 点次，其中昼间、夜间各监测 3 847 点次。按达标情况统计，各类功能区全年总体达标情况是：昼间达标 3 163 点次，达标率占昼间监测点次的 82.2%；夜间达标 2 504 点次，达标率占夜间监测点次的 65.1%。

各类功能区达标率：0 类功能区昼间达标率为 57.4%，夜间达标率为 41.7%；1 类功能区昼间达标率为 81.1%，夜间达标率为 63.3%；2 类功能区昼间达标率为 81.2%，夜间达标率为 68.2%；3 类功能区昼间达标率为 91.4%，夜间达标率为 78.6%；4 类功能区昼间达标率为 80.7%，夜间达标率为 57.2%（表 3-1-79）。

表 3-1-79　　全年各类功能区监测点位达标情况

功能区	0 类		1 类		2 类		3 类		4 类	
类别	昼	夜	昼	夜	昼	夜	昼	夜	昼	夜
点次达标	62	45	659	515	883	741	645	555	914	648
监测点次	108	108	813	813	1 087	1 087	706	706	1 133	1 133
达标率/%	57.4	41.7	81.1	63.3	81.2	68.2	91.4	78.6	80.7	57.2

总体而言，各类功能区昼间达标率高于夜间，3 类功能区好于其他类功能区。0 类及 4 类功能区超标状况较为严重，各类功能区平均后的超标量见图 3-1-230。

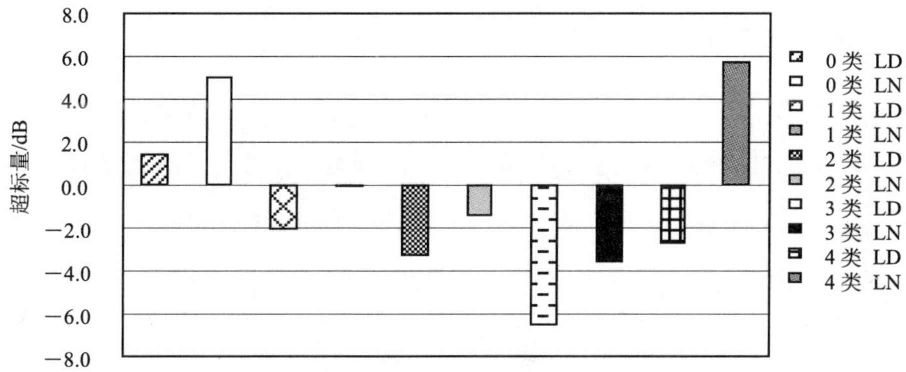

图 3-1-230　全国城市各类功能区平均超标量

5．城市环境噪声声源构成

通过 2004 年 40 多个重点城市区域网格监测统计数据分析，我国主要城市噪声源构成为：道路交通噪声占 17.0%，工业噪声占 6.2%，施工噪声占 2.1%，生活噪声占 47.2%，其他噪声占 27.5%。生活噪声是主要噪声源。见图 3-1-231。

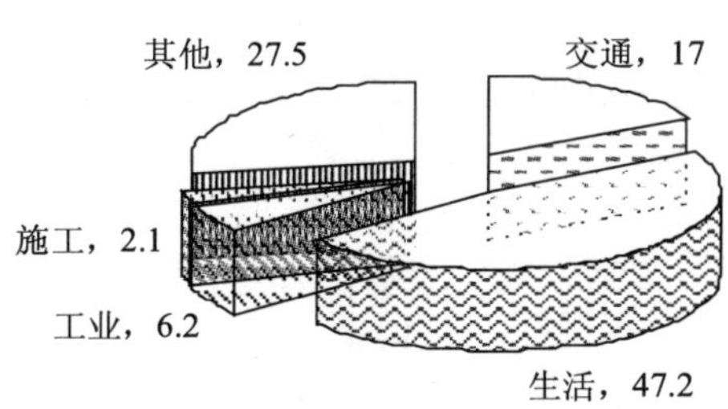

图 3-1-231　主要城市环境噪声声源构成

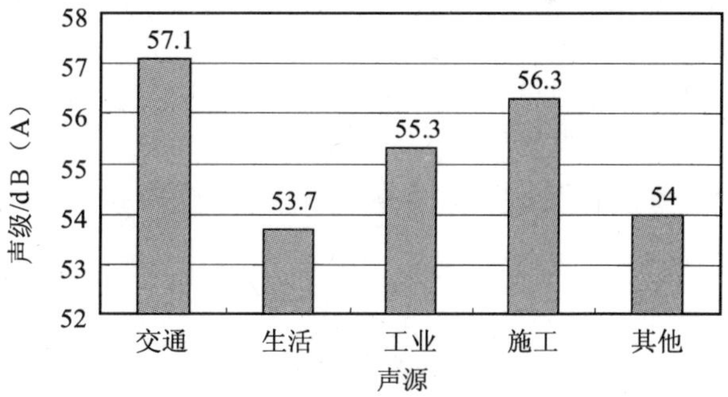

图 3-1-232　主要城市环境噪声声源强度比较

6．城市环境噪声声源强度

通过 2004 年 40 多个重点城市区域网格监测统计数据分析，我国主要城市各类噪声源的强度属交通噪声源的强度最大，其平均值为 57.1 dB（A）；工业噪声源的平均值为 55.3 dB（A）；施工噪声源的平均值为 56.3 dB（A）；生活噪声源的平均值为 53.7 dB（A）；其他噪声源的平均值为 54.0 dB（A）（图 3-1-232）。

（二）变化情况

1．昼间城市区域环境噪声污染呈下降趋势

2005 年数据与前 10 年（1996 年）数据比较，根据昼间监测数据，在可比的 174 个城市中，城市区域声环境质量改善的城市 127 个，占 73.0%，等效声级平均降低 3.9 dB（A）；城市区域声环境质量下降的城市 15 个，占 8.6%，等效声级平均上升 3.1 dB（A），见表 3-1-80。总体上看，10 年来，我国昼间城市区域噪声平均等效声级有所下降，城市区域声环境质量呈改善趋势。

表 3-1-80　　2005 年与 1996 年城市区域声环境质量比较

	可比城市总数	改善*			无明显变化		下降*		
		城市个数	比例/%	均变幅/dB（A）	城市个数	比例/%	城市个数	比例/%	均变幅/dB（A）
全国	174	127	73.0	3.9	32	18.4	15	8.6	3.1

*平均等效声级下降值≥1dB 为质量改善；上升值≥1dB 为质量下降。

2．昼间城市道路交通噪声呈下降趋势

2005 年数据与前 10 年（1996 年）数据比较，根据昼间监测数据，在可比的 203 个城市中，道路交通声环境质量改善的城市 151 个，占 74.4%，道路交通噪声等效声级平均降低 3.9dB（A）；道路交通声环境质量下降的城市 14 个，占 6.9%，等效声级平均上升 2.4 dB（A），见表 3-1-81。与城市区域环境噪声类似，10 年来，我国昼间城市道路交通噪声平均等效声级有所下降，道路交通声环境质量呈改善趋势。

表 3-1-81　　2005 年与 1996 年城市道路交通噪声比较

	可比城市总数	改善*			无明显变化		下降*		
		城市个数	比例/%	均变幅/dB（A）	城市个数	比例/%	城市个数	比例/%	均变幅/dB（A）
全国	203	151	74.4	3.9	38	18.7	14	6.9	2.4

* 平均等效声级下降值≥1dB 为质量改善；上升值≥1dB 为质量下降。

3．4 类功能区夜间超标严重

城市区域噪声和道路交通噪声分析的是城市昼间噪声的总体状况，缺乏对噪声随时间变化的评价，特别是还没能反映傍晚或夜间的噪声现状。功能区噪声监测，一定程度能反映我国噪声的夜间声环境质量。

2002—2006 年 5 年全国环保重点城市功能区监测点位点次达标率见表 3-1-82 和图 3-1-

233。4 类功能区平均噪声值距标准值情况见图 3-1-234。

表 3-1-82　　2002—2006 年功能区监测点位点次达标率　　单位：%

年份	0 类		1 类		2 类		3 类		4 类	
	昼	夜	昼	夜	昼	夜	昼	夜	昼	夜
2002	63.2	36.3	73.0	49.6	71.6	54.1	86.6	66.0	74.3	30.8
2003	59.4	36.6	79.2	46.4	76.0	55.5	84.6	65.8	71.1	32.0
2004	71	37.7	74.1	42.5	74.6	52	88.4	62.5	66.9	26.4
2005	66.7	35.7	74.9	48.5	76.3	56.8	87.2	62.6	70.1	33.2
2006	55.2	35.6	77.3	51.1	77.1	59.7	93.8	74.6	69.4	30.1

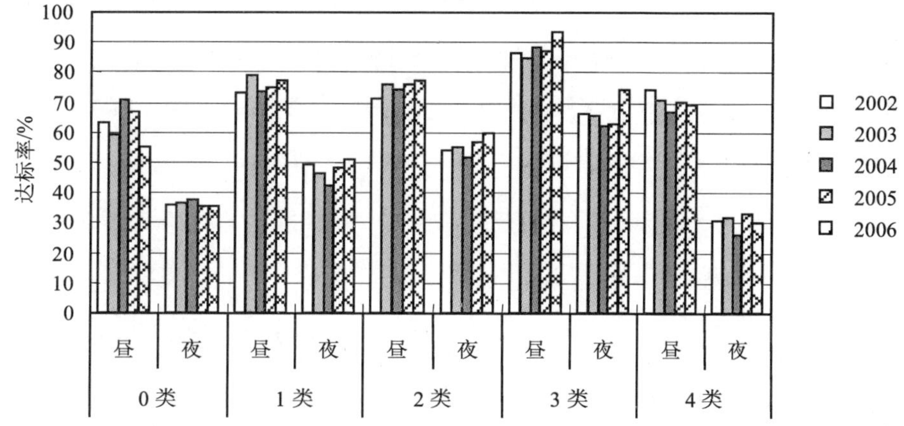

图 3-1-233　2002—2006 年功能区监测点位点次达标率趋势

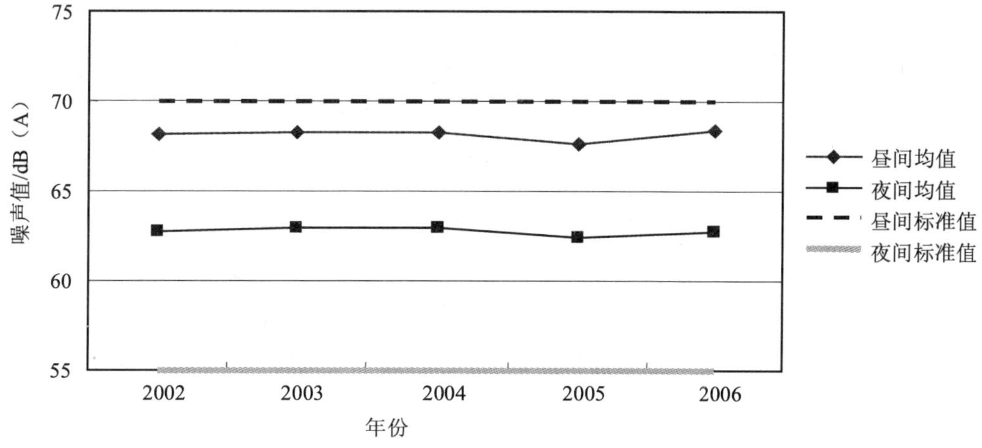

图 3-1-234　2002—2006 年 4 类功能区平均噪声值距标准值情况

分析看出，我国各类功能区噪声不同程度存在超标现象，5 年平均上看 0 类区昼间超标 36.9%，夜间超标 63.6%；1 类区昼间超标 24.3%，夜间超标 52.4%；2 类区昼间超标 24.9%，夜间超标 44.4%；3 类区昼间超标 11.8%，夜间超标 33.7%；4 类区昼间超标 29.6%，夜间超标 69.5%。总体上看：1 类、2 类、3 类功能区超标率略有下降；0 类和 4 类功能区超标率变化不明显；4 类功能区夜间超标最为严重，超标率达 69.5%，5 年平均值超标准值 7.7 dB。

由于 4 类功能区为交通干线两侧区域，因此 4 类功能区的噪声状况更能客观实际地表征居民的主观感受，更能说明道路交通噪声对周围居民的影响。从图 3-1-234 看，4 类功能区夜间噪声近 5 年平均值均超过国家标准 7～8 dB，而且无明显好转趋势。

4. 社会生活噪声成为城市环境噪声主要声源

我国城市区域环境噪声监测中统计道路交通噪声、工业噪声、施工噪声、社会生活噪声和其他噪声 5 类声源。图 3-1-235 是历年国控城市区域网格范围内各类声源所占比例情况（根据各年度《全国环境质量报告书》统计，1984 年、1988 年无数据）。大体上看：我国国控城市区域网格范围内环境噪声声源构成有所改变。经分析，我国社会生活噪声的比例呈扩大趋势，由 1985 年的 32.9%增加到 2004 年的 47.2%，增加了 14.3 个百分点；工业噪声比例呈下降趋势，从 17.8%到 6.2%，下降了 11.6 个百分点；交通噪声声源受到区域环境网格画测法的限制，未涵盖所有交通噪声源。

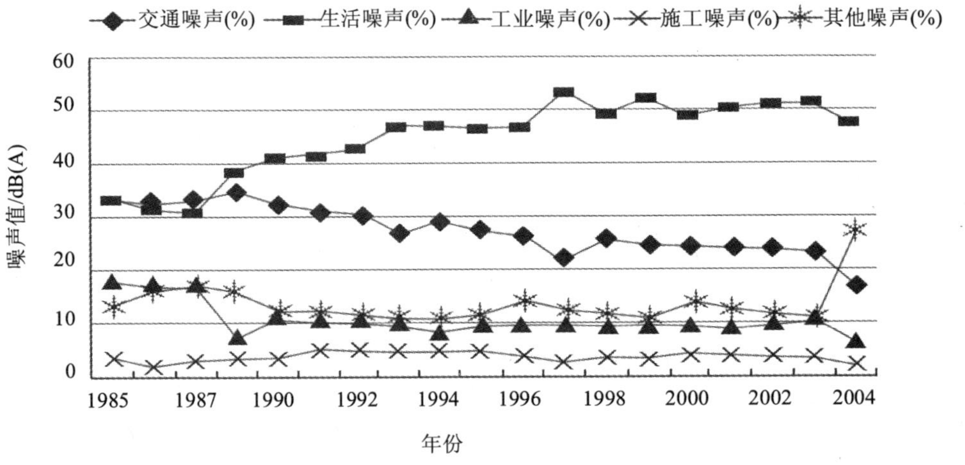

图 3-1-235 历年环保国控城市各类声源构成

5. 城市道路交通噪声强度最大

图 3-1-236 是 1993 年、1998 年和 2004 年环保国控城市区域网格范围内各类声源强度情况。不难看出，我国道路交通噪声源的强度最大，其次是施工噪声。总体上看，各类声源强度呈下降趋势。1993 年和 2004 年比较，我国各类声源强度平均等效声级（L_{eq}）下降情况是：道路交通噪声由 61.5 dB（A）下降到 57.1 dB（A）、社会生活噪声由 55.3 dB（A）下降到 53.7

dB（A）、工业噪声由 57.6 dB（A）下降到 55.3 dB（A）、施工噪声由 59.7 dB（A）下降到 56.3 dB（A）、其他噪声由 55.3 dB（A）下降到 54 dB（A），分别下降了 4.4 dB（A）、1.6 dB（A）、2.3 dB（A）、3.4 dB（A）和 1.3 dB（A）。

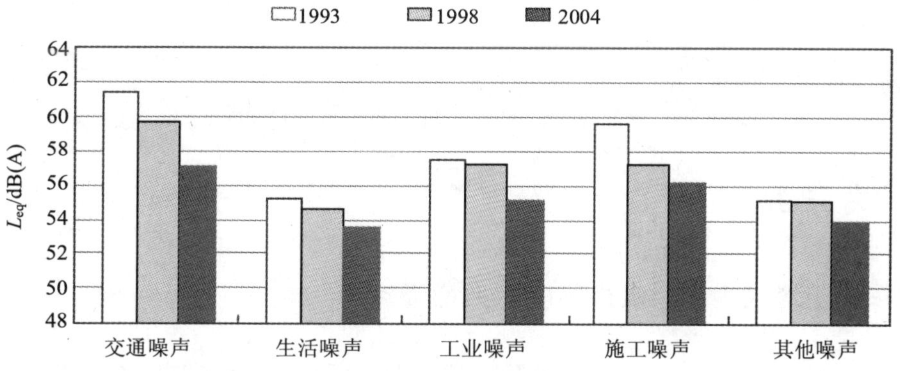

图 3-1-236　环保国控城市各类声源强度变化

6．环境信访量持续增加

2005 年，有关噪声污染的环境信访量占全年环境信访总量的 42.1%，要高于水污染的 10.8%、大气污染的 38.7%、固体废物污染的 1.8%。2001—2005 年，噪声污染的环境信访量持续增加，由 2001 年的 15.4 万件上升至 2005 年的 25.6 万件，增幅达到了 66.2%（图 3-1-237）。噪声问题已成为社会关注的热点问题。

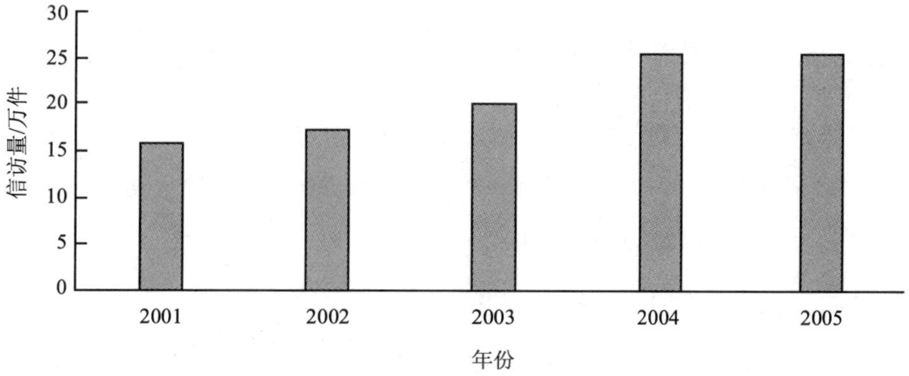

图 3-1-237　全国噪声信访量年际变化

7．居民小区的声环境质量有一定程度的改善

各级政府和环保部门采取各种措施不断扩大噪声达标区的个数和面积，使噪声达标区的个数从 1996 年的 1 734 个增加到 2005 年的 3 565 个，增加了将近一倍。同时噪声达标区的面积也不断地扩大，从 1996 年的 6 222 km^2 增加到 2005 年的 25 093 km^2，每年增加约 1 888 km^2

（表 3-1-83）。一定程度地改善了居民小区的声环境质量。

表 3-1-83　　1996—2005 年居民小区噪声达标区情况

年份	1996	1997	1998	1999	2000	2001	2002	2003	2004	2005
噪声达标区/个	1 734	1 828	1 830	1 778	2 463	3 111	3 375	3 573	3 534	3 565
面积/km^2	6 222	7 681	8 000	7 853	13 332	14 684	16 058	20 386	21 363	25 093

（三）压力分析

1．机动车流量增大，交通噪声环境压力增强

随着经济的发展，各城市机动车拥有量迅速增加，但市政建设的速度相对滞后于机动车增长速度，1986 年至 2003 年道路交通噪声监测时的车流量从 359（辆/h）增加到 1 643（辆/h），增长了 3.5 倍，但平均路宽从 17 m 增加到 30 m，只增长 1.7 倍，也就是说路网密度的增加低于车流量的增加。许多大城市如北京、深圳、广州等城市（2005 年）噪声监测时的平均车流量分别达到了 5 422（辆/h）、4 176（辆/h）、3 489（辆/h），主要交通干线的机动车流量已接近饱和或超饱和状态，路面拥堵、机动车乱鸣笛现象依然存在，给道路交通噪声带来巨大压力。虽然一方面城市管理不断加强，机动车禁鸣等各种降低交通噪声措施的采取；另一方面车辆通行速度的降低（据统计城市道路平均车速相比 20 世纪 90 年代下降 10 km/h），一定程度缓解了道路交通噪声污染，但从更能反映道路交通噪声影响的 4 类功能区噪声情况看，道路交通噪声污染的形势依然严峻，特别是夜间噪声对居民的影响依然十分严重。

2．建筑施工比比皆是，噪声扰民严重

随着城市结构调整和布局的变化，外来人口的增加造成相应的住房、办公等设施的增加，使得许多城市建筑施工工地星罗棋布，尽管地方政府和环保部门采取多项措施，对其进行规范和限制，但由于施工产生的噪声扰民现象仍较为严重。

施工噪声具有高强度及临时性、突发性的特点，工程从开始施工到全部结束需要 1～3 年的时间，建筑噪声影响周期较长；工程中使用的大量机械设备，如挖掘机、打桩机、装载机、混凝土泵、钻孔机、汽车、混凝土搅拌机等，多数为高噪声设备，对周围的环境产生较大的噪声影响。我们从天津、武汉、乌鲁木齐、呼和浩特、石家庄等地进行的建筑施工噪声现状调查中的 366 次现场监测数据统计中发现（表 3-1-84），施工中各阶段平均噪声级均大于 60 dB，并且有相当数量的声级存在大于 70 dB 的现象。突发噪声强度均大于 90 dB，从这些数据我们可以得出施工噪声对周围居民声环境的影响较大。通过对施工机械声源调查（表 3-1-85），说明我国目前建筑施工中使用的机械设备，在一定距离内声压强度较高，对周围声环境影响极大。

表 3-1-84　　不同施工阶段噪声平均水平统计

施工阶段	L_{eq}/ dB（A）	＞70 dB/%	L_{max}/dB（A）
土石方	66.7	21.1	98.5
打桩	68.5	29.4	95.5
结构	66.3	23.4	98.2
装修	63.2	13.8	94.5

表 3-1-85　　不同施工阶段中机械设备噪声排放状况　　单位：dB（A）

阶段	声源名称	距 5 m	距 15～20 m	距 30～40 m	距 60～80 m	距 120～160 m
土石方	装载机	80	74	72	65	60
	柴油空压机	88	78	72	68	62
	挖掘机	79	72	70	66	60
	风镐	91	85	80	71	61
打桩	灌注桩钻机	82	77	71	66	58
	静压桩	76	70	67	63	56
结构	搅拌机	78	70	67	62	57
	起重机	80	73	70	62	56
	振动棒	78	71	66	63	56
	电锯	87	81	75	70	55
	模板拆卸等撞击	82	76	68	62	55
装修	拉直切断机	78	72	65	59	52
	冲击钻	81	74	68	63	55

3．工业企业噪声超标依然严重

根据部分建设项目竣工环境保护验收监测数据结果来看，工业企业夜间噪声超标率明显高于昼间，昼夜噪声超标率分别为 11%和 35%（表 3-1-86）；从企业所处的不同环境功能区看（表 3-1-87），位于 1 类环境功能区的企业昼夜噪声超标率分别为 34%和 80%，位于 2 类环境功能区的企业昼夜噪声超标率分别为 16%和 41%，位于 3 类环境功能区的企业昼夜噪声超标率分别为 5%和 22%，位于 4 类环境功能区的企业昼夜噪声超标率分别为 0%和 47%。根据统计，约有十分之一的企业昼间噪声超标，三分之一的企业夜间噪声超标，1 类功能区中夜间超标率高达 80%。

表 3-1-86　　不同行业厂界噪声超标率统计

	行业	企业数量	监测点数 昼/夜	超标点数 昼/夜	超标率/% 昼/夜	备注
国家级项目	热电	17	146/146	12/58	8/40	处 2、3 类功能区
	化工	8	52/52	9/29	17/56	
	其他	19	137/137	7/33	5/24	
小计	—	44	335/335	28/120	8/36	

	行业	企业数量	监测点数	超标点数	超标率/%	备注
			昼/夜	昼/夜	昼/夜	
地方级项目	热电	9	99/99	25/62	25/63	处 1、2、3 类功能区
	化工	7	124/116	16/32	13/28	
	其他	22	196/187	15/42	8/22	
小计	—	38	419/402	56/136	13/34	
国家级地方级项目	热电	26	245/245	37/120	15/49	
	化工	15	176/168	25/61	14/36	
	其他	41	333/324	22/75	7/23	
合计	—	82	754/737	84/256	11/35	

表 3-1-87 不同环境功能区厂界噪声超标率统计

	功能区	企业数量	总监测点数	超标点数	超标率/%
			昼/夜	昼/夜	昼/夜
国家级项目	1	1	3/3	0/1	0/33
	2	13	101/101	14/55	13/54
	3	29	221/221	14/57	6/26
	4	1	10/10	0/7	0/70
小计	—	44	335/335	28/120	8/36
地方级项目	1	8	74/74	26/59	35/80
	2	15	131/122	25/36	19/30
	3	14	192/184	5/33	3/18
	4	1	22/22	0/8	0/36
小计	—	38	419/402	56/136	13/34
国家级地方级项目	1	9	77/77	26/60	34/80
	2	28	232/223	38/91	16/41
	3	43	413/405	19/90	5/22
	4	2	32/32	0/15	0/47
合计	—	82	754/737	84/256	11/35

4. 生活噪声源范围在扩大

随着城市生活区域的扩大，城市流动人口的不断增加，人们生活水平日益提高，社交活动逐渐频繁，社会服务、娱乐业的蓬勃兴起，各类公共娱乐场所数量不断增加，营业时间加长，对城市的声环境产生影响，增加了生活噪声源的影响范围，社会生活噪声扰民状况持续增加。

5. 噪声污染的平均高度在不断提升

高架道路、高层建筑的不断兴建，使城市平均高度增加，噪声污染的平均高度也不断增加，以上海为例，20 世纪 70 年代国际饭店夜间可测到噪声为 38 dB，而如今 20 层以上的夜间噪声都达到 50 dB 以上。

（四）小结

第一，在监测的 378 个城市中，城市区域声环境质量处于好和较好的占 68.8%，轻度污染和中度污染的占 30.9%，重度污染的占 0.3%；监测的 398 个城市中，道路交通噪声昼间声环境质量处于好和较好的占 88.7%，轻度污染和中度污染的占 10.3%，重度污染的占 1.0%；全国城市各类功能区昼间超标率为 17.8%，夜间超标率为 34.9%。

第二，1996—2005 年，昼间城市区域环境噪声和昼间城市道路交通噪声分别下降了 3.1 dB 和 2.4 dB；2002—2006 年，4 类功能区（交通干线两侧区域）夜间噪声超标。

第三，建筑施工、交通、工业企业和城市夜间生活噪声，是造成噪声污染、群众投诉长期居高不下的主要原因。

第四，建议重点加强建筑施工和城市夜间生活噪声的管理，同时关注中小城市的工业噪声治理。

七、固体废物

（一）现状

1．工业固体废物

中国工业固体废物的产生具有明显的地区和行业分布不平衡性。工业固废的处理以综合利用和贮存为主，处理量大于处置量。工业固废的综合利用的地区和行业差异也比较大。2006 年，全国工业固体废物产生量为 15.20 亿 t；工业固体废物排放量为 1 303 万 t。工业固体废物综合利用量为 9.26 亿 t。

2．城市生活垃圾

城市生活垃圾的组成与城市经济发展状况、基础设施建设状况、居民生活水平、地域自然条件、垃圾收集方式有关。与发达国家相比，中国大部分城市生活垃圾中有机物含量特点是可燃物含量较低，而含水率较高，热值较低，大部分城市生活垃圾处于 3 300～5 000 kJ/kg 的中间热值区。2006 年全国 661 个城市生活垃圾清运量达到 1.48 亿 t，全国约有 2/3 的城市被垃圾环带包围。

我国城市生活垃圾管理水平不断提高，但城市生活垃圾处理总体上水平较低。生活垃圾成分变化较大，包装类废物增加显著。生活垃圾的处置的不完善对环境造成普遍的污染。农村生活垃圾管理基本还是空白。

3. 危险废物

2006 年，我国危险废物产生量为 1 084 万 t。我国危险废物管理底数严重不清，无害化处理处于起步阶段，危险废物处置技术水平尚需提高，危险废物已经对环境造成一定污染。

我国危险废物的产生特性与我国工业结构有着密切的联系。根据 2005 年的统计数据，产生危险废物最多的行业分别是化学原料及化学制品制造业（38.24%）、有色金属矿采选业（19.14%）、非金属矿采选业（6.58%）和有色金属冶炼及延压加工业（6.06%），这四个行业产生的危险废物占总量的 70%。这些传统行业仍然在我国工业结构中占据重要地位。

产生危险废物最多的地区分别是贵州省（20.93%）、广东省（11.20%）、山东省（8.10%）、江苏省（7.24%）和青海省（6.63%）。这 5 个省的产生量占全国工业危险废物总量的 54.10%。这些省份也是我国化工、有色金属矿产与冶炼等产生危险废物最多行业的主要分布地区。

随着经济的高速发展，工业危险废物的产生量却没有明显的增加，甚至有时候还出现降低的现象。这就造成了我国危险废物产生量在不断降低的假象。危险废物的实际产生量要比公布的数据大许多。如某些地区在进行调查、分析后得出的危险废物产生量比统计数据大几倍。

4. 固废污染状况

固体废物已造成较严重的污染，并且继续对环境造成很大污染。

长期以来，固体废物及存量不断加大。据保守估计，全国目前堆存的工业固体废物有上百亿吨，其中危险废物也有数千万吨，这些固体废物与不断产生的各种固体废物在持续地对环境造成污染。

固体废物的危害主要是占用土地。据统计，堆存 1 万 t 冶炼渣，要占用两亩土地；堆存 1 万 t 炉渣，要占用 0.167 hm^2（2.5 亩）①土地；堆存 1 万 t 粉煤灰，要占用 0.2 hm^2（3 亩）土地。

如我国历年积存的铬渣有 500 万 t 左右，堆存地均形成了大面积的土壤、地下水和河流的污染。如沈阳堆存的铬渣使得数平方公里的土地无法使用，失去了基本功能；包头堆存铬渣对地下水造成了严重污染，甚至直接威胁黄河的水质安全；而长沙、重庆的铬渣已经对湘江、嘉陵江造成了污染。由于这一原因，国家首次大规模投资处理历年积存的铬渣，以期彻底消除铬渣对环境的危害。另外各地在不断报道的电子废物拆解和处理对环境造成严重污染、冶炼废渣回收有价元素或者随意堆置造成水体和土壤污染等事例经常出现。但是由于缺乏调查、研究，对其他固体废物的污染没有全面的了解，所以对固体废物污染全貌难以全面描述。

各地不断发现的危险废物污染和生活垃圾污染已经严重影响到社会发展和人民生活的改善，需要采取有效措施开展大规模治理。

① 1 公顷=15 亩。

5. 国际比较

随着工业化和城市化进程，世界各国的工业固体废物产生量总体上在日益增加，我国的工业固体废物产生量逐年增加，排放的绝对量也很大，因固体废物排放和堆存造成的污染事故和损失也很严重。

在英国，固体废物被称为“第三污染”。在德国，固体废物被称为“特殊废物”。在日本，防治固体废物污染被称为“垃圾战”。有一些填埋场被称为“将要爆炸的定时炸弹”。

目前，一些工业化国家的工业固体废物排放量，每年以 2%～4%的增长率增长。据有关资料的粗略统计，美国 1980 年工业固体废物排放量为 4 亿 t，日本 1982 年的固废排放量为 3.2 亿 t。美国每年处理大约 5.44 亿 t 固体废物，其中 3.7 亿 t（68%）通过填埋处理，2 900 万 t（5%）通过焚烧处理，还有 1.46 亿 t（27%）的固体废物被再生利用。目前，全世界工业每年产生约 21 亿 t 固体废物和 3.4 亿 t 危险废物。放射性废物的产生量也在逐年上升。

近年来，工业化国家的城市化和居民消费水平不断提高，城市生活垃圾的增长也十分迅速。发达国家垃圾的增长率为 3.2%～4.5%；发展中国家为 2%～3%，全球年产垃圾超过 100 亿 t，其中美国年产垃圾量达 30 亿 t。

世界主要国家的城市生活垃圾收集处理情况以及危险废物的产生情况见表 3-1-88 和表 3-1-89。由表中数据可知，我国的垃圾产生量比这些发达国家大很多，我国的处理水平和这些发达国家相比还有很大差距，无害化处理率仅为 52.2%。

表 3-1-88　　世界主要国家和地区垃圾收集处理情况

国家和地区	截至年份	城市垃圾收集量/×10³t	城市垃圾填埋率/%	城市垃圾焚烧率/%	城市垃圾循环利用率/%	城市垃圾堆肥率/%
美国	2005	222 863	54.3	13.6	23.8	8.4
日本	2003	54 367	3.4	74	16.8	0
英国	2005	35 077	64.3	8.4	17.4	9.3
法国	2005	33 963	36	33.8	15.8	14.3
德国	2004	48 434	17.7	24.6	33.1	17.1
意大利	2005	31 677	54.4	12.1	0	33.3
巴西	2000	57 563	62.7	0.3	1.4	4.1
中国	2006	148 413	43.2	7.7		1.9

注：数据来源于《中国统计年鉴》。

世界主要国家近年来的危险废物产生量变化情况如表 3-1-89 所示。由表可知，我国的危险废物产生量仅比美国和德国少，产生量大于很多发达国家。近几年，世界主要国家的危险废物产生量略有增加，但是变化不明显。

表 3-1-89　　世界主要国家近年来危险废物产生量　　单位：$\times 10^3$t

国家	年份							
	1990	1995	2000	2001	2002	2003	2004	2005
美国	277 339	194 225		37 033.2		27 375.8		34 788.4
英国	2 936	2 160	5 419	5 526.4	5 370	4 991	5 285.5	
日本	2 297	2 883						
德国	13 079		15 542	15 830	19 636	19 515	18 401	
法国	7 000		9 150					
意大利	3 246	2 708	3 911	4 279.2	5 024.5	5 439.7	5 365.4	
西班牙	1 708	3 394	3 063.4	3 222.9	3 222.9	3 222.9	3 534.3	
中国			8 300	9 520	10 000	11 700	9 950	11 616

注：数据来源于《中国统计年鉴》。

（二）固废排放量变化情况

1．工业固体废物

2000—2006 年全国工业固体废物产生量、排放量、综合利用量、贮存量、处置量变化趋势如表 3-1-90 所示。由表可知，中国工业固体废物呈逐年增长趋势，年均增长率为 12.2%。我国工业固体废物的产生量在逐年加大，排放量在逐年减少，综合利用量在逐渐增多，贮存量在逐年减少，处置量在逐渐增大。

表 3-1-90　　全国工业固体废物产生及处理情况　　单位：万 t

年份	产生量		排放量		综合利用量		贮存量		处置量	
	合计	危险废物	合计	危险废物	合计	危险废物	合计	危险废物	合计	危险废物
2000	81 608	830	3 186	2.6	34 751	408	28 921	276	9 152	179
2001	88 746	952	2 894	2.1	47 290	442	30 183	307	14 491	229
2002	94 509	1 000	2 635	1.7	50 061	392	30 040	383	16 618	242
2003	100 428	1 170	1 941	0.3	56 040	427	27 667	423	17 751	375
2004	120 030	995	1 762	1.1	67 796	403	26 012	343	26 635	275
2005	134 449	1 162	1 655	0.6	76 993	496	27 876	337	31 259	339
2006	151 541	1 084	1 302	20	92 601	566	22 398	269	42 883	289

中国工业固体废物的产生具有明显的地区和行业分布不平衡性。2006 年工业固体废物产生量超过 7 000 万 t 的省（自治区）依次为河北、辽宁、山西、山东、内蒙古、四川、河南、江西、江苏，这 9 个省（自治区）工业固体废物的产生量占全国总产生量的 58.4%。

中国各地区近年来工业固体废物的产生和处理情况见表 3-1-91。由表可知，中国各地区的产生量、综合利用量都是逐年增加，东部的产生量、综合利用量最多，其次是中部，最少的是西部。近年来，东部的贮存量正在逐渐减少，但是中部和西部的贮存量却逐年增加。各地区处置量都是逐年增加，其中西部增加的最快，2006 年是 2000 年的 10 倍多。各地区近年来工业固废的排放量都是逐渐减少，东部近几年排放量保持稳定。排放量最多的是西部，其次是中部，东部最少。近年来我国工业固体废物产生和处理变化情况与中国的经济结构和近年来的经济政策调整有很大关系。

从近几年的统计资料来看，中国工业固体废物的组成具有相对稳定性。2004 年中国几种主要工业固体废物产生量占工业固体产生总量的比例如图 3-1-238 所示。

表 3-1-91　　中国各地区近年来工业固体废物的综合情况　　单位：万 t

年份		2000	2001	2002	2003	2004	2005	2006
全国	产生量	81 608	88 840	94 509	100 428	120 030	134 449	151 541
	综合利用量	37 451	47 290	50 061	56 040	67 796	76 993	92 601
	贮存量	28 921	30 183	30 040	27 667	26 012	27 876	22 399
	处置量	9 152	14 491	16 618	17 751	26 635	31 259	42 883
	排放量	3 186	2 894	2 635.2	1 941	1 762	1 655	1 302
东部	产生量	31 366	38 597	38 043	38 688	50 506	55 088	60 697
	综合利用量	18 242	23 900	24 099	26 466	33 058	38 917	44 441
	贮存量	10 344	11 516	9 291	6 191	7 817	7 015	6 209
	处置量	2 211	4 121	5 679	7 275	10 587	11 170	11 830
	排放量	285	175	167.98	98	87	87	90
中部	产生量	28 402	28 503	31 939	34 122	37 329	41 289	46 421
	综合利用量	11 713	14 752	16 160	18 190	20 772	23 327	27 896
	贮存量	8 733	8 610	9 798	9 629	5 505	5 455	6 072
	处置量	5 193	5 941	7 487	6 654	10 990	12 385	12 670
	排放量	885	824	792.65	742	735	694	501
西部	产生量	21 842	21 740	24 229	27 617	32 197	38 073	44 423
	综合利用量	7 497	8 638	9 802	11 384	13 967	16 683	20 264
	贮存量	9 843	10 057	10 949	11 846	12 689	13 476	10 118
	处置量	1 751	4 429	3 450	3 822	5 057	7 705	18 384
	排放量	2 016	1 467	1 174.6	1 101	939	874	712

注：数据来源于《中国统计年鉴》(2000—2006)。

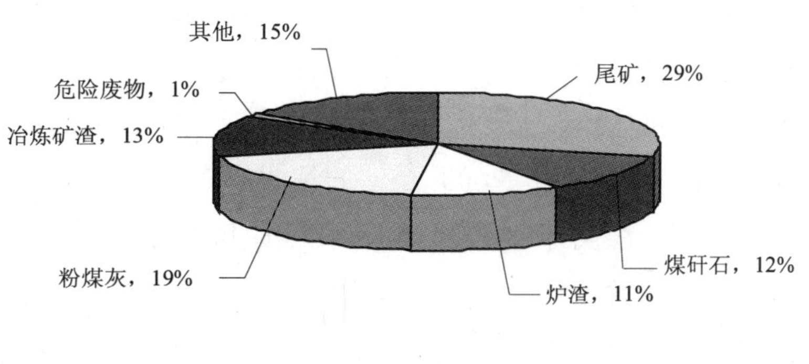

图 3-1-238　2004 年中国主要工业固体废物产生量占产生总量的比例

由图 3-1-238 可知，工业生产活动中，采矿和煤炭燃烧产生的工业固体废物最多，其中为尾矿和冶炼矿渣两者，以及煤矸石和炉渣三者的产生量各占总量的 42%，这与中国能源以煤为主，矿物资源开采量大且矿石利用效率低有密切关系。

根据《中国环境统计年报 2006》，2006 年工业固体废物产生量超过 1 亿 t 的行业依次为黑色金属冶炼及压延加工业，电力、热力的生产和供应业，煤炭开采和洗选业，有色金属矿采选业，黑色金属矿采选业，化学原料和化学制品制造业，这 6 个行业工业固体废物产生量约占统计工业行业固体废物产生总量的 84.3%。

根据《中国统计年鉴 2006》，2006 年中国省会城市（含直辖市）工业固体废物产生量超过 1 000 万 t 的城市依次为太原、上海、重庆、昆明、北京、天津、南京、哈尔滨和济南；综合利用量超过 1 000 万 t 的城市依次为上海、重庆、天津、南京、北京、太原。工业固体废物综合利用率高于 95%的城市依次为合肥、长春、海口、天津、成都、福州、石家庄、银川，综合利用率在 90%以上的城市有 15 个。

由图 3-1-239 可知，工业固体废物的处理以综合利用和贮存为主，处理量大于处置量。近年来，综合利用量大致与产生量同步增长，贮存量稳中有降，处置量总体上有所增加。中国工业废物综合利用的组成结构与工业废物产生的组成结构基本一致，如图 3-1-239 所示。

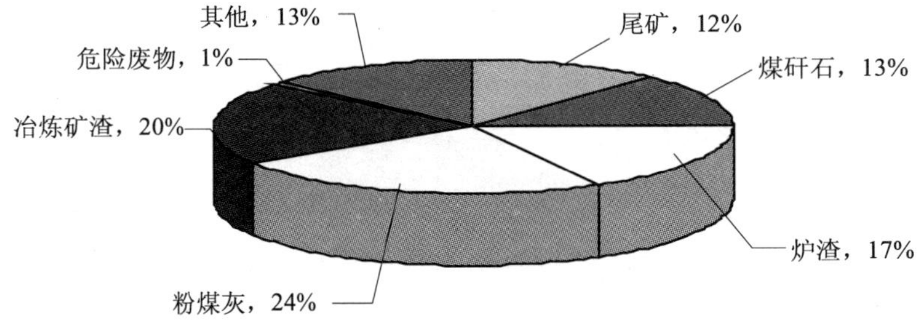

图 3-1-239　2004 年主要工业固体废物综合利用量占综合利用总量的比例

工业废物的综合利用的地区和行业差异也比较大。2006 年中国工业固体废物综合利用率为 61.1%；综合利用率高于 80%的省（区、市）依次为天津、江苏、上海、山东、广东、浙江、安徽和北京，东部经济发达地区工业废物综合利用率远高于中、西部经济较后进的地区。

2006 年工业废物综合利用量超过 5 000 万 t 的行业依次为电力、热力的生产和供应业，黑色金属冶炼及压延加工业，煤炭开采和洗选业，化学原料及化学制品制造业，这 4 个行业综合利用工业固体废物的总量约占统计工业固体废物利用总量的 72%；工业固体废物综合利用率超过 95%的行业有非金属矿物制品业，塑料制品业，饮料制造业，橡胶制品业，农副食品加工业，化学纤维制造业，金属制品业，木材加工及木竹藤棕草，纺织服装、鞋、帽制造业，家具制造业。

2. 城市生活垃圾

城市生活垃圾主要来自城市居民和城市第三产业，包括居民生活垃圾、商业垃圾、市政垃圾和建筑垃圾等。城市化进程的加速，城市数量的增多、规模扩大和人口增加，使中国城市生活垃圾产生量持续增加，许多城市出现不同程度的垃圾围城局面。虽然大中城市垃圾基本日产日清，但垃圾一次污染和堆存等过程中的二次污染问题依然严重。1993 年至 2006 年中国城市生活垃圾的清运量变化趋势如图 3-1-240 所示。

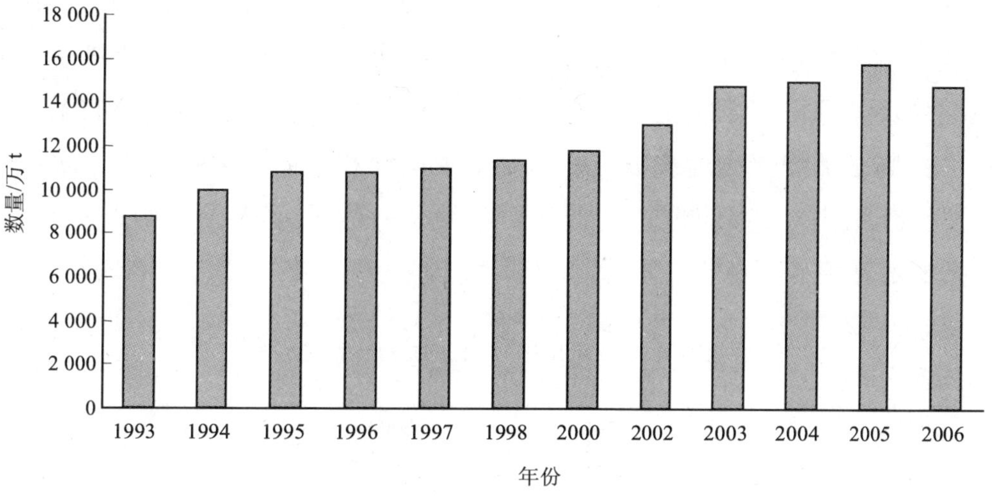

图 3-1-240　城市生活垃圾清运量变化趋势

长期以来，中国城市生活垃圾的污染防治较为滞后，尽管依靠废旧物资回收体系对生活垃圾进行简易分选，对其中废纸、废金属、废玻璃等物料进行回收利用，但是对于分选之后剩余的难以回收利用的垃圾，则处理不力。1992—2006 年，中国城市生活垃圾无害化处理率变化趋势如图 3-1-241 所示。

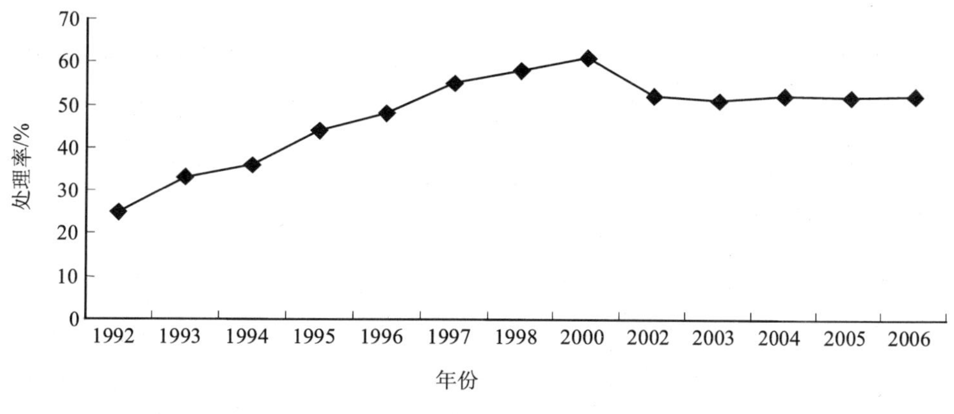

图 3-1-241　中国城市垃圾无害化处理率变化趋势

由图 3-1-241 可知，近年来城市垃圾处理设施建设得到加强，但城市垃圾无害化处理水平总体上仍然偏低，而且“十五”期间，无害化处理率的增长速度有所下降。根据《中国城市建设统计年报 2006》，中国垃圾无害化处理目前以卫生填埋为主，其次为堆肥、焚烧等。2006 年，全国 661 个设市城市中，共有无害化垃圾处理厂（场）419 座，其中卫生填埋场 324 座，堆肥厂（场）20 座，焚烧厂（场）69 座；垃圾无害化处理量 7 872.6 万 t，其中卫生填埋 6 408.2 万 t，堆肥处理 288.2 万 t，焚烧处理 1 137.6 万 t。

2003—2006 年中国城市生活垃圾清运和处理情况如表 3-1-92 所示。由表可知，中国城市生活垃圾清运量近年来呈上升趋势，只有 2006 年有所下降。城市生活垃圾无害化处理厂总数量一直在减少，卫生填埋和堆肥厂的数量也一直在减少，只有焚烧厂的数量在增加，这说明我国城市生活垃圾处理方式由卫生填埋和堆肥向焚烧转变。城市生活垃圾的无害化处理能力一直在增加，尤其是焚烧能力增加很快，但是卫生填埋和堆肥能力在下降。城市生活垃圾的无害化处理量变化不大，其中堆肥量在下降，焚烧量持续上升，卫生填埋量变化不大。近年来我国的粪便清运量和处理量都在下降。

表 3-1-92　　近年来中国城市生活垃圾清运和处理情况

年份	2003	2004	2005	2006
城市生活垃圾清运总量/万 t	14 856.5	15 509.3	15 576.8	14 841.3
无害化处理厂数/座	575	559	471	419
卫生填埋/万 t	457	444	356	324
堆肥/万 t	70	61	46	20
焚烧/万 t	47	54	67	69
无害化处理能力/t	219 607	238 519	256 312	258 048
卫生填埋/t	187 092	205 889	211 085	206 626
堆肥/t	16 511	15 347	11 767	9 506
焚烧/t	15 000	16 907	33 010	39 966
无害化处理量/万 t	7 544.7	8 088.7	8 051.1	7 872.6
卫生填埋/万 t	6 404.0	6 888.9	6 857.1	6 408.2
堆肥/万 t	716.8	730.0	345.4	288.2
焚烧/万 t	369.9	449.0	791.0	1 137.6
粪便清运量/万 t	3 474.9	3 576.3	3 804.6	2 130.5
粪便处理量/万 t	2 492.3	2 557.8	2 713.8	855.2
城市生活垃圾无害化处理率/%	50.8	52.1	51.7	52.2

注：数据来源于《中国统计年鉴》(2003—2006)。

3．危险废物

近年来我国危险废物处理处置量变化情况如表 3-1-93 所示。由表 3-1-93 可知，近年来中国危险废物产生量有所波动，但总体上变化不大；综合利用量基本平稳，处置量有所增加，排放量明显降低，但依然未能杜绝排放。

表 3-1-93　　中国危险废物处理处置量变化情况　　单位：万 t

年份	工业危险废物产生量	工业危险废物流向			
		排放量	综合利用量	贮存量	处置量
1996	993	225	485	432	71
1997	1 010	45	—	—	—
1998	974	45.8	428	387	131
1999	1 015	36.0	465	397	132
2000	830	2.6	408	276	179
2001	952	2.1	442	307	229
2002	1 000	1.7	392	383	242
2003	1 171	0.3	427	423	375
2004	995	1.1	403	343	275
2005	1 162	0.6	496	337	339

注：在“综合利用量”和“处置量”中含有综合利用和处置往年量。

我国危险废物的处理水平不高，集中处置能力有限，但是近年来集中处置能力建设增长较快。从 1996 年至 2004 年，全国危险废物累计贮存量纳入统计的已达到 3 394 万 t，如果加上未统计的贮存量，历年堆存的危险废物数量是巨大的。历年危险废物贮存量较大的行业主要是化工和机械加工等。历年堆存的危险废物主要有含铬废渣、无机氰化物废渣、含氰废渣、蒸馏残渣、含重金属污泥、苯胺焦油及电镀污泥等。2001—2005 年，危险废物集中处理设施数量增长了 3 倍，集中处理能力由 85.4 万 t 增长至 570.25 万 t。2005 年，危险废物集中处理量（包括综合利用量和处置量）仅占危险废物统计量的 15.4%。如果以实际估算产生量（4 000 万 t）计，还不到 5%；且实际处理量与处理能力的比例仍不到三分之一，可见大多数已建成的危险废物集中处理设施还没有充分发挥其能力。危险废物的处置还是以焚烧为主要方式，以工业危险废物为主要来源。

截至 2005 年，我国还有江西、河南、湖南、云南、西藏、宁夏 6 省（区）尚未拥有危险废物集中处置设施，这些地区的危险废物的集中处置还处于空白；有 11 个省区仅能处理医疗废物。全国现有医疗废物集中处理设施共 149 个，已有设施设计年处理能力为 33.6 万 t，2004 年实际处理医疗废物 10.76 万 t，处理设施达产率为 32%。处理能力闲置现象也比较严重。

根据 2005 年开展的“全国危险废物和医疗废物处置设施普查”结果，全国共有危险废物集中处理设施（包括综合利用、焚烧、填埋）512 个，在建设施 27 个，共计 539 个。在 512 个已有设施中包括综合利用设施 424 个、处置设施 88 个（焚烧设施 79 个、填埋设施 9 个）。已有设施设计年处理能力 570.25 万 t，其中，综合利用 503.09 万 t、处置 67.26 万 t（焚烧 52.14 万 t、安全填埋 15.02 万 t）。2003 年这些设施实际处理废物量 134.21 万 t，达产率为 24%；2004 年实际处理废物量 201.88 万 t，达产率为 35%。这说明危险废物处置能力闲置现象非常严重，也说明危险废物处置仍然是以产生企业自行处置为主。

（三）固废污染压力分析

1. 固体废物管理体制不健全

我国固废管理思路没有体现固体废物管理的特点，而是延续了废水废气末端控制的思路。另外我们对固体废物管理的复杂性认识不够，特别是在我国经济体制改革的时候没有及时调整战略思路，造成固体废物管理不能适应经济和环境保护发展的要求。首先生活垃圾管理体制改革缓慢，政企分离困难，政府过多干预技术和市场，造成目前技术市场混乱，管理目标不清，迟迟不能建立适应当前市场经济条件的城市生活垃圾管理体制；其次，在市场经济发展迅速的时代仍然采用计划经济的管理手段，实际上在阻碍固体废物管理的发展。当前我国危险废物管理面临着底数不清、研究基础薄弱、技术力量尚未形成等问题，这些问题导致危险废物处理业的市场没有形成。由国家投资，强行全面建设危险废物集中处置设施，既无技术基础，也没有明确的市场对象，甚至不知道所处理废物的种类，对市场发展和危险废物管理实际上所起的作用只能是揠苗助长。

目前我国固体废物缺乏统一、明确的管理目标。固体废物管理的基本目标是污染控制，这在固体废物管理的基本法律《固体废物污染环境防治法》的名称、内容和所确立的基本原则可以看出。由于目标片面，在体制的建立、能力的建设方面都存在很大的偏差。如固体废物管理的主要职能定位于污染防治的监督管理，从而落在环境保护管理部门的污染控制机构内；而对于固体废物管理至关重要的废物资源再生的管理职能却放在经济管理部门。这就造成固体废物管理和固体废物处理缺乏长远目标，过分并片面强调固体废物管理的污染控制功能，从而造成对未来环境的忽视，为未来埋下定时炸弹。

管理权限分散，管理权限不清。目前涉及固体废物管理的政府部门有 7 个，这一现象同样存在于中央和地方政府，非常容易出现政策矛盾、职能重叠或者区分不清等情况。即使在环境保护管理部门中，固体废物管理的职能也分散于污染控制、规划、科技标准、法规、环境监察等管理机构中，无法形成统一、有效的管理合力，互相制约，从而造成管理漏洞和管理盲区。

2. 固废管理能力严重不足

管理机构能力严重不足；有限的力量过于分散。我国固体废物管理的职能分散于中央政府的 7 个部委局。但是其中仅有环境保护部和住房和城乡建设部设有固体废物专职管理机构，其中环境保护部污控司固体废物与有毒化学品管理处有 3 人专职进行国家层面的固体废物管理，住房和城乡建设部城建司市容环卫管理处有 2 人专职进行城市生活垃圾的管理。而其他部委局和环境保护部、住房和城乡建设部的其他司局均没有专人进行有关固体废物的管理工作。这一现象在地方更加严重。

基础研究不足，对我国固体废物特性和污染现状认识不足。长期以来，我国不重视开展固体废物管理和技术的基础研究工作，对于固体废物的特性、产生和污染现状都缺乏起码的了解。由于没有研究基础，我国环境管理中对固体废物的定义和固体废物管理领域的边界不清；同时缺乏基础知识的推广和宣传，各地无论是环境保护管理部门还是固体废物产生与处置、利用企业均对固体废物存在着模糊认识，同时由于能力所限，没有一个地区对本地区固体废物特别是危险废物的产生与污染有全面并符合实际情况的了解。

研究力量缺乏，研究水平较低。我国固体废物管理开展较晚，因而对固体废物的研究需求认识不足。同时长期以来对固体废物研究不重视，研究列项过少。由于缺乏支持，又缺乏所需要的指导和借鉴，我国固体废物基础研究长期处于较低水平，因而没有能力培养出可以形成规模的研究队伍。

固废方面的法律、标准体系不健全。与发达国家相比，我国固体废物污染防治的法规标准体系还没有建立健全。

3. 固废治理技术比较落后

固体废物的污染实际上是落后的利用、处理和处置技术造成的。如生活垃圾焚烧技术落后会造成严重的大气污染，生活垃圾填埋技术的不完善会影响周围居民的生活，这都是近年来经常出现垃圾污染纠纷的主要原因。另外电子废物采用落后、简单的拆解、回收技术，土法再生有色金属，以及违法倾倒固体废物等，都会造成严重的环境污染。

固废的管理技术、处理处置技术、综合利用技术自主开发能力不足。由于沿用末端管理的思路，固体废物处理处置的技术评价仍然以排放标准为主，同时又没有建立技术评价的方法体系，造成了目前技术市场的混乱。专用技术开发大多为小型企业，没有自主开发、系统开发和前瞻性开发的能力。目前从事固体废物处理设备和技术开发的大多为小型企业，既缺乏风险投资能力，也没有能力进行必要的基础研究。大多企业尚处于原始积累阶段，难以在这一技术领域进行前瞻性研究与开发。

（四）小结

第一，全国工业固体废物产生量为 15.15 亿 t，综合利用量为 9.26 亿 t，排放量为 1303 万 t；约有 2/3 的城市被垃圾环带包围，城市生活垃圾无害化处理率约为 52%；全国危险废物产生量为 1 084 万 t，排放量为 20 万 t。

第二，2000—2006 年，我国工业固体废物的产生量由 8.16 亿 t 增加到 15.15 亿 t；排放量由 0.32 亿 t 降低到 0.13 亿 t。城市生活垃圾无害化处理水平由 1993 年的约 30%增加到 2006 年的 52%。

第三，固体废物处理经济政策不健全、治理投入不到位和监管能力严重不足，是造成固体废物污染的主要原因。

第四，建议强化循环经济理念，贯彻落实循环经济法，加强环境监管，提高固体废物综合利用率和危险废物处理能力，加强城市生活垃圾处理基础设施建设。

八、电离辐射环境

（一）现状

1. 区域辐射环境

2006 年，北京、上海等 21 个省、市、自治区辖区内陆地瞬时环境γ 辐射空气吸收剂量率（扣除宇宙射线响应值）为 32～100 nGy/h；与 20 世纪 80 年代开展全国天然放射性水平调查时的值属同一水平；全国各省辖区内开展监测的城市气溶胶和沉降物总α、总β以及其他核素放射性比活度历年来维持同一水平；部分开展监测的城市室内空气中氡浓度低于国家颁布的《住房内氡浓度控制标准》；海河水系、黄河水系、长江水系、松花江水系、淮河水系、珠江水系以及闽江、钱塘江、伊犁河、和平渠的江河水和湖泊水库水的各监测断面未监测到人工放射性核素污染，天然放射性核素仍基本保持在本底水平，但是某些河段的天然放射性核素浓度如长江水系的湘江断面钍浓度和 ^{226}Ra 浓度，浙闽水系富春江断面铀浓度和 ^{226}Ra 浓度，略高于全国放射性水平调查时本底涨落范围。特别是黄河水系包头段铀、钍和 ^{226}Ra 浓度高出其他断面的监测值。2004 年前黄河包头段总α、总β比活度较高，与该地区稀土矿开发利用有关，近两年已经逐步下降；饮用水总α、总β放射性比活度均低于国家生活饮用水水质标准，监测区域内环境土壤中放射性核素含量与全国天然放射性水平调查时的测量值相比在同一水平，未监测到异常。

2. 核设施周围辐射环境

（1）核电厂周围环境

秦山核电基地外围环境γ辐射剂量率，气溶胶和沉降物样品中总α、总β、^{238}U、^{232}Th、^{226}Ra、^{40}K、^{137}Cs 放射性比活度，空气中 ^{14}C 比活度，陆地淡水（地表水、地下水、饮用水）和海水放射性浓度（3H 除外），土壤和各种生物（指示植物茶叶和松针中 3H 除外）放射性核素比活度均在核电站运行前本底的涨落范围内，且与对照点在同一水平。自从秦山第三核电厂投运以来，在秦山核电基地气载流出物排放的主导风向下风向监测到空气和降水中 3H 含量维持较高水平。地表水和地下水中氚浓度从 2005 年起开始升高，各核电厂部分时段排放口海水中 3H 比活度远高于取水口，外围环境中指示植物茶叶和松针样品中 3H 比活度有逐年升高趋势。由于氚是低能β辐射体，其对公众辐射照射剂量的贡献仍只占很小份额。

广东大亚湾/岭澳核电站外围环境γ辐射剂量率，气溶胶样品中总α、总β、铍-7 放射性比活度，饮用水中总α、总β放射性浓度历年来维持在同一水平；海水样品中 ^{90}Sr、^{137}Cs、^{238}U、^{232}Th、^{226}Ra 放射性浓度均在本底涨落范围内；约 43%的海水样品中可检测到微量的 3H；大亚湾/岭澳核电站外围环境土壤中人工放射性核 ^{137}Cs 的放射性比活度在本底涨落范围内，且与对照点同一水平；陆地生物样品的放射性水平在本底涨落范围内，海洋生物样品中除牡蛎、珍珠贝和马尾藻样品中监测到微量的人工放射性核素 110 mAg 和 ^{58}Co 外，其余样品在现有的监测条件下均未监测到放射性核素含量异常。

田湾核电站外围环境γ辐射剂量率，气溶胶样品总α、总β和γ核素放射性比活度，沉降物样品中γ核素放射性核素比活度均在运行前本底水平涨落范围内。降水中氚，地表水、地下水、自来水中的 ^{238}U、^{232}Th、^{226}Ra、^{40}K、^{90}Sr、^{137}Cs、^{3}H 和海水中的 ^{90}Sr、^{137}Cs、^{3}H 放射性核素浓度均与对照点同一水平。田湾核电站外围环境各种泥土介质（土壤、潮间带土、底泥）中 ^{238}U、^{232}Th、^{226}Ra、^{40}K、^{90}Sr、^{137}Cs 放射性核素含量和生物样品中 ^{90}Sr、^{137}Cs 的放射性核素含量与运行前的本底值在同一水平。

（2）铀矿山周围环境

我国铀矿山对周围环境的影响要大于其他核燃料循环设施。有部分矿山周围环境中的γ辐射空气吸收剂量率和氡浓度超出了正常水平，并且个别铀矿山附近的地表水受到了轻微的污染。例如，中核浙江衢州铀业公司（771 矿）由于尾渣库库容、防漏、坝体等指标不能满足生产要求，从历年的监测结果来看，尾渣坝的渗漏水污染了下游部分农田。2006 年 11 月，矿山废水处理系统经技术改造后，其排放废水中铀和 ^{226}Ra 含量符合国家规定的排放限值，矿井口、尾渣库、废石场、堆浸场氡排放量小于设计的年排放量。但由于受历年矿区排放的废水和尾渣坝渗滤水的影响，距矿区排放口最近的下游花园埂断面地表水已受轻度污染。

又例如，湖南铅锌矿尾沙坝总排水口水样的总α超标 12.5 倍，铀、^{226}Ra 浓度浓度也较高，总排口处底泥中的 ^{238}U 含量高达 19 300 Bq/kg，该矿的废水排放对环境造成一定污染。铀水冶厂排出口底泥、矿渣 ^{238}U、^{226}Ra 核素含量均高，现场局部地点γ辐射强度很高，环境污染情况较严重。

3．其他核设施

其他核燃料虚幻设施与研究设施周围环境γ辐射剂量率仍为环境本底水平，大气气溶胶与沉降物、地表水、土壤与底泥、生物样品中也未监测到这些企业生产、加工的放射性核素水平有明显提高。

4. 放射性含量较高的矿产资源开发设施周边环境

放射性含量较高的矿产资源开发利用，会对辐射环境质量产生一定的影响，当前需要特别关注稀土矿的影响。稀土产业是包头地区的支柱产业之一，包头市稀土工业园区主要有两家，即达茂旗稀土工业园区和位于包头市九原区张家营子的钢铁稀土工业园区。达茂稀土有限责任公司送渣线环境γ辐射空气吸收剂量率较高，达茂稀土有限责任公司周围地下水中核素浓度均高于1987年包头市井水调查值，总α、总β测量值中超过《地下水质量标准》（GB/T 14848—93）。

包钢及周边地区一般环境γ辐射剂量率在包头市本底涨落范围内，包钢选矿厂等生产区域附近，由于生产原料或废渣的影响，其环境γ辐射水平明显偏高，污染范围集中在其周围 50 m的范围内，高炉渣坝上的环境γ辐射剂量率比一般环境高出几十倍，包钢尾矿坝中尾矿粉的γ辐射剂量率约为 1 007 nGy/h，由于尾矿坝内的尾矿粉随风飘散，尾矿坝对周围环境的污染较重，空气中氡浓度在1984年全国本底调查范围值内。包钢厂区和尾矿坝附近测点的空气气溶胶和氡、土气子体α潜能值较其他测点和包头市一般环境测值高，尾矿坝附近潜层地下水总α浓度超过《地下水质量标准》（GB/T 14848—93）Ⅲ类，包钢尾矿坝对环境特征污染因子钍，均在 10^{-7} g/L 水平，尾矿坝内水质总α浓度超《污水综合排放标准》，钍浓度维持较高水平。

包钢周边地区土壤中核素比活度与包头地区在同一水平，均在本底调查值范围内；包钢尾矿坝、高炉渣坝周围土壤 ^{238}U、^{226}Ra、^{40}K 各核素水平与整个包头地区水平接近。高炉渣坝和尾矿坝周围土壤中 ^{232}Th 含量高出包头地区。

江苏省也有很多稀土开发利用单位，多家稀土冶炼厂和纱罩生产厂中部分企业由于废渣和原料堆放、运输不规范，造成周围环境γ辐射空气吸收剂量率升高，但其周围环境地表水和土壤中放射性核素的含量仍为当地环境水平。

另外，由于石煤的开采与综合利用已导致石煤矿区原野、道路和碳化砖房室内γ辐射水平有明显的升高；矿区和生活区大气气溶胶天然放射性核素浓度较高，5 省石煤矿区调查的碳化砖房室内氡浓度普遍较高；湖北、湖南、江西、浙江、安徽省石煤矿区环境介质中核素 ^{238}U 和 ^{226}Ra 的比活度较高。

（二）变化情况

1. 主要环境介质的电离辐射水平

（1）陆地γ辐射空气吸收剂量率

到2007年我国各省、市、自治区均不同程度地布设了陆地辐射监测国控点点位，共计318个，进行陆地环境γ辐射空气吸收剂量率和γ辐射累积剂量监测。监测结果表明：虽然监测点的类别、监测的方式、监测频度和方法等各地有较大的不同，但是十多年来的监测结果与其天然放射性水平本底调查结果相比并没有明显提高，均在本底涨落范围内。

（2）空气中氡浓度

在北京、河北、内蒙古、黑龙江、江苏、广西、重庆、贵州、新疆等省份开展了空气中氡浓度的监测。2001—2006 年的监测结果表明历年空气中氡浓度基本上一致。室内氡浓度范围为 22.1～85.8 Bq/m^3，室外氡浓度为 8.62～39.9 Bq/m^3。与 1983—1990 年进行的全国环境天然放射性水平调查的结果比较，室外氡浓度变化不大，但室内氡浓度明显增高。增高的原因，既包括测量方法的改进，也与居民住房条件的变化（例如安装空调，通风换气次数较少）及采用粉煤灰、煤矸石等（其天然放射性核素含量较高）为建筑材料有关。

在此期间还开展了空气气溶胶和空气沉降物中的总α、总β浓度监测，以及大气中氚化水浓度监测。2007 年在 25 个省设立气溶胶和沉降物监测点位。2007 年前则有天津、河北、内蒙古的包头、上海、浙江、福建、四川、新疆、青岛、云南等 11 个省（市、自治区）不同程度地开展了气溶胶及沉降物中总α、总β浓度监测。监测结果表明，不同省市空气气溶胶和空气沉降物中的总α、总β浓度差别较大，但同一省份，2001—2006 年的检测结果变化不大。

（3）水体

我国在 2007 年设置了 70 个水体断面。包括地表水、地下水、海水和水源地饮用水。涉及我国主要江河，分别为海河水系、黄河水系、长江水系、松花江水系、淮河水系、辽河水系、浙闽水系、南水北调以及重要的国际河流；重要湖泊、水库以及近岸海域。我国每年均对七大江河水系的部分断面江河水放射性核素含量、主要的湖泊和水库、主要城市的自来水、部分近岸海域的海水中放射性核素含量进行了监测。

黄河水系包头段各监测项目的测值范围：铀、钍浓度为 0.89～7.26 μg/L、0.11～1.04 μg/L，^{226}Ra 浓度为 0.71～42 mBq/L，总α、总β比活度为 0.03～0.38 Bq/L、0.14～0.47 Bq/L。其中黄河包头段铀浓度、钍浓度和 ^{226}Ra 浓度高出其他断面的监测值。2004 年前黄河包头段总α、总β比活度较高，由于包头市有各类稀土厂，其排放的废水进入黄河，稀土生产排放的废水对黄河包头段产生了一定程度的放射性影响。从 2004 年至今逐渐好转。

长江水系的湘江断面铀、钍浓度为 0.58～1.3 μg/L、0.4～1.4 μg/L，^{226}Ra 浓度为 8～42 mBq/L，总α、总β比活度为 0.016～0.28 Bq/L、0.033～0.12 Bq/L。其中个别年份的钍浓度和 ^{226}Ra 浓度高出全国放射性水平调查时本底涨落范围（本底值：钍浓度为 0.03～0.38 μg/L，^{226}Ra 浓度为 0.50～22.54 mBq/L），但大部分年份在涨落范围之内。

其他水系如珠江水系其监测断面的放射性核素浓度均未发现异常。

近年来，我国主要湖泊都开展了放射性核素浓度的监测。主要包括北京的昆明湖、江苏的玄武湖和太湖、上海的淀山湖、浙江的西湖、云南的滇池、贵州的洞庭湖和红枫湖等。

对北京密云水库等 18 个水库水也均不同程度地进行了放射性核素浓度的监测。监测结果处在本底涨落范围内。

我国内蒙古、山东、贵州、广西、江苏、新疆、上海与陕西还开展了地下水的监测，根据《地下水质量标准》（GB/T 14848—93）分类，青岛、贵州、包头、上海的地下水中总α、总β放射性浓度限值属于Ⅰ～Ⅲ类，新疆、陕西属于Ⅳ～Ⅴ类。

我国北京、天津、浙江、上海、湖北、内蒙古、吉林、黑龙江、江苏、贵州、福建、云南、重庆、江西、陕西、广西、新疆17个省（市、区）还开展了部分城市饮用水的放射性核素浓度监测，饮用水总α、总β放射性比活度均低于国家生活饮用水卫生标准，符合饮用要求。

我国对青岛的近岸海域、东海、渤海湾、舟山海区、温州湾、湄洲湾、大连湾、杭州湾等近岸海域海水中放射性核素浓度进行了监测。监测结果表明 ^{90}Sr 与 ^{137}Sr 的含量均低于我国《海水水质标准》（GB 3097—1997）。

（4）土壤

2007年，我国在31个省（市、区）的主要城市均设置了土壤监测国控点，共计175个。监测土壤中的铀、钍、^{226}Ra、^{40}K、^{90}Sr、^{137}Cs 放射性比活度。2001—2006年监测的铀、钍、^{226}Ra、^{40}K、^{137}Cs 放射性比活度范围分别为28.5～87.6 Bq/kg、27.0～86.1 Bq/kg、23.3～58.6 Bq/kg、294.5～719.9 Bq/kg、2.2～6.3 Bq/kg，均值分别为41.8 Bq/kg、47.7 Bq/kg、36.9 Bq/kg、566.8 Bq/kg、4.0 Bq/kg。监测结果表明环境土壤中放射性核素比活度与全国天然放射性水平调查时的测量值相比在同一水平，未监测到异常。

2. 核设施周边的辐射环境状况

（1）秦山核电基地

①空气。秦山核电基地外围环境辐射连续监测系统测得的环境γ辐射空气吸收剂量率（未扣除宇宙射线响应值）年均值见图3-1-242。自2003年新连续监测系统投入使用，由于监测点位的数量和分布、监测条件的变化，连续监测系统测得的基地外围环境γ辐射空气吸收剂量率与运行前各监测点本底均值（92.5 nGy/h）相比略有升高。

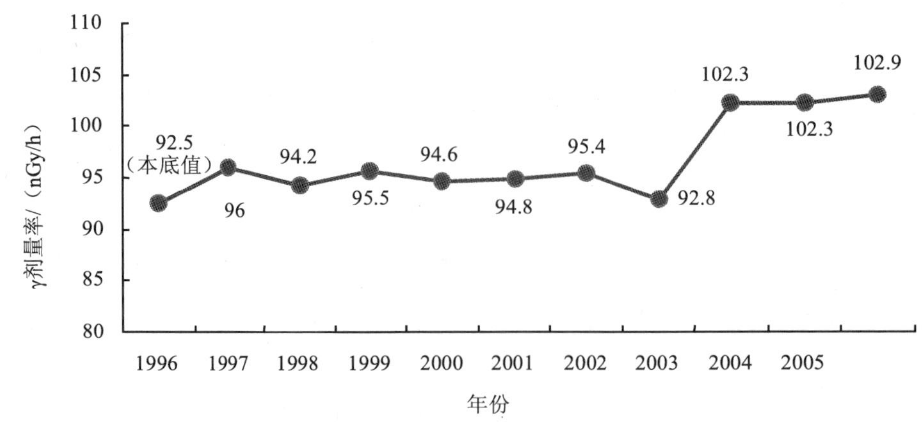

图3-1-242 秦山核电基地外围环境连续监测系统测得γ辐射剂量率变化

2001—2006 年，同时在秦山核电基地外围环境 50 km 范围内布设了 25～80 个 TLD 监测点。环境 TLD 测得的γ辐射空气吸收剂量率（未扣除宇宙射线响应值）年均值范围为 79.1～90.8 nGy/h，按年度平均值为 84.7 nGy/h。与运行前各监测点本底均值（79.7 nGy/h）相比，属正常水平。

2001—2006 年，秦山核电基地外围环境在秦联、杨柳村、夏家湾设置了 3 个气溶胶监测点。监测频次为 1 次/月。监测的气溶胶样品总α、总β和γ核素放射性比活度，监测结果表明基地外围环境气溶胶样品总α、总β放射性比活度基本维持在与对照点同一水平，其中总β放射性比活度则略低于秦山核电厂运行前该地区的本底值，气溶胶中未检出人工γ核素，天然放射性核素含量与本底值和对照点相比仍为同一水平。

2001—2006 年，秦山核电基地外围环境沉降物总α、总β放射性比活度监测点 2003 年前有 6 个，即武原镇、前沿站、秦联、秦山镇、杨柳村与夏家湾监测点，2003 年撤销前沿站监测点，保留其他 5 个监测点，2004 年撤销武原镇与秦山镇（汇总站）监测点，保留秦联、杨柳村与夏家湾三个监测点。监测的沉降物样品总α、总β放射性比活度 6 年均值范围分别为 0.15～0.37 Bq/（m^2 • d）、0.4～1.1 Bq/（m^2 • d）。4 年均值分别为 0.25 Bq/（m^2 • d）、0.75 Bq/（m^2 • d）。基地外围环境沉降物样品总α、总β放射性比活度和天然放射性核素含量基本维持在与对照点同一水平，未检出人工γ核素。

2001—2002 年，秦山核电基地外围环境大气氚化水（HTO）设置了蔡陈门、夏家湾、杨柳村 3 个监测点，2003—2005 年取消了蔡陈门监测点，由于秦山第三核电厂为重水堆，产生的氚要比压水堆大得多，因此在 2006 年增设了秦联、秦山镇和海盐县县政府所在地武原镇，对照点设在杭州。2001—2006 年在秦山核电基地气载流出物的主导方位下风向的夏家湾的氚浓度平均值分别为 19.1 mBq/m^3、23.2 mBq/m^3、129 mBq/m^3、270.3 mBq/m^3、379.2 mBq/m^3、250.9 mBq/m^3，由此可见我国首座重水堆核电站运行以来，环境中的 HTO 一直维持在较高水平，但与韩国月城重水堆周围氚含量相比，我国的重水堆周围环境 THO 浓度则要小得多。另外由于氚是低能β辐射体，它的吸入剂量转换因子较小，因此它对公众造成的内照射贡献不大（图 3-1-243）。

②水。2001—2006 年，秦山核电基地外围环境中在秦山镇、武原镇布设了 2 个饮用水监测点；在秦联村、南北湖、杨柳村、夏家湾布设了 4 个湖塘水监测点；在秦联、杨柳村、夏家湾布设了 3 个地下水（井水）监测点；在核电基地附近海域布设了海水监测点。2001—2003 年，秦山核电基地外围环境地表水（湖塘水）中氚浓度监测结果均小于探测限，2004 年、2005 年、2006 年湖塘水中氚浓度分别为 3.3 Bq/L、9 Bq/L、21.1 Bq/L，呈升高趋势；地下水氚浓度 2004 年以前的监测结果均小于探测限，2005 年、2006 年的氚浓度分别为 2.9 Bq/L、3.9 Bq/L；饮用水与附近海域海水中氚浓度小于探测限，自来水中总α、总β值均符合《生活饮用水卫生标准》（GB 5749—2006）要求，氚浓度小于探测限。

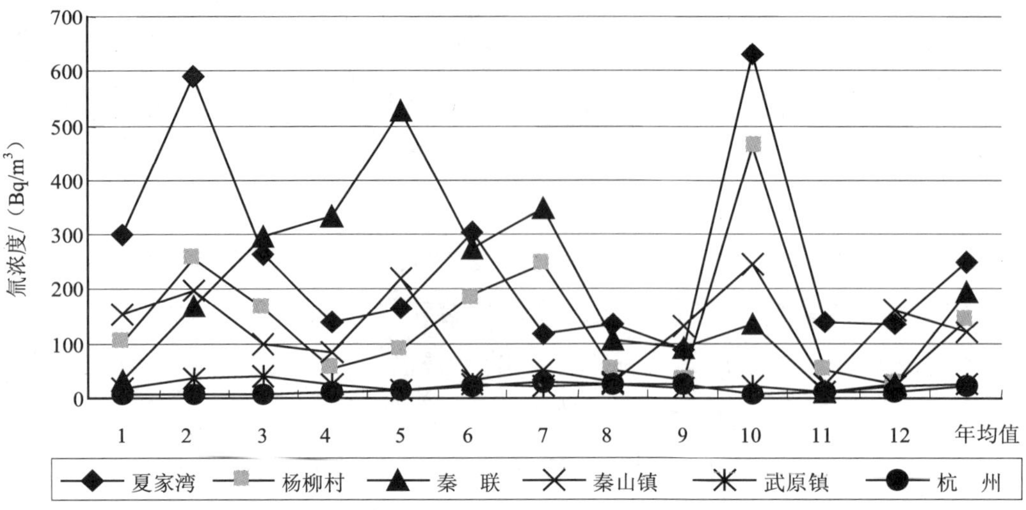

图 3-1-243　2006 年秦山核电基地外围环境空气中的氚浓度

③土壤。2001—2006 年，秦山核电基地外围环境中在同丰、秦联、杨柳村、夏家湾布设了 4～28 个土壤点；秦山核电基地附近海域底泥设置了 4 个监测点，位于各核电厂排放水口附近和澉浦；在夏家湾布设了塘底泥监测点。2001—2006 年土壤中 ^{238}U、^{232}Th、^{226}Ra、^{40}K、^{137}Cs、^{90}Sr 含量的年平均值范围为 36～47 Bq/kg、51～62 Bq/kg、32～44 Bq/kg、526～649 Bq/kg、1.4～2.9 Bq/kg、0.31～1.14 Bq/kg；6 年平均值为 39 Bq/kg、57 Bq/kg、38 Bq/kg、594 Bq/kg、2.3 Bq/kg、0.68 Bq/kg。海底泥中 ^{238}U、^{232}Th、^{226}Ra、^{40}K、^{137}Cs 含量的年平均值范围为 21～27 Bq/kg、31～42 Bq/kg、21～28 Bq/kg、485～566 Bq/kg、0.35～1.7 Bq/kg、0.31～1.14 Bq/kg；6 年平均值为 24 Bq/kg、35 Bq/kg、23 Bq/kg、535 Bq/kg、1.0 Bq/kg，部分年份 ^{90}Sr 含量的平均值为 0.78 Bq/kg。塘底泥中 ^{238}U、^{232}Th、^{226}Ra、^{40}K、^{137}Cs 放射性核素比活度年平均值范围为 33～50 Bq/kg、52～64 Bq/kg、35～40 Bq/kg、550～734 Bq/kg、0.5～4.1 Bq/kg；6 年平均值为 40 Bq/kg、58 Bq/kg、37 Bq/kg、643 Bq/kg、1.85 Bq/kg，部分年份 ^{90}Sr 含量的平均值为 0.78 Bq/kg。由此可见自核电厂运行以来，秦山核电基地外围环境土壤、潮间带土和海、塘底泥中除检出天然γ核素 ^{238}U、^{232}Th、^{226}Ra、^{40}K 外，人工放射性γ核素仅检出 ^{137}Cs 和 ^{90}Sr，其含量与核电站运行前本底值无显著差异，且与对照点同一水平，其他人工放射性核素含量均小于最低探测限。

④生物。2001—2006 年，秦山核电基地外围环境中各种生物样品采样点分别为：大米、叶菜、萝卜在夏家湾、秦联和杨柳村等地采样，茶叶在秦山茶场采样，松针在夏家湾、钟家桥采样，大米、肉类和鱼类在秦联采样。监测结果表明，在秦山核电基地气载放射性流出物主导风向的下风向，指示植物茶叶和松针样品中氚比活度呈升高趋势，其余放射性核素在现有的监测条件下均未监测到异常，且与对照点同一水平。

(2) 广东大亚湾/岭澳核电站

①空气。广东大亚湾/岭澳核电站外围环境设置了10个连续监测点，分别为大坑、岭下、北龙、杨梅坑、鹏城、水头、东山、坝岗、沙头角、深圳，并设广州为对照点。2001—2006年核电站外围环境辐射连续监测系统测得的环境γ辐射空气吸收剂量率（未扣除宇宙射线响应值）年均值范围为115.2～121.1 nGy/h，6年均值为117.8 nGy/h；与运行前各监测点本底值（117.7 nGy/h）相比，属正常水平。

2001—2006年，广东大亚湾/岭澳核电站外围环境45 km范围内布设了21～27个TLD监测点。环境TLD测得的γ辐射空气吸收剂量率（未扣除宇宙射线响应值）年均值范围为125.6～166 nGy/h，按年度平均值为147.2 nGy/h。与运行前各监测点本底均值（136 nGy/h）相比，属正常水平。

2001—2006年，广东大亚湾/岭澳核电站外围环境设置了鹏城、大坑2个气溶胶监测点，监测频率为6次/a。监测的气溶胶样品总α、总β、γ核素放射性比活度6年均值范围分别为0.07～0.21 mBq/m^3、0.37～1.29 mBq/m^3、2.9～5.05 mBq/m^3；6年均值分别为0.12 mBq/m^3、0.78 mBq/m^3、3.88 mBq/m^3，在核电站运行前本底的涨落范围内。

②水。2001—2006年大亚湾/岭澳核电站外围环境中布设了鹏城、深圳2个饮用水监测点；布设了深圳水库、大坑水库、岭澳水库3个水库水监测点；在大亚湾核电站厂区、岭澳核电站厂区分别布设了5个地下水监测点；在金沙布设了10个海水监测点。监测结果表明，饮用水中氚浓度均小于探测限，总α年均值范围为0.02～0.05 Bq/L，总β均值为0.03～0.09 Bq/L，每年度监测值均符合《生活饮用水卫生标准》（GB 5749—2006）要求；水库水中氚浓度小于探测限，其他核素的测量值每年度均在同一水平；海水样品中可监测到微量的氚，2002—2006年每年度海水中的氚浓度分别为3.4 Bq/L、7.5 Bq/L、2.7 Bq/L、1.3 Bq/L、2.8 Bq/L。

③土壤。2001—2006年大亚湾/岭澳核电站外围环境中布设了鹏城、岭澳、大坑3个土壤监测点。土壤中^{238}U、^{232}Th、^{226}Ra、^{40}K、^{137}Cs放射性核素比活度年平均值范围为49～102 Bq/kg、12.3～187 Bq/kg、8～122.5 Bq/kg、230～885 Bq/kg、0.84～4.7 Bq/kg；6年平均值为81 Bq/kg、114 Bq/kg、80 Bq/kg、527 Bq/kg、2.2 Bq/kg，在核电站运行前本底的涨落范围内。

④生物。2001—2006年大亚湾/岭澳核电站外围环境各种生物样品采样点分别为：青菜在鹏城采样，稻草、大米在惠东采样，松针在大坑采样，鸡在惠东采样，淡水鱼在鹏城采样，珍珠贝、牡蛎和马尾藻在西大亚湾采样。监测结果表明，6年来核电站周围地区出产的陆地生物样品，人工放射性核素含量未监测到异常升高，天然放射性核素含量在本底的涨落范围内。海洋水生生物样品中天然放射性核素和人工核素^{137}Cs、^{90}Sr的含量在本底涨落范围内，个别样品中能检测到微量的人工放射性核素^{58}Co、^{110}Ag，各种生物样品中的人工放射性核素没有累加的趋势。

（3）田湾核电站

①空气。田湾核电站外围环境设置了 5 个连续监测点，分别为厂前区、杨圩、高公岛、连云港、墟沟。并设新浦为对照点。2005—2006 年核电站外围环境辐射连续监测系统测得的环境γ辐射空气吸收剂量率（扣除宇宙射线响应值）年均值范围为 60～62.4 nGy/h，2 年均值为 61.2 nGy/h；与运行前各监测点本底值相比，属正常水平。

2006 年，田湾核电站外围环境 30 km 范围内布设了 30 个 TLD 监测点。环境 TLD 测得的γ辐射空气吸收剂量率（未扣除宇宙射线响应值）各测点范围为 58.8～125.8 nGy/h，年均值为 90.6 nGy/h。与运行前各监测点本底均值（92.8 nGy/h）相比，属正常水平。

2006 年，田湾核电站外围环境设置了新浦、杨圩、厂前区、高公岛 4 个气溶胶监测点，监测频率为 1 次/月，监测气溶胶样品总α、总β和γ核素放射性比活度。监测结果表明，气溶胶总α和总β年均值范围按测点平均分别为 0.19～0.22 mBq/m^3、1.21～1.43 mBq/m^3；年均值分别为 0.20 mBq/m^3、1.36 mBq/m^3，与运行前该地区的本底值（总α：0.71 mBq/m^3、总β：1.04 mBq/m^3）在同一水平。气溶胶中未检出人工γ核素，天然放射性γ核素含量与本底值相比仍为同一水平。

②水。2006 年，田湾核电站外围环境地表水、地下水、自来水中的 ^{238}U、^{232}Th、^{226}Ra、^{40}K、^{90}Sr、^{137}Cs、氚和海水中的 ^{90}Sr、^{137}Cs、氚放射性核素浓度均与对照点在同一水平。

③土壤。2006 年，田湾核电站外围环境中柳河村、板桥镇、东辛农场、青口、花果山、宿城、杨圩、高公岛布设了土壤监测点，丁港、刘圩以东布设了潮间带土监测点，排放口附近、丁港、三磨刀塘、厂址以东、刘圩附近、青口闸布设了海域底泥监测点。土壤中 ^{238}U、^{232}Th、^{226}Ra、^{40}K、^{137}Cs、^{90}Sr 放射性核素比活度年平均值为 46.7 Bq/kg、40 Bq/kg、27 Bq/kg、765 Bq/kg、0.7 Bq/kg、1.5 Bq/kg；在潮间带土中为 34.5 Bq/kg、35.5 Bq/kg、62.5 Bq/kg、840 Bq/kg、$<$0.22 Bq/kg、0.19 Bq/kg；底泥中为 38.9 Bq/kg、35.9 Bq/kg、45.3 Bq/kg、798 Bq/kg、1.5 Bq/kg、0.29 Bq/kg。属正常水平。

④生物。2006 年，对田湾核电站外围环境中各种生物样品包括大米、叶菜、牧草、茶叶、松针、牛奶、肉类、鱼类、紫贻贝、牡蛎等样品进行了监测。检测结果均属正常水平。

3. 铀矿山

我国主要的铀矿山有浙江的中核浙江衢州铀业公司（771 矿）、广西的中核金原铀业有限公司桂林分公司 703-1 工程、南宁新原核工业有限公司（701 残矿回收工程）、江西的中核赣州金瑞铀业有限公司 721 矿和中核抚州金安铀业有限公司 719 矿、新疆的中核天山铀业有限公司 511 矿和 737 厂、陕西的中核集团 794 矿以及湖南邵东的铅锌矿和部分铀水冶厂。

监测结果表明，部分铀矿山周围环境中γ辐射空气吸收剂量率和空气中氡浓度超出正常水平，某些矿山周围地表水中天然放射性核素含量增高，地表水受到轻微污染，例如，中核浙江衢州铀业公司（771 矿）由于尾渣库库容、防漏、坝体等指标不能满足生产要求，尾渣坝的渗漏水污染了下游部分农田。2006 年 11 月，矿山废水处理系统经技术改造后，其排放废水中铀和 ^{226}Ra 浓度符合国家规定的排放限值，矿井口、尾渣库、废石场、堆浸场的氡排放量小于设计的年排放量。但由于受历年矿区排放的废水和尾渣坝渗滤水的影响，距矿区排放口最近的下游花园埂断面地表水已受轻度污染。中核金原铀业有限公司桂林分公司 703-1 工程由于采用堆上加堆的堆浸方式，其尾渣坝渗漏水造成了其下游的沙子江水域铀和镭的轻度污染。另外，广西 701 残矿回收工程废水收集池的渗漏水造成其下游地表水中铀和镭浓度远高于对照点。中核赣州金瑞铀业有限公司 721 矿中核抚州金安铀业有限公司 719 矿和广西 703-1 工程周围环境氡浓度和氡子体α潜能，以及井水、土壤、底泥中铀和镭的比活度均超过正常水平。

另外，湖南铅锌矿于 2003 年 7 月全部停产，国家环保总局辐射环境监测技术中心在 2003 年 11 月对其周围辐射环境进行了监测，监测结果表明，在矿区部分地区残留铀矿石，因此局部γ辐射强度较高。在铀水冶生产线工程场地，现场γ辐射强度很高，局部地点和几个产品桶处γ剂量率高达 100 000 nGy/h 以上，连靠近水冶厂的橘园内个别点的γ剂量率也达 1 830 nGy/h。湖南铅锌矿矿区内矿石、矿渣、底泥以及铀水冶厂排出口底泥、矿渣 ^{238}U、^{226}Ra 核素含量均高，如尾渣坝总排口处底泥中的 ^{238}U 含量高达 19 300 Bq/kg；矿区内及附近稻田土壤中的 ^{238}U、^{226}Ra 核素也偏高。地表水总α均有不同程度的超标。

4．其他核设施

在四川、内蒙古、陕西、甘肃等省（区），分布有铀同位素分离、铀转化、燃料元件制造等核燃料循环设施。这些设施会向环境排放少量的含铀排放物。对这些设施所做的环境辐射监测表明，其周围的环境的γ辐射剂量率，空气、水、土壤和生物中的放射性核素活度水平均处于天然放射性本地水平。

在北京和四川，中国原子能科学研究院、清华大学核能与新能源研究院和中国核动力研究设计院等拥有各种类型的研究堆和研究设施，它们也向环境排放极少量的放射性核素。环境辐射监测的结果表明，除原子能科学研究院工作区局部环境γ辐射空气吸收剂量率增高或局部土壤出现放射性污染外，这些设施周围环境的辐射环境质量是良好的，环境放射性水平处于正常的放射性本底水平。

（三）辐射环境质量的未来发展趋势预测分析

1．影响辐射环境质量的主要因素

影响辐射环境的主要因素有四个方面，一是核能产业链；二是核技术应用领域；三是天然放射性；四是核武器生产和科研活动。在这里我们仅分析前三种影响。

在核能产业链中，包括从铀矿选冶到乏燃料后处理和废物管理的全过程。由于采取了一系列的技术和管理措施，核设施的正常运行不会给环境带来明显的辐射水平升高。而其中，值得关注的是铀矿冶设施的“三废”对辐射环境的影响。另外，在核能产业链中应该关注的是核事故对环境造成的污染以及放射性废物的妥善处理和处置的问题。从三里岛和切尔诺贝利核电厂的事故得到的教训是，核电的发展必须以保障核安全为前提，核安全必须遵从预防为主、纵深防御的安全原则。对于放射性废物，必须采取合理的管理方案进行妥善的处理处置，从而做到保护当代和保护后代，并不给后代留下不合理负担的原则。

在核技术应用领域，主要是各种放射源和放射性核素在各个领域的应用，应用的领域十分宽广，而其中的正常使用对于辐射环境的影响有限。但是，在发生放射源失控事故中存在造成环境放射性污染的可能。例如，1987 年在巴西发生的放射源失控事故，导致 4 人死亡，造成了大面积的放射性污染，去污过程形成放射性废物 3 500 m^3，用于处理事故的经费超过 2 000 万美元。国内发生的多起放射源失控事故，由于放射源被混入金属冶炼回收炉中，造成了大量的污染。

第三个方面是人类活动引起天然放射性水平升高。天然辐射的“本底”有两个来源：一个是高能粒子形式的辐射，它来自外层空间，统称宇宙射线；另一个来源是存在于地球上的天然放射性，即天然存在于自然界普通物质（如空气、水、泥土和岩石，甚至食物）中的放射性。地壳是天然放射性核素的重要贮存库，尤其是原生放射性核素。地壳中的放射性物质主要为铀、钍系和 ^{40}K。其中，空气中的天然放射性核素主要有地表释入大气中的氡及其子体核素，动植物食品中的天然放射性核素大多数是 ^{40}K。

人类活动对于天然存在的放射性水平会造成影响。主要关注的是在有较多放射性核素含量的矿产资源的开发利用中，通过加工造成了这些天然放射性核素的浓集，从而使得过程中伴有辐射危害，特别是产生的废物有一些具有较高的放射性水平而由低放废物浓集的。另外一个方面是建筑材料使用中的天然放射性造成建筑物中的辐射水平升高，特别是氡的水平，对公众的居住环境造成影响。

2. 保障核设施安全是良好的辐射环境的前提

核能界普遍认为核事故具有以下典型特点：事故的突发性，稍不小心，就会发生灾难性的后果；难以恢复性，一旦出了放射性事故，几乎很难恢复到原来的自然水平；公众和社会的极度敏感性，核事故会给公众和社会带来极大的心理负担，造成社会的恐慌；影响的全球性，一方面放射性的影响没有国界；另一方面一个国家的核事故会使全世界对核能的安全性产生极大的怀疑，全球的核能发展将遭受重创；修复艰巨性，事故电厂的处理、周围大量居民的迁移和受污染区域放射性的去除、要付出难以估量的经济代价。

因此，必须把核事故的预防作为核安全管理的主要目标，采取各种措施和手段，消除所有可能的事故隐患，确保核与辐射安全万无一失，确保有良好的辐射环境质量。

3．铀矿冶设施的“三废”治理

我国铀矿地质勘探和铀矿冶产生的废物分布广，遗留问题多，有些地区的环境中氡及其子体浓度较高，局部居民的生活环境中地表水和地下水源已被污染。铀矿勘探、采冶工作人员的职业照射水平高。相当数量的废矿石、矿渣尚未完全得到妥善处理。

随着核电的迅速发展，对于铀资源的需求量急剧上升，到 2020 年，以目前国家核电规划的 4 000 千万 kW 核电装机容量计算，将需要天然铀 7 200 t。而我国目前的铀矿冶生产能力（约 1 500 t）远远满足不了要求，所以铀矿冶的迅速扩张是必然的。而在市场经济条件下，企业追求的第一目标是经济效益，如果对铀矿冶的“三废”治理措施不严加控制，仍然以现在的方式进行生产势必对辐射环境带来严重的影响。

4．放射性含量较高的矿产资源利用中的“三废”治理

放射性含量较高的矿产资源利用中的放射性废渣和废水还没有完全受控。企业环境保护技术滞后或未采取环保措施，多数稀土厂废水未采取环保治理措施，将产生的酸性废水外排，甚至连同废渣混排，使本应建库贮存的一部分低放废渣以水冲渣形式冲入“尾矿坝”或其他受纳水体。放射性含量较高的矿产资源开发中的辐射防护和环境保护问题尚未引起足够的重视。

与核工业铀矿冶产生的放射性废物不同，放射性含量较高的矿产资源开发中放射性废物具有以下特点：

① 比活度宽度较大。调查显示，这类放射性固体废物的比活度宽度较大，范围在 0.1～1 000 Bq/g，而铀矿冶行业产生的废物比活度则相对集中。

② 数量大。据不完全统计，美国每年产生的这类放射性固体废物超过 10 亿 t，我国仅四川、广东、内蒙古等七省（区）每年产生的伴生放射性废物就超过 1 200 万 t。

③ 涉及的行业多。由于这类放射性废物不仅产生在矿产的开采过程中，而且随后的冶炼、应用过程中也会产生放射性废物。如美国将产生伴生放射性废物的行业划分为 8 大类，欧盟将产生这类放射性废物的行业总结为 17 类。

④ 审管方式不同。我国铀矿冶废物已进入审管体系，相关的法规、标准已日趋完善，而伴生放射性废物尚未完全进入审管体系。

鉴于放射性含量较高的矿产资源利用中放射性废物具有与核燃料循环行业产生的放射性废物显著不同的特点，因此不能按照通常的放射性废物管理程序对其进行管理，如要求对其进行包装、整备、实施区域处置或集中处置等，而是应针对特点，制定适宜的、具有可操作性的管理政策。

5. 辐射环境质量的未来发展趋势

基于：

第一，核电是清洁安全的能源，核电厂及核燃料循环正常运行产生的辐射环境影响是极小的。

第二，我国目前的辐射环境质量是良好的，环境中的放射性水平仍然基本保持在 1983—1990 年全国环境天然放射性水平调查的水平上。

第三，汲取已经发生的严重核事故的教训，核电厂及其他核设施的安全水平在不断提高，核安全更加有所保证。放射性废物的安全处置正在越来越受到高度重视并逐步得到解决。这些将使辐射环境安全具有极好的基础和前提。

第四，对目前存在的若干影响辐射环境质量的因素，有关部门正在采取措施加以解决，例如铀矿山对附近水体的污染治理问题。

第五，人们特别关注的人为活动引起的环境天然放射性水平增高的问题，特别是放射性含量较高的矿产资源利用中的辐射环境问题，正在逐步纳入国家的安全监管之中。目前，针对内蒙古白云鄂博稀土矿生产带来的辐射环境问题，有关部门正在积极采取措施，相信情况会在近期得到控制，但对于已经造成的污染还需要一段时间的整治和修复。

可以预测，我国辐射环境质量未来会仍然保持在良好的状态，目前存在的某些问题有望逐步改善和解决。

（四）小结

第一，全国辐射环境质量状况总体保持在良好的状态。全国监测的 21 个省、自治区、直辖市内陆地瞬时环境γ辐射空气吸收剂量率（扣除宇宙射线响应值）为 32～100 nGy/h，与本底水平保持一致；核电厂周围放射性核素辐射水平符合国家标准；部分铀矿山周围环境介质中存在轻微污染。

第二，十多年来，我国电离辐射水平均在本底涨落范围内。2001—2006 年，我国室内氡浓度范围为 22.1～85.8 Bq/m^3，室外氡浓度为 8.62～39.9 Bq/m^3，与 1983—1990 年天然放射性水平调查的结果相比，室外氡浓度变化不大，但室内氡浓度明显增高。

第三，核能应用和放射性含量较高的矿产资源的使用是影响电离辐射环境质量的主要因素。

第四，建议进一步完善辐射环境监测体系，加强各类辐射源的监督管理。

九、生态环境

（一）我国生态环境质量状况

1. 生态环境质量状况

根据《生态环境状况评价技术规范（试行）》（HJ/T 192—2006）中的指标及计算方法，利用 2004—2005 年生态遥感监测数据评价得出 2005 年全国各省（自治区、直辖市）的生态环境质量情况（图 3-1-244）。

图 3-1-244　2005 年全国生态环境状况分布图

从图 3-1-244 可知，2005 年全国各省（自治区、直辖市）的生态环境质量分成 4 类，即优类，包括浙江、福建、海南、江西、广东、湖南 6 个省；良类，包括广西、云南、吉林、黑龙江、安徽、湖北、江苏、辽宁、贵州、四川、天津、北京 12 个省（自治区、直辖市）；一般类，包括上海、重庆、河南、河北、陕西、山东、宁夏、内蒙古、西藏、青海、山西 11 个省（自治区、直辖市）；较差类，包括甘肃、新疆 2 个省（自治区），没有出现差类。全国生态环境质量“一般”。

本次评价不包括香港特别行政区、澳门特别行政区和台湾地区。

2005 年全国各省（自治区、直辖市）的生态环境质量排序见表 3-1-94。

表 3-1-94　　2005 年全国生态环境质量排序表

等级	省（市、区）	*EI*	生物丰度指数	植被覆盖指数	水网密度指数	土地退化指数	环境质量指数
优	浙江	87.12	103.63	105.20	52.82	16.41	85.94
	福建	86.48	97.74	97.66	48.21	5.14	92.65
	海南	83.68	88.30	89.11	57.50	12.10	98.02
	江西	79.35	88.98	90.58	42.22	15.38	90.82
	广东	78.31	84.37	85.00	55.46	14.58	80.28
	湖南	77.28	88.26	90.58	41.87	18.68	83.10
良	广西	73.80	81.85	84.75	34.84	12.41	79.35
	云南	69.87	72.86	78.34	34.02	24.09	93.37
	吉林	69.19	77.85	74.54	17.17	6.74	84.87
	黑龙江	68.82	86.46	78.85	18.37	18.32	76.18
	安徽	67.12	59.44	69.26	39.92	14.31	88.56
	湖北	66.40	66.10	69.22	42.19	26.38	85.78
	江苏	61.70	42.27	52.34	63.55	11.77	68.75
	辽宁	61.23	65.06	64.44	22.21	21.64	79.77
	贵州	60.07	57.98	62.55	28.05	26.25	84.71
	四川	59.75	61.31	69.34	27.54	32.53	77.04
	天津	58.85	38.01	33.98	64.16	12.57	81.56
	北京	55.91	50.46	48.67	20.61	15.73	83.93
一般	上海	54.57	33.43	40.28	62.64	11.93	53.43
	重庆	54.48	53.43	60.11	32.40	48.08	81.62
	河南	52.96	45.75	49.29	23.21	22.06	76.24
	河北	49.77	46.16	48.67	12.86	20.82	67.24
	陕西	47.92	49.22	55.91	17.95	59.20	84.53
	山东	47.85	35.49	37.32	33.40	28.80	70.62
	宁夏	43.40	36.31	44.22	8.80	48.92	90.01
	内蒙古	43.17	49.65	55.27	6.58	62.96	73.21
	西藏	41.83	39.40	33.27	25.59	73.61	99.49
	青海	39.79	26.07	25.41	15.20	47.04	97.08
	山西	37.89	37.53	40.75	8.30	49.89	57.87
较差	甘肃	31.93	28.77	33.53	8.32	82.24	85.44
	新疆	24.46	19.20	21.35	7.91	80.66	66.28
一般	全国	50.45	48.63	50.29	21.10	44.87	86.56

注：*EI* 为生态环境状况指数。

2. 生态环境状况变化分析

2000 年到 2005 年，全国各省（自治区、直辖市）生态环境状况变化幅度见 图 3-1-245，全国各省（自治区、直辖市）中生态环境状况略有变差的为广东省和上海市，生态环境状况指数（*EI*）变化值分别为 3.70 和 2.46，占全国总面积的 1.98%；明显变好的天津市和宁夏回族自治区，占全国总面积的 0.67%；略有变好的河南省、新疆维吾尔自治区、河北省、辽宁省、吉林省、山东省和重庆市 7 省（自治区、直辖市），占全国总面积的 27.45%；全国生态环境状况指数（*EI*）增加了 2.08，略有变好。

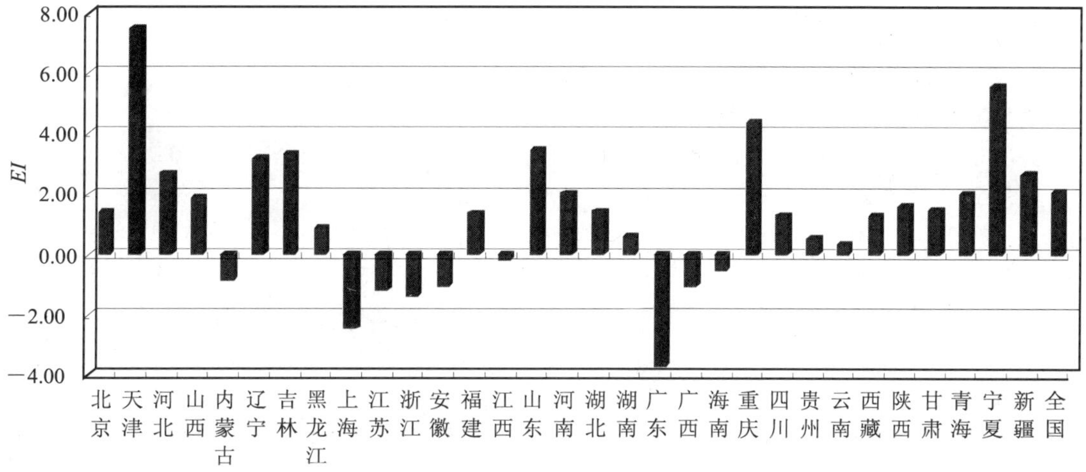

图 3-1-245 “十五”期间全国各省（自治区、直辖市）生态环境状况变化幅度图

3. 生态环境因子变化分析

2000 年到 2005 年，全国各省（自治区、直辖市）各生态环境因子变化量，见表 3-1-95。

表 3-1-95 全国各省生态环境因子变化

变化等级	省（市、区）	*EI*	生物丰度指数	植被覆盖指数	水网密度指数	土地退化指数	环境质量指数
略有变差	广东	−3.70	−6.07	−4.53	−4.29	0.30	−2.41
	上海	−2.46	1.75	4.43	−18.03	−0.01	−1.21
无明显变化	浙江	−1.36	3.63	5.20	−14.83	−0.14	−2.47
	江苏	−1.18	2.75	12.07	−14.37	0.07	−9.27
	安徽	−1.05	2.82	7.02	−14.44	−0.41	−2.37
	广西	−1.02	−0.38	−0.32	−3.07	−0.47	−2.26
	内蒙古	−0.84	−2.90	−5.60	−0.09	−6.71	−2.14
	海南	−0.53	3.66	6.63	−12.65	0.75	−0.58
	西藏	−0.27	−1.74	−0.8	0.84	0	0.98
	江西	−0.20	1.21	3.68	−16.10	−11.79	−2.53
	云南	0.34	−0.22	−0.24	−3.27	−1.06	5.88
	贵州	0.53	−0.04	−0.04	−3.60	−2.15	5.59
	湖南	0.61	3.10	5.06	−5.59	−1.42	−2.27
	黑龙江	0.85	0.70	0.48	0.51	−1.35	1.37
	四川	1.31	1.51	1.98	−1.34	−1.17	3.80
	福建	1.37	3.07	3.07	−12.15	−13.38	−1.72
	北京	1.42	−2.07	−3.34	2.55	−0.94	12.70

变化等级	省（市、区）	*EI*	生物丰度指数	植被覆盖指数	水网密度指数	土地退化指数	环境质量指数
无明显变化	湖北	1.44	2.24	4.32	−3.02	−2.15	1.25
	甘肃	1.49	0.47	0.52	−0.38	−8.46	−2.30
	陕西	1.49	0.30	−0.96	1.11	−4.92	2.64
	山西	1.87	0.92	1.32	0.39	−6.48	−0.01
	青海	2.00	0.54	0.38	−0.07	−9.49	−0.65
略有变好	河南	2.03	2.33	3.93	2.80	6.72	9.67
	新疆	2.64	0.06	0.05	−0.18	−19.34	−8.14
	河北	2.70	−0.20	−0.19	0.75	−2.08	14.78
	辽宁	3.18	0.78	2.07	1.46	0.83	16.31
	吉林	3.30	0.42	0.39	−0.86	−11.52	6.56
	山东	3.45	1.42	2.55	−2.34	−1.35	18.57
	重庆	4.40	3.50	4.53	−2.40	−10.13	7.17
明显变好	宁夏	5.55	7.19	7.70	0.13	−4.60	8.42
	天津	7.51	7.07	8.19	6.01	0.60	20.15
略有变好	全国	2.08	−0.05	0.18	−1.52	−11.59	0.26

由表 3-1-95 可知，①宁夏回族自治区、天津市的生物丰度指数明显升高，广东省的明显降低；②浙江省、江苏省、安徽省、海南省、湖南省、宁夏回族自治区、天津市等省（区）的植被覆盖指数明显升高，内蒙古自治区的明显降低；③天津市水网密度指数明显变好，安徽省、江苏省、上海市、浙江省、海南省、江西省、湖南省、福建省等水网密度指数明显变差；④内蒙古自治区、甘肃省、青海省、新疆维吾尔自治区、福建省、吉林省、江西省、重庆市和辽宁省土地退化指数明显减小，说明土地退化程度明显减轻，河南省土地退化指数明显增大，说明土地退化程度加剧；⑤天津市、山东省、辽宁省、河北省和北京市环境质量指数明显增加，新疆维吾尔自治区和江苏省环境质量指数明显减小。

（二）森林

全球约 40%的森林相对未受到人类活动的干扰，在大多数工业国家中，每年森林净增长率超过了开发率，但在其他地区从生产林中砍伐的树木多于自然生长所补充的树木，随着木材供应量的不断增加（40 年以来增加了 50%）。森林年轻化、单一的趋势十分明显。

1998 年世界资源研究所的一项分析发现，由于森林的不断丧失，将近 30%的世界主要流域的原始森林覆盖率已经减少了 3/4 以上，特别是对保护流域起重要作用的热带山地雨林，正在以更快的速度丧失，从而减少了森林净化淡水、减缓水土流失和改善气候环境等的主要作用。由于森林生境向其他土地用途的转变，生境破碎化，伐木以及来自入侵物种的竞争，使一些森林的大型哺乳动物、半数的大型灵长目动物，约 9%的已知树木种类正面临灭绝危险，如此下去，所有的森林物种数量将减少 4%～8%。

中国地域广阔，自然气候条件复杂，植物种类繁多，森林资源丰富，森林类型多样，具有明显的地带性分布特征。中国陆地由北向南，森林主要类型依次为针叶林、针阔混交林、落叶阔叶林、常绿阔叶林、季雨林和雨林，构成了独特的森林景观。

1．中国森林面积列世界第 5 位，但人均面积较少

根据第六次全国森林资源清查（1999—2003 年）结果，全国森林面积 17 490.92 万 hm^2，比第五次全国森林资源清查（1994—1998 年）增加 1 596.83 万 hm^2；人均森林面积只有 0.132 hm^2，比第五次全国森林资源清查（0.128 hm^2）增加 0.004 hm^2。

2．森林覆盖率逐步上升，但与世界平均相比依然较少

2006 年森林覆盖率为 18.21%，比 1989 年统计数 12.98%提高了 5.2 个百分点，比第五次全国森林资源清查提高了 1.66 个百分点。但是与世界森林覆盖率 27%相比相差甚远。

3．森林蓄积量增加，消耗生长基本平衡

我国森林蓄积量列世界第 6 位，约 124.56 亿 m^3，与 1989 年的 91.41 亿 m^3 相比增加了 36.3%（图 3-1-246）；林木年均净生长量 4.97 亿 m^3，年均采伐消耗量为 3.65 亿 m^3，基本做到了平衡。

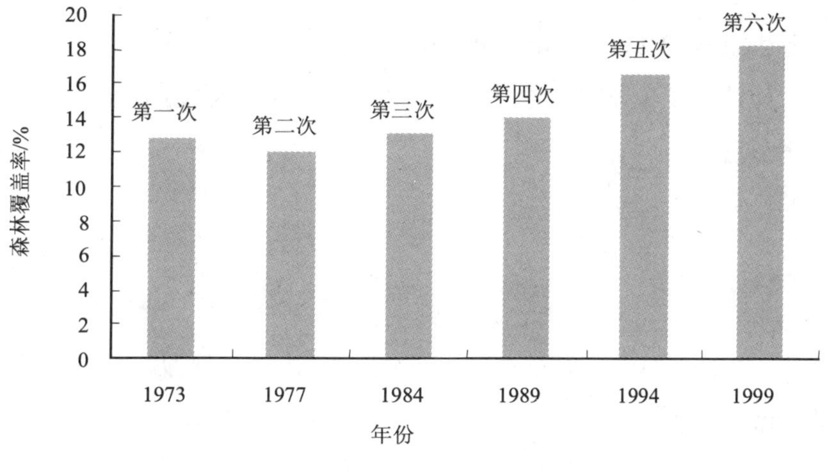

图 3-1-246　全国森林覆盖率变化情况

4．森林资源质量变化不大，病虫害依然严重

林分的树种组成比例、单位面积生长量和蓄积量、平均郁闭度和胸径、林木生活力、病虫危害程度等是反映森林资源质量的重要指标。林分针叶林、阔叶林、针阔叶混交林的面积比为 47∶50∶3。林分单位面积年均生长量为 3.55 m^3/hm^2，平均郁闭度 0.54，平均胸径 13.8 cm。林分单位面积蓄积量为 84.73 m^3/hm^2，其中天然林分 95.87 m^3/hm^2，人工林分 46.59 m^3/hm^2。林分生

长发育状况较好，林木生活力等级达到中等、良好以上的林分面积比例分别为 50.58%、42.22%。

没有病虫危害的森林面积占 79.91%；受病虫危害达到重度、中度、轻度的森林面积比例分别为 0.54%、2.50%和 17.05%。

（三）土地

截至 2006 年 10 月 31 日，全国 31 个省（自治区、直辖市）土地调查面积中，农用地 98.58 亿亩、建设用地 4.85 亿亩[①]、未利用地 39.17 亿亩。人均农用地 7.50 亩，人均建设用地 0.37 亩。农用地中，耕地 18.27 亿亩、园地 1.77 亿亩、林地 35.4 亿亩、牧草地 39.29 亿亩、其他农用地 3.83 亿亩。建设用地中，居民点及独立工矿用地 3.95 亿亩、交通运输用地 0.36 亿亩、水利设施用地 0.54 亿亩。

1. 耕地

2006 年，全国耕地净减少 460.2 万亩。其中，减少耕地 1 011.0 万亩（建设占用 387.8 万亩，其中，当年建设占用耕地 251.0 万亩，同时查出往年已经建设、未变更上报的建设占用耕地 136.8 万亩；灾毁耕地 53.8 万亩；生态退耕 509.1 万亩；农业结构调整减少耕地 60.3 万亩），土地整理复垦开发补充耕地 550.8 万亩。建设项目用地占用耕地实现占补平衡。2006 年与上年相比，耕地面积减少 0.25%，园地面积增加 2.33%，林地面积增加 0.16%，牧草地面积减少 0.08%，居民点及独立工矿用地面积增加 1.30%，交通运输用地面积增加 3.67%，水利设施用地面积增加 0.46%。

2. 荒漠化

荒漠化是指包括气候变异和人为活动在内的种种因素造成的干旱、半干旱和亚湿润干旱区的土地退化，这些地区的退化土地为荒漠化土地。监测结果表明，2004 年全国荒漠化土地总面积为 263.62 万 km^2，占国土总面积的 27.46%，分布于北京、天津、河北、山西、内蒙古、辽宁、吉林、山东、河南、海南、四川、云南、西藏、陕西、甘肃、青海、宁夏、新疆 18 个省（自治区、直辖市）的 498 个县（旗、市、区）。主要分布在新疆、内蒙古、西藏、甘肃、青海 5 省（自治区），占全国荒漠化土地总面积的 95.31%。

3. 沙化

沙化是指在各种气候条件下，由于各种因素形成的、地表呈现以沙（砾）物质为主要标志的土地退化，具有这种明显特征的退化土地为沙化土地。监测结果表明，截至 2004 年，全国沙化土地面积为 173.97 万 km^2，占国土总面积的 18.12%，分布在除上海、台湾及香港特别

① $1hm^2$=1/15 亩。

行政区、澳门特别行政区外的 30 个省（自治区、直辖市）的 889 个县（旗、市、区）。主要分布在新疆、内蒙古、西藏、青海、甘肃 5 省（自治区），占全国沙化土地总面积的 93.41%（图 3-1-247）。

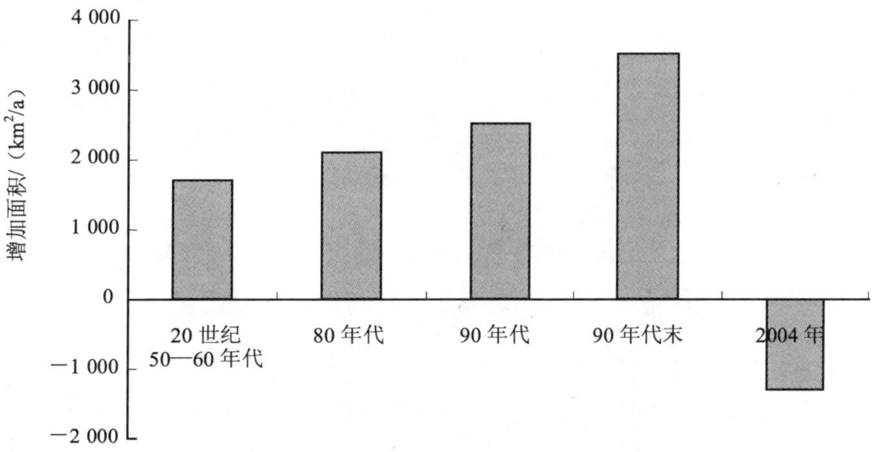

图 3-1-247　我国沙化土地年均扩展状况

4．水土流失

我国水土流失分布广泛，是世界上最严重的国家之一。20 世纪以来人口激增，城市化、工业化发展，地表扰动和植被破坏程度增强，由于保护不足，进一步加剧了水土流失的程度。

（1）水土流失概况

20 世纪 50 年代以来，我国先后进行了 4 次全国性的土壤侵蚀调查（表 3-1-96）。其中，三次遥感普查的水土流失面积总体有所减少，但是治理速度比较缓慢。

表 3-1-96　　我国土壤侵蚀面积变化　　单位：万 km^2

普查时间	水力侵蚀	风力侵蚀	冻融侵蚀	说明
1955 年	153	—	—	统计调查方式，新疆、西藏、上海、天津、台湾未作统计，调查没有统一的标准和规范
1983—1990 年	179	188	125	采用 1983—1985 年的 MSS 卫星照片
1999—2000 年	165	191	—	采用 1995—1996 年的 TM 影像。在风蚀和水蚀面积中，水、风蚀交错区面积为 26 万 km^2
2002 年	161.22	195.70	—	采用 2000—2001 年的 TM 影像

资料来源：1）王礼先. 关于进一步加强水土流失综合治理的对策. 中国水利，2000（8）：61-62.
2）中华人民共和国水利部. 全国水土保持公报，2003.
3）中国水土流失与生态安全综合科学考察（2005—2006），2006 年 8 月初审会的基础研究报告及 2006 年 12 月 5 日专家指导委员会咨询会成果汇报资料。

按照《土壤侵蚀分类分级标准》可将土壤侵蚀强度划分为微度、轻度、中度、强度、极强度和剧烈六个等级，后面的五个等级计入土壤侵蚀面积。以全国水土保持监测公报（2003）所公布的第二次全国土壤侵蚀遥感普查数据为基础，分析全国水土流失的强度构成，我国水土流失以轻度和中度为主，面积分别达到 83 万 km^2 和 55 万 km^2，分别占水土流失面积的 50%和 33%；强度、极强度和剧烈等级水土流失面积分别为 18 万 km^2、6 万 km^2、3 万 km^2，分别占水土流失面积的 11%、4%、2%。总体上，黄河中游和长江上游是我国水土流失面积广、强度高的区域，主要包括山西、陕西、甘肃、内蒙古、宁夏、四川、重庆、贵州和云南；黑龙江、辽宁、山东、河北和新疆等地区的局部水土流失也很严重。

（2）流域多年平均侵蚀产沙量

我国 11 大流域多年平均土壤侵蚀总量 49.07 亿 t（表 3-1-97）；长江流域最多，为 23.87 亿 t；黄河流域次之为 16.00 亿 t；其他流域较少。侵蚀模数以黄河流域最大，为 3 478.26 t/（km^2·a）；其次是长江流域，为 1 614.68 t/（km^2·a）；海河流域次之，为 1 105.11 t/（km^2·a）；淮河流域、辽河流域和塔里木河流域居中，为 690～790 t/（km^2·a）；其他流域均较小。9 条外流河流域多年均侵蚀模数达 1 420.81 t/（km^2·a），每年的土壤侵蚀量和泥沙入海量中，长江流域和黄河流域均占了绝大部分的比重。

表 3-1-97　　　　我国主要江河流域土壤流失量

流域		计算面积/万 km^2	多年平均土壤侵蚀		侵蚀总量/亿 t		
			侵蚀总量/亿 t	侵蚀模数/[t/（km^2·a）]	2002 年	2003 年	2004 年
外流河	长江	147.85	23.87	1 614.68	10.85	10.54	9.32
	黄河	46.00	16.00	3 478.26	7.71	3.60	4.91
	海河	18.20	2.01	1 105.11	0.08	0.04	0.04
	淮河	20.10	1.58	784.60	0.24	0.83	0.19
	珠江	45.40	2.20	484.58	1.47	0.48	0.77
	松花江	55.70	0.19	34.50	0.16	0.25	0.14
	辽河	22.00	1.53	694.10	0.20	0.09	0.08
	钱塘江	5.56	0.11	203.44	0.05	0.03	0.03
	闽江	6.10	0.12	189.67	0.05	0.01	0.01
内陆河	塔里木河	18.66	1.30	696.68	2.40	1.22	0.72
	黑河	4.39	0.16	364.47	0.15	0.14	0.01
总计		389.96	49.07	1 420.81	23.36	17.23	16.22

资料来源：1）中华人民共和国水利部. 全国水土保持监测公报，2003.
2）中华人民共和国水利部. 中国水土保持公报，2003.
3）李智广，刘秉正. 我国主要江河流域土壤侵蚀量测算. 中国水土保持科学，2006，4（2）：1-6.

（3）开发建设造成土壤的侵蚀

20 世纪以来，特别是改革开放以来，我国人口增长迅速、工业化和城市化加快发展，大量的交通管线工程、渠道堤防工程、电力工程、矿产工程、城镇建设工程和冶金化工工程等无不造成大面积的原始地表扰动、破坏以及大量的土石方搬运和堆积，是水土流失加剧的重要原因。

（4）水土流失的基本趋势

我国水土流失总体面积有所减少，侵蚀强度有所降低，但是地区差异大，局部区域依然严重甚至恶化。水土流失在其本质上是一种客观存在的自然现象，但随着人口增加和人类活动增强，很多区域人为因素造成的水土流失加剧已远远超过了其自然本底值。我国正处于经济社会加速发展的过程中，改革开放以来的 20 多年，对水土资源开发利用的程度达到了前所未有的水平；而且，目前及未来的较短时期内尚难以根本改变或扭转资源高消耗、生活高消费的发展模式。因此，开发建设项目水土流失问题的控制难度将继续加大，人为水土流失加剧问题将日益突出。总体上，全国水土流失综合防治任重道远。

5. 耕地质量

（1）不合理的农药化肥施用

2004 年农药施用量 132 万 t，化肥施用量 4 412 万 t。施肥比例失调，氮、磷、钾肥的施用比例为 1∶0.39∶0.22，而世界平均为 1∶0.6∶0.4。有机肥施用量仅占肥料施用总量的 25%，而合理比例应占 40%左右。微量元素肥料施用面积仅占应施用面积的 15%左右。

（2）耕地质量总体偏低

根据 PAGE 的研究结果，世界上 65%的农业生态系统有着某种程度的退化，其中，约 24%为“中度退化”，40%“严重退化”或“非常严重的退化”。我国现有耕地总体质量偏低，存在土壤养分失衡、肥效下降、环境恶化等突出问题。一是中低产田所占比重偏高。全国高产稳产田只占耕地总面积的 35%，受干旱、陡坡、瘠薄、洪涝、盐碱等各种障碍因素制约的中低产田占 65%，其中中产田占 37%，低产田占 28%。二是耕地有机质含量偏低，土壤养分不均衡。全国耕地有机质平均含量为 1.8%，棕壤、褐土等土壤类型比欧洲同类土壤有机质含量低 50%以上。我国缺磷耕地面积占耕地总面积的 51%（有效磷质量分数小于 5 mg/kg）；缺钾耕地占 60%（有效钾质量分数小于 50 mg/kg）。三是“占优补劣”现象严重。在耕地“占补平衡”的过程中有些地区仅重视数量平衡，忽视耕地质量平衡，新增耕地质量偏低，使中低产田的比重继续增大。据对全国 15 个省（市）的调查，大部分新增耕地需要 5～10 年不懈地培肥，才能达到现有耕地的肥力水平。四是土壤酸化加剧，退化严重。南方 15 省稻田潜育化面积比 20 世纪 80 年代增加了 10%。由于水土流失、贫瘠化、次生盐渍化、潜育化和土壤酸化等原因，已造成 40%以上耕地土壤退化。

（3）农田受污染的程度不宜忽视

①“菜篮子”种植基地土壤环境质量。

根据 2003—2005 年全国“菜篮子”种植基地土壤监测结果（图 3-1-248），2003 年镉超标率为 27.5%，2004 年为 14.5%，2005 年为 17.5%，三年间镉超标率在各项污染物中均为最高，从污染分担率分析镉为首要污染物；汞和锌三年间均有超标；砷、铬、铅、农药六六六和DDT等三年监测结果均不超标，且在土壤各类污染物中所占比例和年度间差异均小。

2003年基地土壤污染安全级比例为63.5%，2个基地重污染，占3.8%；2005年基地土壤污染安全级比例为71.9%，2个基地为重污染，占3.5%

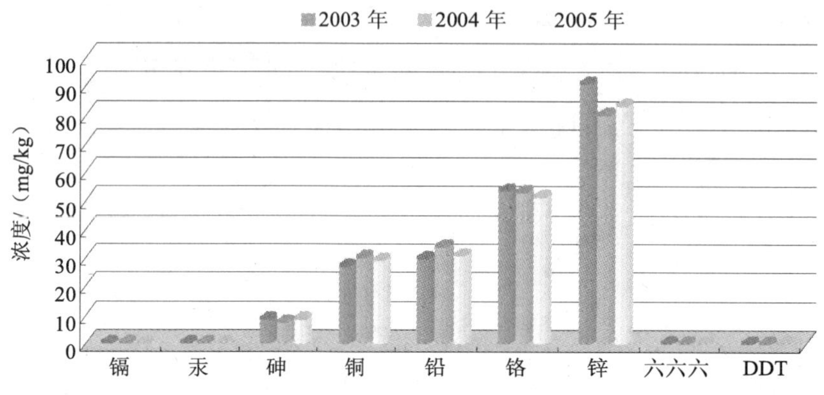

图 3-1-248 “菜篮子”基地土壤污染物质量分数均值三年比较

② 污灌区土壤环境质量。

根据2003—2005年全国部分污灌区土壤污染调查监测结果（图3-1-249），镉为首要污染物，超标率分别为25.0%、33.3%和26.7%；汞和铜2005年均有超标，超标率均为6.7%。2003年土壤安全级别比例为76.9%，2004年为60.0%，2005年为73.3%；2004年出现2个重污染灌区，2005年出现1个重污染灌区。

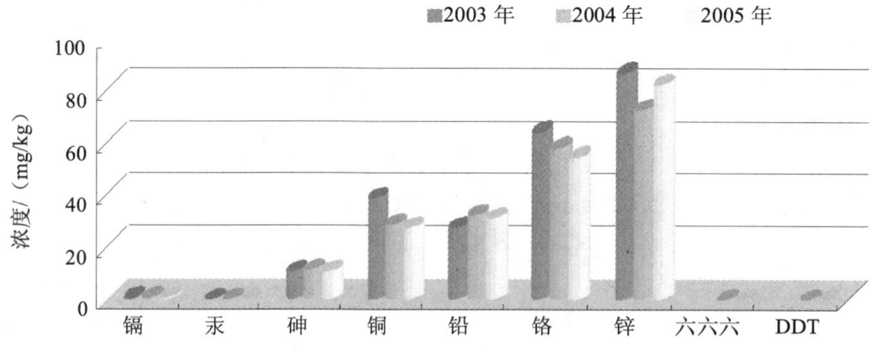

图 3-1-249 污灌区土壤污染物质量分数均值三年比较

（四）草原

我国拥有包括荒草地在内的各类天然草原近60亿亩①，居世界第二位，占国土面积的

① 1亩=1/15 hm^2。

41.7%。

2006 年，中国草原保护制度建设和草原畜牧业生产方式转变取得显著成效。据初步统计，2006 年全国累积种草保留面积达到 4 亿亩，草原围栏面积 7.87 亿亩，禁牧休牧轮牧草原面积 13 亿亩，3 000 多万头牲畜从依赖天然草原放牧转变为舍饲圈养。通过加强人工草地和棚圈建设等措施，初步实现禁牧不禁养、减畜不减收的目标，草原植被得到较好恢复，为草原畜牧业可持续发展奠定了较好的基础。

1. 草地面积

草地覆盖地球表面积的 40%并是近 10 亿人口的家园，其中的一半人口生活在易受影响的干旱地区。农业和城市化正在改变着草地，北美许多高草原的转变，几乎已达到百分之百。世界上 20%的易受影响的草地正在退化，支持畜牧业生产的总体能力正在下降，一些国家肉类生产在下滑。亚洲是世界上草地退化面积最大的地区，达到 3.7 亿 hm^2。占易受影响的草地的 20%。

近 10 年来，我国草地面积一直在 3.93 亿 hm^2 左右，占国土面积的 41.7%；人均草地仅 0.33 hm^2，只世界人均草地 0.64 hm^2 的一半。

草地退化的趋势没有得到控制，20 世纪 90 年代初，草地退化速度为 130 万 hm^2/a，而到 21 世纪初已经达到约 200 hm^2/a，退化草地的面积由 1989 年的 6 670 万 hm^2 发展到目前的约 13 500 万 hm^2，几乎增加了一倍。

2. 草原生产力

根据 2006 年草原监测显示，全国草原鲜草产量 94 313 万 t，折合干草约 29 587 万 t，载畜能力约 23 161 万羊单位，较上年增加 0.6%。产草量居前 10 位的省（自治区）分别是内蒙古、新疆、青海、四川、西藏、云南、黑龙江、甘肃、广西、湖北，其产草量达 21 123 万 t，占全国总产草量的 71.4%。

草畜平衡监测结果表明，全国天然草原平均超载牲畜 34%左右。从六大牧区的情况看，除生态建设项目区外，仍存在不同程度的牲畜超载。其中西藏超载 38%、内蒙古超载 22%、新疆超载 39%、青海超载 39%、四川超载 40%、甘肃超载 40%。从牧区、半农半牧区县（旗）情况看，在全国 266 个牧区、半农半牧区县（旗）中，204 个县（旗）处于超载状态，其中牧区县平均超载 28%，半农半牧区县平均超载 42%。

3. 草原鼠、虫害

2006 年，草原鼠害危害面积 5.6 亿亩，比上年减少 1.8%。其中，严重危害面积 3.08 亿亩，比上年减少 3.0%。鼠害较严重的是青海、内蒙古、甘肃、四川、新疆、西藏、宁夏 7 省（自治区），危害面积共 4.99 亿亩，占全国的 88.8%。危害严重的主要鼠种有鼠兔、沙鼠、鼢鼠、田鼠、黄鼠类等。2006 年，累计防治鼠害 8 600 万亩，其中完成草原鼠害应急防治 3 740 万亩，建设草原无鼠害示范区 4 860 万亩。

2006 年，草原虫害危害面积 2.52 亿亩，比上年减少 9.9%。其中，严重危害面积 1.09 亿亩，比上年减少 27.3%。草原虫害发生最严重的地区是内蒙古，危害面积 1.02 亿亩，占全国总危害面积的 40.5%；其次是新疆、青海、甘肃 3 省（自治区），危害面积共计 8 430 万亩。危害严重的主要是草原蝗虫、白茨夜蛾、草原毛虫、草原螟和古毒蛾等。2006 年，累计防治虫害 5 700 万亩，占危害面积的 22.6%；其中防治草原蝗虫 4 016 万亩，占草原蝗虫危害面积的 27.2%。

（五）生物多样性

从全球来看，生境丧失、疾病、入侵物种及珊瑚退色的指示数字都显示生物多样性的减少。我国具有地球陆生生态系统的各种类型，且每种包括多种气候型和土壤型，主要有森林、灌丛、草甸、沼泽、草原和稀树草原、荒漠和冻原等，共约 595 类（群系）。在水生生态系统中，有各类河流生态系统、湖泊生态系统以及海洋生态系统等。

1. 物种

我国是世界上物种最丰富的国家之一。除鱼类外，我国约有脊椎动物 2 619 种，其中，哺乳类 581 种，鸟类 1 331 种，爬行类 412 种，两栖类约 295 种。有 3 万多种高等植物，其中，苔藓植物约有 2 200 种，占世界种数的 9.1%；蕨类植物有 2 200～2 600 种，约占世界种数的 22%。有裸子植物 10 科、34 属约 250 种，分别占世界现存裸子植物科、属和种数的 66.6%、41.5%和 37.8%，是世界上裸子植物最丰富的国家。被子植物约有 328 科、3 123 属、30 000 多种，分别占世界总科、属和种数的 75%、30%和 10%。此外，我国已记录的昆虫有 3 000 多种。

我国物种的特有性较高。在脊椎动物中，特有种数达 667 种，约占我国脊椎动物总种数的 10%；在 3 万多种高等植物中，约有 17 300 种为特有种，占 57%以上。大熊猫、朱鹮、华南虎、羚牛、藏羚羊、褐马鸡、绿尾虹雉、白鱀豚、扬子鳄和水杉、银杉、珙桐、台湾杉、银杏、百山祖冷杉、香果树等均为我国特有的珍稀濒危野生动植物。

2. 濒危物种

随着野生动植物物种保护工程的继续推进，通过对濒危物种栖息地的保护和恢复，大部分国家重点保护野生动植物野外资源急剧下降的趋势已得到有效遏制，种群动态逐步稳定。朱鹮的数量已从 1981 年发现时的 7 只，增加到目前的 1 000 多只。2006 年，我国人工繁殖成活大熊猫 30 只，创历史新高，现有人工圈养大熊猫 215 只。海南坡鹿由 30 年前的 26 头发展到 1 600 多头。自 20 世纪 50 年代在国内绝迹的东部黑冠长臂猿重新出现在广西。我国的植物园已达到 160 多个，60%的高等植物物种得到迁地保护。

3．湿地

Myess（1997）估计全球在 20 世纪失去了一半的湿地。美国南方自 1780—1980 年来 48 个州的全部湿地丧失了 53%；在欧洲更为严重，仅因排干和转变成农用土地就减少了实地面积约 60%（EEA，1999）。我国是世界上湿地类型最齐全、数量最丰富的国家之一。现有 100 hm^2 以上的湿地总面积 3 848 万 hm^2（不包括香港特别行政区、澳门特别行政区和台湾地区），约占国土总面积的 4%和世界湿地总面积的 10%，居亚洲第一位和世界第四位。其中天然湿地面积 3 620 万 hm^2，包括滨海湿地面积 594 万 hm^2，河流湿地面积 820 万 hm^2，湖泊湿地面积 835 万 hm^2，沼泽湿地面积为 1 370 万 hm^2。我国湿地物种非常丰富。其中植被约有 101 科、815 属和 2 276 种（包括种以下分类单元）。在湿地野生动物中，鱼类有 1 000 多种（或亚种），爬行类 122 种，兽类 31 种，鸟类 271 种。其中属国家重点保护的鸟类有 56 种。在亚洲 57 种濒危鸟类中，我国湿地内就有 31 种，占 54%；全世界鹤类有 15 种，我国湿地有记录的 9 种，占 60%；全世界雁鸭类有 166 种，我国湿地有 50 种，占 30%。

（六）地下水资源

1．地下水水质

根据 2006 年 163 个城市的地下水水质监测结果（图 3-1-250），主要监测点的地下水水质以良好至较差为主。深层地下水水质优于浅层地下水，开采程度低的地区地下水水质优于开采程度高的地区。

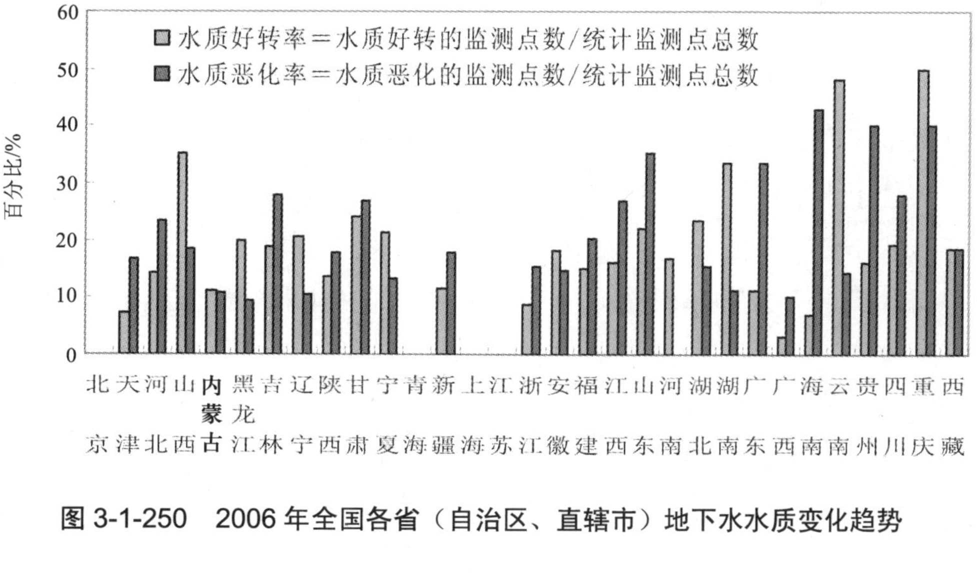

图 3-1-250　2006 年全国各省（自治区、直辖市）地下水水质变化趋势

在开展浅层地下水水质监测的125个城市中，与2005年相比，主要监测点地下水水质呈恶化趋势的城市有21个，主要分布在东北、西北、华东、中南等地区；水质基本稳定的城市有95个，全国各地均有分布；水质呈好转趋势的城市9个，呈零星分布。

在开展深层地下水水质监测的75个城市中（图3-1-251），与2005年相比，主要监测点地下水水质呈恶化趋势的城市12个，主要分布在东部沿海地区；水质基本稳定的城市58个，全国各地均有分布；水质呈好转趋势的城市5个，呈零星分布。

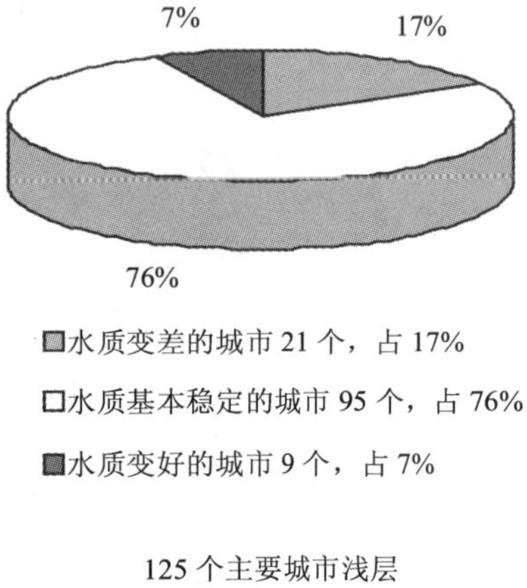

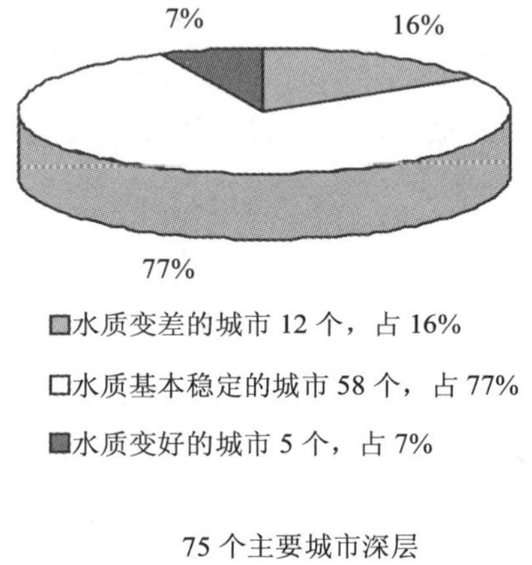

图3-1-251 2006年主要城市地下水水质较上年变化情况

2. 地下水水位

根据2006年163个城市（平原城市一般包括所辖区域）地下水水位监测结果，与2005年相比，地下水水位总体保持稳定态势。深层地下水水位较浅层变化明显，水位变化明显区主要集中在地下水开发利用程度较高的华北、华东、西北等地区。

在开展浅层地下水水位监测的126个城市中，与2005年相比，水位总体呈上升趋势（上升幅度大于0.5 m，下同）的城市有8个，零星分布在东北、中南地区；水位保持基本稳定（升降幅度在0.5 m以内，下同）的城市有95个，全国各地均有分布；水位总体呈下降趋势（下降幅度大于0.5 m，下同）的城市有23个，主要分布在华北、西北、华东地区。

在开展深层地下水水位监测的78个城市中，与2005年相比，水位总体呈上升趋势的城市有10个，零星分布在华北、中南等地区；水位保持基本稳定的城市有44个，全国各地均有分布；水位总体呈下降趋势的城市有24个，主要分布在华北、华东地区。

3. 地下水降落漏斗

2006年监测结果表明，全国有地下水降落漏斗216个（其中浅层地下水降落漏斗120个，深层地下水降落漏斗91个，岩溶地下水降落漏斗5个）。与2005年相比，地下水降落漏斗状况总体保持稳定，有明显变化的降落漏斗主要分布在受地下水开采影响较大的华北、华东地区。

浅层地下水降落漏斗主要分布在华北、华东地区，漏斗面积从数十平方公里至数千平方公里，其中河南滑县—南乐县、浙江杭嘉湖平原第二承压含水层和河北邢台宁柏隆的漏斗面积分别为 4 826 km^2、4 654 km^2、1 574 km^2。西北和东北地区浅层地下水降落漏斗面积多为几十到几百平方公里。中南和西南地区地下水降落漏斗较少，且面积较小，多在 10 km^2 以下。

深层地下水降落漏斗主要分布在华北、东北、华东地区，漏斗面积多在 100 km^2 以上，甚至达数千平方公里。河北衡水和沧州、山东德州市德城、河北邯郸和唐山宁河一唐海，以及浙江杭嘉湖平原第三承压含水层、河北邢台巨新、江苏苏锡常、河北廊坊大城、天津汉沽漏斗面积分别为 8 815 km^2、7 553 km^2、5 333 km^2、2 898 km^2、2 046 km^2、2 623 km^2、1 769 km^2、1 350 km^2、1 220 km^2、1 043 km^2；西北、西南、中南地区深层地下水降落漏斗分布较少，除海南海口市第二承压含水层漏斗面积达 682 km^2 外，其他漏斗面积大多小于 10 km^2。

（七）城市环境

1. 城市可持续能力和生态水平

据研究，包括城市生态水平、城市环境质量、城市协调能力、城市影响能力在内的我国城市可持续能力指数处于 0.86～39.17，排在前 5 位的为上海、深圳、广州、北京、天津，其可持续能力指数分别为 39.17、33.74、33.15、30.84、14.71（表 3-1-98）。从城市生态水平上看，前 5 位的为广州、深圳、北京、南京、沈阳，其城市生态水平分别为 46.09、27.64、17.95、7.28、6.43（表 3-1-99）。

表 3-1-98　　中国城市可持续能力

城市名称	城市可持续能力				城市可持续能力指数	排序
	生态水平	环境质量	协调能力	影响能力		
北京	17.95	38.69	48.88	17.83	30.84	4
天津	3.46	21.63	26.61	7.15	14.71	5
石家庄	2.00	7.84	8.56	2.8	5.3	26
唐山	1.33	2.28	5.08	0.80	2.37	41
秦皇岛	1.87	2.76	4.23	0.74	2.4	40
太原	1.14	2.89	6.72	0.49	2.81	37
呼和浩特	0.71	2.55	3.18	0.19	1.66	45
包头	0.81	1.91	3.23	0.15	1.53	47
沈阳	6.43	13.01	17.97	5.59	10.76	8
大连	5.81	12.54	14.6	4.34	9.32	10
长春	2.96	9.94	10.99	3.9	6.95	16
哈尔滨	2.77	9.97	11.1	2.72	6.64	18

城市名称	城市可持续能力				城市可持续能力指数	排序
	生态水平	环境质量	协调能力	影响能力		
大庆	3.63	9.43	8.36	9.52	7.74	12
上海	6.27	45.52	65.21	39.67	39.17	1
南京	7.28	13.2	19.71	6.22	11.61	7
无锡	2.63	8.74	9.4	3.53	6.07	22
苏州	2.85	12.39	13.72	4.52	8.37	11
南通	0.97	3.46	4.23	1.05	2.43	39
连云港	0.70	2.35	2.73	0.39	1.54	46
杭州	4.67	16.89	14.43	5.52	10.38	9
宁波	2.19	5.89	9.67	6.47	6.06	23
温州	0.76	4.84	6.12	1.86	3.4	30
合肥	1.55	5.67	5.21	0.72	3.29	33
福州	2.38	9.37	8.39	4.52	6.17	21
厦门	3.12	10	10.64	6.94	7.68	13
南昌	1.04	4.54	6.04	1.82	3.63	31
济南	2.52	9.45	11.25	5.35	7.14	15
青岛	3.9	9.19	11.18	5.33	7.4	14
烟台	1.58	4.65	5.07	0.93	3.06	35
威海	1.18	2.36	3.65	1.07	2.06	44
郑州	1.3	8	8.11	1.48	4.72	27
武汉	3.77	17.6	20.24	9.62	12.81	6
长沙	2.58	9.69	8.53	2.62	5.85	24
广州	46.09	29.96	38.31	18.24	33.15	3
深圳	27.64	31.15	31.28	44.9	33.74	2
珠海	4.73	8.78	9.01	5.22	6.93	17
汕头	1.38	5.01	3.4	0.82	2.65	38
湛江	0.99	3.05	3.48	1.03	2.14	43
南宁	2.01	4.16	4.93	0.68	2.95	36
北海	1.14	0.96	1.29	0.06	0.86	50
海口	1.79	5.2	5.89	1.69	3.64	29
重庆	1.62	9.51	11.97	2.63	6.43	20
成都	1.27	9.07	9.39	2.36	5.52	25
贵阳	1.31	1.39	5.36	0.66	2.18	42
昆明	1.78	7.35	5.45	2.2	4.19	28
西安	2.44	9.22	11.59	2.91	6.54	19
兰州	0.02	4.92	7.19	0.56	3.17	34
西宁	0.18	1.92	2.09	0.00	1.05	49
银川	0.56	2.05	2.88	0.19	1.42	48
乌鲁木齐	1.61	4.19	6.84	0.69	3.33	32

资料来源：国家统计局城市社会经济调查总队. 2001 年中国城市统计年鉴. 北京：中国统计出版社，2002.

表 3-1-99　　　　中国城市生态水平

城市名称	城市生态水平						排序
	人均园林绿地面积得分	建成区绿化覆盖率得分	生态赤字得分	人均氧当量得分	供氧能力得分	城市生态水平	
北京	9.00	47.21	4.40	9.06	20.07	17.95	3
天津	0.84	11.60	1.23	0.81	2.85	3.46	13
石家庄	1.27	6.40	0.66	1.28	0.40	2.00	25
唐山	0.77	4.48	0.38	0.76	0.24	1.33	34
秦皇岛	1.63	4.25	1.68	1.62	0.15	1.87	26
太原	0.66	3.61	0.45	0.65	0.34	1.14	39
呼和浩特	0.49	1.62	0.87	0.50	0.08	0.71	46
包头	0.81	1.88	0.36	0.82	0.19	0.81	44
沈阳	5.68	6.88	8.42	5.70	5.48	6.43	5
大连	4.61	14.50	22.96	4.60	2.36	5.81	7
长春	1.12	10.05	1.67	1.14	0.81	2.96	15
哈尔滨	1.01	9.13	1.93	1.01	0.78	2.77	17
大庆	4.76	7.17	0.60	4.76	0.86	3.63	12
上海	1.05	18.33	0.75	1.12	10.13	6.27	6
南京	5.59	19.13	2.95	5.59	3.15	7.28	4
无锡	2.15	7.24	1.19	2.15	0.39	2.63	18
苏州	2.02	8.73	1.15	2.02	0.34	2.85	16
南通	0.46	3.61	0.31	0.46	0.01	0.97	43
连云港	0.42	2.13	0.51	0.42	0.02	0.70	47
杭州	3.98	11.69	2.39	3.99	1.30	4.67	9
宁波	0.95	8.32	0.59	0.93	0.18	2.19	23
温州	0.66	1.81	0.56	0.66	0.12	0.76	45
合肥	1.05	4.29	1.12	1.04	0.24	1.55	32
福州	1.45	7.40	1.20	1.45	0.39	2.38	22
厦门	1.87	10	31.4	1.87	0.42	3.12	14
南昌	0.35	3.59	0.78	0.34	0.13	1.04	41
济南	0.72	9.71	0.89	0.74	0.54	2.52	20
青岛	2.88	10.26	2.19	2.86	1.30	3.90	10
烟台	0.92	4.49	1.13	0.93	0.28	1.58	31
威海	0.88	3.26	0.82	0.88	0.04	1.18	38
郑州	0.26	5.48	0.30	0.25	0.19	1.30	36
武汉	0.00	15.49	1.6	0.0	1.78	3.77	11
长沙	2.04	5.24	2.89	2.05	0.66	2.58	19
广州	56.90	24.4	35.37	56.90	56.90	46.09	1
深圳	44.34	34.85	5.364	4.32	9.35	27.64	2
珠海	5.78	10.17	1.61	5.76	0.31	4.73	8
汕头	0.89	3.56	1.38	0.89	0.17	1.38	33
湛江	0.24	3.05	1.37	0.24	0.06	0.99	42
南宁	1.36	5.14	1.87	1.36	0.32	2.01	24
北海	0.83	2	2.0	0.83	0.06	1.14	40
海口	1.12	5.38	1.26	1.13	0.06	1.79	27
重庆	0.24	4.99	0.77	0.24	1.85	1.62	29

城市名称	城市生态水平						排序
	人均园林绿地面积得分	建成区绿化覆盖率得分	生态赤字得分	人均氧当量得分	供氧能力得分	城市生态水平	
成都	0.46	3.19	1.67	0.45	0.56	1.23	37
贵阳	0.83	4.18	0.43	0.83	0.30	1.31	35
昆明	1.22	5.10	0.84	1.22	0.53	1.78	28
西安	0.35	9.52	1.31	0.33	0.67	2.44	21
兰州	0.01	0	0	0.02	0.05	0.02	50
西宁	0.08	0.49	0.22	0.08	0	0.18	49
银川	0.60	1.21	0.37	0.60	0.04	0.56	48
乌鲁木齐	2.08	1.70	1.64	2.08	0.54	1.61	30

资料来源：国家统计局城市社会经济调查总队. 2001 年中国城市统计年鉴. 北京：中国统计出版社，2002.

2. 城市绿化状况

2003 年末，城市建成区绿化覆盖率面积 88.2 万 hm^2，比上年增长 14.1%，建成区绿化覆盖率由上年的 29.75%上升至 31.15%。全国拥有城市公共绿地面积 22.0 万 hm^2，比上年增加 3.1 万 hm^2，城市人均拥有公共绿地 6.49m^2，比上年增加 1.13m^2（表 3-1-100）。森林覆盖率在 60%以上的城市主要有桂林、三亚等，在 40%～50%的城市有北京、珠海、深圳、厦门、广州、长春、哈尔滨、宜昌、昆明等。我国已有近百个大中城市确定了市树、市花（表 3-1-101）。

表 3-1-100　　国内外主要城市森林覆盖率

国家	城市	森林覆盖率/%	国家	城市	森林覆盖率/%
中国	北京	43.0	中国	合肥	11.8
	珠海	43.8		昆明	48.1
	深圳	47.7		重庆	21.0
	大连	38.2		济南	21.0
	南京	15.2		武汉	16.1
	厦门	40.7		桂林	62.0
	广州	41.2		上海	10.4
	长春	41.0	美国	华盛顿	33.0
	兰州	8.8	加拿大	渥太华	35.0
	青海	23.2	俄罗斯	莫斯科	35.0
	沈阳	19.2	日本	东京	38.0
	哈尔滨	42.8	意大利	罗马	74.0
	南宁	38.5	瑞典	斯德哥尔摩	66.0
	宜昌	48.5	捷克	布拉格	61.0
	海口	14.6	德国	柏林	42.0
	三亚	60.0	西班牙	巴塞罗那	40.0
	拉萨	5.6	奥地利	维也纳	52.0

资料来源：李世东. 中国生态状况报告 2005——生态综合指数与生态状况基本判断. 北京：科学出版社，2006.

表 3-1-101　　2003 年全国城市生态与环境概况

指标	单位	2000 年	2001 年	2002 年	2003 年
城市个数	个	663	662	660	660
城市面积	km^2	878 015.0	607 644.3	467 369.3	399 173.2
城市建设用地面积	km^2	22 113.7	24 192.7	26 832.6	28 971.9
城市污水排放量	t	3 317 957	3 285 850	3 375 959	3 491 616
城市污水处理率	%	34.25	36.43	39.97	42.12
城市燃气普及率	%	45.4	59.7	67.2	76.7
建成城市烟尘控制区数	个	2 981	3 203	3 369	3 599
烟尘控制区面积	万 km^2	2.0	2.2	2.6	3.3
生活垃圾清运量	万 t	11 818.9	13 470.4	13 650.0	14 856.5
生活垃圾无害化处理率	%		58.20	54.24	50.78
人均公共绿地面积	m^2	3.69	4.56	5.36	6.49
城市公园个数	个	4 455		5 178	5 832
建成城市环境噪声达标区数	个	2 463	3 111	3 128	3 573
噪声达标区面积	万 km^2	1.3	1.5	1.6	2.0

资料来源：http: //www.stats.gov.cn/。

（八）气候与自然灾害

气候变化使海洋温度升高，改变了海洋环流方式以及海平面上升构成海岸生态系统的其他压力；海水中 CO_2 浓度变化影响到海洋生产力甚至会改变珊瑚钙化的速度。海平面每年上升的速度为 1.0～2.5 cm，据预测至 2100 年全球海平面将上升 19～95 cm，这将对一些海平面不超过 2 m 的沿海陆地及岛屿产生严重影响。

1．全国基本气候状况

（1）降水

2006 年，全国平均年降水量为 596.7 mm，较常年偏少 16.2 mm。全国除渭河至黄河下游一线以南地区及西南中东部、东北中东部降水量普遍在 500 mm 以上外，其余地区均不足 500 mm（图 3-1-252）。

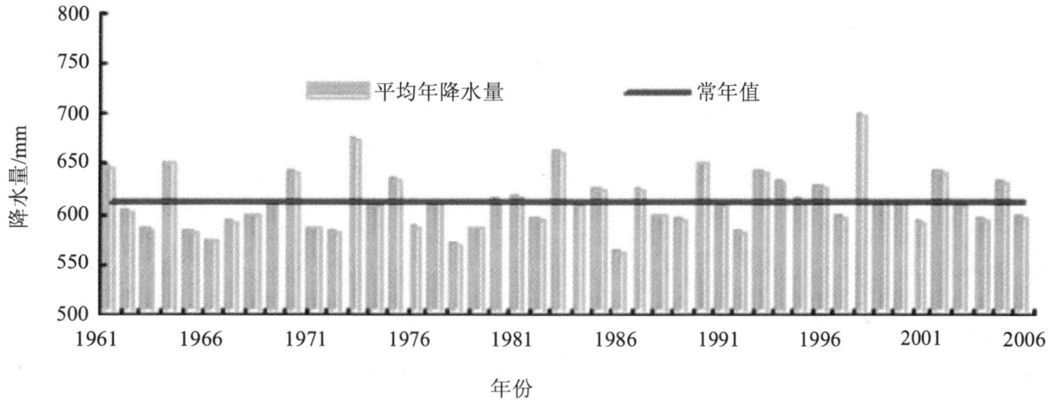

图 3-1-252　全国平均年降水量历年变化

（2）气温分布

2006 年，全国平均气温 9.9℃，较常年偏高 1.1℃（图 3-1-253），是 1951 年以来最暖的一年。全国年平均气温除东北北部接近常年外，大部地区气温明显偏高，其中西北、西南大部、华北中西部、黄淮、长江中下游大部及内蒙古中西部偏高 1～2℃。

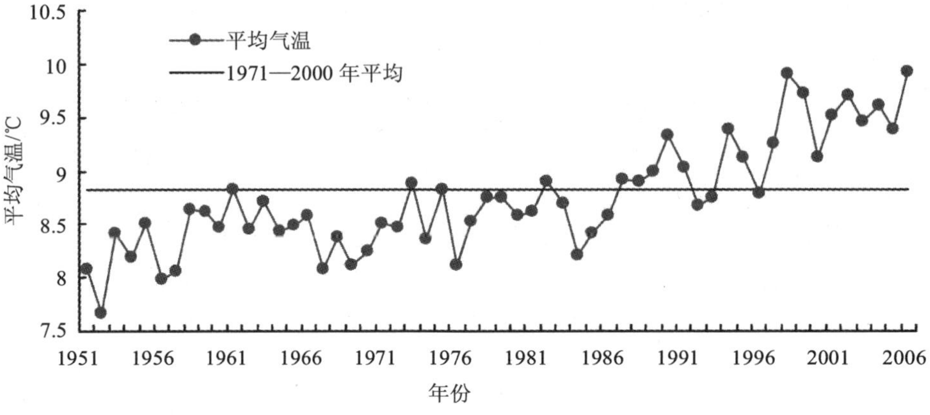

图 3-1-253 全国年平均气温历年变化

2. 自然灾害

（1）气象灾害

2006 年，我国各类气象灾害中，热带气旋所造成的直接经济损失和死亡失踪人数最多，干旱造成的受灾人口和农作物受灾面积最多。年内，全国没有发生大范围严重洪涝灾害，暴雨洪涝受灾面积较常年偏小，但部分地区暴雨洪涝或局地强降雨引发的山洪、泥石流和滑坡灾害造成较大人员伤亡。全国降雹次数比常年偏多，风雹造成的经济损失较常年重。春季，我国出现 18 次沙尘天气过程，其中强沙尘暴 5 次，均为 2000 年以来同期最多。全国低温冻害和雪灾受灾面积较常年偏大，损失偏重。2006 年 12 月，太阳连续发生强烈爆发事件，这是 1957 年以来太阳活动低年中最剧烈的一次。

（2）地震灾害

2006 年我国境内共发生 5 级以上地震 34 次。其中，7 级以上地震 1 次，6～7 级地震 4 次，5～6 级地震 29 次。大陆地区 14 次，海域及台湾地区 20 次。地震灾害总的直接经济损失约 8 亿元。

（3）地质灾害

2006 年，全国共发生各类地质灾害 102 804 起。共造成人员伤亡 1 227 人，其中死亡 663 人，失踪 111 人，受伤 453 人，造成直接经济损失 43.2 亿元。

2006 年，地质灾害以突发性地质灾害为主，除北京、上海和宁夏外，其他 28 个省（自治区、直辖市）都有突发性地质灾害发生，主要类型包括滑坡、崩塌、泥石流、地面塌陷等，其中滑坡发生数量最多，占全国地质灾害发生总数的 86.1%。缓变性地质灾害类型主要有地面沉降、地裂缝、海水入侵等。

2006 年，全国地质灾害主要分布在受台风影响严重的中南和华东地区，其中湖南、广东、福建、江西和广西 5 省（自治区）共发生地质灾害 100 576 起，占全国地质灾害总数的 97.8%。

（4）海洋灾害

2006 年是我国海洋灾害的重灾年。全年共发生风暴潮、海浪、海冰、赤潮和海啸等灾害性海洋过程 179 次（表 3-1-102），与上年基本持平；造成直接经济损失 218.45 亿元，较上年减少约 114 亿元；死亡、失踪 492 人，较上年增加 121 人。

风暴潮灾害（含近岸台风浪）造成直接经济损失为 217.11 亿元，死亡（含失踪）327 人，为 2006 年的主要海洋灾害；海浪灾害造成的直接经济损失为 1.34 亿元，死亡（含失踪）165 人；海啸事件未造成经济损失和人员伤亡。

表 3-1-102　　2006 年中国主要海洋灾害损失统计

灾　种	发生次数	死亡（失踪）人数/人	直接经济损失/亿元
风暴潮（含近岸台风浪）	28	327	217.11
海　浪	55	165	1.34
海　冰	1	无	—
赤　潮	93	无	—
海　啸	2	无	无
合　计	179	492	218.45

（九）小结

第一，我国森林覆盖率为 18.21%，草原占国土面积的 41.7%，湿地占 4%，荒漠化土地占 27.46%，沙化土地面积占 18.12%，水土流失面积占 37.1%。我国约有脊椎动物 2 619 种，高等植物 3 万多种。按照《生态环境状况评价技术规范（试行）》（HJ/T 192—2006）评价，浙江、福建、海南、江西、广东、湖南 6 个省生态环境质量为优，广西、云南等 12 个省（自治区、直辖市）为良。

第二，10 年来，局部地区生态环境有所改善，但区域生态系统结构破坏严重，生态服务功能持续下降。森林覆盖率有所增长，比 1989 年提高了 5.2 个百分点，但森林的生态功能不高。草地面积一直保持在 3.93 亿 hm^2 左右，但草地退化速度由 20 世纪 90 年代初的 130 万 hm^2/a 发展为 21 世纪初的 200 万 hm^2/a，草地退化面积几乎增加了一倍。湿地面积逐年在减少，湿地生态功能不断衰退。水土流失面积由第一次遥感普查的 367 万 km^2 减少到第三次遥感普查的 356 万 km^2。外来生物入侵问题日益突出。

第三，人口不断增加，局部地区人口密度大大超过生态环境承载能力；资源开发过度，资源能源利用率低，经济发展模式粗放；环境污染严重，生态环境建设和保护滞后是造成生态破坏的主要原因。

第四，森林覆盖率低于世界平均水平 9 个百分点；人均草地 0.33 hm^2，约为世界人均草地 0.64 hm^2 的一半。

第五，进一步落实基本国策，建议以生态承载力为基础，优化产业结构；以科技进步为基础，提高资源利用效率；以保护投入为基础，加强生态建设和保护。

十、中长期污染物排放趋势预测

（一）中长期社会经济发展趋势①

1．经济发展趋势预测

经济增长潜在动力决定于全要素生产率、资本积累和劳动力在数量和质量上的提高及其配置和使用效率等因素。在中长期内，我国仍将保持较高的投资增长速度，投资率会维持在35%～40%。城镇化战略和科教兴国战略的实施，使得我国科技进步和劳动力素质会进一步提高，劳动力从农业向非农业的转移速度会加快，但体制改革和外资外贸技术外溢效应会有所减弱。

未来几十年，科学发展观在经济社会发展中会不断得到贯彻和落实，特别是我国投资体制改革取得实质性进展，投资质量将稳步提高，无效投资将得到有效遏制。“十一五”期间我国投资增长将稳定在 10%左右，“十二五”为 9%左右，“十三五”为 7%左右。前期投资仍高于经济增长速度，到后期投资和经济增速基本持平。提高人民的生活水平和质量是经济增长的基本出发点和根本目标，在收入水平稳步提高、消费结构逐步升级、消费信贷活跃、城市化水平加快、政府转移支付增加、社会保障体系不断完善的背景下，城乡居民的消费倾向会有所上升，在经济增长速度不断减慢的同时，消费需求将保持平稳增长，消费需求增长率在7%左右。我国经济发展将逐步由投资主导转向投资与消费共同驱动。随着我国经济的发展，我国石油和矿产资源对国际市场的依赖程度会不断增加，进口需求有一定刚性。同时，由于我国经济增长速度将明显高于国际平均水平，经济实力不断上升，我国的货币有不断升值的压力和趋势。因此，未来一段时间，我国对外贸易会出现小额逆差。

综合分析上述未来中长期我国所面临的国内外经济发展环境，利用《国家中长期环境经济预测模型》预测表明，无论从供给能力，还是从需求约束，中长期内，我国经济仍将保持

① 这部分成果引用环境保护部环境规划院和国家信息中心联合开发的《国家中长期环境经济预测模型》的预测结果。

较快的增长。“十一五”期间我国经济增长率为 10%左右，“十二五”为 8.7%左右。到 2020 年，我国 GDP 总量将达到 68 万亿元，人均 GDP 将超过 5 600 美元，无论是 GDP 总量，还是人均 GDP，都将提前实现十六大和十七大提出的 2020 年国内生产总值（GDP）和人均 GDP 比 2000 年翻两番的战略目标。到 2020 年，我国的城市化水平可达到 58%以上，综合经济实力达到中等发达国家的水平，人民生活更加殷实（表 3-1-103，图 3-1-254）。

从经济总量来看，我国经济总量在 2000 年居世界第 7 位，排在美国、日本、德国、英国、法国、意大利之后。2004 年，我国经济总量超过法国居世界第 5 位，排在美国、日本、德国、英国之后；2006 年，我国经济总量超过英国居世界第 4 位，排在美国、日本、德国之后。按照国际上对世界上主要发达国家的中长期预测和《国家中长期环境经济预测模型》对中国经济发展的预测，到 2010 年，将超过德国跃居世界第 3 位，排在美国、日本之后；在 2020 年到 2030 年将超过日本居世界第 2 位，仅次于美国，成为名副其实的经济强国。

表 3-1-103　　经济发展预测结果

发展阶段	GDP 增长率/%	年份	GDP 总量/亿元	人均 GDP/元	人均 GDP/美元	备注
		2005	183 868	14 057	1 698	
2006—2010 年	10	2010	296 121	21 774	2 631	
2011—2020 年	8.7	2020	681 970	47 032	5 682	出现拐点
2021—2030 年	7	2030	1 341 537	91 261	11 026	
2030—2040 年	5	2040	2 185 223	148 756	17 972	
2040—2050 年	3.5	2050	3 082 473	215 256	26 006	

注：美元按 2000 年汇率计算，人民币按 2005 年价计算。

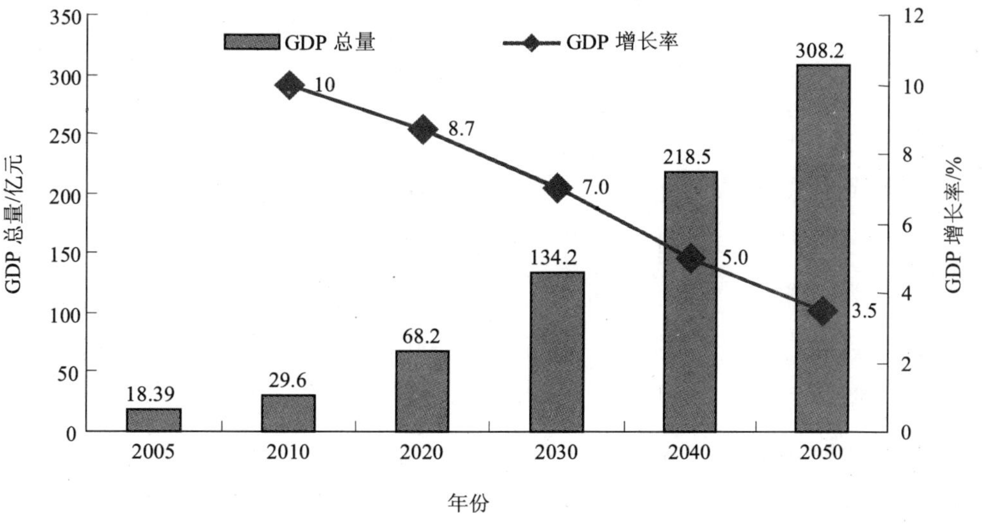

图 3-1-254　GDP 总量与增长率发展趋势

2. 人口增长压力预测

世界城市化的经验表明，城市化进程可分为起步、加速和成熟三个阶段，其中城市化从30%～70%的过程是城市化的加速阶段，从70%～80%的过程是城市化的成熟阶段。1996—2005年我国城市化率年均提高1.44%，到2005年城市化率达到43%，处于加速发展阶段。今后一段时间，我国城市化水平将保持在每年提高1.3个百分点左右的水平上，2010年我国城市化率将达到48%，2020年达到58%，2050年将达到75%。

如果2010年我国人口增长率按0.60%的速度增长，2010—2020年我国人口增长率以0.50%的速度增长，2020—2030年我国人口增长率以0.40%的速度增长，2030—2040年我国人口增长率以－0.01%的速度趋于稳定，2040—2050年我国人口增长率以－0.25%的速度缓慢下降，则到2010年我国人口总数将达到13.5亿左右，2020年达到14.2亿左右。同时，根据城市化率预测，到2010年我国城镇人口将达到6.5亿人，城镇人口与农村人口基本持平；到2020年城镇人口将达到8.2亿人，城镇人口将超过农村人口；到2050年，城镇人口将达到10.7亿人，城镇人口是农村人口的3倍左右（表3-1-104）。

表3-1-104 人口增长预测结果

发展阶段	人口增长率/%	年份	城市化率/%	人口总量/亿人	城镇人口/亿人
		2005	43	13.08	5.6
2006—2010年	0.60	2010	48	13.5	6.5
2011—2020年	0.50	2020	58	14.2	8.2
2020—2030年	0.40	2030	66	14.7	9.7
2030—2040年	－0.01	2040	71	14.69	10.4
2040—2050年	－0.25	2050	75	14.32	10.7

3. 产业发展结构预测

当前，对我国工业化所处阶段的认识还存在一定的争论，如果从工业本身的发展水平或产业结构来看，我国工业化已经进入工业化中期。通常，在工业化过程中，三次产业之间比重的变化曲线表现为：第一产业比重的持续下降，第二产业所占比重则呈现倒“U”字型，工业化开始时先上升，在工业化的中期末端，工业化水平达到一定程度后有一个基本稳定的时期；在工业化后期，工业化高度发展使得制造业劳动生产率很高，人们生活和生产对服务业的需求上升，进而服务业在国民经济中的地位持续上升，而第二产业所占比重开始下降，当国民经济中工业产出和就业比重下降到低于第三产业以后，也就完成了工业化（工业化后期阶段），并进入了服务经济时代。考虑到我国工业化所处阶段，工业（主要是制造业）在我国的发展还有相当大的空间，今后5～15年，我国工业将保持与GDP同步发展的势头，工业占GDP比重将会有个基本稳定的时期。同时，第三产业发展速度将超过GDP的增速，到2020

年后，第三产业占 GDP 的比重将逐步超过第二产业占 GDP 的比重。

从投资需求结构看，落实科学发展观，实现经济发展方式转变、推进产业升级是长期的主要任务。从结构入手推动增长方式转变主要包含以下内容：一是用以信息技术为代表的新产业技术改造传统产业；二是继续完成 20 世纪 80 年代引进的新兴产业的“深化”任务，发展装备工业；三是进入家庭轿车消费、信息技术等产业；四是在一些高新技术产业领域的自主开发、生产方面取得突破；五是大力发展循环经济。上述五个方面将使投资需求中设备投资对经济增长的拉动作用大大上升。受瓶颈制约的因素影响，能源、交通、城市公用设施、环保等基础设施仍将是重点发展的产业。

从消费需求结构看，一些家庭进入富裕阶段，轿车、住宅等“十万、百万元级”高档耐用消费品将陆续进入家庭，使其具有一定的市场规模。对于绝大多数家庭来说，吃、穿、用等方面的需求量仍保持平衡增长，消费的升级表现为从“千元级”商品逐步向“万元级”商品的过渡。同时，健康、教育、旅游、文艺娱乐等需求迅速增长。

从对外贸易结构方面，由于我国与国际先进水平的差距将长期存在，因此国际贸易的产品结构还会在长时期内局限在以劳动、资金密集型的产品换取能源、矿产品、技术设备上。未来 5～15 年，我国经济发展对国际贸易的依存度仍会继续提高。

由于上述需求结构的变化，利用《国家中长期环境经济预测模型》测算的结果，未来 5～15 年，我国产业结构仍将处于重化工业化发展阶段。机械设备、电气与电子设备业的增长速度将达到 9%以上，比国内生产总值增速稍快；黑色金属冶炼、有色金属冶炼行业增长速度将达到 8%～9%，与国内生产总值增速相当；由于需求上升，石油加工业与冶炼，煤炭、石油、建材等行业增长速度也将略高于国内生产总值增速。总之，未来 5～15 年，重化工业在工业发展中的比重将大大上升，重化工业化特征十分明显，这将对我国的资源和环境发展带来极大的压力。

预测结果表明，2020 年以后，我国产业发展将从工业化中期阶段进入工业化后期阶段。由于经济增长方式的不断转变，产业结构的不断升级，第三产业的不断发展，2020 年以后，我国经济结构将发生明显变化，人均 GDP 将超过 5 600 美元，第一产业比重下降至 10%以下，第三产业比重上升至 44%以上，并将在 2030 年后超过第二产业的比重。因此，2020 年前后是我国经济发展和环境形势的重要转折时期（图 3-1-255）。

4. 能源消费压力预测

（1）各行业部门能源消费预测

根据能源消费预测模型和各行业能源消费系数、能源消费结构系数和燃料煤、燃料油消费系数，可预测各部门能源消费总量、燃料煤消费量以及各部门的能源消费结构（表 3-1-105，表 3-1-106，图 3-1-256）。

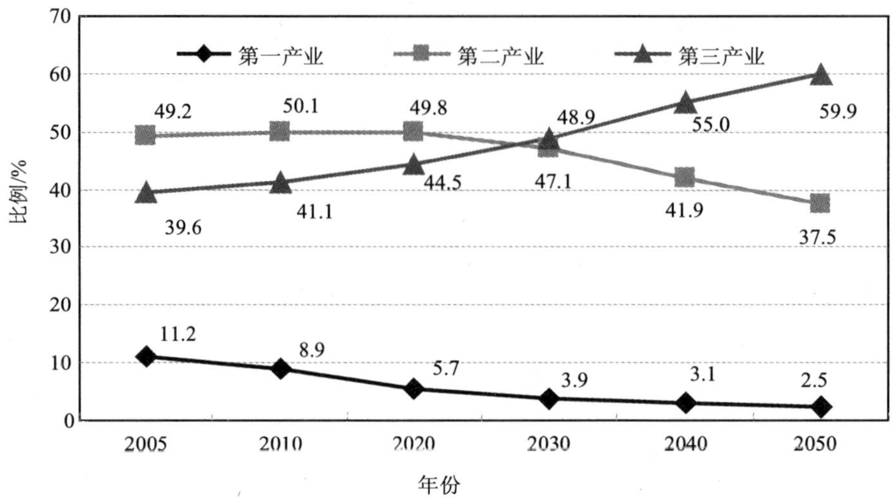

图 3-1-255 三次产业结构变化趋势

表 3-1-105 重点行业能源消费量（以标煤计） 单位：万 t

行业	2005 年	2010 年	2020 年	2030 年	2050 年
石油加工	11 881.9	18 190.7	30 463.7	42 543.2	60 726.3
化工	22 494.1	31 588.4	41 542.6	47 086.2	47 941.7
非金属	13 240.9	18 496.1	25 237.8	29 800.8	32 417.3
黑色金属	35 988.2	52 375.6	76 649.9	95 372.0	112 911.8
电力	15 802.5	22 368.6	31 869.1	39 053.3	45 108.8
货物运输	14 343.6	20 360.2	28 400.2	34 012.5	37 854.4
行业合计	199 379.0	283 601.6	398 303.0	485 781.2	570 459.8

表 3-1-106 重点行业燃料煤消费量 单位：万 t

行业	2005 年	2010 年	2020 年	2030 年	2050 年
造纸	3 004.8	4 169.2	5 288.4	5 629.9	5 072.5
石油加工	1 804.2	2 643.6	4 006.7	4 981.4	5 736.5
化工	7 211.8	9 933.1	12 129.6	12 340.2	10 001.3
非金属	8 756.4	12 162.6	16 144.7	18 308.3	18 446.5
黑色金属	11 809.1	17 133.1	24 598.4	29 735.4	33 349.8
电力	104 499.9	147 621.4	208 081.8	251 027.3	281 774.0
行业合计	159 968.4	223 947.7	304 141.2	354 198.3	376 839.7

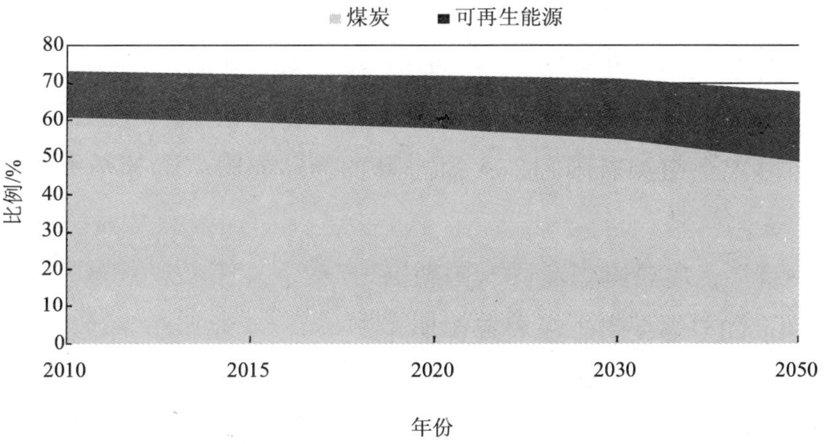

图 3-1-256 能源消费结构（煤炭与可再生能源）

从各行业能源消费总量来看，预测结果表明，随着经济的增长，各行业能源消费总量增长较快。2005 年，各行业能源消费总量（以标煤计，下同）为 19.9 亿 t，到 2010 年，增长到 28.4 亿 t；到 2020 年，增长到 39.8 亿 t。每隔 5 年，以 10 亿 t 左右的速度增长。从行业来看，未来 5～15 年，由于重化工业生产的需求，黑色金属冶炼及压延加工、化工原料与化学制品制造业、电力、热力的生产和供应业以及交通运输业仍然是能源消费的主导部门。

从各行业能源消费结构来看，预测结果表明，各部门能源消费的结构（种类）增长幅度不同，占能源消费的比重也逐年变化。未来 5～15 年，尽管煤炭消费的比重逐年下降，从 2005 年的 68.9%下降到 2010 年的 60.6%，再到 2020 年的 57.7%，但煤炭消费仍占相当大的比重，以煤为主的能源结构将长期存在。同时，可再生能源（水电、核电、风能、生物质能等）的比例将逐年上升，从 2005 年的 11.6%上升到 2010 年的 12.6%，到 2020 年，可再生能源占整个能源消费的比重将达到 14.1%以上，我国能源结构将发生较大变化。

各行业燃料煤的消费直接反映了煤炭在能源消费中的比重以及对大气污染的影响程度。预测结果表明，随着经济的增长和各部门对能源消费需求的增长，未来 5～15 年，各行业燃料煤的消费仍将呈增长态势。2005 年，各行业燃料煤的消费总量为 16 亿 t，到 2010 年增长到 22 亿 t，到 2020 年增长到 30 亿 t，每隔 5 年，以 6 亿～8 亿 t 的速度增长。从行业来看，电力行业仍然是燃料煤消费的主导部门，占整个行业燃料煤的消费的比重在 65%以上，电力行业大气污染控制任务十分艰巨。

（2）居民生活能源消费预测

根据居民生活（包括城镇生活和农村生活）能源消费预测模型和人均能源消费系数，可预测求得居民生活能源消费总量和能源消费结构。对于人均能源消费系数，通过对 1983 年至 2005 年能源统计年鉴中人均能源消费系数的回归分析，得到全国人均用能系数预测结果（表 3-1-107）。同时，预测出居民生活能源消费总量和能源消费结构（表 3-1-108）。

预测结果表明，由于人口的增长，人民生活水平以及人均生活消费能源的提高，使得整个居民生活用能将逐年增长。2005 年居民生活用能（以标煤计，下同）为 2.3 亿 t，到 2010 年居民生活用能为 2.4 亿 t，到 2020 年居民生活用能达到 3.2 亿 t。从居民生活用能结构来看，随着能源基础设施的改善和居民燃气普及率的提高，煤炭消费的比例将逐年下降，天然气和电力消费的比例将逐年上升。

表 3-1-107 全国人均用能系数预测

年份	人均生活消费能源/kg	煤炭/kg	电力/kW·h	煤油/kg	液化石油气/kg	天然气/m^3	煤气/m^3
2005	176.5	67.0	216.7	0.2	10.2	6.1	11.1
2010	179.4	46.7	224.3	0.2	16.3	10.5	16.4
2020	218.6	28.6	311.1	0.1	28.8	34.7	27.5
2030	280.4	22.3	398.0	0.1	45.0	115.0	41.5
2050	450.7	17.4	484.9	0.1	64.8	381.4	78.4

表 3-1-108 全国居民生活用能预测

	指标	2005 年	2010 年	2020 年	2030 年	2050 年
人口数	总人口/亿人	13.08	13.6	14.5	14.7	14.32
	城镇人口/亿人	5.6	6.5	8.4	9.7	10.7
	农村人口/亿人	7.48	7.1	6.1	5.0	3.62
生活用能	煤炭/万 t	8 760.7	6 351.2	4 147.0	3 278.1	2 491.7
	电力/亿 kW·h	2 833.5	3 050.5	4 511.0	5 850.6	6 943.8
	煤油/万 t	26.2	27.2	14.5	14.7	14.3
	液化油气/万 t	1 333.7	2 216.8	4 176.0	6 615.0	9 279.4
	天然气/亿 m^3	79.8	142.8	503.2	1 690.5	5 461.6
	煤气/亿 m^3	145.1	223.0	398.8	610.1	1 122.7
生活用能（以标煤计）合计/万 t		23 078.4	24 398.4	31 697.0	41 218.8	64 540.2

（3）能源消费总量预测与分析

根据行业用能总量、行业用能结构和居民生活用能的预测，预测出各种能源消费量（表 3-1-109）。预测结果表明，各种能源消费量都呈增长趋势，与 2005 年相比，2020 年煤炭消费量增长了近 90%，2030 年煤炭消费量比 2005 年翻了一番多，2030 年之后，煤炭消费量的增速将明显减缓。同时，到 2020 年，由于可再生能源的大力发展，可再生能源（水电、核电、风能、生物质能等）占整个能源消费的比例将达到 14%以上。

从单位 GDP 的能源消费来看，由于产业结构的优化升级、节能减排政策和节能技术的大力推行，单位 GDP 的能耗将逐年下降。到 2010 年，单位 GDP 能耗（以标煤计，下同）为 1.04 t/万元；到 2020 年，单位 GDP 能耗为 0.63 t/万元；2030 年和 2050 年的单位 GDP 能耗分别为 0.39 t/万元和 0.21 t/万元（图 3-1-257）。

表 3-1-109 能源消费量预测结果

能源种类	2005 年	2010 年	2020 年	2030 年	2050 年
煤炭消费量*/万 t	237 366.8	329 971.6	449 004.4	523 076.7	557 176.1
能源消费总量（以标煤计）/亿 t	22.3	30.8	43.0	52.7	63.5
GDP/亿元	183 084.8	296 121	681 970	1 341 537	3 082 473
单位 GDP 能耗（以标煤计）/（t/万元）	1.22	1.04	0.63	0.39	0.21

*：含焦炭。

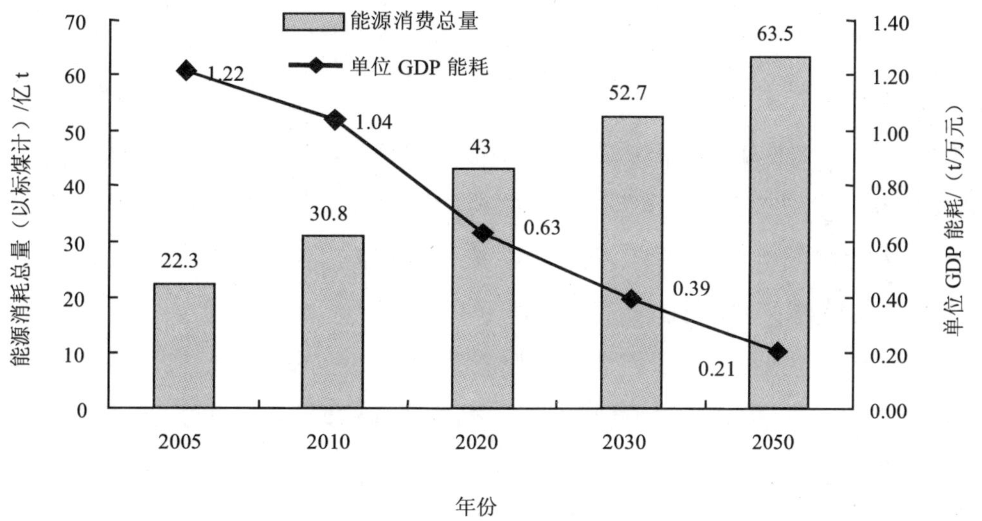

图 3-1-257 能源消耗总量与单位 GDP 能源变化趋势

（二）2006—2050 年主要污染物排放趋势预测分析

1. 预测思路

（1）总体预测思路

① 预测因素的确定。

影响未来污染物产生和排放量以及环境质量和生态系统变化的基本因素包括以下 6 种，在 6 种因素中，人口、经济以及能源和资源消费为环境压力因素，而产业和产品结构、技术进步和治理能力为环境响应因素。其中，人口和经济因素基本属于客观因素，即未来经济和人口，特别是城镇人口的增长趋势几乎已成定局；单位 GDP 或单位产品的能源与资源消耗量降低、产业和产品结构调整、技术进步以及环境污染综合整治能力的提高应该说也是必然趋势，但与经济和人口因素相比，这 4 个因素存在更大的不可预见性，也给预测结果带来更大的不确定性。

人口：人口的变化，主要是城镇人口数量的变化会导致消费数量和种类的改变，根据本课题人口模型的预测结果，城镇人口将随城镇化率的提高而迅速提高，是影响未来污染物排放量和环境质量的重要因素。

经济：经济总量是影响污染物排放量和环境质量的最直接因素，根据本课题经济模型的预测结果，未来经济总量将快速增加。如果不考虑技术和治理水平提高因素，资源开发利用量和种类以及污染物产生和排放量必然随经济总量的增长而大幅增加，环境质量也必然急剧恶化；但经济发展必然会带动技术水平和治理水平的提高，从而降低污染物的产生排放量，并使环境质量出现好转。

能源和资源消费：能源消费量和结构直接影响大气污染物的产生量，而废水和固体废弃物的产生量主要与资源消费量有关。其中，能源消费数量和结构主要受经济、人口、技术和环境资源因素 4 方面的作用，其中，经济发展和人口增长必然带动能源消费量的增长；技术因素是降低能源和资源消费量的主动因素，环境资源因素则是抑制能源和资源消费量增加、带动能源消费结构变化的被动因素，未来的能源消费结构变化趋势是不可再生能源的消费比例逐渐降低，可再生能源的消费比例逐渐提高。

产业和产品结构：产业和产品结构是经济模型的一部分，模型中产业和产品结构的总体调整方向是从高耗能、高污染行业向低耗能、低污染行业转变，通过产业和产品结构调整减少能源和资源的消费量以及污染物的产生量。

技术进步：技术进步是降低能源、资源消费量和污染物产生量的直接手段之一。

治理能力：提高环境污染治理能力是减少污染物排放量、改善环境质量以及增强生态建设与恢复技术和能力的有效手段之一，在预测中利用污染物处理率或削减率作为表征治理能力的主要指标。

除上述 6 个基本因素外，政策、法律、体制、教育等因素都会对未来经济发展以及环境质量和生态系统状况产生较大的影响，为了简化预测难度，本课题仅考虑以上 6 种易于量化的基本因素，其他因素未予考虑。

② 预测情景方案。

本课题的预测分析共设定了高、中、低 3 种主要污染物排放趋势方案，3 种情景方案如下：

方案 1（高排放方案）——在预测中只考虑经济发展和人口变化（城市人口）这两项压力因素的变化趋势，而工业行业、农业和城镇生活的技术进步（反映在污染物产生强度上）和污染治理水平（反映在污染物去除率上）保持基准年的现状；

方案 2（中排放方案）——在预测中考虑经济发展和人口变化（城市人口）的因素，同时考虑工业行业、农业和城镇生活的技术水平和污染治理水平保持目前的发展趋势，保持一定的提高水平；

方案 3（低排放方案）——在预测中考虑经济发展和人口变化（城市人口）的因素，同时考虑工业行业、农业和城镇生活的技术水平和污染治理水平在目前发展趋势上有进一步提高，保持较为理想的增长速度。

按废水、废气和固体废弃物 3 类主要污染物进行预测，其中，废水包括 COD、NH_3-N、TP、TN 4 种污染物，废气包括 SO_2、烟尘、工业粉尘、NO_x，其中 VOC 仅指汽车尾气中的 VOCs，固体废弃物包括工业固废和城镇生活垃圾。3 类主要污染物在 3 种排放情景方案下考虑的因素见表 3-1-110，表 3-1-111。

表 3-1-110　　废气预测各方案的影响因素

	预测因素	行业增加值	技术水平	治理水平
农业/工业	方案 1	√		
	方案 2	√	√	√
	方案 3	√	√	√
城镇生活	预测因素	城镇人口	技术水平	治理水平
	方案 1	√		
	方案 2	√	√	√
	方案 3	√	√	√

注：“√”表示正影响。

表 3-1-111　　废水预测各方案的影响因素

		预测因素	耕地面积/灌溉面积	灌溉用水量/施肥结构/化肥利用率	技术和治理水平
农业	种植业	方案 1	√		
		方案 2	√	√	√
		方案 3	√	√	√
	畜禽养殖	预测因素	畜禽养殖量	规模化养殖比例	技术和治理水平
		方案 1	√		
		方案 2	√	√	√
		方案 3	√	√	√
	农村生活	预测因素	农村人口/畜禽养殖量	规模化养殖比例/人均用水量/人均产污系数	技术和治理水平
		方案 1	√	√	
		方案 2	√	√	√
		方案 3	√	√	√
工业		预测因素	工业增加值	技术水平	治理水平
		方案 1	√		
		方案 2	√	√	√
		方案 3	√	√	√
城镇生活		预测因素	城镇人口/人均用水量/人均产污系数	技术水平	治理水平
		方案 1	√		
		方案 2	√	√	√
		方案 3	√	√	√

注：“√”表示正影响。

（2）大气污染物的预测思路

① 总体预测思路：大气污染物排放量预测包括 6 类污染物，分别是 SO_2、NO_x、烟尘、粉尘、VOCs 和 PM_{10}，由于这 6 种污染物排放特征及产生主体不同，预测时分别采用了不同的思路。

② SO_2、烟尘和粉尘排放量预测：首先，利用历年环境统计资料（1998—2006 年）将工业废气污染物排放分成重污染工业行业和其他工业行业，其中二氧化硫和烟尘的重污染行业有电力、热力的生产和供应业，非金属矿物制品业，黑色金属冶炼及压延加工业；工业粉尘的重污染物有非金属矿物制品业，黑色金属冶炼及压延加工业；其次，按第一步所分行业类型，对 1998—2006 年工业废气污染物按工业行业进行污染物产生强度和污染物去除率的历史统计回归分析，为高、中、低三种情景方案的确定奠定基础；最后，以第二步的分析结果，结合环境保护部环境规划院和国家信息中心联合开发的《国家中长期环境经济预测模型》的产业发展预测结果来设定未来工业废气污染物排放的不同情景方案。

③ NO_x 排放量预测：首先，根据各部门（不含机动车）的各种能源消费量、NO_x 排放因子，预测燃烧过程中 NO_x 产生量；其次，根据产品排污系数、产品产量，预测工艺过程中 NO_x 产生量；再根据生活能源消费量（不含机动车）、NO_x 排放因子预测居民生活 NO_x 产生量；最后，根据不同的 NO_x 削减方案，预测 NO_x 排放量。机动车 NO_x 排放量根据机动车保有量、各车型比例、平均行驶里程以及不同车型的 NO_x 排放因子预测机动车 NO_x 排放量。

其中，SO_2、烟尘和粉尘排放量按三种方案进行预测，NO_x 排放量仅进行两种方案（高排放和低排放方案）的预测，大气污染物产生和排放量预测方法如表 3-1-112 所示。

表 3-1-112　　大气污染物产生排放量的预测方法

污染物	产生过程	预测方法
SO_2、烟尘	工业	产生量=行业产污系数×行业增加值 排放量=产生量×（1－污染物去除率）
	城镇和农村生活	产生量=基准年污染物产生量×递减速率
工业粉尘	工业	产生量=行业产污系数×行业增加值 排放量=产生量×（1－污染物去除率）
NO_x	燃烧过程	产生量=各部门各种能源消费量× NO_x 排放因子 排放量=产生量×（1－污染物去除率）
	工艺过程	产生量=产品排污系数×产品产量 排放量=产生量×（1－污染物去除率）
	城镇和农村生活	产生量=各种能源消费量 × NO_x 排放因子

（3）废水污染物的预测思路

废水污染物预测包括 3 部分，即农业、工业以及城镇生活废水污染物的预测，其中，农业废水污染物包括种植业、规模化畜禽养殖和农村生活。由于这 5 类废水污染物的产生排放特性不同，预测时分别采用了不同思路。

① 种植业废水和污染物排放量的预测：首先，根据预测有效灌溉面积和单位灌溉面积用水量预测种植业用水量，利用预测种植业用水量、多年平均降水量、灌溉用水耗水系数和降水排水系数得到废水产生量，然后考虑种植业废水流失系数计算废水排放量。根据化肥施用量、化肥利用率以及种植业的污染物流失系数计算污染物排放量。预测污染物包括 TP 和 TN。

② 规模化畜禽养殖场废水和污染物排放量的预测：根据预测畜禽养殖量、畜禽废水产生系数和排泄系数得到废水和污染物产生量，然后根据废水处理率、废水回用率以及流失系数得到废水排放量；按干法和湿法两种清粪工艺计算污染物去除量，然后根据污染物流失系数计算得到污染物排放量。预测污染物包括 COD、NH_3-N、TP 和 TN，畜禽种类包括猪、肉牛、奶牛、肉鸡、蛋鸡和羊。

③ 农村生活废水和污染物排放量的预测：农村生活废水包括农村居民生活废水和散养畜禽废水两部分。其中，居民生活废水首先根据人口模型预测的农村人口和人均用水量预测用水量，再根据耗水系数计算废水产生量，散养畜禽废水则直接通过散养畜禽量和散养畜禽的废水产生系数预测废水产生量，两部分废水产生量加和，考虑废水流失系数后得到废水排放量。污染物产生量根据农村人口、散养畜禽量和人畜污染物产生系数计算，然后根据沼气化率和污染物流失系数计算得到污染物排放量。预测污染物包括 COD、NH_3-N、TP 和 TN。

④ 工业废水污染物排放量的预测：工业废水污染物排放量是利用经济模型预测得到的工业行业增加值和各工业行业历年（1998—2006 年）统计研究获得的废水污染物产生系数以及污染物去除率相乘计算获得。预测污染物包括 COD、NH_3-N 和重金属（包括汞、镉、六价铬、铅和砷），预测 COD 和 NH_3-N 排放量时的主要工业行业包括食品饮料加工制造业、纺织业、造纸及纸制品业、化学原料及化学制品制造业、石油加工、炼焦及核燃料加工业 7 个行业，预测重金属时的主要行业包括有色采选和冶金、化工和黑色冶金 4 个行业。

⑤ 城镇生活废水和污染物排放量的预测：城镇生活废水产生量的预测和农村居民生活废水产生量的预测方法类似，先预测用水量，然后通过用水量和废水产生量的比例得到废水产生量，废水产生量减去处理回用量即得到废水排放量。城镇生活废水中污染物产生量的预测方法和农村居民生活类似，按大、中、小城镇研究获得的人均污水和主要污染物产生系数与各类城市人口数量计算得到生活废水的污染物产生量，然后根据废水处理率和污染物削减率计算污染物排放量。

废水和污染物预测的总体思路见图 3-1-258，5 类废水和污染物的预测方法见表 3-1-113。

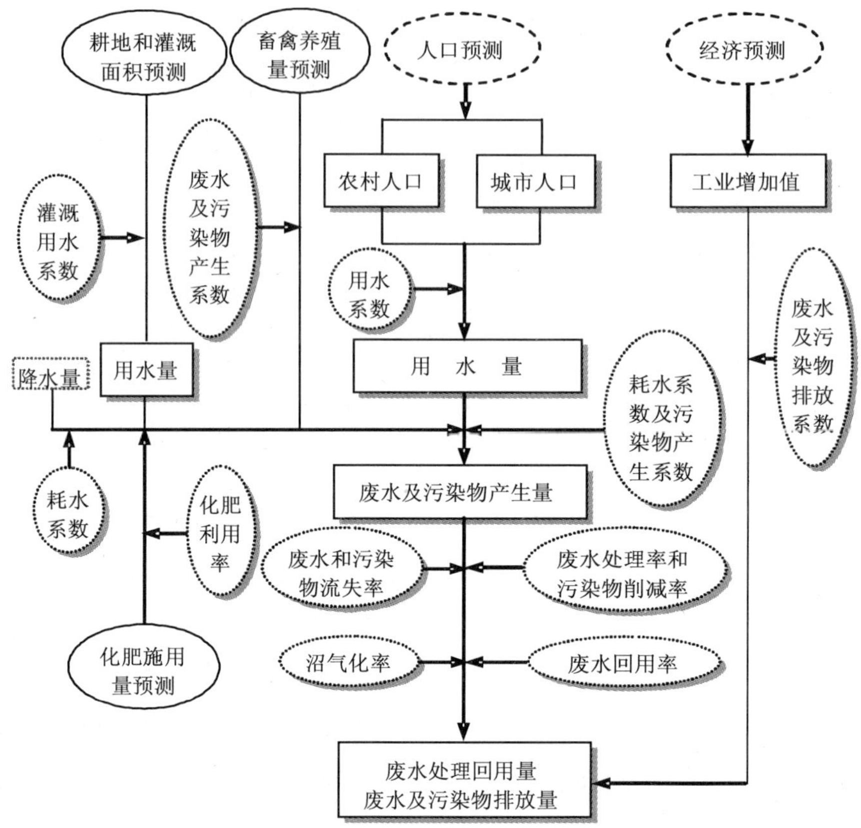

图 3-1-258　废水和污染物排放量预测的总体思路

表 3-1-113　　废水和污染物排放量的预测方法

行业	废水/污染物	预测方法
种植业	废水	废水排放量=废水产生量×废水流失系数 废水产生量=灌溉用水量×（1－耗水系数）＋降水量×排水系数 灌溉用水量=有效灌溉面积×单位灌溉面积用水量
	TP	TP 排放量=TP 产生量×TP 流失系数 TP 产生量=（磷肥施用量＋复合肥施用量×含磷比例）×（1－磷肥利用率）×0.436 6 磷肥（复合肥）施用量＝化肥施用量×磷肥（复合肥）比例 化肥施用量＝耕地面积×单位耕地面积化肥施用量
	TN	TN 排放量=TN 产生量×TN 流失系数 TN 产生量=（氮肥施用量＋复合肥施用量×含氮比例）×（1－氮肥利用率） 氮肥（复合肥）施用量＝化肥施用量×氮肥（复合肥）比例
规模化畜禽养殖	废水	废水排放量=（废水产生量－废水回用量）×废水流失系数 废水产生量=规模化畜禽养殖量×规模化养殖废水产生系数 废水回用量＝废水产生量×废水处理率×废水回用量 规模化畜禽养殖量=畜禽养殖量×规模化养殖比例

行业	废水/污染物	预测方法
规模化畜禽养殖	污染物（COD、NH_3-N、TP、TN）	污染物排放量＝（污染物产生量－污染物去除量）×污染物流失系数 污染物产生量=规模化畜禽养殖量×排泄系数 污染物去除量＝干法污染物去除量＋湿法污染物去除量 干法污染物去除量＝污染物产生量×（1－湿法工艺比例）×干法污染物清除率 湿法污染物去除量＝（污染物产生量－干法污染物去除量）×废水处理率×污染物削减率
农村生活	废水	废水排放量＝废水产生量×废水流失系数 废水产生量＝农村居民废水产生量＋散养畜禽废水产生量 农村居民废水产生量＝农村居民用水量×（1－耗水系数） 农村居民用水量＝农村人口×农村居民人均用水量 散养畜禽废水产生量＝散养畜禽量×散养废水产生系数 散养畜禽量＝畜禽养殖量×（1－规模化养殖比例）
	污染物（COD、NH_3-N、TP、TN）	污染物排放量＝（污染物产生量－污染物去除量）×污染物流失系数 污染物产生量＝农村居民污染物产生量＋散养畜禽污染物产生量 农村居民污染物产生量＝农村人口×污染物产生系数 散养畜禽污染物产生量＝散养畜禽量×排泄系数 污染物去除量＝（农村居民污染物产生量＋散养畜禽污染物产生量）×沼气化率
工业	污染物（COD、NH_3-N、重金属）	污染物排放量＝Σ（工业行业增加值×工业行业污染物产生系数×污染物去除率）
城镇生活	废水	废水排放量＝废水产生量×（1－废水回用率） 废水产生量＝城镇居民用水量×产生量和用水量的比例 城镇居民用水量＝城镇人口×城镇居民人均用水量
	污染物（COD、NH_3-N、TP、TN）	污染物排放量＝污染物产生量－污染物去除量 污染物产生量＝城镇人口×污染物产生系数 污染物去除量＝污染物产生量×废水处理率×污染物削减率

（4）固体废弃物预测思路

固体废物的预测包括工业固体废物和城镇生活垃圾两部分。

① 工业固体废物预测思路：首先利用历年环境统计资料（1998—2006 年）将工业固体废物排放分成重污染工业行业和其他工业行业，产生工业固体废物的重污染行业有煤炭开采和洗选业，黑色金属矿采选业，有色金属矿采选业，化学原料及化学制品制造业，黑色金属冶炼及压延加工业，电力、热力的生产和供应业 6 个工业行业；其次按照第一步所分行业类型，对 1998—2006 年工业固体废物按工业行业进行污染物产生强度和综合利用处置率的历史统计回归分析，为高、中、低三种情景方案的确定奠定基础；最后以第二步的分析结果，结合环境保护部环境规划院和国家信息中心联合开发的《国家中长期环境经济预测模型》的产业发展预测结果来设定未来工业固体废物排放的不同情景方案。

② 城镇生活垃圾预测思路：首先根据城镇人口预测和城市人均生活垃圾产生量的预测，计算得到城市生活垃圾产生量。然后预测未来城镇生活垃圾处理率、无害化处理率以及填埋、堆肥、焚烧和回收等处理方式占无害化处理方式的比例，预测得到简易处理量、无害化处理量和垃圾堆放量。

工业固体废物和城镇生活垃圾堆放量的计算方法见表 3-1-114。

表 3-1-114 固体废物产生量和堆放量的预测方法

项目	指标/污染物	预测方法
工业固体废物	产生量	工业固废产生量＝工业行业产污系数×工业行业增加值
	堆放量	工业固废堆放量＝工业固废产生量×（1－工业固废综合利用率－工业固废处置率）
城镇生活垃圾	产生量	城镇生活垃圾产生量=城镇人口×人均生活垃圾产生量
	堆放量	城镇生活垃圾堆放量=城镇生活垃圾产生量－城镇生活垃圾处理量 城镇生活垃圾处理量=城镇生活垃圾产生量×处理率 城镇生活垃圾处理量=无害化处理量＋简易处理量

2. 废气污染物预测结果

（1）二氧化硫排放量预测

方案 1：高排放情景预测

在方案 1 的预测中，二氧化硫排放量预测只考虑经济发展因素的变化趋势，其他压力或响应条件保持基准年现状，因此，随着经济的不断增长，工业二氧化硫排放量将会持续快速增加（表 3-1-115），同时我国未来生活二氧化硫保持目前的排放水平（表 3-1-116），2020 年我国二氧化硫排放量将达到 7 888.5 万 t，是 2005 年的 3.1 倍，2030 年排放量将达到 14 395.9 万 t，是 2005 年的 5.6 倍，至 2050 年，排放量将高达 25 855.2 万 t，是 2005 年排放量的 10.1 倍（图 3-1-259）。

表 3-1-115 工业二氧化硫高排放方案

年份	产生量/t	去除率/%	排放量/t
2005	32 562 626	33.4	21 684 245
2010	55 743 269	39.2	33 897 791
2020	126 002 256	40.2	75 373 080
2030	237 146 128	40.8	140 447 184
2040	344 666 564	41.3	202 203 400
2050	438 231 408	41.8	255 040 594

表 3-1-116 生活二氧化硫排放高、中、低情景方案预测

年份	高排放情景方案		中排放情景方案		低排放情景方案	
	排放量/t	递减率/%	排放量/t	递减率/%	排放量/t	递减率/%
2010	3 511 888	0	3 109 049	−3.0	2 982 810	−4.0
2020	3 511 888	0	2 540 320	−2.0	2 199 596	−3.0
2030	3 511 888	0	2 075 626	−2.0	1 622 035	−3.0
2040	3 511 888	0	1 877 159	−1.0	1 325 321	−2.0
2050	3 511 888	0	1 697 669	−1.0	1 198 596	−1.0

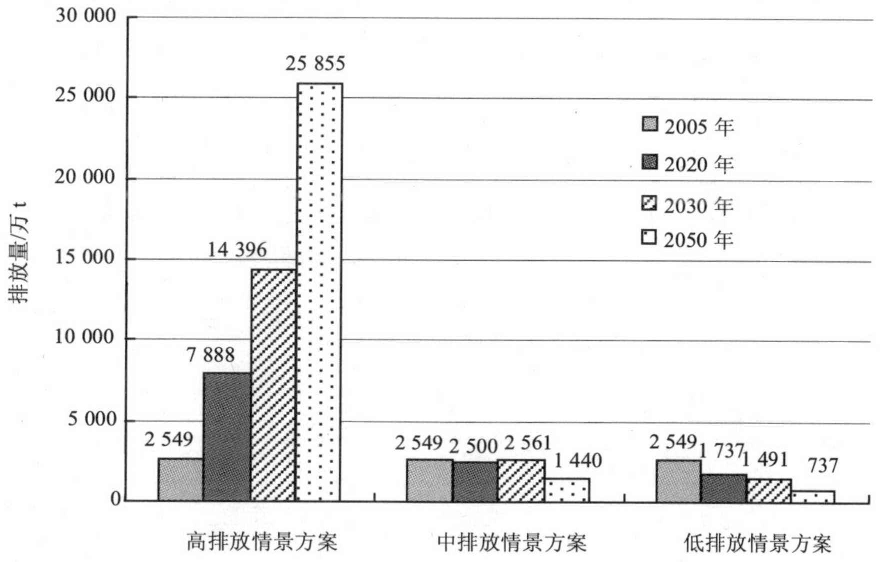

图 3-1-259 未来二氧化硫排放量预测的不同情景方案

方案 2：中排放情景预测

在方案 2 的预测中，二氧化硫排放量预测除了考虑经济不断发展的压力外，工业行业的技术和污染治理水平参考了目前的平均发展水平，在这种预测情景下，我国工业二氧化硫排放在 2030 年之前呈现先降后升的趋势，但幅度不大，在 2030 年之后，将呈现较为明显的下降趋势（表 3-1-117）。同时，考虑未来我国生活能源结构的改变，生活煤炭消费的减少，生活二氧化硫排放将会呈现一定的下降（表 3-1-116）。这样综合来看，2020 年和 2030 年我国的二氧化硫排放量将分别为 2 500.4 万 t 和 2 561.1 万 t，和 2005 年排放量基本持平，能实现“增产不增污”，到 2050 年二氧化硫排放量为 1 439.7 万 t，比 2005 年排放量削减 44%，开始出现“增产减污”的目标（图 3-1-259）。

表 3-1-117 工业二氧化硫中排放方案

年份	产生量/t	去除率/%	排放量/t
2005	32 562 626	33.4	21 684 245
2010	44 333 332	50.9	21 787 095
2020	59 287 531	62.1	22 464 146
2030	79 757 332	70.5	23 535 271
2040	97 833 892	81.1	18 490 778
2050	114 578 320	88.9	12 699 047

方案 3：低排放情景预测

在方案 3 中，工业行业的技术和污染治理水平在目前的基础上有较为明显的提高，在这种情景下，我国工业二氧化硫呈现明显的下降趋势，2010 年、2020 年、2030 年和 2050 年的排放量分别为 1 850 万 t、1 517 万 t、1 329 万 t 和 617 万 t，分别比 2005 年减少了 14.7%、30.1%、38.7%和 71.5%（表 3-1-118）。同时，由于生活煤炭消费的不断减少，生活二氧化硫排放量也呈下降趋势（表 3-1-116）。从总体来看，我国 2020 年、2030 年和 2050 年的二氧化硫排放量将分别为 1 736.5 万 t、1 491.3 万 t 和 737.1 万 t，同比 2005 年分别削减 32%、42%和 71%（图 3-1-259）。

表 3-1-118　　工业二氧化硫低排放方案

年份	产生量/t	去除率/%	排放量/t
2005	32 562 626	33.4	21 684 245
2006	36 887 257	39.3	22 376 204
2010	42 283 306	56.2	18 503 506
2020	47 102 065	67.8	15 165 882
2030	55 947 060	76.2	13 290 586
2040	62 807 330	87.0	8 134 919
2050	68 500 156	91.0	6 172 769

（2）烟尘排放量预测

方案 1：高排放情景预测

如果只考虑经济发展的因素，同时保持我国工业行业技术和污染治理水平不变，在这种预测情景下，我国工业烟尘排放量将呈快速增长趋势（表 3-1-119），同时生活烟尘排放量保持基准年的水平（表 3-1-120）。综合来看，在高方案情景下，2020 年我国烟尘排放量为 3 109.2 万 t，是 2005 年排放量的 2.9 倍；到 2030 年排放量分别为 5 492.8 万 t，是 2005 年排放量的 5.1 倍；到 2050 年排放量分别为 9 557.8 万 t，是 2005 年排放量的 8.8 倍（图 3-1-260）。

表 3-1-119　　工业烟尘高排放方案

年份	产生量/t	去除率/%	排放量/t
2005	213 928 311	95.6	9 489 033
2010	373 211 654	96.5	13 048 935
2020	829 235 877	96.5	28 865 819
2030	1 574 180 379	96.7	52 701 442
2040	2 296 612 309	96.7	74 675 582
2050	2 914 739 082	96.8	93 351 245

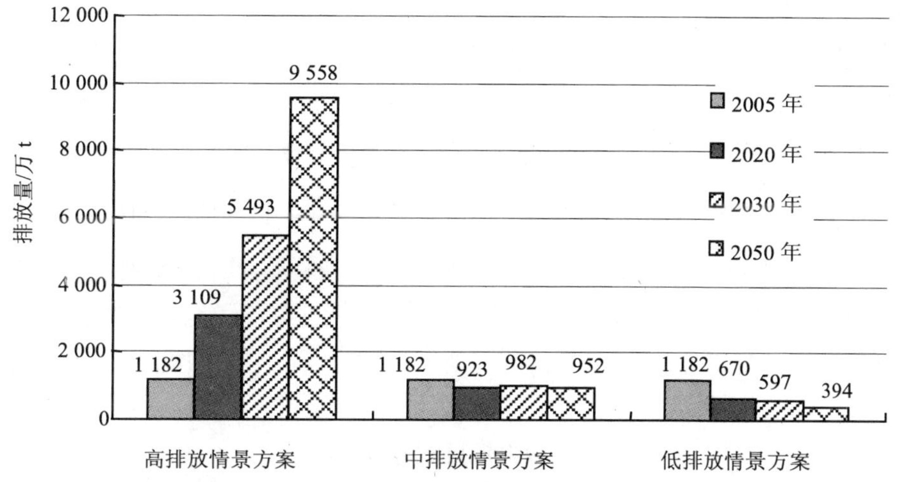

图 3-1-260　未来烟尘排放量预测的不同情景方案

方案 2：中排放情景预测

在方案 2 中，将在方案 1 的基础上，考虑未来工业行业的技术和污染治理水平保持目前的平均发展趋势。在这种情景预测下，我国工业烟尘排放量在 2010 年有明显下降之后又将保持上升趋势，至 2030 年之后基本稳定在以下排放量水平（表 3-1-120）。同时由于生活煤炭使用量的减少，生活烟尘排放量有所下降（表 3-1-121）。总体来看，在中情景方案下，2020 年烟尘排放量为 923.4 万 t，在 2005 年排放量的基础上削减 15%；2030 年排放量分别为 982.2 万 t，基本维持在 2020 年的排放水平；至 2050 年，排放量分别为 951.8 万 t，仍基本维持在 2020 年的水平（图 3-1-260）。

表 3-1-120　工业烟尘中排放方案

年份	产生量/t	去除率/%	排放量/t
2005	213 928 311	95.6	9 489 033
2010	307 971 698	97.8	6 918 854
2020	405 361 920	98.1	7 839 158
2030	520 593 530	98.3	8 682 103
2040	621 969 093	98.6	8 865 447
2050	714 914 151	98.8	8 676 436

表 3-1-121　生活烟尘排放高、中、低情景方案预测

年份	高排放情景方案		中排放情景方案		低排放情景方案	
	排放量/t	递减率/%	排放量/t	递减率/%	排放量/t	递减率/%
2010	2 226 552	0	1 891 114	−4.0	1 813 541	−5.0
2020	2 226 552	0	1 394 553	−3.0	1 205 701	−4.0
2030	2 226 552	0	1 139 452	−2.0	889 113	−3.0
2040	2 226 552	0	931 015	−2.0	655 653	−3.0
2050	2 226 552	0	841 993	−1.0	535 717	−2.0

方案 3：低排放情景预测

方案 3 和方案 2 相比，我国工业行业的技术和污染治理水平将在目前的发展趋势上有所提高，这样，我国工业烟尘排放量将呈现持续减少的趋势，在 2010 年、2020 年、2030 年和 2050 年工业烟尘排放量分别为 612 万 t、550 万 t、436 万 t 和 340 万 t，比 2005 年分别减少了 35.5%、42.1%、46.4%和 64.1%（表 3-1-122）。同时，生活烟尘排放量呈现下降趋势（表 3-1-121）。这样总体来看，在低情景方案下，2020 年烟尘排放量为 670.4 万 t，下降幅度较大，在 2005 年的基础上削减 38%；而后 2030 年烟尘排放量继续小幅下降，同比 2005 年削减 49.5%；至 2050 年，又有较大幅度的削减，在 2005 年排放量的基础上削减 64%（图 3-1-260）。

表 3-1-122 工业烟尘低排放方案

年份	产生量/t	去除率/%	排放量/t
2005	213 928 311	95.6	9 489 033
2010	286 823 442	97.9	6 117 570
2020	304 917 504	98.2	5 497 837
2030	325 029 719	98.4	5 081 461
2040	328 731 847	98.7	4 357 660
2050	322 644 058	98.9	3 403 833

（3）工业粉尘排放量预测

方案 1：高排放情景预测

如果只考虑经济发展，保持目前工业行业的技术和污染治理水平，在这种情景下，2020 年我国工业粉尘的排放量为 2 373.0 万 t，是 2005 年排放量的 2.6 倍；到 2030 年排放量为 3 640.2 万 t，是 2005 年排放量的 4.0 倍；到 2050 年排放量为 4 725.6 万 t，是 2005 年排放量的 5.2 倍（表 3-1-123，图 3-1-261）。

表 3-1-123 工业粉尘高排放方案

年份	产生量/t	去除率/%	排放量/t
2005	73 504 077	87.6	9 111 883
2010	118 696 665	90.1	11 743 280
2020	239 484 973	90.1	23 730 281
2030	358 276 649	89.8	36 402 450
2040	414 371 472	89.6	43 161 643
2050	442 454 540	89.3	47 256 331

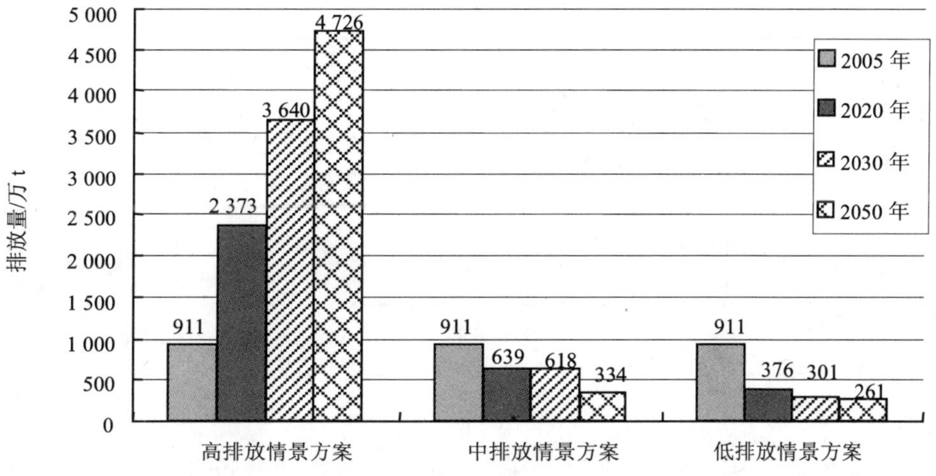

图 3-1-261　未来工业粉尘排放量预测的不同情景方案

方案 2：中排放情景预测

如果在考虑经济发展的同时，我国工业的技术和污染治理水平保持目前的发展趋势，那我国 2020 年工业粉尘排放量为 638.6 万 t，在 2005 年排放量的基础上削减 30%；2030 年排放量为 618.3 万 t，基本维持在 2020 年的排放水平；至 2050 年，排放量为 333.7 万 t，有较大幅度的下降，同比 2005 年排放量削减了 63%（表 3-1-124，图 3-1-261）。

表 3-1-124　工业粉尘中排放方案

年份	产生量/t	去除率/%	排放量/t
2005	73 504 077	87.6	9 111 883
2010	89 988 433	92.6	6 660 080
2020	125 881 952	94.9	6 385 768
2030	157 774 415	96.1	6 182 555
2040	162 069 985	97.0	4 846 350
2050	163 075 738	98.0	3 337 360

方案 3：低排放情景预测

如果我国工业的技术和污染治理水平在目前的发展基础上有所提高，2020 年工业粉尘排放量为 375.7 万 t，下降幅度较大，在 2005 年的基础上分别削减 59%；而后工业粉尘排放量在 2030 年和 2050 年基本处于在 2020 年排放量的基础上小幅下降的趋势，2030 年和 2050 年排放量分别为 300.9 万 t 和 261.1 万 t，分别在 2005 年排放量的基础上削减 67%和 71%（表 3-1-125，图 3-1-261）。

表 3-1-125 工业粉尘低排放方案

年份	产生量/t	去除率/%	排放量/t
2005	73 504 077	87.6	9 111 883
2010	86 384 119	94.0	5 167 053
2020	105 907 230	96.5	3 756 575
2030	128 652 301	97.7	3 009 175
2040	133 777 238	97.9	2 865 173
2050	135 480 936	98.1	2 610 916

（4）氮氧化物排放量预测

① NO_x产生量。

根据能源消费量预测和氮氧化物排放因子，2005 年氮氧化物产生量为 1 803 万 t，预测到 2010 年，氮氧化物产生量将达到 2 133 万 t，比 2005 年增长 18.3%；到 2020 年，氮氧化物产生量将达到 2 646 万 t，是 2005 年的 1.5 倍（表 3-1-126）。

表 3-1-126 氮氧化物产生量变化趋势 单位：万 t

项别	2005 年	2010 年	2020 年	2030 年	2050 年
工业（不含机动车）	1 167.5	1 227.2	1 036.1	1 152.2	1 760.0
生活（不含机动车）	41.1	42.3	51.3	80.9	148.7
机动车	594.7	863.8	1 558.8	2 426.9	3 782
总计	1 803.3	2 133.3	2 646.2	3 660.0	5 690.7

② NO_x排放量。

方案 1：高方案下的 NO_x排放量预测

目前，我国氮氧化物排放量尚无统计数据，氮氧化物的环境容量也没有公认的结果。根据有关研究成果，如果以各省 80%保证率下的氮沉降临界负荷作为氮沉降控制目标，可以得到全国允许的氮沉降总量约为 1 500 万 t/a（如果以 80%保证率下的氮沉降临界负荷为目标，则约为 2 000 万 t/a）。考虑到我国南方氮沉降中硝酸根氮（主要由氮氧化物形成）约占 40%，另外假设排放的氮氧化物有 75%沉降到地面，则估计全国的氮氧化物允许排放量（容量）为 600 万 t/a 左右。

假定在 2005 年技术及处理水平不变的条件下，根据各行业和居民生活氮氧化物产生量的预测，得出各行业和居民生活氮氧化物排放量预测结果（表 3-1-127）。其中，机动车氮氧化物排放量预测是根据机动车保有量、平均行驶里程以及氮氧化物排放因子计算得出。

表 3-1-127　　技术及治理水平不变条件下的 NO_x 排放量预测

项别	2005 年	2010 年	2020 年	2030 年	2050 年
工业（不含机动车）/万 t	964.5	989.0	738.2	740.1	1 119.3
生活（不含机动车）/万 t	41.1	42.3	51.3	80.9	148.7
机动车/万 t	594.7	863.8	1 558.8	2 426.9	3 782.0
总计/万 t	1 600.3	1 895.1	2 348.3	3 247.9	5 050.0
机动车比重/%	37.2	45.6	66.4	74.7	74.9

注：假定生活和机动车产生的氮氧化物全部排放。

预测结果表明，在现有技术及治理水平下，由于能源消费量的增加，氮氧化物排放量将大大增加，给大气环境造成相当大的压力。到 2010 年，氮氧化物排放量将达到 1 895 万 t，是 2005 年的 1.18 倍；机动车氮氧化物排放量将达到 864 万 t，占总排放量的 45.6%。到 2020 年，氮氧化物排放量将达到 2 348 万 t，是 2005 年的 1.5 倍；机动车氮氧化物排放量将达到 1 559 万 t，占总排放量的 66.4%。如果不采取有力措施，从机动车氮氧化物排放量的趋势来看，机动车将成为氮氧化物最主要的来源，因此，提高发动机技术水平、改善道路通行条件、实施更为严格的排放标准等措施势在必行，以控制机动车氮氧化物的增长趋势。

方案 2：低方案下的 NO_x 排放量

2005 年全国氮氧化物排放量约 1 600 万 t。假定 2010 年全国氮氧化物的排放量在 2005 年的基础上减少 10%，到 2010 年即为 1 440 万 t；到 2020 年全国氮氧化物排放量控制在 1 100 万 t；到 2050 年，全国氮氧化物排放量控制在 600 万 t。为达到大气环境质量要求和上述氮氧化物排放量控制目标，就全国平均水平而言，“十一五”期间，氮氧化物削减率需提高约 20 个百分点；到 2010 年，氮氧化物削减率应达到 32.49%，2020 年氮氧化物削减率应达到 58.4%（图 3-1-262）。

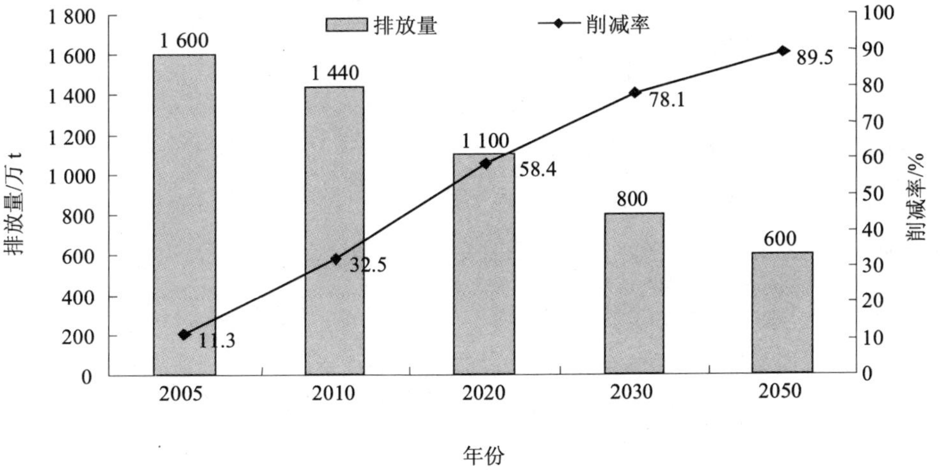

图 3-1-262　技术及治理水平提高条件下的 NO_x 排放量

随着未来交通发展和出行方式的转变，排放标准的不断提高，油品质量、交通状况的改善，机动车氮氧化物排放因子也将大大降低。因此，尽管目标年机动车保有量仍将增加，但如果上述措施得力，预测机动车 NO_x 的排放量仍将会降低。

3. 废水和污染物的预测结果

（1）农业废水和污染物排放量预测

① 种植业废水和污染物排放量预测。

方案 1（高排放方案）：2005 年灌溉和施肥水平下的废水和污染物排放量

耕地面积和有效灌溉面积变化，单位灌溉面积用水量、单位面积化肥施用量、施肥结构和化肥利用率不变情况下的种植业废水和污染物排放量见表 3-1-128。由表中数据可知，在未来耕地面积和有效灌溉面积将有小幅波动的情况下，保持 2005 年的灌溉水平和施肥水平将导致种植业的废水及其污染物排放量有小幅减少，2010 年、2020 年、2030 年和 2050 年的废水排放量分别为 597.1 亿 t、586.5 亿 t、575.6 亿 t 和 565.3 亿 t；总磷和总氮的排放量趋势和废水排放量趋势一样，呈现小幅减少，其中，总磷排放量在 2010 年、2020 年、2030 年和 2050 年分别为 64.2 万 t、62.3 万 t、60.4 万 t 和 58.7 万 t，总氮排放量在 2010 年、2020 年、2030 年和 2050 年分别为 398.2 万 t、370.0 万 t、358.7 万 t、348.2 万 t 和 338.1 万 t。

表 3-1-128　　种植业方案 1 废水和污染物排放量

年份	废水排放量/亿 t	污染物排放量/万 t	
		TP	TN
2005	635.9	69.1	398.2
2010	597.1	64.2	370.0
2020	586.5	62.3	358.7
2030	575.6	60.4	348.2
2050	565.3	58.7	338.1

方案 2（中排放方案）：灌溉和施肥水平正常变化下的废水和污染物排放量

在灌溉和施肥水平保持目前正常变化的情况下，种植业的废水、总磷、总氮排放量呈现逐年下降的趋势，下降幅度超过方案 1（表 3-1-129）。在方案 2 情况下，2010 年、2020 年、2030 年和 2050 年的废水排放量分别为 583.9 亿 t、520.4 亿 t、498.4 亿 t、467.6 亿 t，分别比 2005 年排放量下降 8.2%、18.2%、21.6%和 26.5%；2010 年、2020 年、2030 年和 2050 年的总磷排放量分别为 54.8 万 t、43.8 万 t、38.3 万 t 和 34.3 万 t，分别比 2005 年减少 20.7%、36.6%、44.6%和 50.4%；总氮在 2010 年、2020 年、2030 年和 2050 年的排放量分别为 308.2 万 t、231.7 万 t、205.5 万 t 和 186.5 万 t，分别比 2005 年减少 22.6%、41.8%、48.4%和 53.2%。总磷和总氮排放量到 2050 年都仅为 2005 年的一半左右。

表 3-1-129　　种植业方案 2 废水和污染物排放量

年份	废水排放量/亿 t	污染物排放量/万 t	
		TP	TN
2005	635.9	69.1	398.2
2010	583.9	54.8	308.2
2020	520.4	43.8	231.7
2030	498.4	38.3	205.5
2050	467.6	34.3	186.5

方案 3（低排放方案）：保持理想的灌溉和施肥水平的废水和污染物排放量

根据预测模型和有关参数的预测，得到理想情景下的种植业废水和污染物排放量预测结果，见表 3-1-130。由表中数据可知，通过采取节水灌溉技术和更加合理的施用化肥等措施，到 2010 年、2020 年、2030 年和 2050 年种植业废水排放量将分别比 2005 年降低 12.4%、27.5%、32.8%和 40.1%。同时，污染物排放量也大幅度下降，到 2020 年 TP 和 TN 的排放量将比 2005 减少超过 50%，到 2050 年种植业 TP 和 TN 的排放量分别为 16.3 万 t 和 77.4 万 t，仅为 2005 年测算排放量的 24%和 19%。如果仍然保持目前的化肥施用和灌溉水平，则种植业的废水和污染物排放量将始终保持目前的高位水平。

表 3-1-130　　种植业方案 3 废水和污染物排放量

年份	废水排放量/亿 t	污染物排放量/万 t	
		TP	TN
2005	635.9	69.1	398.2
2010	557.1	47.4	261.8
2020	460.9	30.8	145.9
2030	427.5	22.4	106.2
2050	380.9	16.3	77.4

② 畜牧业废水和污染物排放量预测。

畜牧业废水及其污染物产生量

在未来近 50 年的时间里，由于畜禽养殖总量增加，特别是规模化养殖比例的迅速提高，畜禽养殖业的废水和污染物产生量随之大幅上升。从废水产生量来看，除 2010 年因为湿法工艺比例的降低，废水产生量比 2005 年稍有降低，此后就呈上升趋势，到 2020 年、2030 年和 2050 年废水产生量将是 2005 年的 2.8 倍、3.2 倍和 4.2 倍。污染物的增长速度更快，2020 年 COD 的产生量将为 2005 年的 2.9 倍，到 2050 年将达到 5.3 倍。规模化畜禽养殖的废水和污染物产生量预测结果见表 3-1-131。

表 3-1-131　　规模化畜禽养殖废水和污染物产生量

年份	废水产生量/亿 t	污染物产生量/万 t			
		COD_{Cr}	NH_3-N	TP	TN
2005	30.6	1 954	192.1	141.7	442.3
2010	30.5	2 932	288.6	202.1	669.6
2020	85.5	5 563	546.9	359.8	1 277.7
2030	99.2	7 470	733.1	467.6	1 716.9
2050	128.2	10 317	1 011.9	644.0	2 374.2

方案 1（高排放方案）：2005 年技术水平下的废水和污染物排放量

如果保持 2005 年的工艺技术水平，到 2050 年废水排放量将为 2005 年的 4.95 倍，污染物排放量也将达到 2005 年的 5.0～5.9 倍，仅畜禽养殖业排放的 COD 就大于有研究提出的点源排放 COD 的环境容量 800 万 t，对土壤和水资源环境造成极大的危害。具体预测结果见表 3-1-132。

表 3-1-132　　规模化畜禽养殖方案 1 废水和污染物排放量

年份	废水排放量/亿 t	污染物排放量/万 t			
		COD_{Cr}	NH_3-N	TP	TN
2005	8.6	276	26.5	18.3	61.4
2010	12.6	426	41.1	26.8	96.1
2020	23.2	835	80.8	49.4	190.0
2030	30.2	1 141	110.4	65.6	260.2
2050	42.5	1 581	152.9	90.7	360.9

方案 2（中排放方案）：保持目前技术发展趋势下的废水和污染物排放量

如果保持目前规模化畜禽养殖业的技术及治理发展趋势，未来主要污染物排放仍是呈现增长趋势，但同比方案 1，增长速度的幅度已经有很大的下降。到 2010 年、2020 年、2030 年和 2050 年 COD 排放量分别为 323 万 t、409 万 t、507 万 t 和 649 万 t，同比 2005 年排放量分别增加了 17.0%、48.1%、83.8%和 135.2%，但与方案 1 相比，2010 年、2020 年、2030 年和 2050 年 COD 排放量分别减少 24.2%、51.1%、55.5%和 58.9%。氨氮、总磷和总氮的变化趋势和 COD 相近。具体预测结果见表 3-1-133。

方案 3（低排放方案）：保持理想技术水平的废水和污染物排放量

如果按照理想的规模化畜禽养殖业的废水处理率、废水回用率和干法清粪污染物去除率等发展目标，到 2050 年的废水排放量将为 17.9 万 t，仅比 2005 年多 1 倍，2010 年、2020 年和 2030 年的废水排放量分别为 8.4 万 t、20.2 万 t、20.3 万 t 和 17.9 万 t。2050 年的 COD 排放量为 169 万 t，仅为 2005 年排放量 276 万 t 的 60%，相当于 2005 年治理水平下可能排放量 1 580.8 万 t 的 10.7%，2010 年、2020 年和 2030 年的 COD 排放量分别为 270 万 t、189 万 t 和 181 万 t（表 3-1-134）。

表 3-1-133　　规模化畜禽养殖方案 2 废水和污染物排放量

年份	废水排放量/亿 t	污染物排放量/万 t			
		COD_{Cr}	NH_3-N	TP	TN
2005	8.6	276	26.5	18.3	61.4
2010	9.8	323	31.0	19.9	72.7
2020	21.2	409	39.6	24.0	93.2
2030	23.7	507	49.1	29.0	115.9
2050	26.3	649	62.8	37.3	148.3

表 3-1-134　　规模化畜禽养殖方案 3 废水和污染物排放量

年份	废水排放量/亿 t	污染物排放量/万 t			
		COD_{Cr}	NH_3-N	TP	TN
2005	8.6	276	26.5	18.3	61.4
2010	8.4	270	25.8	16.3	60.6
2020	20.2	189	18.3	10.9	43.4
2030	20.3	181	17.5	10.1	41.6
2050	17.9	169	16.4	9.8	38.8

规模化畜禽养殖业是重要农业污染源，随着规模化畜禽养殖业的不断发展，其产生的污染物排放量也必将随之增加，如果不加大规模化畜禽养殖场废水的治理投入，综合利用行政强制手段和经济鼓励措施提高干法清粪工艺的比例和废水处理率，畜禽养殖带来的面源污染将难以想象。采不采取措施，采取的措施达到什么水平，对于规模化畜禽养殖业的污染物排放影响很大。以 COD 为例，如果不采取措施，保持 2005 年的技术和治理水平，到 2050 年排放量将达 1 581 万 t；如果以目前的技术和治理水平发展趋势，到 2050 年 COD 排放量为 649 万 t，同比方案 1 削减了将近 60%；如果采取更为先进的技术和治理水平，到 2050 年 COD 排放量仅为 169 万 t，同比方案 1 削减了将近 90%，同时在 2005 年排放量基础上也削减 39%，能够达到“污染减排”的效果。氨氮、总磷、总氮等其他污染物也都表现为类似情况（图 3-1-263，图 3-1-264）。

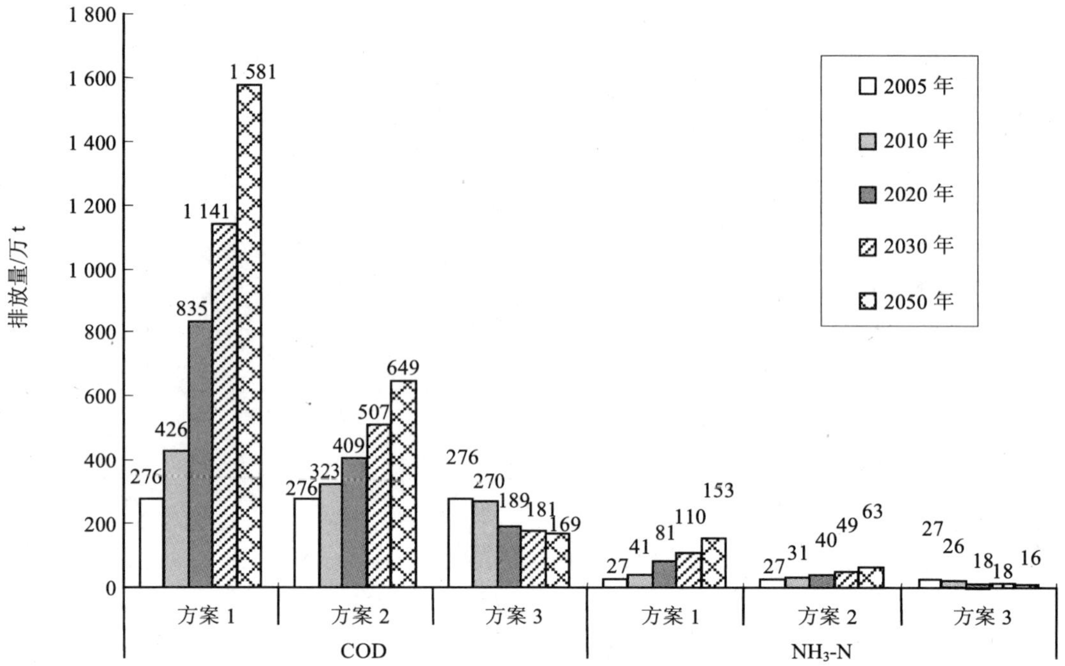

图 3-1-263 三种方案下规模化畜禽养殖废水中 COD 和氨氮的排放量

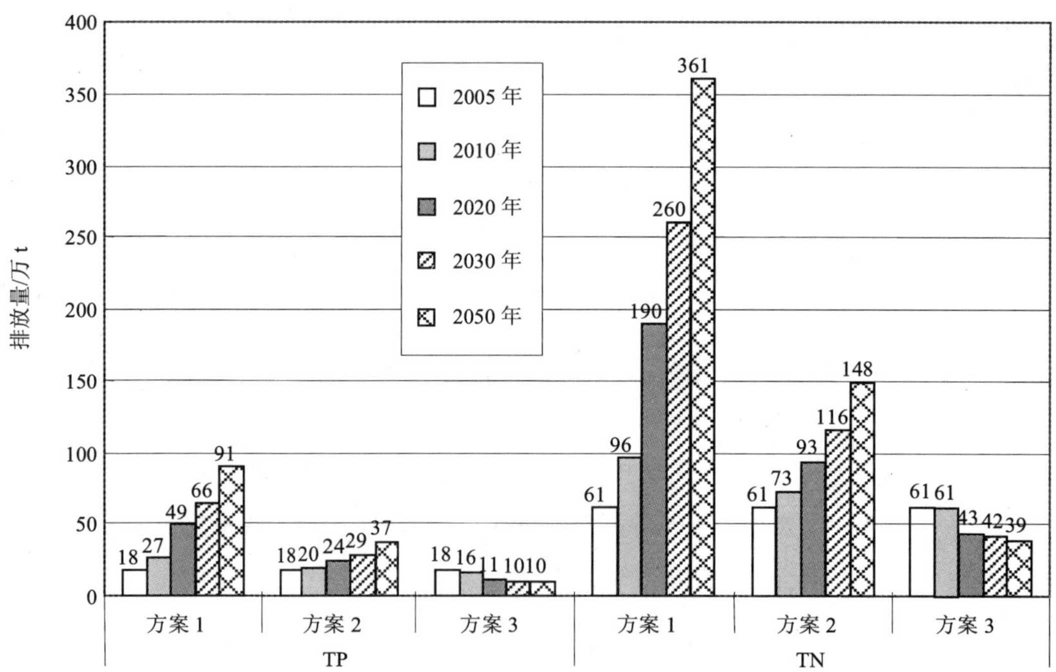

图 3-1-264 三种方案下规模化畜禽养殖废水中 TP 和 TN 的排放量

③ 农村生活废水和污染物排放量预测。

农村生活废水和污染物产生量

根据预测，虽然未来农村人口在下降，但由于农村居民人均用水量和生活耗水系数的大幅提高，其中，由于用水消费系数的变化率比人均用水量的变化率高，导致废水产生量的增长趋势比用水量更快，到 2050 年农村居民生活废水产生量将达到 168 万 t，是 2005 年的 3.8 倍。同时，由于规模化养殖比例的显著提高，散养畜禽量大幅下降，而畜禽的废水产生系数不会发生大的变化，因此，散养畜禽的废水产生量随养殖量的减少而减少。

农村生活污染物产生量的情况和废水类似，由于居民污染物产生系数的不断提高，污染物产生量也不断提高，到 2030 年将达到 1 206 万 t，比 2005 年增加 27.3%，此后由于人口的下降幅度高于污染物产生系数的上升幅度，污染物产生量出现下降，2050 年农村居民的污染物产生量基本和 2005 年相同。散养畜禽的污染物产生量在 2006—2015 年期间由于散养畜禽量稍有增加而增加，此后因为规模化养殖比例的大幅提高、畜禽排泄系数不变而大幅降低，到 2020 年和 2050 年散养畜禽的 COD 产生量分别为 2005 年的 97.1%和 41.6%。由于散养畜禽的污染物产生量高于农村居民的污染物产生量，因此，农村生活污染物产生量的总体趋势和散养畜禽的趋势相同，2006—2015 年有所增加，2016 年后开始下降并在 2020 年后快速下降，到 2050 年农村生活污染物的产生量仅为 2005 年水平的一半。

农村生活废水和污染物产生量见表 3-1-135。

表 3-1-135　　农村废水和污染物产生量

年份	农村居民废水及污染物产生量				
	废水产生量/亿 t	污染物产生量/万 t			
		COD	氨氮	总磷	总氮
2005	43.8	947	81.5	9.3	127.1
2010	64.4	980	84.3	9.6	131.6
2015	101.3	1 025	88.2	10	137.6
2020	139.8	1 133	97.5	11.1	152
2030	166.1	1 206	103.7	11.8	161.8
2050	168.0	944	81.2	9.2	126.7
年份	散养畜禽废水及污染物产生量				
	废水产生量/亿 t	污染物产生量/万 t			
		COD	氨氮	总磷	总氮
2005	60.6	5 409	529	320	1 260
2010	62.2	5 498	537	324	1 280
2015	63.5	5 493	536	321	1 281
2020	62.9	5 250	512	307	1 226
2030	57.2	4 488	438	268	1 050
2050	33.5	2 252	219	129	533
年份	废水及污染物产生量合计				
	废水产生量/亿 t	污染物产生量/万 t			
		COD	氨氮	总磷	总氮
2005	104.4	6 356	610	329	1 387
2010	126.6	6 478	621	333	1 412
2015	164.9	6 518	624	331	1 418
2020	202.7	6 383	610	318	1 378
2030	223.2	5 694	542	280	1 211
2050	201.5	3 196	300	138	660

方案 1（高排放方案）：2005 年技术和治理水平下的农业生活废水和污染物排放量

在本方案下，农村生活废水沼气化率始终保持 7.19%不变，农村生活废水排放量将在 2030 年达到高峰值 25.3 亿 t，此后开始下降，到 2050 年将比 2005 年翻一番，大约为 22.8 亿 t。从污染物排放量来看，由于产生量整体出现先扬后抑的趋势，因此，如果农村生活废水保持 2005 年的治理水平，其污染物排放量也是同样的趋势，到 2015 年 COD 排放量达到峰值 738 万 t，此后开始下降，约为 2005 年排放量的一半，但就其总量来看仍然相当客观，约为 362 万 t，相当于目前工业 COD 排放量的 65%。2005 年技术水平下的未来农村生活废水和污染物排放情况见表 3-1-136。

表 3-1-136　　农村生活方案 1 废水和污染物排放量

年份	废水排放量/亿 t			污染物排放量/万 t			
	居民	散养畜禽	合计	COD	氨氮	总磷	总氮
2005	5.0	6.9	11.8	720	69.1	37.3	157.1
2010	7.3	7.0	14.3	734	70.3	37.7	159.9
2020	15.8	7.1	22.9	723	69.1	36.0	156.1
2030	18.8	6.5	25.3	645	61.4	31.7	137.2
2050	19.0	3.8	22.8	362	34.0	15.6	74.7

方案 2（中排放方案）：保持目前技术和治理水平发展趋势下的农业生活废水和污染物排放量

如果以目前的技术和治理水平发展趋势来预测，农村生活的废水污染物排放量将比方案 1 有一定的下降幅度，到 2010 年、2020 年、2030 年和 2050 年 COD 的排放量分别为 720 万 t、679.9 万 t、554 万 t、448.3 万 t、226 万 t，同比方案 1 分别减少了 7.4%、23.4%、30.5%和 37.6%（表 3-1-137）。

表 3-1-137　　农村生活方案 2 废水和污染物排放量

年份	废水排放量/亿 t			污染物排放量/万 t			
	居民	散养畜禽	合计	COD	氨氮	总磷	总氮
2005	5.0	6.9	11.8	720.0	69.1	37.3	157.2
2010	6.8	6.5	13.3	679.9	65.2	34.9	148.2
2020	12.1	5.5	17.6	554.0	52.9	27.6	119.7
2030	11.8	4.5	16.4	448.3	42.7	22.1	95.4
2050	11.9	2.3	14.2	226.0	21.3	9.7	46.7

方案 3（低排放方案）：达到理想治理水平后的农业生活废水和污染物排放量

技术水平提高后预测目标年的农村生活废水和污染物排放情况见表 3-1-138。如果按照理想目标提高沼气率，农村生活废水排放量预计在 2020 年达到 14.8 亿 t 的峰值后，开始下降，到 2050 年将达到 9.8 亿 t，比 2005 年下降 16.8%。同时，未来的农村生活污染物排放量也将不断下降，到 2010 年、2020 年、2030 年和 2050 年 COD 排放量将分别比方案 1 减少 11.1%、35.4%、46.1%和 56.9%。

表 3-1-138　　农村生活方案 3 废水和污染物排放量

年份	废水排放量/亿 t			污染物排放量/万 t			
	居民	散养畜禽	合计	COD	氨氮	总磷	总氮
2005	5.0	6.9	11.8	720	69.1	37.3	157.2
2010	6.5	6.3	12.7	652	62.5	33.5	142.1
2020	10.2	4.6	14.8	467	44.6	23.3	100.9
2030	10.1	3.5	13.6	347	33.1	17.1	73.9
2050	8.2	1.6	9.8	156	14.7	6.7	32.2

④ 农业废水和污染物排放情况分析。

方案 1：2005 年技术和治理水平下的农业废水污染物排放量

如果保持 2005 年的技术和治理水平，2010 年、2020 年、2030 年和 2050 年农业废水中的 COD 排放量将分别为 1 160 万 t、1 558 万 t、1 786 万 t 和 1 943 万 t，比 2005 年排放量分别增加 16.5%、56.4%、79.3%和 95.1%；氨氮排放量分别为 111 万 t、150 万 t、172 万 t 和 187 万 t，同比 2005 将分别增加 16.0%、56.1%、79.0%和 94.7%；总磷排放量分别为 129 万 t、148 万 t、158 万 t 和 165 万 t，分别比 2005 年增加 3.0%、18.2%、26.2%和 32.0%；总氮排放量分别为 626 万 t、705 万 t、746 万 t 和 774 万 t，分别比 2005 年排放量增长 1.5%、14.2%、20.8%和 25.4%。具体预测结果见表 3-1-139。

表 3-1-139　　农业方案 1 主要废水和污染物排放量　　单位：万 t

年份	COD			
	种植业	畜牧业	农村生活	合计
2005		276	720	996
2010		426	734	1 160
2020		835	723	1 558
2030		1 141	645	1 786
2050		1 581	362	1 943
年份	氨氮（NH_3-N）			
	种植业	畜牧业	农村生活	合计
2005		27	69	96
2010		41	70	111
2020		81	69	150
2030		110	61	172
2050		153	34	187

年份	总磷（TP）			
	种植业	畜牧业	农村生活	合计
2005	69	18	37	125
2010	64	27	38	129
2020	62	49	36	148
2030	60	66	32	158
2050	59	91	16	165
年份	总氮（TN）			
	种植业	畜牧业	农村生活	合计
2005	398	61	157	617
2010	370	96	160	626
2020	359	190	156	705
2030	348	260	137	746
2050	338	361	75	774

方案 2：目前的技术和治理水平发展趋势下的农业废水和污染物排放量

如果今后保持目前的技术和治理水平发展趋势，那么到 2010 年、2020 年、2030 年和 2050 年农业废水中的总磷排放量分别为 110 万 t、95 万 t、89 万 t 和 81 万 t，同比 2005 年分别减少 12.3%、23.7%、28.5%和 35.0%；总氮排放量分别为 529 万 t、445 万 t、417 万 t 和 382 万 t，分别比 2005 年减少 14.2%、27.9%、32.4%和 38.2%。具体预测结果见表 3-1-140。

表 3-1-140　农业方案 2 主要废水和污染物排放量　单位：万 t

年份	COD			
	种植业	畜牧业	农村生活	合计
2005		276	720	996
2010		323	680	1 003
2020		409	554	963
2030		507	448	955
2050		649	226	875
年份	氨氮（NH_3-N）			
	种植业	畜牧业	农村生活	合计
2005		27	69	96
2010		31	65	96
2020		40	53	93
2030		49	43	92
2050		63	21	84
年份	总磷（TP）			
	种植业	畜牧业	农村生活	合计
2005	69	18	37	125
2010	55	20	35	110
2020	44	24	28	95
2030	38	29	22	89
2050	34	37	10	81

年份	总氮（TN）			
	种植业	畜牧业	农村生活	合计
2005	398	61	157	617
2010	308	73	148	529
2020	232	93	120	445
2030	206	116	95	417
2050	187	148	47	382

方案 3：保持理想的技术和治理水平下的农业废水和污染物排放量

如果今后在目前的技术和治理水平发展趋势上再进一步提高，那么到 2010 年、2020 年、2030 年和 2050 年农业废水中的总磷排放量分别为 97 万 t、65 万 t、50 万 t 和 33 万 t，同比 2005 年分别减少 22.2%、48.0%、60.3%和 73.8%；总氮排放量分别为 465 万 t、290 万 t、222 万 t 和 148 万 t，分别比 2005 年减少 24.7%、53.0%、64.1%和 75.9%。具体预测结果见表 3-1-141。

表 3-1-141　　农业方案 3 主要废水和污染物排放量　　单位：万 t

年份	COD			
	种植业	畜牧业	农村生活	合计
2005		276	720	996
2010		270	652	922
2020		189	467	656
2030		181	347	528
2050		169	156	325
年份	氨氮（NH_3-N）			
	种植业	畜牧业	农村生活	合计
2005		27	69	96
2010		26	63	88
2020		18	45	63
2030		18	33	51
2050		16	15	31
年份	总磷（TP）			
	种植业	畜牧业	农村生活	合计
2005	69	18	37	125
2010	47	16	34	97
2020	31	11	23	65
2030	22	10	17	50
2050	16	10	7	33
年份	总氮（TN）			
	种植业	畜牧业	农村生活	合计
2005	398	61	157	617
2010	262	61	142	465
2020	146	43	101	290
2030	106	42	74	222
2050	77	39	32	148

结论 1：种植业是农业面源污染的主要来源

从图 3-1-265 各种方案中的农业废水排放量可以看出，农业废水排放量主要来自种植业废水，2005 年种植业废水排放量占农业废水排放总量的 97%。不管按哪种方案预测，种植业的废水排放量占农业废水排放总量的比例都在 90%～97%，占绝对的最大排放比例。

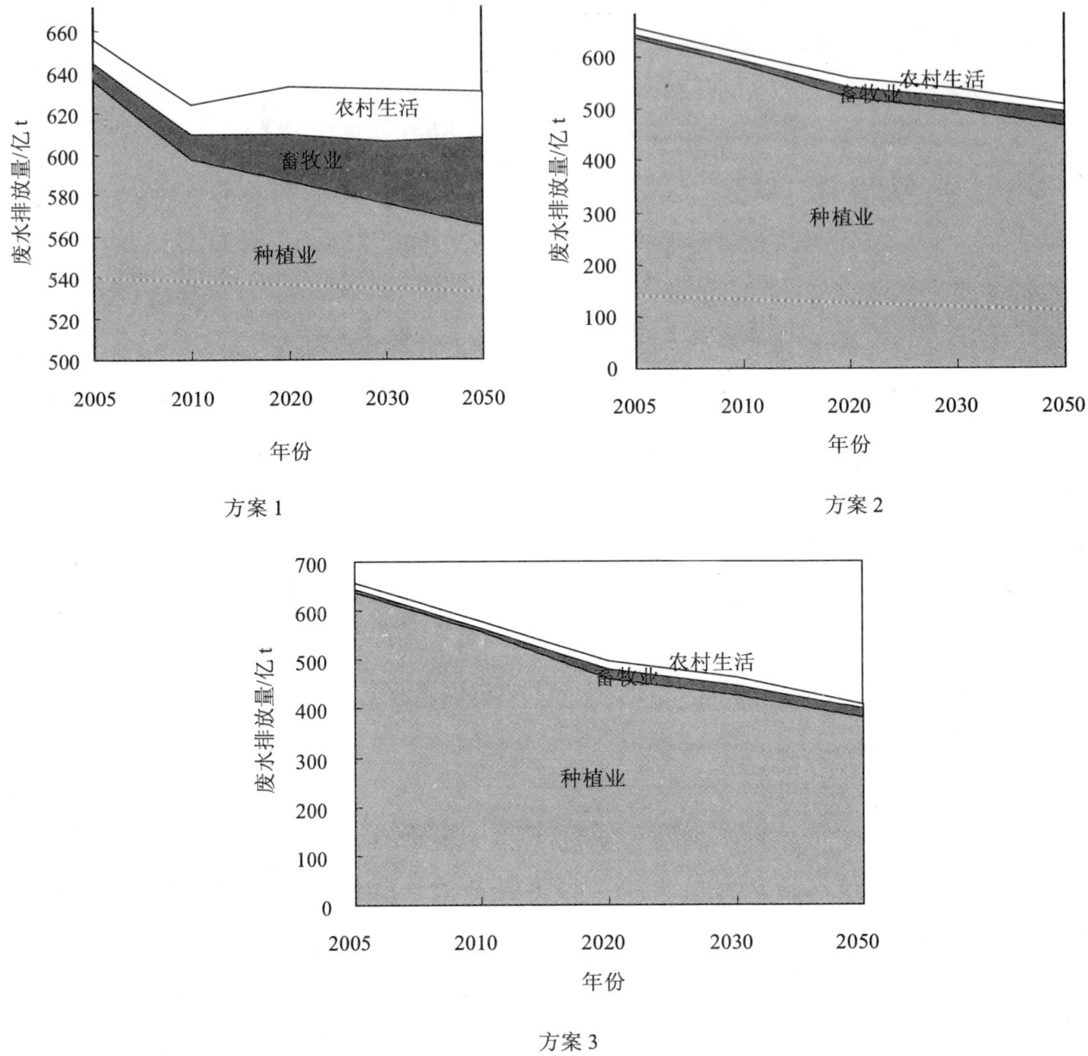

图 3-1-265　3 种方案下的农业废水排放结构

从农业总磷和总氮的排放结构也可以看出，种植业是农业面源污染物的主要来源，以 2005 年为例，种植业的总磷和总氮分别占农业总磷和总氮排放量的 55%和 65%（图 3-1-266）。

结论 2：种植业技术水平提高对农业面源污染有重要影响

种植业节水技术水平的提高对于农业废水排放量的降低至关重要。根据预测，提高规模化畜禽养殖场的废水回用率和生活废水的处理率对降低农业废水排放量的作用有限，降低农业废水排放量的关键是采取喷灌和滴灌等先进灌溉方式，逐步减少漫灌比例，才有可能达到预定的农业废水减排目标。同时，控制种植业的 TP 和 TN 排放量也是降低农业污染物排放量的关键因素之一，通过预测可知，未来近 50 年的时间里必须通过降低单位耕地面积的化肥施用量、改进施肥结构，并辅以必要的水土保持措施提高化肥利用率，否则农业 TP 和 TN 排放量无法得到有效控制，3 种方案情景下的 TN 排放量见图 3-1-267。

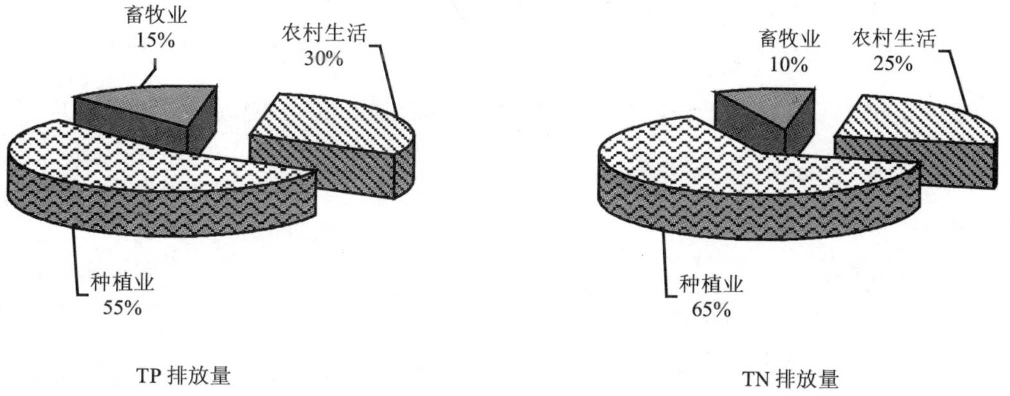

图 3-1-266　2005 年农业的 TP 和 TN 排放结构

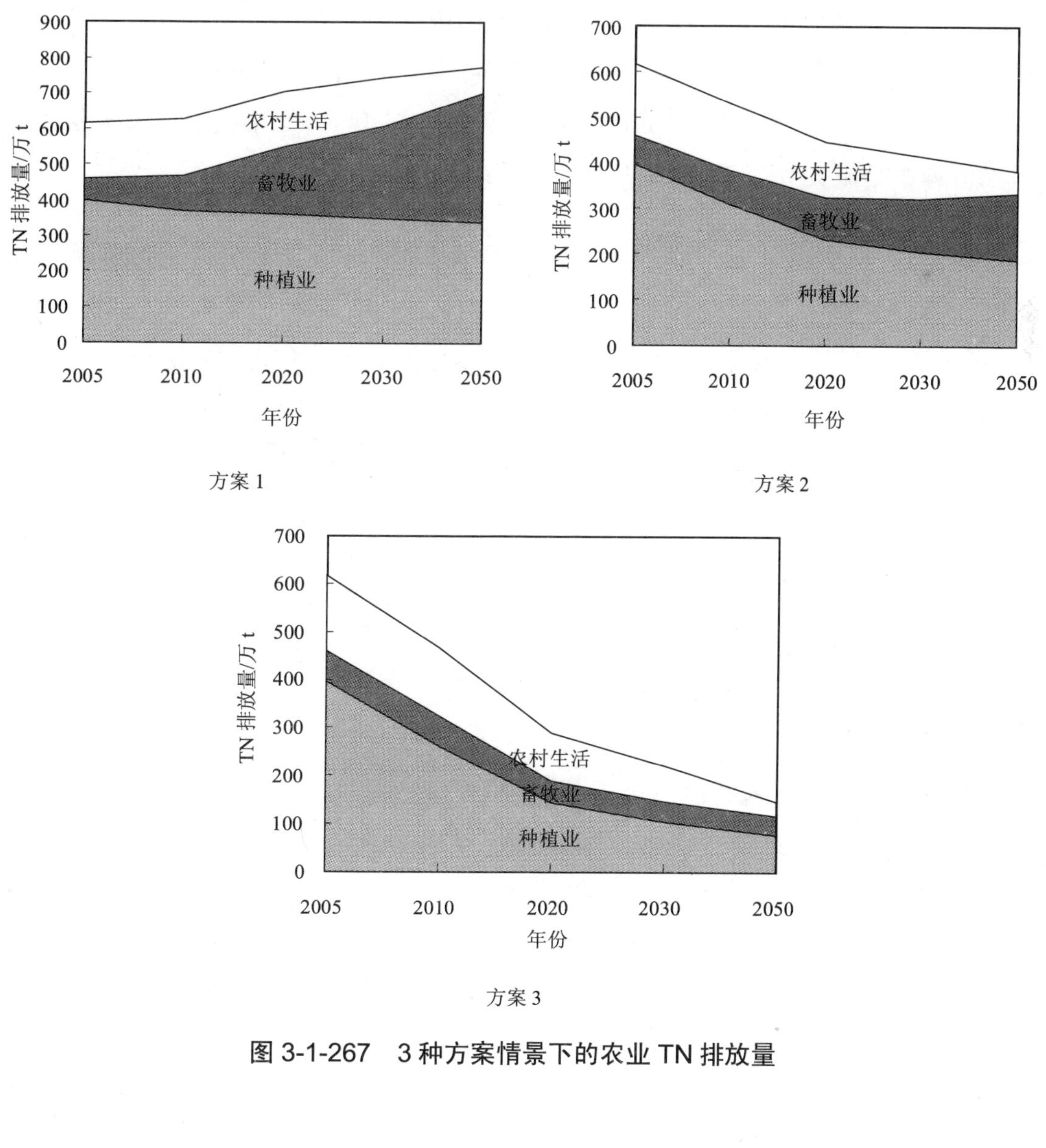

图 3-1-267　3 种方案情景下的农业 TN 排放量

结论 3：重视集约化畜禽养殖和农业生活造成的农业面源污染

虽然规模化畜禽养殖和农业生活的废水排放量在农业废水排放总量中的比例不高（图 3-1-265），但是其产生的污染物排放却不容忽视，尤其是规模化畜禽养殖比例的提高给农业面源污染带来的压力值得特别关注。如果保持 2005 年的技术和治理水平，随着时间的推移，规模化畜禽养殖的总磷、总氮排放量占农业总排放量的比例逐年增加，从 2005 年的 15%和 10%分别增加到 2020 年的 33%和 27%，到 2050 年这一比例又将分别提高到 55%和 47%，超过了种植业的排放比例。因此，在发展集约化畜禽生产、提高畜牧业生产力的同时，必须加大对规模化畜禽养殖的治理投入。

（2）工业废水污染物的预测

方案 1：高方案情景下工业废水污染物排放量

保持基准年的污染物产生强度和去除率水平的工业废水污染物排放量的预测结果见表 3-1-142。从表中的预测结果可以看出，由于未来几十年间工业增加值的快速增长，如果按照基准年工业行业的技术水平和污染治理水平，那么 2010 年、2020 年、2030 年和 2050 年的 COD 排放量将分别达到 833 万 t、180 万 t、318 万 t 和 540 万 t，分别是 2005 年排放量的 1.5 倍、3.2 倍、5.7 倍和 9.7 倍；氨氮和重金属的排放量趋势相同。因此，如果我国未来工业行业的技术水平和污染治理水平不提高，将会对环境造成难以想象的危害。

表 3-1-142 工业方案 1 废水污染物排放量

年份	COD			氨氮			重金属/t
	产生量/t	去除率/%	排放量/t	产生量/t	去除率/%	排放量/t	
2005	16 417 417	66.2	5 547 333	1 008 214	47.9	525 065	999.8
2010	24 344 305	65.8	8 331 745	1 425 509	56.4	620 826	1 534.6
2020	52 202 092	65.5	18 011 169	3 075 147	56.5	1 336 322	3 103.5
2030	91 890 155	65.4	31 818 418	5 113 659	56.4	2 229 996	5 464.6
2050	154 479 270	65.0	54 001 223	7 713 408	55.7	3 417 206	13 694.6

注：重金属包括汞、镉、六价铬、铅和砷。

方案 2：中方案情景下工业废水污染物排放量

方案 2 情景，即我国未来工业行业的技术水平和污染治理水平参照历年（1998—2006 年）的平均发展水平情况下的污染物排放量。其预测结果见表 3-1-143，从表中的预测结果来看，如果未来我国的工业行业技术水平和污染治理水平能够保持前几年的平均发展水平，则 2010 年、2020 年、2030 年和 2050 年 COD 排放量分别为 515 万 t、571 万 t、663 万 t 和 538 万 t，分别是 2005 年的 0.9 倍、1.0 倍、1.2 倍和 1.0 倍。

表 3-1-143　　工业方案 2 废水污染物排放量

年份	COD			氨氮			重金属/t
	产生量/t	去除率/%	排放量/t	产生量/t	去除率/%	排放量/t	
2005	16 417 417	66.2	5 547 333	1 008 214	47.9	525 065	999.8
2010	16 851 807	69.5	5 147 015	1 043 650	59.0	427 842	927.7
2020	23 691 000	75.9	5 710 399	1 411 128	62.6	527 569	819.8
2030	34 588 026	80.8	6 627 402	1 963 969	66.8	651 647	749.9
2050	50 012 203	89.2	5 381 016	2 839 858	76.2	677 091	599.9

注：重金属包括汞、镉、六价铬、铅和砷。

方案 3：低方案情景下工业废水污染物排放量

如果未来我国工业行业的技术水平和污染治理水平在当前“节能减排”的环境保护政策下保持比前几年更快的发展水平，那么到 2010 年、2020 年、2030 年和 2050 年我国工业 COD 的排放量分别为 481 万 t、341 万 t、333 万 t 和 229 万 t，在 2005 年的基础上分别削减 13.3%、38.6%、40.1%和 58.8%（表 3-1-144）。

表 3-1-144　　工业方案 3 废水污染物排放量

年份	COD			氨氮			重金属/t
	产生量/t	去除率/%	排放量/t	产生量/t	去除率/%	排放量/t	
2005	16 417 417	66.2	5 547 333	1 008 214	47.9	525 065	999.8
2010	16 851 807	71.5	4 809 979	1 043 650	61.0	406 969	569.9
2020	15 596 604	78.2	3 406 990	1 129 759	63.9	407 314	426.3
2030	19 750 472	83.2	3 325 219	1 349 998	67.8	434 060	375.1
2050	25 677 443	91.1	2 286 459	1 836 966	77.0	422 308	329.9

注：重金属包括汞、镉、六价铬、铅和砷。

（3）城镇生活废水和污染物的预测

① 城镇生活废水和污染物的产生量。

未来城镇生活的废水产生量将随城镇人口、人均用水量以及用水普及率的增加而不断增加，与 2005 年相比，2010 年、2020 年、2030 年和 2050 年城镇生活废水产生量将增加 33.7%、104.8%、160.8%和 258.6%。同时，未来城镇人口的迅速增长以及污染物产生系数的小幅增长也导致城镇生活废水中污染物的产生量有较快的增长，预计到 2010 年、2020 年、2030 年和 2050 年城镇生活废水 COD 产生量将达到 1 395.5 万 t、1 762.4 万 t、2 087.3 万 t 和 2 812.5 万 t，分别为 2005 年 COD 产生量的 1.13 倍、1.43 倍、1.69 倍和 2.28 倍。城镇生活废水和污染物产生量的预测结果见表 3-1-145。

表 3-1-145　城镇生活废水和污染物产生量

年份	城市类型	废水产生量/亿 t	污染物产生量/万 t			
			COD	氨氮	总磷	总氮
2005	大型	297.9	795.0	79.7	9.9	107.1
	中型		374.6	33.5	4.5	47.4
	小型		64.3	5.6	0.7	9.1
	合计		1 233.9	118.7	15.2	163.5
2010	大型	243.0	899.1	90.1	11.2	121.1
	中型	127.9	423.7	37.9	5.1	53.6
	小型	27.5	72.7	6.3	0.8	10.2
	合计	398.4	1 395.5	134.3	17.2	184.9
2020	大型	365.1	1 135.5	113.8	14.2	153.0
	中型	202.3	535.1	47.8	6.5	67.6
	小型	42.8	91.8	7.9	1.1	12.9
	合计	610.2	1 762.4	169.6	21.7	233.5
2030	大型	463.4	1 344.8	134.8	16.8	181.2
	中型	258.7	633.7	56.6	7.7	80.1
	小型	54.9	108.7	9.4	1.3	15.3
	合计	776.9	2 087.3	200.8	25.7	276.6
2050	大型	627.3	1 812.0	181.6	22.6	244.1
	中型	363.8	853.9	76.3	10.3	107.9
	小型	77.3	146.5	12.7	1.7	20.6
	合计	1 068.4	2 812.4	270.6	34.6	372.7

② 城镇生活废水和污染物的排放量。

方案 1（高排放方案）：2005 年技术和治理水平下的城镇生活废水和污染物排放量

如果城镇生活废水回用率和污染物削减率仍然停留在 2005 年的水平，那么到 2010 年、2020 年、2030 年和 2050 年的废水排放量将分别为 2005 年的 1.3 倍、2.0 倍、2.6 倍和 3.6 倍；COD 排放量也将同比增长，分别达到 1 190.3 万 t、1 503.3 万 t、1 780.4 万 t 和 2 399 万 t，分别是 2005 年排放量的 1.4 倍、1.7 倍、2.1 倍和 2.8 倍，城镇生活废水污染造成的危害将难以想象。方案 1 城镇生活废水和污染物排放量的预测结果见表 3-1-146。

表 3-1-146　城镇生活方案 1 废水和污染物排放量

年份	城市类型	废水排放量/亿 t	废水处理量/亿 t	污染物排放量/万 t			
				COD	氨氮	总磷	总氮
2005	大型	289.3	147.6	539.2	64.0	9.3	100.8
	中型			274.0	28.5	4.3	45.3
	小型			46.2	4.8	0.7	8.7
	合计			859.4	97.3	14.3	154.8

年份	城市类型	废水排放量/亿 t	废水处理量/亿 t	污染物排放量/万 t			
				COD	氨氮	总磷	总氮
2010	大型	234.7	120.3	758.5	81.4	10.9	117.6
	中型	123.6	63.3	368.8	35.1	5.0	52.5
	小型	26.6	13.6	62.8	5.9	0.8	10.0
	合计	384.9	197.2	1 190.1	122.4	16.7	180.1
2020	大型	352.7	180.7	957.9	102.8	13.8	148.6
	中型	195.4	100.1	465.7	44.3	6.4	66.2
	小型	41.3	21.2	79.3	7.3	1.1	12.6
	合计	589.4	302.0	1 502.9	154.4	21.1	227.4
2030	大型	447.6	229.4	1 134.4	121.7	16.3	176.0
	中型	249.9	128.1	551.5	52.4	7.5	78.4
	小型	53.0	27.2	94.0	8.7	1.3	15.0
	合计	750.5	384.6	1 780.4	182.8	25.0	269.3
2050	大型	606.0	310.5	1 528.6	164.0	21.9	237.1
	中型	351.4	180.1	743.2	70.7	10.1	105.6
	小型	74.7	38.3	126.6	11.8	1.7	20.2
	合计	1 032.1	528.9	2 399.0	246.4	33.7	362.9

方案 2（中排放方案）：保持目前技术和治理水平发展趋势下的城镇生活废水和污染物排放量

如果保持目前城镇生活废水污染治理技术水平的发展趋势，城镇生活废水回用率到 2010 年、2020 年、2030 年和 2050 年将分别为 7.5%、16.5%、21.7%和 31.3%，同时城镇生活废水处理率将分别为 55.6%、73%、81.9%和 90%，同时随着逐步淘汰一级治理能力、提高二、三级废水治理能力，城镇生活废水中主要污染物的去除率也将逐步提高，在这种情景下，城镇生活废水中的 COD 排放量在 2010 年、2020 年、2030 年和 2050 年分别为 1 098.1 万 t、979.4 万 t、867.2 万 t、768.5 万 t，随着废水回用率、废水处理率和污染物去除率的不断提高，城镇生活废水中的 COD 排放量在 2010 年之后将逐步回落，至 2030 年基本能够下降到 2005 年的排放水平，之后将逐年稳定下降，至 2050 年将在 2005 年排放量的基础上削减 10.6%（表 3-1-147）。

表 3-1-147　　城镇生活方案 2 废水和污染物排放量

年份	城市类型	废水排放量/亿 t	废水处理量/亿 t	污染物排放量/万 t			
				COD	氨氮	总磷	总氮
2005	大型	289.3	147.6	539.2	64.0	9.3	100.8
	中型			274.0	28.5	4.3	45.3
	小型			46.2	4.8	0.7	8.7
	合计			859.4	97.3	14.4	154.8
2010	大型	224.8	135.1	699.0	76.9	10.1	109.0
	中型	118.3	71.1	340.8	33.1	4.7	49.0
	小型	25.4	15.3	58.3	5.5	0.7	9.4
	合计	368.5	221.5	1 098.1	115.5	15.6	167.3

年份	城市类型	废水排放量/亿t	废水处理量/亿t	污染物排放量/万t			
				COD	氨氮	总磷	总氮
2020	大型	304.9	266.5	625.4	77.9	10.8	116.5
	中型	168.9	147.7	301.7	33.2	5.0	52.0
	小型	35.7	31.2	52.1	5.5	0.9	10.0
	合计	509.5	445.4	979.4	116.8	16.6	178.6
2030	大型	362.8	379.5	556.8	74.4	10.7	115.9
	中型	202.6	211.9	264.7	31.6	5.0	51.6
	小型	43.0	45.0	45.7	5.3	0.8	9.9
	合计	608.3	636.3	867.2	111.3	16.5	177.5
2050	大型	431.0	564.6	495.1	69.3	10.0	108.2
	中型	249.9	327.4	233.3	29.2	4.6	47.9
	小型	53.1	69.6	40.0	4.9	0.8	9.2
	合计	734.0	961.6	768.5	103.3	15.3	165.3

方案 3（低排放方案）：保持理想的技术和治理水平的城镇生活废水和污染物排放量

如果 2010 年、2020 年、2030 年和 2050 年的我国城镇生活废水回用率分别提高到 10.7%、20.6%、25.5%和 34.8%，废水排放量将仅分别比 2005 年增加 27.4%、71.4%、102.5%和 140.8%。

同时，如果 2010 年、2020 年、2030 年和 2050 年的我国城镇生活废水处理率分别达到 69.5%、91.2%、96.3%和 100%，再通过加大淘汰一级废水治理能力、提高二三级废水治理能力的力度，污染物的去除率也必将随之提高，这样城市污水中污染物的排放量将大幅下降，预计到 2010 年、2020 年、2030 年和 2050 年 COD 的排放量将分别比 2005 年下降 10.9%、41.9%、49.7%和 50.9%（表 3-1-148）。

表 3-1-148 城镇生活方案 3 废水和污染物排放量

年份	城市类型	废水排放量/亿t	废水处理量/亿t	污染物排放量/万t			
				COD	氨氮	总磷	总氮
2005	大型	289.3	147.6	539.2	64.0	9.3	100.8
	中型			274.0	28.5	4.3	45.3
	小型			46.2	4.8	0.7	8.7
	合计			859.5	97.3	14.4	154.8
2010	大型	217.0	171.4	475.9	62.1	8.8	95.6
	中型	114.2	86.1	248.1	27.8	4.2	43.7
	小型	24.6	19.4	42.2	4.7	0.7	8.5
	合计	355.8	276.8	766.2	94.6	13.7	147.8
2020	大型	296.0	334.1	313.0	56.0	8.7	94.3
	中型	165.3	183.2	158.9	24.3	4.1	42.5
	小型	34.5	39.1	27.8	4.1	0.7	8.2
	合计	495.8	556.4	499.8	84.5	13.5	145.0

<table>
<tr><td rowspan="2">年份</td><td>城市</td><td>废水排放量/</td><td>废水处理量/</td><td colspan="4">污染物排放量/万 t</td></tr>
<tr><td>类型</td><td>亿 t</td><td>亿 t</td><td>COD</td><td>氨氮</td><td>总磷</td><td>总氮</td></tr>
<tr><td rowspan="4">2030</td><td>大型</td><td>348.8</td><td>446.8</td><td>275.3</td><td>52.9</td><td>8.6</td><td>92.7</td></tr>
<tr><td>中型</td><td>196.0</td><td>248.6</td><td>133.2</td><td>22.7</td><td>4.0</td><td>41.5</td></tr>
<tr><td>小型</td><td>41.0</td><td>53.0</td><td>23.2</td><td>3.8</td><td>0.7</td><td>8.0</td></tr>
<tr><td>合计</td><td>585.8</td><td>748.4</td><td>431.8</td><td>79.4</td><td>13.2</td><td>142.2</td></tr>
<tr><td rowspan="4">2050</td><td>大型</td><td>408.1</td><td>627.3</td><td>271.8</td><td>50.3</td><td>7.9</td><td>85.2</td></tr>
<tr><td>中型</td><td>238.5</td><td>363.8</td><td>128.1</td><td>21.2</td><td>3.6</td><td>37.8</td></tr>
<tr><td>小型</td><td>50.1</td><td>77.3</td><td>22.0</td><td>3.5</td><td>0.6</td><td>7.3</td></tr>
<tr><td>合计</td><td>696.7</td><td>1 068.4</td><td>421.9</td><td>75.0</td><td>12.1</td><td>130.2</td></tr>
</table>

也就是说，在未来的近 50 年中，不仅城镇污水处理厂和污水管网的建设能力需要全面提高，污水处理厂的污染物削减率也必须大幅提高，其中，“十一五”、“十二五”和“十三五”是关键时期，到 2010 年、2015 年和 2020 年城镇生活污水的处理率需要达到 69.5%、82.7%和 91.2%，同时 COD 的削减率必须由 2005 年的 29.7%快速上升到 45.1%、59.9%和 71.6%，到 2050 年城镇生活污水处理率需要达到 100%，2050 年 COD 的削减率需要提高 85.0%。与此同时，氨氮、总磷和总氮的削减率也必须随之提高。这样，城镇生活废水和污染物排放才能达到“污染减排”的效果。

（4）水污染综合分析

以上分别给出了经济增长和城镇化率提高情况下农业、工业和城镇生活废水和污染物排放的预测结果，下面对 3 种污染物预测方案的排放总量进行综合分析。

方案 1：高方案情景预测下的废水污染物排放量

未来如果只考虑经济和人口的发展因素，而农业、工业、城镇生活的技术和污染治理水平保持基准年的现状，主要废水污染物排放量将呈明显的增长趋势，2010 年、2020 年、2030 年和 2050 年 COD 的排放量将分别为 3 183 万 t、4 862 万 t、6 748 万 t 和 9 742 万 t，分别是 2005 年排放量的 1.3 倍、2.0 倍、2.8 倍和 4.0 倍。其中工业和城镇生活 COD 的排放量在 2010 年、2020 年、2030 年和 2050 年分别为 2 023 万 t、3 304 万 t、4 962 万 t、7 799 万 t，分别是 2005 年 1 414 万 t 的 1.4 倍、2.3 倍、3.5 倍和 5.5 倍（图 3-1-268）。

2010 年、2020 年、2030 年和 2050 年氨氮的排放量将分别为 296 万 t、438 万 t、578 万 t 和 775 万 t，分别是 2005 年排放量的 1.2 倍、1.8 倍、2.4 倍和 3.2 倍。

2010 年、2020 年、2030 年和 2050 年总磷的排放量将分别为 145 万 t、169 万 t、183 万 t 和 199 万 t，分别比 2005 年排放量增长 4.6%、21.4%、31.4%和 42.9%。

2010 年、2020 年、2030 年和 2050 年总氮的排放量将分别为 806 万 t、932 万 t、1 015 万 t 和 1 137 万 t，分别比 2005 年排放量增长 4.4%、20.8%、31.5%和 47.2%。

具体结果见表 3-1-149。

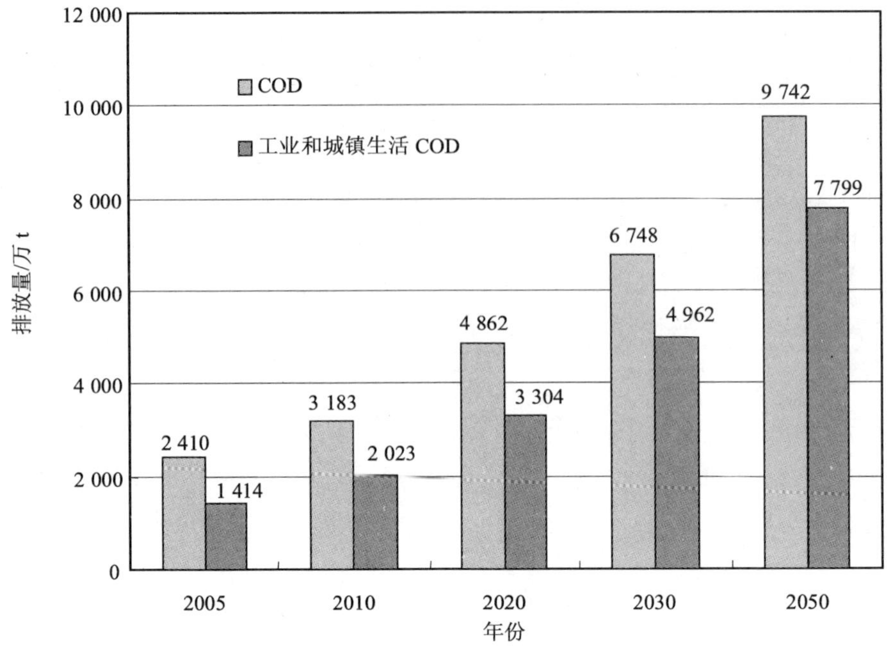

图 3-1-268 方案 1 情景下的 COD 排放量

表 3-1-149 方案 1 的废水污染物排放量 单位：万 t

年份	COD	工业和城镇生活 COD	氨氮	总磷	总氮
2005	2 410	1 414	245	139	772
2010	3 183	2 023	296	145	806
2020	4 862	3 304	438	169	932
2030	6 748	4 962	578	183	1 015
2050	9 742	7 799	775	199	1 137

方案 2：中方案情景预测下的废水污染物排放量

如果未来农业、工业和城镇生活的技术和污染治理水平保持目前的发展趋势，相比方案 1，废水中的污染物排放量有较为明显的下降。

2010 年、2020 年、2030 年 COD 的排放量将分别为 2 616 万 t、2 513 万 t、2 485 万 t，分别比 2005 年排放量增加 8.5%、4.3%、3.1%，呈现一种逐渐下降的趋势，到 2050 年 COD 排放量为 2 182 万 t，在 2005 年排放量的基础上削减 9.5%。其中工业和城镇生活 COD 的排放量在 2010 年、2020 年、2030 年分别为 1 613 万 t、1 550 万 t、1 530 万 t，分别比 2005 年的 1 414 万 t 增加 14.1%、9.6%、8.2%，到 2050 年排放量为 1 307 万 t，同比 2005 年减少 7.6%（图 3-1-269）。

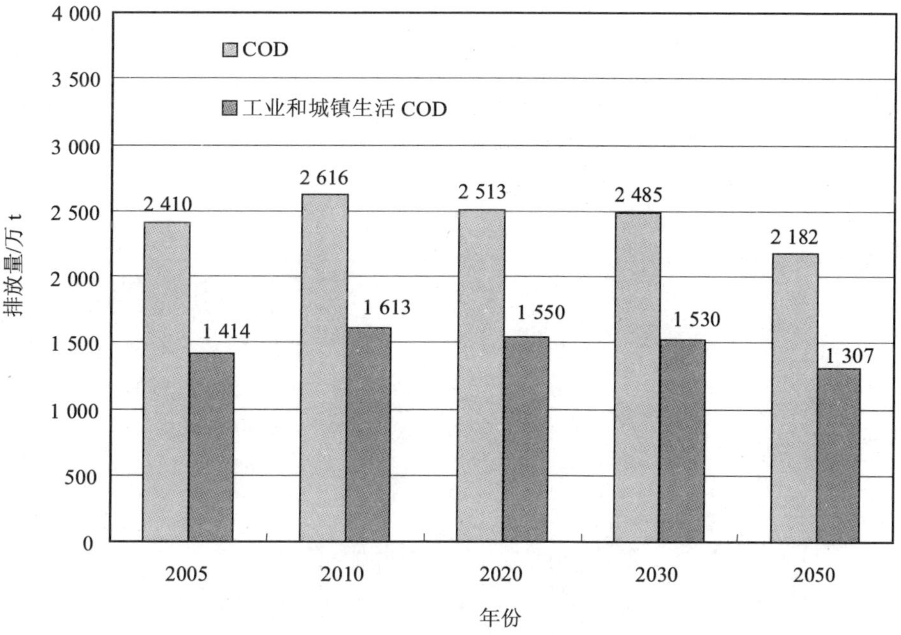

图 3-1-269　方案 2 情景下的 COD 排放量

2010 年、2020 年、2030 年和 2050 年氨氮的排放量将分别为 254 万 t、262 万 t、268 万 t 和 255 万 t，分别比 2005 年排放量增加 3.9%、7.0%、9.5%和 4.1%，在 2030 年之前，呈现略有增长的趋势，在 2030 年之后，开始出现缓慢下降。

2010 年、2020 年、2030 年和 2050 年总磷的排放量将分别为 125 万 t、112 万 t、106 万 t 和 97 万 t，分别比 2005 年排放量减少 9.9%、19.4%、23.8%和 30.5%，呈现逐年下降的趋势。

2010 年、2020 年、2030 年和 2050 年总氮的排放量将分别为 696 万 t、623 万 t、594 万 t 和 547 万 t，分别比 2005 年排放量减少 9.8%、19.3%、23.0%和 29.2%，和总磷排放量的变化趋势基本一致。

具体结果见表 3-1-150。

表 3-1-150　　方案 2 的废水污染物排放量　　单位：万 t

年份	COD	工业和城镇生活 COD	氨氮	总磷	总氮
2005	2 410	1 414	245	139	772
2010	2 616	1 613	254	125	696
2020	2 513	1 550	262	112	623
2030	2 485	1 530	268	106	594
2050	2 182	1 307	255	97	547

方案 3：低方案情景预测下的废水污染物排放量

如果未来农业、工业和城镇生活的技术和污染治理水平在目前发展趋势上再有进一步提高，将会大大减少废水中主要污染物的排放量，减轻对水环境的压力。

2010 年、2020 年、2030 年和 2050 年 COD 的排放量将分别为 2 169 万 t、1 469 万 t、1 292 万 t 和 976 万 t，分别比 2005 年排放量削减 10%、37.9%、46.4%和 59.5%。其中工业和城镇生活 COD 的排放量在 2010 年、2020 年、2030 年和 2050 年分别为 1 247 万 t、840 万 t、764 万 t、651 万 t，分别比 2005 年的 1 414 万 t 削减了 11.8%、40.6%、45.9%和 54%（图 3-1-270）。

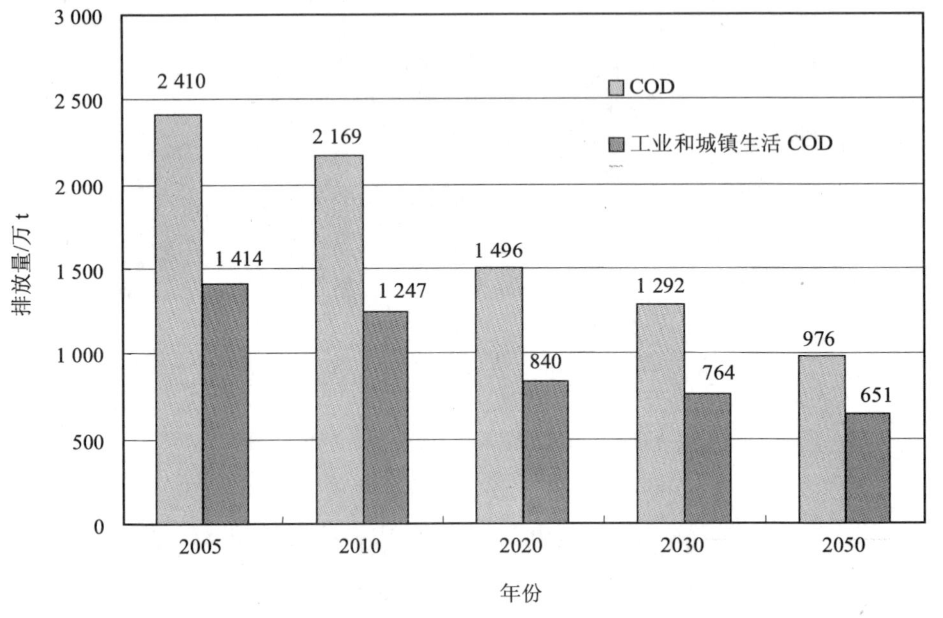

图 3-1-270　方案 3 情景下的 COD 排放量

2010 年、2020 年、2030 年和 2050 年氨氮的排放量将分别为 224 万 t、188 万 t、173 万 t 和 148 万 t，分别比 2005 年削减 8.7%、23.2%、29.2%和 39.5%。

2010 年、2020 年、2030 年和 2050 年总磷的排放量将分别为 111 万 t、79 万 t、63 万 t 和 45 万 t，分别比 2005 年削减 20.2%、43.5%、54.8%和 67.7%。

2010 年、2020 年、2030 年和 2050 年总氮的排放量将分别为 612 万 t、435 万 t、364 万 t 和 279 万 t，分别比 2005 年削减 20.7%、43.6%、52.9%和 63.9%。

具体结果见表 3-1-151。

表 3-1-151　方案 3 的废水污染物排放量　单位：万 t

年份	COD	工业和城镇生活 COD	氨氮	总磷	总氮
2005	2 410	1 414	245	139	772
2010	2 169	1 247	224	111	612
2020	1 496	840	188	79	435
2030	1 292	764	173	63	364
2050	976	651	148	45	279

结论 1：在方案 1 的情景预测下，工业 COD 排放和氨氮将占排放总量的主导

按照方案 1，未来 45 年间，工业 COD 排放量将比 2005 年增加 9.7 倍，而城镇生活的 COD 排放量同比 2005 年只增加了 2.8 倍，农业增加 2.0 倍。工业 COD 排放量占 COD 总排放量的比例也由 2005 年的 23%增加到 2050 年的 55%，所占比例超过了一半多。同样，工业氨氮的排放比例也由 2005 年的 21%增加到 2050 年的 44%。因此，如果按照方案 1 的预测结果发展，工业 COD 和氨氮排放将成为 COD 和氨氮排放的主要来源（图 3-1-271）。

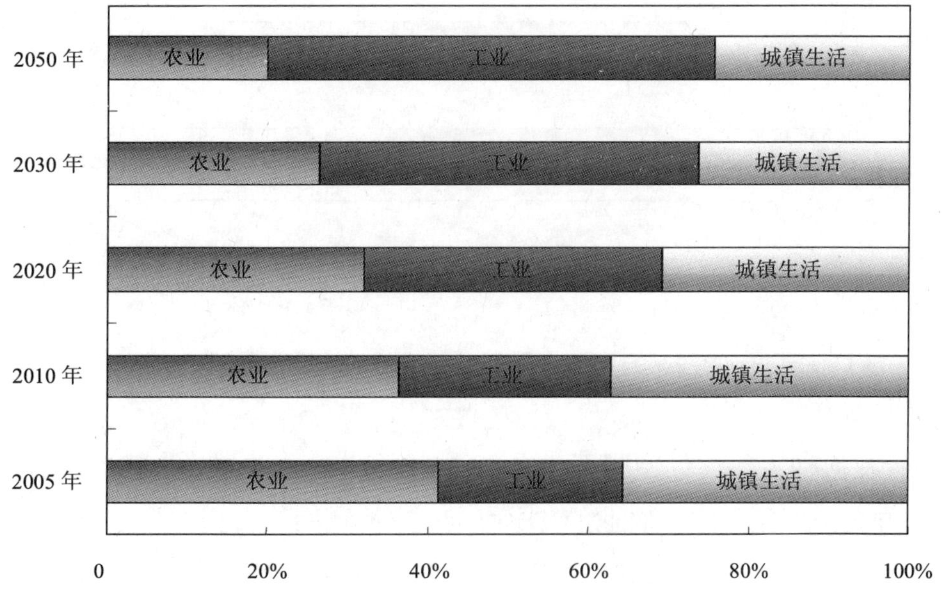

图 3-1-271　方案 1 情景下 COD 排放结构的变化趋势

结论 2：在方案 3 的情景预测下，城镇生活 COD 和氨氮排放将占排放总量的主导

按照方案 3，如果未来农业、工业和城镇生活在目前的技术和治理水平发展趋势上有进一步的提高，工业 COD 和氨氮的“污染减排”潜力和优势最大，在这种形势下，城镇生活 COD 和氨氮的排放量将逐渐成为排放总量的主导。通过预测，在方案 3 的情景下，城镇生活 COD 的排放量占总排放量的比例由 2005 年的 36%增加到 2050 年的 43%，而氨氮排放量所占比例更是由 2005 年的 40%增加到 2050 年的 51%，占了一半（图 3-1-272）。因此，随着城市化水平和城镇人口的不断增加，城镇生活 COD 排放量将逐步取代农业成为主要的 COD 排放来源。而城镇生活的氨氮排放量则一直保持主导地位并不断提高所占比例。总体来说，当 2050 年我国进入工业化中后期阶段时，城镇人口增长将成为水环境安全的重要压力的挑战。

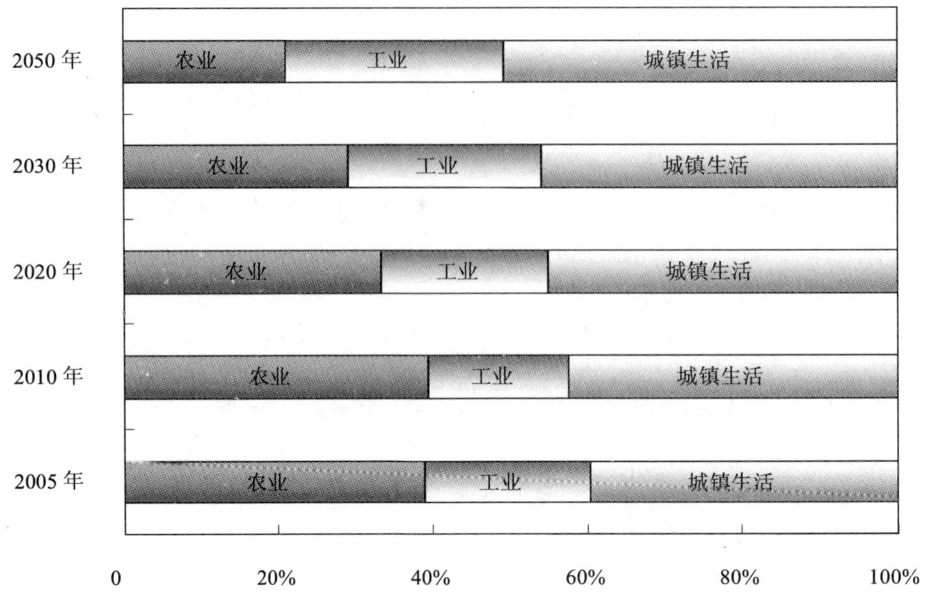

图 3-1-272 方案 3 情景下氨氮排放结构的变化趋势

结论 3：不管在何种方案情景预测下，农业的 TP 和 TN 排放始终占排放总量的主导

不管在哪种方案情景预测中，农业的 TP 和 TN 排放量始终占据主导地位，在方案 1 中，从 2005—2050 年，农业 TP 排放所占比例在 73%～90%；而 TN 排放所占比例在 53%～80%。而在方案 3 中，从 2005—2050 年，农业 TP 排放所占比例在 83%～90%；TN 排放所占比例在 68%～80%。因此，农业的 TP 和 TN 排放将始终是这两项污染物最主要的来源。也就是说，要治理和改善湖泊的富营养化必须要重视农业面源污染，只抓工业和城镇生活污染不能从根本上解决我国湖泊水库的富营养化问题。

4. 固体废物污染趋势预测

（1）工业固体废物污染趋势预测

工业固体废物堆放量预测的基本思路和工业废水、废气污染物排放预测的基本思路一样，产生工业固体废物的重污染行业有煤炭开采和洗选业，黑色金属矿采选业，有色金属矿采选业，化学原料及化学制品制造业，黑色金属冶炼及压延加工业，电力、热力的生产和供应业 6 个工业行业。

方案 1：高排放情景方案

在未来工业经济发展中，保持基准年工业行业的污染物产生强度、综合利用处置率，其预测结果见表 3-1-152。从表中结果可以看出，在未来我国工业尤其是产生固体废物的重点行业的高速发展情况下，如果保持基准年的技术和污染治理水平，那么到 2010 年、2020 年、2030

年和 2050 年工业固体废物的堆放量分别为 3.9 亿 t、8.0 亿 t、12.5 亿 t 和 18.1 亿 t，分别是 2005 年的 1.5 倍、3.0 倍、4.8 倍和 6.9 倍。

表 3-1-152　　工业固体废物高方案堆放量　　单位：万 t

年份	产生量	综合利用和处置量			堆放量
		综合利用量	处置量	合计	
2005	134 449	76 993	31 259	108 252	26 197
2010	225 078	132 604	53 619	186 224	38 854
2020	480 216	288 960	111 462	400 422	79 794
2030	803 825	497 333	181 430	678 763	125 063
2050	1 238 321	785 674	272 137	1 057 811	180 510

方案 2：中排放情景方案

在未来工业经济发展中，工业行业的污染物产生强度保持目前的下降速度，同时污染物综合利用处置率保持目前的增长速度，其预测结果见表 3-1-153。从表中结果来看，如果未来我国产生固体废物的重点行业的技术和污染治理水平按照前几年的平均发展水平，那么到 2010 年、2020 年工业固体废物的堆放量分别为 2.0 亿 t、1.8 亿 t，同比 2005 年分别削减 22.9%和 33.0%。2030 年之后堆放量为 0。

表 3-1-153　　工业固体废物中方案堆放量　　单位：万 t

年份	产生量	综合利用和处置量			堆放量
		综合利用量	处置量	合计	
2005	134 449	76 993	31 259	108 252	26 197
2010	174 067	115 079	38 792	153 871	20 196
2020	280 578	215 235	47 789	263 024	17 554
2030	372 307	315 446	56 861	372 307	0
2050	515 125	484 623	30 502	515 125	0

方案 3：低排放情景方案

在未来工业经济发展中，工业行业的污染物产生强度保持理想的下降速度，同时污染物综合利用处置率保持理想的增长速度，其预测结果见表 3-1-154。从表中结果可以看出，如果未来我国产生固体废物重点行业的技术和污染治理水平在原有发展趋势的基础上进一步提高，那么到 2010 年和 2020 年工业固体废物堆放量分别为 1.2 亿 t 和 0.3 亿 t，同比 2005 年分别削减 54.1%和 89.1%。2030 年之后堆放量为 0。虽然 2030 年之后工业固体废物堆放量都为 0，但方案 3 与方案 2 相比，工业固体废物综合利用率要有所提高。

表 3-1-154　　工业固体废物低方案堆放量　　单位：万 t

年份	产生量	综合利用和处置量			堆放量
		综合利用量	处置量	合计	
2005	134 449	76 993	31 259	108 252	26 197
2010	174 067	123 241	38 792	162 034	12 033
2020	214 648	177 676	34 127	211 803	2 846
2030	294 581	266 517	28 064	294 581	0
2050	419 313	410 676	8 636	419 313	0

3 种不同方案下我国工业固体废物堆放量的情况见图 3-1-273。

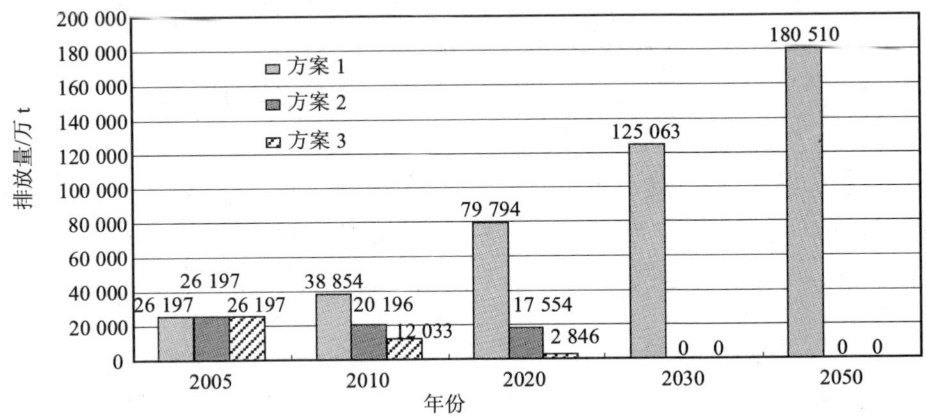

图 3-1-273　我国工业固体废物在 3 种方案预测下的堆放量

（2）城镇生活垃圾污染预测

① 产生量预测。

随着人民生活消费水平的不断提高，城镇居民的人均生活垃圾产生量将逐年提高，据预测，将从 2005 年的 0.91 kg/（d·人）上升到 2020 年的 1.20 kg/（d·人），此后人均生活垃圾量微幅增加，到 2050 年达到 1.25 kg/（d·人），在这种情况下，到 2010 年、2020 年、2030 年和 2050 年城镇生活垃圾产生量将分别达到 23 683 万 t、32 074 万 t、43 203 万 t 和 49 001 万 t，分别是 2005 年产生量的 1.3 倍、1.7 倍、2.3 倍和 2.7 倍，具体见表 3-1-155。

表 3-1-155　　城镇生活垃圾产生量预测

指　标	2005 年	2010 年	2020 年	2030 年	2050 年
城镇人口/亿人	5.6	6.5	8.2	9.7	10.7
产生量/万 t	18 468	23 683	32 074	43 203	49 001

② 堆放量预测。

未来我国城镇生活垃圾的处理目标

从预测结果来看，随着我国城镇人口的快速增长和人均生活垃圾产生量的不断增加，城镇生活垃圾的产生量将快速增长。2005 年我国城镇生活垃圾处理情况见表 3-1-156，由表中数据可以推算得出，2005 年城镇生活垃圾的实际处理率仅有 67.4%，无害化处理率仅有 43.3%，被处理的垃圾中有 35.7%是被所谓的简易处理方式所处理的，仍然对环境具有较大的潜在危害作用，这部分处理量和堆放量合计，占总垃圾产生量的 56.7%，因此，在未来的 10～20 年时间里加大城镇生活垃圾基础治理设施的建设投入、提高城镇生活垃圾的无害化处理率是环境保护工作的重要任务。

国外部分国家 1995 年生活垃圾处理方法统计见表 3-1-157，从世界各国生活垃圾各种处理方法的比例来看，传统处理方法即卫生填埋在大部分国家仍处于主导地位，但垃圾焚烧方法正逐步为越来越多的国家采用。堆肥法目前在国外应用还较少，但随着废物资源化、循环经济、可持续发展等理念的不断深化，垃圾堆肥的使用比例会逐步上升，而且中国人生活垃圾的有机成分高，比较适合堆肥处理。目前国外发达国家的生活垃圾回收利用率较高，平均为 15%左右，但亚洲国家普遍较低。

表 3-1-156　　2005 年我国城市生活垃圾处理情况　　单位：万 t

产生量*	无害化处理量				简易处理量	堆放量
	合计	卫生填埋	堆肥	焚烧		
18 467.5	7 993.6	6 857.1	345.4	791.0	4 444.3	6 029.6

注：*产生量和堆存量为中国环境经济核算研究报告的核算结果，其他数据摘自《中国城市建设统计年报 2005》。

表 3-1-157　　部分国家 1995 年生活垃圾各种处理方法的处理比例　　单位：%

国 家	焚烧	填埋	堆肥	回收	国 家	焚烧	填埋	堆肥	回收
奥地利	11	65	18	6	卢森堡	75	22	1	2
比利时	54	43	0	3	荷兰	35	45	5	15
加拿大	8	80	2	10	挪威	22	67	5	6
丹麦	48	29	4	19	西班牙	6	64	17	13
芬兰	4	83	0	15	瑞典	47	34	3	16
法国	42	45	10	3	瑞士	59	12	7	22
德国	36	46	2	16	英国	8	80	0	12
意大利	16	74	7	3	美国	10	63	8	19
日本	75	20	5	0	新加坡	85	15	0	0

未来我国生活垃圾处理的总体趋势预测为：垃圾处理率和无害化处理率将不断提高；垃圾处理方法中，随着城市生活垃圾成分构成的改善，焚烧技术将得到广泛应用，焚烧处理比例迅速提高；同时，为适应大力发展循环经济要求，垃圾资源化的处理方法——回收和堆肥处理比例也将逐步提高；与之相对应，垃圾填埋处理方式的比例将逐步降低，但在未来 20 年

内，填埋处理仍将是我国生活垃圾处理的主导方法。参考环保模范城市和生态市对生活垃圾无害化处理率的要求，结合近年来我国城镇生活垃圾的处理发展趋势，分别设定方案 2 和方案 3 的垃圾处理率、无害化处理率以及各种无害化处理方式的比例，具体见表 3-1-158，表 3-1-159。在最理想的情况下，预计到 2010 年城镇生活垃圾处理率和无害化处理率将分别达到 80% 和 60%，到 2020 年城镇生活垃圾处理率将达到 100%，到 2030 年所有城镇生活垃圾将全部实现无害化处理。与此同时，生活垃圾无害化处理的方式也将发生较大变化，垃圾焚烧、堆肥处理和回收利用处理的比例逐渐提高，填埋处理的比例逐步降低。

表 3-1-158　　方案 2 的城镇生活垃圾处理目标　　单位：%

年份	处理率			无害化处理方式占无害化处理能力的比例			
		简易处理率	无害化处理率	卫生填埋	堆肥	无害化焚烧	回收
2005	67.4	24.1	43.3	85.8	4.3	9.9	0.0
2010	80.0	25.0	55.0	75.0	8.0	12.0	5.0
2020	90.0	10.0	80.0	45.0	18.0	27.0	10.0
2030	100.0	10.0	90.0	30.0	25.0	30.0	15.0
2050	100.0	0.0	100.0	25.0	25.0	30.0	20.0

表 3-1-159　　方案 3 的城镇生活垃圾处理目标　　单位：%

年份	处理率			无害化处理方式占无害化处理能力的比例			
		简易处理率	无害化处理率	卫生填埋	堆肥	无害化焚烧	回收
2005	67.4	24.1	43.3	85.8	4.3	9.9	0.0
2010	80.0	20.0	60.0	75.0	8.0	12.0	5.0
2020	100.0	10.0	90.0	45.0	18.0	27.0	10.0
2030	100.0	0.0	100.0	30.0	25.0	30.0	15.0
2050	100.0	0.0	100.0	25.0	25.0	30.0	20.0

我国未来城镇生活垃圾处理堆放量预测

方案 1：2005 年治理水平下的城镇生活垃圾处理堆放量

2005 年治理水平下的城镇生活垃圾处理堆放量的预测结果见表 3-1-160。根据预测，如果保持 2005 年的城镇生活垃圾治理水平，2010 年、2020 年、2030 年和 2050 年每年的城镇生活垃圾堆放量分别为 8 246 万 t、12 027 万 t、14 106 万 t 和 15 999 万 t，分别是 2005 年的 1.4 倍、2.0 倍、2.3 倍、2.7 倍。同时，简易处理量也比 2005 年分别增加 36.8%、99.5%、134.0% 和 165.4%，将对人民生活和人体健康形成较大的威胁。

表 3-1-160　　城镇生活垃圾方案 1 处理堆放量　　单位：万 t

年份	产生量	无害化处理量				简易处理量	堆放量
		合计	卫生填埋	堆肥	焚烧		
2005	18 468	7 994	6 857	345	791	4 444	6 030
2010	25 257	10 932	9 378	472	1 081	6 079	8 246
2020	36 836	15 944	13 677	689	1 578	8 865	12 027
2030	43 203	18 700	16 041	808	1 850	10 397	14 106
2050	49 001	21 210	18 194	916	2 099	11 793	15 999

方案 2：保持目前治理水平的发展趋势下城镇生活垃圾处理堆放量

如果保持目前治理水平的发展趋势，同比方案 1，城镇生活垃圾将较大幅度地降低，到 2010 年、2020 年垃圾堆放量分别为 5 051 万 t、3 684 万 t，从 2030 年以后，城镇生活垃圾将实现零堆放，但是在 2030 年仍有 4 320 万 t 的城镇生活垃圾只是经过简易处理，对环境仍然构成一定的危害（表 3-1-161）。

表 3-1-161　　城镇生活垃圾方案 2 处理堆放量　　单位：万 t

年份	产生量	无害化处理量					简易处理量	堆放量
		合计	卫生填埋	堆肥	焚烧	回收		
2005	18 468	7 994	6 857	345	791	0	4 444	6 030
2010	25 257	13 891	10 419	1 111	1 667	695	6 314	5 051
2020	36 836	29 469	13 261	5 304	7 957	2 947	3 684	3 684
2030	43 203	38 883	11 665	9 721	11 665	5 832	4 320	0
2050	49 001	49 001	12 250	12 250	14 700	9 800	0	0

方案 3：保持理想治理水平的城镇生活垃圾处理堆放量

如果按照预定治理目标，我国将在 2020 年和 2030 年分别实现无新增城镇生活垃圾堆放量以及全部城镇生活垃圾无害化处理，保持理想治理水平的城镇生活垃圾处理堆放量见表 3-1-162。

表 3-1-162　　城镇生活垃圾方案 3 处理堆放量　　单位：万 t

年份	产生量	无害化处理量					简易处理量	堆放量
		合计	卫生填埋	堆肥	焚烧	回收		
2005	18 468	7 994	6 857	345	791	0	4 444	6 030
2010	25 257	15 153	11 365	1 213	1 818	757	5 052	5 051
2020	36 836	33 153	14 919	5 967	8 951	3 316	3 683	0
2030	43 203	43 203	12 960	10 801	12 960	6 481	0	0
2050	49 001	49 001	12 250	12 250	14 701	9 800	0	0

3 种不同方案下垃圾堆放量的变化情况见图 3-1-274。

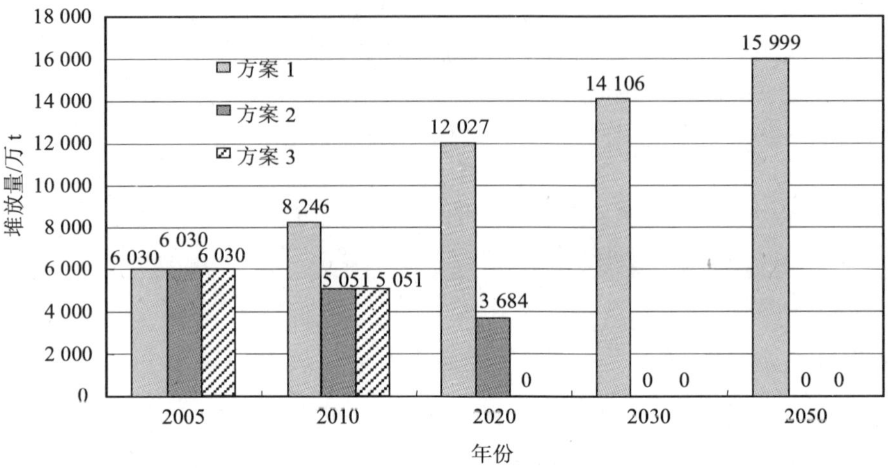

图 3-1-274　3 种方案下城镇生活垃圾堆放量

（三）污染趋势预测综合分析

1．传统的结构性污染趋势仍然明显，环境形势依然严峻

未来十几年，食品饮料加工制造业、纺织业、造纸及纸制品业、石油加工、炼焦及核燃料加工业、化学原料及化学制品制造业、非金属矿物制品业、黑色金属冶炼及压延加工业、电力、热力的生产和供应业等传统“高污染、高耗能”行业依然保持 7%～11%的增长速度，如果按目前的技术升级和环境污染治理提高的水平，未来污染物排放总量基本维持目前的水平，只能实现“增产不增污”的目标，如果要实现“增产减污”，就必须大力提高工业行业的技术水平，减少资源、能源等的消耗，同时要大力提高环境污染治理水平，否则未来我国的环境形势依然严峻。

2．工业污染仍将是我国未来水环境污染控制的重点

随着城市化进程的加快，城镇人口的增加，一度城镇生活污水排放的 COD 占总排放量的一半以上，目前已经达到 60%，但可以预计今后随着城市污水处理设施的建设、城市污水收集管网配套设施的完善，城镇生活污水的处理率也必将大幅提高，外排的 COD 等水污染物也将逐渐减少。而对于工业废水中的污染物来说，由于来源复杂，处理难度大，再加上工业行业的技术和污染治理水平在提高到一定水平之后继续提高的难度将逐步加大，因此，工业污染将始终是我国水环境污染控制的重点。

3．农业面源污染防治将是未来改善我国湖泊水体富营养化的关键

我国未来污染物排放的趋势不管如何变化，农业的 TP 和 TN 排放将始终占据主导地位，不管保持目前的技术和污染治理水平，还是在技术和污染治理水平不断提高的情况下，在未来的 40 余年里，农业的 TP 和 TN 排放将始终占总排放量的 53%～90%，且大部分时期都是在 70%以上。因此，要想从根本上解决和改善我国湖泊水体的富营养化状态，就必然高度重视农业面源污染的防治。

4．未来我国二氧化硫排放量控制难度较大，烟尘和工业粉尘控制相对较为乐观

由于我国到 2030 年之前国民生产总值都将保持 7%～10%的增速，2030—2050 年仍将保持 3.5%～5%，如此的 GDP 增速必然要求以大量的能源消费为支撑，而同时我国的能源以煤为主的消费结构在很长一段时间内都将无法改变，因此，未来我国二氧化硫排放总量控制难度将相当大，要实现“增产不增污”已属很不容易，要实现“增产减污”如果没有较大的技术革新以及大量的污染治理投资将很难实现。而烟尘和工业粉尘目前的处理技术水平相对较高，再加上后期的技术进步和治理水平提高，实现“增产不增污”、“增产减污”相对较为容易实现。

5．氮氧化物排放量呈增长态势，面临新的减排压力

如果在现有处理水平正常提高的情景下，大气的氮氧化物排放量呈增加趋势。预测表明，2006—2050 年，由于能源消费的增加，氮氧化物产生量大大增加，到 2050 年将达到 5 050 万 t，是 2005 年排放量的 3 倍多。从行业排放来看，氮氧化物排放集中在电力行业和交通运输业，这大行业排放量占全国排放总量的 70%以上。为此，需要采取工程技术、经济、行政等综合措施切实加大力度进行控制，特别是应加强对电力行业低氮燃烧器的使用和对交通行业机动车实施更加严格的排放标准，以控制这两大行业氮氧化物排放的增长趋势。

6．提高工业固体废物的综合利用率和处置率，加强工业固体废物的管理

2006 年我国的工业固体废物综合利用率和处置率分别为 60.2%和 27.4%，两者合计为 87.6%，堆放量只占 12.4%，但由于我国工业固体废物产生量较大，因此，工业固体废物堆放量的数量仍然相当可观，对环境的影响不容忽视。未来随着我国采掘业和重化工业仍将保持较快的发展速度，因此同时也伴随着产生大量的工业固体废物，如果不对这些固体废物进行有效的综合利用和较好的处置，会对生态环境产生诸多不良影响，必须引起高度重视。

7. 重视城镇生活垃圾的处理处置

随着我国城镇人口的快速增长和人均生活垃圾产生量的不断增加，城镇生活垃圾的产生量将快速增长。如果不采取更为有效的措施，城镇生活垃圾将对我们生存的环境造成严重的影响。我国 2005 年城镇生活垃圾的堆放量达到 6 030 万 t，未来随着时间的推移，如果保持目前的城镇生活垃圾处理处置水平，到 2020 年和 2050 年垃圾的堆放量高达 1.2 亿 t 和 1.6 亿 t，届时我国的每座城市都可能处于垃圾的包围之中。另外，垃圾的无序堆放还将对空气、土壤、地表水和地下水产生深远的影响，最终从各个方面影响人民群众的身体健康。因此，我们必然高度重视城镇生活垃圾的有效处理和处置。

十一、我国未来主要污染物排放和环境质量目标

（一）环境质量趋势预测

1. 在高排放方案下，我国中长期环境质量将严重恶化

按照方案 1，经济仅有量的增长而没有质的改善，即只有“快”没有“好”，人口持续增加、生活水平不断提高，没有任何技术水平的提高和政策的优化，其直接后果只能是污染物排放量的增加以及环境质量的持续恶化。

（1）大气环境质量趋势分析

据前文预测，保持 2005 年的技术和污染治理水平，随着经济的持续增长，到 2020 年，全国二氧化硫排放量将达到 7 888 万 t，烟尘排放量达到 3 109 万 t，工业粉尘排放量达到 2 373 万 t。2050 年，全国二氧化硫排放量将达到 25 855 万 t，烟尘排放量达到 9 558 万 t，工业粉尘排放量达到 4 726 万 t（表 3-1-163）。

表 3-1-163　2005 年、2020 年、2050 年大气污染物排放量

年份	能源消耗量（以标煤计）/亿 t	二氧化硫排放量/万 t	烟尘排放量/万 t	工业粉尘排放量/万 t
2005	22.3	2 549	1 182	911
2020	43.0	7 888	3 109	2 373
2050	63.5	25 855	9 558	4 726

在这样的大气污染物排放情景下，可以预计 2020 年我国大气环境质量将会较 2005 年有明显下降，极少城市空气质量能够达到一级标准，少数城市空气质量能够达到二级标准，大部分城市处于三级标准，还有部分城市劣于三级标准。2050 年，大气环境质量将会继续严重恶化。

没有城市空气质量能够达到一级标准，极少城市空气质量能够达到二级标准，少数城市能够达到三级标准，绝大多数城市都将劣于三级标准，严重影响正常的经济活动和人民生活。

据有关研究表明，二氧化硫排放总量控制在 1 200 万 t 左右时，全国大部分城市的二氧化硫浓度才可以达到国家二级标准。以 2020 年的排放量，届时全国大部分城市二氧化硫浓度将劣于国家二级标准。到 2050 年，在 25 855 万 t 的排放量下，全国大部分城市的二氧化硫浓度国家三级标准都将难以达到，全国开展酸雨监测的所有市（县）中，将可能全部出现酸雨，酸雨频率会达到 100%。

通过表 3-1-163 也可以看出，2020 年我国烟尘和工业粉尘的排放量为 3 109.2 万 t 和 2 373.0 万 t，分别是 2005 年排放量的 2.9 倍和 2.5 倍。那时全国大部分城市大气中的颗粒物浓度都将超过二级标准，20%以上的城市会超过三级标准，存在 PM_{10} 污染问题的城市将占全国 50%以上。至 2050 年排放量分别为 9 557.8 万 t 和 4 725.6 万 t，是 2005 年排放量的 8.8 倍和 5.0 倍。如此巨大的排放量将导致全国 50%以上的城市大气中的颗粒物浓度都将超过三级标准。大气能见度也将大幅下降，并会加重大气光化学烟雾、酸沉降发生的频率。此外，我国颗粒物污染问题也将会对周边国家造成一定影响，从而严重影响我国城市在国际上的形象和对外合作。

（2）水环境质量趋势分析

人口与经济的量的增长以及人们生活水平的提高都将带来水资源以及其他资源消耗的增长，水及其他资源消费增长的直接后果，就是带来废水排放量的增加及其对水环境污染影响的加重。

我国水环境现状已经不容乐观，在全国约 700 条大中河流中，近二分之一的河段受到污染，十分之一的河段被严重污染，河水已失去使用价值。全国从南到北 7 大江河都已不同程度地受到污染。全国 90%以上城市水域受到污染，有 7 亿人在饮用大肠杆菌含量超标的水，1.7 亿人饮用被有机物污染的水，3 亿城市居民正面临水污染。如果经济持续快速增长，污染处理水平维持在 2005 年水平，根据预测结果，2020 年全国主要废水污染物 COD、氨氮、TP 和 TN 4 种污染物的排放量将分别达到 4 862 万 t、438 万 t、169 万 t 和 932 万 t；2050 年全国主要废水污染物 COD、氨氮、TP 和 TN 4 种污染物的排放量将分别达到 9 742 万 t、775 万 t、199 万 t 和 1 137 万 t（表 3-1-164）。

表 3-1-164　　2005 年、2020 年、2050 年水污染物排放量　　单位：万 t

年份	COD 排放量	NH_3-N 排放量	TP 排放量	TN 排放量
2005	2 410	245	139	772
2020	4 862	438	169	932
2050	9 742	775	199	1 137

在这样的水污染物排放情景下，可以预计：到 2020 年，全国大中河流的大部分河段都会

受到污染，接近 1/5 的河段将严重污染，全国所有城市的水域都会不同程度地被污染，饮用洁净水的目标会离农村居民越来越远。七大重点水系水质较目前将会有明显下降，在其地表水监测断面中，仅有 25%能够达到Ⅰ～Ⅲ类标准，Ⅳ～Ⅴ类和劣Ⅴ类水质的断面比例分别增加到 40%和 35%。国控重点湖（库）将全部难以满足Ⅱ类水质，仅 15%能够达到Ⅲ类水质，Ⅳ水质的湖（库）增加到 20%；Ⅴ类水质的湖（库）5 个，占 25%；劣Ⅴ类水质湖（库）12 个，占 50%。

2050 年水质将会继续恶化，不仅农村地区，城市地区也会有更多的居民饮用不到清洁水。国家七大重点水系地表水监测断面部分Ⅰ～Ⅲ类河流水质会下降到Ⅳ～Ⅴ类，原Ⅳ～Ⅴ类河流水质会恶化到劣Ⅴ类。Ⅰ～Ⅲ类监测断面比例将会减少到 15%，Ⅳ～Ⅴ类和劣Ⅴ类水质的断面比例分别为 35%和 50%。国控重点湖（库）水质进一步恶化，能够达到Ⅲ类水质的比例下降到 10%，Ⅳ水质的湖（库）减少到 10%；Ⅴ类水质的湖（库）5 个，占 15%；部分Ⅲ类、Ⅳ和Ⅴ类水质的湖（库）水质下降到劣Ⅴ类，这一比例将达到 55%。

尤其是主要农业废水中的污染物，总磷排放量，2020 年将达到 148 万 t，比 2005 年增加 18.2%；2050 年将达到 165 万 t，比 2005 年增加 32.0%。总氮排放量，2020 年将达到 705 万 t，比 2005 年增加 14.2%；2050 年将达到 774 万 t，比 2005 年增加 25.4%。

非点源污染是河流、水库、湖泊等水体水质富营养化的重要原因。目前在我国非点源污染，有近一半的湖泊都处于严重的富营养化状态，其中农村非点源污染是主要原因。从 2020 年到 2050 年，这种状况会进一步加剧。预计到 2020 年我国将会有一半的湖泊处于严重的富营养状态，处于农业面源污染高风险水平的省、直辖市将会接近 20 个，2050 年将会有接近 2/3 的湖泊都处于严重的富营养化状态，全国除西藏、青海等少数西部省区外，大部分省份都将处于农业面源污染高风险水平。

河流水质的恶化必然加重近岸海域水质下降。2020 年，近岸大部分海域水质都将比 2005 年有所下降，较大面积海域会发生严重污染。一、二类海水比例占 45%，三类海水占 25%；四类、劣四类海水占 30%；全海域发生赤潮超过 100 次，2050 年，近岸大部分海域都会遭到严重污染，仅有极少海域水质能够保持良好。一、二类海水比例减少到 25%，三类海水占 35%；四类、劣四类海水占 40%。全海域发生赤潮的次数将超过 120 次。

2．在低排放方案下，我国中长期环境质量将逐渐改善

（1）经济增长、产业结构调整将为环境质量改善提供充足的物质保障

20 世纪 90 年代初 Grossman、Krueger（1991）等经济学家在经验研究中发现经济增长和环境污染之间存在倒 U 型关系：随着经济增长和收入水平的提高，环境先趋于恶化，当经济发展到一定水平，环境恶化的态势达到顶点，之后环境质量趋于改善，这种关系被称之为“环境库兹涅茨曲线”。之后涌现出大量关于 EKC 的实证研究，这些研究大多表明，在多数环境

质量指标与人均收入之间的确存在一个倒U型的关系。

历史上发达国家和地区环境从恶化趋于改善的库兹涅茨曲线“拐点”在人均GDP 5 000～10 000美元。美国在人均GDP 1万美元时出现拐点，日本是8 000美元，韩国是7 000美元。据有关研究预测，我国在人均GDP三四千美元可以实现这个拐点。

本研究中利用《国家中长期环境经济预测模型》预测表明，无论从供给能力，还是从需求约束，中长期内，我国经济仍将保持较快的增长。“十一五”期间我国经济增长率为10%左右，“十二五”为8.7%左右，“十三五”为7.5%左右。到2020年，我国GDP总量将达到68万亿元，人均GDP将超过5 600美元，综合经济实力达到中等发达国家的水平。到2050年，我国GDP总量将达到308万亿元，人均GDP将超过26 000美元，综合经济实力达到发达国家水平。2020年人均GDP 5 600美元已经超过了我国环境质量预计出现拐点的水平，因此，可以初步判断，2020年之前我国环境质量总体恶化的趋势就有可能得到遏制，并实现初步改善。经济的高速发展为实现环境质量改善提供了一个基本前提。

（2）日益完善的环境政策体系为环境治理提供坚实的制度保障

应该意识到，理论上环境库兹涅茨曲线倒U型关系成立并不意味着经济发展到一定阶段环境恶化问题会自然得到解决，收入增长与环境退化之间的负相关关系必须通过政策响应来实现。在过去的几十年，我国政府在环境政策的实施方面作了大量的努力，已经初步建立起了一整套的法规体系和政策手段。实践表明，这些法规体系和政策手段在解决环境问题上发挥了重要作用。但是，我国现有的环境政策体系仍然不够完善，尤其是市场手段并未在环境保护中充分发挥作用。国外环保先进国家的经验证明，价格、税收、财政、信贷、收费、保险等经济手段以及影响市场主体行为的政策手段是解决环境问题最有效、最能形成长期制度的办法。针对环境政策体系中存在的问题，目前环保部正联合国家各宏观经济部门和拥有环保权能的专业部门共同开展环境经济政策体系研究，希望通过发挥行政与市场的力量来遏制我国环境污染恶化趋势。环境经济政策体系的建立和运用对我国今后环境质量的改善将起到至关重要的保障作用。

（3）技术进步为环境治理提供有力的科技支撑

科学技术的发展，可以为改善生态与环境质量提供更加有效的手段，科技正在成为促进可持续发展越来越重要的驱动力。今后许多环境问题的解决将更依赖于科学技术的发展。我国政府已经将环保科技的发展放在了重要的战略位置。在《国家中长期科学和技术发展规划纲要》中就提出了生态与环境科技的发展将以统筹人与自然的和谐发展为指导，以全球变化为背景，以解决我国生态与环境中的重大问题和改善生态与环境为基本出发点，以转变不可持续的生产和消费方式，以提高资源生产率为核心，以区域和系统的综合防治为重点，通过自主创新与综合集成研究，建立与全面小康社会目标相适应并符合我国国情的生态与环境科学理论和技术体系，为生态、环境质量明显改善提供强有力科技支撑。前文预测数据也证明，先进技术对污染物排放的减少、环境质量的改善起着重要的作用。

预测数据也证明，先进技术对污染物排放的减少、环境质量的改善起着重要的作用。预测结果显示，在经济快速发展的背景下，通过大力调整产业结构、提高技术和污染治理水平，废水中 COD、氨氮、TP 和 TN 4 种污染物的排放量均将大幅度下降。2020 年，上述 4 种污染物的排放量分别较 2005 年下降 914 万 t、57 万 t、61 万 t 和 336 万 t；2050 年将分别下降 1 435 万 t、97 万 t、94 万 t 和 493 万 t（表 3-1-165）。

表 3-1-165　2005 年、2020 年、2050 年水污染物排放量　单位：万 t

年份	COD 排放量	NH_3-N 排放量	TP 排放量	TN 排放量
2005	2 410	245	139	772
2020	1 496	188	79	435
2050	976	148	45	279

2020 年大气污染物二氧化硫、烟尘、粉尘、氮氧化物的排放量分别比 2005 年减少 812 万 t、512 万 t、535 万 t、500 万 t；2050 年将分别下降 1 812 万 t、788 万 t、650 万 t 和 1 000 万 t（表 3-1-166）。

表 3-1-166　2005 年、2020 年、2050 年大气污染物排放量　单位：万 t

年份	二氧化硫排放量	烟尘排放量	工业粉尘排放量
2005	2 549	1 182	911
2020	1 737	670	376
2050	737	394	261

综上所述，如果在经济高速发展的同时，逐渐完善环境管理体系，不断提高污染物治理水平，那么从中长期来看，2020 年和 2050 年污染物排放总量控制在预定目标之内，到 2020 年我国大气、水以及生态环境恶化的趋势得到遏制，环境质量逐渐改善；到 2050 年，环境质量有明显改善，人民喝上干净的水、呼吸清洁的空气的目标基本能够实现。

（二）未来大气、水环境主要污染物排放总量控制目标

长期以来，我国环境管理主要采取污染物排放浓度控制，浓度达标即视为合法。近年来，国家适当提高了主要污染物排放浓度标准，但由于技术经济条件的限制，单靠控制浓度达标，仍然无法有效遏制环境污染加剧的趋势。总量控制是环境管理的核心，是减少环境污染的“总闸门”。要通过控制污染“增量”，削减污染“存量”，使污染“总量”保持在环境容量允许的范围内。因此必须对污染物排放总量进行控制，环境质量才能得到彻底改善。

1．未来大气污染物排放总量目标

——2020年排放总量目标：主要大气污染物二氧化硫、粉尘、烟尘和氮氧化物的排放量在2005年的基础上减少20%，分别控制在2 040万t、729万t、946万t和1 280万t以内（表3-1-167）。

——2030年排放总量目标：主要大气污染物二氧化硫、粉尘、烟尘和氮氧化物的排放量在2020年的基础上减少10%，分别控制在1 836万t、656万t、851万t和1 152万t以内（表3-1-167）。

——2050年排放总量目标：主要大气污染物二氧化硫、粉尘、烟尘和氮氧化物的排放量在2030年的基础上再减少20%，排放量分别控制在1 469万t、525万t、681万t和922万t以内（表3-1-167）。

表3-1-167　　未来我国大气污染物排放总量目标　　单位：万t

年份	二氧化硫	粉尘	烟尘	氮氧化物
2005	2 549	911	1 183	1 600
2020	2 040	729	946	1 280
2030	1 836	656	851	1 152
2050	1 469	525	681	922

2．未来水污染物排放总量目标

——2020年排放总量目标：废水中COD和氨氮排放量在2005年的基础上减少20%，总磷、总氮排放量在2005年的基础上减少40%。COD、氨氮、TP和TN 4种污染物的排放总量分别控制在1 927万t、196万t、148万t和721万t以内（表3-1-168）。

——2030年排放总量目标：废水中COD和氨氮排放量在2020年的基础上减少10%，总磷、总氮排放量在2020年的基础上减少15%。COD、氨氮、TP和TN 4种污染物的排放总量分别控制在1 734万t、176万t、126万t和613万t以内（表3-1-168）。

——2050年排放总量目标：废水中COD和氨氮排放量在2030年的基础上再减少10%，总磷、总氮排放量在2020年的基础上再减少20%。COD、氨氮、TP和TN 4种污染物的排放总量目标分别为1 561万t、159万t、101万t和490万t（表3-1-168）。

表3-1-168　　未来我国水污染物排放总量目标　　单位：万t

年份	COD排放量	NH_3-N排放量	TP排放量	TN排放量
2005	2 410	245	247	1 201
2020	1 927	196	148	721
2030	1 734	176	126	613
2050	1 561	159	101	490

注：COD、氨氮包括农业、工业和城镇生活排放；总磷和总氮包括农业和城镇生活排放。

（三）未来环境质量目标

1. 大气环境质量目标

（1）目标

—— 2020 年：全国 80%的城市和村镇主要污染物年均浓度达到或优于二级标准。

—— 2030 年：全国 90%的城市和村镇主要污染物年均浓度达到或优于二级标准。

—— 2050 年：全国所有城市和村镇主要污染物年均浓度达到或优于二级标准。

（2）可达性分析

长期以来，以煤为主的能源结构是影响我国城市大气环境质量的主要因素，燃煤是大气中二氧化硫、氮氧化物、烟尘的主要来源。除燃煤外，工业粉尘、地面扬尘、建筑工地尘、土壤风蚀尘等都对空气中粉尘含量有较大影响。近年来，机动车尾气排放已经成为大城市空气污染的重要来源，其中氮氧化物排放量已占总量的 50%，一氧化碳占 85%。加快提高能源尤其是煤炭利用效率、加快火电行业脱硫设施的配套、关闭小火电机组、应用先进的脱硫技术、强化执法等手段、提高机动车尾气排放标准等措施促进大气污染物的减排，到 2020 年，主要大气污染物二氧化硫、粉尘、烟尘和氮氧化物的排放量在 2005 年的基础上减少 20%，分别控制在 2 040 万 t、729 万 t、946 万 t 和 1 280 亿 t 以内；2030 年在 2020 年的基础上减少 10%，分别控制在 1 836 万 t、656 万 t、851 万 t 和 1 152 万 t 以内；2050 年在 2030 年的基础上再减少 20%，排放量分别控制在 1 469 万 t、525 万 t、681 万 t 和 922 万 t 以内的目标是能够达到的。与此相对应，环境质量会随着污染物排放的减少而逐步好转（表 3-1-169）。

表 3-1-169 大气污染物排放和环境质量目标

年份	主要污染物排放目标/万 t				环境质量目标
	SO_2	粉尘	烟尘	氮氧化物	
2020	2 040	729	946	1 280	全国 80%的城市和村镇主要污染物年均浓度达到或优于二级标准
2030	1 836	656	851	1 152	全国 90%的城市和村镇主要污染物年均浓度达到或优于二级标准
2050	1 469	525	681	922	全国所有城市和村镇主要污染物年均浓度达到或优于二级标准

2006 年，监测的 559 个城市中，大气环境空气质量达到一级标准的城市 24 个（占 4.3%）、二级标准的城市 325 个（占 58.1%）、三级标准的城市 159 个（占 28.5%）、劣于三级标准的城市 51 个（占 9.1%）。从单个指标来看（表 3-1-170），SO_2 年均浓度达到 I 级、II 级、III级、劣III级的比例分别为 38.9%、51.2%、6.8%、3.1%；NO_2 年均浓度达到 I 级、II 级的比例分别为 91.7%、8.3%，没有III级、劣III级的城市；PM_{10} 年均浓度达到 I 级、II 级、III级、劣III级的比例分别为 7.3%、63.4%、24.3%、5.1%。虽然在一定时期内，全部城市达标还存在一定的

困难，但通过努力，表 3-1-171 中所列的各级别中，空气质量相对较好的城市是有可能提高级别的。据此，我们提出的目标为：2020 年全国 80%的城市和村镇主要污染物年均浓度达到或优于二级标准；2030 年全国 90%的城市和村镇主要污染物年均浓度达到或优于二级标准。

2020—2050 年，我国在全面实现小康社会后，空气环境质量将继续得到提升，并逐步与中等发达国家接轨。据前文预测，在提高的处理水平条件下，2050 年的大气主要污染物排放量较 2005 年也将大幅减少。因此，到 2050 年，全国所有城市和村镇主要污染物年均浓度将能够达到或优于二级标准。

表 3-1-170　　环境空气质量标准（GB 3095—1996）部分限值

污染物名称	取值时间	浓度限值			浓度单位
		一级标准	二级标准	三级标准	
SO_2	日均值	0.05	0.15	0.25	mg/m³
TSP	年均值	0.08	0.20	0.30	
PM_{10}	年均值	0.04	0.10	0.15	
NO_2	年均值	0.04	0.08	0.08	
CO	日均值	4.00	4.00	6.00	
臭氧	小时均值	0.16	0.20	0.20	
铅	年均值	1.00			μg/m³
苯并[a]芘	日均值	0.01			
氟化物	日均值	7			

表 3-1-171　　2006 年主要污染物浓度分级比例　　单位：%

指标	I		II		III		劣III
SO_2	≤0.02 mg/m³	0.02～0.04 mg/m³	0.04～0.06 mg/m³	0.06～0.08 mg/m³	0.08～0.10 mg/m³	0.10～0.12 mg/m³	＞0.12 mg/m³
	38.9	31.5	19.6	4.5	2.3	2.2	0.9
	38.9		51.1		6.8		3.1
PM_{10}	≤0.04 mg/m³	0.04～0.07 mg/m³	0.07～0.10 mg/m³	0.10～0.13 mg/m³	0.13～0.15 mg/m³	0.15～0.20 mg/m³	＞0.20 mg/m³
	7.3	23.4	40.0	20.1	4.2	2.6	2.4
	7.3		63.4		24.3		5.1
NO_2	≤0.04 mg/m³	0.04～0.06 mg/m³	0.06～0.08 mg/m³	0.08～0.10 mg/m³	＞0.10 mg/m³		
	91.7	7.7	0.5	0.0	0.0	0.0	0.0
	91.7		8.3		0.0		0.0

2．地表水环境质量目标

（1）目标

—— 2020 年：全国地表水Ⅰ～Ⅲ类水质达到 60%；

—— 2030 年：全国地表水Ⅰ～Ⅲ类水质达到 70%；

—— 2050 年：全国地表水Ⅰ～Ⅲ类水质达到 80%。

（2）可达性分析

2006 年，我国监测的 745 个地表水断面中，Ⅰ～Ⅲ类，Ⅳ、Ⅴ类，劣Ⅴ类水质的断面比例分别为 40.0%、31.9%和 28.1%。七大水系 408 个监测断面中，Ⅰ～Ⅲ类，Ⅳ、Ⅴ类，劣Ⅴ类水质的断面比例分别为 45.8%、28.2%和 26.0%，七大水系总体水质与 2005 年基本持平。其中，珠江、长江水质良好，松花江、黄河、淮河为中度污染，辽河、海河为重度污染。可以看出，目前我国流域的水环境形势依然比较严峻。但是，我国政府也以前所未有的决心和行动开始了水污染的治理。

2005 年底，国务院出台了《关于落实科学发展观　加强环境保护的决定》，《决定》对我国严峻的环境形势进行了全面分析，明确了“十一五”期间的工作目标，并将河流流域污染治理作为七项重点工作的首要任务，充分说明了我国流域污染的严重性和国家对流域污染治理工作的重视。“十一五”期间，国家将加大对海河、淮河、辽河、黄河中上游等 11 个流域的水污染防治重点工程的投资，总额将达 2 565 亿元。随着国家经济实力的增强，用于流域水污染治理上的资金必然会逐渐增加。从 2007 年 7 月开始，国家环保总局开始针对长江、黄河、淮河、海河四大流域部分地区实行“流域限批”。从此次“流域限批”开始，针对所有流域，还将通过建立有效的环境问责制、建立跨部门跨流域的统一综合治理机制、公众参与的环境后督察和后评估机制、全新的环境经济政策体系四大措施，探索一条能将行政手段、市场力量、公众参与结合起来的流域污染防治新思路。

在流域水污染治理的过程中，我国政府还高度重视先进技术手段的研发和应用。先进污染技术将会极大地提高污染治理效果。在政府的高度重视下，通过研究、探索流域污染治理的新措施、新思路，加大污染治理的投资力度，到 2020 年，我国水环境主要污染物 COD、氨氮、总磷、总氮排放量将分别控制在 1 927 万 t、196 万 t、148 万 t 和 721 万 t；在 2030 年将分别控制在 1 734 万 t、176 万 t、126 万 t 和 613 万 t；到了 2050 年则分别控制在 1 561 万 t、159 万 t、101 万 t 和 490 万 t。在这种形势下，我国流域水环境质量必定能在 2006 年的基础上逐步改善。2020 年：全国地表水Ⅰ～Ⅲ类水质达到 60%；2030 年：全国地表水Ⅰ～Ⅲ水质达到 70%；2050 年：全国地表水Ⅰ～Ⅲ水质达到 80%（表 3-1-172）。

表 3-1-172　　水污染物排放和环境质量目标

年份	主要污染物排放目标/万 t				环境质量目标
	COD	氨氮	TP	TN	
2020	1 927	196	148	721	全国地表水Ⅰ～Ⅲ类水质达到 60%
2030	1 734	176	126	613	全国地表水Ⅰ～Ⅲ类水质达到 70%
2050	1 561	159	101	490	全国地表水Ⅰ～Ⅲ类水质达到 80%

注：COD、氨氮包括农业、工业和城镇生活排放；总磷和总氮包括农业和城镇生活排放。

3．饮用水水源地水质目标

（1）目标

——2020 年：环保重点城市饮用水水源地水质达标，50%的农村饮用水水源地水质达标；

——2030 年：地级以上城市饮用水水源地水质达标，70%的农村饮用水水源地水质达标；

——2050 年：全国所有城市和农村集中饮用水水源地水质达标。

（2）可达性分析

饮用水水源水质直接关系到人们的身体健康，因此，饮用水水源的水质要求高，欧洲共同体饮用水水质指令及美国安全饮用水法的规定都要高于世界卫生组织执行的水质标准，经济发达国家对饮用水水源水质要求比较严格。许多国家都在法律中明确规定适用饮用水水源水质的安全标准来优先保护饮用水水源，如德国法律规定“任何公共或私家自来水龙头放出的水都可直接饮用”，美国法律规定“饮用水的污染物最大水平目标必须达到两项要求，即不引起已知的或可预见的对人体健康的有害影响和留有充分的安全余地”。这种严格和绝对性的饮用水水源保护要求符合饮用水水源的性质，并使饮用水水源得到有效保障的前提性条件。相比较而言，我国采用的饮用水水质的卫生标准保护等级和程度都较低，但在实践中就连这个较低水平的标准也不能实现全部达标。据中国环境监测总站 2006 年 6 月发布的《113 个环境保护重点城市集中式饮用水水源地水质月报》显示，有 16 个城市水质全部不达标，占重点城市的 14%；有 74 个饮用水水源地不达标，占重点城市饮用水水源地的 20.1%；有 5.27 亿 t 水量不达标，占重点城市总取水量的 32.3%。此外，目前全国还有 3 亿多农民在饮用不合格的水。这种状况极不利于饮用水水源保护，也难以保障人们的生存需要和生命健康，并引发许多社会问题。

目前我国政府对饮用水的安全问题重视程度日益提高，已经将保证群众饮水安全作为整个环保工作的首要任务，并将采取最为严格的措施，有效化解危害饮用水水源水质的污染隐患。同时也在逐渐提高饮用水的水质标准，饮用水标准的重点也从简单污染物转向一些复杂有机物。

在“十一五”期间，全国主要污染物排放总量控制计划中提出了到 2010 年全国主要污染物 COD 排放总量减少 10%的约束性指标。今后在更坚实的经济基础、更完善的环境政策体系和更先进的技术和环保处理技术保障下，到 2020 年，COD 排放量在 2005 年的基础上减少 20%，控制在 1 927 万 t 以内；2030 年在 2020 年的基础上减少 10%，控制在 1 734 万 t 以内；2050 年在 2030 年的基础上再减少 10%，控制在 1 561 万 t 以内。

氨氮主要来自居民生活废水。随着经济发展，城市化水平的提高，2020 年城市人口的比重将由 2005 年的 43%上升到 52.19%，2050 年更是增加到 75%，因此城市人口的大幅增加增加了氨氮减排的难度。但是，城市生活污水的处理技术在不断提高。同时，农业是氨氮的第二大排放源，如果能够按计划降低施肥量、提高化肥利用率，氨氮排放量也将大幅降低。

因此，2020 年氨氮排放量在 2005 年的基础上减少 20%，控制在 196 万 t 以内；2030 年在 2020 年的基础上减少 10%，控制在 176 万 t 以内；2050 年在 2030 年的基础上再减少 10%，控制在 159 万 t 以内。

中国农业科学院的有关专家分析，在我国水环境中，来自农田和畜禽养殖粪便中的总磷、总氮比重已分别达到 43%和 53%，已成为我国水环境污染的主要因素。如果能够有效地降低施肥量、调整施肥结构并提高化肥利用率，同时提高规模化畜禽养殖的污染处理技术，2020 年总磷、总氮排放量在 2005 年的基础上减少 40%，2030 年在 2020 年的基础上减少 15%，2050 年在 2030 年的基础上再减少 20%。

在以上减排目标的情况下，到 2020 年，重点城市饮用水水源地水质基本达标，80%人口饮水安全；2030 年地级以上城市饮用水水源地水质基本达标，90%人口饮水安全；2050 年全国所有城市集中饮用水水源地水质基本达标，喝上放心的水。

4. 近岸海域环境质量目标

（1）目标

—— 2020 年：近岸海域一、二类海水达到 75%；

—— 2030 年：近岸海域一、二类海水达到 80%；

—— 2050 年：近岸海域一、二类海水达到 90%。

（2）可达性分析

海洋是接纳陆地生产生活污水的最终汇集区，我国近岸海域环境质量变化主要取决于陆源污染物排海量。陆源污染物主要包括入海河流污染物和直排海污染源污染物。据 2006 年的监测结果测算，我国入海河流断面的主要污染物排海总量分别为 COD_{Mn} 473.6 万 t、氨氮 97.6 万 t、石油类 6.7 万 t、总磷 24.5 万 t；直排海污染源污染物排放总量分别为：COD_{Cr}48.7 万 t、石油类 0.972 万 t、氨氮 4.66 万 t、总磷 1.20 万 t。河流污染物入海量大于直排海污染源污染物入海量。尤其是长江、珠江、黄河这三条河流，流经我国的 22 个省和 2 个直辖市，沿江城市占据了全国城市总量的大部分，仅长江流域的城市就占全国城市总数的 1/3。目前全国化工企业 50%以上分布在长江、黄河两岸。城市污水和工业废水向这些流域排放，最终汇入大海。因此，减少入海河流污染物排海数量、提高岸边排污口污水排放质量是减轻海洋环境压力、改善海洋环境质量的关键。

目前我国已经加大了对入海河流的污染治理力度，并将继续对“三江、三河”进行重点整治。同时采取严禁向江河湖泊排放超标污水、加强城市污染水处理设施建设、提高城市污水处理率等措施。这些行动无疑会减少陆源污染物尤其是入海河流污染物的排海量，从而能够实现 2020 年：近岸海域一、二类海水达到 75%；2030 年：近岸海域一、二类海水达到 80%；2050 年：近岸海域一、二类海水达到 90%的目标。

5．城市功能区声环境质量目标

（1）目标

—— 2020 年：城市功能区声环境达标率达到 80%；

—— 2030 年：城市功能区声环境达标率达到 90%；

—— 2050 年：城市功能区声环境达标。

（2）可达性分析

2006 年，全年各类功能区昼间达标率 82.2%，夜间达标率 65.1%。其中，0 类功能区昼间达标率为 57.4%，夜间达标率为 41.7%；1 类功能区昼间达标率为 81.1%，夜间达标率为 63.3%；2 类功能区昼间达标率为 81.2%，夜间达标率为 68.2%；3 类功能区昼间达标率为 91.4%，夜间达标率为 78.6%；4 类功能区昼间达标率为 80.7%，夜间达标率为 57.2%。我国的环境噪声污染主要来源于交通噪声、社会生活噪声、工业噪声及建筑施工噪声。交通噪声中，道路交通噪声污染一项最为严重，我国的道路交通噪声，尤其是城市道路交通噪声污染覆盖面积及影响的人口数量将会呈现逐年增长的态势。轨道交通方面，由于现有铁路的提速以及高速铁路的兴建，未来高速铁路噪声污染将成为热点。未来 20 年，民用航空机队规模将持续扩大，飞机噪声污染将带来重要影响，民用直升机对城市及特殊区域的噪声污染将突出起来。随着市政建设和房地产开发的发展，未来 20 年，建筑施工噪声在不同城市都将存在，在大城市及中小城市呈现增长的态势。工业噪声在特大城市将逐步减少，在中小城市将增加。社会生活噪声在全国各城市及乡镇将持续增加，如不加有效管理和控制，将成为影响人民生活质量的重要因素。目前乡镇噪声污染治理的重视程度不够，未来必须从法律法规、管理、宣传教育等多方面综合治理。风景名胜区、自然保护区等特殊区域的声环境质量应引起关注，在政策法规、管理等多方面采取对策。

鉴于以上所述，今后我国噪声控制工作应在以下几个方面着力：建立权威和综合的环境噪声管理和监督体系；建设和完善我国动态的环境噪声法规和标准体系；强化我国城市声环境规划和土地功能合理利用；加强噪声控制技术进步，提高我国环境噪声污染防治水平；加强声源控制。如能实现上述建议，2020 年城市功能区声环境达标率达到 80%，2030 年城市功能区声环境达标率达到 90%，2050 年城市功能区声环境达标的目标是可以实现的。

6．生态环境保护目标

（1）目标

① 总体目标。

—— 2020 年：全国主体功能区划中禁止开发区的生态功能保护建设基本完成，全国生态环境质量有所改善；

—— 2030 年：全国主体功能区划中限制开发区的生态功能保护建设基本完成，全国生态环境质量明显改善；

—— 2050 年：全国形成自然生态系统与社会经济发展水平相适应的主体功能区的空间分布格局，我国的生态环境质量全面恢复和改善。

② 林业发展目标。

—— 2020 年：森林覆盖率达到 23%以上，西部重点地区的生态状况明显改善，东部地区生态问题基本解决；

—— 2050 年：森林覆盖率达到并稳定在 26%以上，建成比较完备的林业生态体系和比较发达的林业产业体系。

③ 草原建设目标。

—— 2020 年：全国草原生态恶化的趋势得到遏制；

—— 2050 年：草原生态系统得到初步恢复。

④ 荒漠化、沙化治理目标。

—— 2020 年：一半左右荒漠化和沙化土地得到有效治理，荒漠化和沙化地区生态环境有较大改善；

—— 2050 年：适宜治理的荒漠化和沙化土地基本得到治理，在荒漠化地区建成比较完备的生态防护体系。

（2）可达性分析

① 总体目标。

2005 年全国各省（自治区、直辖市）的生态环境质量为优的是浙江、福建、海南、江西、广东、湖南 6 个省，为良的是广西、云南、吉林、黑龙江、安徽、湖北、江苏、辽宁、贵州、四川、天津、北京 12 个省（自治区、直辖市），一般的是上海、重庆、河南、河北、陕西、山东、宁夏、内蒙古、西藏、青海、山西 11 个省（自治区、直辖市），较差的是甘肃、新疆 2 个省（自治区），没有出现差类。全国生态环境质量指数（*EI*）为 50.45，生态环境质量“一般”。

全国生态环境质量达到优和良的省份占全部省（自治区、直辖市）的 58.1%，主要位于我国中东部；而生态环境一般和较差的省（自治区、直辖市）除上海、河北、河南、山东、山西外，其余均是西部省（自治区、直辖市）。因此，实现全国生态环境的恢复和改善重点在西部。国家也在逐渐加大对西部生态环境的保护力度。仅西部大开发 5 年间，政府在西部地区生态保护的投入就达到 1 100 亿元人民币，今后还将有更多资金投入到西部的生态保护中。除资金支持外，国家也采取了六个禁止、一个严格控制和两个限制等有力措施来保护西部地区的生态环境。因此，在国家资金、政策的大力支持下，在今后几十年西部生态环境必然能够实现一个质的转变。可以预计，2020 年全国主体功能区划中禁止开发区的生态功能保护建设基本完成，全国生态环境质量有所改善；2030 年全国主体功能区划中限制开发区的生态功能保护建设基本完成，全国生态环境质量明显改善；2050 年全国形成自然生态系统与社会经济发展水平相适应的主体功能区的空间分布格局，我国的生态环境质量全面恢复和改善，全国大部分地区实现秀美山川的目标是可能实现的。

② 林业发展目标。

第六次森林资源清查结果表明，全国森林面积持续增长、森林蓄积稳步增加、森林质量有所改善，林种结构渐趋合理，林业所有制形式和投资结构趋向多元化，局部地区生态状况明显好转。今后，在坚持生态效益、经济效益和社会效益相统一，生态效益优先的原则指导下，如果能够坚持保护优先、积极发展、科学经营、持续地利用森林资源，那么我国林业良好发展的态势必将能够长期持续下去，也必然能够保证 2020 年森林覆盖率达到 23%以上，西部重点地区的生态状况明显改善，东部地区生态问题基本解决；2050 年，森林覆盖率达到并稳定在 26%以上，建成比较完备的林业生态体系和比较发达的林业产业体系目标的实现。

③ 草原建设目标。

我国草原生态状况非常严峻，全国 90%的草原存在不同程度的退化、沙化、盐渍化和石漠化。针对草原生态“局部改善，整体恶化”，沙尘暴频繁发生的严峻形势，农业部明确提出草原保护建设要从经济目标为主逐步转移到生态经济社会目标并重、生态优先上来。近年来，通过实施草原生态建设项目，草原生态建设取得了一定成效。据《2006 年全国草原监测报告》显示，2005 年全国草原生态功能区的草原植被呈现恢复性态势，全国草原载畜能力较上一年增加了 6%。

今后如果能彻底转变草原开发利用思路，加快推行各项草原保护制度，继续实施草原生态建设工程项目，到 2020 年，全国草原生态恶化的趋势得到遏制，2050 年草原生态系统得到初步恢复的目标必将如期实现。

④ 荒漠化、沙化治理目标。

根据 2005 年中国荒漠化和沙化状况公报，2004 年，全国荒漠化土地总面积为 263.62 万 km^2，占国土总面积的 27.46%。轻度荒漠化土地面积为 63.11 万 km^2，占荒漠化土地总面积的 23.94%；中度为 98.53 万 km^2，占 37.38%；重度为 43.34 万 km^2，占 16.44%；极重度为 58.64 万 km^2，占 22.24%。沙化土地面积为 173.97 万 km^2，占国土总面积的 18.12%，全国具有明显沙化趋势的土地面积为 31.86 万 km^2，占国土总面积的 3.32%。与 1999 年相比，全国荒漠化土地面积减少 37 924 km^2，年均减少 7 585 km^2；沙化土地面积净减少 6 416 km^2，年均减少 1 283 km^2。从以上数据可以看出我国荒漠化和沙化状况总体上有了明显改善，已从 20 世纪 90 年代末的“破坏大于治理”转变到“治理与破坏相持”，荒漠化和沙化防治工作处于良性的发展趋势，荒漠化和沙化整体扩展的趋势得到初步遏制。

因此，今后我国荒漠化和沙化土地能够在坚持因地制宜、因害设防、突出重点的原则下，运用科技、法制、行政、政策等手段，采取多种措施综合防治，到 2020 年，我国一半左右荒漠化和沙化土地得到有效治理，荒漠化和沙化地区生态环境有较大改善；到 2050 年，适宜治理的荒漠化和沙化土地基本得到治理，在荒漠化地区建成比较完备的生态防护体系的目标是完全可以实现的。

十二、结论

发达国家在过去的 100 多年中，经历了漫长的工业化发展过程，在近 20 年中，已进入经济缓慢而稳定的发展（GDP 年均增长率一般在 1%～3%），人口和城市化率也基本处于稳定阶段（欧洲国家 1990—2005 年的人口增长在 2%～8%，城市人口比例也仅增加 0～5 个百分点），城市建设变化不大，而且随着经济与技术水平的提高，各种污染物排放量大幅度减少，环境质量逐步好转基本达到优良水平。与此同时，发达国家占世界人口 1/5 的少数人的消费量约占所有个人消费量的 90%；占全球人口 20%的发达国家消费了全球资源产品和服务的 86%、能源的 58%、纸张的 84%、汽车的 87%以及肉和鱼的 45%，导致全球气温变化明显，臭氧层破坏加重；全球生态系统破坏加剧，提供产品和服务能力明显减弱。可以说，近 30 年来，发达国家通过经济全球化将污染转移到发展中国家，进一步加剧了全球的环境污染。虽然发达国家的环境状况在有效地改善，但是全球环境特别是发展中国家本就脆弱的环境和生态系统面临更加严峻的局面。

我国自 20 世纪 70 年代末期改革开放以来，经济持续快速发展。特别是 1990 年到 2006 年间，我国 GDP 增加了 10 倍，人均 GDP 增加了 8.8 倍，达到 2006 年的 2 100 美元；全国人口增加了 15%，而城市人口增加了 91.1%；能源消费总量增加了 1.5 倍；人们物质生活水平大幅度提高，2006 年与 1996 年相比，全国人均消费水平提高了 1.2 倍，比 1978 年提高了 32 倍；城市建设日新月异，城市建成区面积 10 年增加了 57.4%。我国这一阶段经济发展的特征是：以快速发展来提高经济规模、以数量满足市场需要、以低成本来加强竞争力，导致了高能源消耗、高资源消耗、高污染排放和低治理水平的局面的发生。其结果是发达国家上百年工业化过程中分阶段出现的环境问题在我国集中出现，环境与发展的矛盾日益突出。

（一）我国环境形势的总体判断

1．环境污染加重和生态破坏加剧的趋势有所减缓，部分地区和城市环境质量有所改善

党中央、国务院高度重视环境保护，20 世纪 80 年代将环境保护定为基本国策，90 年代提出实施可持续发展战略，以胡锦涛同志为总书记的党中央又提出了科学发展观，要求建设环境友好型社会，建设生态文明，环境保护从认识到实践都发生了重要转变。通过采取一系

列措施不断加大防治污染和保护环境的力度，我国的环境保护工作取得了积极成效。在经济保持快速增长的同时，环境污染加重和生态破坏加剧的趋势有所减缓，部分地区环境质量有了一定的改善。

2007 年全国 COD 和 SO_2 排放量首次出现双下降，城市空气中常规监测污染物的浓度有所下降，SO_2 年均质量浓度由 1996 年的 0.069 mg/m^3 下降至 2006 年的 0.038 mg/m^3，降低了 44.9%；重点流域主要控制污染物污染程度有所减轻，全国地表水国控断面Ⅰ～Ⅲ类水质类别比例由 1996 年的 27%上升至 2006 年的 40%，上升了 13 个百分点，劣Ⅴ类比例则由 36%下降至 28%，下降了 8 个百分点；近岸海域水质有所改善，一、二类海水比例由 1996 年的 34%上升至 2006 年的 68%，四类及四类以上海水比例由 1996 年的 53%下降为 2006 年的 24%；1996—2005 年，昼间城市区域环境噪声和昼间城市道路交通噪声分别下降了 3.1 dB 和 2.4 dB；工业固体废物的排放量由 2000 年的 0.32 亿 t 降低到 2006 年的 0.13 亿 t；城市生活垃圾无害化处理水平由 1993 年的 30%增加到 2006 年的 52%；局部地区生态环境有所改善，森林覆盖率比 1989 年提高了 5.2 个百分点；水土流失面积由第一次遥感普查的 367 万 km^2 减少到第三次遥感普查的 356 万 km^2。

2．环境污染仍处于较高水平，全国整体环境质量状况仍然较差

尽管部分地区环境质量有一定改善，但污染物排放总量大大超过环境承载能力，环境污染仍处于较高水平，全国整体环境质量状况仍然较差。

地表水污染仍然严重。监测的 745 个地表水国控断面劣Ⅴ类水质比例高达 28%，辽河、淮河、黄河、松花江、海河等水系国控断面劣Ⅴ类水质比例均超过 20%。湖泊富营养化问题突出，监测的 27 个湖库中，15 个处于富营养状态，氮、磷污染严重；巢湖、滇池（草海）重度富营养，太湖蓝藻频繁爆发。饮用水安全受到威胁，113 个国家环保重点城市饮用水水源地不达标水量占 27.7%。

城市空气质量整体较差。监测的 559 个城市中有 38%的城市超过国家二级质量标准，95%的城市空气质量均超过欧盟标准。可吸入颗粒物（PM_{10}）为城市空气的首要污染物，北方城市更为严重；86%的城市 SO_2 年日均值达到二级标准，但中部地区污染突出；珠江三角洲、长江三角洲、京津唐等城市群 NO_2 污染相对较重；可吸入颗粒物、SO_2 浓度均高于发达国家的城市。

酸雨污染加重。监测的 524 个城市中，54.4%的城市出现过酸雨，39.1%的城市降水 pH 年均值＜5.6。全国已逐步形成华东、华南、华中和西南 4 大酸雨区，浙江、江西、湖南三省以及重庆大部分地区和四川东南部酸雨较严重（降水 pH 年均值＜5.0）。

近岸海域水质总体为轻度污染，但有 24%的海域水质属于中度至重度污染，主要污染指标是无机氮和活性磷酸盐。杭州湾、长江口、辽东湾、珠江口和渤海湾水质均为重度污染，

主要河口区域水质富营养化程度高；部分海域沉积物污染程度加重，范围扩大；赤潮发生频繁。

噪声扰民现象突出。监测的 378 个城市中，30.9%的城市区域噪声为轻度或中度污染；城市各类功能区夜间超标率达 34.9%，4 类功能区（交通干线两侧区域）夜间噪声超标率达 69.5%；噪声投诉长期居高不下。

固体废物和危险废物环境风险大，易造成土壤、地下水和河流的污染。全国工业固体废物产生量达 15.15 亿 t，综合利用率仅为 61.1%；全国 661 个城市中，约有 2/3 的城市被垃圾环带包围，城市生活垃圾无害化处理率仅为 52%。全国危险废物产生量为 1 084 万 t，排放量为 20 万 t。

辐射环境质量总体良好，电离辐射水平在本底涨落范围内，各种介质中的放射性水平与 1983—1990 年天然放射性水平调查结果相比无明显变化，但室内氡的浓度有明显上升，室内氡浓度范围为 22.1～85.8 Bq/m^3。

区域生态系统结构破坏严重，生态服务功能持续下降。荒漠化土地占国土面积的 27.46%，沙化土地面积占 18.12%，水土流失面积占 37.1%；草地退化速度由 20 世纪 90 年代初的 130 万 hm^2/a 发展为 21 世纪初的 200 万 hm^2/a，草地退化面积几乎增加了一倍。

3．长期积累的环境矛盾尚未解决，新的环境问题又不断出现，改善全国环境质量面临巨大挑战

我国经济增长的资源环境代价过大。综合能源效率仅为 33%，比发达国家低约 10 个百分点，2005 年我国单位 GDP 能耗是世界平均水平的近 3 倍，能耗高且效益低，环境污染和生态破坏造成的损失占当年 GDP 的 3%～4%，粗放式的经济发展与资源环境的矛盾日益突出。污染物超标排放，加之环境监管乏力，导致环境污染日益严重。老的环境污染问题尚未根本解决，新的环境问题又不断出现，改善全国环境质量面临巨大挑战。

地表水主要污染指标已由 COD、BOD 为主逐步转变为 COD、氮和磷为主，持久性有机污染物对人体健康的潜在威胁令人担忧；地表水污染范围呈现出支流污染严重并向干流扩散、城市河段污染严重并向一般河段蔓延、下游污染严重并向上游扩展的流域性污染态势。

部分地方空气质量已经显现细颗粒物（$PM_{2.5}$）、臭氧、VOCs、汞等污染问题；空气污染范围呈现出由城市向郊区和农村、局地向区域蔓延的趋势；部分地区污染类型发生变化，呈现出由煤烟型污染向煤烟型—机动车尾气复合型污染转变的趋势。

全国酸雨面积总体保持稳定，但酸雨污染严重的城市比例在增加。降水中的主要阴离子是硫酸根（SO_4^{2-}）；二氧化硫持续大量排放仍然是造成酸雨的主要原因，南方地区氮氧化物排放对降水酸度贡献逐渐增加。

生态保护任务艰巨。我国水土流失仍量大面广，治理任务艰巨；森林的生态功能不高，保护生态最为重要的天然林及生态效益较为明显的成熟林在不断地减少；湿地面积逐年在减少，湿地生态功能不断衰退；外来生物入侵问题日益突出，生物多样性下降。

（二）严格控制污染物排放，必将实现“蓝天碧水”的和谐环境

1．大气环境

在加快提高能源利用效率，加快火电行业脱硫设施的安装运行，提高机动车尾气排放标准，加快产业结构调整力度等措施促进污染物减排的情况下，到 2020 年，主要大气污染物的排放量将在 2005 年的基础上减排 20%，2030 年将在 2020 年的基础上减排 10%，到 2050 年又将在 2030 年的基础上减排 20%。

与此相对应，我国的大气环境质量会随着污染物排放的减少而逐步好转，预计到 2020 年，全国 80%的城市和村镇主要污染物年均浓度达到或优于二级标准，到 2030 年，全国 90%的城市和村镇主要污染物年均浓度达到或优于二级标准，到 2050 年，全国所有城市和村镇主要污染物年均浓度达到或优于二级标准。

2．地表水环境

在我国政府高度重视污染治理技术水平的提高，加大产业结构调整，大力发展高新产业的情况下，再加上实施严格的“治水”措施，水环境主要污染物到 2020 年，将在 2005 年的基础上减排 20%～40%，到 2030 年将在 2020 年的基础上减排 10%～15%，到 2050 年将在 2030 年的基础上减排 10%～20%。

在这种形势下，我国流域水环境质量必定能在 2006 年的基础上逐步改善，到 2020 年，全国地表水Ⅰ～Ⅲ类水质将达到 60%，到 2030 年，全国地表水Ⅰ～Ⅲ类水质将达到 70%，到 2050 年，全国地表水Ⅰ～Ⅲ类水质将达到 80%。

（三）相关建议

为全面、客观、准确地判断我国环境形势，说清我国环境质量和污染物排放现状和变化，预测其发展趋势和未来目标，必须进一步加强国家环境监测体系建设，建议：

1．建立共享、高效、和谐的中国环境监测网，努力说清国家环境形势

目前，水利、农业、海洋、气象、林业、国土资源、建设、交通、卫生等资源管理部门的监测机构从事环境要素的监测与环保部门监测机构的监测工作重复，而且监测数据共享程度不高，在监测方法和评价标准不统一的情况下，监测结果和评价结论可能互相矛盾。一方面，对同一环境要素、同一流域或区域相关部门各自组建监测网络，没有发挥各部门的优势

形成合力，导致重复建设、重复监测、重复投资；另一方面，只关注当前和热点问题，忽视长远和潜在的环境问题；第三，只重视建网，而忽视运行；第四，重视部门利益，忽视国家整体利益；第五，误导公众媒体、造成部门矛盾、干扰领导决策、影响社会和谐。

建议遵照温家宝总理在第六次全国环保大会上关于“建立先进的环境监测预警体系”的要求，落实温家宝总理关于“建立统一的环境监测标准、考核、评估和数据发布体系”的批示精神，抓紧整合国家各部门的环境要素监测网络，尽快出台《环境监测管理条例》，建立统一、共享、高效、和谐的“中国环境监测网”，为全面、客观、准确地评价和判断国家环境形势奠定基础。

2．全面加强和提升环境监测、统计能力，努力说清全国环境质量和污染物排放状况、变化和发展趋势

尽管目前环保部门已有国家、省、市、县四级共 2 322 个监测机构、约 4.8 万人的监测队伍，初步建立了国家、省、市三级环境监测网，但由于环境监测法规支撑体系不健全、监测能力整体不强，又缺乏统一监督管理、缺乏统一的技术支撑体系，导致监测领域不全、监测指标不够、监测范围不足等诸多问题。现有的环境监测能力无法做到全面、科学、准确地说清环境质量状况、变化和发展趋势，无法说清环境污染对人体健康的影响，无法说清经济社会发展对环境质量的影响关系。

建议国家全面加强和提升环境监测、统计能力，中央财政优先保障国家环境质量监测、国控重点污染源监督性监测、环境突发事件应急监测、污染减排监测统计的经费投入，建立和完善环境监测仪器设备更新和监测统计运行投入的财政保障渠道，为说清全国环境质量和污染物排放状况、变化和发展趋势奠定基础，满足政府、社会和公众的需求。

3．加强重点污染指标控制，保障人民群众身体健康

根据对我国环境质量和污染物排放的总体分析，结合美、日、欧等发达国家的经验教训，为加强环境监管，保障人民群众身体健康，建议未来中长期我国重点控制的主要污染指标如下：

（1）污染源排放的重点控制污染指标

废气污染源：SO_2、NO_x、颗粒物（烟尘、粉尘、尾气和油烟）、CO、CO_2、消耗臭氧层物质，VOCs、汞。

废水污染源：COD、氨氮、总磷、总氮，POPs。

（2）影响环境质量的重点控制污染指标

室外空气：SO_2、NO_x/NO_2、PM_{10}、$PM_{2.5}$、O_3、VOCs、汞；

地表水：高锰酸盐指数、氨氮、总磷、总氮、粪大肠菌群，POPs；

酸雨：降水酸度（pH）、SO_4^{2-}沉降负荷、NO_3^-沉降负荷。

附件

环境质量评价方法

1．城市空气

评价指标：二氧化硫、氮氧化物和可吸入颗粒物。

评价标准：《环境空气质量标准》（GB 3095—1996）。

具体根据《全国环境质量报告书》中数据确定的单项污染物水平和级别以及综合的空气质量级别进行评价，其中年均单项污染物级别由环境空气质量的年平均标准确定。由于大部分城市只有可吸入颗粒物和总悬浮颗粒物中的一项，其颗粒物的级别根据可吸入颗粒物或总悬浮颗粒物的年平均值确定。部分城市同时监测可吸入颗粒物和总悬浮颗粒物，其颗粒物的级别根据其中最差的一个单项级别确定。根据上述二氧化硫、二氧化氮和颗粒物项目综合确定的最差一个单项污染物级别即为空气质量级别。达到国家空气质量二级标准（一级和二级）为达标，超过二级标准（三级和劣三级）为超标。其中一级为空气接近良好背景水平的优级，二级为空气有一定程度的污染物存在但影响程度尚可接受的合格水平，三级为空气污染已经显著到危害性程度，劣三级为空气污染相当严重。

典型地区的环境空气质量增加了臭氧、总挥发性有机物和汞的分析评价。

2．酸雨

评价指标：降水酸度（pH 值）和酸雨发生频率。

评价标准：以降水 pH 值小于 5.6 作为酸雨判据，pH 值小于 5.0 为较重酸雨，小于 4.5 为重酸雨，用降水 pH 年均值和酸雨出现的频率评价酸雨状况。

3．地表水

（1）河流

评价指标：pH、溶解氧、氨氮、高锰酸盐指数、五日生化需氧量、石油类、挥发酚、汞和铅九项。

评价标准：《地表水环境质量标准》（GB 3838—2002），水质类别判定采用单因子类别评价法，水质超标率和超标倍数计算采用Ⅲ类水质标准。

（2）湖泊、水库

水质评价指标：溶解氧、高锰酸盐指数、五日生化需氧量、氨氮、总氮、总磷、铅、汞、挥发酚和石油类十项。

水质评价标准：《地表水环境质量标准》（GB 3838—2002），水质类别判定采用单因子类别评价法，水质超标率和超标倍数计算采用Ⅲ类水质标准。

营养状态评价指标：高锰酸盐指数、总磷、总氮、叶绿素 a 和透明度五项。

营养状态评价方法及营养状态分级如下：

采用综合营养状态指数［*TLI*（Σ）］法进行评价。

湖泊营养状态分级：

TLI（Σ）＜30 贫营养

30≤*TLI*（Σ）≤50 中营养

TLI（Σ）＞50 富营养

50＜*TLI*（Σ）≤60 轻度富营养

60＜*TLI*（Σ）≤70 中度富营养

TLI（Σ）＞70 重度富营养

4．近岸海域

评价指标：水温、悬浮物、盐度、pH、溶解氧、化学需氧量、石油类、活性磷酸盐、无机氮、汞、铜、铅、镉、非离子氨 14 项。

评价标准：《海水水质标准》（GB 3097—1997）。评价方法采用单因子判别法，即某一测点海水中任一评价指标超过一类海水标准，该测点水质即为二类，超过二类海水标准即为三类，依次类推。平均浓度和超标率均以样品个数为计算单元，海水超标率计算统一采用《海水水质标准》（GB 3097—1997）中的二类海水标准作为评价标准。

5．噪声

评价指标：等效声级 dB（A）。

评价标准：城市区域声环境质量，按《声环境质量评价方法技术规定》中的等级划分规定进行评价。

表 1 城市区域环境噪声质量等级划分（昼间）

等级	好	较好	轻度污染	中度污染	重度污染
等效声级/dB（A）	≤50.0	50.0～55.0	55.0～60.0	60.0～65.0	大于 65.0

道路交通声环境质量，按《声环境质量评价方法技术规定》中的等级划分规定进行评价。

表 2　　道路交通噪声质量等级划分（昼间）

等级	好	较好	轻度污染	中度污染	重度污染
等效声级/dB（A）	≤68.0	68.0～70.0	70.0～72.0	72.0～74.0	大于 74.0

城市功能区声环境质量，按《声环境质量标准》（GB 3096—2008）中的规定进行评价。

表 3　　环境噪声限值　　单位：dB（A）

功能区	0 类	1 类	2 类	3 类	4 类
昼间	50	55	60	65	70
夜间	40	45	50	55	55（60）

6．生态

评价指标：生态环境状况指数（包括生物丰度指数、植被覆盖指数、水网密度指数、土地退化指数和环境质量指数）。

评价标准：根据《生态环境状况评价技术规范（试行）》（HJ/T 192—2006），采用生态环境状况指数，对全国生态环境质量进行评价。由于缺少数据，评价不包括香港特别行政区、澳门特别行政区和台湾省。

生态环境状况指数（Ecological Index，EI）是指被评价区域生态环境质量状况，数值范围 0～100，包括生物丰度指数、植被覆盖指数、水网密度指数、土地退化指数和环境质量指数五个因子，这五个因子分别反映了被评价区域内的生物的丰度、植被覆盖的高低，水的丰富程度、土地退化程度以及所承载的环境污染压力。

生态环境状况指数（*EI*）计算方法如下：

生态环境状况指数＝0.25×生物丰度指数＋0.2×植被覆盖指数＋

0.2×水网密度指数＋0.2×（100－土地退化指数）＋0.15×环境质量指数

生物丰度指数、植被覆盖指数、水网密度指数、土地退化指数、环境质量指数的计算方法详见《生态环境状况评价技术规范（试行）》（HJ/T 192—2006）。

根据生态环境质量指数，将生态环境质量分为五级，即优、良、一般、较差和差，见表 4。

表 4　　生态环境质量分级

级别	优	良	一般	较差	差
指数	$EI\geq75$	$55\leq EI<75$	$35\leq EI<55$	$20\leq EI<35$	$EI<20$
状态	植被覆盖度高，生物多样性丰富，生态系统稳定，最适合人类生存	植被覆盖度较高，生物多样性较丰富，基本适合人类生存	植被覆盖度中等，生物多样性一般水平，较适合人类生存，但有不适人类生存的制约性因子出现	植被覆盖较差，严重干旱少雨，物种较少，存在着明显限制人类生存的因素	条件较恶劣，人类生存环境恶劣

同时，加上森林、土地、草原、生物多样性、地下水资源、城市环境、气候与自然灾害等内容描述生态环境状况。

参考文献

[1] 高举中国特色社会主义伟大旗帜 为夺取全面建设小康社会新胜利而奋斗——胡锦涛同志代表第十六届中央委员会向中国共产党第十七次全国代表大会作的报告（2007 年 10 月 15 日）.

[2] 国务院关于落实科学发展观 加强环境保护的决定（国发[2005]39 号）.

[3] 国务院关于印发国家环境保护“十一五”规划的通知（国发[2007]37 号）.

[4] 胡锦涛同志在 2005 年中央人口资源环境工作座谈会上的讲话（2005 年 3 月 12 日）.

[5] 胡锦涛同志在 2004 年中央人口资源环境工作座谈会上的讲话（2004 年 3 月 10 日）.

[6] 胡锦涛同志在 2003 年中央人口资源环境工作座谈会上的讲话（2003 年 3 月 9 日）.

[7] 全面落实科学发展观 加快建设环境友好型社会——温家宝总理在第六次全国环境保护大会上的讲话.

[8] 全面贯彻落实科学发展观 开创环境保护工作新局面——曾培炎副总理在第六次全国环境保护大会上的讲话.

[9] 中华人民共和国国务院新闻办公室. 中国的环境保护（1996—2005），2006.6.

[10] 中华人民共和国国务院新闻办公室. 中国的能源状况与政策，2007.12.

[11] 国家环境保护总局. 中国环境状况公报（1989—2006）.

[12] 国家环境保护总局. 全国环境质量报告书（1985—2006），内部资料.

[13] 国家环境保护总局. 中国环境统计年报（1998—2006）. 北京：中国环境科学出版社.

[14] 水利部. 中国水资源公报（2001—2006）.

[15] 水利部. 水利统计公报（2001—2006）.

[16] 国家海洋局. 中国海洋环境质量公报（2001—2006）.

[17] 国家海洋局. 中国海洋经济统计公报（2003—2006）.

[18] 建设部. 城市建设统计公报（2001—2005）.

[19] 建设部. 城市、县城和村镇建设统计公报（2006）.

[20] 美国国家环境保护署. 国家水质报告，2000 .

[21] 张仁健，等. 中国二氧化碳排放源现状分析. 气候与环境研究，2001，6（3）.

[22] 世界资源研究所/国际环境与发展研究所（美）. 世界资源报告（1986—2001）.

[23] 中国科学院东北地理与农业生态所. 研究显示我国汞污染防治工作亟须加强，2004.

[24] 中科院可持续发展战略研究组. 中国可持续发展战略报告 2007. 北京：科学出版社，2007.

[25] 国家海洋局海洋发展战略研究所课题组. 中国海洋发展报告. 北京：海洋出版社，2007.

[26] 中国环境与发展国际合作委员会/中共中央党校国际战略研究所. 中国环境与发展：世纪挑战与战略抉择. 北京：中国环境科学出版社，2007.

[27] 世界观察研究所（美）. 世界报告——我们城市的未来（2007）. 北京：中国科学出版社，2007.

[28] 中国可持续发展林业战略研究项目组. 中国可持续发展林业战略研究总论. 北京：中国林业出版社，2002.

[29] 钱正英，等. 中国可持续发展水资源战略研究综合报告及各专题报告. 北京：中国水利水电出版社，2001.

[30] 曹东，等. 经济与环境中国 2020. 北京：中国环境科学出版社，2005.

[31] OECD（法）. 中国环境绩效评估报告. 2006（内部资料）.

[32] 解振华. 国家环境安全战略报告，北京：中国环境科学出版社，2005.

[33] 李世东，等. 中国生态状况报告（2005）. 北京：科学出版社，2006.

第二章
环境保护战略的回顾与总结

制定环境宏观战略，必须明确有哪些因素对制定环境宏观战略起着重要的作用，本专题的实质就是分析这些影响因素，或者说是分析制定环境宏观战略所面临的约束条件，从而为环境宏观战略提供可能选择的空间。在这里，主要分析三个影响因素：我国环境保护战略的历程，现实国情条件的要求，国外环境保护战略的经验。

第一，研究环境保护战略思想的演变是整个环境宏观战略研究的基础之一。通过对国内外环境保护战略历程及其效果的分析，为研究新时期的环境宏观战略提供历史起点。战略研究必须了解历史线索，把握未来方向。回顾是为了展望，总结是为了启迪。

中国的环境保护已经走过了 30 多年的发展历程，从最初的只关注工业污染防治，到工业污染防治和生态保护并重；从只重视末端治理，到重视从源头到末端的全过程控制，再到发展循环经济；从只重视单个的污染企业治理，到重视从产业结构调整的角度解决环境问题；从只重视森林、草原等自然资源的经济价值，到更加重视其生态价值。所有这些环境保护战略思想的重大转变，都对中国的环保事业发展带来了重大影响。因此，认真回顾和总结我国环境战略思想的演变过程，辨析我国环境保护的经验和教训，对于制定新的环境保护战略至关重要。

第二，为了制定新时期的环境保护战略，在回顾和总结过去历史经验和教训的同时，还要特别重视我国现实国情条件对战略的决定性和基础性作用。基本国情是决定我们采取什么样的环境保护战略的重要因素。人口多、资源少、经济发展粗放是我国的基本国情，同时也对我国的环境保护提出了严峻挑战。人口、资源与环境是自然界的一个复杂系统，它们彼此之间不仅在物质和能力交换中形成外循环，而且各自还有多层次的内循环。经济发展方式、产业结构、发展阶段和产业布局更会对环境保护产生直接影响。因此，认真分析我国的国情，特别是人口发展、资源利用和经济增长对环境保护的压力，也是制定新的环境保护战略的重要基础。

第三，发达国家、国际组织所制定的环境保护战略，特别是它们如何协调经济发展与环境保护的关系，对于我们制定环境保护战略具有重要参考价值。2001 年，OECD 环境部长会议通过了 2001—2010 年环境战略计划，确立了再生、可持续性、同化和避免不可逆转四个战略原则，设定了保持生态系统的完整性、弱化环境压力与经济增长的联系、改善对决策的信息支持、处理好社会—环境相互作用的问题、加强国际环境管理与合作 5 个战略目标。2003 年 9 月，美国环保局发布了《2003—2008 年环境战略计划》，确立了清洁空气与全球气候变化、清洁与安全水、陆地保护与恢复、健康的种群与生态系统、建立自然环境协调发展的环境服务体系 5 个目标，并对如何达到这些目标的手段和策略进行论述，还提出了达到目标的人力资源战略，如何对计划的目标进行评估等。

总之，本专题是环境宏观战略研究的基础之一，它将为未来的环境宏观战略划定边界和指明方向。

一、我国环境保护战略思想演变

从世界范围来看，经济社会的发展状况、环境形势的严峻程度、重大的环境事件、公众的环境意识直接影响着环境保护战略思想的演变。基于以上四方面因素的考虑，我国环境保护战略思想演变大致可以分为以下四个阶段。

（一）萌芽阶段（1949—1972）

从新中国成立到 1973 年以前，尽管经历了“大跃进”和“文化大革命”的部分时期，造成了比较严重的环境污染和生态破坏，但是由于这一时期生产规模较小，环境容量较大，整体上经济建设与环境保护之间的矛盾尚不突出，环境问题尚处于局部性的可控范围。这一时期在环境保护方面也做了一些工作，在《工业企业设计暂行卫生标准》、《中华人民共和国水土保持暂行纲要》、《森林保护条例》和《矿产资源保护条例》等法规中包含了一些环境保护的要求，但环境保护还没有纳入政府工作的议事日程，更缺乏整体的环境保护战略。究其原因，主要有以下四个方面：一是新中国成立初期，迫切任务是早日恢复国民经济，发展经济成了第一位的工作；二是“文革”期间，“左”倾错误严重，有限的环境保护规章制度受到批判和否定，否认社会主义也会有污染问题；三是当时我国人口相对较少，生产规模不大，经济建设与环境保护之间的矛盾尚不突出，所产生的环境问题大多是局部性的生态破坏和环境污染，还没有引起人们足够的重视；四是世界范围内，对环境问题的认识尚不清楚，认为环境污染是经济发展的必然产物，对环境危害估计不足。

这一阶段尽管还没有整体的环境保护战略，但在环境保护的工作中有了一些战略性思考，如在工业建设中，将工业区和生活区分离，建设以树林为屏障的隔离带，减轻了工业污染物对居民的直接危害；有了末端治理的初步考虑，对一些污染危害较重的工业企业采取了一定的防治措施，如建设污水净化处理系统、消烟除尘装置等；20 世纪 60 年代初，对在城市市区盲目建立的工厂，实行了关、停、并、转，压缩了工业规模，缓解了环境压力。

（二）起步阶段（1973—1983）

以 1973 年 8 月 5 日至 20 日在北京召开的第一次全国环境保护会议为标志，揭开了中国环境保护事业的序幕，环境保护战略也进入了起步阶段。这一阶段的环境保护战略的演变体现在以下几个方面：

1．指导思想的演变

1973 年召开第一次全国环境保护会议认为，保护和改善环境极为重要，要广泛宣传，引起全党、全国人民的重视，要把这项工作作为社会主义的一件大事抓紧抓好，说明当时环境保护的战略指导思想还是以宣传教育为主。1978 年，中央批转了《环境保护工作汇报要点》，明确提出保护环境是社会主义现代化建设的重要组成部分，“……我们绝不能走先建设、后治理的弯路。我们要在建设的同时就解决环境污染的问题。”1981 年国务院颁布的《关于在国民经济调整时期加强环境保护工作的决定》中强调：“……结合经济调整的各项政策措施，认真贯彻执行《中华人民共和国环境保护法（试行）》，以积极的态度，千方百计把这项工作抓紧抓好。”这些规定说明，我国的环境保护战略思想已经从宣传教育，到在建设的同时解决环境污染问题，再到通过经济结构调整，从源头上解决环境问题。

2．战略方针的演变

1973 年提出第一次全国环境保护会议提出“全面规划、合理布局、综合利用、化害为利、依靠群众、大家动手、保护环境、造福人民”（以下简称“三十二字方针”），体现了规划布局、综合利用、宣传教育、公众参与的思想，具有超前的思维，直至今日仍有指导意义。1974 年，国务院环境保护领导小组下发的《环境保护规划要点》提出“按照‘统筹兼顾、适当安排’的方针，认真做好环境保护的长远规划和年度计划”，反映了这一时期的环境保护不可能有很大的力度，也注定了环境目标无法实现，环境形势更加恶化。

3．战略目标的制定

1976 年，国家计委和国务院环境保护领导小组联合下发《关于编制环境保护长远规划的通知》。《通知》要求，按照 5 年内控制、10 年内基本解决环境污染问题的要求，“五五”期间应实现的目标包括：一是大中型工矿企业和严重污染环境的中小企业，都要搞好“三废”治理，做到按照国家规定的标准排放“三废”；二是京、津、沪等 18 个环境保护重点城市，要大力消除污染，做出显著成绩；三是渤海、长江、黄河、淮河、松花江、鸭绿江、珠江等水系和主要港口的污染得到控制，水质有所改善。“五年控制，十年解决”环境问题的目标，反映了当时人们急于治理污染的决心和良好愿望，但是由于低估了环境污染的复杂性和治理的艰巨性而未能实现。

4．主要战略对策

（1）建立环境保护机构

1972 年，我国成立了第一个跨省市的“官厅水库水资源保护领导小组”，随后，又相继成立了黄河、淮河、长江、松花江、珠江、太湖等水域的领导小组，负责各水域的环境保护工作。1973 年第一次全国环境保护会议之后，尤其是 1974 年国务院环境保护领导小组正式成立，各省、自治区、直辖市和国务院有关部门也陆续建立起环境管理机构和环保科研、监测机构，为环境规划的实施奠定了机构和人力基础。

（2）制定环境保护法律法规制度标准

1973 年颁布的《关于保护和改善环境的若干规定》，是我国环境保护史上第一个由国务院批转的具有法规性质的文件，文件系统阐述了第一次全国环境保护会议的“三十二字方针”，从 10 个方面对保护和改善环境作出了规定，特别是对于“一切新建、扩建和改建的企业，防治污染项目必须和主体工程同时设计、同时施工、同时投产”的规定，体现了“预防为主”的方针，对控制新污染源的产生，促进经济与环境的协调发展起到了重大作用。1973 年，中国现代环境保护历史上第一个环境保护标准——《工业“三废”排放试行标准》颁布，有力地促进了以“三废”治理和综合利用为特色的污染防治工作。1977 年，国家计委、国家建委、财政部和国务院环境保护领导小组联合下发了《关于治理工业“三废”，开展综合利用的几项规定》的通知，标志着以治理“三废”和综合利用为特色的污染防治进入新阶段。1979 年颁布的《中华人民共和国环境保护法（试行）》规定：“各级人民政府必须切实做好环境保护工作，在制定发展国民经济计划的同时，必须对环境的保护和改善统筹安排，并认真组织实施”，标志着我国的环境保护工作开始走上法制化轨道。

（3）制定环境保护规划与计划

为了在短期内控制环境恶化，改善环境质量，从 1974 年国务院环境保护领导小组成立之后，1974 年、1975 年、1976 年连续下发了《环境保护规划要点》、《关于环境保护的 10 年规划意见》与《关于编制环境保护长远规划的通知》三个文件，并要求从 1977 年起，切实把环境保护纳入国民经济的长远规划和年度计划，为有计划地逐步解决环境污染问题奠定了基础。1981 年颁发的《国务院关于在国民经济调整时期加强环境保护工作的决定》再次强调要加强国家对环境保护的计划指导，对工业布局、城镇分布、人口配置等问题进行统筹规划，创造适宜于人们生活和工作的良好环境，要求各级人民政府在制订国民经济和社会发展计划、规划时，必须把保护环境和自然资源作为综合平衡的重要内容，把环境保护的目标、要求和措施，切实纳入计划和规划，加强计划管理。工交、农林、科研、卫生等企事业单位及其主管部门，都要制定具体的环境保护目标和指标，在年度计划中作出安排。

（4）开展以“三废”治理和综合利用为特色的污染防治

1975 年印发的《关于环境保护的 10 年规划意见》指出，对工矿企业不适当地排放“三废”，解决的办法一是对现有工矿企业的污染进行积极治理，逐步消除；二是新建、扩建、改建的工业项目，要同时采取防治措施，不再造成新的污染；三是按照环境保护的要求，注意工业的合理布局。1977 年印发的《关于治理工业“三废”，开展综合利用的几项规定》，从经营管理、防止新污染、加强考核、合理利用、规划制定、收费规定、税收优惠、盈利规定、污染企业、科研监测、物资供给和人员需求 12 个方面作出了明确规定。

（5）对污染危害严重的工厂进行限期治理

从 1973 年开始，官厅水库、蓟运河、渤黄海等污染问题日趋突出，中国的环境污染已经到了非解决不可的时候了。在周总理的亲切关怀下，国务院连续召开会议，研究污染治理对策，其中的一项重要措施就是对那些污染危害严重的工厂进行限期治理、限期搬迁和转产。但是，在“四人帮”干扰破坏下，很多重大污染问题当时未能得到应有解决，特别是对环境和人体健康有严重危害并有蓄积作用的汞、镉、铬、砷、铅等重金属污染，酚、氰、高浓度有机污染物仍然有增无减。1978 年，由国家计委、国家经委、国务院环境保护领导小组提出了一批严重污染环境的重点工矿企业名单，涉及 167 个企业、227 个重点项目，重点解决重金属、酚、氰、油、高浓度有机污染物。在此期间，各省市自治区也相继下达了多批地方限期治理项目，总数达 12 万个，重金属等污染得到明显控制。

（6）明确环境保护的资金渠道

1976 年由国家计委和国务院环境保护领导小组联合下发的《关于编制环境保护长远规划的通知》首次对环境保护的资金渠道提出了明确要求：一是新建、扩建、改建项目的“三废”治理工程所需投资，随主体工程由各部门、各地区在建设投资中安排；二是现有企业治理污染所需资金，主要在“固定资产更新和技术改造资金”中解决。工程量大、费用多的治理项目，应分别纳入各部门、各地区的基本建设计划。国务院各部直属、直供企业，由各部负责安排解决；地方企业由地方负责安排解决。城市排水管网的污水处理设施建设，在城市建设费用中安排解决；三是凡属“三不管”的污染治理项目和事情，其所需资金在国家“五五”规划已分配给各省、市、区的环境保护补助投资中解决。

总体上，这个阶段的国民经济经过调整，从复苏进入振兴。虽然国家已初步明确了环境保护在社会经济发展中的地位和作用，但还没有真正从宏观上理顺经济建设和环境保护的关系；这期间提出的一些环境保护目标存在脱离国情、要求偏高和措施不具体的问题，说明对解决环境问题的复杂性和艰巨性还缺乏足够认识；环境保护虽然已经开始列入国家计划，但并没有得到真正地同步实施；虽然制定了不少环境保护的政策法规，在执行效果不理想。这除了缺少配套的具体政策外，监督管理办法的薄弱也是一个重要原因[①]。

（三）发展阶段（1984—2005）

以 1983 年 12 月 31 日至 1984 年 1 月 7 日召开的国务院第二次全国环境保护会议为标志，我国的环境保护进入了发展阶段。这一阶段是我国综合国力不断增强、环境保护思想不断深化、环保政策法规不断完善、环保机构不断升格、环保投入不断增加，但同时也是环境问题日趋突出的时期。这一阶段的环境保护战略的演变体现在以下几个方面：

1．指导思想的演变

1983 年召开的第二次全国环保会议，将环境保护确定为基本国策，从而确立了环境保护在社会经济发展中的重要地位；1992 年，我国决定实施可持续发展战略，实践证明这是符合我国国情的正确战略选择，对环境保护更是具有决定性的意义。因为它不是单纯对环保工作提出的要求，而是对整个经济工作提出的要求；1996 年召开的国务院第四次全国环境保护会议提出了“保护环境就是保护生产力”的重要思想，科学地揭示了保护环境与保护生产力之间的辩证统一关系，精辟地概括了党和国家对环境问题的最新认识，进一步深化了可持续发展理论；2003 年召开的党的十六届三中全会提出了“坚持以人为本，树立全面、协调、可持续的科学发展观”的重要思想，不仅是对经济社会发展一般规律认识的深化，而且成为指导发展的世界观和方法论，为从根本上解决环境问题指明了方向。

2．战略方针的演变

1983 年召开的第二次全国环保会议确立了经济建设、城乡建设、环境建设同步规划、同步实施、同步发展，实现经济效益、环境效益、社会效益的统一的指导方针（简称“三同步”、“三统一”），这是我国第一次在战略高度上确定的环境保护工作的指导方针，对环保事业的发展具有深远的影响，标志着中国的环境保护从单纯的污染治理开始转向重视经济、社会与环境协调发展的新阶段[②]。

1989 年 5 月，国务院召开第三次全国环境保护会议，提出要“加强制度建设，深化环境监管，向环境污染宣战，促进经济与环境协调发展”的战略方针。

1996 年 7 月国务院召开的第四次全国环境保护会议提出“环境保护工作要坚持防治污染和保护生态并重的方针”。

2002 年 1 月国务院召开的第五次全国环境保护会议，提出环境保护是政府的一项重要职能，要按照社会主义市场经济的要求，动员全社会的力量做好这项工作。其战略方针可以概

---

① 方磊．中国环境与发展．北京：科学出版社，1992：24.

②《中国环境保护行政二十年》编委会，中国环境保护行政二十年．北京：中国环境科学出版社，1994，22.

括为“政府职能推动，市场经济调节，动员全社会积极参与”的战略方针。

2005 年 12 月 3 日在《国务院关于落实科学发展观加强环境保护的决定》提出环保工作的五项基本原则[①]：协调发展，互惠共赢；强化法治，综合治理；不欠新账、多还旧账；依靠科技，创新机制；分类指导，突出重点。这些原则具有战略方针的性质。

综上所述，我国不同历史时期提出的环境战略方针基本上是与当时人们对环境问题的认识、环境工作的部署以及当时环境问题的特征紧密联系和适应的，具有鲜明的时代特征。也可清晰地看出我国政府保护环境的政治意愿和决心不断加强，战略方针也越来越细化和科学，成为指导我国环境保护工作的重要精神。但是，也必须看到，一些阶段的战略方针也存在一定的局限性，早期的战略方针不够全面，对环境问题的认识和把握还比较肤浅，还没有深刻地认识到环境问题与政治、经济、社会乃至文化等问题紧密相连，提出的战略方针基本上是“就环境论环境”，没有大的视野和战略高度，有些战略方针和政策制度不配套，导致良好的战略方针难以得到实施和落实[②]。

3．战略目标的制定

“六五”环境保护规划（1981—1985）设定了比较笼统的环境保护目标：“加强环境保护，制止环境污染的进一步发展，并使一些重点地区的环境状况有所改善”。

1983 年召开的第二次全国环保会议提出了到 20 世纪末的环保战略目标：“到 2000 年，力争全国环境污染问题基本得到解决，自然生态基本达到良性循环，城乡生产生活环境优美、安静，全国环境状况基本上同国民经济和人民物质文化生活水平的提高相适应。”

1989 年国务院召开的第三次全国环境保护会议明确了到 1992 年的环境保护目标是：“努力控制环境污染的发展，力争一些重点城市和地区的部分环境指标有所改善；努力制止自然生态环境恶化的趋势，力争局部地区有所好转，为实现 2000 年控制住环境污染发展的目标打下基础”。

1996 年国务院召开的第四次全国环境保护会议，主要议题是部署跨世纪的环境保护工作，落实《国家环境保护“九五”计划和 2010 年远景目标》的规定：“到 2000 年，力争环境污染和生态破坏加剧的趋势得到基本控制，部分城市和地区的环境质量有所改善；2010 年，基本改变环境恶化的状况，城乡环境有比较明显的改善”。

2002 年国务院召开的第五次全国环境保护会议重申了国家环境保护“十五”计划的目标：“到 2005 年，主要污染物排放总量比 2000 年减少 10%，两控区二氧化硫排放量减少 20%，环境污染有所减轻，生态环境恶化的趋势得到初步遏制，城乡环境质量特别是大中城市环境质量得到改善。”

---

① 国家环境保护总局.第六次全国环境保护大会文件汇编.北京：中国环境科学出版社，2006：19.

② 周国梅. 环境宏观战略总论综合报告.

从上述环境战略目标的演变过程可以看出，环境战略目标经历从定性描述向定量化的转变，同时，污染物控制指标越来越细化，初步统计，去除重复指标，“八五”实际环境保护指标 65 项，“九五”69 项，“十五”35 项，“十一五”127 项[①]。总体上看，这些目标设定偏高，缺乏足够的科学依据；多体现全国总体性和均一性要求，没有体现区域间的差异性和特征性；许多指标没有进一步分解，国家和地方事权划分不清晰；指标过多关注污染防治，对生态系统和人体健康涉及较少[②]。

4. 主要战略对策

（1）加强环保部门的统一监督管理职能

为了进一步加强对环境保护工作的指导，落实国务院关于环境保护工作的部署，在 1982 年成立城乡建设环境保护局的基础上，1984 年成立了国务院环境保护委员会，负责研究审定有关环境保护的方针政策，提出规划要求，领导和组织、协调全国的环境保护工作。1988 年成立国务院直属的国家环境保护局，再到 1998 年升格为国家环保总局，这一阶段环境保护的管理机构不断升格，对污染治理和生态保护的统一监督管理能力得到加强，一方面反映了政府以及全社会对环境保护的认识不断深化，国家对环境保护工作越来越重视；另一方面也反映了环境问题的严重性日益加深，需要花更长的时间、下更大的气力才能解决。

（2）重视环境保护法规和制度建设

20 世纪 80 年代开始，中国的环境立法成为国家法制建设中最活跃的领域之一。1984 年和 1987 年，《水污染防治法》和《大气污染防治法》相继颁布，为有效防治水污染和大气污染提供了法律依据。1989 年召开的第三次全国环境保护会议，提出要建立环境保护工作的新秩序，核心就是加强制度建设，强化监督管理，依法治理环境，不断完善环境保护法律法规，把环境保护工作新秩序建立在法制基础上。会议提出全面推行新老八项环境管理制度[③]，这些制度把行政管理与经济手段、国家监督与宣传教育、法律强制与技术指导结合起来，初步形成了符合国情的环保政策制度体系[④]。20 世纪 90 年代以来，我国又相继制定了《固体废物污染环境防治法》、《环境噪声污染防治法》等环保法律法规，形成了包括宪法、环境保护基本法、单行法、行政法规、部门规章、环境标准、地方性法规和政府规章以及环境保护国际条约在内的中国环境保护法律体系。

（3）落实环境保护责任制

在 1989 年《中华人民共和国环境保护法》第十六条规定的“地方各级人民政府，应对本

① 中国环境宏观战略研究——环境规划与投入保障战略研究报告，25 页.
② 中国环境宏观战略研究——环境规划与投入保障战略研究报告，41-42 页.
③ 指在实行环境影响评价、“三同时”、排污收费三项制度基础上，增加环境保护目标责任制、城市环境综合整治定量考核、排污许可证、污染集中控制和限期治理五项新制度.
④ 《中国环境保护行政二十年》编委会，中国环境保护行政二十年，北京：中国环境科学出版社，1994，347.

辖区的环境质量负责，采取措施改善环境质量”基础上，1990 年颁布的《国务院关于进一步加强环境保护工作的决定》将实行环境保护目标责任制放到了突出的位置，规定“环境保护目标的完成情况应作为评定政府工作成绩的依据之一，并向同级人民代表大会和上一级政府报告”。1996 年颁布的《国务院关于环境保护若干问题的决定》第一条规定，“明确目标，实行环境质量行政领导负责制”，“要将辖区环境质量作为考核政府主要领导人工作的重要内容”。此外，“八五”、“九五”、“十五”环境保护计划（规划）都将落实环境保护责任制作为一条重要的保障措施。环境保护责任制是一项很好的制度，但由于惩罚措施不足，效力大减。以淮河为例，“九五”、“十五”淮河水污染防治目标没有实现，并没有哪一个地方领导因此而受到处罚甚至影响升迁。正是由于环境质量负责制长期得不到落实，污染治理的任务才无法保证完成，环境质量的改善更是无从谈起。

（4）增加环境保护投入

这一时期，中国环保投资绝对量逐年增加。“七五”期间全国环保投资 476.42 亿元；“八五”期间达到 1 306.57 亿元，是“七五”期间的 2.7 倍；而“九五”期间的投资又是“八五”期间的 2.7 倍，达到 3 516.4 亿元。1999 年首次突破 1.0%（按照经济普查调整后的 GDP 计算，1999 年该比例有所降低，首次突破 1.0%实际发生在 2000 年），“十五”期间环境保护投资为 8 399.1 亿元，占同期 GDP 的比例分别为 1.31%，按照经济普查调整过后的全国 GDP 数据，“十五”环保投资同期 GDP 的比例为 1.19%[①]。环保投资的增长，加快了城市环境基础设施的建设，提高了城市污水和垃圾处理率，但由于中国环保投资历史欠账多，资金需求大，中国近 30 年在环保领域的投资无论从数量上还是从现实效果看，仍然处于比较低的水平。我国历年环境保护投资状况见表 3-2-1。

表 3-2-1 我国历年环境保护投资状况

年份	环保投资总量/（亿元，当年价）	占同期 GDP 比例/%	占社会固定资产投资的比例/%	环保投资增长率/%	同期 GDP 增长率/%	环保投资弹性系数
“六五”期间（1981—1985）	170	0.5				
“七五”期间（1986—1990）	476.42	0.69	2.41	—	—	—
1991	170.12	0.84	3.09	—	—	—
1992	205.56	0.86	2.62	20.83	23.22	0.90
1993	268.83	0.86	2.16	30.78	30.02	1.03
1994	307.2	0.68	1.88	14.27	35.01	0.41
1995	354.86	0.62	1.77	15.51	25.06	0.62
“八五”期间（1991—1995）	1 306.57	0.73	2.10	174.25	159.31	1.09
1996	408.21	0.60	1.78	15.03	16.09	0.93
1997	502.49	0.68	2.01	23.10	9.69	2.38
1998	721.8	0.92	2.30	43.64	5.21	8.37
1999	823.2	1.00	2.76	14.05	4.75	2.96

① 中国环境宏观战略研究——环境规划与投入保障战略研究报告，162 页.

年份	环保投资总量/（亿元，当年价）	占同期 GDP 比例/%	占社会固定资产投资的比例/%	环保投资增长率/%	同期 GDP 增长率/%	环保投资弹性系数
2000	1 060.7	1.19	3.22	28.85	9.02	3.20
“九五”期间（1996—2000）	3 516.4	0.89	2.48	169.13	108.49	1.56
2001	1 106.6	1.15	2.97	4.33	8.77	0.49
2002	1 367.2	1.30	3.14	23.55	8.07	2.92
2003	1 627.7	1.39	2.93	19.02	11.62	1.64
2004	1 909.8	1.40	2.71	17.36	16.60	1.04
2005	2 388	1.30	2.69	25.04	33.18	0.75
“十五”期间（2001—2005）	8 399.1	1.31	2.84	138.86	62.93	2.21
2006	2 566	1.22	2.33	7.45	15.68	0.48

注：1. 环保投资弹性系数 = 环保投资增长率/同期 GDP 增长率 × 100%；

2. 本表按 GDP 调整前当年价格计算。

（5）开展环境宣传教育，鼓励公众参与环境保护

我国环境保护工作是从宣传教育起家的。从 1973 年第一次全国环境保护会议确定的“三十二字方针”开始，历次环保会议和国务院决定又多次强调宣传教育和公众参与环境保护。1990 年《国务院关于进一步加强环境保护工作的决定》要求，把环境保护的宣传教育列入计划，利用多种形式大力开展保护环境是一项基本国策和环保法及资源保护的宣传教育活动，树立保护环境人人有责的社会风尚。1996 年《国务院关于环境保护若干问题的决定》和 2005 年《国务院关于落实科学发展观加强环境保护的决定》再次强调，要加强宣传教育，提高全民环境意识和保护环境的自觉性。此外，随着 2002 年《环境影响评价法》的出台、环保热线的开通和地方环境有奖举报制度的实行，公众参与环境保护的热情日益高涨，有力地推动了企业加强污染治理和政府加强环境保护工作。

（四）深化阶段（2006 年至今）

以 2006 年 4 月 17 日国务院召开第六次全国环境保护大会为标志，我国环境保护进入了以保护环境优化经济增长的新阶段。这一阶段是我国环境保护思想发生根本转变，战略目标更加明确具体，战略保障措施更加坚定有力的阶段。

1. 指导思想的转变

2006 年 4 月 17 日，国务院召开第六次全国环境保护大会。温家宝总理强调为实现“十一五”环境保护的目标，必须进一步明确环保工作的指导思想：以邓小平理论和“三个代表”重要思想为指导，全面落实科学发展观，坚持保护环境的基本国策，深入实施可持续发展战略；坚持预防为主、综合治理，全面推进、重点突破，着力解决危害人民群众健康的突出环境问题；坚持创新体制机制，依靠科技进步，强化环境法治，发挥社会各方面的积极性。经过长期不懈地努力，使生态环境得到改善，资源利用效率显著提高，可持续发展能力不断增

强，人与自然和谐相处，建设环境友好型社会①。

在这次大会上，温家宝总理强调，做好新形势下的环保工作，关键是要加快实现三个转变：一是从重经济增长轻环境保护转变为保护环境与经济增长并重；二是从环境保护滞后于经济发展转变为环境保护和经济发展同步；三是从主要用行政办法保护环境转变为综合运用法律、经济、技术和必要的行政办法解决环境问题。“三个转变”是全面落实科学发展观的重大举措，是环保工作顺应时代发展要求的战略性、方向性、历史性的转变。实行这一历史性转变，使环保工作的战略思想发生了深刻变化：以环境保护优化经济增长成为环保工作战略的核心；全面推进、重点突破成为贯彻这一战略思想的首要原则；保障广大人民群众饮水安全作为首要任务，成为落实这一战略思想的重要突破点和抓手②。

2. 战略方针的演变

2007 年国务院发布的《国家环境保护“十一五”规划》沿用了《国务院关于落实科学发展观加强环境保护的决定》提出环保工作的五项基本原则：协调发展，互惠共赢；强化法治，综合治理；不欠新账、多还旧账；依靠科技，创新机制；分类指导，突出重点。这些原则具有战略方针的性质，强调了要正确处理环境保护与经济发展和社会进步的关系；坚持依法行政，不断完善环境法律法规，综合运用法律、经济、技术和必要的行政手段解决环境问题；严格控制污染物排放总量，积极解决历史遗留的环境问题；大力发展环境科学技术，建立多元化投入机制和健全环境监管体制；因地制宜，分区规划，改善重点流域、区域、海域、城市的环境质量。

3. 战略目标的制定

“十一五”经济社会发展规划提出了环境保护的目标：到 2010 年，在保持国民经济平稳较快增长的同时，使重点地区和城市的环境质量得到改善，生态环境恶化趋势基本遏制。单位国内生产总值能源消耗比“十五”期末降低 20%左右；主要污染物排放总量减少 10%；森林覆盖率由 18.2%提高到 20%。这些目标，体现了防治环境污染和保护自然生态的要求，体现了人民群众的愿望和国家长远利益的要求。尽管实现的难度很大，但必须下定决心确保完成。

2007 年召开的中国共产党第十七次全国代表大会将建设生态文明作为实现全面建设小康社会奋斗目标的新要求，明确提出到 2020 年基本形成节约能源资源和保护生态环境的产业结构、增长方式、消费模式。循环经济形成较大规模，可再生能源比重显著上升。主要污染物

① 全面落实科学发展观，加快建设环境友好型社会——国务院总理温家宝在第六次全国环境保护大会上的讲话，见：国家环境保护总局编，第六次全国环境保护大会文件汇编，北京：中国环境科学出版社，2006，5.

② 环境保护部，开创中国特色环境保护事业的探索与实践——记中国环境保护事业三十年，中国环境报，2008-07-15.

排放得到控制，生态环境质量明显改善。生态文明观念在全社会牢固树立的战略目标。这些目标，从更广泛的经济和社会角度提出了环境保护要求，体现了国家加强环境保护的坚强意志，有利于环境保护目标的实现。

4. 主要战略对策

（1）进一步加强对环保工作的领导

2007 年，国务院成立了应对气候变化及节能减排领导小组，温家宝总理担任组长，曾培炎副总理担任副组长；国务院发布了《节能减排综合性工作方案》、《国家环境保护“十一五”规划》，批转了污染减排统计、监测、考核办法等一系列重要文件；中办、国办组成联合督查组，首次对环保工作进行了重点督察；十一届全国人大一次会议正式批准成立中华人民共和国环境保护部，标志着中国最高环保机构正式成为“内阁”成员，强化了环境保护部的统筹协调、宏观调控、监督执法和公共服务职能。两年来，中央领导同志关于环境保护的批示多达 846 件。这些重大举措充分显示了党中央、国务院对环境保护的高度重视，为进一步做好环保工作提供了坚强的政治保障。

（2）注重用综合手段落实污染减排任务

国家将主要污染物排放总量削减 10%作为“十一五”经济社会发展的约束性指标，层层分解，落实减排责任；国家打出节能减排政策“组合拳”，出台了促进污染减排的产业、财税、价格等一系列政策，联合发改委实施 1.5 分的燃煤脱硫机组发电加价政策，极大地调动了电力企业脱硫的积极性；配合有关部门六批次调减或取消了 30 多个大类“两高一资”产品的出口退税率，为污染减排出现“拐点”作出了积极贡献；联合金融部门发布了绿色信贷的指导意见，将 1.8 万家企业环境违法信息纳入银行征信系统，既提高了环境准入门槛，又防范了金融风险；联合保监会开展绿色保险试点，选择高危行业开发环境污染责任保险产品，提高企业防范环境风险能力。严格执行环评制度，提高了电力、钢铁、石化等 13 个高耗能、高排放行业建设项目的环境准入条件，坚持“以新带老”、“上大压小”，否决了一批违法违规项目，有效遏制“两高一资”行业过快增长。

（3）加强环境保护能力建设

尽管早在 1984 年颁布的《国务院关于环境保护工作的决定》就明确要求，“环境保护部门为建设监测系统、科研院所和学校以及环境保护示范工程所需要的基本建设投资，按计划管理体制，分别纳入中央和地方的投资计划。这方面的投资数额应逐年有所增加。”但是，30 多年来环保部门的能力建设资金始终存在较大缺口，根据调查数据，我国环保机构 2004 年经费共缺口 34.59 亿元，占经费需求预算的 40%，部分地市环保局经费相对下降。从经费缺口构成看，人员经费、公用经费、监督执法经费、仪器设备购置经费、基础设施经费分别占缺口经费总量的 12.2%、13.7%、10.3%、26%、30%，各项经费都存在不小的缺口，其中基础设施经费缺口所占比例最大，其次为仪器设备购置经费[①]。

为解决环保能力不足问题，环保部门紧紧抓住中央高度重视节能减排的大好机遇，积极争取资金支持。2007 年，中央财政设立了污染减排专项资金，重点支持指标、监测和考核三大体系能力建设，紧急启动了减排能力建设的四个项目，总投资 24 亿元，加上其他方面的投入，中央对地方能力建设的投资共达 32 亿元，是 2006 年的 4.2 倍，达到历史最好水平，有力地带动了地方环保能力建设投入。财政预算首次设立“211 环境保护”科目，经费渠道日趋完善。2007 年，中央预算内建设资金安排 146 亿元支持节能减排、环境保护和生态建设，中央财政资金拿出 235 亿元支持节能减排和环保重点工程。2006—2007 年，全国环保投入共 5 560 亿元，约占同期 GDP 的 1.24%，极大地加强了各级环保部门的能力建设。

（4）加大执法立法力度，努力解决关系民生的突出环境问题

环保部门紧紧围绕解决危害群众健康和影响可持续发展的突出环境问题，连续开展整治违法排污企业保障群众健康环保专项行动，一方面进一步突出了执法重点，集中整治了饮用水源保护区、工业园区以及涉铅和造纸企业环境违法问题；另一方面努力建立健全长效机制，开展环保后督察。2006—2007 年，全国共出动执法人员 395 万人次，检查企业 172 万家次，查处环境违法案件 4.5 万件，挂牌督办 1.1 万件，追究责任人 786 名，维护了群众环境权益。对松花江、淮河、海河、黄河、长江及太湖 6 个流域进行了专项检查，对环境违法严重企业进行了挂牌督办，限期整治。2007 年 7 月，又集中开展造纸行业“抓整治、促减排”行动，关闭了 2 000 多家不符合产业政策、污染严重的企业。为减轻环境污染对群众健康的危害，联合卫生部等 18 个部门发布了《国家环境与健康行动计划》，制定了 6 项环境污染物健康损害判别标准，启动了淮河流域癌症综合防治工作。针对化工、石化行业沿江沿河环湖集中布局的特点，2006 年对总投资达 1 万多亿元的 7 555 个化工石化建设项目开展了环境风险大排查，对 3 794 家企业提出了整改要求，督促相关企业投资 140 亿元完善环境应急设施，消除了一批环境隐患。2005 年 11 月 13 日发生了震惊中外的松花江重大水环境污染事件，在党中央、国务院的正确领导下，各地各有关部门众志成城、团结奋战，事件得以顺利化解，保障了沿江群众饮用水安全。环保部门及时总结经验教训，完善应急管理体系，制订应急预案，健全预警机制，开展应急演练。面对平均每 2 天 1 起的突发环境事件高发态势，各级政府和环保部门沉着应对、积极应战，牤牛河污染、太湖蓝藻危机等社会高度关注的突发环境事件得到了妥善处置。

（5）深化国家环境合作，促进环保事业发展

近年来，国家从战略高度运筹大国关系，积极推进中美建设性合作关系，不断深化中俄战略伙伴关系，巩固和发展中日战略互惠关系。环保部门参加了中美战略经济对话，开展了减排战略联合经济研究，深化了两国环境领域的经贸合作；充分利用中俄总理定期会晤机制

① 中国环境宏观战略研究——环境规划与投入保障战略研究报告，164 页.

下环保合作的平台，实施联合监测，成立环保分委会并召开两次会议，加强沟通，增信释疑；利用中日经济高层对话机制，参加了在北京举行的首次对话，增进互信，扩大共识，落实两国政府关于进一步加强环保合作的联合声明。通过强化中美、中俄、中日双边环保合作，为构筑稳固和谐的大国关系格局作出了积极努力。同时，着力拓展与发展中国家和周边国家的双边环境合作交流，大力推进中非中阿环境合作伙伴关系，加强与东盟的区域环境实质性合作。积极参加多边环境谈判，维护国家利益和发展权益，以更加开放的姿态和务实合作的精神参与全球环境保护事务。我国提前两年半完成了《蒙特利尔议定书》第一阶段目标，联合国环境规划署授予总局“特别贡献奖”。充分利用清洁发展机制，内引外联，促成了一批项目。在印尼巴厘岛召开的联合国全球气候变化大会，对中国在应对全球气候变化和控制温室气体方面作出的努力给予了高度评价。在国际交往中，积极宣传历史性转变，树立中国良好的国际形象。

（五）中国环境保护战略的得失辨析

我国的环境保护已经走过了 30 多年的发展历程，取得了巨大的成就，也积累了丰富的经验和深刻的教训，为制定环境宏观战略提供了重要基础。我国环境保护发展的历程，也是环境保护战略思想不断完善和发展的过程，它反映了人们对于环境问题认识的不断深化。我国环境保护战略发展的基本轨迹是：从最初的部门角度考虑环境保护，到从国家战略高度考虑环境保护；从最初只关注工业污染防治，到工业污染防治和生态保护并重，再到工业污染防治、生态保护、核与辐射环境管理三大领域并举；从只重视末端治理，到重视从源头到末端的全过程控制，再到发展循环经济；从只重视单个企业的污染治理，到重视从产业结构调整、提高资源能源利用效率的角度解决环境问题；从只重视森林、草原等自然资源的经济价值，到更加重视其生态价值。所有这些环境保护战略的重大转变，都对中国的环保事业发展产生了积极影响。

1. 我国环境保护的基本经验

（1）理念创新，典型示范

理念是我们前进方向的正确指引。从 1983 年将环境保护确立为基本国策，到 1992 年决定走可持续发展道路，2003 年提出了“坚持以人为本，树立全面、协调、可持续的科学发展观”，2005 年提出建设资源节约型、环境友好型社会，发展循环经济，2007 年十七大提出建设生态文明，环境保护的指导理念不断深入，环境保护的国家意志不断增强。基本国策确立了环境保护在我国经济和社会发展中的重要地位；可持续发展是符合我国国情的正确战略选择，对整个经济工作而不是单纯对环保工作提出的要求，因而对环境保护更是具有决定性的意义；建设资源节约型、环境友好型社会是解决我国经济发展与资源环境矛盾的一项重大战略决策，循环经济是提高资源利用效率、保护和改善环境、实现可持续发展的重要途径，对于全面落实科学发展观，不断提高资源环境保障能力，实现国民经济又快又好发展具有重要意义；生态文明既是环保工作的指导思想，更是一种重要的治国理念，表明国家搞好环境保护工作的强烈国家意志。这些环境保护理念的创新和演变，表明了我国搞好环境保护工作的信心和决心在不断增强，有力地指导了环境保护工作。

在上述环境保护理念的指导下，环保部门大力开展了生态省、环保模范城、生态示范区、环境优美乡镇、绿色社区、绿色学校、环境友好企业等在不同层面的环境保护示范活动，起到了很好的模范带头作用。目前全国已有海南、吉林、黑龙江等 14 个省（自治区、直辖市）开展了生态省（区、市）建设，命名了 67 个国家环境保护模范城市和 5 个国家环境保护模范城区。生态省建设推动了生态文明建设；通过开展创建国家环保模范城市活动，树立了一批环境与社会、经济协调发展，环境优美的环境保护模范城市；通过开展生态示范区建设和环境优美乡镇创建，有效地推动了农村环境保护工作，改善了农村的生态环境质量；绿色社区、绿色学校和环境友好企业的创建，提高了广大人民群众的环境意识，促使人们自觉保护环境，在不同层面发挥了环境保护的先锋模范作用。

（2）统筹兼顾，协调平衡

改革开放以来，为了建设惠及十三亿人口的小康社会，我国始终将发展作为第一要务，坚持以经济建设为中心不动摇，经济发展取得了举世瞩目的成就。由于环境问题与人口增长、资源消耗和经济发展方式密切相关，国家从战略高度考虑人口、资源、经济与环境保护的协调发展。在控制人口方面，由于实行计划生育政策，35 年来中国少生了 4 亿多人，使世界 60 亿人口日推迟 4 年，有效缓解了人口增长对经济、社会、资源和环境的压力；在资源节约方面，中国实施了资源节约战略，从 20 世纪 50 年代开始，就建立了较为完善的废物回收系统，出台了有关税收优惠政策，促进了资源综合利用，减少了污染物排放；在经济发展方面，中国将经济结构调整和产业技术升级作为解决环境问题的重要手段，努力从源头上减少对环境的破坏，近年来又大力发展循环经济试点示范，促进了经济增长方式的转变和资源节约型和环境友好型社会建设，实现了经济、环境和社会效益相统一；在环境保护方面，节能减排作为约束性指标，成为建设资源节约型、环境友好型社会的重要内容和抓手，促进了经济增长方式的转变，有利于中国走出一条低消耗、少排放、能循环、可持续的新型发展道路。通过上述措施，我国的自然环境支撑了经济社会的平稳较快发展，没有出现发达国家工业化过程中发生的严重公害事件，环境保护工作为此作出了巨大贡献。

（3）完善法制，创新机制

重视环境法制建设，是我国环境保护的一条成功经验。我国现有环境保护法律 9 部、自然资源保护法律 15 部、规章和地方法规 660 余件，国家环境保护标准 1 000 余项。这些法律、政策、标准，奠定了政府依法行政的基础和制度保障，提高了环境管理水平、增强了环境管理的科学性。通过不断完善环境法制，提高环境标准，加大执法力度，不仅有利于解决环境污染和生态破坏问题，而且促进了经济结构调整和产业升级。此外，环境影响评价制度、排污收费制度、“三同时”制度、排污申报登记制度、污染限期治理制度、污染物总量控制制度、污染限期淘汰制度、危险废物代执行制度、生产者环境责任延伸制度以及区域（流域）限批制度不断完善，成为环保部门依法行使环境管理职能的主要方法和手段，在控制污染和生态破坏，有目标地改善环境质量方面，发挥了重要作用。

专栏 1 《环境影响评价法》从源头上控制环境污染和生态破坏

2003 年开始实施的《环境影响评价法》，将环境影响评价制度从建设项目扩展到各类开发建设规划。国家环保部门将内蒙古、新疆、广西及大连市、武汉市五个行政区，铁路和石油化工行业，以及宁夏宁东煤炭化工基地规划和上海市城市轨道交通网络规划列为首批规划环境影响评价试点；完成了《全国林纸一体化工程建设专项规划》环境影响评价工作；开展了塔里木河流域、澜沧江中下游、四川大渡河、雅砻江上游、沅水流域等流域开发利用规划的环境影响评价。其中，怒江流域水电开发规划环境影响评价比较了不同梯级开发方案在开发布局、规模、方式和开发时序等方面的环境影响程度，为该规划的实施提出了预防和减缓环境影响的措施；大渡河流域水电梯级开发规划的环境影响评价充分考虑了环境与发展协调性，提出了流域资源开发环境保护整体性安排，减少梯度淹没 39 km，减少耕地淹没 1 867 hm^2，减少淹没县城 2 座，减少移民人口 8.5 万人。国家积极推动水电建设的有序发展，将能源发展战略和电力发展方针由积极开发水电调整为在保护生态基础上有序开发水电。

中国始终重视创新环境保护工作机制，逐步建立和完善公众参与、部门协商、多元化投入、环保目标责任制等机制，集中全社会的力量保护环境。一是开展大规模的环境教育活动，完善环境信息公开制度，设立环保热线，一些地区开展了环境污染有奖举报，这些措施提高了公众环境意识，增强了公众参与环境保护的积极性。二是设立了环保部际联席会议制度，由环保部门牵头，召集国务院有关部门，以召开会议的形式，对一些法律没有规定或规定不明确的重大问题进行讨论，达成共识，形成具有约束力的规范性意见，用以指导工作，解决问题。三是明确了公共环境基础设施以政府投入为主，鼓励社会化融资治理环境污染，并出台了一系列优惠政策，初步形成了政府、企业、社会多元化环保投资的局面，缓解了政府环保投入不足和环境基础设施运营效率低下的问题。四是不断完善领导干部的环保目标责任制，在法律规定地方各级人民政府对本辖区环境质量负责的原则性规定基础上，与各级领导干部签署环境保护目标责任书，特别是“十一五”将节能减排作为约束性指标，有力地促进了各地的环境保护工作。

（4）依靠科技，强化管理

我国 30 多年环境保护事业发展的历程，也是环境科技不断进步的历程，并对不同历史时期的环境管理和污染治理起到了重要的支撑作用。上世纪 70 年代，围绕着工业污染源治理，综合治理技术取得较大突破，环境保护事业开始起步；80 年代，组织全国环境科技工作者开展了环境背景值、环境容量和环境影响评价研究，奠定了环境管理的基础；90 年代，通过开展酸雨防治、湖泊富营养化防治、清洁生产及污染治理新技术等研究，提高了重点流域区域城市海域环境治理和工业污染防治的科技含量；进入 21 世纪，开展了持久性有机污染物、污染物迁移转化等基础研究，科学揭示了某些污染物的环境行为和污染规律；研发了脱硫除尘、有机污染物去除、水体生态修复等一大批关键技术，缩小了与国际先进水平的差距；组织实施了国家环境管理的关键支撑技术研究，为完善国家法规标准、强化宏观环境管理、加强国际环境合作作出了积极贡献；启动了污染源普查、宏观战略研究和水专项三大基础性、战略性工程，夯实环境保护事业长远发展的基础；发射了环境卫星，提高了我国监测生态环境变化、自然灾害发生和发展过程能力。

在加强环境科技的同时，我国一直把强化环境管理作为环保工作的中心环节，不断拓宽环境管理的范围和思路，完善环境管理政策和制度，取得了明显成效。如推动工业污染防治的五个转变：从点源治理向点源与流域区域综合治理相结合转变，从浓度控制向浓度与总量控制相结合转变，从末端治理向末端治理与源头、全过程控制相结合转变，从企业治理向企业治理与调整产业结构、产业布局相结合转变，从常规环境管理向常规环境管理与防范突发环境事件相结合转变。创新城市环境管理模式，将环境保护内容纳入城市总体规划，不断完善城市环境管理制度，加强城市环境基础设施建设，采取综合措施解决城市环境问题，初步形成了一套具有中国特色的城市环境管理模式。

专栏 2　从区域限批到流域限批，环保行政手段不断强化

2007 年年初，国家环保总局对河北省唐山市、山西省吕梁市、贵州省六盘水市、山东省莱芜市 4 个地区，大唐国际、华能、华电、国电四大电力集团采取“区域限批”，即停止审批该项目境内或所属的单位除循环经济类项目外的所有项目，直到它们的违规项目彻底整改为止。7 月，国家环保总局决定对长江、黄河、淮河、海河四大流域部分水污染严重、环境违法问题突出的 6 市 2 县 5 个工业园区实行“流域限批”或“区域限批”，对流域内 32 家重污染企业及 6 家污水处理厂实行“挂牌督办”。在相关法律法规尚不健全、政策制度尚不完善的现阶段，“区域限批”和“流域限批”作为一种强有力的行政手段，起到了重要的作用。通过采取限批措施，促使地方政府转变发展观念、加强环境保护；有力地推动了一些地区增长方式的转变，遏制了高耗能、重污染行业的无序发展和盲目扩张；打破了一些地区的地方保护主义，废止了一批阻碍环境保护的“土政策”；提高了环境执法的威慑力，加大了环境执法力度，促成一批久拖不决、严重危害当地群众生产生活的环境问题得到尽快解决。

（5）国际合作，促进发展

在我国环境保护的发展历程中，国际合作始终发挥了重要作用。一是我们大量借鉴了发达国家在环境保护的法律、法规、标准、环境管理理念、污染治理技术方面积累的经验，进行本土化改造后，直接服务于我国的环境保护工作和污染治理。二是引进了资金，开展了科学研究、人员培训，加快了我国环境保护事业的发展。以中国履行《关于消耗臭氧层物质的蒙特利尔议定书》为例，我国共引进了 7 亿多美元履约赠款，用于生产企业和消费企业的技术改造，海尔、新飞等上千家企业获得资助，对国内家电行业的更新换代、家电产品的出口、农业相关领域的发展起到了极大的促进作用。三是积极参与国际环境事务，始终坚持保护全球环境，发展中国家和发达国家具有共同但有区别的责任的原则，反对环境领域中的霸权主义，维护了我国的合法权益。同时，认真履行已经签署的 50 多项涉及环境保护的国际条约，树立负责任的大国形象。四是积极宣传我国环境保护的方针、原则、政策，以及我国在环境保护方面的努力和取得的成绩等。从 20 世纪 70 年代向世界宣传“三废”治理，80 年代的环境保护基本国策、“三同步”和“三统一”战略方针，90 年代的可持续发展战略、中国 21 世纪议程，到目前的“三个转变”和“节能减排”，环境合作与交流中的对外宣传，为国际社会了解中国、消除中国威胁论的不利影响发挥了重要作用。五是积极利用国际、国内两个市场、两种资源，转变外贸发展方式，优化进出口商品结构，抑制高耗能、高污染、资源性产品出口，增加高技术含量、高附加值产品出口，积极扩大资源和能源的进口，推动加工贸易转型升级，大力发展服务贸易，充分运用经济全球化和区域合作提供的各种有利条件，促进国家现代化建设。

专栏 3　国家层面的国际高级咨询机构——中国环境与发展国际合作委员会（CCICED）

1992 年 6 月 12 日，时任中国国务院总理李鹏同志出席联合国环境与发展大会首脑会议发表重要讲话时，向全世界宣布：中国“成立了由中外著名人士组成的中国环境与发展国际合作委员会，就我国的环境与发展问题提供咨询，这体现了中国政府对解决环境与发展问题的诚意和决心。”15 年来，CCICED 先后设置了环境与经济、能源战略、污染控制、资源核算、生物多样性、环境与贸易、清洁生产、可持续农业、森林草地、可持续城市、可持续交通、循环经济等 20 多个研究工作组或课题组，共 200 多名中外专家直接承担或参加了研究工作，参与协助的研究人员达 2000 多名，取得了富有价值的丰硕成果，许多成果已经转化成为向中国政府的政策建议，并在实践中取得了非常显著的成效。实践表明，CCICED 在向中国引进、传播国际社会和有关国家环境与发展新的理念、思想、观点和先进经验的同时，也如实地向国际社会传播了中国环境与发展的成就与经验，在中国政府、人民与国际社会、各国人民之间架设了一座交流环境与发展经验的友好合作桥梁，促进了中国与国际社会和有关国家之间经验的“双向共享”。

引自：中国环境与发展回顾和展望高层课题组，中国环境与发展回顾和展望，北京：中国环境科学出版社，2007。

2. 我国环境保护的若干教训

35 年环境保护的教训主要表现为没有处理好五大关系：即环境与经济、中央与地方、国家与社会、目标与条件、短期政策与长效机制之间的关系。

（1）重经济增长，轻环境保护

综观世界各国的经验，可以说环境保护的历史就是一部正确处理环境保护与经济发展的关系史。回顾我国经济发展的历程，可以看到我国环境保护长期滞后于经济发展，经济发展总体上具有“以牺牲环境换取经济增长”的特征，导致我国“经济增长的资源环境代价过大”（十七大报告），在处理环境保护与经济发展的关系上走了弯路。根据《生存与发展》国情报告，改革初期的经济发展是以自然资源和生态环境的“透支”为代价的，并且这一代价现在看来比当初估计的要高得多，20 世纪 90 年代开始下降，到 1995 年下降了约一半，为 7.8%；90 年代下半期明显下降，到 1998 年已降至 4.53%。中国的各类自然资产损失占 GDP 比重的变化趋势，反映了过去 30 年中国确实经历了一个发展的大弯路，即“先破坏、后保护；先污染、后治理；先耗竭、后节约；先砍树、后种树”，为此，无论是国家还是公民都付出了沉重的代价，其真实国民财富因各种自然资源的损失而大打折扣[①]。从 20 世纪 80 年代以来，先后有多家国内外研究结构或学者对我国部分环境污染和生态破坏造成的损失进行了估算，其占同期 GDP 的比例最大的是 7.7%（世界银行，1997），最小的是 2.1%（美国东西方中心，1990）。国家环保总局和国家统计局 2006 年发布的数据是，2004 年全国因环境污染造成的经济损失为 5 118 亿元，占当年 GDP 的 3.05%；虚拟治理成本为 2 874 亿元，占当年 GDP 的 1.80%。四家机构或学者对生态破坏造成的损失占同期 GDP 的比例估算结果在 5.4%～13%（表 3-2-2，表 3-2-3）。以上研究表明，中国的环境污染和生态破坏造成的经济损失大约占 GDP 的 7%～20%。由于这几项研究的内涵、方法和依据不尽相同，再加上不同程度的不完全计算和低估，造成了计算结果有较大的差异，实际的损失可能要比这个数字更大[②]。

（2）中央财权大，地方事权多

实现环境保护目标，必须中央和地方两个层面共同努力。中央有其环保责任和事权，地方也有其相应的责任和事权，无论在哪个层面，承担一定的环境保护责任，就要有相应的权限，即财权和事权必须相匹配、相协调，才能使环保任务得到落实。但长期以来，我国在这两个层面上，财权和事权的配置并没有很好地协调。财权与事权不匹配、不对称是一个普遍问题，特别是地方环保责任大而财权小。中央通过分税制改革拿走了地方的大量财力，这其中就包含着地方牺牲环境而换来的利益。税收上交，污染留下，地方政府要对当地环境质量

① 胡鞍钢. 中国自然资产损失与绿色 GDP，中国：新发展观，杭州：浙江人民出版社，2004，286 页.

② 过孝民，王金南，於方，蒋洪强. 我国环境污染和生态破坏经济损失计量研究的问题与前景，http://www.gdepb.gov.cn/hjgl/lsgdp/zjsd/200510/t20051011_3339.html.

负责，治理环境的工作都由地方承担，力所不逮，所以大量出现地方对中央的环保政策打折扣的行为。

表 3-2-2　　中国环境污染经济损失计算的几个代表性研究结果[①]

研究者	国内研究										国际研究					
	过孝民和张慧勤		郑易生				夏光		孙炳彦		东西方中心		世界银行			
	1983		1993		1995		1994		1994		1990		1997（低估）		1997（中估）	
单位	亿元	%	亿元	%	亿元	%	亿元	%	亿元	%	亿元	%	亿美元	%	亿美元	%
大气污染	124.0	32.5	346.0	33.6	301.0	15.2	578.9	58.7	903.3	57.5	151	41.14	197.0	83.5	489.0	92.6
健康损失	37.6	9.9	169.5	16.5	171.0	8.6	201.6	20.4	412.5	26.3	51.5	14.03	113.0	47.9	323.0	61.2
农作物损失	20.2	5.3	49.0	4.8	45.0	2.3	72.0	7.3	78.7	5.0	32	8.72	—	—	—	—
牧业损失	0.006		—	—	—	—	—	—	—	—	—	—	—	—	—	—
森林损失	—	—	45.0	4.4	50.0	2.5	—	—	54.3	3.5	12.5	3.41	—	—	—	—
材料损失	46.1	12.1	22.5	2.2	35.0	1.8	140.0	14.2	201.9	12.9	30	8.17	44.0	18.6	44.0*	8.3*
清洗损失	20.0	5.2	60.0	5.8			165.3	16.8	155.9	9.9	25	6.81	—	—	—	—
室内污染	—	—	—	—	—	—	—	—	—	—	—	—	37.0	15.7	106.0	20.1
铅中毒	—	—	—	—	—	—	—	—	—	—	—	—	3.0	1.3	16.0	3.0
水环境污染	156.6	41.0	495.6	48.2	1 431.8	72.2	356.0	36.1	652.9	41.6	118.5	32.29	39.0	16.5	39.0	7.4
健康损失	83.2	21.8	165.1	16.0	81.5	4.1	192.8	19.6	328.7	20.9	54	14.71	—	—	—	—
农业损失 农作物损失	2.4	0.6	108.6	10.6	150.0	7.6	13.8	19.8	1.3	12	3.27	—	—	—	—	
农业损失 污染性缺水	—	—	—	—	59.5	3.0	—	—	—	—	—	—	—	—	—	
农业损失 牧业畜禽损失	1.2	0.3	—	—	—	—	7.0	21.2	1.4	2.5	0.68	—	—	—	—	
工业损失 污染性缺水	65.0	17.0	138.1	13.4	750.0	37.8	137.8	270.6	17.2	29	7.90	—	—	—	—	
工业损失 治理成本增加	2.3	0.6	—	—	—	—	—	—	—	5.5	1.50	—	—	—	—	
旅游损失	—	—	—	—	50.2	2.5	—	—	—	—	—	—	—	—	—	—
渔业损失	2.6	0.7	83.8	8.1	340.6	17.2	4.6	0.5	12.6	0.8	—	—	—	—	—	—
其他污染	100.9	26.5	187.6	18.2	249.9	12.6	51.2	5.2	13.7	0.9	97.5	26.57	—	—	—	—
固体废物污染	5.7	1.5	33.2	3.2	68.0	3.4	51.2	5.2	13.7	0.9	97.5	26.57	—	—	—	—
农药污染农作物	95.2	25.0	144.4	14.0	104.7	5.3	—	—	—	—	—	—	—	—	—	—
乡镇企业污染	—	—	—	—	75.0	3.8	—	—	—	—	—	—	—	—	—	—
环境公害事故	—	—	10.0	1.0	2.2	0.1	—	—	—	—	—	—	—	—	—	—
合计	381.6	100.0	1 029.2	100.0	1 982.7	100.0	986.1	100.0	1 569.9	100.0	367	100.00	236.0	100.0	528.0	100.0
相当于 GDP 的 %	6.75		3.16		3.29		4.04		5.8		2.17		3.4		7.7	

① 过孝民，王金南，於方，蒋洪强. 我国环境污染和生态破坏经济损失计量研究的问题与前景，http://www.gdepb.gov.cn/hjgl/lsgdp/zjsd/200510/t20051011_3339.html.

表 3-2-3　　中国生态破坏经济损失计算的几个代表性研究结果

研究者	过孝民和张慧勤 1983		金鉴明				郑易生 1993		国家环保总局 90 年代末	
			广东等 11 省 1985/1986		全国 1986				中东部	西部
单位	亿元	%	亿元	%			亿元	%	%	%
森林	113.6	22.9	97.5	28.66			758	30.94	—	—
草场	2.2	0.4	15.6	4.58			580	23.67	—	—
耕地	263.3	73	191.6	56.33			864	35.27	—	—
水资源	18.5	3.7	24.2	7.11			248	10.12	—	—
其他	—	—	11.3	3.31			—	—	—	—
合计	497.6	100	340.2	100	891.3	100	2 450	100		
相当于 GDP 的%	8.9		5.36～86.38*		8.74		7.52		5～12	13

注：*表示损失占国民收入的百分数。

许多历史遗留环境问题、企业破产后的污染治理问题都要事发多年后的当地政府承担，贫困地区、经济欠发达地区财力更难以承担治污投入，地方政府环境责任和财税支持条件不对等。由于中央与地方政府之间的环境保护事权划分不明确，致使环境保护投入重复和缺位并存，各级政府不能很好履行其环保责任①。在没有改变这种基本财税关系的条件下，中央不断加大对地方的环境保护要求，出台强硬的问责制度，则会使地方对中央的环保部署采取更加隐蔽的“博弈”对策，使环境问题更加难以调控。例如，以生产性增值税为主体、按照“属地原则”征收的财税体制“变相鼓励”了各地发展“双高”行业的热情②。

（3）政府独木难支，社会参与不足

过分强调政府在环境保护中的作用，未能充分利用社会力量。我国环境保护具有国家权力很大、社会权利不足的特点，形成了政府奋力奔走、社会无能为力的失衡局面。总体上看，企业的环境保护积极性没有调动起来，公众的环境保护积极性没有调动起来，这是一种局限性很大的不完善的“环境治理结构”。我国未来民众与政府的激烈矛盾甚至“对抗”，很可能最先出现在环境领域。这种局面的实质是环境价值的代言人不充分，基本上把环境价值都交给政府来代表，政府负担过重。在政府力量比较薄弱的农村地区、贫困地区、边远地区，环境的价值甚至无人代表，被随意使用、过度使用。在未来环境战略中，必须形成一种新的“环境治理结构”，在其中，国家与社会都有很强的责任和权力（权利），让全社会都有机会、有权利来代表和管理环境。

公众参与环境保护的法律保障不足。我国公众参与环境保护大多限于环境宣传教育，自身环境友好行为和环境权益受到侵害时采取的媒体投诉、行政申诉、司法诉讼等方式，而在参政议政、民主监督方面发挥的作用还远远不够。究其原因，一是法律制度不完善，尤其是缺乏环境公益诉讼和污染健康损害赔偿方面的规定，制约了公众参与环境保护的积极性；二

① 中国环境宏观战略研究. 环境规划与投入保障战略研究报告. 187.

② 中国环境与发展国际合作委员会.《实现“十一五”环境目标政策机制研究》课题组报告，http://www.cciced.org/2008-02/26/content_10749001_4.htm.

是经济发展水平和总体知识水平不高限制了公众参与环境保护；三是公众参与环境保护的形式单一，高度参与的比例少；四是环境宣传教育注重新闻效应，缺乏对人体健康的关注；五是注册难、经费无来源等导致环保非政府组织发展面临诸多困难。为此，必须对国家环境立法体系进行重大改革，在强化国家的环境执政权威的同时，较大幅度地扩展社会享有的环境权益（例如知情权、监督权、索赔权、参政权等），从主要用行政手段保护环境转变为综合运用法律、经济、技术和必要的行政手段解决环境问题。

（4）环保目标高，保障条件弱

尽管不同历史时期的经济发展水平有差异，但我国对环境保护的要求却始终比较高。“五五”时期，我国就提出要“五年控制，十年解决”环境问题的目标；1983 年召开的第二次全国环保会议提出到 2000 年，力争全国环境污染问题基本得到解决，自然生态基本达到良性循环，城乡生产生活环境优美、安静；《淮河流域水污染防治规划及“九五”计划》提出 1997 年实现全流域工业污染源达标排放，2000 年实现淮河水体变清的目标；《太湖流域水污染防治“九五”计划及 2010 年规划》提出 2000 年实现太湖水体变清，2010 年基本解决太湖富营养化问题，湖区生态系统转向良性循环的目标。这些目标对环境保护工作提出了很高的要求，但是却没有配备和落实实现这些目标所必需的环境目标责任制、环保投入、环境法制和环境管理体制，其结果必然是目标难以实现，失信于民，带来了很多负面的影响。

① 环境质量负责制长期得不到落实。

尽管《环境保护法》第十六条明确规定：“地方各级人民政府，应当对本辖区的环境质量负责，采取措施改善环境质量。”但这毕竟只是一条原则性的规定，对造成环境质量恶化的究竟应该追究谁的责任，如何追究责任都没有明确的规定。以淮河为例，早在 1995 年出台的《淮河流域水污染防治暂行条例》第五条就明确规定：“河南、安徽、江苏、山东四省人民政府各对本省淮河流域水环境质量负责，必须采取措施确保本省淮河流域水污染防治目标的实现。四省人民政府应当将淮河流域水污染治理任务分解到有关市（地）、县，签订目标责任书，限期完成，并将该项工作作为考核有关干部政绩的重要内容。”但是“九五”、“十五”淮河水污染防治目标没有实现，并没有哪一个地方领导因此而受到处罚甚至影响升迁。责任不追究的直接后果就是在各级领导中形成了这样一种认识：年年喊达标，年年不达标，狼来了喊多了，也就没有人信了。这里仅举了一个政府的例子，其实，《条例》中规定的“自 1998 年 1 月 1 日起，禁止一切工业企业向淮河流域水体超标排放水污染物”等针对企业的规定也从未得到严格执行。如果环境质量负责制长期得不到落实，污染治理的任务将无法保证完成，环境质量的改善更是无从谈起。

② 环保投入不足和投入效率不高制约了环境目标的实现。

环境保护投入是落实各项环境规划，实现环境保护目标的重要保障措施。改革开放以来，我国环境保护投入持续增加，环境保护投入占 GDP 的比例也呈明显的上升趋势，从“八五”

期间的 0.68%、“九五”期间的 0.81%到“十五”期间的 1.19%，但是环境保护投入不足的问题始终没有得到解决，环保投资总量与经济发展带来的环境污染治理需求相比还存在一定的差距，难以满足污染削减的资金需求。尤其是环境保护投资结构不合理，环境保护规划的重点任务与工程措施资金难以保障，重点项目进度严重滞后。据统计，截至 2005 年底，“两控区”计划的 256 个项目中，只有 54%的项目建成并投入运行。列入国家环境保护“十五”计划的 2 130 项治污工程，完成 1 378 项，仅占总数的 65%；完成投资 864 亿元，占总投资的 53%。淮河、海河、辽河、太湖、巢湖、滇池治理项目的完成率分别只有 70%、56%、43%、86%、53%和 54%。环保投入不足的问题暴露无遗。

另外，环保投入效率不高的问题十分明显。如一些地区由于管网不配套，导致已经建成的污水处理设施处于闲置状态或无法满负荷运营，造成设施的闲置和浪费；一些地区由于污水收费价格偏低，政府又拿不出足够的资金保证设施的正常运营，导致污水处理设施时开时关；一些地区的污水处理设施，由于技术上的原因，处理后的污水无法满足环境标准。这些问题直接导致了环境投入的低效或无效，影响了环境目标的实现。

③ 环境法制建设有待完善。

在环境立法方面，从 30 年来我国环境保护发展以及环境法制建设走过的道路看，我国环境保护法律存在着许多深层次的矛盾和问题，严重影响了实施效果。一是环境法律体系尚不完备，存在着一些重要的立法空白，如缺少土壤污染、化学品管理、生物安全、遗传资源保护、核安全监管等法律法规；二是一些环境管理制度不适应需要，一些环境管理制度缺少法律依据，一些环境管理制度的后续工作有待加强等；三是环境法律配套滞后，不少环境法律的条例、规章、标准、政策迟迟不能出台，影响了法律的贯彻执行；四是缺少一部专门约束政府行为的环境法律，地方保护干扰正常执法现象普遍；五是环境民事赔偿尚无法律依据，弱势群体受到环境损害后得不到必要补偿；六是环境损害社会保险的法律缺失，一些重大环境事故的后续补偿无经费来源，其后果只能有国家负担或有受害群众分摊；七是环境法律法规中的处罚力度弱，缺乏强制手段，表现为，违法成本低；守法成本高、执法成本高；取证难、举证难、执行难[①]。

在环境执法方面，有法不依、执法不严、违法不究的现象还比较普遍。一些地方对环境保护监管不力，甚至存在地方保护主义。有的地方不执行环境标准，违法违规批准严重污染环境的建设项目；有的地方对应该关闭的污染企业下不了决心，动不了手，甚至视而不见，放任自流；还有的地方环境执法受到阻碍，使一些园区和企业环境监管处于失控状态。这种情况不改变，环境污染就不可能得到根本治理[②]。

① 杨朝飞. 环境法制必须适应和推动“历史性转变”，中国环境报，2006-05-19.

② 全面落实科学发展观，加快建设环境友好型社会——国务院总理温家宝在第六次全国环境保护大会上的讲话，2006-04-17.

④ 体制弊端严重制约政府环境保护职能的发挥。

我国已经建立起由环境保护行政主管部门统一监督管理，政府各有关部门依照法律规定实施相关管理的环境管理体制。然而，现行的环境管理体制在实践中暴露了种种问题，已经严重影响了环境保护的力度。

一是统一监督管理难以实施。我国的环境管理体制是从各部门分工管理逐步变为统一监督管理和分工负责相结合，但是在环境保护的立法过程中，只注意对新机构的授权，而不注意对原有机构及其相关职能的撤销，这就导致政府内部部门职能错位、冲突、重叠等体制性障碍，造成国家公共利益和部门行业利益的冲突，国务院提出的“统一法规、统一规划、统一监管”的要求难以落实；同时，由于一些分工不够明确合理，造成多头管理，执行分工职能时越位、交叉和重复建设，在一定程度上加重了生态环境的破坏，突出表现在水资源管理与污染防治、物种保护与自然保护区管理等工作。

二是综合协调能力不够。在 1998 年的机构改革中，撤销了承担协调职能的国务院环境保护委员会，该委员会的协调职能转由国家环保总局行使。然而，就目前的状况而言，环保总局难当高规格的法定协调机构之责。《环境保护法》并未规定其为协调机构，而该法规定的是，跨行政区域的环境污染和环境破坏的防治工作由有关地方人民政府协商解决，或者由上级人民政府协商解决。实际上，国家环保总局只能对跨部门的重大海洋环境保护工作等方面承担部分协调职能。环保工作和环境问题的复杂性、广泛性和综合性等特点，呼吁加强部门间的广泛协商与合作，使各部门采取协调一致的行动，以保证可持续发展战略目标的顺利实现。

三是对地方政府监管不力。由于国家和地方的环境保护行政组织彼此之间不存在隶属关系，地方的环境保护行政组织受同级政府领导。另一方面，由于 20 世纪 90 年代的财政体制改革，尤其是分税制的改革，明确了中央和地方利益的划分，地方的行政事业经费基本确立为由地方负担。因此，当地方政府出于短期和自身利益违反国家环境保护法律法规，地方环保部门往往优先考虑当地政府的政治利益，而不是环境利益。

四是环境管理模式缺乏整合性。中国的环境管理采用的是行政属地分割式管理模式，由于许多环境要素的流动性和生态系统的完整性，分割式管理模式不仅无法遏制反而导致了环境污染和生态破坏加剧。在同一行政区域，国家对环境采用相对分散的管理模式，由于执法权分散，凝聚力弱，整体效力低，不仅造成机构设置重复、职能交叉重叠、部门关系不清，且职责不明，受地方和部门利益的掣肘，互相推诿和视而不见的现象屡屡发生。同时，因部门各自为政，无法关联和协调，容易造成环境与资源的管理相互脱节。

专栏4　部门利益分割，制约了生态保护和建设工程成效最大化

目前我国重大生态工程的实施多采用多部门管理、县乡政府统一实施的方法，这充分调动了各部门开展生态建设的积极性，加快了生态建设的步伐。但生态建设是一项宏大的系统工程，涉及领域多、涵盖面广，在工程实施过程中，各部门受自身权力职能的限制，难以跨区域、跨工程从整体上把握生态环境建设，各部门间又缺乏沟通配合机制，生态建设区工程间缺乏有机结合，导致生态工程实施过程中工作量重复计算、资金分配不合理、工程绩效难考核。如黄河上中游地区生态建设的重点工程包括：林业局主管的天然林保护工程、重点水土流失区林业治理工程；水利部监督实施的水土流失综合治理工程；农业部监督实施的重点水土流失区草地治理工程、节水灌溉工程、生态农业建设工程。但是在实际操作时会发现，天然林的保护、退化草地的治理、生态农业的建设、水土流失的防治间相互重叠、互相交叉，在治理和改善该地区的生态环境状况过程中缺一不可，而不是分别实施后效果相加的过程。

在生态保护和建设的实践过程中，社会各界越来越明显认识到，相互分离的部门立法，缺乏协调的发展规划，单一部门的治理措施在生态治理方面并不能取得最好的效果，而必须考虑自然资源的不同侧面及其与社会和经济相互联系的综合作用，才能达到资源的最佳和最有效配置的综合效应，同时取得生态系统的平衡发展。

（5）注重短期政策，忽视长效机制

要实现环境保护的长远目标，必须重视制度建设，建立长效机制。30 多年环境保护的历史表明，由于急于求成，过于关注短期政策，在目标设定和指标选取上科学性不足，关注个别指标的改善，忽视环境质量的改善和生态系统功能的恢复；重视“运动式”环保，忽视长效机制建立；管理理念落后，社会经济发展与生态保护缺乏协调，对重大工程建设的生态影响和潜在生态风险认识不足，都带来了严重的生态环境问题。具体表现在：

① 目标设定和指标选取不科学，缺乏分类指导。

一是关注个别指标的改善，忽视环境质量的改善和生态系统功能的恢复。环境保护的最终目的是改善环境质量，但在环境战略制定中，过分强调控制个别污染物，对整体环境质量的改善和生态系统功能的恢复缺乏考虑。目前“十一五”国家污染物重点控制指标主要就是 COD 和二氧化硫，这两项指标虽然重要，而且从讲政治的角度来看，这是必须要完成的。但是仅仅完成这两项指标是远远不够的，因为完成指标与改善环境质量还有很大的差距：其一是在大气环境中颗粒物的影响比二氧化硫更重要，氮氧化物发展迅速；在水环境中，总氮、总磷又是导致水体富营养化的重要污染物。其二是重金属、有机污染等对人体的危害更值得重视，必须及早控制。颗粒物、氮氧化物、总氮、总磷、重金属、有机污染等，无论是在对环境的不良影响方面，还是在对人体健康的危害方面，都不亚于 COD 和二氧化硫，特别是有毒化学品、持久性有机物等更是国际社会重点监管的污染物，世界各国的环境保护从来没有只抓少数几项污染指标的，而是出现什么环境问题就解决什么环境问题，强调对环境污染指标的综合治理。按照我国目前的这种做法，其结果必然是“按下葫芦起了瓢”，无法满足改善环境质量、恢复生态系统功能的要求。

二是目标和指标的设定缺乏分类指导。“十一五”环境保护规划以前的各类环境保护规划和计划中的目标与指标，往往是全国总体性和均一性要求，没有体现区域间的差异性和特征性，特别是自然条件与经济发展水平的差异，导致目标和指标的针对性和指导性不足。如“十五”城市环境保护目标提出的“城市生活污水集中处理率达到 45%，50 万以上人口的城市要达到 60%”，这一要求对于东部江苏、浙江等发达地区的城市比较容易实现，而对于西部的贵州、陕西等欠发达地区的城市实现难度较大。

② 过分依赖“运动式”环保，忽视长效机制的建立。

过分依赖行政手段的一个表现就是搞“运动式”环保，希望以几次大的运动就能够解决环境问题，如“零点行动”、“环评风暴”、“环境执法专项行动”等。以“零点行动”为例，为了在 2000 年 12 月 31 日零点达标，一些地方什么办法都用上了：工厂全部停工，不准排污，用自来水冲洗河道。可是由于并没有从根本上堵住污染源，没有实行治污责任的经济补偿制度，没有建立起排污的责任追究机制，甚至也没有建立起日常的起码的水质检查、污染检查以及污染即时查究制度，光靠运动式的治理，靠行政命令式的单方推动，靠高压态势下的暂时的关闭停工，甚至靠不惜血本的用自来水冲洗河道，一旦“零点行动”过后，污染必然故态复萌，甚至变本加厉①。

环境保护涉及的领域广泛、目标群体众多，特别是各种有可能致污的企业从大到小不计其数，并且与权力关系密切。运动式的方法，对于解决复杂的环境问题，只具备象征意义，而不具备实质意义。环保政策的执行困境在于某些企业唯利是图；在于一些地方政府唯经济政绩是求；在于个别企业倚仗自己是“纳税大户”而目无法纪；在于一些监管部门大搞猫鼠勾结；在于长期形成的经济发展观念、经济发展模式和管理办法。对于这么复杂的问题，只靠几次简单的环保运动，显然是不可能解决问题的②。为此，必须进行全面考虑，而不应仅仅考虑政策执行的排场和表面上的轰动效果，解决环境问题的核心是要建立适当的制度安排，建立长效机制，理顺各利益主体的关系，让损害者受罚，让受害者得到赔偿。必须看到我国严峻的环境形势，在抓好重点的同时不要忽视在全国范围内严格执法，防治污染，保护环境。也不要用急风暴雨式的运动代替经常的持久的执法③。

③ 管理理念落后，缺乏综合生态系统管理思想。

同国际先进的管理理念相比，我国目前的生态管理理念仍然处于“基于问题”的管理方式和被动适应的状态，如《全国生态环境建设规划》生态功能区域的划分、重点工程的制定

---

① 刘效仁. 淮河治污十年难见成效：运动式治理的败笔，中国青年报，2004-06-03.

② 毛寿龙，周晓丽. 杜绝“运动式”的重奖与重罚环保策略，中国改革，2007-08-31.

③ 钱易. 环境保护与可持续发展.

就是针对某一区域的生态环境问题建立的。这种以解决问题为出发点的生态工程建设使得工程项目更具有针对性，但也容易使生态工程建设陷入“头疼医头、脚疼医脚”、“治标不治本”、“末端治理”的尴尬境地。

比较而言，发达国家采用综合生态系统管理（IEM，Integrated Ecosystem Management）方式。综合生态系统管理起源于传统的自然资源管理和利用领域，是一种综合的、相互联系的、动态的和全面的自然资源管理理念与方法。综合生态系统管理是“基于目标”，而不是“基于问题”的管理，其思想是“通过系统全局的观点来管理包括人类在内的生态系统”，涉及自然—人类—社会复合生态系统中各个层次的多个目标及其间错综复杂的相互作用关系。它要求综合对待生态系统的各组成成分，综合考虑社会、经济、自然（包括环境、资源和生物等）的需要和价值，采用多学科的知识和方法，运用行政的、市场的和社会的调整机制，来解决资源利用、生态保护和生态系统退化的问题，以达到创造和实现经济、社会和环境的多元惠益，实现人与自然和谐共处。

尽管近年来综合生态系统管理理念已逐步为我国管理层和公众所接受，并开展了很多尝试，如中国/全球环境基金干旱生态系统土地退化防治伙伴关系等项目，对于改善当地生态环境质量，提高生态管理水平起到了显著的成效，但要成功实施综合生态系统管理，还需要克服监管与问责制薄弱、市场失灵和经济激励失调、社会群体的政治与经济权力缺失、技术开发与推广资金不足、生态系统服务功能的知识储备不够、开展有效合作的经验缺乏等障碍。

④ 社会经济发展与生态保护缺乏协调，生态破坏屡禁不止。

我国大部分地区的生态环境恶化除当地的生境脆弱、气候恶劣等自然因素外，与该地区的社会经济发展与生态保护缺乏协调、生产方式与生态属性不相匹配、发展目标短期化有密切关系，如毁林开垦、陡坡种植、围湖造田、滥垦草原等生产经营方式必定会加重该地区自然灾害造成的损失。使这些地区陷入“生态环境恶劣—贫穷落后—无节制开采资源—生态环境更恶劣”的恶性循环。如仅第四次和第五次全国森林资源清查期间，就有 1 080 万公顷的林业用地因改变用途或征用而转为非林业用地，从而抵消了林业生态建设的成果。此外，部分地区在大力开展生态建设的同时，乱砍滥伐、占用林地、捕猎野生动物、采挖野生植物等现象屡禁不止，建设赶不上破坏，导致生态问题日趋尖锐。

《全国生态环境建设规划》中明确指出：“坚持把生态环境建设与产业开发、农民脱贫致富、区域经济发展相结合”，但在实际操作过程中却难于把握，往往就生态论工程，这种表象医治方法收效甚微，所以部分生态建设项目“无限投入，一丝回报”。因此，在制定生态建设项目过程中，应把握建设区生态恶化的根源，将当地生态工程建设与区域经济社会发展、产业结构调整、现有技术水平、国家生态补偿机制、扶贫项目等考虑在内，以发挥生态建设的最大潜能。

⑤ 对重大工程建设的生态影响和潜在的生态风险认识不足。

重大工程的建设对区域的生态环境产生重大的影响，如大型水坝建设、跨流域调水工程等将改变自然生态系统的物质循环过程和区域的生态系统结构，对区域的生态环境产生显著的影响，如导致生物多样性丧失、土地退化、诱发自然灾害等生态问题，而目前关于这方面的研究和管理尚未得到足够的重视。以三门峡水库建设为例，号称“万里黄河第一坝”的三门峡水库，是新中国成立后治黄规划中确定的第一期重点项目。水库建成运用后，虽然给黄河下游防洪安澜和灌溉、发电等方面带来了巨大效益，但在建造时由于没有考虑排沙，泥沙淤积问题日益凸显。据水电部的历史资料，1960 年工程蓄水，到 1962 年 2 月，水库就淤积了 15 亿 t 泥沙，到 1964 年 11 月，总计淤积了 50 亿 t。黄河回水大有逼近西安之势。虽然 1964 年和 1969 年，三门峡水库先后进行了两次改建，主要是增设泄流排沙的通道，以缓解淤积程度。但仍然无法解决三门峡上游的泥沙淤积问题。泥沙的淤积使渭河成为“悬河”。2003 年渭河洪峰最高流量 3 700m^3/s，只相当于 5 年一遇的洪水，却形成了 50 年不遇的洪灾。陕西全省有 72 万 hm^2（1 080 万亩）农作物受灾，225 万亩绝收，受灾人口 515 万人，直接经济损失达 82.9 亿元。为此，张光斗院士和钱正英院士建议废弃三门峡水电站，保持全年畅水，放低水位，以解决渭河泥沙淤积问题。

小结：丰富的经验，深刻的教训

我国 35 年的环境保护取得了丰富的经验，也留下了深刻的教训。即便是与发达国家相比，我国的环境保护理念也从不落后，很早就认识到要统筹考虑人口、资源、环境问题，一些好的环境保护典型发挥了模范带头作用；重视环境保护法制建设和机制创新，加强环境科技，强化环境管理，形成了有中国特色的环境管理制度体系；重视借鉴国外经验，引进资金和技术，积极参与国际环境事务，树立负责任大国形象，维护我国的合法权益。同时，我们也看到，上述好的理念和做法尽管取得了一定效果，但并不能令人满意，一个重要的原因就是执行不力。环境与经济协调发展变成了实质上的“经济优先”，财权与事权相匹配原则变成了实质上的“税收上缴，事权下放”，全社会共同保护环境变成了实质上的“政府独角戏”，各类环境保护会议、计划、规划变成了“只提要求，不管保障”，加强环境政策制定变成了“政府的行政命令越来越多”。前事不忘，后事之师，未来的环境保护继承和发扬上述好的做法与经验，同时改正错误的做法与教训，以便更有针对性、更有效率地解决我国的环境问题。

二、基本国情、国际形势对环境保护战略的要求

基本国情条件对战略制定具有基础性和决定性作用，是决定我们采取什么样的环境保护战略的重要因素。自然条件先天不足、人口多、资源少、经济发展粗放是我国的基本国情，同时也对我国的环境保护提出了严峻挑战。1988 年，中国科学院国情小组在它的第一期国情报告中得出这样的结论，“历史与未来留给我们及后代的回旋余地是狭小的，基础条件是苛刻

的。”20 年过去了，这种形势依然没有得到根本改变，预示了我国未来必须选择从严从紧的环境战略，以解决我们同时面临的多重危机。

（一）自然条件先天不足

1．适宜于人类居住和发展的面积有限

尽管中国国土面积近 960 万 km^2，比美国（937.5 万 km^2）面积稍大，但是由于地貌特征等影响，真正适宜于人类居住和发展的面积不足国土面积的一半。西北缺水、西南多山，整个西部只能支持有限的人口；东北热量不足，华北城市缺水，较适宜人类居住的长江一线及东南沿海地区，成为世界上人口密度最高、对资源的利用最集中的地方。最终，90%以上的中国人口集中在不足全国 1/3 的土地上，这里的人口密度平均为 350 人/km^2，相当于欧洲人口密度最大的国家（Heilig，1999）。正是由于适宜于人类居住和发展的面积有限，导致单位面积承受的环境压力过大、污染强度过高，增加了环境保护工作的难度。

2．天气气候存在不利于大气污染物扩散的因素

我国地处中纬度地区，冷暖气流变换频繁，冷暖空气相持极易形成锋面逆温，大气处于稳定状态，既不利于大气污染物的大尺度水平输运，又严重影响污染物垂直扩散。在同等污染条件下，局部大气污染事故发生概率增大。云贵高原的冬季、华南地区的 4—5 月以及长江中下游地区的 5—6 月都可以出现长达几十天的这种锋面逆温，如果降水淋洗作用不足，就容易出现大气污染加重的情况。我国还普遍存在着小尺度海陆风、山谷风，也极容易形成逆温，盆地气候更容易造成局部大气污染事故。此外，冬春季节北方大尺度的干旱大风是沙尘暴的自然根源；盛夏季节长江中下游地区受太平洋副热带高压控制，盛行下沉气流，不仅干旱少雨无风，而且还压制污染物不能抬升，同样也增加了污染事故发生的机会。

3．水资源时空分布不均，河水泥沙含量多

我国是水资源大国之一，水资源总量居世界第 4 位，但是人均占有量仅为世界人均值的 26.6%、美国的 1/4、加拿大的 1/50，居世界第 110 位①。中国的水资源时空分布极不均匀，每年的 6—9 月为汛期，占年降雨量的 60%～80%，东南部雨量充沛，西北地区干旱少雨。这种水资源的分布，导致我国大部分时间和大部分地区的水环境容量较小，一旦污染，就会严重地影响群众的生产和生活。同时，中国的河流属于多沙河流，黄河是全球泥沙含量最多的河流，为美国密苏里河含沙量的 10.5 倍，印度布拉马普特拉河年输沙量的 2.2 倍②。长江的泥

① 黄文秀. 农业自然资源. 北京：科学出版社，1998：212.
② 黄文秀. 农业自然资源. 北京：科学出版社，1998：221.

沙仅次于黄河，是世界第四大多沙河流。中国的河流每年带走泥沙 35 亿 t，其中 60%入海和出境，40%淤积在江河中下游。河水泥沙多反映了我国水土流失严重，流失区土壤丧失，肥力下降，山地灾害加剧；淤积区加剧了洪水的危害，严重影响水资源的开发利用，航道、湖泊、水库等建筑物的使用寿命。

4．海岸线处于较浅的大陆架，污染物扩散能力弱

我国有 18 000 多 km 的海岸线，但都处于较浅的大陆架上，没有贴岸的大洋环流，这使得进入海洋的污染物不能向远洋扩散；没有贴岸的深海区，近岸海水的垂直交换能力弱，进入海洋的营养物质容易富集而引发赤潮。此外，我国沿海有许多封闭半封闭的浅水海湾，不但容易积累污染物，而且容易诱发生态异常。因此，中国的陆源污染不但不能寄希望于海洋处置，而且，还要时刻防范近海污染危及沿海经济带的发展。

5．生态系统脆弱，破坏容易恢复难

我国自然条件较差，脆弱生态环境分布范围广、面积大。据研究，我国脆弱生态环境总面积达 194.15 万 km^2，超过国土面积的 1/5。从地区分布看，北方半干旱—半湿润区和西北干旱区分布面积最大，超过全国脆弱生态环境面积的 60%；其次是西南地区，占总脆弱区面积的 27.75%；南方低山丘陵区由于人类的过度开垦和植被破坏，也形成较大面积的脆弱生态环境区，约占全国脆弱生态环境的 7.53%；青藏高原人口稀少，人类活动对自然生态环境的破坏较小，约占全国生态环境脆弱面积的 2.22%[①]。脆弱的生态环境具有敏感性和不稳定性的特征，往往一个因素的变化或扰动就会触发其他多个因素的“链式”反应，进而对环境整体的质、量关系产生根本的影响。从大尺度上看，三北地区脆弱的生态环境一旦崩溃，通过沙尘等作用，将危及整个中国；西部各大江河源头脆弱的生态环境一旦遭受破坏，整个富饶的东部无疑将遭受灭顶之灾。因此，如何保护我国脆弱的生态环境，应是未来制定的环境战略考虑的重点内容之一。

6．小结：自然条件对环境战略的要求

国土面积、地貌特征、气候因素、生态状况等自然条件是人类生存和发展的基础，很大程度上具有不可更改性。鉴于我国适宜于人类居住和发展的面积有限、季风气候不利于大气污染物扩散、水资源时空分布不均且河水泥沙含量多、海岸线处于较浅的大陆架以及生态系统脆弱等自然条件决定了中国在环境保护方面的先天不足，为维持一个良好的生态环境需要付出比其他国家更多的艰辛和努力。因此，未来的战略制定必须充分考虑这些不利因素，实行从严从紧的环境战略，保护我们赖以生存的家园，保障中华民族的长远发展。

① 赵跃龙. 中国脆弱生态环境类型分布及其综合整治. 北京：中国环境科学出版社，1999：42.

（二）庞大的人口基数对环境的压力

近 30 年来，我国有效地控制了人口超速增长的态势，但人口问题仍是我国当前的基本国情之一。相关研究表明[①]，我国人口在未来 30 年将净增 2 亿人左右，总人口将于 2010 年、2020 年分别达到 13.6 亿人和 14.5 亿人，2033 年前后达到峰值 15 亿人左右（图 3-2-1）。新增人口对衣、食、住、行的需求将持续增加，消费水平提高和消费模式的改变加重了对环境的压力，对我国的可持续发展形成严峻挑战。

高度认识人口数量、人口结构、人口消费模式、人口素质等因素的现状和发展趋势对于全面实现建设小康社会新要求，建设生态文明，形成节约能源资源和保护生态环境的产业结构、增长方式有着重要意义。

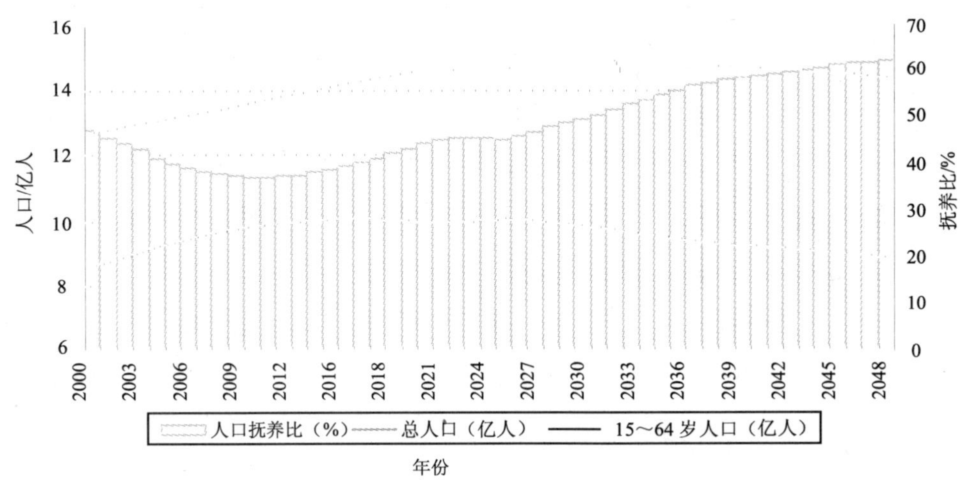

图 3-2-1 我国总人口、劳动年龄人口及人口抚养比预测（2000—2048 年）

1．庞大的人口数量产生巨大的环境压力

人口数量剧增是造成生态环境恶化的第一性压力，其他各种过度的经济活动往往由此引起[②]。

（1）庞大的人口数量使环境处于超负荷利用状态

由于人口基数庞大，为维持人口的基本生活条件，导致对环境资源需求的大幅上升。一定发展阶段，为保持经济的高速增长，资源的巨大消耗难以避免。庞大的经济体、粗放的经济增长方式以及发展阶段等因素决定了生态环境将承载更多的废弃物。

庞大的人口数量决定了巨大的消费量，也不可避免的造成了高强度的污染排放，大气、水资源、土壤等破坏严重。2006 年，全国废水排放量 537 亿 t，化学需氧量排放量 1 428.2 万 t，

① 国家人口发展战略研究课题组. 国家人口发展战略研究报告. 2007-01-03.

② 曲格平. 中国人口与环境. 北京：中国环境科学出版社，1992.

比 2005 年增加了 1.0%；2007 年上半年全国化学需氧量排放量 691.3 万 t，比 2006 年同比增长 0.24%，大大超过环境承载能力。国家监测的 744 个河流断面中，劣Ⅴ类水占近三分之一，重点流域超过 40%的断面水质未达到治理要求，流经城市的河段普遍遭到污染，不少地方出现了“有河皆干、有水皆污”[①]的状况。

（2）大量的就业人口使得一些高污染的粗放产业普遍存在

我国 15～64 岁的劳动年龄人口 2000 年为 8.6 亿人，2016 年将达到高峰 10.1 亿人[②]，比发达国家劳动年龄人口的总和还要多。广大农村人口增长的数量早已超过农业生产对劳动力的需求界限，大量农村人口游离于农业生产之外，造成农村劳动力就业的极大困难。大量农业人口涌入城市但城市无力吸收和容纳大量农村人口，从而兴起了一个独特的事物——乡镇企业[③]。有研究显示[④]，乡镇企业单位产值的废水排放量为城市的 2.55 倍，废水中的主要污染物，如化学悬浮物、重金属的排放浓度是城市工业平均浓度的 2～3 倍；有毒污染物，如氟化物排放浓度是城市工业的 3～10 倍。乡镇企业工业废气中 SO_2 和烟尘排放量占全国比重较大，消烟除尘率不到城市的 1/5，部分粗放发展的乡镇企业已成为我国农村的最主要污染源。

乡镇企业在一定历史时期内对发展地方经济起到了不可忽视的重要作用，但随着我国经济发展和产业升级，一些高污染的乡镇企业所产生的污染与其创造的社会价值已呈反向发展的趋势。渭河是黄河第一大支流，由于大量的高污染的乡镇企业使得渭河的水污染情况不容乐观，地方群众甚至有“八百里秦川，一千里污染”之说。有研究表明[⑤]，渭河流域小造纸和纺织等乡镇企业所产生的 COD 为总 COD 的 85%以上，而这些小造纸对当地的 GDP 贡献仅为 10%左右（图 3-2-2）。但由于这些乡镇企业解决了农村剩余劳动力的就业问题，取缔难度极大，从另一个角度加重了环境的压力。

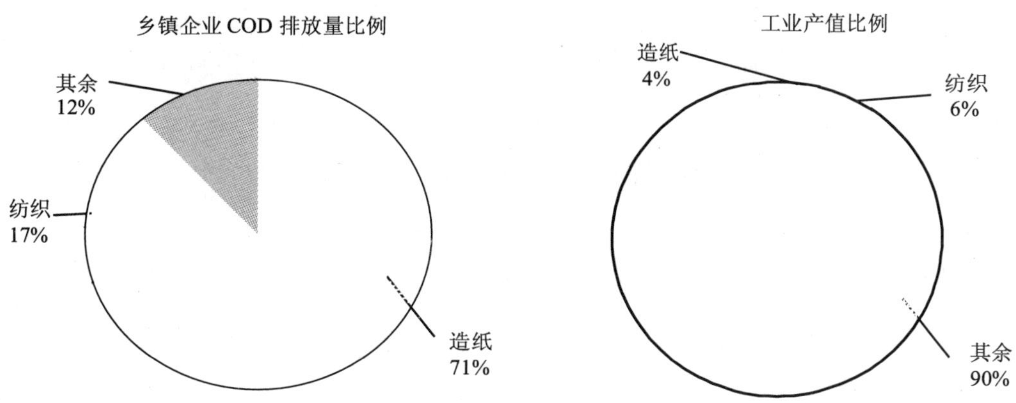

图 3-2-2　渭河流域乡镇企业 COD 排放与工业产值比例

① 周生贤. 关于水污染防治法修订草案的说明. 法制日报，2007-08-27.
② 国家人口发展战略研究课题组. 国家人口发展战略研究报告. 2007-01-03.
③ 曲格平. 中国人口与环境. 北京：中国环境科学出版社，1993.
④ 李周. 乡镇企业与环境污染. 中国农村观察，1999（3）.
⑤ 马中.《 渭河流域水环境管理案例研究》研究报告，2005.

（3）人口增长给城市环境基础设施带来巨大压力

城市人口自然增长以及大量农村人口涌入城市，加剧了城市环境基础设施的负荷，严重影响了城市环境质量的改善。近年来，中国城市建设的速度不断加快，国家在城市建设方面作出了很大努力，但是总赶不上人口增长的需求，城市基础设施的人均占有水平仍然难以较大提高。不少大城市用水紧张，道路不畅，交通拥挤，能源供应紧张。城市住房、供水、交通等基本条件一时都难以完备起来，加剧了城市环境建设和环境保护的难度。

当前我国城市生活垃圾的历年堆积量已达 70 亿 t，侵占土地面积 5 亿多 m^2，全国 668 个城市中至少有 200 个城市被垃圾包围着①。每年清运的垃圾只有 1.4 亿 t，年均将有 3 000 万 t 垃圾被随意丢弃。我国城市每年污水处理率仅为 52%，全国仍有 164 个城市的生活污水集中处理率为零②。今后 20～30 年，我国城市化将进一步加快，未来的城市生活污水和垃圾问题将严重威胁城市居民的生存环境和经济、社会的可持续发展。

（4）消费模式的转变对环境产生巨大压力

改革开放以来，我国人口的物质消费状况显著改善，基本摆脱了以原粮消费为主的温饱型生存困境，逐步进入了以物质消费质量提高为主（人均住房面积增加和住房条件的改善、汽车家庭占有率急剧升高）的小康阶段和文化、教育、保健、环境享受的多元消费时代，居民消费正在从生存型向发展型和享受型快速过渡。

人们的生活水平提高将要求更多的环境容量。在消费升级的直接带动下，居民尤其是城镇居民对住宅和汽车（图 3-2-3）的强大需求有力地拉动了重化工业的发展，工业化加速演进到重化工为主导的新阶段。近年来，居民住宅和汽车业在居民消费需求的拉动下快速发展，不仅在这两个产业自身推动着全国或地区的经济增长，而且还推动着与住、行相关的其他产业的发展，如钢铁、机械、化工等重化工业。以这些重化工业所形成的产业结构对资源的消耗和环境容量的需求极大，因此，随着消费模式的转变，未来我国环境面临着巨大压力。

2. 今后一段时期内（2007—2020 年）中国人口对环境的压力

庞大的人口基数是对环境产生压力的客观因素，环境为保障人口基本生存发展需求承受着巨大的压力。但伴随着城市化不断发展的消费模式的转变才是今后环境面临的最大压力。

2020 年我们需要实现“全面建设小康社会新要求”目标。实现人均国内生产总值比 2000 年翻两番，这一目标决定了今后几十年内人口的生活水平、消费模式等因素将发生根本性改变。

① 中国多数城市陷入垃圾围城之窘. 新华网，2006-08-17.

② 环境保护部. 2007 年国家城市环境管理和综合整治年度报告. 2008-10-17.

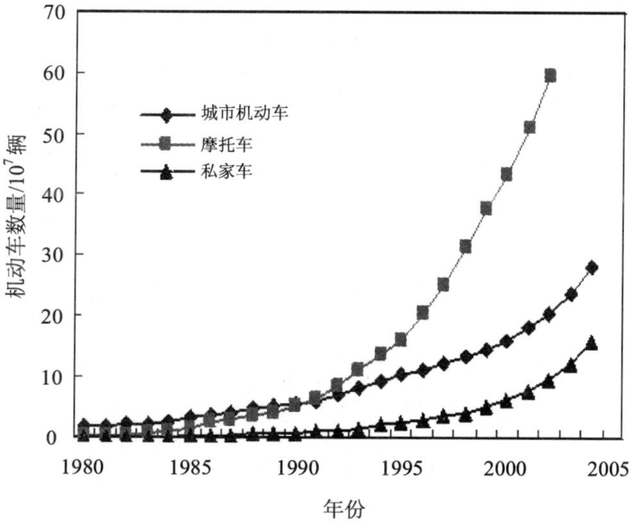

注：2008 年城市总的汽车保有量 5 696 万辆，3 533 万辆是私人车①。

图 3-2-3　我国机动车增长情况（1980—2005 年）②

（1）中国城市化进程对环境造成极大影响，特别是土地资源和城市基础设施等城市基本功能将受到前所未有的挑战

据世界银行统计③，当发展中国家人均 GDP 达到 1 000 美元，城市化率达到 30%时，城市化将进入快速发展期。2003 年，我国人均 GDP 首次突破 1 000 美元，城市化率达到 40.5%，按人口城镇化水平年均增长 1 个百分点测算，今后 20 年将有 3 亿农村人口陆续转化为城镇人口。日益庞大的城市人口对基础设施、公共服务和城市管理能力提出挑战。

自改革开放以来，中国城市化速度为同期世界城市化的两倍，但与世界发达国家相比，中国城市化程度仍然十分落后（图 3-2-4）。世界银行统计，在 2002 年世界高收入国家城市化率平均为 75%，中等收入国家为 62%，低收入国家为 30%，而中国当时城市化率仅为 40%。截至 2000 年年底，中国城市化率比世界平均低 12 个百分点，比世界发达国家平均低 40 个百分点。从图 3-2-4 看，我国城市化进程自 20 世纪 80 年代初以来飞快发展，但离发达国家仍有一段距离。我国的城市化仍将有很大的发展空间，城市化将不断推向前进。过去 30 年的城市化高速发展已经对我国的环境造成极大的影响，今后的几十年是加速城市化进程，全面建设小康社会的攻坚阶段，因此带来的环境压力将更大。

① 中央政府门户网站 http://www.gov.cn/gzdt/2008-01/04/content_850272.htm.
② 张雨田."中国环境现状、问题及发展趋势" 可持续发展研究专题讲座，2005.
③ 连玉明，武建忠. 中国国力报告. 北京：中国时代经济出版社，2006.

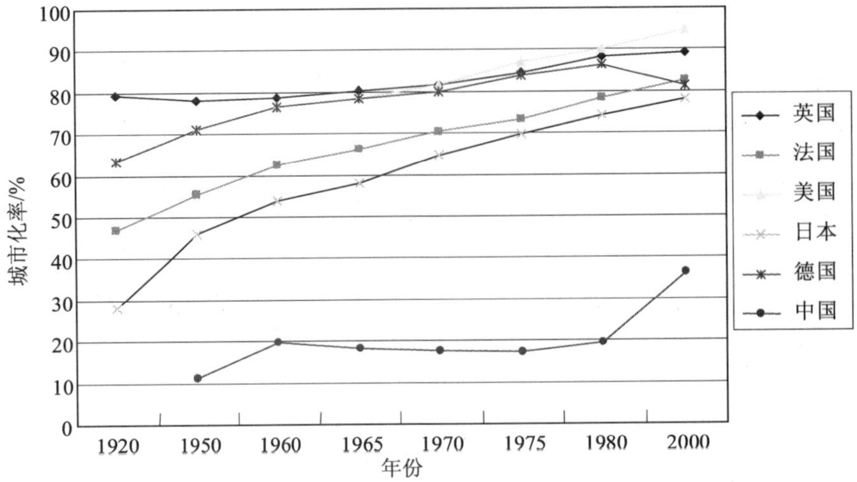

图 3-2-4 发达国家及中国的城市化率的历史演进过程（1920—2000 年）

我国总人口从 20 世纪 90 年代初到现在一直保持平稳的增速，但由于城市化进程，人口结构发生了巨大变化。从 1978 年到 2006 年总人口增加了 3.45 亿人，而农村人口由 7.9 亿人减少到 7.3 亿人，减少了 7%，城镇人口由 1.7 亿人增加到 5.7 亿人，增加了 235%。因此，1978 年到 2006 年，仅城镇人口就增加了 3.98 亿人，而农村人口基本保持不变（图 3-2-5）。

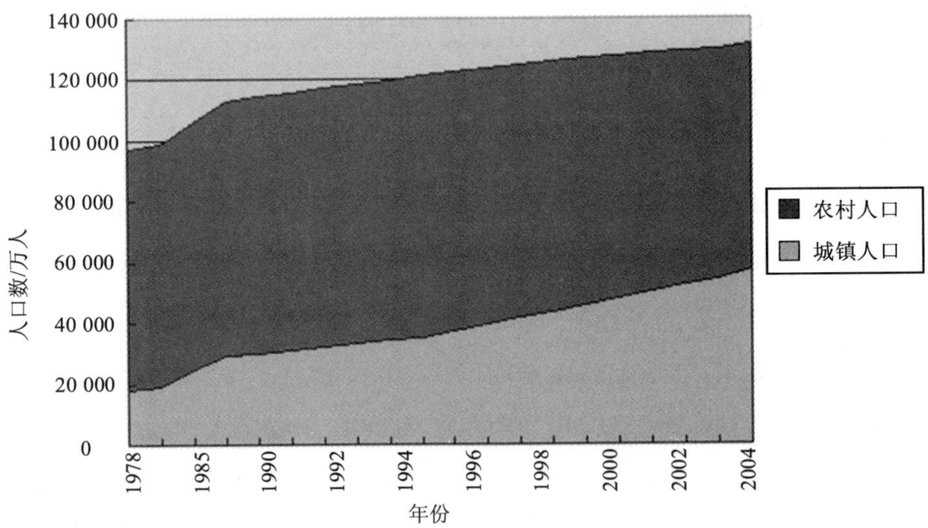

图 3-2-5 我国人口结构变化趋势（1978—2004 年）①

人口的城市化是一个长期、自然流动的过程。在发达国家，人口对城市环境的冲击并不显著。发展中国家的情况则有很大不同。在人口高速增长和强力推动工业化的共同作用下，城市人口急剧膨胀，城市基础设施的扩展适应不了这种人口压力，很多城市空气污浊，供水

① 《中国人口统计年鉴》1999—2006.

不足，生活垃圾得不到有效处理，在一些大城市的边缘地带还出现了生活环境恶劣的棚户区、贫民区。在中国，城市人口和城市的基础设施也长期处于紧张关系，成为城市环境恶化的重要根源。城市基础设施建设与城市人口的增长不相匹配。从表 3-2-4 来看，全国的污水处理能力全负荷运转量也不及每年的生活污水排放量。每年都有大量的城市污水无法处理，直接排入人们生活的环境之中。今后，城市化进程仍将不断推向前进，这将给我们的城市基础设施，给我们的环境带来极大的压力。

现实看待城市化和环境的关系，中国的人口问题是中国最大的基本国情。加速城市化和工业化发展是实现社会主义现代化、全面建设小康社会的必经之路，这条道路我们必须坚定不移地走下去，但我们的城市化和工业化绝不能走发达国家的老路，必须针对工业化和城市化所产生的新情况，提高对生态环境保护的力度，解决城市化、工业化过程中产生的生态环境问题。

表 3-2-4　　历年生活污水排放量与污水处理量（2000—2006 年）[①]

年份	生活污水排放量/亿 t	污水处理能力/（万 t/d）	污水年最大处理量/亿 t
2000	220.9	1 659	60.5
2001	230.3	2 022	73.8
2002	232.3	2 544	92.8
2003	247.6	3 231	117.9
2004	261.3	4 255	155.3
2005	281.4	5 220	190.5
2006	296.6	6 122	223.4

（2）消费水平的提高，消费模式的改变将给环境带来更大的压力

根据国际经验，从人均 GDP 达到 1 000 美元开始，消费结构将从过去以吃、穿为主转为以住、行为主，房屋和汽车成为人们追求的目标，并带动产业结构向重工业化方向发展，加大了环境压力。21 世纪，中国不可避免遭遇到来自人口增长的巨大挑战，即人口的三大高峰（人口总量、就业人口总量、老龄人口总量）。同时，伴随人口总量增长、结构性变化和生活水平提高，经济生产的压力也剧增，资源和环境负担日益加重。

生活水平提高，生活质量改善是当代和未来人口生命力发展的必然选择。这标志着既要持续地提高物质消费档次，又要加强文化、教育、医疗保健和优良环境享受等精神消费。多年来，我国人口的物质消费状况有了显著提高，基本摆脱了以原粮消费为主体的温饱型生存困扰，逐渐进入了物质消费质量提高为主体的小康水平阶段和文化、教育、保健、环境享受的多元消费时代。从世界上一些已经达到人均 3 000 美元的国家和地区的消费模式来

① 《中国环境统计年鉴》2000—2006.

看，因生活水平发生变化，对应其消费结构会发生很大的变化[①、②]（图 3-2-6）。当 16 个国家和地区人均 GDP 由 1 000 美元增加到 3 000 美元时，消费结构发生一定变化。几个明显的地方表现在：①食品、饮料、烟草等消费在人均 GDP 中的数量急剧减少，减低了 9 个百分点，人们对生存需求的支出比例将降低；②交通、通信消费在人均 GDP 中的数量增加了 3.5 个百分点，汽车和通信将是未来迅速发展的领域；③居住增加了 2 个百分点，住房需求在未来的 20 年仍将稳健发展；④杂项商品及服务增加了 3.7 个百分点，人们的多元化需求更加丰富。类推中国 2020 年，人们对交通和通信的需求也将会有一定程度提高，而这将对相关产业要素产生深远影响。钢铁、建材、土地、科技将是今后发展的重点，以重工业为主的产业结构将对未来的资源环境形成强大的压力。

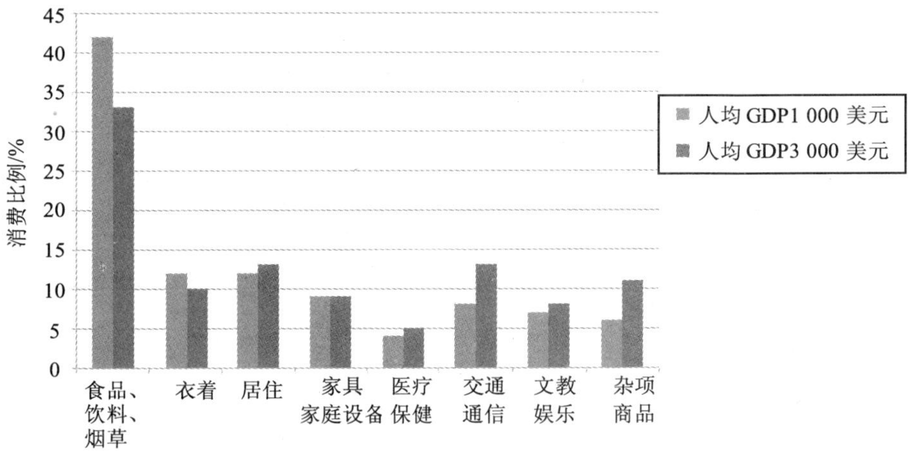

图 3-2-6 世界 16 个国家和地区人均 GDP1 000 美元、3 000 美元时居民消费结构及其变化

人口物质生活水平的提高，不仅表现为基本生活资料量的增加，更体现为替代性消费结构的变化。如在生存阶段人们以原粮消费为主，反映基本物质消费水平的恩格尔系数一般在60%以上，而在发展和可持续发展阶段，则代之以粮食的精加工和肉蛋奶、水产品的能量转化，以及衣、住、行的现代化消费和对环境质量的追求。这意味着需要更多的自然资源和更强的经济生产能力。

3．小结：人口压力对环境宏观战略的要求

改革开放 30 年，我国在控制人口过快增长，改善民生上取得了巨大成绩。庞大的劳动力供给对中国经济几十年的飞速发展起着重要作用，经济飞速发展的几十年，也是我国享受“人口红利”的几十年。然而国家发展为满足十几亿人的生存发展也承受着巨大的人口压力，资源消耗严重，环境恶化程度不断加剧，各种环境突发事件频发。随着城市化，工业化的不断

① 16 个国家和地区分别为：美国、法国、德国、英国、意大利、新加坡、韩国、奥地利、匈牙利、西班牙、希腊、墨西哥、南非、泰国和中国香港地区、中国台湾地区。数据取上述国家和地区的平均数.

② 徐平生. 世界主要国家与地区居民消费结构构成、演变规律及其启示. 中国经贸导刊，2005（20）.

推进，人民生活水平的不断提高，人们的消费行为和社会消费模式发生了翻天覆地的变化，由生存型消费向发展型甚至享受型消费转变，住、行将成为今后国家发展的两大重要领域，而这两个领域的发展必定建立在高水平的重工业化程度之上，这些因素对未来的环境提出严峻挑战。

人口总量的增加已经使我们的环境难以承载，而因生活方式，消费模式的改变带来的环境影响则更令人担忧（图 3-2-7）。30 年来，我国的经济高速发展，城市化不断推进，净增城市人口 3 亿人多，今后 25 年，中国人口总量将再增 2 亿人，达到 15 亿人左右，更加堪忧的是：将新增 3 亿城市人口，那时城市人口将达到 8 亿人左右，这对于中国的资源环境压力是史无前例的。人口给我国环境带来的压力，我们应该客观看待，采取有力的措施节能降耗，规范和引导人们消费行为，将人口因素带来的资源环境压力降到最低。

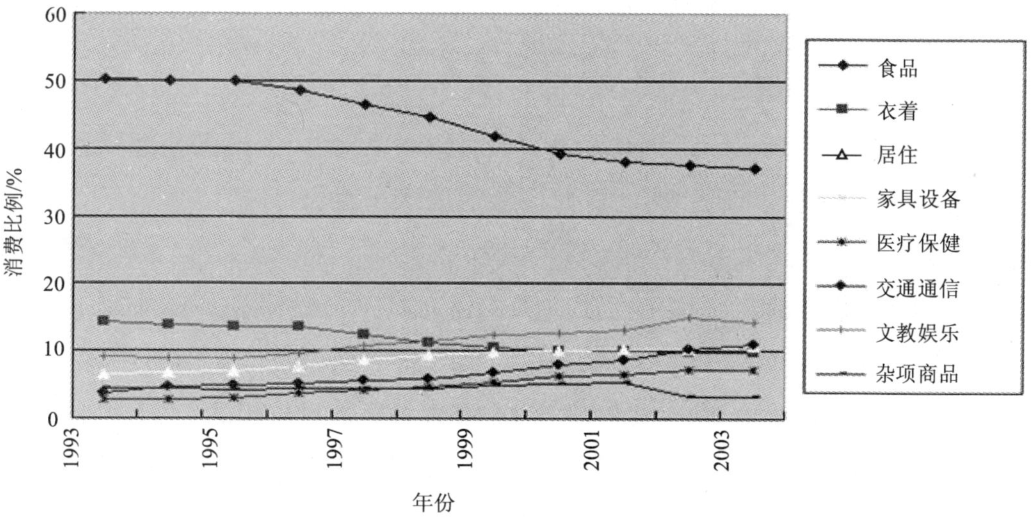

图 3-2-7　1993—2003 年我国城镇居民消费结构变化情况

（三）资源利用对环境的压力

过去的几十年，中国人口与资源，经济增长与资源供需矛盾日益突出，建立资源节约型社会愈加紧迫，同时，不当的资源利用方式更加剧了发展对环境的压力。我国正处在社会主义发展的初级阶段，工业化发展的起步阶段，部分资源的使用方式不当和多数资源的利用效率低下，不仅造成资源巨大浪费，同时产生一系列严重的生态环境问题。面对新时期的挑战，我们必须深刻认识到不当的资源利用方式的不良影响。国内学者胡鞍钢指出：要摆脱和抛弃长期实行的黑色发展模式，转向新型的绿色发展模式。这一发展模式的重大转变，不仅造福于十几亿中国人民，也是六十几亿世界人民的福祉①。

① 胡鞍钢. 中国资源与经济发展. 中关村，2005（32）.

1．资源的总体特征和综合利用现状

我国是少数几个绝对资源数量的大国，同时又是世界上人均资源占有水平低的资源小国之一；资源总量大，是我国资源的优势，但资源各量少，是我国资源的劣势；我国自然地理条件复杂，资源种类齐全，但资源质量不高，自然生产力低；资源分布不平衡，资源之间不匹配，资源分布与生产力布局不协调；虽然是资源生产大国，又是资源进口大国。总之，我国自然资源具有明显的二重性特点，既有优势，也有劣势，既有潜力，又有隐忧。

资源利用效率低是导致我国污染物排放总量居高不下的重要原因。一些发达地区的资源利用水平得到明显提高，环境问题也得到有效改善，但贫困地区因资源利用导致的环境问题在很长一段时间内仍将持续，资源利用中产生的一些新型环境问题值得关注，如生物资源利用、转基因产品生产等。

2．土地资源的开发利用现状及存在的环境问题

我国土地资源质量不高，土地退化严重。山地多平原少，山地高差起伏大、坡度陡、土层薄，旱地绝大多数为坡地与风沙地，耕种极易造成水土流失。

（1）土地资源数量安全的危机

我国耕地资源的基本特点是总量有限、人均占有水平低、后备资源不足。随着工业化、城市化发展及农业结构调整，耕地大量流失、浪费严重。据调查，全国耕地 1996 年为 1.3 千万 hm^2，人均耕地 0.106 hm^2，2004 年分别减为 12 244.4 万 hm^2 和 0.094 hm^2，短短 8 年时间净减少耕地 759.5 万 hm^2（1.14 亿亩），而同期人口增加 7 599 万人，使人均耕地下降达 11.4%[①]。全国已有 666 个县的人均耕地面积低于国际警戒线，使我国成为世界上人地矛盾最突出的国家之一[②]。1997—2007 年，全国非农建设占用耕地年均 20.71 万 hm^2[③]。未来 20 年，我国将迎来人口高峰和工业化、城镇化快速发展期，土地资源的供需矛盾将主要集中在耕地紧缺、建设用地扩张和生态保育用地不足等方面，以耕地资源为核心的耕地保护与建设占用、生态用地之间的矛盾冲突将上升为土地资源数量安全的焦点问题。

（2）土地资源质量安全的危机

目前我国中低产田占耕地总量的 2/3[④]。全国耕地平均有机质含量已降到 1%，低于欧美国家的 2.5%～4%；全国 56%的耕地缺钾，70%～80%的耕地养分不足[⑤]。号称中国“北大仓”

---

① 刘彦随. 保障我国土地资源安全的若干战略思考. 战略与决策研究，2006（21）.

② 中国的粮食问题及政策建议. 学习时报，2008-06-15.

③ 韩俊. 为什么要坚持最严格的耕地保护制度. 中国社会科学院院报，2008（10）.
沈方兴. 解读：大规模实施土地整治、加快中低产田的改造. 国土资源部网站.

④ 刘彦随. 保障我国土地资源安全的若干战略思考. 中国科学院院刊，2006（5）.
傅泽强. 中国粮食安全与耕地资源变化的相关分析. 自然资源学报，2001（16）：14.

⑤ 2004 年中国环境状况公报. 北京：中国环境科学出版社，2005.

的东北黑土地，土壤有机质含量由开垦时的 8%～10%降为目前的 1%～5%[①]。长期以来不合理的土地资源开发利用，导致土地退化。全国水土流失面积达 3.56 亿 hm^2，占国土面积的 37.1%；全国沙漠化、盐碱化的耕地分别达 393 万 hm^2 和 677 万 hm^2；草地退化、沙化、盐碱化面积达 1.35 亿 hm^2，占国土面积的 14.1%[②]。

由于耕地面积小与增加粮食产量的矛盾，倾向于大量使用化肥、农药，造成严重的面源污染。农药年使用量为 131.2 万 t[③]，居世界第 1 位。1 000 万 hm^2（1.5 亿亩）耕地受工业污染，占全国耕地 8.3%，其中 1/5 受镉、砷、铬、铅等重金属污染。土壤污染集中分布于城市郊区和工业区周围，严重危及“菜篮子”安全。由于化肥、农药、地膜的大量使用及污水灌溉造成土壤污染和耕地质量下降。全国遭受工业“三废”污染的农田达 700 万 hm^2，使粮食每年减产 100 亿 kg，并潜伏着严峻的农产品质量危机。

（3）土地资源区域安全的危机

我国地域辽阔，区域差异显著，致使土地资源问题也不相同。东部沿海地区在工业化、城镇化进程中农业用地快速向非农化转移，耕地总量减少与质量下降问题突出。根据建设用地规划，1996—2010 年全国非农建设占用耕地 196.7 万 hm^2，但到 2003 年该指标已基本用尽，沿海个别省份把 2010 年前的指标都已用光；中部地区土地资源数量与质量安全问题并存，人均耕地面积小，湿地萎缩和农田面源污染严重；西部地区生态保护的战略地位十分重要，同时又面临农村贫困化问题，目前毁林开荒、陡坡垦殖等盲目扩大耕地现象依然严重，西北土地沙漠化、西南石漠化不断加剧[④]。退耕还林工程建设中生态补偿的长效机制尚未建立，因而潜伏着土地社会安全问题；东北地区耕地资源的开发已接近饱和，个别地方已过度开发，致使沙漠化、盐碱化和水土流失严重发生。农业基础设施年久失修，水土资源匹配质量下降，粮食生产效益难以有效提高，影响到国家粮食安全。

（4）城市化对于我国土地资源环境产生一定程度不良影响

土地资源的生态功能下降。一方面，大量的农用地变为生态功能较弱的建设用地，其物理特性、化学特性以及其中的生物特性等都发生了显著的变化。城镇化对郊区优质农田的占用现象，各种动植物、微生物在城市中减少甚至绝迹，形成了特有的城市生态系统。另一方面，因污染等原因，农用地的生态功能也急剧下降。城市垃圾、工业废渣等固体废弃物、污水灌溉、大气飘（降）尘造成了严重的土地污染，特别是城郊土地，工业园区、独立工矿附近以及公路两侧的土地污染尤为严重。

① 刘彦随.中国土地资源战略与区域协调发展研究.北京：气象出版社，2006.

② 国土部环保总局 10 亿元调查 1.5 亿亩受污染耕地. 新京报，2006-07-19.

③ 农田污染致灾每年使我国粮食减产 400 亿公斤. 人民网 http://env.people.com.cn/GB/1073/3901625.html.

④ 同注解①.

3．水资源的开发利用现状及存在的环境问题

（1）资源性缺水严重，涉及范围不断扩大

我国水资源总量不足，属缺水型国家。受地理环境和气候条件的影响，我国水资源总量不少，仅次于巴西、俄罗斯、加拿大居世界第 4 位。中国人口众多，人均水资源占有量低。按国际上现行标准人均年拥有水资源量在 1 000～2 000 m^3 时，会出现缺水现象；少于 1 000 m^3 时，会出现严重缺水的局面。我国黄河、淮河、海河流域（片）人均水资源占有量在 350～750 m^3，松辽河流域（片）人均水资源占有量只有 1 700 m^3，这些地区的用水紧张情况将长期存在①。近年来②，全国正常年份缺水量将近 400 亿 m^3，669 座城市中，有 400 多座供水不足，缺水总量为 60 亿 m^3，严重缺水的 110 座，在 32 个百万人口以上的特大城市中，有 30 座长期受到缺水困扰。尤其是遇旱灾年份，全国水资源供求矛盾更加突出。

（2）水资源利用效率低下

我国用水浪费现象普遍存在，目前我国的用水量和美国相等，但 GDP 仅为美国的 1/8；全国农田灌溉水利用系数在 0.4 左右，而先进国家为 0.7～0.8③，相差近一倍。工业用水的重复利用率为 55%，而发达国家为 80%以上，总体来看，我国工业用水重复利用率现状仅相当于先进国家 20 世纪 80 年代初的水平④。

（3）替代水资源开发力度不足

所谓替代水资源是指除地下水资源、地表水资源等淡水资源以外的其他可以被利用的水资源，主要有污水资源、雨水资源、海水资源等。目前，我国水的重复利用率平均为 40%左右，而发达国家平均为 75%～85%⑤。由此可见，我国替代水资源的开发力度尤为不足，这部分水资源有很大的开发潜力。

（4）不合理的开采导致地下水污染严重

由于不合理的开采，我国很多城市的地下水开采地段的地下水受到污染。据中国地质调查局调查⑥，全国 185 个城市的 253 个主要地下水开采地段中，污染趋势加重的占 25%，平原地区约有 54%的地下水不符合生活用水水质标准。地表、地下水严重污染形成的水质性缺水，使许多地区饮用水深陷前所未有的窘境。

（5）资源性、水质性缺水危害性大，已造成不可逆转的重大损失

资源性缺水就会减少稀释污染物的水量，降低水体的自净功能，加重水环境的污染；水质性缺水必然加大对洁净水资源的需求量，使本来紧张的水资源更为紧张。两者如此恶性循

① 中国水资源的特点. 中国网 http://www.china.com.cn/aboutchina/data/zmslgc/2008-05/07/content_15107234.htm.

② 中国正常年份缺水近 400 亿 m^3. 新华社，北京 2007 年电.

③ 王晓东. 把推广节水灌溉作为一项革命性措施来抓. 新华社，2008-10-06.

④ 汪恕诚. 我国比较严重缺水城市 110 座. 新华网，2006-05-23.

⑤ 郑一军. 再生利用 2005 年我国城市污水处理率将达 45%. 新华网，2005-11-28.

⑥ 中国地质调查局公告，2005.

环，对我国经济发展、人与自然和谐乃至社会安定构成严重威胁，有的已造成不可逆转的重大损失。①经济发展受损。《中国绿色国民经济核算研究报告 2004》[①]显示，2004 年全国因环境污染造成的经济损失为 5 118 亿元，其中水污染的环境成本 2 862.28 亿元，占 55.9%。“十一五”期间，全国因缺水导致粮食减产 350 亿 kg。每年因重金属污染的粮食达 1 200 万 t，直接经济损失超过 200 亿元。②群众健康受损。受水环境污染的影响，全国 31 个省市区不同程度存在与饮用水水质有关的地方病。环保部统计，我国每年因环境污染死亡的有 40 万人，全国农村人口中与环境污染密切相关的恶性肿瘤死亡率从 1988 年的 0.095 2‰上升到 2000 年的 0.112 6‰。③生态环境受损。资源性、水质性缺水范围扩大，程度加深，使得地下蓄水层枯竭，地下水枯竭又导致地表植被死亡，祸及土地沙化；同时，对生物多样性也构成严重威胁。④国家政治受损。近年来，全国因环境污染引发的群体性事件以年均 29%的速度递增。2001 年至 2005 年，各级环保部门受理群众有关环境权益被侵害的来信 253 万余封，来访 43 万余批次、59.7 万余人次。2005 年，全国发生环境污染纠纷 5.1 万起，各级环保部门受理公众投诉案件达 49.88 万件。水环境污染事件频发，不仅激化了人与人、地区与地区、企业与社会的诸多矛盾，而且也影响了社会安定，疏淡了党和政府同人民群众的关系。这种政治上的损失，是难以用金钱计量的。

（6）一些新的水资源问题

水坝在经济建设中曾起到了重要作用，但过多、低效的水坝却引发一些生态后果。不合理的水坝建设将造成物种减少、加速水体污染、土地盐碱化等生态问题[②]。另外，还带来了移民就业、文化遗产流失、流域利益冲突等社会问题。正确看待洪水问题，千百年来，洪水虽然给人类带来了巨大灾难，但我们也不能忽视洪水对自然生态系统的正面作用。洪水具有与河流同等重要的生态功能，是自然界自我调整的一种重要的内在机制。洪水可以向湖泊湿地、向地下、向土壤补充水源和水分，对土地和耕地补给养料，给物种提供生境，为海洋输送营养物质等。因此善待洪水、保护天然河流，对于保护地球生态系统具有非常重要的意义[③]。

4．矿产资源的综合利用水平低，矿区的环境问题严重

（1）综合利用水平低

我国矿产资源总回收率和共伴生矿产资源综合利用率分别为 30%和 35%左右，比国外先进水平低 20 个百分点[④]。数量上，我国铜铅锌矿产伴生金属冶炼回收率平均为 50%左右，发达国家平均在 80%以上[⑤]。

① 国家环保总局，国家统计局. 中国绿色国民经济核算研究报告，2004. 2006.

② 杨朝飞. 对大型水坝工程的生态反思. 环境经济，2004（4）.

③ 杨朝飞. 善待洪水 还河流与自然. 环境保护，2004（7）.

④ 国家发改委. “十一五”资源综合利用指导意见. 2007.

⑤ 侯万荣. 我国矿产资源综合利用现状及对策. 采矿技术，2006（6）：3.

（2）乱采滥挖严重

由于对我国的资源情况缺乏正确的认识，长期以来对矿业采取了粗放式经营，盲目开采，对于共（伴）生矿物不利用或利用率很低，采富弃贫的现象十分普遍。更为严重的是，一些小企业无证违规经营，进行破坏性开采，导致了严重的资源浪费。

（3）技术落后，利用总量少

我国目前还有许多小矿在采用最原始的手工挖矿的采矿方法。在国有企业中，工艺落后的现象也很严重，如我国国有重点煤矿采煤机械化程度仅为 42%[①]。生产技术的落后直接导致了废物产出多，综合利用困难。据统计，全国金属矿山尾矿存量已超过 50 亿 t，尾矿综合利用存在综合利用率低（不足 10%）[②]。

（4）不合理的矿产开发导致严重的环境问题

一个地区的矿产开发必然会影响这个地区的生态环境，主要是对地形地貌的破坏和“三废”的排放。前者造成严重的地质灾害，地表下沉，滑坡和泥石流等，后者则对大气、江河、农田造成污染，而且占用大量耕地。有色金属矿山企业是排出废渣最多的行业，很多废渣中含有重金属及有害元素，如铬、砷、铅、镉、铀、钍等。这些废渣严重破坏环境，威胁人畜安全，并且治理起来比较困难。

5．生物资源利用和保护工作任重道远

（1）森林资源丰富，人均资源占有率低

经过多年的天然林保护工程和退耕还林还草工程，我国的生态建设和保护工作取得了举世瞩目的成就，但我国的生态系统仍存在一些结构性问题，森林覆盖率稳步增长，但森林的人均占有量低。1986—1999 年我国的森林覆盖率从 12.98%增加到 16.55%，增幅为 33%[③]。但我国人均占有森林面积相当于世界人均占有量的 21.3%，人均森林蓄积量只有世界人均蓄积 72 m^3 的 1/8，林业用地率、林木出材率低，林业生产效益差，林龄单一，林种单一，林相单一，林分结构简单。

（2）严重超载过牧导致草地退化严重，成为重要的风沙源区

草牧场作为自然生态系统的重要组成部分，并不是可以无止境的使用甚至任意践踏、破坏的。无限加大放牧强度，超过草场的实际载畜能力，草场植被就会遭到严重破坏，失去再生机会，逐渐变成荒漠。我国 84.4%的草地分布在西部地区，面积约 3.31 亿 hm^2[④]，由于不合理的利用，草原生态系统遭到了严重的破坏，草地退化面积不断扩大。在西北地区草场退化

① “国家发展改革委有关负责人就加快煤炭行业结构调整答记者问”国家发改委讯，2006 年 4 月 28 日，国家发改委网站：http://www.ndrc.gov.cn/xwfb/t20060428_67750.html.

② 工业和信息化部节能司. 积极推进尾矿综合利用工作. 2008-12-18. http://www.miit.gov.cn/n11293472/n11293877/n11819069/n11819146/n11819266 /11826861.html.

③ 中国林业统计年鉴. 北京：中国林业出版社，2007.

④ 彭珂珊. 我国可持续发展面临的压力与对策研究. 科学新闻，2008（9）：2.

形成的沙漠逐渐扩展，荒漠化日益严重，导致沙尘暴频繁发生。

目前我国北方牧区 2.24 亿 hm^2 可利用的草地中，明显退化的面积有 0.467 亿～0.667 亿 hm^2，其中有 0.133 亿 hm^2 已退化为沙漠，并以每年 133.33～200.00 hm^2 的速度在不断扩大①。毁林、毁草和不合理的耕垦，使得沙漠化趋势越来越明显，沙尘暴及扬沙天气越来越频繁和严重，已经对经济发展、居民生活、人力安全构成了很大的威胁。

（3）生态环境不断恶化与人为捕杀导致珍稀野生动植物面临灭绝威胁

中国是世界上具有丰富物种资源的国家之一。但在生境破坏、过度开发、盲目引种、环境污染等因素的综合作用下，我国成为生物资源受到严重威胁的国家。更为不利的是，我国生物种类正在加速减少和消亡。濒危或接近濒危的高等植物在我国达 4 000～5 000 种，占高等植物总数的 15%～20%②。联合国《濒危野生动植物物种国际贸易公约》③列出的 740 种世界性濒危物种中，我国占总数的 1/4。新疆虎、普氏野马、高鼻羚羊、直隶猕猴、豚鹿、小齿灵猫、镰翅鸡等 10 种动物已于 20 世纪灭绝，一些野生生物正走向濒危甚至灭绝的危险，还有部分生物物种通过各种途径流失海外④。另外，环境污染和有毒物质过量排放使许多物种的生境遭到破坏、栖息地减少，造成多种生物物种濒危，对国家生态安全和生物安全都造成了极大的危害。尽管我国对生物资源的保护及生物多样性的研究高度重视，在人口增长和经济发展以粗放型增长为主体的背景下，我国野生动植物资源保护的形势不容乐观。

（4）外来物种入侵造成巨大经济损失的同时，对我国生态安全构成威胁

外来物种入侵危害严重，威胁生物多样性。近年来我国每年因松材线虫、湿地松粉蚧、松突圆蚧、美国白蛾、松干蚧等森林入侵害虫，造成的危害面积约在 150 万 $hm^2$⑤。农业部相关研究指出⑥：目前在国际自然保护联盟公布的全球 100 种最具有威胁的外来生物中，入侵我国的有 50 余种，其中 11 种主要物种每年给我国造成的经济损失高达 570 亿元。中国已成为遭受外来入侵生物危害最严重的国家之一。

（5）转基因技术的应用在带来巨大经济利益的同时，对人体健康和生态安全存在潜在风险

转基因技术打破了基因的种属限制，动物、植物、微生物及人工合成的基因均可以转入某一种生物。转基因生物作为外来物种是否带来生态风险，食品中的转基因成分是否转移到野生生物中，是否会破坏自然生态环境，转基因成分在环境中的残留及可能造成的基因污染，转基因成分对土壤生态系统的影响。我们必须高度重视这一系列潜在的环境风险，未雨绸缪、防患于未然。

① 刘黎明. 2000—2050 年中国草地资源综合生产能力预测分析. 草业学报，2002（1）.

② 吴晓青. 加强生态保护维护国家生态安全. 中国环境报，2006-06-22.

③ 濒危野生动植物物种国际贸易公约，2007-07-23.

④ 中国环境宏观战略研究——生态保护战略研究，2008-12.

⑤ 中国环境宏观战略研究——生态保护战略研究，2008-12.

⑥ 外来生物入侵中国十分严重相关立法仍是空白. 人民网 http://env.people.com.cn/GB/1074/4438065.html.

6. 海洋资源开发的现状及存在的环境问题

（1）海洋资源的开发利用不尽合理

海洋环境具有空间复合度高的显著特点，在同一海洋环境下，多种资源共存，并且在种类、用途上表现出极大的不同。有些海域，海底是油气田，水体是渔场，水面是船舶航行的航道，海洋环境这种多层次复合型的特点，表明海洋的每一部分都拥有多种功能、多种价值，由此导致海洋环境开发利用的多行业性。多行业立体化的开发以及对同一海区多种资源的竞相开发，这些现象的存在，在缺少一种强有力的制约、监督和协调力量的情况下，必然导致海洋开发的无序状态，严重影响了海洋环境的利用程度，并不可避免地导致对海洋环境的破坏。

（2）海洋生物资源开发过度

由于我国海洋捕捞业的盲目发展，近海捕捞失控，酷渔滥捕，致使近海重要渔业资源严重衰退，严重影响了海洋渔业的持续发展，致使生物资源结构严重失调，资源量衰减，多数传统优质种类已形不成渔汛，如黄海、渤海的小黄鱼渔汛，渔获量中优质鱼类比例下降。

（3）海洋环境污染严重

我国海洋环境污染来源有陆源污染、海上污染及空中污染，但主要来自陆源污染。根据国内学者对部分海湾的研究分析表明[①]，陆源污染对近岸海域环境的影响因素主要有以下几个方面：一是工业废水污染。沿海地区是经济发展较快的地区，工业废水的排放量也呈逐年上升趋势。二是农业生产的污染。随着我国农业现代化程度的不断提高和免耕法的广泛运用，杀虫剂、除莠剂等农药用量呈逐年上升趋势，约有 1/3 的农药被植物吸收或滞留于土壤，2/3 以上的农药则随径流经江河湖泊汇入海洋，成为海洋中的营养盐输入来源。三是生活污水污染。随着沿海地区的经济发展，滨海城市人口越来越密集。大量未经处理的生活污水排放入海。我国大连湾沿岸有 70 多处排污口，每年向湾内排放约 3 亿 t 污水、10 万 t 污染物。上海市每年约有 20 亿 t 污水排入长江口和杭州湾。未经任何处理的工业废水和生活污水排放入海，造成有机物和氮、磷等营养盐严重超标[②]。

（4）海洋生态破坏触目惊心

不合理的围海、筑坝、河流建闸，以及大面积挖沙采石、乱挖珊瑚礁、滥伐红树林等大量的人为活动已严重破坏了我国海洋自然景观和生态环境，造成了大范围的海岸侵蚀或淤积，破坏了典型的海洋生态系统，其危害和造成的损失并不亚于海洋污染。专家研究报道早在 20 世纪 90 年代中期，整个海南岛沿岸就已有 95%左右的珊瑚礁被破坏[③]，以珊瑚礁和椰林为特

① 袁建军，等. 海洋生态环境污染研究概况[J]. 生物学通报，2001（5）.

② 国家海洋局. 海洋事务面临的重大问题，2007-03-20. http://www.soa.gov.cn/hyjww/hyzl/2008/07/23/1216698547688966.htm.

③ 邹仁林. 中国珊瑚礁的现状与保护对策//生物多样性研究进展. 北京：中国科学技术出版社，1995.

色的热带风光所剩无几。

7．能源资源利用存在的主要问题及产生的环境问题

我国能源消费历来以煤为主，目前我国煤在能源消费构成中的比重大致在 70%上下波动。而在发达国家能源消费主要以石油和天然气为主，石油和天然气的消费平均占比为 70%左右。由于世界石油资源和产量的有限性，加上发达国家基本把持了世界的能源市场，我国要想依靠大量进口石油实现能源消费结构转变十分困难。随着我国重化工业程度的加深，我国以煤为主的能源结构仍将持续较长的时间。

（1）能源利用效率较低

我国能源利用效率低。其中我国单位产值能耗，2000 年按现行汇率计算的每百万美元国内生产总值能耗，以标煤计我国为 1 274 t，比世界平均水平高 2.4 倍，比美国、欧盟、日本、印度分别高 2.5 倍、4.9 倍、8.7 倍和 0.43 倍。单位产品能耗，2000 年电力、钢铁、有色、石化、建材、化工、轻工、纺织 8 个行业主要产品单位能耗平均比国际先进水平高 40%，如火电供电煤耗高 22.5%，大中型钢铁企业吨钢可比能耗高 21.4%，铜冶炼综合能耗高 65%，水泥综合能耗高 45.3%，大型合成氨综合能耗高 31.2%，纸和纸板综合能耗高 120%[①]。

（2）节约和开发能源的技术创新不足

我国能源技术进步方面除了水电技术和核能技术方面有所突破外，在风能、太阳能和生物能源技术方面进步不大。在核能发电方面，我们与国外相比有一定差距，大宗设备依赖进口；而风能和太阳能发电技术也大多为国外企业所垄断。如我国没有太阳能电池背板的制造技术，没有高透光玻璃的制造技术，没有太阳级硅材料的研制生产技术，没有各成分黏合到一起的 EV.A 膜的制造技术；风能发电方面的情况也基本差不多，风机制造的核心技术几乎全靠进口。

8．小结：资源利用对环境战略的要求

走中国特色的社会主义道路，其区别于传统的苏联模式的基于高投入、低效率的社会主义模式，也区别于传统的西方式的基于高消耗、高消费的资本主义模式。我国的人口和资源的基本国情事实表明：① 人口对资源环境的压力过大，资源承载负担过重；② 国际竞争中我国处于劣势，人均资源占有量的多寡很大程度影响着人均产量的高低和未来发展的潜力；③ 我国不能以赶超发达国家为目标，以西方生活方式为模式，不能盲目追求高消费，不能铺张浪费，只能激励人民艰苦奋斗，保持勤俭节约的优良传统，选择节约资源的生产体系和适度的生活体系。

我国资源发展战略是：开源节流，合理开发，综合利用，注意保护，优势互补，持续

① 国家发改委. 节能中长期规划，2008-06-25.

发展[①]。资源利用总体思路是：树立资源忧患意识，保护和合理利用资源；建立稳定、安全和经济的全球资源供应体系，满足全面建设小康社会对资源的需求；通过开源和节流，在满足当代人需求的同时，也保证子孙后代的发展需求；依靠科技进步，利用市场机制，提高资源利用效率；转变生产方式和消费模式，发展循环经济；实施战略储备，降低突发事件和国际市场价格波动对我国经济发展的影响，保障国家经济安全。

（四）经济发展对环境的压力

保护环境和发展经济是促进人类社会进步的两个重要方面。环境与经济紧密联系相互影响。粗放型的经济发展将导致生态环境恶化，而恶化的生态环境将影响经济又好又快发展；环境保护将优化经济结构和促进经济可持续发展，科学的经济发展模式将缓解资源环境压力和有利于环境保护目标的实现。因此，实现经济又好又快发展和缓解生态环境恶化的双重目标，需要从国家高度和层次构筑我国环境战略框架。

从国情看，目前我国经济发展具有以下特点，并对环境提出严峻挑战，因此对国家环境战略提出了根本性要求。

1. 我国压缩型经济社会典型特征使资源环境面临着前所未有的严峻挑战

联合国开发署环境专家 D.O.Conner 指出，早期发达国家经历了几个世纪完成的工业化，在东亚国家却只花了数十年，与发达国家相比，发展中国家的工业化过程显著缩短，这种缩短的工业化被有关专家称为“压缩型”工业化[②]。压缩型经济社会典型特征是工业化进程超速发展，产业结构急剧转变，就业矛盾突出，资源环境问题复杂。“压缩型”工业化社会典型特征，使我国正处于经济快速增长的发展阶段，并处于经济发展与资源环境矛盾激化的关键时期，因此，适度经济发展速度是确保实现经济与环境双重目标的必要前提，是国家环境战略的根本要求。

（1）工业的快速崛起是我国“压缩型”工业化社会的典型特征

工业的快速崛起是“压缩型”工业化社会的典型特征，主要表现在工业突然而快速地替代农业，与“非压缩型”工业化国家相比，缺乏自然成熟的过程。如英国的工业革命自 18 世纪开始，到 21 世纪仍处于工业信息化阶段，而工业后进国[③]则在几十年的时间里就完成了由农业社会向工业化社会的转型。如韩国 1965 年的 GDP 中工业产值的比重为 25%，1990 年已迅速上升到了 45%，同期农业部门在 GDP 中的比值从 39%下降到 9%；我国自 20 世纪 50 年代开始工业化，到 2005 年，第二产业产值占 GDP 的比重从 20.9%上升到 47.3%，与此同时，

① 胡鞍钢. 中国资源与经济发展. 中关村，2005（12）.
② 张坤. 推行循环经济是解决我国复合型环境问题的重要举措//循环经济理论与实践论文集. 北京：中国环境科学出版社，2005.
③ 胡鞍钢. 国情与发展. 北京：清华大学出版社，2006.

农业总产值在GDP中的比重从50%左右下降到12.4%。

（2）国民经济将继续保持平稳较快地发展

改革开放以来，我国国民经济保持快速增长，综合国力大大增强，社会生产力水平明显提高。2005年我国GDP达到182 320亿元，1978—2005年GDP增长了10.96倍，年均增速达到9.62%。“十五”时期，GDP年均增长9.5%，增速高于“九五”期间年均8.6%的水平，且经济增速逐年加快。

预测表明[①]，无论从供给能力，还是从需求约束，未来5～15年间我国国民经济仍将保持较快的增长。根据国家信息中心的最新预测，“十一五”期间我国经济增长率将保持在9%左右，“十二五”为8.5%左右，“十三五”为7%左右；到2020年，我国GDP总量将达到64万亿元，人均GDP将超过5 600美元，无论是GDP总量，还是人均GDP，都将提前实现“十六大”和“十七大”提出的2020年国内生产总值（GDP）和人均GDP比2000年翻两番的战略目标。到2020年，我国的城镇化水平可达到52%以上，综合经济实力达到中等发达国家的水平，人民生活更加殷实。

经济发展总量或人均GDP和经济增长速度无疑是我国环境变化最重要的驱动力。在一定技术条件下，经济发展总量或人均GDP和经济增长速度直接决定了资源消耗量与污染物的产生量。未来中国环境的变化发展趋势对经济发展总量和经济增长速度具有严重的路径依赖。因此，经济发展速度的选择对未来环境趋势具有决定性的影响。

（3）经济过快增长将继续恶化当前已互为因果的经济与环境影响机制，并成为国家可持续发展的不可逾越的严重障碍

如果资源环境消耗仍然是今后经济增长的主要动力，那么，与高速经济增长相伴随的是，对能源和其他资源的消耗将持续大量增加，进而导致污染排放总量明显增加，环境污染加剧，生态环境呈现总体恶化的趋势。

从当前趋势看[②]，由于经济发展速度过快、资源能源消耗难以控制，污染物新增量将会继续加大，动态削减任务量将更大甚至可能超过国务院节能减排综合工作方案的设计目标。最早的减排方案是以GDP年均7.5%的速度增长为基础的。如果GDP以10%的速度增长，与7.5%的基础方案相比，仅煤炭消耗就增长3.1亿t，SO_2新增产生量450万t、新增排放量180万t。因此，经济过快增长将继续恶化当前已互为因果的经济与环境影响机制，并成为国家可持续发展的不可逾越的严重障碍。

① 中国环境监测总站. 总论专题一：环境形势与发展趋势.
② 中国环境与发展国际合作委员会. 实现“十一五”环境目标政策机制报告，2008.

（4）适度经济发展速度是实现我国未来经济与环境双重目标的必要前提，是国家环境战略的根本要求

分析表明[①]，即使节能任务如期完成和新建项目环保措施到位，“十一五”期间 GDP 平均增长 1 个百分点，SO_2将新增 77.1 万 t、COD 将新增 67.5 万 t。如果“十一五”的年经济增长超过 10%，需要的 COD 削减量要大于目前规划的削减能力，COD 的削减目标实现难度极大。研究表明，若目前由重化工业驱动的经济增长格局没有根本性的变化，经济增长达到 10%，2010 年万元 GDP 能耗仅比 2005 年降低 15%～16%。

如果“十一五”GDP 增长 10%，必须经强化节能政策实施努力后才有可能实现节能 20% 的目标，但 SO_2 减排能力需求已经大于目前规划的减排能力。总之，只要经济增长超过 10%，减排需求已经超过了原设计方案的边界条件和最大潜力，在现有条件、政策、发展格局下，不可能实现“十一五”COD 和 SO_2 减目标，需要进行修正、补充、完善减排方案和措施。

因此，适度经济发展速度是实现我国未来经济与环境双重目标的必要前提，是国家环境战略的根本要求。

2．粗放型经济发展给我国环境带来严峻挑战

我国经济增长严重过度依赖于资源环境的消耗，粗放型经济发展模式导致经济低效。同时，对我国资源环境需求带来更严峻的挑战，因此，转变粗放型经济发展模式是国家环境战略的关键环节。

（1）我国经济发展长期严重过度依赖于“两高一资”的传统经济发展模式

30 年来我国社会经济发展取得了举世瞩目的成绩。1981—2002 年我国 GDP 年均增长 9.5%、能源增长 4.2%，以能源翻一番支持了 GDP 翻两番。我国经济增长方式依然粗放，“高投入、高消耗、高排放”的问题非常突出。①高投入：新中国成立 50 年来 GDP 增长 10 多倍，矿产资源消耗增长了 40 多倍；2003 年资本形成占 GDP 比重高达 42.7%，远高于美国、德国、法国、印度等 20%左右的水平。②高消耗：每万美元 GDP 消耗的钢材、铜、铝、铅、锌分别是世界平均水平的 5.6 倍、4.8 倍、4.9 倍、4.9 倍、4.4 倍。③高排放：我国单位 GDP 废水排放量比发达国家高 4 倍，单位工业产值产生固体废物比发达国家高 10 多倍，单位 GDP 二氧化硫排放量是日本的 68.7 倍、德国的 26.4 倍、美国的 6.0 倍。

未来我国政府确定了全面建设小康社会的宏伟发展战略：实现人均 GDP 翻两番；同时，生态环境将得到显著改善，可持续发展的能力将持续增强。研究认为，人均国内生产总值翻两番将会对自然资源和环境造成 4～5 倍于现有水平的压力；如果继续沿袭“高投入、高污染、高排放”的经济发展方式，我国将不可能实现又好又快发展和全面小康社会的发展目标。

① 中国环境与发展国际合作委员会. 实现“十一五”环境目标政策机制报告，2008.

（2）粗放型经济发展模式对我国环境带来严峻挑战

在 GDP 高速增长情况下，工业污染物排放强度尽管有所降低但仍远高于发达国家水平，高投入、高消耗、高污染型的发展模式没有根本转变，推动中国 GDP 增长的大多是高污染、高耗能的产业。2007 年 1—5 月主要银行金融机构向六大“双高”行业中长期贷款比去年同期增加了 21.8%。重化工、火电、冶金、水泥等行业依然是污染物排放大户，行业技术水平不高，高档次产品少，产业集中度低。一些小钢铁、小水泥、小火电等国际“禁限”的小项目在中国的部分地区屡禁不止，产能过剩、东部地区调整淘汰的重污染行业项目却改头换面向西部和落后地区转移，电力行业借热电联产变相扩张产能，氧化铝项目、煤化工等项目发展较快。同时，中国粗钢净出口增加量仍然占钢材新增产量的 33%，中国焦炭出口占世界出口总量 50%以上，出口产品的结构性污染也十分突出，中国在承受巨大贸易的顺差同时，也承受着巨大的“生态环境逆差”，即大量出口产品，污染留在中国，相当于“进口”污染。粗放型经济增长方式尚未得到根本性转变，导致主要污染物排放量不断增加，给我国环境形成了巨大压力。

（3）转变粗放型经济发展模式是国家环境战略的关键环节

粗放的经济发展模式必须通过污染控制得以实现转型，污染减排目标的最终实现也必须以转变经济发展方式为前提条件。因此，污染减排实质上是改变社会经济发展模式。

实践表明，我国转变“两高一资”传统经济发展方式，是减轻经济增长与资源、环境压力矛盾的首选途径，是落实科学发展观、建设资源节约型和环境友好型社会不可缺少的重要组成部分与核心问题，是国家环境战略的关键环节。

3．产业结构重型化增加了污染物排放量和加剧了污染治理的难度

我国产业结构正在升级，但重化工型的工业结构和初级产业结构的演变惯性对资源环境需求的挑战依然严峻，因此，加速产业结构升级、以环境容量确定产业布局、以污染防治优化产业结构是国家环境战略的重要优先领域。

（1）我国产业结构正在升级，但重化工型的工业结构和初级产业结构的演变惯性较大

中国经济在快速增长的同时，产业结构也发生了巨大的变化。“十五”期间，第二产业保持着最快增长速度，年均增长 10.7%；第三产业增速与 GDP 整体的增长速度一致，年均增长 9.9%；第一产业增速年均增长 3.9%。我国三次产业占 GDP 比重由 2000 年的 14.8%∶45.9%∶39.3%变为 2005 年的 12.5%∶47.3%∶40.2%。工业结构内部呈现出明显的技术升级特征，产业结构不断向更高的技术层次变迁。

虽然对我国目前工业化所处的阶段还有一定的争论，但如果从工业本身的发展水平或 GDP 的结构来看，我国已经进入工业化中期即重化工业发展阶段。今后 20 年，工业主要是制造业在我国的发展还有相当大的空间，工业将保持与 GDP 同步发展的势头，工业占 GDP 比重略

有上升，之后会有个基本稳定的时期。从消费结构、投资结构和对外贸易结构的变化趋势来看，未来 15 年，我国产业结构将不断向重化工业化方向转换，产业重化工业化特征将更加明显。

（2）加速产业结构升级、以环境容量确定产业布局、以污染防治优化产业结构是国家环境战略的重要优先领域

技术改进、经济总量增长、产业结构调整的变化都将影响国家“十一五”环境目标的实现。利用《国家中长期环境经济预测模型》测算的结果①，未来 5～15 年，我国产业结构仍将处于重化工业化发展阶段。农业、食品行业的增长速度为 4%～5%，比国内生产总值增长速度低 4.5 个百分点；纺织、服装、木材加工及家具、化学纤维制造业等行业增长速度在 5%～6%，比国内生产总值增长速度低 3 个百分点，这些轻纺等轻工业产业增长速度将明显低于全国平均经济增速，在经济中的份额会不断下降。机械设备、电气与电子设备业的增长速度将达到 9%以上，比国内生产总值增速稍快；黑色金属冶炼、有色金属冶炼行业增长速度将达到 8%～9%，与国内生产总值增速相当；由于需求上升，石油加工业与冶炼，煤炭、石油、建材等行业增长速度也将略高于国内生产总值增速。

总之，未来 5～15 年，重化工业在工业发展中的比重将大大上升，重化工业化特征十分明显，这将对我国资源和环境发展带来极大的挑战。

预测结果表明，2020 年以后，我国产业发展将从工业化中期阶段进入工业化后期阶段。由于经济增长方式的不断转变，产业结构的不断升级，第三产业的不断发展，2020 年以后，我国经济结构将发生明显变化，人均 GDP 将超过 5 600 美元，第一产业比重下降至 10%以下，第三产业比重上升至 44%以上，并将在 2030 年后超过第二产业的比重。因此，2020 年前后是我国经济发展和环境形势的重要转折时期。

长期以来，我国在推进工业化和城市化过程中，较少在宏观决策和整体规划上考虑环境与资源因素，带来了潜在而深远的环境影响。自 2005 年年底松花江污染事件以来，广东北江、湖南湘江等江河水域接连发生重大水污染事件，对公众健康、社会稳定、经济发展甚至外交局势造成重大影响。这些事故已不仅仅是个别企业的过失问题，而是涉及产业布局是否合理、产业结构是否平衡等产业空间布局问题，特别对江河水域的产业布局和产业结构而言，更是如此。因此，必须通过战略环评等有效工具，综合分析环境资源的承载能力，对各类重大开发、生产力布局、资源配置进行更为合理的空间战略安排。尤其目前我国各地区、各行业发展的规模和速度空前迅速，这种情况下，如果新的产业布局不合理，环境污染将成倍增长。如现在许多地方新建、改建、扩建的钢铁、炼油、乙烯等重化工项目，同几年前相比，其规模都翻了几番，它对环境的影响甚至产生了质的变化。所以必须高度重视新的产业布局可能导致的环境问题。同产业布局联系最密切的是由各级政府制定的产业规划，在市场经济条件

① 中国环境监测总站. 总论课题组专题一：环境形势与发展趋势.

下，政府主要是通过规划来引导产业布局。

因此，要想从源头上解决布局导致的环境问题，必须从规划入手，这就要求规划环评充分发挥作用，以促进产业发展规模适宜、布局合理、经济结构优化，使经济社会发展与环境资源和生态条件相协调。以环境容量确定产业布局，以污染防治优化产业结构成为国家环境战略的重要优先领域。加速产业结构升级、以环境容量确定产业布局、以污染防治优化产业结构是国家环境战略的重要优先领域。

4．粗放型贸易增长方式付出了巨大的资源环境代价

粗放型贸易增长方式成为拉动经济发展的主要动力，但对我国资源环境带来巨大压力同时，并严重影响了我国的国际环境形象，因此，转变贸易增长方式，绿化贸易体系，是国家环境战略的不可忽略的核心领域之一。

（1）粗放型贸易增长方式成为拉动经济发展的主要动力，但对我国环境带来巨大压力

随着全球经济一体化进程不断加快以及我国改革开放的不断深入发展，我国经济贸易快速发展并取得了巨大成就，尤其贸易成为拉动我国国民经济发展的三大引擎之一。自改革开放以来，尤其是 2001 年我国加入 WTO 之后，我国对外贸易以平均每年 20%～30%的速度增长，成为全球对外贸易增长最快的国家，并已成为仅次于美国和欧盟的世界第三大经济体和世界第一引资大国。目前我国每年对外贸易顺差超 2 000 亿美元，外汇储备达到万亿美元，成为世界上最大的外汇储备国。

长期以来，我国以资源环境密集型产品出口为导向的、以量取胜的粗放型贸易增长模式在总体贸易中占有很高的比例，而这一外贸增长模式成为我国目前粗放而不可持续生产和消费方式的加速器，加剧了我国资源环境压力，给我国环境目标的实现提出了严峻挑战。

我国长期以来粗放型贸易增长方式在拉动经济增长的同时，也对资源环境带来了巨大压力。研究表明[①]，虽然我国对外贸易价值量顺差但部分行业资源环境却在产生“逆差”。初步研究表明，我国“十五”期间 SO_2 污染物排放量中，如果忽略生产结构与贸易结构的差异性，我国“十五”期间每年对外贸易造成的 SO_2“逆差”约为 150 万 t，占我国每年 SO_2 排放总量的近 6%。如果考虑生产结构与贸易结构的差异性，由于贸易增速远高于生产增速，因而，由外贸拉动的 SO_2“逆差”将更高。

从我国来自于国际的资源环境压力看，在经济贸易全球一体化迅猛发展和国际分工态势下，中国已成为国际产业结构调整中的关键环节，成为当今的“世界工厂”或制造业中心，为此，中国社会经济发展带来的环境影响成为国际社会关注的焦点，并成为影响我国国际形象的重要因素，同时我国自身也承担了来自于全球需求所带来的资源环境压力。

同时，我国粗放型以高投资、高污染、高出口为导向的经济增长模式的发展空间日益缩

① 国家环保总局 WTO 环境与贸易技术专家组.《运用贸易手段促进环保目标实现》报告，2007-06.

小。由于石油、铁矿石等能源原材料价格的飙升迫使中国企业的成本不断上升，由于国际贸易壁垒与日益激烈的国际竞争，原本可以通过价格途径传递的通胀压力被强制在企业内部消化。这对原本利润微薄的中国出口企业造成了巨大的生存压力。严峻的国际竞争条件迫使政府与企业不断思考如何转变贸易发展模式。

由此可见，我国对外贸易快速发展和贸易价值量顺差背后蕴涵着巨大的资源环境逆差和代价，环境输出型的贸易增长方式对我国环境带来了巨大挑战。

（2）转变贸易增长方式，构建绿色贸易体系，缓解资源环境压力，是国家环境战略不可忽略的重要领域

进出口结构不合理、出口产品环境效率低下、出口总量快速增长是造成我国部分行业贸易资源环境逆差的主要原因。因此，我国不加快调整贸易结构、转变贸易增长方式，资源支撑不住，环境容纳不下，社会承受不起，经济贸易发展难以为继。因此应在我国进出口环节增加一个可调节的环境保护“阀门”，限制资源环境密集产品出口，鼓励资源环境密集产品进口。“阀门”可设置在以下三个环节：进出口环境关税、市场准入与准出环节、投资环节。

因此，以科学发展观为指导，以促进经济增长方式转变、以环境绿化贸易增长、加快环保工作三个历史性转变和确保环保目标实现为目标，以环保手段绿化贸易增长和绿色贸易手段缓解资源环境压力，构筑减少并扭转我国贸易的资源环境逆差和促进绿色贸易发展的环境管理政策体系，是国家环境战略的不可忽略的核心领域。

5. 消费升级和消费转型带来了新的环境问题

我国消费水平迅速提高，消费结构逐渐升级，但消费转型带来了新的环境问题，复合型环境问题使我国环境形势更加严峻，因此，构建可持续消费模式是国家环境战略的又一重要领域。

（1）我国消费水平迅速提高，消费结构逐渐升级

改革开放以来，我国城乡居民生活水平不断提高，人均收入和消费持续上升。“十五”期间城镇和农村居民人均收入分别年均增长 9.6%和 5.3%；2005 年，城镇和农村居民收入分别达到 10 493 元和 3 254.9 元。与 2000 年相比，2005 年城镇和农村居民的恩格尔系数分别下降了 2.7 个百分点和 3.6 个百分点。居民消费中，对食品、衣着和家庭设备用品和服务的消费比重有所下降，而对医疗保健、交通通信、教育文化娱乐和居住的消费比重有所上升。其中，交通、通信消费比重上升最快，其次是教育文化娱乐服务和居住。近年来，居民对汽车、住房等高价消费品的需求正在逐渐增长。

（2）消费转型带来了新的环境问题，使我国环境形势更加严峻

随着我国消费生活水平的提高和城市化进程的加快，电子电器、房屋以及汽车等家用消费品的增长速度还要加快，家用电器报废的高峰期已经来临。预计仅在未来五年，需要报废

的电冰箱有 400 万台，洗衣机有 500 万台，电视机有 500 万台。因此，废旧家用电器、建筑废弃材料、报废汽车和轮胎等回收和安全处置将成为未来 10 年乃至更长一段时间内一个严重的生活型环境污染问题。消费转型带来了新的环境问题，我国在较低水平的发展阶段产生了由工业污染、生活型污染、生态退化、新环境问题和全球环境问题等组成的复合型环境问题使我国环境形势更加严峻。

（3）建立社会可持续消费模式，是国家环境战略的重要不可或缺的重要领域之一

在我国社会经济的高速发展时期，在重视工业污染防治的同时，还应高度关注社会消费转型带来的废旧家用电器、建筑废弃材料、报废汽车和轮胎以及室内环境污染问题，大力发展循环经济，推进绿色政府采购，建立社会可持续消费模式，是国家环境战略的重要核心领域之一。

6. 贫困导致生态环境恶化，而恶化的生态环境加剧了贫困

当前我国经济发展不平衡加剧，尤其贫困问题严重。贫困引致生态环境恶化，而恶化的生态环境加剧贫困，贫困人口成为环境恶化更严重的受害者，因此，推进益贫型环境保护政策是国家环境战略急需关注的新领域。

（1）贫困挑战依然严峻，贫困主要是农村现象；但近几年城市贫困问题凸显

当前我国经济发展的特征之一是发展的不平衡性。根据国家统计部门统计，2005 年我国人均 GDP 达到 1.4 万元，按目前汇率折算接近 1 800 美元，为 10 年来之最。不过，不同地区人均地区生产总值水平差距较大。其中东部地区人均地区生产总值为 2.37 万元，比中部、西部和东北地区分别高 1.24 倍、1.55 倍和 49%。

我国经济发展的不平衡性的表现之一是贫困问题依然严峻。据统计，2004 年我国贫困人口为 2 600 万。无论是按照国际标准，还是按照基本需求的满足程度，这些人都属于“极端贫困”人口。采用世行每人每天 1 美元消费的贫困线衡量，中国贫困人口为 1.35 亿左右。而且，近几年随着市场经济的转型，城市贫困问题凸显。

（2）贫困引致生态环境恶化，而恶化的生态环境加剧贫困，贫困人口成为环境恶化更严重的受害者，并对我国环境提出严峻挑战

当今世界上的贫困与环境看似两个互不相关的问题，却被发展议题紧密联系在一起。贫困地区往往同时也是环境污染较为严重的地区，大多数贫困人口正在经历生态环境破坏对身体健康的侵害，贫困人口成为环境污染更严重的受害者。

我国贫困挑战依然严峻，尤其自然资源退化、环境污染和脆弱性加剧了我国减贫的艰巨性，并对我国环境提出严峻挑战。贫困人口最容易感染由于环境污染引发的疾病，又最没有能力支付治疗疾病所需的全部医疗费用。国家贫困线以下的农村贫困人口中有 90%生活在土地退化或土地严重退化的地方和偏远边境地区。解决环境问题对可持续发展和降低环境对贫

困人口的负面影响具有举足轻重的作用。

(3) 推进益贫型环境保护政策是国家环境战略急需关注的新领域

社会不公平与经济发展不平衡成为中国贫困与环境问题的症结；作为承担环境保护和减少贫困双重社会责任的政府，从国家环境战略层面，给予贫困人口更多的可选择的生存机会即通过扩大机会、促进赋权、加强社会保障等措施，不仅贯彻实施资源节约型和环境友好型的重大战略举措，是全面落实科学发展观、构建社会主义和谐社会的切入点，是国家环境战略的急需关注的新领域。

因此，实施益贫型国家环境保护战略是我国环境战略新领域，是各级政府承担社会责任的重要战略举措，是我国目前全面落实科学发展观、构建社会主义和谐社会、贯彻实施资源节约型、环境友好型和社会和谐型的可持续发展战略的重要的新领域。

7. 小结：经济发展对环境战略的要求

“压缩型”工业化社会典型特征，使我国正处于经济快速增长的发展阶段，经济增长严重过度依赖于资源环境的消耗，并处于经济发展与资源环境矛盾激化的关键时期，因此，适度经济发展速度、转变粗放型经济发展模式、加速产业结构升级、以环境容量确定产业布局、以污染防治优化产业结构、绿化贸易体系、构建可持续消费模式、推进益贫型环保政策是国家环境宏观战略的根本要求。

因此，从生产、消费、贸易、贫困等领域全方位加速经济发展方式转变，推进可持续生产、可持续消费、可持续贸易、和谐社会发展是国家环境宏观战略的根本所在。

（五）国际形势对环境战略的要求①

环境保护处在历史性转变的关键时刻，还表现在我国环境保护面临着国际环境保护的新局面。国际形势的变化，对我国既是压力，也是机遇，而应对压力、利用机遇，这是环境保护新的使命，也是历史性转变的内在含义。

1. 国际环境保护形势的新变化

国际环境保护形势的新变化，主要反映在以下四个方面：

(1) 全球或区域性环境问题（如气候变化、臭氧层损耗、大气棕色云、生物多样性减少等）不断扩大或加剧，引起全球关注和行动，国际环境条约和各种行动计划日益增多

全球层次上环境总体状况恶化，环境问题的地区及社会分布失衡加剧。过去 20 年，在经济全球化过程中，少数发达国家和地区的环境压力逐渐减弱，但大多数欠发达、发展中和转型国家及地区环境状况没有得到改善，甚至恶化。

---

① 本部分由《全球与区域环境战略专题》相关内容改写而成。

各种全球环境问题之间的关联性不断增强，例如全球气候变暖可能导致海洋、土地、森林、生物多样性、水资源等全球环境问题的进一步恶化，反过来，森林等生态系统的恶化又会加剧气候变化，互为因果，全球环境问题的复杂性不断增强，应对更加艰巨。

同时，全球与区域环境问题相互转化。在过去 20 年，一方面，一些全球性环境问题转变为区域性问题，如酸雨主要成为亚洲的区域问题；臭氧层问题，尽管其影响是全球性的，但目前消耗臭氧层物质的生产和消费及其控制则是区域性的；另一方面，一些区域性问题逐渐上升为全球性问题，如危险废物特别是电子废物的越境转移，从过去的集中在亚洲逐渐扩展到非洲、欧洲等。

气候变化成为当今影响最大、层次最高、合作最难、斗争最激烈的全球环境问题。联合国政府间气候变化专门委员会（IPCC）第 4 次评估报告也给出肯定性地回答，近 50 年来气候变暖的主要原因是由人为活动引起的，其可能性在 90%以上。我国温室气体排放位居世界第二，仅次于美国。

我国二氧化硫、汞、消耗臭氧层物质、COD 等排放位居世界第一，酸雨、臭氧层耗竭和持久性有机污染等全球和区域环境问题的影响日益增加。同时，我国又是生物多样性富集的国家，荒漠化面积很大的国家，是相关全球环境问题重灾区。

在全球环境问题中，我国既是原发地之一，又受到其严重影响，包括气候变化、臭氧层破坏、酸雨、持久性有机污染和危险废物越境转移、生物多样性减少、森林退化、土地荒漠化、海洋污染等。而且，种种迹象表明，全球环境问题对我国的不利影响在不断加剧。这就要求，为了自身的利益，我国必须切实应对全球环境问题，减缓不利影响。

（2）全球环境治理的新趋势对我国环境保护提出了新要求

生物圈的整体性和生态系统的相互依存性使所有国家都不能避免环境问题的影响，因而需要所有国家采取集体行动应对全球性环境问题。也就是说，全球环境问题需要全球环境治理。

全球环境治理是指国际社会通过建立新的公平的全球伙伴关系，经由条约、协议、组织所形成的复杂网络来解决全球环境问题，以促进人类社会的可持续发展。全球环境治理机制是由相应的条约、协议、组织所形成的复杂网络。它是国际社会行为体（主要是主权国家和国际组织）在解决日益严峻的全球环境危机过程中建构起来的一系列制度化（正式和非正式）的组织机构、原则和程序，主要由结构主体、议题领域、作用渠道、原则规范、操控方式来构成和运作。

全球环境治理起步于 1972 年的联合国人类环境会议，为此成立了从事全球环境事务的专门机构——联合国环境署。1992 年环境与发展世界首脑会议之后，全球环境治理进入快速发展时期，以 2002 年可持续发展世界首脑会议为标志，全球环境治理进入新的发展阶段，呈现出三个显著的发展趋势。

①全球环境治理方式的机制化和参与主体的多元化。

缔结国际公约和组织实施重大科技计划是全球环境治理的两种主要方式，而且从发展进程看，重大科技计划往往是国际公约的先导或技术补充，例如政府间气候变化专门委员会（IPCC）与《联合国气候变化框架公约》之间的关系及发展历程。截至 2006 年，国际环境条约已超过 500 个，其中 60%是 1972 年以后达成的，300 多个是区域性的。目前，在 51 项具重要意义的国际或区域性核心环境公约或议定书中，综合类（环境影响评价和信息公开）2 项；大气类 6 项；危险物质类 9 项；海洋环境类 18 项；土地系统类 1 项；生物多样性保护类 10 项；淡水资源类 1 项；核安全类 4 项。此外，在 WTO 机制下，环境保护也成为其规则的重要组成部分。在过去 15 年中，国际社会实施了诸如世界气候研究计划（WCRP），国际地圈生物圈计划（IGBP），全球环境变化的人文因素计划（IHDP）和生物多样性计划（DIVERSITAS）等一系列重要研究计划。

与过去相比，除了各国政府外，非政府组织、私人部门、企业和公众在全球环境治理中发挥着越来越重要的作用。目前，在全球比较重要的 247 个国际环境非政府组织中，76%以上都是 20 世纪 70 年代以后出现的。

②全球环境治理进程的一体化和区域化。

从成因和对策的性质看，许多重大全球环境问题的表现是环境污染和生态退化问题，但实质上是能源问题、经济发展方式问题和发展不足问题。这就使得全球环境治理与经济、政治乃至文化等方面相互渗透，一体化和复杂化程度日益增强。例如，在应对气候变化中，若设定温室气体排放额度，就意味着将全球的大气环境作为有价资源进行初始分配，设定排放空间，限制能源使用总量和经济发展空间。正是应对气候变化问题的这一经济本质，才引发了发达国家与发展中国家关于历史排放责任追究和现实减排责任区分的争论，才出现了气候变化问题的政治分歧。其他全球环境问题不同程度地存在类似问题。

另外，在全球性的环境问题应对机制迅速发展的同时，区域性的机制也日趋活跃，如气候变化亚太六国伙伴关系计划、欧盟温室气体排放贸易体系、亚太环境与发展论坛等。总体上，区域机制是全球性机制的补充，具有较大的灵活性，但有些区域机制又有可能干扰全球性机制的主渠道作用。

③全球环境治理手段的刚性化和市场化。

一方面，面对全球环境问题边治理边恶化的现状，并考虑到其一体化的特征，近年国际社会出现了强化全球环境治理机制的新进程。具体表现为：一是在现有国际环境公约和议定书下，强化履约的法律约束力和惩罚措施，如《联合国气候变化框架公约》和《京都议定书》下的有关机制及其修正案的讨论以及 WTO 下关于环境与贸易挂钩的制裁问题的讨论。而且，这种刚性化出现了单边或区域主义倾向，例如，2007 年年中，欧盟提出关于征收航空排放温室气体税的立法讨论；年底，美国和欧盟联合提出提案要求在 WTO 机制下，从气候变化角度谈判环境货物和服务关税削减问题。二是建立强大的全球环境治理机构。近两年，欧盟等集团和国家极力主张启动一个关于建立类似世界贸易组织性质的全球环境组织的进程，加强全球环境管理的管制力。

另一方面，为了实现具有法律约束力的全球环境治理目标，国际社会积极推动以市场机制为基础的灵活性政策手段，如温室气体排放贸易、CDM、碳税。

以上全球环境治理体现的新趋势新特征必然对我国的环境保护产生重大影响，也提出了新的要求，我国在国际环境事务中的责任问题凸显。因此，我国的环境保护宏观战略必须放在全球化、国际化的大背景下定位。

（3）经济全球化使高能耗、高污染产业向一些发展中国家集中，导致这些地方承担了很大的环境负荷，在国际贸易中出现很大的“环境逆差”，为此国际上展开了把环境问题纳入WTO等经济和贸易机制的持久谈判

经济全球化是当今世界最显著的一个特征，影响一个国家的工业化、城镇化、市场化和信息化，进而影响全球、区域和国家内部环境问题的发展。进入 21 世纪，经济全球化使中国与世界逐步融为一体。经济全球化给中国的资源与环境保护带来了现实利益，通过进口原材料和能源，缓解了我国资源短缺和能源供求失衡的矛盾；通过进口废旧资源，减少了直接进口的资源数量；通过外商直接投资和贸易引进先进技术和设备，提高了国内资源利用效率，提高了环境治理水平。

然而，经济全球化也给我国带来了许多新的环境挑战。

①我国处于新一轮全球产业结构调整的下游，承接着产业转移和积聚的污染风险，加剧了局部地区的环境问题。

世界银行的研究显示：世界 28 个行业中，仅钢铁、炼油、食品、工业化学、纸及纸制品、有色金属、水泥 7 个部门的大气和水污染物排放占到了全球的 90%，这一污染负荷在 1960—1990 年的 31 年里几乎没有大的变化，所变化的只是从一地转移到另一地。我国目前是世界第三贸易大国，工业制成品出口已占到了我国整个货物贸易出口的 90%以上，主要是低端产品的生产加工；外资企业出口在我国出口中所占比重达到 58%。1995 年投资于污染密集产业的外商占外商投资企业数的 30%左右，到 2005 年，这一数字上升到 84.19%，其中，化工、石化、皮革、印染、电镀、杀虫剂、造纸、采矿和冶金、橡胶、塑料、建筑材料和制药等高污染行业和高耗能行业都成为外商投资的重要方向。与此相比，外资对环保产业的投资额所占比例却不到 0.2%。此外，外商直接投资也是造成中国东部等地区环境污染和资源耗竭的重要推动因素。由于东部地区环境标准逐渐提高，并受到中西部开发战略的推动，外资很可能在西部发展采掘业和制造业，并转移东部地区落后的、被淘汰的行业，最终结果可能是向中西部地区进行“污染转移”。

②我国贸易快速增长的资源环境代价过大，在赢得贸易顺差的同时，也承担着“生态逆

差”。

近年来，中国已经成为产品内涵能源的净出口国。从 2002 年到 2006 年，中国净出口内涵能源按标煤计从 2.4 亿 t 增长到 6.3 亿 t，其占当年一次能源消费比例从 16%增长到 26%。净出口能源主要流向美国和日本等发达国家，2002 年流向美国和日本的内涵能源分别为 7 524 万 t 和 4 894 万 t，二者相加占净出口内涵能源总量的 50%以上。从出口行业看，在出口贸易总额中占前三位的服装及其他纤维制品制造、仪器仪表文化办公用机械和电气机械及器材制造业也是出口内涵能源最多的部门。以 2002 年为例，三行业分别占内涵能源出口量的 13.4%、12.3%和 12.5%。此外，化学原料及制品制造业和黑色金属冶炼及压延加工业，尽管在贸易总额中所占比例不高，分别为 3.5%和 1%；但其出口商品却是典型的能源密集型产品，在内涵能源出口中的比例分别为 7.1%和 2.3%，大大高于其贸易额的比例，如果扣除进口中间产品的影响，该比例进一步提高到 8.0%和 2.8%，这说明加工出口能源密集型产品消耗大量国内原材料，对国内能源和环境影响较大。

能源消耗也造成相应的污染物和碳排放。中国在内涵能源净出口的同时，还在国内净增加大量二氧化碳和二氧化硫排放。2002 年中国出口的内涵能源对应排放 2.38 亿 t 碳，进口的内涵能源对应的是 0.70 亿 t 碳，相当于净增国内碳排放 1.68 亿 t 碳。英国 Tyndall 中心的研究表明，2004 年中国净出口商品内涵能源的二氧化碳排放量是 11.09 亿 t CO_2（3.02 亿 t 碳），占中国当年总排放量的 23%，相当于日本目前的二氧化碳排放量。国际能源署（IEA）的最新研究认为，2007 年中国净出口产品所消耗能源占能源消费总量的 28%，所排放的 CO_2 占总排放量的 34%。此外，“十五”期间，中国每年通过对外贸易造成的 SO_2 逆差约为 150 万 t，占中国每年 SO_2 排放总量的近 6%。如果考虑到生产结构与贸易结构的差异性，由于贸易增速远高于生产增速，由外贸拉动的 SO_2 逆差将会更高。

③我国面临着危险废物越境转移的严峻挑战。有报道称，全世界电子废物的 80%被运到亚洲，其中 90%进入中国，近年来，中国每年要容纳全世界 70%以上的电子废物。尽管该报道未必符合实际情况，但可以反映出危险废物越境转移在我国的严重程度。

④我国进口产品中有许多诸如大排量豪华轿车等奢侈消费品。一方面在消费过程中，消耗了大量的资源能源，污染严重；另一方面，诱导社会对奢侈消费方式的仿效，客观上增加了国内环境压力；此外，耗费大量资金购买奢侈品，降低了增加环保投入的机会成本。

（4）随着中国的迅速发展与和平崛起，过去不甚突出的中国与周边国家的跨界环境纠纷，现在有所增加，由此带来中国与周边国家的环保谈判日益频繁，环保合作逐步增多，相应承担的环保责任也更大更多

我国的环境污染已经引起了复杂的跨界环境问题，且以我国影响他国为主。一是跨界水污染问题严重，主要涉及俄、哈、朝、蒙以及湄公河流域国家，已经成为国家间会谈的重要内容，成为环保合作的核心和难点；二是长距离空气污染物传输问题复杂化，其中酸雨、沙

尘暴、光化学烟雾、汞污染以及大气棕色云等问题受到日、韩、美、印等国家的高度关注；三是海洋环境污染问题备受日韩关注，已成为双边和区域环境合作的重要内容；四是由于贸易和投资引起的境外生态破坏和环境污染已经成为“中国资源威胁论”的借口，如木材贸易造成的生态环境问题。

总体上，我国经济发展中的粗放型增长方式和所产生的生态环境问题对周边国家环境产生了一些不利影响，引发区域和双边环境问题，并面临一些新的挑战，某些问题和挑战的压力在不断加大，潜在纠纷风险较大。同时，我国也面临诸如电子废物越境转移和（核）放射性等来自境外的环境威胁，且尚未引起高度重视或妥善处置。

2．国际环境与发展的形势变化要求推进我国环境保护国际合作的战略调整，推动环境保护的历史性转变

以上这些都是当前和未来我国环境保护必须面对的新形势，可以概括为“双向影响严峻、内外利益攸关、国际形象关切、大国责任凸显”。总体看，全球和区域环境问题与国家政治、经济和安全等领域不断相互渗透，一体化和复杂化程度日益增强，环境安全成为一个国家非传统安全的基本要素，环境利益成为一个国家核心利益的组成部分。

因此，新形势新阶段下我国开展环境国际合作、应对全球和区域环境问题应以党的十七大报告提出的重要思想为指导，“相互帮助、协力推进，共同呵护人类赖以生存的地球家园”，大力推动环境保护国际合作的战略调整：一是由过去在全球环境事务中侧重强调“有区别的责任”原则，向既坚持“有区别的责任”，又重视“共同的责任和义务”的原则转变；二是由过去被动地应对全球环境问题带来的各种压力，向“共同责任，积极参与”转变；三是由单纯的环境受援国，向在继续接受援助促进我国和区域的生态环境保护的同时，又提倡“相互帮助、协力推进”，为发展中国家提供力所能及的援助，共同呵护地球家园转变。

总之，与过去相比，新形势新阶段下我国应对全球和区域环境问题与开展国际环境合作的方针和指导思想的核心将主要体现为：“态度更加积极、行动更加务实、强调统筹共赢、展示中国责任。”

同时，国际环保形势的变化，与我国国内环境问题的严峻形势一样，也是促使环境保护实现历史性转变的重要因素。在成为第四大经济实体和综合国力显著增强之后，我国不仅是世界格局中的政治大国，而且是经济大国，国际社会对中国的期待和中国在国际事务中的实际地位与作用发生了重要变化。对此，中国环境与发展国际合作委员会 2007 年度会议认为，“中国必须从其自身的角度和自身利益出发，应对全球的环境关切，在对世界环境和经济的影响日益加大的同时，中国已置身于一个对国际社会更负有责任的地位。中国日益被视为主导世界经济与环境安全的力量，在未来的五年中，这种认识可能随着中国经济的持续发展而进一步强化”。因此，必须认识到环境问题已经成为影响一个国家核心竞争力的重要因素，重视资源与环境的国家将在未来的世界经济格局中占据有利地位，而依靠资源环境换取增长的国家，长远来看，核心竞争力会遭到削弱，国家利益将会遭到损害，最终有可能在世界新经济体系中被淘汰出局。因此，必须及时调整我国在国际环境问题上的政策，以更加积极务实的态度参与全球可持续发展进程，实行深刻的转变。

三、环境战略国际经验借鉴及比较分析

环境问题是一个世界性的问题，发达国家在环境保护方面的经验教训对我们具有重要借鉴意义。本部分将分析发达国家（国际组织）在环境保护战略制定中的经验，同时，考虑到当前我国环境保护与经济发展矛盾突出，如何促进环境与经济协调发展是环境保护战略需要关注的一个重要问题，因此，本部分还将研究发达国家环境保护与经济发展的经验教训。

（一）发达国家（国际组织）环境保护战略的经验

1. 21 世纪头 10 年国际经济合作与发展组织（OECD）环境战略

环境问题是一个全球性问题，世界各国纷纷制定环境战略以解决面临的环境问题。国际经济合作与发展组织（OECD）也不例外，发布了“21 世纪头 10 年国际经济合作与发展组织（OECD）环境战略”，其特点是注重人员、组织间的合作与交流，信息共享；加强监督，成立专门机构跟踪战略实施情况，并评审阶段性成果；定义清晰，指标明确，战略可操作性强；原则和目标相辅相成；注重生态环境与经济、社会和谐发展；确定了优先领域是气候变化、生物多样性、淡水资源；并提出要帮助发展中国家，使资源利用公平、公正。

（1）背景和意义

OECD 于 2001 年提出的 21 世纪头 10 年环境战略旨在为 OECD 成员国提供环境可持续发展政策的明晰指导，并为 OECD 未来在环境领域的工作提供指导。它是 1998 年 OECD 环境部部长共享目标行动（该行动号召 OECD 制定今后 10 年的环境战略，并在 2001 年共同探讨）的延续。

该战略在 2010 年前实施，是在 OECD 范围内可持续发展的重要基石。OECD 环境成果评审和环境指标计划将监控其进展。OECD 环境政策委员会未来的部长级会议将审议该战略实施的进展。

该战略的根本就是进一步推动和促进 OECD 国家可持续发展，同时兼顾非成员国利益的环境政策需要。实施该战略的成功将依赖于与非成员国之间进一步加强合作，包括发展中国家和经济转型国家。OECD 国家与非成员国家共同解决全球环境问题、承担责任，发展有效公正的负担分配管理。在实施该战略时，政府和 OECD 将与私人或社会组织寻求积极的伙伴

关系，并促进合作。

（2）相关定义和指标

根据问题的严重程度，OECD 环境概览定义了一些“绿光”、“黄光”和“红光”问题。正如 OECD 环境概览中“红光”所示，为了 OECD 国家成功地解决“红光”问题，定义有时限的质量目标，实施政策目标。在计划实施的十年中，使环境退化与持续的经济增长脱钩，改变生产和消耗模式，确保环境压力与可持续发展相适应。该环境战略鉴定了许多可用于测量 2010 年实施该计划所达到的进步的指标。

（3）战略原则和目标

战略遵守 4 个原则：再生、可持续性、同化和避免不可逆转。基于环境可持续发展的原则，并考虑到 OECD 环境概览中的分析，该战略设定了 5 个相关的内部目标：一是通过有效管理自然资源保持生态系统的完整性；二是将经济发展与环境压力相协调；三是提高决策信息，制定能测量环境改善的指标；四是社会和环境界面，提高生活质量；五是全球环境的互相依赖，提高管理方法和合作。

（4）战略要求

该战略要求 OECD 国家的政府能够达到以下八点：一是将生物多样性考虑整合到实际的计划活动和相关的经济、部门和财政政策中；二是增强经济手段的应用，以提供生物多样性可持续利用和保护的动力，包括开发生物多样性服务市场；三是支持并加强中央政府和地方层面上的自然保护措施，包括保存和恢复栖息地，保护及提高庄稼种植和牲畜养殖的多样性；四是确保政府和世界范围的生物安全，包括预防物种入侵和引进疾病，评估生物技术带来的影响（转基因）；五是促进有关生物多样性的了解，包括通过收集和传播信息、使利益相关者参与生物多样性管理以及发展科技能力；六是促进公平公正分享资源利用（特别是通过基因资源和相关技术转移），使收益全球化；七是通过能力培训和技术转移帮助发展中国家减轻对生态系统、物种和基因资源，特别是森林生态系统的威胁；八是到 2010 年通过实施地区和国际合作，消除渔业过度捕捞。

今后，OECD 将支持实施保护生物多样性和相关的国际公约：进一步发展和改善生物多样性指标，包括压力指标和政府指标；发展和促进生物多样性、生态系统服务的经济定量，鼓励在设计有效的生物多样性政策时应用这些方法；利用生物多样性分布分析自然资源问题；通过创造生物多样性产品和服务市场来甄别自然资源的持续性利用机会；在农业政策和实践中要整合生物多样性和生态系统方面的考虑。

2．美国环保局 2003—2008 年环境战略计划草案

自 20 世纪 70 年代美国成立环保局（EPA）以来，在联邦、州、部落和地方政府的共同努力下，美国的大气和水越来越清洁，也越来越安全。环境保护的目标更加清晰，即保护人

体健康与保护环境。然而，与20～30年前相比，美国面临的环境问题更加复杂，这些环境问题以及解决办法都很难明确化。人口的增长以及资源的大量消耗，正以前所未有的方式改变着地球。科技发展对人体健康和环境保护带来了新的问题，使美国比以往任何时候都更加清楚地认识到，需要面向未来，预测人体健康和环境保护面临的危险，并做好准备工作。

在上述背景下，美国环保局于2003年4月提出了2003—2008年的环境战略计划草案。该战略计划确定了环保局5年使美国获得一个清洁、健康的环境的5个奋斗目标：清洁的空气；清洁和安全的饮用水；保护和恢复土地；健康的群落和生态系统；建立自然环境协调发展的环境服务体系。这些目标将指导美国环保局今后5年每年的工作，并帮助调整其方法和策略，以实现预期的5年目标。在每个目标下，又制定了子目标和附属目标，并对如何达到这些目标的手段和策略进行论述，还提出了达到目标的人力资源战略，如何对计划的目标进行评估等。该战略计划反映了美国环保局新的工作前景，更加关注达到环境成果的手段：加强合作，获取准确、及时、有效的环境信息；方法和管理上的创新；人力资源的建设；科学技术的应用；注重国家安全。美国环保局在制订这个战略计划时，恪守这样的指导原则：致力于最高的管理标准，同时致力于确保发展强大、经济有效的环境和人类健康保护系统。在为此而努力时，将继续与中央政府、各州和各部落密切合作，尽量把计划取得的进展清楚且有效地传达给公众。

美国环保局认为，该计划的成功将取决于：①确立正确的保护环境和人类健康目标；②加强与中央政府、各州和各部落合作与交流；③正确的应用科学技术；④获取环境信息；⑤探索能达到目标的创新性方法；⑥技术过硬、适应性较强、以成果为主的工作者和经验丰富、有领导能力的技术专家。

3. 欧盟的第6个环境行动计划

欧盟在1973年发布了第1个环境行动计划，从实施计划至今，已实施至计划六。欧盟环境行动计划都由针对欧盟内部和外部的环境政策组成。内部的环境政策是为了保护本土环境，外部的政策是针对世界范围的环境保护。欧盟的环境行动计划采取了一系列新的措施，并且更加致力于将环境问题纳入其他政策之中。其地位在不断上升，内容也逐渐完善。

欧盟的第6个环境行动计划将在欧盟扩大的背景下实施。与以往的环境行动计划不同，它将关注那些需要更多行动的领域，并认为欧洲和全世界长期繁荣的关键是“可持续发展”。该计划指出了欧盟存在的环境问题：环境压力正在加大，必须应对气候变化、水土流失、废物增多和食品、空气、水中农药增多的问题。确立了欧盟未来5～10年的主要优先领域和涉及这些优先领域的一些行动，优先研究领域为：气候变化、保护自然资源和生物多样性、环境和健康问题之间的关系、自然资源的可持续利用和废物管理。提出了应对环境挑战的方式——实施法制；把环境问题作为决策的核心；与商业界和消费者一道找到解决环境问题的办法；让人们更加容易获得环境信息；慎用土地资源。欧盟的第 6 个环境行动计划将特别支持和鼓励企业在以下方面的发展：在自愿的基础上通过法律进一步重视环保，改善效率提高生产能力，在扩大的市场中繁荣。该计划的大部分成为欧洲委员会的政策。该计划将在 5 年后对计划的进展进行评价，如果有必要，将根据发展进行更新。

4．小结：欧美国家环境战略计划的特点及对我们的借鉴意义

发达国家的环境战略正逐步融入国家安全战略，渗透和体现到国家重大发展战略，通过调整和规范经济发展模式和社会消费方式，实现环境保护的目标。具体值得学习的内容包括：

（1）重视综合生态系统管理思想，从生态系统而不是从单个要素解决环境问题

发达国家经过上百年的发展，特别是 20 世纪 70 年代以来对环境问题的重视，已经初步解决了工业污染和城市生活型污染，目前的主要威胁是气候变化等全球环境问题。在这一过程中，发达国家或国际组织越来越感觉到，针对单个环境要素，寻求环境问题的解决，难以取得令人满意的结果，从而更加重视综合生态系统的管理思想。如 OECD 年提出的 21 世纪头 10 年环境战略中，将再生、可持续性、同化和避免不可逆转作为四个战略原则，将通过有效管理自然资源保持生态系统的完整性作为战略目标之一；美国环保局 2003—2008 年环境战略计划草案的原则是致力于最高的管理标准，同时致力于确保发展强大、经济有效的环境和人类健康保护系统，目标是保护人体健康和生态系统完整性。

（2）目标有子目标和附属目标及相应的策略和行动

这些战略计划力求计划的目标、目的和诸多的指标、措施尽可能的具体、明确，有些战略计划的每个目标下面又有子目标和附属目标。这些目标还具有可度量性和可检验性，例如至某年某月某计划或规划项目要进展到何种程度，要达到什么目标被具体列出，以便进行考核和测评，同时在项目进展中对目标和指标进行必要的修正和完善，为制订下一个战略计划奠定基础。如美国环保局 2003 年环境保护战略草案不但确定了 5 个长期奋斗的目标，还提出了子目标和附属目标及相应的策略和行动。欧盟的第 6 个环境行动计划在遏制气候变化时，确定了中期和长期目标。中期目标是：2008—2012 年，温室气体的释放与 1990 年的水平相比，减少 8%以上（与《京都议定书》的目标一致）；长期目标是：到 2020 年，全球温室气体与 1990 年的水平相比，减少 20%～40%。

（3）确定了环境科学方面的优先研究领域

美国环保局 2003—2008 年环境战略计划草案将关注室内和室外的空气质量，饮用水的质量和安全，土地的保护与恢复。英国自然环境研究委员会 “可持续未来的科学”计划关注水、生物地球化学循环和生物多样性、气候变化、能源、土地利用等。欧盟的第 6 个环境行动计划的优先研究领域为：气候变化、自然资源与生物多样性的保护、环境和健康问题之间的关系、自然资源的可持续利用和废物管理。OECD 的 2001—2010 年环境战略计划关注气候、淡

水资源、生物多样性等。他们共同关注的优先研究领域为：气候变化、水资源、土地资源、生物多样性、废弃物。

（4）注重人员、组织间的合作与交流

这些战略计划强调环境目标的实现不是某个部门的工作，而是强调各部门的协调与合作。如美国环保局 2003 年环境战略计划草案将关注如何加强与中央政府、各州和各部落合作与交流；英国自然环境研究委员会“可持续未来的科学”计划将形成一种新的合作模式，使环境领域的科学家与其他领域的科学家联合开展研究；经济合作与发展组织 2001—2010 年环境战略计划将通过改善管理、加强合作更好地管理全球化带来的环境影响。因为这些战略计划的制订者们都认识到环境问题多是跨越国界的，任何一个国家或国家集团依靠自己单独的力量都不能切实解决环境问题，不足以保护地球生物多样性和全球生态系统的整体性。它的解决需要全球的通力合作，包括发达国家、发展中国家、国际组织之间的双边或多边协调行动。

（5）注重环境信息的提供与获取

这些战略计划的制订者意识到，可靠、及时、准确的环境信息对决策者和公众来说，有很重要的意义。一方面，决策者在制订战略计划时，尽可能多地获得准确和可靠的数据，就可以了解本国和本区域内及世界现有的实际环境状况，制定切实可行的有关指标和政策。因为没有可靠的数据和信息，决策比猜想好不到哪儿去，并且很容易出错。另一方面，政府、媒体等通过各种渠道，发布环境信息，使公众了解自己生存的环境状况，提高了环境意识，更多地参与环境保护、环境管理的活动。因为计划的制订者意识到，如果有更多的公众知道气候变化、土地退化、生物多样性减少、废弃物增多等对人类的影响，就会改变消费方式，进行绿色消费；监督和参与环境的管理，促使工厂和企业进行绿色生产；向政策部门和环保部门提供环境策略。

（6）注重人类与环境的协调发展

人类只有合理地、高效地、有限度地利用自然资源，自觉地、有效地保护自然环境，协调和改善与地球表层环境的关系，才能保证人类社会持续地、健康地发展。欧盟国家的环境机构和组织越来越关注环境与人类健康的关系，思考如何改善生活环境、提高生活质量，并采取实际行动保护我们生存的地球。他们在环境战略计划中提倡清洁的生产、资源的高效利用、有节制的消费、利用绿色能源、发展绿色科技。

（7）注重市场机制手段

欧美国家的环境战略计划提倡利用市场机制手段解决环境投资、环境管理和保护的问题。实践表明，没有稳定的投入，环境保护目标将难以实现。发达国家在环保方面的投入大都占到其国民生产总值的 3%以上，而在我国仅为 1%左右。据测算，“十一五”期间，我国的环保投入约需 1.53 万亿元。要解决这样大规模的资金投入，除了政府直接投资外，还必须充分利用市场机制。市场机制中的排污收费、环境税收、环境基金等不但补充了环境投资经费不足的问题，还推动了企业积极参与环境保护，促进了消费者购买绿色产品。所以我们要借鉴国外的有益经验，研究在市场经济条件下和加入世贸组织新形势下，如何用好用活市场机制手段。

（二）发达国家环境保护与经济发展的经验和教训

纵观人类文明与发展史，大规模环境破坏问题是近几个世纪才出现的“新问题”。发达国家已经走过的发展与环境的道路，无论经验与教训，都是人类文明共同的财富，我们都应当学习经验、汲取教训。因此，历史地、客观全面地看待环境与发展的关系，对于处于转折点的中国制定新的环境与发展战略非常必要。

本部分就是要通过揭示发达国家环境与发展的经验与教训，找出对中国制定自身环境战略的启迪。

1. 人类环境与发展的历程回顾

（1）工业化是人类环境问题的根源

回顾人类环境与发展的历程，工业化是最重要的历程，也是人类环境问题的根源。在人类早期的发展史上及各国的发展历程中，除了战争与自然灾害外，很少有大规模破坏环境的人类活动。

人类对生态环境的破坏主要始于工业革命以来的人类经济活动。工业革命启动了人类经济发展的飞跃历程，但也同时引爆了生态环境炸弹。英国工业革命爆发是以蒸汽机的广泛应用为标志的，而蒸汽机的广泛应用却需要大量的煤炭能源，煤炭能源的开采又不断地推动了钢铁等工业部门的革命式的发展。随着工业经济的发展和科学技术的进步，石油、天然气等大量地下能源也被转移至地表加以利用，去推动日益扩张的经济活动。这些化石能源的使用造成了空气污染、温室气体排放、水体污染、固体废物等。工业革命带来的人类飞速发展对自身的生存环境带来了灾难性的影响。在这期间出现了许多典型的生态环境灾难性事件，如下：

1948 年 10 月 26—31 日，在美国宾夕法尼亚州多诺拉镇发生因烟污染而导致 43%的人受二氧化硫的刺激性气味而病倒，17 人死亡事件。

1952 年 12 月 5—8 日，伦敦烟雾事件，造成 4 000 人死亡，8 000 多人得病。

1946 年、1948 年在美国洛杉矶两次发生光化学烟雾事件，1955 年 8—9 月，又在洛杉矶发生光化学烟雾事件，造成 400 名老人死亡，在该地的 250 万辆汽车，日排放 1 000 多 t 碳氢化合物石油烃废气、一氧化碳和氧化氮，铅烟进入大气与空气中其他化学成分反应产生浅蓝色烟雾，由于地势使之长期滞留造成污染。

1970 年 7 月 8 日，在日本东京也发生光化学烟雾和二氧化硫废气使万人受害事件。

1955 年起的富山县神通川流域骨痛病事件，因铅、锌冶炼厂排放含镉废水污染，食用含镉稻米和含镉水而中毒。

1956 年起的熊本县水俣市的水俣病事件因水俣氮肥厂乙酸乙醛反应管排出的汞渣和水供应污染使鱼类中毒引起的，造成 50 多人死亡，受害 1 万多人。

1964 年起四日市哮喘病流行事件，因炼油厂排出的废水中毒引起。

1968 年的九州四国等地米糠油事件，引起几十万只鸡突然死亡，多人得病，都是由于工业有毒气体或过量废气、废水污染致病致害的。

从 20 世纪五六十年代开始，人类才开始彻底检讨工业带来的环境污染问题。例如，卡逊的《寂静的春天》，罗马俱乐部的《增长的极限》，特别是 1972 年联合国首次召开了全球范围内的“人类环境大会”。从此，发达国家的环境与发展才开始真正转型，并逐步向好的方向转变。

1987 年，联合国秘书长委托挪威前首相布伦特兰夫人为联合国环境与发展大会准备的报告《我们共同的未来》首次提出了“可持续发展”的环境与发展新理念，彻底改变了人类发展与环境脱节的状况。至此，全人类环境与发展才开始重新走向协调的方向。

概括起来，人类文明经历了托夫勒所说的三次浪潮：第一次浪潮，农业经济社会；第二次浪潮，工业经济社会；第三次浪潮，信息经济社会。而环境问题对应于经济也是从无到有，经历了环境产生期、多发期、严峻期、协调期，其根本上是工业化的副产品。正如周生贤部长曾总结的：“经济发展就像一个燃烧机，烧掉的是原料，剩下的是污染，产出的是国内生产总值。”

世界主流经济的发展与环境关系以及不同时期的特征，如表 3-2-5 所示。

（2）经济活动强度决定污染程度

回顾发达国家环境与经济的发展历程，国际经验表明：环境问题与经济发展存在高度的一致性，主要的环境破坏都是源于传统工业化的经济活动。经济活动强度决定对环境的影响与压力程度。

经济活动强度的大小取决于产业结构与资源环境效率。当产业结构中的污染行业多，当产业的万元产值能耗物耗高，对环境的压力就大；反之则小。例如，一个以重化工为主的经济体，其污染必然严重。当重化工产业从英国转移到欧洲大陆的德国，再到北美大陆，然后到日韩，污染也是随着这个同样的轨迹在迁移。污染之都，也逐步地从西欧到北美再到东亚。

世界银行的研究也表明：在过去的几十年内，全球的环境污染产业结构并没有发生很大变化，主要都是 7 个污染行业组成。而发生变化的不过是空间的变化，污染行业从地球的一个地方转移到另外一个地方。表 3-2-6 示意了全球主要污染行业对全球环境的贡献率。

表 3-2-5　世界主流经济的发展与环境关系

发展时期	经济特征	环境问题及与经济的关系	典型生态环境事件	重要的环境保护思想论著文献
处于第一次浪潮 大约10万年前至1750年工业革命前	农耕畜牧	环境问题轻微，基本与经济不冲突 对生态系统略有影响	伊拉克两河流域文明的衰落 黄土高原植被减少	
处于第二次浪潮前期 工业革命至第一次世界大战前	工业化初期 农耕畜牧业向工业经济的转型	环境问题的产生期 开始出现与经济的冲突	英国蒸汽机使用煤炭造成英国空气污染 英国曼彻斯特纺织业发展造成的废水	恩格斯《自然辩证法》 卢梭《论科学与艺术的进步是否有助于敦风化俗》
处于第二次浪潮中期 “一战”至“二战”前	工业化中期 由轻工业向重工业的转型	环境问题多发期 与经济严重冲突	美国黑风暴 德国鲁尔工业区的污染	斯宾格勒《西方的没落》
处于第二次浪潮后期 “二战”后至20世纪70年代	工业化中后期 重工业为主的经济	环境问题严峻期 与经济极其冲突	1948年美国宾州多诺拉镇二氧化硫污染致死案 1952年英国的伦敦烟雾 1950年代美国洛杉矶的光化学烟雾 1956年日本的水俣病 1964年日本的四日市哮喘病	卡逊《寂静的春天》 罗马俱乐部《增长的极限》 沃德《只有一个地球》 埃尔里奇《人口爆炸》
处于第三次浪潮的冲击下 20世纪70年代至今	后工业化时期 由工业向服务业为主的后工业的经济转型期	环境问题协调期 开始与经济相互协调	前苏联的切尔诺贝利核事故	1972年斯德哥尔摩联合国人类环境大会 1987年《我们共同的未来》 1992年里约《联合国环境与发展大会》 2002年《约翰内斯堡峰会》 1982年托夫勒《第三次浪潮》 多边环境协议的产生

表 3-2-6　全球7个主要污染行业的贡献

行业及编号	年份	钢铁（371）	炼油（353）	食品（311）	工业化学品（351）	纸及纸制品（341）	有色金属（372）	水泥（369）	总计
大气污染 PM10	1960	29.0	1.4	8.5	1.6	2.2	0.7	52.5	96.0
	1970	27.6	1.4	8.5	1.8	2.0	0.7	53.9	96.0
	1980	25.5	1.5	8.6	2.0	1.9	0.7	55.8	96.0
	1990	21.8	1.0	7.9	1.8	2.0	0.7	60.3	95.4
SO_2	1960	18.4	25.2	3.2	10.2	6.9	13.0	11.4	88.4
	1970	17.6	25.2	3.2	11.2	6.4	12.9	11.8	88.3
	1980	15.8	25.3	3.1	12.7	5.8	13.3	11.9	88.0
	1990	15.3	19.5	3.2	12.3	6.8	15.0	14.5	86.6
有毒化学物质	1960	5.8	6.8	0.7	36.6	7.3	5.7	1.5	64.4
	1970	5.3	6.6	0.7	38.9	6.5	5.4	1.5	65.0
	1980	4.6	6.4	0.7	42.7	5.7	5.4	1.5	67.0
	1990	4.3	4.8	0.7	40.1	6.5	5.9	1.7	64.1
水污染 BOD	1960	0.1	2.4	32.7	21.7	28.2	7.5	0.1	92.7
	1970	0.1	2.4	32.9	23.8	25.8	7.4	0.1	92.5
	1980	0.1	2.4	32.1	26.9	23.2	7.6	0.1	92.4
	1990	0.1	1.7	31.2	24.5	25.9	8.1	0.1	91.6
有毒化学物质	1960	10.8	2.7	1.1	67.5	9.7	1.2	0.1	93.1
	1970	9.8	2.6	1.0	70.5	8.5	1.1	0.1	93.6
	1980	8.2	2.4	0.9	74.5	7.1	1.1	0.1	94.4
	1990	8.0	1.9	1.0	73.0	8.6	1.2	0.1	93.8

资料来源：World Bank Policy Research Working paper 3383，August 2004。

（3）不存在普适性的环境库兹涅茨曲线拐点

人们希望寻找一个精细刻画经济发展与污染排放的关系。环境库兹涅茨曲线便是其中的一种尝试。事实上，经济学家库兹涅茨本人并没有提出环境曲线，他提出的是经济发展水平与收入分配差异之间的经验公式关系，而非理论模型。之后，才有人将其移植到了环境领域。然而无论是发达国家环境与发展的过程经验还是理论都表明：

大致存在经济发展水平与污染物排放的倒 U 型曲线，但并不存在一个统一的转向协调时期的拐点。

污染排放不仅与经济发展水平相关，而且与产业结构与资源环境效率也有很强的关联性。

一个国家中第二产业所占的比例高低及效率与 SO_2、颗粒物、CO_2 等污染排放量最相关。第二产业比例越高、资源环境效率越高，污染物排放越多；反之亦然。表 3-2-6 给出了具体第二产业中的行业对污染的贡献数据。

对不同的污染物可能有不同的拐点，对不同的国家也有不同的拐点。

在欧美国家，SO_2 主要是以煤炭为主的能源工业、重化工行业排放造成的，因此当发达国家的经济转型后，其排放量出现拐点并逐步减少，欧美的酸雨转折点大致出现于 20 世纪 70 年代末期。能耗（CO_2）是以能源工业、交通运输业以及生活用能排放造成的，所以即使在经济转型后，其排放量的拐点有些欧洲国家刚刚出现而美国到现在还没有出现拐点。而 COD 主要是与生活污水和农业面源污染有关。随着人口稳定、生活质量的提高以及稳定的农业生产，COD 排放基本稳定，曲线平滑没有明显的拐点。

2．发达国家经济战略转型的经验与教训

（1）调整经济结构、提高资源环境效率是改善环境的根本途径

如上所描述的，环境污染是传统工业化的产物，而污染物主要来自经济结构中的污染产业及其低下的资源环境效率。因此，在全球 20 世纪 70 年代以来的环境保护浪潮中，发达国家纷纷采取措施，试图尽快从工业化步入后工业化、进入信息社会。具体来说，就是去除其经济结构中的污染产业、提高资源环境效率。

世界银行总结了经济合作与发展组织（OECD）改善环境的措施，其中最重要的就是所谓调整经济结构、提高资源环境效率。所谓提高资源环境效率就是降低万元产值的物耗、能耗。所谓调整经济结构就是去除经济结构中的能源污染密集型产业而大力发展服务业。

那么，发达国家调整经济结构去除的污染产业向何处去？事实上，其主要污染行业通过贸易方式（包括货物、服务、投资等贸易方式）直接或间接向他国转移，无论哪国愿意接受。毕竟世界上还有很多发展中国家正期待外国直接投资来改善就业、提高经济发展水平，而不会太顾及环境污染。发达国家隐藏在生产外包背后的就是污染外包。

世界正处于一个全球化的时代。欧美日 20 世纪 70—80 年代为保护环境开始的产业结构

调整的时期，也恰好是我国改革开放的时期。所以，我国沿海地区很不幸地成为欧美日产业转移、污染外包的接受方。2007 年 12 月《纽约时报》报道的德国鲁尔工业区的钢铁设备向中国邯郸钢铁转移的故事，是污染产业转移从 20 世纪 70 年代末至今的延续，该故事非常具体形象地描述了发达国家产业的污染外包。

（2）发达国家环境经济战略转型的具体手段

发达国家从工业化步入后工业化、进入信息经济的战略是基本成功的，其去除其经济结构中的污染产业、提高资源环境效率的政策也是很有成效的。那么他们采取什么具体手段来实现这一目标呢？

总结了欧美日等发达国家的经验，我们发现：高能源资源环境价格与强势货币是发达国家环境经济战略转型的必要条件。目前，尚未发现任何国家是在维系低能源资源环境价格与弱势货币的基础上，成功实现环境经济战略转型的。凡实施低能源资源环境价格与弱货币的国家都是经济转型不彻底的国家。

3. 小结：国际经验对中国经济发展模式转变的启示及主要结论

发达国家环境与发展的经验与教训给中国很多启示，对于中国经济发展模式的转变提供了重要的借鉴意义。总结归纳为以下几点重要启示：

① 环境与经济紧密联系并相互影响。当今人类所面临的主要环境问题都是源于人类工业化后的经济活动。经济活动强度决定对环境的影响与压力程度。经济活动强度的大小取决于产业结构与资源环境效率。当产业结构中的污染行业多，当产业的万元产值能耗物耗高，对环境的压力就大；反之则小。

② 绝不可被动等待指望环境与经济转折点的到来，因为对不同的污染物可能有不同的拐点，对不同的国家也有不同的拐点，并不存在一个统一的转向协调时期的拐点。污染排放不仅与人均 GDP 相关，而且与产业结构与资源环境效率也有很强的关联性。

③ 中国环境问题的解决程度要取决于中国淘汰并改造第二产业的速度快慢、取决于进入后工业化时期的快慢。中国淘汰并改造第二产业速度越快、进入后工业化时期的速度越快，中国环境问题解决越快。

④ 日本经济的转型，特别是通过能源价格提高来推动环境经济效率的提高、经济的结构调整，是最值得中国借鉴的经验。但日本经济转型过程中经济总量的持续低迷，是最值得中国借鉴的教训。日本的循环经济促进了本国生产部门环境经济效率的提高，日本经济的大规模海外扩张促进了其重化工污染产业向他国的转移。中国除了在国内促进清洁生产循环经济外，在维护形象的同时向海外的投资扩张也是必要的选择之一。

⑤ 德国在其经济转型过程中允许德国马克升值并调整产业与贸易结构的经验值得我们借鉴。马克升值成为德国节能减排的防火墙。产业结构调整后实现了污染物排放的大幅度减少，

使其环境有了很大改善。

⑥ 美国的高消费经济模式，包括对资源、环境、能源与土地的高消费，是最值得中国借鉴的教训。美国的高消费模式使得美国背上了承重的资源依赖包袱，成为全球无论总量还是人均都是最高的碳排放大国。为了维系其高消费水平，美国供养着世界最庞大的军队确保能源供应。中国有限的自然资源、脆弱的生态环境承载力、稀缺而又肮脏的以煤为主的能源，决定了中国在经济起飞后必须避免美国式的高消费。如果中国的消费达到美国的水平，大约需要 4 个地球的资源与能源支撑。因此，可持续消费是中国别无选择的选择。

⑦ 我国经济发展模式的转变确立了目标，但并没有有效的手段来促使转变目标的实现。日本与德国的经验都表明：高能源价格、强劲的汇率，作为市场经济手段，是促进经济增长方式转变的最有效果、最有效率的手段。这是中国最值得借鉴的经济转型手段。中国可以通过税收定价主动人为制造“能源危机”与人民币升值，迫使中国经济主动超前转型。

⑧ 应当避免美国的能源低价体系造成的脱硫必须耗能的减排不节能的做法，应该从源头开始进行协同控制，获得相应的协同效益。

（三）国外环境库兹涅茨曲线经验数据研究及其启示

环境库兹涅茨曲线（EKC）是描述经济发展与环境污染水平演替关系的计量统计经验模型。它是 20 世纪 90 年代初美国环境经济学家 Grossman and Krueger 和 Shafik and Bandyopadhyay 根据经验数据提出的概念。目前学术界讨论国家或区域经济发展与环境污染关系时常引用这一模型，并形象地称为经济发展与环境污染水平呈倒“U”型关系。

如何根据各国经验数据估计环境库兹涅茨曲线转折点，成为国内外学者研究经济发展与环境污染演替关系的核心，并引起国内外政府决策者的高度关注。

1．国外 EKC 经验数据研究结论

20 世纪 90 年代初，Grossman and Krueger（1991），Shafik and Bandyopadhyay（1992）和 Panayotou（1995）分别独立地开始 EKC 研究。

1991 年，Grossman and Krueger 对全球环境监测系统（GEMS）①42 个城市大气质量监测数据作了分析，发现 SO_2 和烟尘符合倒 U 型曲线关系，转折点在 4 000～5 000 美元；而大气悬浮颗粒含量随人均 GDP 的增长而升高。

1992 年，Shafik-Bandyopadhyay 对 10 个生态环境指标估算 EKC：清洁水缺乏率、城市公共卫生设施缺乏率、大气悬浮颗粒、二氧化硫、森林覆盖率、森林采伐、河流中溶解氧、河流中的大肠杆菌、人均城市垃圾产生量和人均碳排放量，根据世界银行提供的数据，拟合各项环境指标与人均 GDP 的关系得出同样结论。同时，Panayotou 也发现人均收入大约在 3 000～

① Global Environmental Monitoring System，全球环境监测系统由世界卫生组织（WHO）和联合国环境规划署（UNEP）于 1976 年建立.

5 000 美元时，环境质量开始好转。

由此引发了国外关于 EKC 的实证研究。如 Jackye 对韩国经济增长与环境污染的关系研究后发现，对于大气中的二氧化硫、二氧化氮、固体悬浮物浓度、水体中的 BOD 以及固体废弃物的排放与经济增长之间存在倒 U 型关系。二氧化硫人均排放量、年毁林率以及工业固体废弃物排放与人均 GDP 的关系呈递增的关系。Shunji 对日本二氧化硫浓度与其人均 GDP 增长的关系研究后表明，二氧化硫浓度与经济增长存在着倒 U 型关系。

综合国外 EKC 实证研究，可以归纳为以下几个方面：

（1）大气环境质量指标的 EKC 研究表明：大气环境质量指标达到转折点对应的收入水平差异较大，一般认为在 3 000 ~ 5 000 美元，但大气环境质量的各种指标基本上一致地呈现倒 U 型轨迹

表 3-2-7 列出了国外大气环境指标的主要研究结果：SO_2、烟尘、总悬浮颗粒 TSP、NO_x 和 CO。

SO_2 主要是由重工业工厂和火力发电厂中煤的使用而产生的；NO_x 和 CO 主要是由汽车尾气产生的；烟尘和 TSP 的产生比较广泛。Selden-Song 和 Grossman-Krueger 都使用全球环境监测系统（GEMS）数据，不同的是前者选取区域总体（城市及其周边农村）环境水平，而不单单是市区数据，发现转折点在更高的收入水平出现；可见要在区域范围内改善整体环境质量难度更大。

表 3-2-7　　大气环境指标 EKC 研究（EKC 转折点时的收入水平）　　单位：美元（1985 年计）

学者	SO_2	烟尘	TSP	NO_x	CO
Grossman-Krueger（1995）	N-型	4 000～5 000	增加	无	无
Shafik-Bandyopadhyay（1992）	3 300	无	3 500	无	无
Panayotou（1995）	3 000～4 900	无	4 500～7 400	5 500～9 000	无
Selden-Song（1994）	8 700	无	10 300	11 200	6 000
Cole（1997）	6 900	无	7 300	14 700	9 900
List-Gallet（1999）	22 000	无	无	无	无
Stern-Common（2001）	9 000	无	无	无	无

（2）水环境质量指标的 EKC 研究表明：水环境质量指标的转折点在 8 000 美元左右，而某些指标如溶解氧的转折点比大气环境质量指标更早地出现。因为水环境质量是生存性环境要素，其对人们生活的影响更为密切，因而改善水环境质量要求更为迫切

表 3-2-8 列出了对水环境指标的主要研究结果。Grossman-Krueger 研究了表中所列的 5 个水环境指标，结果显示溶解氧的转折点位置最先出现，在人均收入 2 700 美元左右；而硝酸盐的转折点位置在人均收入高达 10 000 美元左右才出现（后来 Cole 等得到更高的结果：15 600 美元）。而 Shafik-Bandyopadhyay 对河流中溶解氧的研究没有发现转折点。

表 3-2-8　　水环境指标 EKC 研究（EKC 转折点时的收入水平）　　单位：美元（1985 年计）

学者	溶解氧	BOD	COD	大肠杆菌	硝酸盐
Grossman-Krueger（1995）	2 700	7 600	7 800	8 000	10 000
Shafik-Bandyopadhyay（1992）	增加	无	无	无	无
Cole（1997）	无	无	无	无	15 600

（3）重金属和有毒物质指标的 EKC 研究表明：一般重金属的浓度和一般性有毒物质的转折点在 10 000～13 000 美元内出现

表 3-2-9 列出了对重金属指标的主要研究结果。Grossman-Krueger 还发现一些重金属污染指标也呈倒 U 型曲线，Hettige 等和 Rock 对一般金属的浓度和一般性有毒物质做了研究，发现转折点在 10 000～13 000 美元内出现。

表 3-2-9　　重金属与有毒物 EKC 研究（EKC 转折点时的收入水平）　　单位：美元（1985 年计）

学者	金属	毒物	铅	镉	砷	汞
Grossman-Krueger（1995）	无	无	1 900	11 600	4 900	5 100
Hettige（1992）	无	12 800	无	无	无	无
Rock（1996）	10 800	无	无	无	无	无

（4）其他环境资源指标的 EKC 研究表明：其他环境资源指标呈现不明显倒 U 型关系（随收入水平增长而上升，或者 N 型，少数呈现倒 U 型），且在很高的收入水平下才出现转折点

表 3-2-10 中所列的指标可以分为三类：第一类为与日常生活密切相关的环境指标。Shafik-Bandyopadhyay 发现清洁水短缺率随收入增长下降；而城市垃圾的产生量是上升的。这是因为清洁水是反映生活质量的主要指标，收入的增长首先带动其上升；而生活条件改善后带来无节制的消费行为，使城市生活垃圾剧增。第二类是自然资源利用率。其结果比较复杂：就森林开采而言，Cropper-Griffiths 得到的转折点很高；Shafik-Bandyopadhyay 发现它和收入没有关系；Panayotou 发现转折点在很低的收入水平（800～1 300 美元）时出现，这远低于燃烧污染物的结果。Skonhoft-Solem 对挪威的土地开发展开研究，发现荒地剩余量随人均收入增长而下降；Michael①研究生物多样性，发现鸟类和哺乳类都呈 N 型曲线。第三类是与全球变化相关的碳排放和化石燃料消耗。一些研究的结果显示在很高的收入水平下才出现转折点（如 Shafik 和 Moomaw-Unruh 等），而另一些研究结果显示它们随收入水平增长而上升（如 Holtz 和 Horvath②等）。说明这些对人们生活不直接相关、对国家（或区域）的直接利益损害不大、但对全球环境影响深远的全球性环境指标得不到有效的控制。

① Michael A M，Michael L. Nieswiadomy Sliding Along the Environmental Kuznets Curve:The Case of Biodiversity, Economics Department of the University of North Texas, 2000.

② Horvath R J. Energy Consumption and the Environmental Kuznets Curve Debate，Department of Geography, University of Sydney，1997.

表 3-2-10　　其他环境资源指标的 EKC 研究（EKC 转折点时的收入水平）　　单位：美元（1985 年计）

学者	清洁水短缺率	人均垃圾产生量	森林采伐率	未垦地剩余	生物多样性	人均碳排放	能源使用
Shafik-Bandyopadhyay（1992）	下降	上升	无关	无	无	无	无
Cropper-Griffiths（1994）	无	无	4 800（非洲） 5 400（拉美）	无	无	无	无
Antle-Heidebrink（2001）	无	无	2 050	无	无	无	无
Holtz-Eakin，Selden（1995）	无	无	无	无	无	上升	无
Moomaw-Unruh（1997）	无	无	无	无	无	12 800	无
Panayotou（1995）	无	无	无	无	无	无	无
Horvath（1997）	无	无	无	无	无	无	上升
Skonhoft-Solem（2001）	无	无	无	下降	无	无	无
Michael（2001）	无	无	无	无	N-型*	无	无

注：*鸟，峰值 6 500 美元，跨度值 20 000 美元；动物，峰值 4 800 ~ 6 100 美元，跨度值 19 000 美元。

（5）从国外 EKC 实证研究的计量模型设计中可以看出，影响环境质量的主导因素，除了经济发展水平外，还包括其他因素，如人口、地理条件、贸易结构，尤其国家制度与政策是改善环境质量的重要因素

EKC 实质的函数关系，是收入增长（y）对环境质量或资源消耗（E）的影响，即 E 是 y 的函数。各个研究者从不同的假设条件出发，考虑不同的主导因子，设计出种类繁多的脊梁模型（表 3-2-11）。

表 3-2-11　　EKC 假设的计量方程模型*

参数 Parameter	方程形式 Equation	研究案例 Case study
收入（y）	$E_{it}=\beta_0+\beta_1 y_{it}+\varepsilon_{it}$ $E_{it}=\beta_0+\beta_1 y_{it}+\beta_2 y^2_{it}+\varepsilon_{it}$ $E_{it}=\beta_0+\beta_1 y_{it}+\beta_2 y^2_{it}+\beta_3 y^3_{it}+\varepsilon_{it}$ $E_{it}=\beta_0+\beta_1 \ln(y_{it})+\varepsilon_{it}$ $E_{it}=\beta_0+\beta_1 \ln(y_{it})+\beta_2(\ln y_{it})^2+\varepsilon_{it}$	Shafik-Bandyopadhyay（1992），Hettige（1992），Antle-Heidebrink（1995），Kahn（1998），Madhusudan（2001）
收入（y）和贸易（T）	$E_{it}=\beta_0+\beta_1 y_{it}+\beta_2 y^2_{it}+T_{it}+\varepsilon_{it}$	Cropper-Griffiths（1994），Cole（1997），Suri-Chapman（1998）
收入（y）和人口密度（P）	$E_{it}=\beta_0+\beta_1 \ln(y_{it})+\beta_2\ln(P_{it})+\beta_3(\ln y_{it})^2+\beta_4(\ln P_{it})^2+\varepsilon_{it}$	Selden-Song（1994），Roberts-Grimes（1997），Vincent（1997）
收入（y）、人口密度（P）和地理参数（G）	$E_{it}=\beta_0+\beta_1(y_{it})+\beta_2(P_{it})+\beta_3(G_{it})+\beta_4(y_{it})^2+\beta_5(P_{it})^2+\beta_6(G_{it})^2+\varepsilon_{it}$	Grossman-Krueger（1995）
收入（y）、人口密度（P）、人口增长（g）和政策（p）	$E_{it}=\beta_0+\beta_1(y_{it})+\beta_2(y_{it})^2+\beta_3(y_{it})^3+\beta_4(P_{it})+\beta_5(P_{it})^2+\beta_6(P_{it})^3+\beta_7(g_{it})+\beta_8(g_{it})(y_{it})+\beta_9(P_{it})+\beta_{10}(P_{it})(y_{it})+\varepsilon_{it}$	Panayotou（1995），Gary-Lise（1999）
收入（y）、制度（I）和政策（p）	$E_{it}=\beta_0+\beta_1 y_{it}+\beta_2 I_{it}+\beta_2 p_{it}$	Torras-Boyce（1998），Madhusudan（2001）

注：*E = Environmental degradation，y = per capita income or per capita GDP，T=trade，P=population，G=geography，g=growth rate of population，p= policy，I= institution，t = time，ε = error，β = parameter.

最简单常见的方程形式是收入与资源环境关系的二次方程，有的为了突出曲线特征形状而使用收入取对数后的二次方程；得到明显的倒 U 型曲线。三次方程［如 Madhusudan（2001）等］显示为 N 型曲线，说明现实中存在很多波动效应。

Grossman-Krueger（1995）考虑了地理因素，结果表明城乡综合环境的改善比单一提高市区环境质量更难实现。Koop-Tole（2001）考虑了人口密度、人口增长和收入分配等参数，认为人口压力大（密度高而且增长快）、收入分配高度不均的国家森林破坏更严重。Cropper-Griffiths（1994），Cole（1997），Suri（1998），Kaufmann（1998）等在研究中通过国际贸易额、制造业进出口比率、重要原料商品（如钢铁或木材）的国际价格、国际直接投资等参数研究贸易与环境问题，发现发达国家通过“环境污染转移”使国内环境得到好转。

从目前实证研究的普遍结果来看，倒 U 型的 EKC 是发达国家发达地区和新兴工业化国家在工业化时期所普遍适用的，如美国、西欧、日本和韩国、新加坡、中国香港等。上述分析均采用跨国跨地区的截面数据，而对一国或地区时间序列数据的实证研究并不多见。

国外 EKC 研究中也存在反对观点，如世界银行（1992）认为 EKC 不说明收入水平与某些环境质量之间存在着必然的关系，一个国家环境政策的选定可能带来大大优于或劣于处于同样收入水平国家的环境条件。Arrow，et al.（1995）；Various（1995，1996）；Ekins（1997），批评 EKC 的主观臆断性，胡大源（1998）认为 EKC 是建立在跨国和时间序列数据上的对经验数据的描述，而并不能以此用于预测。Xepapadeas and Amri（1998）认为环境质量的改善不会自动地发生，有赖于全社会环保意识的提高、环境政策的严格实施，以及技术进步的支持。Gangadharan，et al.（2001）；Magnani E.（2001）认为影响环境质量因素还有生产消费结构、国际贸易、政治和收入的不平衡、经济活动的集约化程度、能源价格等。

2．国外 EKC 实证研究的启示

从以上国外 EKC 实证研究的基本判断中可以得到如下启示：

第一，经济发展与环境污染水平之间具有显著的环境库兹涅茨曲线现象，但不同区域、不同环境指标，拥有不同 EKC 轨迹以及其转折点和实现转折点的时间跨度，且环境质量随着经济发展水平提高而不断得到改善是有优先序的。即首先得到改善的是基本维持生存的环境质量，如清洁饮用水与污水下水道设施等，且随着经济发展和收入提高不断地得到改善；其次是与生活舒适程度密切相关的环境指标，如空气污染物、有机物与重金属造成的水污染等；最后是与生态平衡有关而且影响深远，如二氧化碳排放与生物多样化等。

第二，经济发展水平不可能广泛地解释环境质量变化的全过程。影响环境质量的因素，除了经济发展水平外，还包括生产消费结构、国际贸易、政治和收入的不平衡、经济活动的集约化程度、能源价格、国家环境意志等。

第三，EKC 模型仅用来说明收入水平与环境污染之间存在着相互关系，其转折点的估计

值仅仅是建立在若干跨国数据和时间序列数据的实证分析基础上，所以该模型只能是对经验数据进行检验与验证，而并不能用于预测，切忌将其作为指导和制定被动等待改善环境质量政策的借口。

第四，环境质量改善并不会自动发生，它有赖于全社会环保意识的提高、环境政策的严格实施及技术进步的支持。尤其一个国家环境政策的选定可能带来大大优于或劣于处于同样收入水平国家的环境条件。如北京政府所推行的有效环境政策和迅速增加的环境保护投资，使其提前实现了环境库兹涅茨曲线转折点。

总之，从国内外 EKC 实证研究看，虽然环境质量随着经济发展先恶化而后改善的变化趋势是客观趋势，曾经是很多发达工业化国家在经济发展过程中走过的道路，但是，我国绝不可以 EKC 是不可改变的规律为借口，误导地方政府和企业继续走先污染后治理的道路，被动地等待环境与经济转折点的到来，应该继续采取积极的环境保护政策，加大环境投入，充分运用我国的后发优势，强化环境保护的国家意志，采取严厉的环境保护政策措施，加快推进环境保护的历史性转变，将环境保护贯穿于生产、流通、分配、消费全过程，促进经济发展方式的全方位转变，实现改善环境和优化经济发展的双重目标。

参考文献

[1] 中华人民共和国国务院新闻办公室. 中国的环境保护（1996—2005）. 北京：外文出版社，2006.

[2] 国家统计局综合司. 发展回顾系列报告之十三：环境保护事业取得新进展. http://www.stats.gov.cn/.

[3] 《中国环境保护行政二十年》编委会. 中国环境保护行政二十年. 北京：中国环境科学出版社，1994.

[4] 国家计划委员会国土规划和地区经济司，等. 中国环境与发展. 北京：科学出版社，1992.

[5] 国家环保总局，中共中央文献研究室. 新时期环境保护重要文献选编. 北京：中央文献出版社，中国环境科学出版社，2001.

[6] 解振华. 国家环境安全战略报告. 北京：中国环境科学出版社，2005.

[7] 曹凤中. 国外环境发展战略研究. 北京：中国环境科学出版社，1993.

[8] 国家环保总局. 第六次全国环境保护大会文件汇编. 北京：中国环境科学出版社，2006.

[9] 苏杨. 对我国“基本国策”提法和使用情况的分析，政研参考. 2008（2）：9.

[10] 中国环境与发展回顾和展望高层课题组. 中国环境与发展回顾和展望. 北京：中国环境科学出版社，2007.

[11] 中国环境与发展国际合作委员会年度政策报告编辑委员会. 中国环境与发展的战略转型. 北京：中国环境科学出版社，2007.

[12] 中国 21 世纪议程——中国 21 世纪人口、环境与发展白皮书. 北京：中国环境科学出版社，1994.

[13] 联合国开发计划署驻华代表处，等. 绿色发展，必选之路. 北京：中国财政经济出版社，2002.

[14] 世界银行. 碧水蓝天：展望 21 世纪的中国环境. 云萍，祁忠，译. 北京：中国财政经济出版社，1997.

[15] 世界银行. 2020年的中国：新世纪的发展挑战. 世界银行中国代表处，译. 北京：中国财政经济出版社，1997.

[16] 世界银行. 中国：空气、土地和水：新千年的环境优先领域. 余岚，等，译. 北京：中国环境科学出版社，2001.

[17] 中国科学院可持续发展战略研究组. 2006 中国可持续发展战略报告——建设资源节约型和环境友好型社会. 北京：科学出版社，2006.

[18] OECD. 环境绩效评估：中国. 曹东，等，译. 北京：中国环境科学出版社，2007.

[19] 国家环境保护总局规划与财务司. 国家环境保护“十五”计划读本. 北京：中国环境科学出版社，2002.

[20] 李周，孙若梅. 中国环境问题. 郑州：河南人民出版社，2000.

[21] 过孝民，王金南，於方，蒋洪强. 我国环境污染和生态破坏经济损失计量研究的问题与前景. http://www.gdepb.gov.cn/hjgl/lsgdp/zjsd/200510/t20051011_3339.html.

[22] 杨朝飞. 环境法制必须适应和推动“历史性转变”. 中国环境报，2006-05-19.

[23] 全面落实科学发展观，加快建设环境友好型社会——国务院总理温家宝在第六次全国环境保护大会上的讲话，2006-04-17.

[24] 刘效仁. 淮河治污十年难见成效：运动式治理的败笔. 中国青年报，2004-06-03.

[25] 许振成，周广飞. 主动环保战略构成分析. 中国环境管理，2007（4）：1-4.

[26] 黄文秀. 农业自然资源. 北京：科学出版社，1998.

[27] 赵跃龙. 中国脆弱生态环境类型分布及其综合整治. 北京：中国环境科学出版社，1999：42.

[28] 国家人口发展战略研究报告. 2006.

[29] 2006年国家城市环境管理和综合整治年度报告.

[30] 中国人口统计年鉴. 1999—2006.

[31] 中国环境统计年鉴. 2000—2006.

[32] 2005年中国环境状况公报. 2006.

[33] 中国地质调查局公告. 2005.

[34] 中国环境监测总站. 113个环境保护重点城市集中式饮用水源地水质月报. 2006.

[35] 国家环保总局，国家统计局. 中国绿色国民经济核算研究报告 2004，2006.

[36] 曲格平. 中国人口与环境. 北京：中国环境科学出版社，1992.

[37] 曲格平. 中国人口与环境. 北京：中国环境科学出版社，1993.

[38] 李周. 乡镇企业与环境污染[J]. 中国农村观察，1999（3）.

[39] 马中. 渭河流域水环境管理案例研究. 2005.

[40] 张雨田. “中国环境现状、问题及发展趋势”. 可持续发展研究专题讲座，2005.

[41] 王一鸣. 国家发改委宏观研究院. http://202.112.118.20/50forum/y2007/070308_wangyiming/content.htm.

[42] 徐平生. 世界主要国家与地区居民消费结构构成、演变规律及其启示. 国家信息中心预测部.

[43] 胡鞍钢. 中国资源与经济发展. 中关村，2005（32）.

[44] 刘彦随. 保障我国土地资源安全的若干战略思考. 战略与决策研究，2006（21）.

[45] 苏征耀. 我国水资源形势及其应对策略. 水资源研究，2007（28）.

[46] 袁建军，等.海洋生态环境污染研究概况[J]. 生物学通报，2001（5）.

[47] 环境监测总站. 总论专题一：环境形势与发展趋势.

[48] 中国环境与发展国际合作委员会. 实现“十一五”环境目标政策机制.

[49] 国家环保总局 WTO 环境与贸易技术专家组. 运用贸易手段促进环保目标实现，2007.

[50] 国家环保总局政研中心. 全球与区域环境战略专题报告.

[51] 阮梅花. 21 世纪头 10 年 OECD 环境战略——环境的可持续发展概述.

[52] OECD. 21 世纪头 10 年环境战略. http://www.oecd.org/dataoecd/33/40/1863539.pdf.

[53] 欧美国家环境战略计划及其特点. http://www.sdinfo.net.cn/xinxizhuanti/2003/xxzt-10.html.

[54] The World Bank，National Environmental Strategies: Learning from Experience，1995.

[55] OECD，OECD Environmental Strtegy for the First Decade of the 21th Century，2001.

[56] US Environmental Protection Agency，2003—2008 EPA Strategic Plan: Direction for the Future，2003.

[57] US Environmental Protection Agency，EPA 2006—2011 Strategic Plan: Charting Our Course，2006.

[58] Natural Environmental Research Council of UK，Science for a Sustainable Future 2002—2007，Strategic and Scientific Priorities for the UK Environmental Sciences Community.

第三章
中国环境问题成因综合分析

作为人类生存和发展过程中面临的一大难题，环境问题通常是指由于自然或人类活动原因，使环境质量下降或生态系统失调，而对人类的社会经济发展、健康和生命产生有害影响的现象。由于自然因素难以控制，所以环境问题更多地强调人类活动的作用。本报告重点分析当代中国环境问题的人为成因。

改革开放以来，随着我国经济的持续高速增长以及社会不断进步，资源消耗急剧增加，环境问题日益严重，对发展的瓶颈约束作用不断显现，已经严重威胁到中国未来社会经济的可持续发展。为了应对和解决环境问题，识别环境问题成因则是前提和关键。因此，探究中国环境问题的成因，并寻求有效的治理对策，对于打破中国环境的瓶颈约束，缓解中国环境与发展之间的矛盾，乃至最终实现中国的可持续发展将具有重要的意义。

一、环境问题成因的理论进展和解释框架

考察国际上环境问题成因研究的相关进展，可以为中国环境问题成因的系统分析提供一定的理论基础和方法论基础。自从进入 20 世纪以来，尤其是 20 世纪 60 年代以来，随着环境污染的日益严重，国际上对环境问题发生的原因也开始进行深刻的反思。其中具有里程碑意义的事件是 1962 年美国海洋生态学家蕾切尔·卡逊女士经过 3 年详尽调查研究撰写的惊世力作——《寂静的春天》公开出版。该书以无可辩驳的事实，揭露了滥用 DDT 为代表的毒性农药对生态系统造成多方面的恶果包括严重污染水体、杀死害虫天敌和自然界大量生物，以及这些农药进入食物链并富集最终会对人类造成致命后果，从而首次唤起了全社会对环境问题的注意（程序等，1997）。此后，大量的学者从不同的角度探讨和解释环境问题的成因，并提出了不同的理论和相应的对策。

（一）环境问题成因的经济学解释

从经济学角度探讨环境问题成因已成为国际上一大主流方向。尽管环境问题被纳入经济学家的视野最早可以追溯至古典经济学的形成时期，但是从现代经济学的角度来看，真正意

义上对环境问题进行经济分析的当首推经济学家庇古。继著名经济学家马歇尔 1910 年提出“外部不经济性概念”后（张世秋，1994），庇古于 1920 年在其所著的《福利经济学》一书中提出了外部性理论，并在 1932 年首次将环境污染作为外部性问题进行了分析（Pearce，1991）。他的外部性理论不仅对环境问题的经济根源作出了合理的解释，而且也为环境问题的解决提供了明确的经济分析思路。按照外部性理论，环境问题是由于市场在环境资源的配置上失灵所致。因此，必须通过政府干预来纠正这一市场失灵。政府只要对造成负环境外部影响的行为征税（庇古税）以及对产生正环境外部影响的行为进行补贴，就能使外部性内部化，从而使环境问题上的市场失灵得以解决。

庇古的这一思想在 20 世纪 60 年代受到了科斯的质疑。1960 年，科斯发表《社会成本问题》一文，从产权的角度提出了外部性产生的原因和解决外部性问题的新思路。科斯认为，只要明确产权，在交易成本为零的情况下，通过产权协商交易，市场本身可以解决因外部性产生的市场失灵而无须政府干预，这在经济学中通常被称为科斯定理。但是科斯定理使用的前提条件是私有财产权即产权具有明确性（明确规定财产所有的权利、限制及破坏权利的处罚规定等）、排他性（或称专有性，即由拥有财产带来的所有效益和费用直接给予所有者）、可转让性（在双方自愿交换条件下，从所有者转移到他人）和强制性或可实施性（应保证免予他人侵犯和非自愿攫取）。而对于公共财产资源而言，其拥有权实质上不存在任何所有权。在该制度下，社会中每个团体或个人都将根据自己的费用效益决策准则来利用环境资源，这样势必造成过度滥用资源的倾向，尤其是无偿使用环境资源的情况（王金南，1994）。这种现象就是著名学者 G.哈丁 1968 年在《科学》杂志上发表的论文中提出的“公有财的悲剧”（Hardin，1968）。在解决公有财的悲剧问题上，哈丁认为个人对个体利益的追求不会自然地通过亚当•斯密的“看不见的手”转化为对群体利益的追求。他在指出法律和良心的局限性后，提出解决社会两难困境的办法是“相互制约，相互认同”。实际上，哈丁认为没有科学的解决方法，只有通过政治的途径，包括国家应作出努力来防止公有财的悲剧。面对“公有财悲剧”，各国政府作出的审慎反应是把公共财产资源转化为公有财产资源，并为之建立一整套的资源分配和使用制度，如进行资源开发的费用效益评价、引入环境影响经济评价等（王金南，1994）。

虽然庇古思路与科斯思路路径不同（前者强调政府的干预，后者更看中市场的力量），但都是为了解决外部性导致的市场失灵问题。以这两种理论思想为基础，经济学家提出了以建立在庇古理论基础之上的排污税（补贴）和建立在科斯理论基础之上的排污权交易为主的环境经济政策工具。1981 年，美国 12291 号行政令规定许多环境措施都必须进行费用效益分析，同时以排污权交易为主的经济激励方式也开始纳入环境政策体系。在欧洲，则是越来越多地利用排污税来作为污染控制的政策。欧美环境政策体系的这种变化标志着环境治理的经济分析在实际环境决策中开始发挥作用（聂国卿，2007）。

总体来看，从经济学的角度来看，环境问题产生的根本原因是环境和自然资源配置中的市场和政府失灵的结果（市场和政府失灵一般通称为制度失灵）（OECD，1996；达斯古柏塔，1997；张坤民，1997），这一点已经基本达成共识。这种思想为从经济角度寻求环境问题的解决方法和途径提供了理论和方法论的基础。也有一些组织机构和学者从经济的其他角度研究环境问题的成因。如 OECD（1996）、Anderson 等人（1998）先后就贸易对环境的影响进行了比较深入的研究。OECD 认为贸易是影响环境众多因素中的一个，它通过影响全球商品价格和市场状况间接影响环境，并且指出贸易主要通过生产效应、规模效应、结构效应以及法规效应对环境产生影响。思纳德（2005）认为造成环境压力的决定性因素不是经济的平均增长率，而是所采用的技术以及经济增长（或经济本身）的结构。从国内来看，也有一些学者如张红军等（1994）从社会经济政策的角度、魏羡慕（2000）从政府和市场失灵的角度、刘东坡（2003）和李善同（2002）从经济关系的角度、朱达（1998）和王慧炯等（1999）从产业结构的角度对环境问题的成因进行了分析和研究。

（二）环境问题成因的社会学解释

目前，从经济学角度研究环境问题基本上形成了比较严密的理论和解释框架，而从其社会角度研究环境问题成因则相对比较分散，涉及哲学、宗教信仰、技术、消费等方面。1967年美国历史学家怀特（White）在《科学》杂志上发表环境危机的历史根源一文，认为西方基督教文化的哲学观点过分注重物质文明是造成生态危机的罪魁祸首。培根、笛卡儿提出的“驾驭自然，做自然的主人”的人与自然相对立的机械论思想占统治地位被认为是工业革命造成环境问题的深层次的根源（叶文虎，1994）。Commoner（1971）将第二次世界大战以来，美国和所有的工业国家环境恶化的基本原因归结为农业、工业生产和运输技术上的巨大变革，这些技术基本特征是“高污染”、“高利润”。而“高利润”则是生产和经济增长追求的主要目标。罗尔斯顿（1988）认为不受伦理限制的人类力量导致了 20 世纪后半叶的生态危机。也有学者通过人类与自然伦理关系的研究中看到了“环境危机的实质是文化和价值问题，而非技术和经济问题”，换言之，环境问题可以归结为人的问题，是由于人类长期不承认自然的价值，不承认人与自然之间的伦理道德关系所造成的（朱坦，2001）。Reisch 等（2003）从消费的角度，包括消费水平和消费结构等来反映人类社会经济活动对生态环境的影响。在国内，一些学者除从经济的角度对环境问题的成因进行探讨外，也有一些学者从其社会学角度对包括中国的环境问题进行分析。比较具有代表性的有：朱坦（2001）从伦理的角度、余昌谋（2001）从文化的角度、洪大用（2001）从社会变迁的角度分别探讨了环境问题的成因等。

（三）环境问题成因的多因素综合解释

该角度认为环境问题成因同时受几个或更多因素的影响和作用。1970 年，Ehrlich 等学者把人类对环境的影响归结为三大要素：人口规模、富裕度和技术水平，并提出了著名环境影响的三要素模型即“IPAT 方程模型”。《21 世纪议程》（1992）一针见血地指出全球环境不断恶化的主要原因是不可持续的消费和生产模式，尤其是工业化国家的这类模式。Stern（1997）等认为，在人类社会系统的动力学中，至少有四种社会变量引起环境变化：人口规模和增长；制度安排与变迁，尤其是与政治经济有关的；文化包括态度、信仰系统、世界观和主导的社会范式；技术文化。1997 年 Peter M.Vitousek 等人认为人口增长和资源消耗的增长是通过农业、工业、捕鱼、国际贸易等一系列事业来维持。这些事业通过耕作、林业和城市化等活动改变地表、改变生物地球化学循环以及在地球的大部分生态系统中添加或消除物种或者基因截然不同的种群而对地球生态系统产生直接或间接的影响。著名的环境教育家 Miller（1998）把环境问题的成因归结为如下方面：快速的人口增长；由于不重视污染预防和废物减少而导致的资源的快速而浪费性的使用；使部分地球生命保障系统简化和退化；贫困（能驱使穷人为了短期生存而不可持续地使用潜在可更新资源并且经常使之暴露在健康和其他环境风险之下）；经济和政治系统在鼓励维护地球的经济发展模式和不鼓励使地球恶化的发展模式方面存在失灵；经济和政治系统在使市场价格包括全环境成本方面存在失灵；人类迫切地主宰和管理自然为人类所用而对自然的运作方式和机制知之甚少。并且他认为 Ehrlich 等人提出的三要素模型虽然把主要的环境问题和一些成因联系起来了，但是实际上两者之间的联系所涉及的要素远不止上述三种，还包括人口分布、科技、教育、道德信仰、价值观念、政治、经济等，而且对这些因素之间的许多作用认识还不清楚。此外，也有一些国际组织或国外机构对中国的环境问题成因进行分析，如日本非政府组织“日本环境理事会”编著的《亚洲环境白皮书》将中国的环境问题及成因归纳为以下几点：中国环境问题不是未来的问题，而是当今正在发生的危机；中国的自然条件特别不利；几千年的文明发展、列强侵略、内战和失误；历史性地形成了以重工业为中心、煤炭消耗为主、环境负荷沉重的经济结构，改革开放后仍无根本性的改变；从 20 世纪末到 21 世纪上半叶，城市与乡村都将相继进入大量消费和大量废弃的社会。国内对环境问题进行多因素分析的学者黄鼎成等（1997）从人与自然关系的角度对环境问题的成因进行剖析。曲格平（1989）从基础设施、人口增长、城市布局、管理水平、环境意识等方面探讨中国城市环境问题的成因。中国社会科学院环境与发展研究中心（2001）则分别从发展阶段、城市化、产业政策、对外开放等方面揭示中国环境问题的成因。

从目前国内外的研究现状来看，无论是环境问题的经济学解释还是其他解释，都面临的一个共同的问题是由于不同的学者从不同的角度出发对环境问题成因的解释是不同的。这些分散的原因之间缺乏系统性、层次性和综合性，这在一定程度上容易导致认识上的片面性，同时也折射出环境问题的产生受到多种因素的影响。只有从系统的思路出发，才能对环境问题产生的原因形成比较全面的、综合的认识。

（四）环境问题成因的系统学解释

为了从系统的角度认识环境问题的成因，需要上升到人与自然相互作用的高度。1996 年联合国提出驱动力—状态—响应模型即 DSR 概念模型也为寻求环境问题与其产生的原因之间联系提供了思路。Peter M.Vitousek 等人（1997）提出了一种反映人类对地球系统直接或间接影响的概念模型（图 3-3-1）。其核心思想是要维持人口及其资源消费增长的需要，就要发展一系列的事业，而这些事业通过改变地表、生物地球化学循环和生物多样性的形式对地球生态系统产生直接或间接的影响。该模型虽然比较清晰地反映了人类与地球系统相互作用的过程，但是未能深入反映这种过程的影响因素及其之间的相互联系。

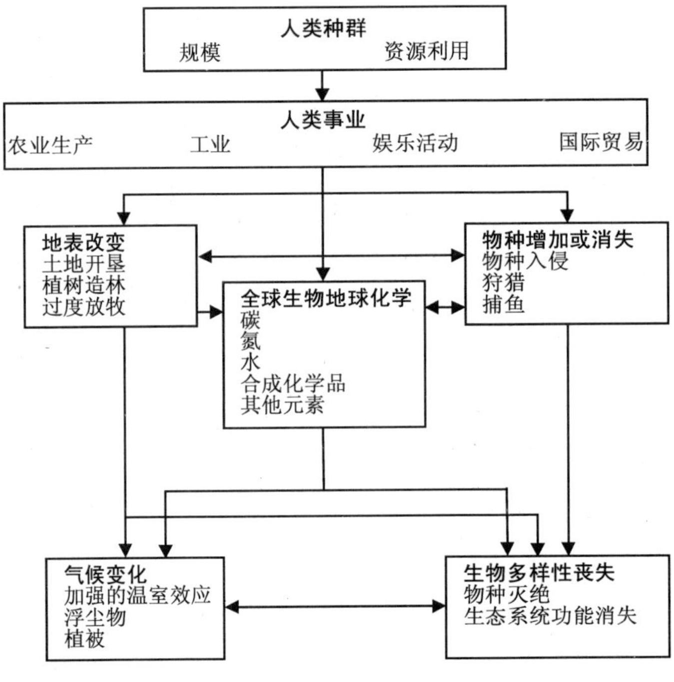

图 3-3-1　人类对地球系统直接或间接的影响的概念模型

黄鼎成等人（1997）比较系统地研究了人与自然的相互作用关系。根据他们的观点，从物质层面来看，人与自然的相互作用，即自然系统和社会系统的相互作用，主要发生在社会物质产品的生产和消费过程中。从人与自然相互作用的角度来分析，社会物质产品的生产和消费包括以下几个环节：从自然系统获取自然资源；将自然资源转化或加工为社会产品；社会产品的消费；获取资源、加工产品和产品消费的过程中向自然系统排放废物。而控制人与自然相互作用基本过程的是技术结构、消费结构和控制结构。技术结构决定了人类从自然界获取的自然资源的种类和获取方式，决定了自然资源转化为社会产品的加工工艺，决定了社会产品的种类，也决定了生产和消费过程中产生的废物的种类和方式。消费结构决定了人类从自然界获取的自然资源的总量、社会产品总量和人类向自然界排放废物的总量，它和人口规模和人均消费水平的提高相关。技术结构决定了人与自然相互作用的方式，消费结构决定了人与自然相互作用的规模和强度。它们直接控制了社会物质产品的生产和消费过程，也直接控制了人与自然相互作用的基本过程。调控结构是由人类的价值观念、人类社会系统的制度安排和社会的组织管理方式组成。价值观念，特别是自然观，是指导人类处理人与自然关系的基本原则。人类社会系统的制度安排以及社会的组织管理方式都与价值观念息息相关。换言之，价值观念是影响制度安排和组织管理方式的深层根源。人类社会的制度安排是规范人类行为的一系列规则，其中涉及人与自然相互作用的制度安排。制度安排和确立所有权是人类有效开发自然资源的保证。社会的组织管理方式外延较广，其中包括人类社会的组织管理方式和开发利用自然系统的组织管理方式，也包括社会对消费结构和技术结构的调控方式。调控结构对技术结构和消费结构有直接影响，从而间接地决定了人与自然相互作用的基本过程。人与自然相互作用的基本过程如图 3-3-2 所示。

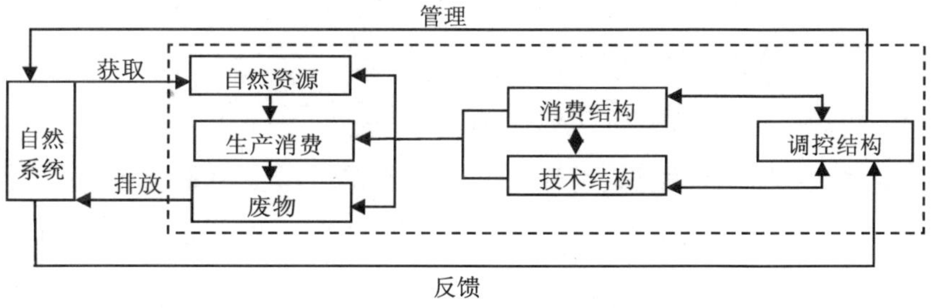

图 3-3-2　人与自然相互作用的基本过程与控制结构

黄鼎成等人提出的概念模型不但反映了人与自然相互作用的物质联系，而且揭示了主导人与自然相互作用基本过程的控制因素及与其他因素之间的相互作用关系。但仍然存在一些不足之处，如没有体现生产和消费之间的作用；对人与自然相互作用的途径与 Peter M.Vitousek 等人（1997）模型相比略显不足；未能充分反映一些更加具体因素的作用如人口等。

Miller（1998）认为 Ehrlich 等人提出的三要素模型即环境问题是人口、富裕度和技术综合作用的结果虽然把主要的环境问题和一些成因联系起来，但是实际上两者之间的联系所涉及的要素远不止上述三种，而且人们对各种因素之间的许多作用关系的认识还不清楚。有鉴于此，他提出了一种环境、资源和社会问题产生的简化模型（图 3-3-3）。该模型从总体上体现了人与自然的相互作用过程即人类把自然资源和能量转化为废物排出的过程。模型的中心是世界观，世界观是影响环境问题产生的最深层次的原因，它通过作用于其他因素而引发环境问题，同时其他因素也对其产生反作用使其发生改变，同时各种要素之间也相互作用，从而产生各种资源、环境和社会问题。该模型充分体现了环境问题影响因素的多样性，但是对人与自然相互作用过程中的人类社会经济影响因素之间的逻辑关系、主次关系反映不太清晰，把环境问题的直接影响因素和间接影响因素并列起来。

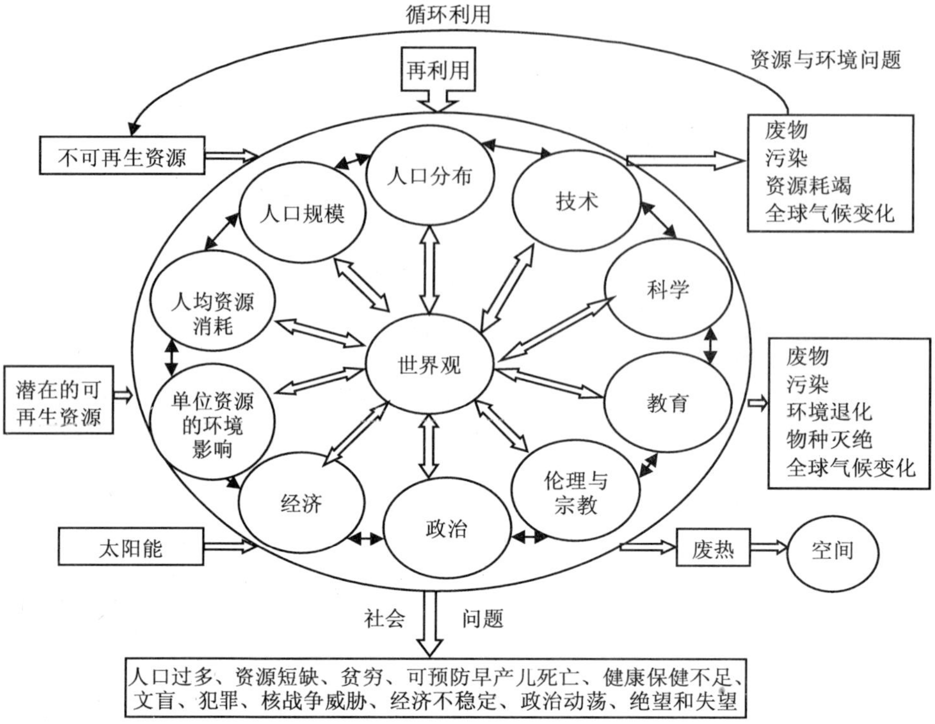

图 3-3-3 环境问题、资源问题和社会问题成因的简化模型

尽管上述模型存在不同的优点和缺点，但是基本上表明了环境问题的产生受多种因素的综合作用。这些因素既包括直接影响因素，也包括间接影响因素；既涉及主导因素，也涉及次要因素。因素之间的作用关系既有单向联系，也有反馈联系；既存在正向作用，也存在反向作用。总之这些环境影响因素之间形成了一个多样化、多层级、多回路的复杂作用关系体系。

为了吸收上述模型的优点，克服其存在的不足之处，进一步认识环境影响因素及其之间的相互作用关系，我们提出了一种环境问题成因的系统概念模型，见图 3-3-4。环境问题影响要素相互作用的系统概念模型逻辑关系是：生态环境问题产生的直接动因是来自于一系列的人类社会经济活动，包括农业、工业、贸易、基础设施建设、城市化等，这些活动通过改变土地利用结构、改变生物地球化学循环以及改变生物多样性的方式在很大程度上对生态环境系统施加负面影响，导致环境污染、生态退化、物种灭绝等一系列生态环境问题。因此，人类社会经济活动是人类社会经济系统与自然生态系统发生相互作用的纽带。这种相互作用在实质上是通过物质流、能量流、信息流和价值流来维系的，即人类社会经济系统从自然生态系统中获得有价值的物质流、能量流、信息流和生态服务，然后通过加工、生产、运输、消费等环节、过程或活动向自然生态系统排放废物。而人类的社会经济活动在很大程度上又由人口的消费需求牵引和驱动。人口的消费需求和行为包括消费水平、消费结构、消费方式等，不仅受到人口数量、结构、分布乃至素质的影响，还受到社会文化价值观念包括世界观、价值观、

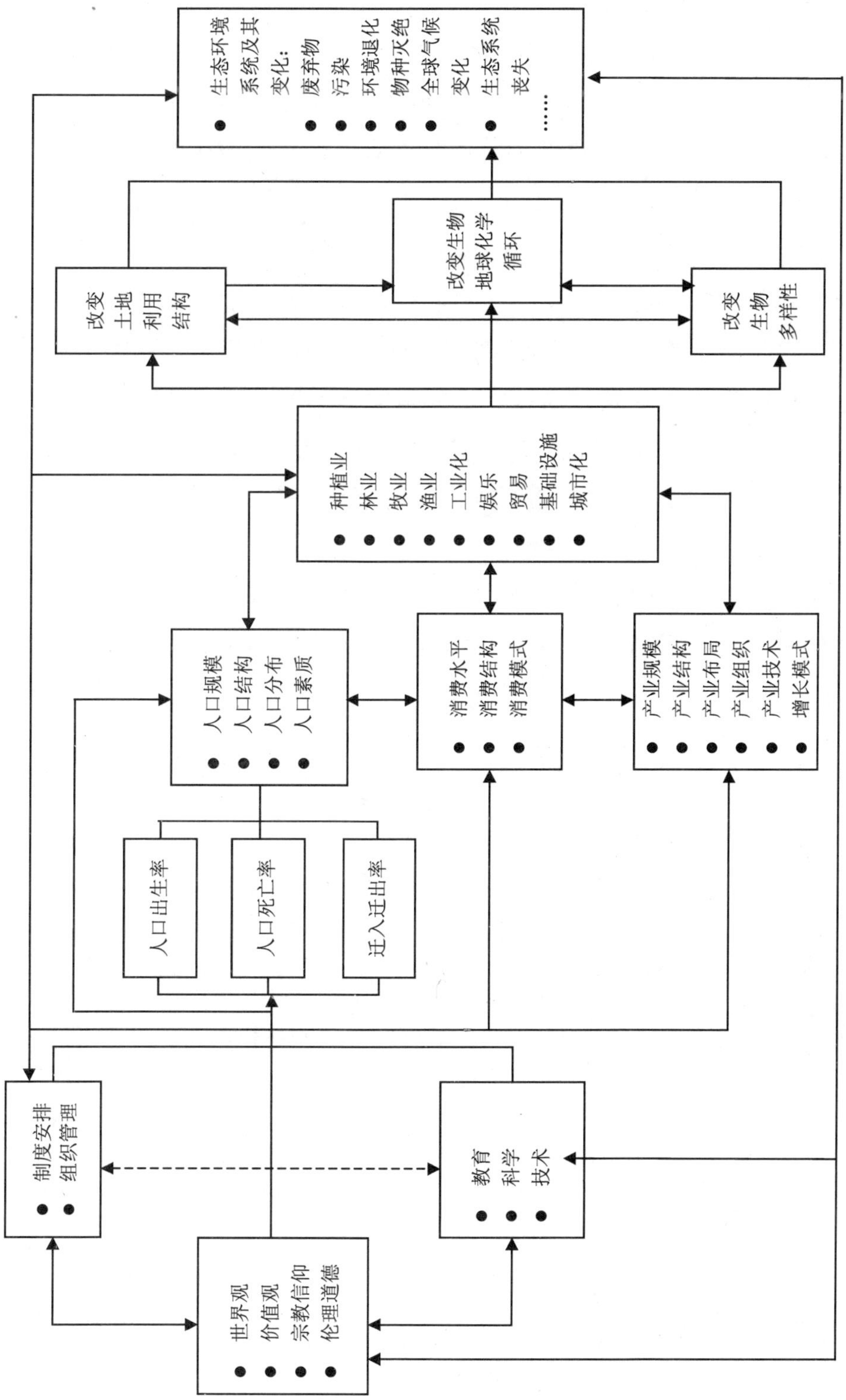

图 3-3-4 环境问题影响要素及其相互作用的系统概念模型

伦理道德等以及社会制度安排和科学技术等因素的影响和作用。同时消费和生产又是相互作用的。生产的目的是满足人们生活质量提高的需求，在此意义上说，需求是生产的根本原因。消费需求的变化往往带动产业结构的调整进而引发产业布局、产业组织、产业技术等方面的变化。而产业的变化又在一定程度上刺激和强化了消费的变化。产业的发展变化包括增长的方式同样也受到价值观念、科学技术、政策制度和组织管理等因素的综合作用。值得一提的是，价值观念不仅对人类社会的制度安排、组织管理方式乃至技术的开发和应用的方向产生了深刻的影响，而且在相当程度上左右了人类社会的生产和消费行为，进而在更深层次上诱发了各种环境问题的产生。这些影响生产和消费行为的诸多因素构成了环境问题形成的间接驱动力。

总体而言，环境问题的形成是一系列不同因素包括自然和社会因素相互作用的结果。人类社会经济活动在很大程度上构成了环境问题的直接驱动力。而影响人类社会经济活动的各种要素包括制度、科技、文化价值观等则构成了环境问题的间接驱动力。因此，也可以说环境问题的产生是各种经济社会因素直接作用和间接作用的结果。

上述是对一般意义上环境问题的成因进行探讨的。但是由于不同国家和不同地区处于不同的自然条件、不同发展阶段、不同的制度管理和技术水平、不同的人口素质和文化背景下，使得各国面临的环境问题及其成因呈现出多样性和差异性，不能一概而论。有鉴于此，探讨中国环境问题的成因时要在一般性理论研究的指导下结合中国的实际情况进行具体的分析和判别。

二、中国环境问题成因的理论分析

（一）中国环境问题的客观成因

1．中国环境问题的先天基础脆弱性

中国环境问题的形成首先离不开其脆弱的自然条件和生态环境基础。正如日本环境理事会所认为：“中国的自然条件特别不利。”中国国土本身的自然结构与地理特征，对于中华民族的生存与发展，对于中国生态环境的“应力”或“胁迫”，明显地超出了全球平均状况的水平（中科院可持续发展研究组，1999）。在中国：65%的国土面积是山地或丘陵；33%的国土面积是干旱地区或荒漠地区；70%的国土面积每年受到季风气候的影响；55%的国土面积不适宜人类的生活和生产；35%的国土面积常年受到土壤侵蚀和沙漠化的影响；30%的耕地面积属于 pH 值小于 5 的酸性土壤；20%的耕地面积存在不同程度的盐渍化或次生盐渍化；17%的国土面积构成了全球的世界屋脊。

中国在世界上的独特位置对中国的生存与发展构成了先天的影响：

① 中国处于全球地质构造最活跃的两大活动带的挟持之下，东部为环太平洋地质活动

带，西部为喜马拉雅地质活动带，其结果造成中国的地质灾害频发，地质构造复杂，基础设施建设和维修的成本高昂。

② 从全球海陆面积分布状况分析：a. 北半球的陆地面积（9.56×10^7 km²）比南半球陆地面积（5.32×10^7 km²）几乎大一倍，通常把北半球看做陆半球，南半球看做水半球，中国位于北半球。b. 东半球陆地面积（10.23×10^7 km²）约为西半球（4.65×10^7 km²）的两倍多，前者为陆半球，后者为水半球，中国位于东半球。c. 北半球的东半部陆地面积（7.14×10^7 km²）为其西半部（2.42×10^7 km²）的 3 倍多，中国又恰好处于北半球的东半部，相对于美国而言，中国处于全球陆地最集中的地区。其直接影响是中国为强烈大陆性气候国家，水资源的空间分配、季节分配和年际分配极为不均。

③ 受到东亚季风的强烈影响，加上喜马拉雅寒极区的耸立，形成了各类频仍的自然灾害，每年约有 5%的 GDP 为各类自然灾害所蚀夺。

依据“生态环境应力指数”（Indicator of Ecological Stress）与“地表起伏度”（Relief Degree of Land Surface）的基本关系，可以计算出世界各国的生态环境应力与全球平均生态环境应力。以世界大陆平均海拔高度为基准，每增加 100 m 的高度，区域开发成本将在原来的基础上提高 3.2%～3.4%，设定全球平均的生态环境应力为 1.00，可以计算出中国的平均生态环境应力成本为 1.25。由于生态环境应力与区域发展成本的“线性可比”，由此可以换算出中国相对于世界平均的发展成本。如果世界综合平均发展成本为 1.00，则中国的综合平均发展成本为 1.25，它意味着在世界平均发展水平下，用 1 美元可以办成的事，在中国办成同一件事要花费 1.25 美元。以下我们计算出了由于中国自然条件的先天脆弱性，所引起的发展成本同世界平均水平的对比情况（表 3-3-1）：

表 3-3-1　　中国发展成本与世界平均成本的对比

项目	比值
全球平均综合发展成本为	1.00
中国平均综合发展成本为	1.25
其分类的发展成本如下所示：	
牧业发展成本（中国平均：世界平均）	1.03：1.00
农业发展成本（中国平均：世界平均）	1.05：1.00
林业发展成本（中国平均：世界平均）	1.08：1.00
矿业发展成本（中国平均：世界平均）	1.30：1.00
基础设施成本（中国平均：世界平均）	1.28：1.00
工业发展成本（中国平均：世界平均）	1.25：1.00
水利工程发展成本（中国平均：世界平均）	1.21：1.00
自然保护成本（中国平均：世界平均）	1.27：1.00
土壤侵蚀速率（中国平均：世界平均）	1.40：1.00
自然灾害频率（中国平均：世界平均）	1.28：1.00
生态恢复成本（中国平均：世界平均）	1.36：1.00
区域开发成本（中国平均：世界平均）	1.27：1.00

从总体上去分析，中国的发展基础，由于自然条件和地理特点先天脆弱的影响，其成本普遍的高出全球平均水平，由此出发，应能充分了解中国在发展过程中的艰巨性。

2. 中国具有世界最强烈的人类活动规模和强度

中国是五千余年的文明古国，区域开发历史久远，加上人口数量又是全世界最多的国家，因此越是接近现代，人类活动的规模和强度，与世界各国相比，对于自然环境的影响处于一种极度压力的状态。这种随时间呈非线性增长的人类活动强度，对于本来就脆弱的生态环境，带来了附加的压力。这也是日本环境理事会所认为的中国环境问题原因之一，“几千年的文明发展、列强侵略、内战和失误”。

举例而言，全世界人类活动的规模总量，如果以其每年搬动和运移岩石和土壤的数量为标志，全世界的总量达 1 360 亿 t，中国每年平均搬动和运移土石方量达到 381.7 亿 t，占全世界的 28.1%，远高出国土面积占全球 7%和人口数量占全世界 22%的比例。全世界平均每人每年搬动土石方为 22.7 t，而中国平均每人每年搬动土石方的数量达到 31.8 t，是世界平均值的 1.4 倍。以下是根据最新的统计分析与理论计算，获得了中国每年搬动、运移岩石、沙土、农田等生产活动的数量（表 3-3-2）：

表 3-3-2　中国每年搬动、运移岩石和土壤的数量　单位：亿 t

项目	数值
1. 农业生产活动	226.0
2. 牧业生产活动	16.5
3. 林业生产活动	12.0
4. 矿业生产活动	48.0
5. 采石及建筑材料	14.5
6. 基础设施建设	53.6
7. 城镇建设	21.1
总量	381.7

资料来源：Niu and Harris（1996）。

人类活动每年所引起地球表面物质运移的数量约等于自然状态下，每年从河川径流中搬运泥沙的 17 倍。从世界范围内的总体评价，如果人类活动所致的岩石土壤移动高出自然状态下岩石土壤运移的 4～5 倍，尚可列入正常的人类活动强度范围，中国的人类活动强度要比世界平均范围高出 3.0～3.5 倍，可见人类活动强度长期以来处于很高的数值，这对于中国的长期发展带来了重大的威胁，也加大了治理环境和改善生态质量的难度。

（二）中国环境问题的社会经济成因

尽管中国的环境问题与自然条件的先天脆弱性和历史上高强度的人类活动巨大效应有

关，但是当代大量的环境问题更多地由发动工业化后的社会经济因素所造成。根据环境问题成因的矩阵模型并结合中国的国情，我们拟从经济增长的环境效应、社会发展的环境效应、制度安排的环境效应三个主要方面对中国环境问题的成因进行剖析。

1．中国经济增长的环境效应

（1）经济增长与环境质量之间的关系

经济增长是环境问题的直接动因和非常重要的影响因素。经济系统与自然生态系统之间的联系方式主要表现为物质流、能量流和废物流，即经济过程从自然生态系统中提取初级原料和能量，然后把资源开采和加工过程中产生的废弃物排放到环境中。因此，环境问题与资源利用联系在一起，实质上是资源无效利用的结果和表现。生产过程中产生的废弃物通常是环境污染的主要来源。学术界通过用 Grossman 等（1992）提出了环境库兹涅茨曲线（EKC）或倒 U 型曲线（Inverted-U shape）用于表征经济增长与资源利用和环境质量之间的演化关系，即环境质量随着收入水平的提高而经历一个由逐渐增大到逐渐减小的临界转换。该过程大体可以分为三个阶段：在较低的收入水平阶段，环境恶化的速率快于 GDP 的增长（两者呈现明显的正相关关系）；接下来的阶段环境恶化的速率开始小于 GDP 的增长，直到临界点的到来（在该阶段物质投入量相对于 GDP 开始下降，两者的正向联系开始减弱，Weak delinking）；在超过临界点的第三阶段，物质和能量的绝对投入量开始下降（负增长），从而开始了弱化联系的强化过程或强负相关过程（Strong delinking）（Picton et al.，1999）。有学者还将这一曲线的三个阶段与发展经济学中的工业化三阶段进程相对应，即第一阶段大体对应工业化初中期阶段，第二阶段大体对应工业化中后期阶段，第三阶段大体上和工业化后期、后工业化社会相对应（史东明等，2007）。虽然目前有许多环境指标证明了 EKC 曲线的存在，但是学术界就 EKC 曲线理论基础和成因的解释仍存在着争议（Arrow et al.，1995）。尽管如此，EKC 还是可以作为解释经济增长与环境质量之间关系的一般规律，因为环境容量的有限性，不可能容纳无限制的排放，对于中国也不例外。经济增长总是要导致环境质量的下降。在工业化的起步阶段或经济快速发展时期，环境污染问题显得更为突出，这一点已经被工业革命的历史所证实。而环境事件的发生地点是随着世界各国经济增长的阶段而变化的（王慧炯等，1999）。

一般而言，在实际经济活动中，经济增长对环境的影响可以分解为三种效应：规模效应、结构效应和技术（减排）效应。经济增长过程中环境质量的变化是这三种效用共同作用的结果。但是也有学者如思纳德（2005）认为造成环境压力的决定性因素不是经济的平均增长率，而是所采用的技术以及经济增长（或经济本身）。结构规模效应是指随着经济规模的扩大，其对环境的压力也随之增加。这是因为在其他条件不变的情况下，经济规模的扩大将需要消耗更多的资源，向环境排放更多的废物，使得环境质量趋于恶化。结构效应是指在经济发展过程中，不同的结构所包含的商品类型和服务是不同的，因而需要的资源和环境投入也有很大的差别。经济结构的自然演进一般呈现如下规律：在经济增长的早期，第二产业迅速增长，其中污染较重的矿产资源开发、金属冶炼、重加工业等产业增长速度较快，经济结构向污染加重方向转变；在经济增长后期，第三产业迅速增长，而第三产业中污染较轻的金融、通信等服务业的增长速度较快，经济结构向污染减轻方向转变。如果经济规模和技术水平不变，经济结构作用的效果是使污染先上升后下降，环境质量将出现“先恶化，后改善”的趋势。技术（减排）效应是指通过技术进步、环境政策和经济结构调整等因素的作用使单位经济产出的污染排放量下降。技术（减排）效应包括两个方面：一是投入—产出效率的提高；二是资源节约环境友好型技术的应用。这与经济增长模式有很大关系。由此可见，在其他条件相同时，经济增长和工业化过程中的环境质量如何变化决定经济增长的规模效应、结构效应和技术（减排）效应力量的对比。实际上，EKC 假说只是单纯研究人均收入水平与环境质量之间的变化关系，而没有考虑到其他相关因子的共同作用。经济规模的扩大只是增长的结果，而经济增长过程中的经济结构变化、技术变迁、工业化模式、增长方式、经济活动的空间布局、开放型发展取向、经济体制和环境政策等都会对环境质量的变化产生影响，而且经济增长还通过影响人们的环境意识、社会习俗等对环境质量产生间接的影响（侯伟丽，2005）。

（2）中国经济增长对环境的规模效应

由于污染是生产和消费活动的副产品，在其他条件不变情况下，生产和消费规模的扩张必然引起污染排放的增加。中国自改革开放以来，经济保持持续高速增长，这无疑给中国的环境带来巨大的压力。表 3-3-3 为 1990—2003 年中国各类资源消耗、环境污染物排放的总体态势（中国科学院可持续发展战略研究组，2006）。由表中可知，从 1990 年到 2003 年的 10 余年间，中国经济年平均增长 9.70%（按 1990 年价计算），除个别项目如农业用水、耕地和建设用地总量、烟尘、工业废水、工业固体废弃物排放量、水土流失和荒漠化面积有所下降外，大部分类别的资源消耗总量呈上升趋势，其中有色金属消耗总量以及主要细类的有色金属消耗增长速度超过了经济增长速度。这种状况从总体上也能够反映出经济增长比较粗放的特征。

表 3-3-3　1990—2003 年中国资源消耗的总体态势

资源类别		1990 年	2003 年	2003 年比 1990 年增长/%	1990—2003 年年均增长/%
国民经济	GDP/亿元	18 547.9	61 802.85（1990 年价）	233.2	9.70
能源消费	能源消费总量/t[1)]	98 703.0	170 943.0	73.2	4.32
	其中：石油/t	16 384.7	38 804.1	136.8	6.86
	天然气（以标准煤计）/万 t	2 072.8	4 444.5	114.4	6.04
	煤炭（以标准煤计）/万 t	75 211.7	115 557.0	53.6	3.36
	水电（以标准煤计）/万 t	5 033.9	11 966.0	137.7	6.89
	核能（以标准煤计）/万 t（1995—2003 年）	503.2（1995 年）	1 572.7	212.5	15.3

资源类别		1990 年	2003 年	2003 年比 1990 年增长/%	1990—2003 年年均增长/%
能源消费	核能（以石油当量计）/100 万 t（1992—2003 年）[2)]	0.1	9.9	9 800.0	51.85
	第一产业能源消费（以标准煤计）/万 t	4 852.0	6 603.0	36.1	2.40
	第二产业能源消费（以标准煤计）/万 t	68 791.0	121 399.0	76.5	4.47
	第三产业能源消费（以标准煤计）/万 t	9 261.0	23 672.0	155.6	7.49
水资源消费	水资源消费总量/亿 m^3（1993—2003 年）[1)]	5 198.0	5 320.4	2.4	0.23
	其中：工业用水（1997—2003 年）	1 121.2	1 177.2	5.0	0.82
	农业用水（1997—2003 年）	3 919.7	3 432.8	−12.4	−2.19
	生活用水（1997—2003 年）	525.2	630.9	20.1	3.10
土地资源消费	农用地/亩（1999—2003）[3)]	9 807 781 518.3	9 855 921 376.4	0.5	0.12
	其中：耕地总量/亩（1998—2003 年）	1 944 631 454.8	1 850 883 149.9	−4.8	−0.98
	建设用地总量/亩（1999—2003 年）	540 205 629.6	465 970 029.8	−13.7	−3.63
	城市建成区面积/km^2[4)]	12 856.0	28 308.0	120.2	6.26
矿产和原材料消费	钢材消耗/万 t[5)]	5 087.0	27 100.0	432.7	13.73
	其中：粗钢表观消费/kt（1994—2003 年）[7)]	121 810.0	258 190.0	112.0	8.71
	成品钢表观消费/kt（1994—2003 年）[7)]	105 370.0	232 380.0	120.5	9.19
	水泥消耗/万 t[5)]	19 037.0	83 600.0	339.1	12.06
	常用有色金属消耗/万 t[7)]	203.9	1 161.1	469.4	14.32
	其中：精炼铜消费量/万 t	51.2	306.51	498.7	14.76
	精炼铝消费量/万 t	86.1	519.41	503.3	14.83
	锌锭消费量/万 t	36.9	197.7	435.8	13.78
	精炼铅消费量/万 t	24.4	116.82	378.8	12.80
	精炼镍消费量/万 t	2.8	13.28	382.9	12.88
	精炼锡消费量/万 t	2.6	7.37	189.0	8.51
	精炼镉消费量/t	440.0	5 407（2002 年）	1 128.9	23.25
	纸与纸板总消费/万 t[9)]	1 463.0	4 806	228.5	9.58
农业经济	农业总产值/亿元[4)]	7 662.1	16 730.2（1990 年价）	118.4	6.19
农业资源消耗	化肥施用量/万 t[4)]	2 590.3	4 411.6	70.3	4.18
	农村用电量/亿 kW·h[4)]	844.5	3 432.9	306.5	11.39
	农药使用量/万 t[4)]	73.3	132.5	80.8	4.66
	农用塑料薄膜使用量/t[10)]	481 982.0	1 591 670.0	230.2	9.62
	农业机械总动力/万 kW[4)]	28 707.7	60 386.5	110.3	5.89
	海洋捕捞量/t[9)]	5 508 862.0	14 324 206.0	160.0	7.63
生态环境容量占用和消耗	燃料燃烧 CO_2 排放量/100 万 t	2 389.3	3 719.4	55.7	3.46
	SO_2 排放量/万 t[4)]	1 494.0	2 159.0	44.5	2.87
	烟尘排放总量/万 t[4)]	1 324.0	1 048.0	−20.8	−1.78
	废水排放总量/万 t[4)]	3 537 991.0	4 592 642.0	29.8	2.03
	工业废水排放总量/万 t[4)]	2 486 861	2 122 527	−14.7	−1.21
	工业废气排放总量/亿 m^3[4)]	85 380.0	198 906.0	133.0	6.72
	工业固体废物排放量/万 t[4)]	4 767.0	1 941.0	−59.3	−6.68

资源类别		1990 年	2003 年	2003 年比 1990 年增长/%	1990—2003 年年均增长/%
生态环境容量占用和消耗	水土流失面积/（万 km^2）（20 世纪 80 年代末—90 年代末）[11]	367.0	356.0	−3.0	—
	其中：水蚀面积	179.0	165.0	−7.8	—
	包括：轻度	91.0	83.0	−8.8	—
	中度	50.0	55.0	10.0	—
	强度		18.0		—
	极强度	38.0	6.0	−28.9	—
	剧烈		3.0		—
	其中：风蚀面积	188.0	191.0	1.6	—
	包括：轻度	94.0	79.0	−16.0	—
生态环境容量占用和消耗	中度	28.0	25.0	−10.7	—
	强度		25.0		—
	极强度	66.0	27.0	31.8	—
	剧烈		35.0		—
	荒漠化土地面积/万 km^2（1999—2004 年）[12]	267.4	263.62	−1.4	−0.29
	包括：沙化土地面积/万 km^2（1999—2004 年）	174.6	173.97	−0.4	−0.07
	其中：风蚀荒漠化	187.3	183.94	−1.8	−0.36
	水蚀荒漠化	26.5	25.93	−2.2	−0.43
	盐渍化土地	17.3	17.38	0.5	0.09
	冻融荒漠化	36.3	36.37	0.2	0.04
	其中：轻度荒漠化土地	54.0	63.11	16.8	3.15
	中度	86.8	98.53	13.5	2.57
	重度	56.5	43.34	−23.3	−5.17
	极重度	70.1	58.64	−16.3	−3.50

基本资料来源：1）中华人民共和国国家统计局. 2005 年中国统计年鉴. 北京：中国统计出版社，2005.

2）BP. BP Statistical Review of World Energy，June 2005.

3）中华人民共和国国土资源部. 中国国土资源年鉴（1999、2004）. 1999，2004.

4）中华人民共和国国家统计局. 2004 年中国统计年鉴. 北京：中国统计出版社，2004.

5）国家统计局固定资产投资统计司. 中国固定资产投资统计年鉴 1950—1995. 北京：中国统计出版社，1997.

6）中华人民共和国国家统计局. 2003 年国民经济和社会发展统计公报，2004.

7）IISI. Steel Statistical Yearbook 2004，2004.

8）中国有色金属工业年鉴编委会. 1997，2003，2004 中国有色金属工业年鉴. 中国有色金属工业协会，1997，2003，2004.

9）中国造纸学会. 中国造纸年鉴（2004）. 中国造纸学会，2004.

10）国家统计局农村社会经济调查总队. 2004 中国农村统计年鉴. 北京：中国统计出版社，2004.

11）中华人民共和国水利部. 全国水土流失公告（2000），2000.

12）国家林业局. 中国荒漠化和沙化状况公报，2005.

中国的资源消耗和污染排放规模在世界也是位居前列（表 3-3-4）。2003 年中国的 GDP（按汇率计算）约占世界的 4%（3.9%），但是煤炭消费量、钢材消费量、水泥消费量、常用有色金属消费量、精炼铜消费量、锌锭消费量、精炼锡消费量、精炼镉消费量（2002 年数据）、年淡水使用量（1987—2003 年）、化肥消费量（2002 年）、海洋年捕捞生产量（1999—

2001 年）等均位居世界第一，分别占世界的 31%（31.9%）、27%（26.6%）、40%（45.6%）、19.1%、19.8%、20.9%、23.9%、27.1%、15.8%、28%和 17.3%。有机水污染物排放量、SO_2 排放量也位居世界第一。初级能源消费总量、石油消费量、精炼铝消费量、精炼铅消费量、精炼镍消费量、纸和纸板总消费量为世界第二，分别占世界的 12.3%、7.4%（7.3%）、19.0%、17.0%、10.7%、14.2%。燃料燃烧产生的 CO_2 居世界第二，占世界的 14.9%。此外，中国消费的天然气占世界的 1.3%（居世界第 18 位），水电占世界的 10.5%（居世界第 3 位），核能占世界的 1.7%（居世界第 13 位），氧化铝为世界的 25%，人为导致的土地退化面积（90 年代中期前后）占世界的 7.8%（居世界第 3 位），荒漠化土地面积（1994）占世界的 7.2%（中国科学院可持续发展战略研究组，2006）。

表 3-3-4　　2003 年中国资源消耗总量在世界上的地位

消耗资源类别	中国	世界	中国占世界比重/%	在世界排位
初级能源消费/（以石油当量计）/100 万 t [1]	1 204.2	9 800.8	12.3	第 2 位
其中：石油/100 万 t	266.4	3 641.8	7.3	第 2 位
天然气（以石油当量计）/100 万 t	29.5	2 343.2	1.3	第 18 位
煤炭（以石油当量计）/100 万 t	834.7	2 613.5	31.9	第 1 位
水电（以石油当量计）/100 万 t	63.7	604.1	10.5	第 3 位
核能（以石油当量计）/100 万 t	9.9	598.2	1.7	第 13 位
钢材/亿 t [2]	2.71	—	27.0	第 1 位
粗钢表观消费/万 t [3]	25 819	96 984	26.6	第 1 位
成品钢表观消费/万 t [3]	23 238	87 273	26.6	第 1 位
水泥消费量/亿 t [2]	8.36	—	40.0	第 1 位
水泥消费量/百万 t [4]	810	1 776	45.6	第 1 位
氧化铝消费量/万 t [2]	1 168	—	25.0	—
常用有色金属消费总量/万 t [5]	1 161.09	6 072.42	19.1	第 1 位
其中：精炼铜消费量/万 t	306.51	1 545.72	19.8	第 1 位
精炼铝消费量/万 t	519.41	2 736.86	19.0	第 2 位
锌锭消费量/万 t	197.7	946.41	20.9	第 1 位
精炼铅消费量/万 t	116.82	686.68	17.0	第 2 位
精炼镍消费量/万 t	13.28	123.9	10.7	第 2 位
精炼锡消费量/万 t	7.37	30.85	23.9	第 1 位
精炼镉消费量/（t，2002 年）	5 407	19 920.8	27.1	第 1 位
纸和纸板总消费量/万 t [6]	4 806	33 912.5	14.2	第 2 位
年淡水使用量/（10 亿 m^3）（1987—2003 年）[7]	525.5	3 325	15.8	第 1 位
有机水污染物排放量/（万 t，2001 年）[7]	222.2	—	—	第 1 位
SO_2 排放量/万 t [8]	2 159	—	—	第 1 位
燃料燃烧产生的 CO_2/100 万 t [9]	3 719.44	24 983	14.9	第 2 位
化肥消费量/（100 万 t，2002）[10]	39 604 667	141 571 130	28.0	第 1 位
人为导致的土地退化面积/1 000 km^2（90 年代中期左右）[10]	6 886	88 841	7.8	第 3 位
荒漠化土地面积/万 km^2 [11]	262.2（1994）	3 618.4（90 年代初期左右）	7.2	—

消耗资源类别	中国	世界	中国占世界比重/%	在世界排位
海洋捕捞生产量/千 t（1999—2001 年）[12]	14 696	85 153	17.3	第 1 位
初级能源消费（以石油当量）/100 万 t（2004 年）[1]	1 386.2	10 224.4	13.6	第 2 位
其中：石油/100 万 t	308.6	3 767.1	8.2	第 2 位
天然气（以石油当量计）/100 万 t	35.1	2 420.4	1.5	第 16 位
煤炭（以石油当量计）/100 万 t	956.9	2 778.2	34.4	第 1 位
水电（以石油当量计）/100 万 t	74.2	634.4	11.7	第 2 位
核能（以石油当量计）/100 万 t	11.3	624.3	1.8	第 12
钢材/亿 t（2004 年）[13]	3.1	—	—	第 1 位
水泥/亿 t（2004 年）[13]	9.6	—	—	第 1 位
氧化铝/万 t（2004 年）[13]	1 284	—	—	
用水总量/亿 m^3（2004 年）[14]	5 547.8	—	—	第 1 位
SO_2 排放总量/万 t（2004 年）[14]	2 255	—	—	第 1 位
化肥施用量/万 t（2004 年）[14]	4 636.6	—	—	第 1 位

基本资料来源：1）BP. BP Statistical Review of World Energy，2005.
2）中华人民共和国国家统计局. 2003 年国民经济和社会发展统计公报，2004.
3）IISI. Steel Statistical Yearbook 2004，2004.
4）USGS. China's Growing Appetite for Minerals，2004.
5）中国有色金属工业年鉴编委会. 2003，2004 中国有色金属工业年鉴. 中国有色金属工业协会，2003，2004.
6）中国造纸学会. 中国造纸年鉴（2003，2004）. 中国造纸学会，2003，2004.
7）WB. World Development Indicators（2005），2005.
8）中华人民共和国国家统计局. 2004 中国统计年鉴. 北京：中国统计出版社，2004.
9）IEA. CO_2 Emissions from Fuel Combustion 1971—2000，2002；Key World Energy Statistics 2005，2005.
10）FAO. Statistical Databases -FAOSTAT-Agriculture/ fertilizers 2002；Statistical Databases – TERRASTAT/ Land Resource Potential and Constraints at Regional and Country Levels，2000.
11）慈龙骏，等. 中国的荒漠化及其防治. 北京：高等教育出版社，2005.
12）WRI. Earth Trends/Capture and Aquaculture Production Totals for Marine and Inland Fisheries 2003.
13）中华人民共和国国家统计局. 2004 年国民经济和社会发展统计公报，2005.
14）中华人民共和国国家统计局. 2005 中国统计年鉴. 北京：中国统计出版社，2005.

（3）中国经济对环境的结构效应

①中国产业结构演变的环境效应。

产业结构的发展变化是有一定规律的。英国经济学家配第和克拉克都指出，随着经济发展和人均收入水平的提高，劳动力首先由第一产业向第二产业移动；当人均收入水平达到一定高度后，劳动力就开始向第三产业移动。这就是著名的“配第—克拉克定理”（Petty-Clark Law）。美国经济学家库兹涅茨和钱纳里等人在对许多国家的经济统计资料进行分析后，又得出结论：不仅劳动力结构，而且各种生产要素结构都是随人均收入水平的提高而从第一产业向第二产业转移，然后又向第三产业有序流动的。

我国产业结构的变化也遵循这一规律。改革开放以来，第二、第三产业取得了巨大发展，尤其是第三产业在国民经济中的比重明显上升，而第一产业比重则大幅下降（表 3-3-5）。从 1978—2007 年三次产业结构中，第一产业的增加值由 28.2%下降到 11.3%，降低了 16.9 个百分点；第二产业呈现出先降后升态势，尤其是进入 20 世纪 90 年代以来呈现持续升高的态势，到 2007 年第二产业产值比重变动幅度不大；第三产业比重则明显上升，由 23.9%上升到 40.1%。尽管，我国产业结构发生了变化，但从总的情况来看，第二产业依然占据主要的位置。这也说明了我国已经处于工业化的中期阶段。

我国产业结构变化的关键是工业的发展。工业在整体快速发展的同时，内部的结构也在不断发生变化。改革开放初期，我国出现轻制造业增长持续快于重制造业的走势，显示出工业结构逐渐“轻型化”的倾向。1987—1990 年重制造业增加值在工业增加值中的比重由 49.17%下降到 45.32%。轻制造业在工业增加值中的比重由 33.79%上升到 38.25%，这种情况主要是对过去重工业片面发展的一种调整。进入 20 世纪 90 年代以后，我国工业结构又出现了“重型化”倾向。这可以从图 3-3-5 反映出来。自 1990 年以来，我国工业产值占 GDP 的比例由 36.7%上升到 2007 年的 42%，而重工业产值占工业产值的比重由 1990 年的 50.6%上升到 2005 年的 70%左右。

表 3-3-5　1978—2007 年三次产业结构增加值比重变化情况　单位：%

年份	第一产业	第二产业	第三产业
1978	28.2	47.9	23.9
1980	30.2	48.2	21.6
1985	28.4	42.9	28.7
1990	27.1	41.3	31.6
1995	19.9	47.2	32.9
2000	15.1	45.9	39.0
2005	12.2	47.7	40.1
2006	11.3	48.7	40.0
2007	11.3	48.6	40.1

资料来源：中国统计年鉴 2008。

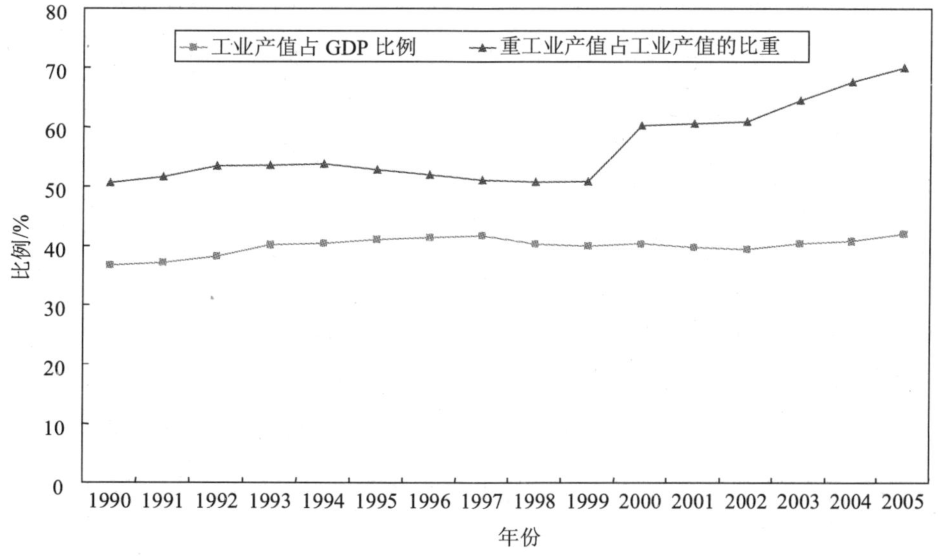

图 3-3-5　1990—2005 年我国工业产值占 GDP 比例以及重工业占工业产值的比例变化

由此可见，目前我国正处于工业化中期的重化工业阶段。由于不同的产品和行业有不同的污染强度，产业结构和产品结构不同会引起污染排放水平的差别。在三次产业中，第二产业相对于第一产业和第三产业而言，具有资源消耗高，污染排放量大的特点。以能源资源消耗为例（表 3-3-6）。

表 3-3-6　　单位增加值（1978 年不变价）的能源消耗强度（t 标准煤/万元增加值）

年份	第一产业	第二产业	第三产业
1980	3.26	19.21	5.35
1985	2.56	15.16	3.48
1990	2.50	12.96	2.96
1995	2.31	8.25	2.47
2000	2.05	4.82	2.49
2002	2.18	4.62	2.38

资料来源：王梦奎（2005）。

由表 3-3-6 可以看出，第二产业能源消耗强度要远高于第一产业和第三产业。不仅如此，能源消费总量也是工业远远高出其他两个产业。而资源消耗和污染物的排放又主要集中在第二产业中的重工业行业（表 3-3-7）。这一阶段性特征在很大程度上决定了资源消耗和污染排放是高强度的、密集的。

表 3-3-7　　世界银行认定的污染产业

位次	空气污染	水污染	金属污染	整体污染
1	钢铁	钢铁	有色金属	钢铁
2	有色金属	有色金属	钢铁	有色金属
3	非金属矿物	造纸	化工	化工
4	石油煤炭	能源制品	皮革制造	石油提炼
5	造纸	化工	陶器制造	非金属矿产
6	石油提炼	其他化工制品	金属产品	造纸
7	化工	饮料	橡胶制品	其他化工制品
8	其他化工制品	食品	电子产品	橡胶制品
9	木材制品	橡胶制品	机械	皮革制品
10	玻璃制品	石油提炼	非金属矿产品	金属制品

资料来源：The World Bank 1999，World Development Report。

根据 2003 年工业行业有关数据（中科院可持续发展战略研究组，2006）可以发现，我国工业废水排放总量大的行业主要集中在造纸、化工、火力发电、黑色金属加工、纺织、农副食品加工、石油加工、煤炭采选等行业；废气排放总量大的行业则主要集中在电力（包括火力发电）、非金属矿物制品、黑色金属冶炼与加工、水泥、化工、有色金属冶炼、石油加工等行业；用水量大的行业则主要集中在电力（包括火力发电）、化工、黑色金属冶炼与加工、石油加工、造纸、化纤等行业。废水排放强度大的行业主要包括水的生产和供应、造纸、非金属采选、黑色金属采选、火力发电、有色金属采选、化工、化纤、纺织、农副食品加工、煤炭采选、食品制造、黑色金属冶炼与加工等行业；废气排放强度大的工业行业则主要集中在水泥制造、火力发电、电力、热力生产和供应、非金属矿物制品等行业。耗水强度大的工业行业包括火力发电、电力、热力生产和供应业、水的生产和供应业、黑色金属矿采选业、化学原料及化学制品制造业、黑色金属冶炼及压延加工业、造纸及纸制品业、化学纤维制造业、燃气生产和供应业、石油加工、炼焦业及核燃料加工业、非金属矿采选业、有色金属矿采选业、有色金属冶炼及压延加工业、医药制造业、煤炭开采和洗选业等。

因此，我国目前依然是以工业尤其是以重工业为主的产业结构，而工业行业又主要从事原材料和能源生产、加工和消耗的，这就不可避免地要产生大量的污染，因此，我国环境问题的严重化是与产业结构的不合理有着密切的关系的。

②我国工业化的总体特征。

自新中国成立以来，尤其是改革开放以来，我国实际上走的是一条压缩型的工业化道路，即与发达国家相比，工业化进程显著缩短。这种压缩型的工业化过程实际上也是一种伴随着经济高速增长，产业结构发生急剧转变的过程，导致各种各样的环境问题同时爆发出来。从工业发展过程看，工业发达国家一般是遵循先轻工业和加工业，后基础工业、重工业的发展模式。而我国却反其道而行之，把重工业放在优先发展地位，工业结构趋于重型化。重工业以能源和矿产品为主要原料，必然大大刺激了石油、煤炭、电力、冶金、建材、化工等初级加工部门生产的大幅度增长，并且大大加重了环境负荷。而且环境问题也呈现出与传统发达国家不同的特征，其典型特征就是多样性和复合性，既有与贫困落后相关联的生态破坏问题，也有伴随着不同发展阶段所产生的各类环境污染问题。

传统的发达国家由于工业化过程较长，其环境问题是阶段性逐步发生的，因此环境问题也是逐步分阶段解决的。而过去发达国家在上百年时间里分阶段出现不同的环境问题，在中国则是在相当短的一段时间内同时爆发了出来。而也正是由于这种工业化进程导致中国这样一个人口众多、资金短缺、技术相对落后的发展中国家在解决环境问题上将面临非常严峻的挑战，包括环保资金和人力缺乏，环境基础设施短缺，环境能力不足、治理速度跟不上环境破坏速度等各类问题（聂国卿，2007）。由于“压缩型”工业化所带来的“压缩型”环境问题与传统发达国家出现的环境问题有着很大的不同，因此，中国只能在借鉴和吸收发达国家经验的基础之上，探求自身的解决道路。从这个意义上讲，中国环境问题的解决，将更艰巨、更困难、更具有挑战性。

（4）中国经济增长对环境的技术（减排）效应

技术是一种独特的资源。正如 Starr 和 Rudman（1974）所说：“与自然界发现的资源不同，技术是一种人造资源，它的丰度能够连续增加，它在决定世界未来中的重要性也在增加”。科技系统对生态环境的影响是通过内化于社会经济过程和人们的生活方式进行的（肖广岭，

2001)。科技水平在很大程度上决定了人类从自然界获取自然资源的种类和方式，决定了生产的工艺水平以及自然资源加工和转化效率，决定了社会产品的种类和质量，决定了生产和消费过程中废物产生的方式、种类和对环境的影响或损害强度，同时也在一定程度上决定了人类管理和调控水平的高低。可以说，科学技术作为调节人与自然关系的中介手段和实现人的价值目标的工具而存在。

①科学技术的历史演变。

在人类文明史上，技术进化史与人类历史的进步紧紧相随。其中 3 次重要的技术革命对于人类文明的进化产生了极其深远的影响：石器时代各种工具的使用提升了捕鱼、狩猎和采集能力；1 万年前以种植作物和驯化动物为标志的农业革命；以技术革新为先导的工业革命及其后层出不穷的新发明（张镜湖，2002）。而在人类活动 5 大关键领域中取得的技术成就在历史上占据着重要的位置，它们包括食品生产、金属的萃取冶炼和锻造、交通运输模式与手段、能源生产与使用的模式和方法、通信和记录保存的方法。这些技术发展基本轨迹反映出人类对自然的抗拒和掌控（Geisler，2000）。特别是工业革命以来，随着科学技术的发展，人类干预和改造自然的能力在时间、空间、规模和强度上都得到了延伸和强化，并且呈现出指数式增长的态势，这种状况更加体现了技术的上述演变趋势和特点。Landes（1969）通过机器对人力和技能的替代、化石燃料（煤）对畜力的替代以及在制造过程中使用新的和更丰富的原材料三种途径对工业革命的许多创新进行总结。在任一给定时期，经济增长基本上由主导“技术群”（Technical family or cluster）（一个技术群是一组相互关联的技术、基础设施和组织创新）来推动。只有当许多部门和技术领域的许多创新组合成整个技术群时，才能足以说明整个经济增长和人类活动的扩张。Grübler（2003）对工业革命以来的五大技术群（第五大技术群正在形成中）的演变进行总结，如表 3-3-8 所示。

②科学技术的双刃剑作用。

在利用科学技术创造前所未有的丰富的物质成果，极大改善人类的生活状况之际，西方一些发达国家接连遭受环境“公害事件”的困扰和能源危机的冲击。Commoner（1971）将第二次世界大战以来，美国和所有的工业国家环境恶化的基本原因归结为农业、工业生产和运输技术上的巨大变革，这些技术基本特征是“高污染”、“高利润”。而“高利润”则是生产和经济增长追求的主要目标。以 1962 年卡逊出版的《寂静的春天》为转折点，人们开始对科学技术应用的社会后果（包括科学技术滥用而导致的科技异化现象）进行反思，逐步认识到科学技术是一柄双刃剑：既可能改善人类的物质和精神生活，又可能因其本身发展或利用不当而带来不良后果，包括生态环境问题（肖广岭，2001）。20 世纪 60 年代末和 70 年代初，随着政府对环境问题的高度重视和公众环境意识的日益觉醒以及对环境问题的认识不断深入，许多国家开始发起大规模的环境污染预防和治理运动，并由此推动以环境保护为导向的污染防治技术、清洁生产技术和资源综合利用技术等技术体系的开发和环保产业的兴起，同时对现有的技术体系进行调整和“绿化”，使之“生态效率”得以提高。

表 3-3-8　　1750—2000 年五大重要技术群

	1750—1820 年	1800—1870 年	1850—1940 年	1920—2000 年	1980 年至今
主导技术群					
能源	水，风，草料，木材	木材，草料，煤	煤	石油，电	燃气，电
交通通信	收费公路	运河	铁路，轮船，电报	公路，电话，收音机，电视	公路，航空运输，多媒体通信
材料	铁	铁，搅炼钢	钢	石油化学产品，塑料，钢，铝	合金，特殊材料
产业	铸件	固定蒸汽机，机械化	重型机械；化学品；建筑材料	流程型工厂，数控机械，消费品，药品	环境技术，拆卸和循环利用，消费服务
消费品	纺织品（羊毛，棉花），陶器	纺织品，陶瓷器	产品多样化（进口）	耐用品，食品工业，旅游	休闲度假，定制品
正在出现的技术群					
能源	煤，焦炭	城市燃气	石油，电	燃气，核能	氢能（？）
交通通信	运河	移动蒸汽机，电报	公路和小汽车，电话，收音机	航空运输，电讯，计算机	超音速飞行器（？），高速列车
材料	搅炼钢	大规模生产钢	合成材料，铝	定制材料，合成物	可循环和可降解材料
产业	固定蒸汽推动装置，机械装置	煤化学品，染料，建筑材料	精细化学制品，药品，耐用品	电子学，信息技术	服务（软件），生物技术
消费品	陶瓷器	照明器	耐用消费品，冰箱	休闲娱乐产品，艺术	综合“包”（产品和服务）

资料来源：Grübler（2003）。

科学技术与环境是一对矛盾：科学技术既是环境变化的源泉，又是环境变化的补救措施，同时也是观察和监测环境变化的一个工具（Grübler，2003）。科技利弊两重性权衡的关键在于人类的价值选择。世界观、价值观、知识和体制等在很大程度上影响着人类社会与自然环境之间的关系。如果人们相信其处于统治地位即人与自然界是分离的，那么他们就会创造一种具有“征服性”的技术来努力创造一个独立于自然界的社会，如果人们认为其自身是自然界的一部分，并认识到他们对自然界支持作用的依赖，就会开发出更具合作精神的技术，所谓生态技术（Thomas Anderson，1998）。工业革命发展起来的技术体系是与工业革命中“征服自然，改造自然”机械论思想占主导地位是分不开的。

③科学技术的历史任务。

技术最重要的历史作用在于把人从环境的制约中解放出来，紧接着的挑战是把目前仍被排除在技术收益之外的数十亿人口包括在内，下一个挑战是广泛使用技术力量把环境从人类的干预中解放出来（Grübler，2003）。但是，技术不能脱离它赖以演化的经济和社会过程（包括组织和制度）：经济社会过程对技术的生产和使用负责，而社会和经济过程也反过来受到生产和使用技术的影响。当每种主导技术群确立的时候，由于技术和技术基础设施（如建筑和运输网络等）之间形成一种共生的关系而产生了巨大的惯性，将持续 50 年左右，并且与前一个技术群和后一个技术群交叉重叠 20 年。这意味着要改变工业革命形成的主导技术群将经历一个比较长的时间过程，不是一蹴而就的。历史的经验教训表明，在一定的正确激励下，在一代或两代人（约 50 年）内能够实现普遍性的技术转变。

也有经验表明，可持续发展的行为道德规范是在人们直接面对其行为的结果时逐渐形成的，但是通过引进不同形式的政策，社会可以加速这一过程。技术进步本身并不能保证自然资源更有效和合理的利用。因为一些技术进步有利于环境质量的改善而另一些技术则可能增加生产的污染排放。这就需要有正确地引导保障技术的开发推动社会朝着正确方向发展。对此，环境保护应采用混合政策，一方面是内化环境外部性政策，也就是一般意义上的环境管制政策；另一方面是鼓励有环境正外部性的技术创新和技术扩散，并对之补贴。

值得注意的是，市场机制作用下，技术具有非对称性（Krutilla 和 Page 分别提出）。技术进步也可以分为两种类型：一类是利用环境资源生产商品与服务的技术，或称为资源开发利用技术；另一类是关于有效利用资源的生产技术或称环境资源保护技术。这两者对人类都是有效用的。但由于前者可以导致更多、更新、更美好的商品和服务的出现，并且反应快、周期短、投资回报率高；而后一类技术难度大，需要投入多、周期长、成功率及市场收效率均低。因此，市场机制作用下的技术进步往往倾向于资源开发利用技术，忽视环境保护和可持续性问题。削减污染是具有巨大环境正效应的活动，在市场机制条件下不能产生足够的环境保护技术。因此要促进环境保护技术的发展，需要政府的干预。

由于工业革命技术进步导致了人与自然之间不可避免的相互冲突，威胁到整个人类的可持续发展。因此解决这种冲突必须从根本上调整技术发展方向，即从扮演人类掌控自然能力的角色向合理利用自然、精心维护自然的手段和工具转变，从以牺牲环境为代价的污染增加型技术体系向经济与环境双赢的污染减少型、生态效率型技术体系转变，促进人类需求增长与自然生态服务功能之间的动态平衡。“科技的进步应该是提高效率（包括经济效率和生态效率），而非增加投入。”自 20 世纪 60 年代环境问题引起了社会舆论强烈关注以来，刺激了环境技术的创新与发展。环境技术大体经历了以下几个发展阶段：从 20 世纪 60 年代以污染的去除与资源化为主要特征的末端技术，到 20 世纪 70 年代末以资源的合理利用为主要特征的无废工艺，到 20 世纪 80 年代中期以零排放为主要特征的废物减量化，再到 20 世纪 90 年代以节能、降耗、减少排污量与毒性为特征的清洁技术，以及以源头削减为特征的污染预防技术。这一过程也是人们对环境问题认识逐步深入的过程。但是现代人类的生态问题不是仅靠单项技术的开发就能解决的，而必须依靠整体技术体系的历史性转变才能解决。这也将是一项艰巨的任务。目前有学者提出的效率革命不仅关注通过单项技术的改进和突破来提高资源的生产率，更关注的是从整体的角度考虑将这些提高资源生产率的技术综合集成在一起的新途径。

21 世纪绿色科技发展体现出“整合化”趋势。整合化是指将各门类科技进行综合，使之整体上完善和提高，用于解决大范围的、综合性的重大问题。当今人类面临的一系列问题在某种意义上和科学技术长期以来的分门别类孤立发展有关，这导致了完整的科学技术的分离以及科学家知识结构和思维的片面性，为滥用科学技术而不顾可能产生的后果打下基础，为各种问题的产生埋下了隐患。今天人类面临的一系列问题不是靠某一单一学科的发展可以解决，而需要多学科的交叉融合，以整体性的思维来综合考虑、综合治理。因此，整合化趋势是绿色科技的又一特征。

④中国的科技进步与经济增长方式。

科技进步已经成为经济增长的不竭动力和第一生产力。自全球冷战结束以后，世界新一轮竞争迅速地转移到以经济发展、智力资源、市场占有、科技能力等为主的方向上，各国为夺取经济制高点和实现可持续发展，争相发展高新技术和关键技术，这已经成为国际社会的主流。21 世纪上半叶，中国将把“国家经济发展指标的实现、国际竞争能力的提高、发展进程中主要瓶颈的突破、人民生活质量的改善、可持续发展能力的增强”五大方面的全面实现，寄希望于中国科学技术实力的支持和带动。尤其在可持续发展战略的实施中，有关农业和粮食、人口和健康、资源和能源、生态和环境、效率和公平等的全面解决，必须关注那些在基本科学原理和以知识为背景的支持下，把具有广泛带动性、渗透性、一旦突破对于可持续发展战略实现具有关键作用的技术群，作为操作的利器。

经济增长如何产生以及技术朝什么方向发展，决定着能否实现生态持续的经济发展（Thomas Anderson，1998）。这涉及经济增长方式问题即依赖什么要素、借助什么手段、通过什么途径如何实现经济增长。一般来说，经济增长主要来源于两个方面：一是要素投入的增长；二是要素使用效率的提高。如果经济增长主要依靠各种生产要素投入（包括资本、土地、劳动力、资源）数量的增加来推动，就属于粗放型增长；如果经济增长主要依靠效率（包括资源使用效率和资源配置效率）提高推动，就属于集约型增长。粗放型经济增长与可持续发展目标是背道而驰的。事实上我国长期以来走的是一条粗放型的经济增长道路，经济高速增长在很大程度上依靠资本的投入、资源的大规模消耗、污染物的大量排放来取得的，这也可以从表 3-3-3 和表 3-3-4 得到一定程度的反映。要素生产效率的提高主要是通过推动科技进步来实现的。因此，经济增长方式粗放也是科技水平和能力低下的一种集中体现。因此，必须实现经济增长方式从粗放型向集约型的转变。

自改革开放以来，我国在依靠科技进步转变经济增长方面取得了明显的成就，单位产出资源消耗和污染排放强度呈现比较明显的下降趋势，资源生产力有了明显提高。从 1990—2003 年，中国大部分资源的利用效率得到比较明显的提高。如表 3-3-9 所示，除核能消费强度、钢材、水泥、主要有色金属消耗强度以及一些农业资源消耗强度如化肥、农药、农用薄膜、农机总动力等外，大部分资源（包括环境）的利用强度均呈现明显的下降趋势，年均下降幅度大多在 1～5 个百分点，个别甚至超过 10%（中科院可持续发展战略研究组，2006）。

表 3-3-9　　1990—2003 年中国资源消耗强度和利用效率基本态势

项目		计量单位	1990 年	2003 年	2003 年比 1990 年增加/%
能源消费强度	单位产值能源消费	t（标准煤）/万元（GDP）（1990 年价）	5.32	2.77	−48.02
	其中：石油	t（石油当量）/万元（GDP）（1990 年价）	0.59	0.43	−27.52
	天然气		0.07	0.05	−32.93
	煤炭		2.88	1.35	−53.05
	水电		0.15	0.10	−33.39
	核能（1992—2003 年）	t（石油当量）/万元（GDP）（1992 年价）	0.000 4	0.01	3 605.18
	第一产业单位产值能源消费	t（标准煤）/万元（产值）（1990 年价）	0.97	0.84	−13.60
	第二产业单位产值能源消费		8.91	3.29	−63.05
	第三产业单位产值能源消费		1.59	1.35	−15.31
	发电厂自用电率（6 MW 及以上机组，1990—1998 年）	%	6.90	6.66	−3.48
	乙烯综合能耗	kg（标准煤）/t	1 580	889.8	−43.68
	火电厂供电标准煤耗（6 MW 及以上机组）	g/kW·h	427	380	−11.01
	吨钢可比能耗（重点企业）	kg（标准煤）/t	997	726	−27.18
	合成氨综合能耗（大型装置）（1990—2000）	kg（标准煤）/t	1 343	1 200	−10.65
	水泥综合能耗（大中型企业）	kg（标准煤）/t	201	181	−9.95
	铁路货运综合能耗（1990—2000 年）	kg（标准煤）/万 t·km	84.2	72.5	−13.90
水资源消费强度	单位产值水资源消费（1993—2003 年）	m^3/元（GDP）（1993 年价）	0.15	0.07	−56.52
	其中：单位工业产值用水消费（1997—2003 年）	m^3/元（工业产值）（1997 年价）	0.03	0.02	−39.99
	单位农业产值用水消费（1997—2003 年）	m^3/元（农业产值）（1997 年价）	0.28	0.21	−27.03
土地资源消费强度	单位产值农用地占用（1999—2003 年）	亩/万元（农、林、牧、渔总产值）（1999 年价）	40.00	34.16	−14.60
	其中：单位农业产值耕地占用（1998—2003 年）	亩/万元（农业总产值）（1998 年价）	13.65	11.36	−16.81
	单位产值建设用地（1999—2003 年）	亩/万元（GDP）（1999 年价）	0.66	0.41	−37.23
矿产和原材料消费强度	单位产值钢材消耗	t/万元（GDP）（1990 年价）	0.27	0.44	59.88
	其中：单位产值粗钢表观消费（1994—2003 年）	t/万元（GDP）（1994 年价）	2.61	2.64	1.38
	单位产值成品钢表观消费（1994—2003 年）		2.25	2.38	5.49
	单位产值水泥消耗	t/亿元（GDP）（1990 年价）	1.03	1.35	31.79
	单位产值常用有色金属消耗		109.932	187.870	70.90
	其中：单位产值精炼铜消耗		27.604	49.595	79.66
	单位产值精炼铝消耗		46.420	84.043	81.05
	单位产值锌锭消费消耗		19.894	31.989	60.79

项目		计量单位	1990 年	2003 年	2003 年比 1990 年增加/%
矿产和原材料消费强度	单位产值精炼铅消耗	t/亿元（GDP）（1990 年价）	13.155	18.902	43.69
	单位产值精炼镍消耗		1.483	2.149	44.93
	单位产值精炼锡消耗		1.375	1.193	−13.26
	单位产值精炼镉消耗（1990—2002 年）		0.024	0.096	303.10
	单位产值纸与纸板消耗	kg/万元（GDP）（1990 年价）	78.88	77.76	−1.41
农业资源消耗强度	单位农作物播种面积化肥施用量	kg/hm^2 农作物播种面积	174.59	289.45	65.78
	单位耕地面积化肥施用量（1999—2003 年）	kg/hm^2	319.2	357.5	12.00
	单位产值用电量	kW·h/元农、林、牧、渔总产值	0.11	0.21	86.17
	单位农作物播种面积农药使用量	kg/hm^2 农作物播种面积	4.94	8.37	69.32
	单位耕地面积农药使用量（1999—2003 年）	kg/hm^2	10.2	10.7	4.99
	单位农作物播种面积塑料薄膜使用量	kg/hm^2 农作物播种面积	3.25	9.51	192.70
	单位耕地面积塑料薄膜使用量（1999—2003 年）	kg/hm^2	9.7	12.9	32.40
	单位农作物播种面积农业机械总动力	kW/hm^2 农作物播种面积	1.93	3.96	104.76
	单位农作物播种面积用水量（1997—2003 年）	m^3/hm^2 农作物播种面积	2 545.79	2 252.27	−11.53
	单位有效灌溉面积用水量（1997—2003 年）	m^3/hm^2 有效灌溉面积	7 649.95	6 355.37	−16.92
生态环境资源消耗强度	单位产值燃料燃烧 CO_2 排放量	t/万元（GDP）（1990 年价）	12.88	6.02	−53.28
	单位产值 SO_2 排放量	kg/万元（GDP）（1990 年价）	80.55	34.93	−56.63
	单位产值烟尘排放总量		71.38	16.96	−76.24
	单位产值废水排放总量	t/万元（GDP）（1990 年价）	190.75	74.31	−61.04
	单位产值工业废气排放量	m^3/元（工业产值）（1990 年价）	12.45	5.86	−52.89
	单位产值工业固体废物排放量	kg/万元（工业产值）（1990 年价）	695.10	57.23	−91.77

基本资料来源：1）中华人民共和国国家统计局. 2005 中国统计年鉴. 北京：中国统计出版社，2005.

2）BP. BP Statistical Review of World Energy，June 2005.

3）国家统计局工业交通统计司、国家发展和改革委员会能源局. 中国能源统计年鉴 2004. 北京：中国统计出版社，2005.

4）中华人民共和国国土资源部. 中国国土资源年鉴 1999、2004. 1999，2004.

5）中华人民共和国国家统计局. 2004 中国统计年鉴. 北京：中国统计出版社，2004.

6）国家统计局固定资产投资统计司. 中国固定资产投资统计年鉴 1950—1995. 北京：中国统计出版社，1997.

7）中华人民共和国国家统计局. 2003 年国民经济和社会发展统计公报，2004.

8）IISI. Steel Statistical Yearbook 2004，2004.

9）中国有色金属工业年鉴编委会. 1997，2003，2004 中国有色金属工业年鉴. 中国有色金属工业协会，1997，2003，2004.

10）中国造纸学会. 中国造纸年鉴 2004. 中国造纸学会，2004.

11）国家统计局农村社会经济调查总队. 2004 中国农村统计年鉴. 北京：中国统计出版社，2004.

但是从总体上而言，资源利用效率提高所导致的资源消耗下降速度，抵不上经济增长等因素所造成的资源需求增长速度，导致中国绝大部分资源消耗总量仍在不断增加（表 3-3-4）。

我国的科技发展虽然取得了不小的成就，但是仍然存在如下问题：

第一，中国科技整体水平较低，依靠科技解决社会问题的能力不足。从整体技术水平看，我国落后世界先进水平 20～30 年。中国农业技术的整体水平（机械化、电气化和规模经营）相当于美国 20 世纪 60 年代以前状况。工业技术仍很落后。据统计，中国工业生产设备役龄超过 30 年的达 32%，且大多数为五六十年代的水平。

第二，由于技术管理水平落后，资源能源消耗以及废物排放强度相对于世界和发达国家来说仍明显偏高。据中科院可持续发展研究组（2006）统计表明，2003 年单位 GDP 初级能源消费强度为 0.850 千克油当量/美元，高于世界平均水平（0.272），是世界平均水平的 3.12 倍、瑞士的 9.25 倍、爱尔兰的 9.20 倍、丹麦的 9.10 倍、日本的 7.24 倍、意大利的 6.90 倍、英国的 6.77 倍、德国的 6.15 倍和法国的 5.75 倍。中国单位 GDP 耗水量是世界平均水平的 4.03 倍，是瑞士的 99 倍、爱尔兰的 71 倍、丹麦的 66 倍、英国的 56 倍、挪威的 41 倍、奥地利和瑞典的 39 倍、芬兰的 27 倍、以色列的 26 倍、荷兰的 24 倍、法国的 20 倍、德国的 19 倍、日本的 18 倍和美国的 9 倍。单位 GDP 钢材消费强度是世界平均水平的 6.78 倍，是冰岛的 48 倍、挪威的 32 倍、瑞士和爱尔兰的 29 倍、荷兰的 25 倍、英国的 24 倍、法国的 19 倍、美国的 18 倍、德国的 12 倍、日本的 10 倍、加拿大的 9 倍和意大利的 8 倍。单位 GDP 水泥消耗是世界平均水平的 11.6 倍，分别是瑞典、挪威、丹麦、美国、芬兰、荷兰、加拿大、英国、法国、德国、瑞士、新西兰、澳大利亚、奥地利、比利时、日本、卢森堡、爱尔兰、意大利等发达国家的 106 倍、98 倍、79 倍、58 倍、58 倍、55 倍、55 倍、50 倍、49 倍、46 倍、46 倍、41 倍、36 倍、32 倍、31 倍、31 倍、28 倍、26 倍、19 倍。单位 GDP 有色金属消耗分别是世界平均水平的 4.88 倍。单位 GDP 纸和纸板消费量是世界平均水平的 3.35 倍，分别是美国、日本、德国、英国的 4.0 倍、4.4 倍、3.6 倍、4.3 倍。单位耕地化肥消费量是世界平均水平的 2.6 倍，是澳大利亚的 5.6 倍、加拿大的 4.7 倍、瑞典的 2.6 倍、美国的 2.4 倍、法国的 1.2 倍、德国和瑞士的 1.1 倍。单位 GDP 有机水污染排放量为 18.9 kg/万美元，是美国的 26 倍、法国的 24 倍、澳大利亚、挪威和日本的 17 倍、荷兰的 16 倍、以色列的 15 倍、新加坡的 14 倍、加拿大的 12 倍、意大利、瑞典和爱尔兰的 11 倍、丹麦的 10 倍、德国和芬兰的 9 倍、西班牙和韩国的 8 倍。每美元产生的 CO_2 是世界平均水平的 3.8 倍，是一些发达国家或地区包括瑞士、挪威、瑞典、冰岛、法国、丹麦、爱尔兰、日本、奥地利、英国、意大利、德国、荷兰、西班牙、比利时、新西兰、新加坡、美国、加拿大、澳大利亚等国家和地区的数倍以上。每万美元 GDP 二氧化硫排放量是瑞士的 205 倍、奥地利的 171 倍、挪威的 106 倍、瑞典的 101 倍、荷兰的 74 倍、丹麦的 50 倍、法国的 37 倍、德国的 36 倍、芬兰的 30 倍、比利时的 27 倍、新西兰的 26 倍、意大利的 25 倍、英国的 18 倍、爱尔兰和美国的 10 倍、西班牙的

8 倍、加拿大的 5 倍等。此外，单位产品资源消耗也与国际先进水平存在较大差距（表 3-3-10）。

表 3-3-10　　2003 年中国与世界先进水平主要高能耗产品单位能耗比较

比较类别	世界先进水平	中国	中国比世界先进水平高/%
发电厂自用电率/%（1998 年）	5.07（欧盟平均）	6.66（6MW 及以上机组）	31.4
乙烯综合能耗/kg/t	629（日本）	889.8	41.5
火电厂供电标准煤耗/g/（kW·h）	312（日本九大电力公司平均）	380	21.8
吨钢可比能耗/kg/t	646（日本）	726（重点企业）	12.4
合成氨综合能耗/（大型装置）kg/t（2000 年）	970（美国）	1 200	23.7
水泥综合能耗/kg/t	128.4（日本）	181.0（大中型企业）	41.0
铁路货运综合能耗/kg/t（2000 年）	90.0（日本）	72.5	−19.4

资料来源：国家统计局工业交通统计司，国家发展和改革委员会能源局. 中国能源统计年鉴 2004. 北京：中国统计出版社，2005.

第三，科技进步对经济增长的贡献率偏低。国内外有不少学者和机构对中国改革开放以来的科技进步状况进行测度，如表 3-3-11 所示。

表 3-3-11　　有关学者和机构对技术进步的经济增长贡献测度

研究者	年份	资本贡献率/%	劳动力贡献率/%	技术进步贡献率/%
李善同等（2003）	1978—1985	52.0	12.7	35.3（TFP）
	1985—1989	66.1	11.7	22.2（TFP）
	1990—1997	60.0	3.9	36.1（TFP）
	1997—2000	83.4	5.7	10.9（TFP）
	2000—2003	75.0	5.2	19.8（TFP）
	1990—2003	67.4	4.5	28.0（TFP）
	1978—2003	63.2	10.6	26.2（TFP）
原科技计委科技司	1979—1996	42	12	46
科技部研究中心	1978—1997	37	16	47
科技部“十五”规划研究总体组	1979—1998	30	22	48
社科院数量经济技术研究所周方	1978—1996	—	—	38.96
原国家计委宏观经济研究院史清琪等（1999 年和 2000 年为预测数据）	1991—2000	—	—	39.6

研究者	年份	资本贡献率/%	劳动力贡献率/%	技术进步贡献率/%
社科院数量经济与技术经济研究所	1953—1995	68.52	18.21	13.27（TFP）
	1953—1977	99.00	21.32	-20.32（TFP）
	1978—1995	49.65	14.11	36.23（TFP）
	“六五”时期	39.45	16.64	43.91（TFP）
	“七五”时期	58.04	19.78	22.17（TFP）
	“八五”时期	51.52	9.78	38.70（TFP）
国务院发展研究中心发展战略和区域经济研究部	1982—1997	—	—	13.5（TFP）
林毅夫等	1979—2002	—	—	36.38（TFP）
宋国清	1978—1998	—	—	38.14（TFP）
世界银行	1978—1995	—	—	32.98（TFP）
王小鲁	1979—1999	—	—	15.21（TFP）
王燕	1978—1999	—	—	23.87（TFP）
邹至庄	1978—1998	—	—	28.00（TFP）
Ostry	1979—1994	—	—	41.30（TFP）
胡祖六	1979—1994	—	—	41.94（TFP）
张帆	1978—1995	—	—	27.31（TFP）
胡永泰	1979—1993	—	—	23.49（TFP） 31.17（TFP） 38.97（TFP）

资料来源：根据王梦奎（2003）材料整理。

测算结果由于采用方法和数据处理等方面存在差异，但是大体可以反映出改革开放以来，我国经济增长方式已经由过去主要依靠资本大量投入逐步转变为依靠资本和技术的双重投入，技术进步作用愈加明显。从表中也可以发现，科技进步对经济增长的贡献率大部分在 20%～40%，远低于世界发达国家水平。1991 年世界银行研究结果表明，发达国家的科技进步对经济增长的贡献早已经取代了资本与劳动，上升为首要位置，达到 60%～90%（张坤民，2001）。由此可以看出与发达国家水平存在的巨大差距。

总之，中国的科技发展水平比较落后，经济增长方式比较粗放是导致中国环境问题的主要原因之一。

（5）全球化对中国的环境效应

贸易对环境的影响早在 1972 年联合国人类环境会议准备期间就被提出，当时也仅仅是一个次要问题。但是 20 世纪 80 年代以来，随着全球经济一体化进程突飞猛进，贸易与环境问题才逐渐凸显出来。中国改革开放以来，对外贸易和引进外资的迅速发展也使中国经济不可逆转地融入世界经济之中，尤其是加入 WTO 后，这一进程明显加快，由此给中国带来和引发的环境压力不断增大。

①贸易对环境影响。

OECD（1996）有关贸易对环境影响的研究表明，贸易是影响环境的众多因素中的一个，它通过影响全球商品价格和市场状况间接影响环境。在多数情况下贸易并不是造成环境问题的主要原因，但是贸易能够把国际性的需求与供给联系起来，直接或间接地对环境造成正面或负面的影响。贸易对环境的影响主要表现在 4 个方面：与产品和服务商业交换相关的产品效应即贸易通过特定的具有生态影响的产品和劳务的国际交换来影响环境；同市场和经济活动扩张有关的规模效应即贸易对环境的一些影响归因于其对经济活动整体和规模以及市场增长的扩展作用；与生产和消费活动的分布与强度有关的结构效应即与贸易相关的生产和资源使用方式有关，如西欧一些国家养猪业的发展，带动了可以作为猪饲料的木薯的国际贸易，使得泰国农民纷纷砍伐森林以种植木薯，造成了不良的生态后果等；与贸易政策和环境政策有关的法规效应即贸易政策改变对现存环境和标准的影响。总之，环境与国际贸易之间的相互影响既有正面影响又有负面影响。正面影响包括为那些解决特定生态问题的环境设备、技术和服务在全球扩散提供了机会，而负面影响使得某些环境问题随之变得尤为严重，如危险废物的越境转移、硬木贸易等。据统计，全球有害废弃物正以每年 3 亿 t 的速度剧增，其中 90% 来源于发达国家，而这些废物大部分运往发展中国家。据报道，欧盟 20 世纪 90 年代，每年向亚非拉 68 国出售有毒垃圾 1.1 亿 t。

②国际产业结构调整趋势。

信息技术革命浪潮推动着发达国家加快产业结构调整和传统制造业的海外转移。目前，国际产业转移呈现出产业转移规模扩大化、产业转移结构高度化、产业转移区域内部化、产业转移形式多样化、跨国公司成为国际产业转移主体等显著特征。而向发展中国家转移的重点是制造业，包括资本与技术密集程度较高的重化工业、新兴产业的部分制造环节。这些产业中很大程度上是高耗能、高耗材、高污染型产业。由于发展中国家与发达国家相比，其环境标准比较低、环境意识较差，因此同是高污染产业，在发展中国家的企业将环境污染的成本内部化的代价较小，因而产品的总成本低，在与国外同类产品的竞争中有优势，在国际市场上的竞争力逐步增强，所以它在该产业具有比较优势；对于发达国家来说，其环境标准越来越严，将企业环境成本内部化的代价也高，这就意味着企业的污染处理费用越来越大，产品成本也越来越高，这样产品的竞争力在不断下降。根据比较优势理论，与发展中国家相比，他们在这些产业处于比较劣势，为了追逐利润，降低成本，他们的企业必将高污染产业转移出去，这样既能从发展中国家进口到低价的产品，从而增加公司的利润，又可以不对环境污染负责，减少环保方面的支出（赵贺，2001）。

③中国对外开放的环境效应。

对外开放已经成为中国经济增长的重要推动力。自 1978 年至 2007 年，中国进出口贸易的年均增长率达 17.4%，其中出口年均增长速度 18.1%，进口年均增长速度 16.7%。这一速度不仅高于同期中国国民经济的增长速度，也远远高于同期世界经济和国际贸易的增长速度。目前，进出口贸易总额已经占到 GDP 的 66.8%。但是我国在产品国际分工的价值链中，仍处于低端地位即产业构成以劳动密集型的、低附加值的产业为主，同时，高能耗高污染制造业不断向中国转移，这就导致了我国的贸易结构中资源能源、污染密集型产品出口的比重较高，从而也对中国的环境形成了巨大的压力。在过去比较长的时期内，中国采用的初级产品出口和“大进大出”的粗放型贸易发展模式。这种模式不仅利润微薄，而且大大加剧了中国的资源消耗和生态环境恶化。此种状况可以用这样一句话概括：“把利润留给别人，把污染留给自己。”

自 1990 年以来，我国初级产品进出口额占进出口总额的比重总体上呈现出比较明显的下降趋势（图 3-3-6），即由 1990 年的 22.3%下降到 2007 年的 5.05%，进出口结构得到一定程度的优化。但是初级产品进出口额却比 1990 年增长了近 5 倍，超过同期 GDP 的增长幅度。这种状况无疑在很大程度上加重了中国的资源消耗和环境污染。

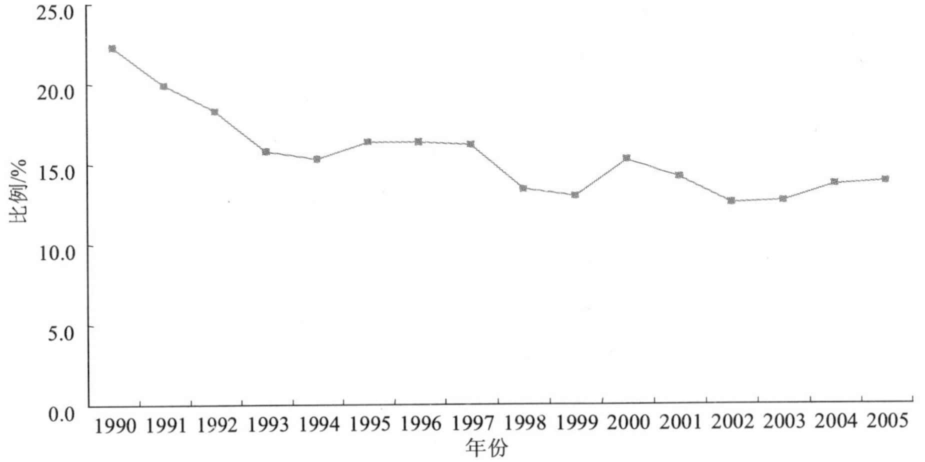

图 3-3-6　1990—2005 年中国初级产品进出口占进出口总额比例的变化趋势

这也可以从近年来我国对高耗能产品的进出口数量上体现（表 3-3-12 至表 3-2-15）。由于国内资源供需失衡，直接导致我国对国际市场的资源依赖越来越大，这种状况在很大程度上推动了国际市场资源价格上扬，使得资源供求矛盾更加突出，进而引发一系列经济、政治、外交等问题。近年来，我国对石油、铁、铜、铝等资源的进口大幅增加，就已引发了国际上对我国争夺资源，推动世界原材料价格上涨的指责。

表 3-3-12　　主要能源品种进口量

指标	年份							
	2000	2001	2002	2003	2004	2005	2006	2007
煤/万 t	212.0	249.0	1 081.0	1 109.8	1 861.4	2 617.1	3 810.5	5 101.6
原油/万 t	7 027.0	6 026.0	6 941.0	9 102.0	12 272.0	12 681.7	14 517.0	16 316.0
电力/亿 kW·h	15.5	18.0	23.0	29.8	34.0	50.1	53.9	42.5

资料来源：《中国能源统计年鉴》2008。

表 3-3-13　　主要能源品种出口量

指标	年份							
	2000	2001	2002	2003	2004	2005	2006	2007
煤/万 t	5 505.0	9 012.0	8 384.0	9 402.9	8 666.4	7 172.4	6 327.3	5 318.7
汽油/万 t	455.2	572.5	612.0	754.2	540.7	560.0	351.0	464.3
煤油/万 t	198.9	182.2	170.0	201.7	205.0	268.7	371.1	448.1
其他石油制品/万 t	280.5	325.5	246.0	261.8	360.7	473.0	473.0	416.2

资料来源：《中国能源统计年鉴》2008。

表 3-3-14　　主要耗能产品进口量

指标	年份							
	2000	2001	2002	2003	2004	2005	2006	2007
钢材/万 t	1 596	1 722	2 449	3 717	2 930	2 582	1 851	1 687
钢铁丝/t	336 300	353 771	427 554	465 540				
铜及铜合金/万 t	81	95	133	156	138	142	97	173
锌及锌合金/t	129 974	141 159	211 722	310 221	—	—		
烧碱/t	46 458	27 357	114 834	104 686	—	—		
肥料/万 t	1 189	1 092	1 682	1 213	1 240	1 397	1 129	1 169

资料来源：《中国能源统计年鉴》2008。

表 3-3-15　　主要耗能产品出口量

指标	年份							
	2000	2001	2002	2003	2004	2005	2006	2007
水泥/万 t	605	621	518	533	704	2 216	3 613	3 301
钢材/万 t	621	474	545	696	1 423	2 052	4 301	6 265
钢铁丝/t	190 122	224 484	310 992	401 235	—	—		
铜材/t	144 484	123 790	171 710	232 879	390 023	463 560	559 122	499 678
铝材/t	130 052	135 630	188 744	273 874	430 988	711 484	1 240 157	1 853 413
纸及纸板/万 t	65	68	74	114	101	167	305	422

资料来源：《中国能源统计年鉴》2008。

同时，由于片面追求出口增长而掠夺性地开采资源对中国生态环境造成了消极的影响。如 1982—1993 年，中国出口发菜 799 t，创汇 3 126 万美元，经济效益非常可观，但是对生态造成的破坏非常严重。由于盲目采挖发菜，导致二连浩特周围 200 多 km^2 的土地已经沙化或严重沙化；有些矿产品如钨、锑、钼、锡等盲目出口与盲目生产形成恶性循环，不但严重破坏了资源，而且严重恶化了生态环境（中国社科院环境与发展研究中心，2001）。

在贸易进出口中，废弃物的转移也对中国的环境产生了较大的危害。尽管中国政府对危险废弃物的越境转移一直持反对态度，但发达国家以直接贸易和走私等形式向中国转移废弃物事件仍相当严重（表 3-3-16）。

表 3-3-16　　　　废物及危险废物进口统计

	年份					
	1990	1993	1994	1995	1996	1997
废物进口量/万 t	99	828.5				1 078
废物进口额/亿美元	2.6	15.75				29.5
废物占当年进口总额比例/%	0.49	1.5				2.07
危险废物进口量/万 t	16	61	56 100*	78 144*	49*	92*
危险废物占废物进口总量比例/%	16.2	7.4	8.4 15.02*	11.92 22*		8.5*
危险废物进口金额/万美元	1 392	6 685	7 438 2.4*	11 631 3.29*	1.34*	1.90*
危险废物占废物进口总额比例/%	5.4	4.2	5.47 17.41*	6.68 18.9*		6.4*

注：不加*号者为按欧共体分类得出；

加*号者为按国家 1996 年公布法规计算得出，金额为亿美元。

资料来源：转引自中国社科院环境与发展研究中心（2001）。

不仅进出口对中国的环境造成了巨大的压力，而且引进外资结构不合理，也对中国的环境产生了一定的负面影响和冲击（表 3-3-17）。我国近年来引进外资项目的结构存在着重数量轻质量的趋向，其中有相当部分从事低端的加工制造业或资源性出口商品的生产。这些引进项目不仅导致我国短缺的能源和资源供应更加紧张，加重了环境的污染程度，而且高能耗产品的大量出口，使国内的能源、资源自给率不断降低，更加凸显了对外部资源供给的依赖。此外还存在非环境友好技术和设备转移等问题。

（6）中国产业布局的环境效应

产业布局是指一国或地区产业的各部门、各要素和各环节在空间上的分布与组合。它是生产要素分配和资源配置中最主要的决定因素之一，不仅影响一国或地区经济效益，还会影响到其生态环境。中国的环境问题在一定程度上与产业不合理的布局有关。

①宏观产业布局与污染分布。

新中国成立以来，根据不同时期的特殊国情与国家战略选择，我国实施了两种产业布局发展战略。1978 年以前，实施的是均衡发展战略。这是由于新中国成立时，我国产业分布极度不均衡。占国土面积不到 12%的东部沿海地区集中了全国 70%以上的工业设施。在均衡发展战略的指导下，中西部工业迅速发展，在一定程度上缓解了我国产业分布的不均匀性。改革开放以后，根据效率优先的指导思想，实施非均衡产业布局战略。此后，东部地区依据深厚的工业基础与国家支持，迅速发展自己的工业体系，使得我国区域产业发展不平衡性又变得突出。

从工业分类行业的区域分布中，我们可以更清楚地看到我国工业经济布局的非均衡状况。2001 年东、中、西三大经济地带主要工业行业占全国的比重情况，如表 3-3-18 所示。

表 3-3-17　　外商投资与污染密集型产业状况

企业	企业数/个	PIIs 企业数及比重/%	MPIIs 企业数及比重/%	工业总产值/亿元	PIIs 工业总产值及比重/%	MPIIs 工业总产值及比重/%	从业人数/万人	PIIs 从业人数及比重/%	MPIIs 从业人数及比重/%
全国全部工业企业和生产单位	7 341 517	16 998 0.23	7 487 0.10	82 296.63	4 153.41 5.05	1 984.40 2.41	14 733.51	295.46 2.01	118.58 0.81
全部三资工业企业和生产单位	59 311	16 998 28.66	7 487 12.62	11 823.60	4 153.41 35.13	1 984.40 16.78	898.34	295.46 32.89	118.58 13.20
PIIs			44.05			47.78			40.13
全国乡及乡以上独立核算工业企业	510 318	14 189 2.78	6 493 1.27	54 946.86	3 793.03 6.90	1 867.12 3.40	8 575.58	218.72 2.55	91.06 1.06
乡及乡以上独立核算三资工业企业	49 559	14 189 28.63	6 493 13.10	10 713.97	3 793.03 35.40	1 867.12 17.43	660.53	218.72 33.11	91.06 13.79
PIIs			45.76			49.23			41.63

其中：PIIs 指污染密集产业；
　　　MPIIs 指严重污染密集产业。
资料来源：根据夏友富《外商投资中国污染密集型产业现状、后果及其对策研究》一文整理得出。

表 3-3-18　　2001 年全国各行业占工业总产值区域分布情况表

行业	东部地区/%	中部地区/%	西部地区/%
电子及通信设备制造业	91.3	4.2	4.5
仪器仪表文化办公用机械制造业	87.0	7.0	6.0
金属制品业	86.8	9.3	3.9
电气机械及器材制造业	85.6	10.2	4.2
化学纤维制造业	81.9	14.7	3.4
普通机械制造业	81.8	12.4	5.8
纺织业	81.7	14.3	4.0
造纸及纸制品业	75.8	17.8	6.4
专用设备制造业	74.7	18.5	6.8
化学原料及化学制品制造业	72.3	18.6	9.1
食品制造业	70.3	23.4	6.3
食品加工业	67.2	24.5	8.3
非金属矿物制造业	67.1	22.8	10.1
黑色金属冶炼及压延加工业	65.9	23.4	10.7
石油加工及炼焦业	64.9	23.9	11.2
黑色金属矿采选业	63.2	27.5	9.3
医药制造业	62.1	23.3	14.6
饮料制造业	60. 1	21.9	18.0
电力、蒸汽、热水的生产供应业	59.5	26.3	14.2
交通运输设备制造业	58.3	30.3	11.4

行业	东部地区/%	中部地区/%	西部地区/%
有色金属冶炼及加工业	49.5	29.2	21.3
有色金属矿采选业	44.5	35.5	20.0
石油和天然气开采业	39.6	37.6	23.8
煤炭采选业	35.6	.52.4	12.0
烟草加工业	32.6	28.6	38.8

资料来源：根据《2002 中国工业经济统计年鉴》数据计算，北京：中国统计出版社，2002。

从表 3-3-18 中也可以明显看出，东部沿海地区在 25 个工业行业大类分类中，有 20 个行业占据了 58%以上的绝对比重，而在其他 5 个行业中，有色金属冶炼及加工业也达到 49.5%的水平。因此，污染密集型行业在中国东部经济发达地区聚集，出现发达地区多是严重污染地区，不发达地区多是中度和轻度污染地区，重污染的发达地区多位于沿海，而轻污染的不发达地区多位于内地的情况，如表 3-3-19 所示。

表 3-3-19 中国污染地区分布情况

项目	严重污染地区	中度污染地区	轻度污染地区
发达地区	北京、天津、辽宁、上海、江苏、浙江、山东、广东	福建、黑龙江	
不发达地区	河北、山西、安徽、河南	吉林、江西、湖北、湖南、海南、四川、贵州、陕西、宁夏	内蒙古、云南、西藏、甘肃、青海、新疆

中国工业布局除东西分布的不均衡特征，还呈现出“南轻北重”的特征。1999 年轻重工业比重北方区域为 33∶67，而南方区域为 48∶52；在全国轻工业总产值中北方区域占 30%，而南方区域所占份额高达 70%。这种“南轻北重”的工业分布格局，主要是由于能源、矿产资源的地区分布特点所决定的。由于煤炭、铁矿、石油这些最基本的重工业原料主要分布在北方，因而北方历来都是我国最主要的重工业基地。这从宏观上决定了北方地区的污染一般重于南方地区。

改革开放后我国迅速发展的农村工业化进程奠定了我国环境污染从城市向农村、从东部向西部扩展的基本格局。改革开放以前，工业主要布局在城市地区和特殊的“山、散、洞”地区，污染以点状出现。改革开放后，乡镇企业的崛起使农村工业和农村小城镇遍地开花。国家环保总局曾分别以 1984 年、1989 年和 1995 年为基准年对乡镇企业污染现状调查结果表明，这一时期内乡镇企业污染物排放量迅速增长。1984 年全国乡镇工业有污染源 18.16 万个，到 1989 年增加到 57.15 万个，1995 年则进一步增加到 121.6 万个。另据有关统计显示，1992 年中国乡镇工业有 80%布局在村，12%布局在集镇，7%在建制镇，只有 1%分布在县城以上的城市。这种分散化的布局一直没有大的变化。分散化的布局使企业污染治理无法发挥规模效应，也使环境监管难以进行，加上生产技术水平低，最终导致乡镇工业造成的污染呈面状发展和加重的趋势。

②中微观产业布局与污染分布。

从城市产业布局来看，对气候、水源、空间间隔等问题的考虑不足，也是导致污染的重要原因（刘慧晏，2007）。从气候条件来看，一个城市无论东西南北方向，都有个风向的问题，如果污染产业布局在城市的上风区，该产业排放出来的废气将弥散整个城市，造成城市的空间污染，即便设置在城市的下风区，也会对相邻区域形成污染。如辽宁省本溪市四周环山，本不适合大气污染严重的工厂，但是却聚集了冶金、建材、煤炭开采、化学工业等多家污染密集企业。严重的大气污染导致本溪居民的哮喘、胸闷、心脏病等疾病的发病率大量增加，并且在短短十几年时间里，本溪死于肺癌的人翻了两番，远远高于全国平均水平。从水源来看，由于大多数的工业项目如化工行业都是直接建在水源地附近，以便于生产用水的获取及废水排放，一旦发生事故或废水未经处理而直接排放到江河中，则会造成水源污染。如 2005 年 10 月发生的松花江流域污染事件，导致哈尔滨生活用水停止供应。2006 年 8 月甘肃徽县血铅污染事件、9 月 10 日湖南省岳阳县发生饮用水源砷含量超标事件、11 月 15 日长江四川泸州河段发生大面积水污染以及 11 月 21 日黄河兰州段锅炉循环水污染事件等，这些事件都揭示了工业项目不合理的布局，是导致水源污染最直接的原因之一。从空间间隔来看，我国很多城市在城市化进程中，把工业项目与居住区混合交叉在一起，各企业无规划分布，城区、郊区县均可以发展任何工业，造成市区任何地方都存在污染企业，污染企业围城，市中心存在污染企业（张学智，2007）。

（7）贫困诱发的环境效应

贫困也是导致环境问题的一个诱发因素。《我们共同的未来》（1987）一针见血地指出，贫困削弱了人们以持续的方式利用资源的能力。当人们别无他择时，对资源的压力则增大。因此，有学者将贫困视为最大的环境问题。环境脆弱与贫困往往交织在一起，形成一种彼此间共生的恶性循环。这在中国的西部地区表现得尤为明显。

据统计，若按照 683 元的中国标准，到 2005 年中国农村没有解决温饱的贫困人口有 2 365 万人。但若按人均 1 天消费 1 美元的联合国最低标准，中国贫困人口的总数将不少于 2 亿，仅次于印度位列世界第二。

我国贫困人口的分布，具有明显的地域性，主要分布在西部地区。据统计，2005 年末东部、中部、西部、东北地区贫困人口分别为 142 万、668 万、1 421 万、134 万。西部地区贫困人口占农村贫困人口的 60.1%。西部省份贫困发生率也高于东部省份。其中，青海省贫困发生率在 10%以上，内蒙古、贵州、云南、西藏、陕西、甘肃、新疆 7 个省（区）贫困发生率在 5%～10%。这些贫困地区有着共同的特征：交通闭塞、自然资源贫乏、工业落后、缺少可耕地、农业生产条件低下、自然灾害频繁、生态环境脆弱。因此，从我国贫困人口分布及地理环境因素可以看出，贫困问题总是与贫困地区自然生态环境恶化相联系。

有学者研究发现，我国贫困人口的地理分布与我国的生态脆弱地带具有高度的相关性。在划入生态脆弱地带的国土面积中，约有 76%的县是贫困县，占贫困县总数的 73%；在生态敏感地带的耕地面积中，约有 68%的耕地面积在贫困县内，占贫困县耕地总面积的 74%；在划入生态脆弱区地带的人口中，约有 74%的人口生活在贫困县内，占贫困县总人口的 81%。

2. 中国社会发展的环境效应

（1）社会发展与环境之间的关系

社会发展的目的是实现以人的全面发展，包括扩大人的所有选择、满足人的基本生存需求和提高生活质量的愿望。这些都将对环境产生直接或间接的影响。社会系统与自然生态系统的作用方式是双向联系的：一方面，社会系统从自然生态系统中获得生态服务，同时又把产品消费过程中产生的废弃物排入环境。另一方面，作为社会系统主体的人可以对自然生态系统和对生态系统产生负面影响的一些人为因素施加能动性的影响，例如采取有效措施对生态系统进行积极干预和管理既可以达到保护生态系统健康和完整性目标，又有利于维持人类需求与生态系统功能之间的平衡（沃科特等，1997）。人类对环境施加的影响主要取决于人类的需求和人类所采用的技术手段（黄鼎成等，1997）。生产的目的是满足人们生活质量提高的需求，在此意义上说，需求是生产的根本原因。不合理的消费结构和消费模式往往会导致畸形的、扭曲的经济结构或生产模式，进而对生态环境产生污染和破坏。《21 世纪议程》一针见血地指出全球环境不断恶化的主要原因是不可持续的消费和模式生产，尤其是工业化国家的这类模式。自然生态系统承受人类活动总影响或总破坏是有限的。这种承载能力是由人口规模和人均消费需求的环境影响强度决定的，即承载力的二维观。目前人类对地球的改变不但巨大而且这种改变呈扩大趋势（Vitousek，1997）。世界自然基金会和联合国环境规划署联合发表的《2000 年地球生态报告》指出，如果全球人类都像英国和其他欧洲国家人民一样浪费的话，那么地球人需要立即找到另外两个像地球一样的星球，才能满足自然资源需求。换言之，“富裕减少了能被一定的资源基础所支持的人口数量”或者“人口承载力反相关于生活质量”（Seidl 等，1999）。协调社会系统与自然生态系统之间的矛盾，需要人类的自律和自控：一方面，要求人口保持低速或接近“零”增长，使得人口总量趋于稳定；另一方面，自觉地变革和调整不合理的消费模式和消除现有消费模式中存在的不合理因素，形成与自然生态系统承载力相适应的消费结构和消费模式。这就需要建立起新的发展观、价值观和自然观来改变人们的态度和行为方式，提倡一种以“资源节约”为核心、与经济发展阶段、生产力发展水平、资源条件和生态环境承载力相适应适度的“绿色”消费模式和生活方式，反对盲目攀比、超前消费和高消费，反对奢侈和浪费。资源的利用要把保障人与环境的基本需求置于优先地位（Gleick，2001）。

Ehrlich 等（1971）认为环境问题是人口（P）、富裕度（A）和技术（T）综合作用的结果，并通过如下 IPAT 方程把环境问题及其原因联系起来，即：$I = P \times A \times T$。该公式可以从生产和消费的角度加以解释。如果富裕度用人均产出（人均 GDP）表达，技术因素用单位产出（GDP）产生的污染物来表征，那么 IPAT 方程就反映了经济活动对环境的影响。如果富裕度用人均资源消费（C/P）来表达，那么技术就用单位资源消耗产生的环境影响（I/C）来表达，这就是 IPAT 方程的“PC”版本，IPCT 即 $I = P \times C \times T$ 或 $I = P \times (C/P) \times (I/C)$，反映了消费对环境的影响。IPAT 以其高度的概括性和简洁性而得到广泛的应用，但是由于忽略其他一些影响因素如消费行为、消费结构等也受到一些学者的批评。

（2）中国社会发展的环境效应

人口规模、结构、素质、分布以及消费水平或生活质量、消费结构、消费方式、价值观念等均对环境产生直接或间接的影响。

①中国人口规模的环境效应。

环境问题通常都不是由单一因素引起的，是人口、经济与生态环境相互作用的结果，人口发展是环境问题产生的一个重要方面或基本原因。新中国成立以后，我国的人口规模迅速扩大。新中国成立初期有 4.5 亿人口，到 1980 年达 9.87 亿，2000 年时则上升到了 12.9 亿，2007 年则达到 13.2 亿，是解放初期的近 3 倍。人口的急剧增长使得我国人均各类资源下降，对生态环境造成了巨大的压力。2000 年，我国人均土地面积只有 0.8 hm^2/人，与全球人均土地面积为 2 hm^2/人相比，我国人均土地面积不到世界平均数的 1/2，低于亚洲人均 1 hm^2/人土地面积。我国人均耕地资源面积为 0.11 hm^2，不到世界平均水平的 40%，其中北京、上海、天津、浙江、福建和广东 6 省（市）的人均耕地不足 0.061 hm^2，全国有 20%以上的县区人均耕地低于 FAO 确定的 0.053 1 hm^2 的耕地安全警戒线。第六次森林清查（1999—2003）结果显示，目前我国人均森林资源占有量为 0.141 hm^2/人，仅为世界平均水平的 1/6（图 3-3-7）。与森林资源非常丰富的加拿大和澳大利亚相比，中国人均森林面积分别是两国的 1/79 和 1/83。尽管草地生态系统是我国覆盖面积最大的自然生态系统，2000 年时人均草地面积只有 0.33 hm^2，为世界人均草地面积 0.64 hm^2 的一半。

②中国人口消费的环境效应。

改革开放以来，随着经济的快速发展，我国居民消费水平不断提高。1978 年我国居民消费水平为 184 元（当年价），到 2007 年已经增加到 7 081 元（当年价），如果按可比价计算，则增长了 6 倍多。与此同时，城乡生活污染不断加重。由于城市居民生活方式不断转变、需求多样化和消费水平的迅速提高，生活性污染对环境问题的加剧起着越来越重要的作用。从“十五”期间，废水排放总量中生活废水所占比例的变化情况（表 3-3-20）可以看出，居民生活污水的排放量逐年增加并且超过工业废水排放量，固体废弃物产生量逐年提高。生活垃圾问题也不断困扰着城市。同时，随着农民生活水平的不断提高，塑料、玻璃、废旧电池、快餐盒等不可降解物正大举“入侵”农村，污染农村环境。

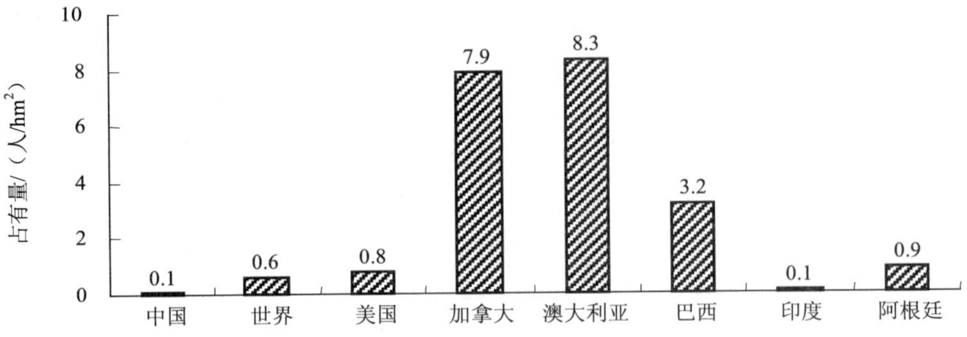

图 3-3-7 中国与一些国家的人均森林资源占有量比较

表 3-3-20 2000—2007 年全国废水排放量及构成

年份	废水排放总量/亿 t	工业废水		生活废水	
		排放量/亿 t	占总量比/%	排放量/亿 t	占总量比/%
2000	415.2	194.3	46.8	220.9	53.2
2001	433.0	202.7	46.8	230.3	53.2
2002	439.5	207.2	47.1	232.3	52.9
2003	460.0	212.4	46.2	247.6	53.8
2004	482.4	221.1	45.8	261.3	54.2
2005	524.5	243.1	46.3	281.4	53.7
2006	536.8	240.2	44.7	296.6	55.3
2007	556.8	246.6	44.3	310.2	55.7

与此同时，消费结构出现了较快的调整和升级。城镇居民的恩格尔系数从 1978 年的 57.5%下降到 2007 年的 36.3%；农村居民恩格尔系数从 1978 年的 67.7%下降到 2007 年的 43.1%（图 3-3-8）。20 世纪 90 年代后期以来，消费结构升级势头日趋强劲，城乡居民用于购买住房、汽车、电子通信产品和提高生活质量包括教育文化娱乐和旅游支出迅速增加。消费结构快速升级使得产业结构发生新一轮剧烈变化，刺激了住房、汽车、电子通信等支柱行业和重化工业迅速增长，由此给中国的环境施加了巨大的压力。

③中国快速城市化的环境效应。

中国目前正处于城市化的加速推进时期。从 1978 年以来，我国的城镇人口由最初的 17 245 万人增加到 2007 年的 59 379 万人，增长了 2.4 倍；城市化率由最初的 17.92%上升到 2007 年的 44.94%（图 3-3-9），增加了 27 个百分点；城市建成区面积由 1984 年的 8 842 km^{2}扩展到 2007 年的 35 470 km^2，增长了 3 倍。1996 年是一个标志性的年份，在该年中国的城市化率刚刚超过 30%。根据世界各国城市化进程规律，当城市化率进入 30%～60%的中期发展阶段后，普遍出现城市化进程加速现象。我国也不例外，1996 年后中国城市化进程明显提速。

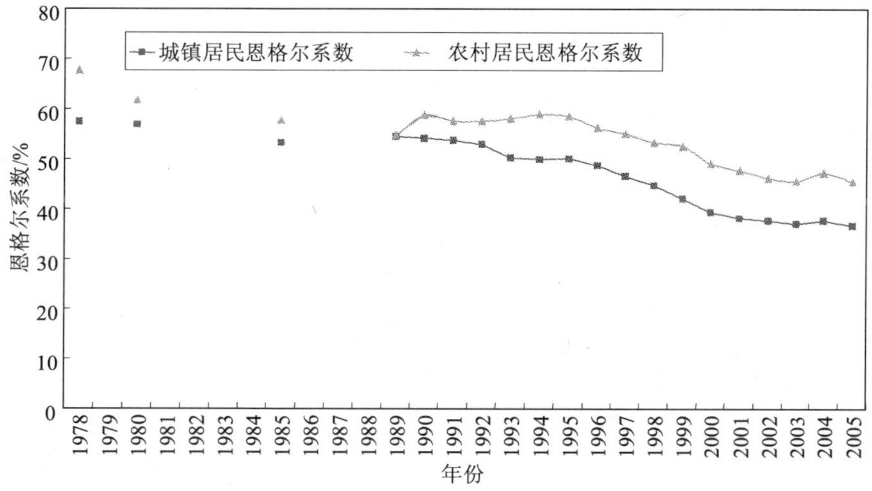

图 3-3-8　1978 年以来我国城市和农村居民恩格尔系数变化趋势

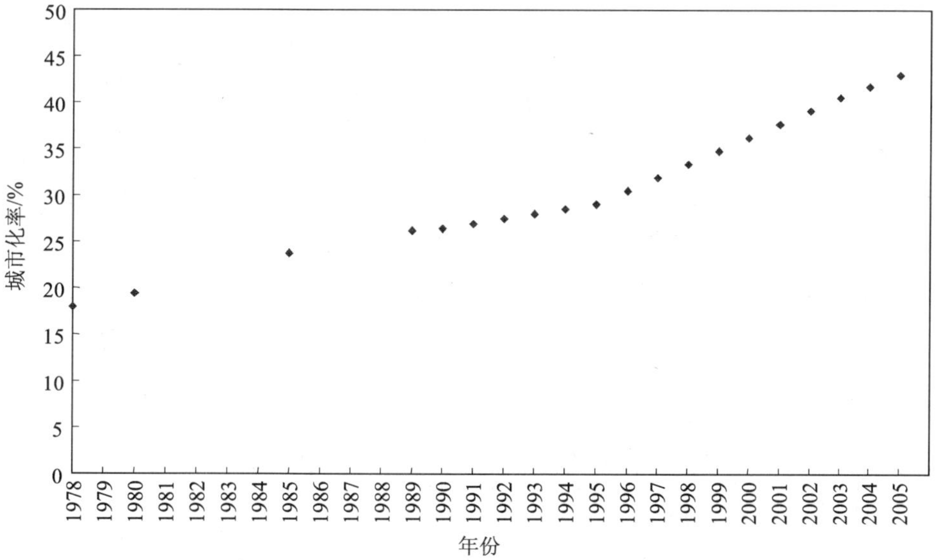

图 3-3-9　1978—2005 年中国城市化率的变化趋势

快速城市化也对中国的环境产生了巨大的冲击。第一，对耕地资源的占用。由于城市化需要占用一定的土地。因此容易导致农业用地与城市化建设用地之间的尖锐冲突。从 20 世纪 90 年代开始，中国各级高新技术开发区、工业园区迅速发展，形成了“开发区热”，使得城市用地规模成倍扩大。1981—1985 年，全国每年减少耕地约 6.67 万 hm^2（100 万亩），而自 20 世纪 90 年代后每年减少耕地约 33.33 万 hm^2（500 万亩），而城市扩展占地是造成耕地减少的重要因素。此外对水资源也形成巨大的压力。全国 640 个城市中有 300 个城市面临缺水问题，其中 100 个城市的缺水形势已经非常严峻，这在北方城市尤为普遍。为了解决缺水问题，许多城市超采地下水结果导致地下水位持续下降和地面下沉。第二，快速推进的城市化会产生重要的环境影响。有研究者指出，城市化过程产生的主要环境问题包括：大气污染、水体污染、噪声污染、固体废弃物污染、辐射污染和对自然生态及土地的破坏和污染。我国有好几个城市处于世界空气污染最严重城市之列。伴随着城市人口的迅速增加，机动车拥有量迅速提高、城市生活污水和生活垃圾快速增长，而污水和垃圾等环境基础设施严重滞后和不足，直接导致一些城市的环境不断发生恶化。另据环保监测总站资料，如果根据美国的空气质量良好标准来衡量，我国 90%以上的城市超标，此外我国近 1/3 城市区域噪声处于轻度污染或中度污染状态。

④文化价值观念的环境效应。

文化价值观念包括世界观、价值观和伦理道德观，它通过影响人类的行为方式包括消费方式、生产方式和思维方式乃至于人类社会系统的制度安排和社会的组织管理方式进而对环境产生间接而又深远的影响。它也是影响人与自然相互作用关系中最深层、最本质的部分。工业革命以“驾驭自然，做自然的主人”的机械自然观为主导，把人凌驾于自然之上，改造自然、征服自然、奴役自然、盘剥自然，最终导致了人与自然之间的严重冲突，威胁到整个人类的可持续发展。因此，协调人与自然关系的一个重要原则是需要改变人们的态度和行为方式，建立起新的发展观、价值观和自然观。《我们共同的未来》指出“人类的生存和富裕依赖于能够成功地将可持续发展提到全球道德的高度。”可持续发展的道德观要求人们具有高度的文化水平和道德水平，明白自身活动对于自然、对于人类社会生存、发展的长远影响和后果，认识自己对社会和子孙后代的崇高责任，并能自觉地为社会的长远利益而牺牲一些眼前利益和局部利益。人们应当改变超前消费、炫耀富裕、过分追求物质利益、以牺牲环境来换取高额利润的各种不道德行为（张坤民，1997)。最近党的十七大提出的“建设生态文明”实质上就是要塑造这样一种价值观念。“只有当人类向自然的索取，能够与人类向自然的回馈相平衡时，人与自然的和谐才能实现”。

每一个国家的环境问题的形成都有其独特的文化背景，即环境问题的产生和形成受到一定程度的传统习俗、文化、教育水平、环境意识等因素的影响。

传统的文化因素对我国环境问题的影响体现为“公地现象”。公地滥用行为也是我国环境恶化的主要原因之一。我国的传统文化在很大程度上是与以自然经济为基础的小农经济的生产和生活方式相适应的文化。在传统的小农文化的支配下，人们在环境意识和行为上有以下特点：第一，缺乏对公共资源共享的观念。小农经济条件下家庭是高度完整的经济运行单位，封闭性很强。对于小农而言，某种财产或资源只有“我”与“非我”之分，缺乏共享的观念。因此，小农对属于小我的资源精心呵护，而对公共资源则倾向于掠夺性开发。第二，缺乏公共部分的黏合。由于自给自足的小农经济中人们的生活缺乏公共部分的黏合，于是小农经济必然导致权威心理，要求自上而下的集权来维持社会经济的正常运行。在家庭内，这就意味着家长制和宗族制度，对国家而言则为中央集权制。小农的一盘散沙特性对环境呈现极大的负面作用。在小农意识的支配下，环境治理方面过于依赖政府，人们既缺乏环保意识，更缺乏自我组织和协调共同维护环境的实践。第三，小农价值观的核心是“幸福有限观”。小农的思想意识是偏于保守的，与其追求不确定的未来，不如守住确定的现在；与其追逐最大化的经济效益，不如最大限度地降低生存风险。人们并不热心共同将“蛋糕”做大，而只对保住自己的一份或多得一些感兴趣。在这种价值观的驱动下，产生了大量的环境不合理现象。例如，一些乡村小企业在人员、设施和管理水平过低的条件下，只追求本企业的盈利，以牺牲生态环境为代价换取眼前利益。对于中国大多数企业，特别是乡镇企业来说，目前仍停留在只顾眼前利润而不顾长远发展的水平上。因为环保支出会暂时损坏它们的利益，它们很难将社会利益和环境利益放在第一位，也很难看到由于环保措施的实施而带来的长期经济利益的增长（钱文潮，2007）。

⑤人口素质的环境效应。

人口的素质和教育水平也在很大程度上影响环境的演化方向和后果（童玉芬，2003）。有关环境意识调查表明，我国公众的环境意识整体水平偏低，因此公众自觉参与环境保护的总体水平也比较低。而受教育程度高的居民环保意识要高于受教育程度低的公民。在人口素质比较高的情况下，人们将会采用更有利于环境保护和资源有效利用的方式，从而减缓环境的压力。相反，在人口素质较低的情况下，则会促使人们更多地采用不利于环境的方式，引起环境退化。目前我国的人口文化素质状况，对于资源的可持续利用与环境保护的要求还有很大差距。据最新公布的资料，我们目前人均受教育年限为 8.5 年，而发达国家基本上达到 15 年以上。人口素质较低，必然会影响到我国公民环境意识的提高。政府决策部门中各级管理者的管理水平和环保意识也会对环境产生一定的冲击和影响，如我国历史上的大跃进运动给生态环境带来极大的负面影响。当前我国不少地方政府的环保意识更是差强人意，把发展经济作为首要的任务，对生态环境问题则采取忽视或拖延态度，这也在很大程度上导致了环境问题的发生。人口素质对环境的另一较大影响是通过人口素质与生育率间的反相关关系表现出来的，即人口素质较低的人口生育率较高，从而通过增加人口数量增大生态环境负荷。这在我国农村地区和不少贫困地区较为普遍。此外，在中国的消费趋向中，也存在着有悖于可持续发展的消费行为和现象，诸如模仿发达国家生活方式，追求高消费，盲目攀比等现象，这无疑也在助长中国的资源消耗和环境恶化。

3．中国制度安排的环境效应

（1）市场失灵和政府失灵是环境问题产生的经济学原因

从经济学的角度来看，环境问题的产生是市场和政府失灵的结果。市场和政府失灵可以统称为制度失灵。市场失灵是指市场有缺陷，不能正确估价和分配环境资源，不能将环境成本内部化于产品和劳务价格中。而影响市场失灵的主要因素有垄断、非对称信息和不确定性、外部性及公共物品性。市场缺陷的存在使得宏观调控与干预必不可少，即市场缺陷可以靠政府去弥补。这是政府参与经济活动的主要动因。但是政府也存在着失灵即政府的政策如环境政策、贸易政策及其他政策不能纠正市场失灵，甚至反而造成或加剧市场失灵。政府的失灵一般有两类：一类是“干预失灵”或政府的不恰当行为；另一类是“干预不足”或由于缺乏政府干预而导致的纠正市场缺陷的失败。“干预失灵”又进一步划分为政策失灵和管理失灵。政策失灵是指那些扭曲了环境资源使用或配置的私人成本，使得这些成本对个人而言是合理的，但对社会而言却是不合理的，甚至损害社会财产的规章制度、财政、汇率、金融、价格、收入和其他政策等。政策失灵有两类：一是现行部门政策和宏观经济政策在制定过程中，由于没有给予生态和环境足够重视而导致的政策失灵。通常表现为出于部门利益的考虑，在制定、实施这些政策时忽视了生态环境，或者采用的是以前尚未充分重视环境时所制定的政策，如在农业、能源、水资源、交通等方面实行的价格政策，并造成环境和自然资源的过度利用和浪费。二是当环境和环境政策未能充分强调其社会和经济影响时（社会和经济可行性）所导致的政策执行不力或无法执行。如过严的环境标准或过高的环境收费标准在实施中遇到的困难（张世秋，1997）。管理失灵是指在各级政府组织中存在着一系列管理问题，这些问题的存在导致有关政策无法有效实施。如各种政策在部门之间协调不足，缺乏足够强的手段和强制措施以达到政策目标，缺乏确保在经济运作过程中实施有关政策的手段或力量等。政府缺陷比市场缺陷更为普遍，后果更为严重，而且“失灵的政府”去干预“失灵的市场”情况必然是“雪上加霜”。政策缺陷的环境影响具有长期性、复杂性、严重性和不可弥补性等特点（尚金城等，2003）。

（2）治理是应对市场和政府失灵的一种有效途径

自从世界银行1989年在讨论非洲发展时首次提出“治理危机”（Crisis in Governance）以来，“治理”这个概念在学术界很快就流行开来。治理理论的兴起有其深刻的政治、经济和社会历史背景。“西方政治学家和管理学家之所以提出治理概念，主张用治理代替统治，是他们在社会资源配置中既看到了市场的失效，又看到了国家的失效”。治理是围绕公共权力展开的，反映着国家与社会之间一定的权力分配和制衡关系，有助于克服国家和市民与社会各自能力的有限性。它通过对公共权力的配置和运用，对社会进行统治（领导）、协调和控制，以达到一定目标。传统治理模式突出的表现就是公共权力资源配置的单极化和公共权力运用的单向性并且实行等级管理。而新的治理模式则强调权力的分化和双向运行以及政府角色和职能的重新定位。治理除了政府机关和各种机构外，还包括市民和社会的参与，各种利益集团以及部门间的协商，并试图建立国家与市民社会之间的互动网络即实现网络化管理。因此，就其实质而言，治理是建立在市场原则、公共利益和认同（共同责任）之上的合作。

由于治理理论具有比较广泛的适用性，用它指导环境保护和可持续发展的实践不仅是迫切的、必然的而且也是可行的。其原因主要有两点：一是环境保护和可持续发展是政府公共行政的主要领域，理应也是治理理论可以指导的领域；二是从环境经济学的角度来看，市场和政府失灵是造成环境问题的根本原因，这也是治理理论所要应对的问题，因此治理理论可以为有效的环境管理提供依据。近年来，治理在可持续发展中的地位和作用日益受到重视。在 2002 年约翰内斯堡世界可持续发展高峰会议上，治理尤其是被作为可持续发展的基础条件而列入大会通过的《执行计划》中（郑易生，2004）。会议认为治理和可持续发展是密切联系在一起的，从当地到全球层面，未来制度的作用和架构将是可持续发展政策和计划能否成功实施的极为重要的决定因素。

（3）从治理角度看中国的制度安排面临的问题和挑战

作为治理理论在环境保护领域的延伸，环境治理可以定义为：运用正式或非正式的制度安排行使权力或权威，通过促进政府与公民社会、公共部门与私人部门的持续合作和有效互动，引导、控制和规范各环境行为主体的社会经济活动和行为，统筹协调行为主体多元化的利益矛盾和冲突，使之能够一致联合行动起来共同管理可持续发展包括环境领域的公共事务，应对和解决共同面临的挑战和问题，最终实现可持续发展目标的一系列活动、过程、机制和方式的总和。由此可见，环境治理是一个多维度、多尺度、多主体、多途径的管理模式和框架。它通过一系列规则和制度协调个体和集体的行动，共同管理环境与可持续发展领域的公共事务，实现可持续发展这一共同目标。与传统的环境管理模式相比，新的环境治理模式更加重视公众参与，强调建立起一种政府、企业、社会公众、环境学家和科学家合作的伙伴关系。环境治理作为传统环境管理的理想模式不仅有助于诊断和发现传统环境管理模式的局限性和存在的问题，而且也为传统的环境管理模式变革提供了方向。基于治理的有关理论，可以发现中国的制度安排存在着如下几方面的问题和挑战：

①中国的环境治理（Environmental Governance）水平和能力比较低。

2000—2005 年，耶鲁大学耶鲁环境法与政策中心和哥伦比亚大学地球科学信息网络中心联合不定期地发布了《环境可持续指数》（2000，2001，2002，2005）报告，对世界上 146 个国家迈向环境可持续性的进步状况或国家能够为后代保持良好环境状态的能力和潜力进行综合评价。在《2005 环境可持续性指数》报告中，环境治理被视为社会和制度对环境挑战反应能力的重要变量，并且用价格扭曲、腐败控制、政府有效性、法制、受保护土地面积的比例、环境科技政策的知识创新等 12 个指标变量来表达。结果表明，中国的环境治理分值低于世界平均水平，在参与评价的 146 个国家中位列第 116 位，与发达国家的差距更大。尽管该评价存在一定的问题和缺陷，但是从总体上反映了中国的环境治理水平和能力相对较低（图 3-3-10）。同时也在一定程度上预示着提高中国可持续发展治理水平和能力的复杂性、艰巨性和长期性。

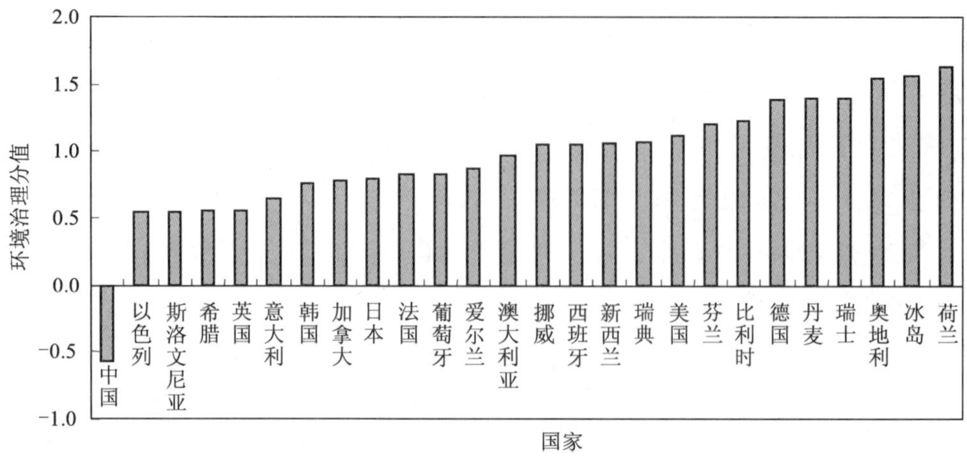

图 3-3-10 中国与发达国家环境治理水平比较

②环境问题的关联性与部门分割封闭式决策管理模式之间的矛盾。

这是各国尤其是发展中国家普遍面临的问题，也是环境治理所面临的最大挑战。早在 1987 年，布伦特兰报告——《我们共同的未来》就一针见血地指出了可持续发展目标与经济系统和生态系统的相互关联性向现有的建立在狭隘认识基础上的、以独立、分散、封闭决策和工作领域相对狭窄为特点的国家和国际机构提出了严峻的挑战（WCED，1987）。这种矛盾比较典型地体现在经济部门和环境部门之间的关系上。中国不仅存在经济部门和环境部门之间的严重分割，而且许多部门的工作都涉及自然资源和环境管理（表 3-3-21），形成了不同生态要素（如水、土地、植被等）及其功能被分而治之，甚至同一种生态要素也被多个部门分割成片的基本格局，这在水资源管理上尤为突出。同时，部门之间缺乏有效的协调和合作。这种分散管理的格局不仅割裂了生态环境的整体性，而且容易导致各部门之间职能存在交叉、重叠，甚至在一定程度上强化了部门内部决策、政策和规划制定、技术开发以及科学研究的分散性、封闭性和重复性，降低整个国家宏观管理的效率和效能。因此，环境问题的关联性和系统性决定了需要采用综合的方法进行管理，包括公众参与和各部门之间的结合。

③环境管理体制法律依据缺失，部门行政职能交叉重叠。

中国现行的行政和环境立法中尚无专门针对环境管理体制的条款。有关环境保护管理机构的设置及其职责的行政规定（表 3-3-22）缺乏系统性、完整性和具体化，各种规定之间缺乏衔接、协调和配合，甚至相互矛盾（马中等，2004）。在与环境与资源相关的立法过程中，有关部门为了强化自身利益，“以法争权”，使得立法过程带上了鲜明的部门特色，容易与其他法律或部门规定产生冲突。这些问题的存在给落实或实施造成了很大的困难。以水资源为例（表 3-3-23），尽管多个部门和机构有涉水职能，但是作为管理水的两个重要方面——水量和水质的行政主管部门，水利部和原国家环保总局之间的合理分工与合作对实施流域综合管理至关重要，但是，现实中两个部门之间缺乏协作并且容易产生矛盾和冲突也会成为影响流域综合管理的最主要障碍。

表 3-3-21　　中国环境相关的管理机构

职责	机构
宏观调控	国家发展和改革委员会 财政部 外交部
污染控制	国家环保总局（现为环境保护部） 建设部 铁道部 交通部 水利部 卫生部
生态保护	国家环保总局（现为环境保护部） 农业部 国家林业局 国土资源部
自然资源管理	国家环保总局（现为环境保护部） 国土资源部 水利部 农业部 国家林业局
其他	科技部 教育部 国家海洋局 审计署 国家民航总局 海关总署 国家税务总局

资料来源：吴昌华. 中国的政府管理，OECD（2007）。

表 3-3-22　　中国与环境管理相关的政府部门具体职责

- 环保部是对环境保护工作负责的最高机构。它负责制定环境政策和规划，并监督各环境保护局的工作执行情况。EPA 为国家级部委的项目或具有全国意义的社会活动贯彻执行各项规章
- 国家发展和改革委员会（NDRC）为国家制定宏观经济规划，包括环境战略和规划
- 财政部（MOF）负责审批与环境项目/计划相关的国外贷款和国内金融配置
- 建设部负责城市环境问题，尤其是环境基础设施，如水源供给和废水处理厂和对固体废弃物的管制
- 国家林业局负责森林保护、植树造林、生物多样性和野生动植物的管理
- 水利部负责控制土壤侵蚀、地下水质量以及在城市以外的分水岭管理
- 中国气象局负责地区性空气质量的管理（同时还参与与气候变化相关问题的协商）
- 农业部（MOA）负责管理农业化学物质、水生自然保护区、农业生态多样性以及草地。同时还负责对乡镇企业的管理
- 国土资源部负责土地利用规划、矿产和海洋资源管理、土地的复垦。同时还负责地图绘制和土地清查（土地所有权）管理
- 交通部与中国国家环保总局共同负责车辆排放尾气的控制，不过执行工作归属公安部负责
- 卫生部负责监控饮用水的质量以及相关疾病的发生
- 科技部是研究开发环境科学和技术的领导机构，负责协调全国各项环境研究计划，包括与国际伙伴的合作
- 国家海洋局负责管理沿海和海洋水资源，包括海洋生物多样性的保护

资料来源：OECD（2005）。

表 3-3-23　中国水管理相关部门及其主要职能

部门	主要职能
水利部	主管水资源管理、水资源保护、节水管理、河道、防洪、水土保持、水工程管理、水文管理、水政监察等；组织实施取水许可制度和水资源费征收制度；水功能区规划，审定水域纳污能力，提出限制排污总量的意见；拟定水资源保护规划，监测江河湖泊水量、水质，发布国家水资源公报
国家环保总局	主管水污染防治、会同有关部门拟定有关水污染防治规划、政策、法规、规章和标准；负责水环境质量监测、水污染源监测以及相关的监测信息发布等；排污收费；制定污水处理厂收费政策等；参与水资源保护相关政策的制定；参与水资源保护规划编制；审查水利工程的环境影响评价报告书
建设部	城市和工业节水、城市供水、排水与污水处理等工程规划、建设与管理
农业部	面源污染控制，保护渔业水域环境与水生野生动物栖息环境
国家林业局	流域生态、水源涵养林保护管理、湿地管理
国家发展和改革委员会	参与水资源开发与生态环境建设规划，衔接平衡农业、林业、水利等发展规划与政策
交通部	内河航运、船舶排污控制
卫生部	监督管理饮用水水源标准
国有资产管理委员会	中央所属企业有关涉水方面的事项
国家电力监管委员会	包括水电在内的电力监管
国土资源部	土地资源管理，监测、监督、防止地下水的过量开采与污染
外交部	协调国际河流治理和谈判

资料来源：中国流域管理现状及战略研究（2007）。

④经济决策缺乏对环境的考虑，资源和环境代价损失严重。

该问题也是部门分割管理问题的延伸和体现。中国目前把环境与发展综合决策上升到了一个史无前例的高度，但是仍主要停留在指导方针及政策宣告层面，缺乏配套的政策制度来加以保障落实。即使在实际操作中意识到这种问题，但是当环境保护与经济发展一旦发生冲突时，环境决策往往让位于经济决策。由于环境与经济决策的长期分离加上时代的局限性和认识上的不足，导致了许多决策上的失误，给中国的可持续发展带来了极大的负面影响。实践表明：一个国家宏观决策上的失误是最大、最根本的失误。同样，宏观决策带来的效益也是最大的效益。新中国成立以来，由于一系列决策上的失误和存在的重大缺陷给中国的生态环境造成难以挽回的、影响深远的严重后果，试列举如下（中国科学院可持续发展研究组，1999；汪劲，2006）：

1955 年三门峡水库决策，由于规划与设计先天不足，造成陕西潼关到三门峡河道严重淤积和抬高，渭河成为悬河以及关中平原遭受水灾的影响概率提高，地下水无法排泄，田地出现盐碱化和沼泽化现象并且粮食年年减产，严重威胁关中平原的安全。

“除四害”决策，将麻雀作为四害之一进行消灭运动导致不少城市和广大农村发生严重虫灾。

1957 年的反右运动，错误地批判了以马寅初为代表的合理人口政策，导致人口增长放任失控和急剧膨胀，从而对中国的环境产生了长期的压力。

1958 年实行“大跃进”运动，忽视经济发展的基本规律，人为硬性引导经济的发展，不仅给中国的经济带来灾难性的后果，而且由于大炼钢铁、毁林开荒、围湖造田给森林和矿产资源以及生态系统造成了巨大的灾难。

长达 10 年的文化大革命，即使中国丧失了发展的绝好机遇，又把中国的经济带到了崩溃的边缘。

20 世纪 80 年代初乡镇企业遍地开花虽然促进了经济的高速增长，但是由于技术含量和管理水平低下，给农村环境造成了严重的污染，从而和城市环境污染一道奠定了时至今日中国环境污染的基本格局。

1986 年国务院办公厅在《1986—2000 年全国包装工业发展纲要》中提出的“塑料等包装制品的产量有一个较大幅度的增长”和发展一次性发泡塑料制品、一次性塑料包装制品的要求。此举导致全国性“白色污染”的泛滥。直到 1998 年国务院作出指示，要求停止生产和使用一次性发泡塑料制品和一次性塑料包装制品。

1989 年国务院关于产业结构调整中的“重点支持项目”决策把生产类的纸浆、纸和纸板，电镀产品，皮革和皮革制品、电镀工艺等作为国家鼓励和重点支持的名录中，并出台了相应的意见和办法，使得 20 世纪 90 年代初全国的造纸、电镀、皮革、印染、焦化等行业企业如雨后春笋般地涌现出来并得以迅速发展，最终导致全国各地环境泛滥成灾。到 1996 年，国务院公布《关于环境保护若干问题的决定》要求取缔和关停造纸、电镀、皮革、印染、焦化等“十五类小型企业”，虽然使全国污染排放总量明显下降，但是那些被取缔企业及其贷款银行都不可避免地承受了损失。

图 3-3-11 可以部分反映决策失误对资源消耗强度（以能源为例）的影响。中国的能源消耗强度或碳排放强度在 20 世纪 50 年代末、60 年代初达到了顶峰，之后开始下降，但在 70 年代中后期又开始上升，达到另一个高峰，只不过峰值点低于上一个峰值，呈现出比较明显的双峰曲线特征（图 3-3-11）。这在很大程度上与中国发展的战略决策失误有关。在 50 年代后期的“大跃进”运动中，由于受到当时技术水平有限的影响，通过滥垦、滥伐、滥采，人为干扰产业结构演变规律包括大炼钢铁，不仅造成能源资源消耗强度畸高，而且对第一个峰值的形成起到了推波助澜的作用。之后，长达十年的文化大革命使得我国的生产秩序和国民经济遭受重创，技术水平基本停滞不前，所以能耗强度基本保持上升态势。其间虽然经历了部分调整，包括“文革”后的拨乱反正、经济秩序的恢复重建以及各项生产的全面开工，仍未使得这种趋势发生根本性的改变，导致了第二个峰值的到来。

表 3-3-24 为中国可持续发展战略研究组（1999）对我国历史上人口决策、大跃进运动和文化大革命这三次重大决策失误带来的损失进行了估算。

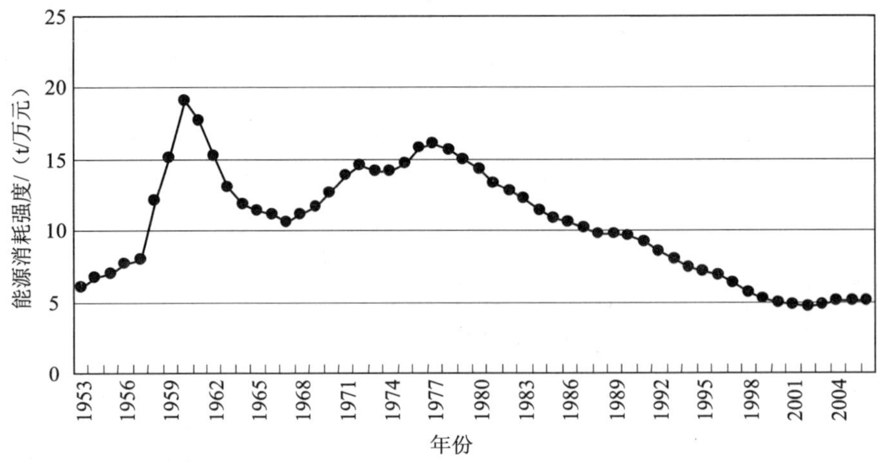

图 3-3-11　1953—2004 年中国能源强度的演变趋势

表 3-3-24　　中国历史上三次重大决策失误所致的损失

项目	现状/%	当不发生三次重大决策失误时/%
人口数量	100	83.6
人口质量	100	110.5
国内生产总值（GDP）	100	119.3
人均 GDP	100	136.9
贫困人口	100	0.0
富裕度	100	119.5
森林覆盖率	100	120.0
土壤侵蚀率	100	92.0
荒漠化率	100	96.2
城市环境	100	95.0
生态环境应力	100	94.4
自然资源承载力	100	123.0

由此可见战略决策失误造成的损失和后果的严重性，以至于一些领导和学者指出，战略决策失误是最大的浪费和腐败。在我国投资管理体制中，政府投资决策失误和损失严重更是一个痼疾。据世界银行估计，从“七五”到“九五”的 15 年间，我国的投资决策失误率在 30%左右，资金浪费及经济损失在 4 000 亿～5 000 亿元。有研究表明（蔡志刚，2004），我国基本建设投资项目失误率接近 50%，而大中型投资项目的失误率更是严重过高（表 3-3-25）。一些地方和行业违反科学决策、盲目投资和低水平重复建设、大搞“形象工程”等行为浪费大量的资金和资源，给国民经济和环境造成巨大的不可挽回代价和损失。造成决策失误的一个重要原因是决策缺乏科学性以及风险约束机制不到位。

表 3-3-25　　1958—2003 年基本建设投资项目失误率

年份	施工项目/个	全部建成投产项目/个	建成投产率/%	失误率/%
1958—1980	764 077	374 879	49.06	50.94
1981—1995	1 169 498	618 160	52.86	47.14
1996—1999	359 183	202 150	56.28	43.72
2000—2003	391 346	212 936	54.4	45.59
1958—2003	2 684 104	1 408 125	52.46	47.54

注：建成投产率=全部建成投产项目/施工项目 × 100%；失误率=100−建成投产率。
资料来源：根据蔡志刚（2004）进行修正。

⑤环境管理机构的能力、作用和影响力不能适应环境保护任务加重的需求。

这主要涉及政府体制内部横向上的分权问题。随着中国经济高速增长，环境压力越来越大，对环境保护的要求也越来越高，环境保护的责任和任务也越来越繁重。然而现有的环境管理机构的作用、能力和影响力偏弱，难以适应日益增长的需求。布伦特兰报告早在 20 世纪呼吁各国政府应加强现有环境保护和资源管理机构的能力和作用。20 多年来，随着中央对环境问题日益重视和对环境问题认识水平的不断提高，这种状况导致环境保护不能有效进入到社会经济发展和主流的决策过程，以及环境管理机构对其他部门决策施加的影响、作用和能力极其有限，从而使得环境管理工作及环境政策制度制定呈现出边缘化和末端管理的特征（张世秋，2004），发挥着消防队的作用，无法从根本上解决环境与发展问题。环境保护绝非只是环保机构内部的事，它需要部门之间的有效合作，但是我国环境部门与其他之间的协调能力和机制不仅没有得到加强反而出现下降。1998 年国务院机构改革撤销了原国务院环境保护委员会这一承担部委之间协调职能的机构同时也减少了各部委间协调合作能力。原各部门内设有的比较有力的环境保护机构也随着机构改革被大大压缩、精简和削弱。这些举措未能体现环境保护是政府主要职责应予加强原则。除部门之间的协调能力不足外，环境保护机构自身的能力也严重不足，不仅表现在人力和资金的严重短缺与环境保护管理重大责任不对称上，而且也体现在政策的制定、执行、实施和监管能力上。各国环保机构人员编制见表 3-3-26。我国环保部 2008 年只有 300 多人的编制，而发达国家人口比中国少得多，但是环境保护行政管理人员的数量却远远超过我国环保部的人员编制，这必然对中国环境监管能力和水平产生一定的负面影响。

表 3-3-26　　国外环境保护机构人员数

国家	环保机构名称	人员数/人
澳大利亚	环境与遗产部	3 000 多
加拿大	环境部	5 000 多
丹麦	环境与能源部	3 000 多
法国	国土整治与环境保护部	2 351
德国	联邦环境、自然保护与安全部	近 3 000（其中环境部 870 人）
日本	环境省	1 131

国家	环保机构名称	人员数/人
韩国	环境部	392
新西兰	环境部	110 左右
俄罗斯	自然资源部	700 多
瑞典	环境部	1 500（环保局 500 多人）
美国	环保局	18 000 多

资料来源：马中等（2004）。

⑥中央和地方财权事权配置不对称，妨碍有效制衡机制的形成。

这主要涉及政府体制内的纵向分权问题。在中央和地方的关系上，权责的划分和制衡在很大程度上影响政策和法规执行和实施的效率和效果。特别是地方环保部门受到上级环保主管部门和地方政府的双重领导，但是其财政和人事任免却隶属于地方政府，这就导致地方环境管理部门容易受到地方政府的干涉。当环境保护和经济发展发生冲突时，倾向于经济发展比环境问题重要的地方政府往往会占据上风。

环境保护的责任在地方，而环境政策实施的障碍也在地方。当赋予地方政府环境保护责任的时候也应赋予其相应的权力和资金。但是事实上地方政府在环境保护上的权责配置存在着不对称问题即获得了环境保护的责任，却缺乏必要的手段和资金的支持，需要靠自己来筹措相关费用。20 世纪 80 年代的财政包干制和 90 年代的分税制要求和鼓励地方政府自筹资金，这诱发和衍生出一系列的错误动机和利益冲突：一些行政部门包括环保部门退化为准经济利益主体，既要办公事，又要养活自己，通过创收来为其运行提供资金；地方政府为了增加其税收和财政来源，往往为污染型企业撑起“保护伞”，并且与企业共谋规避环保部门的监管，环保部门不作为等。

缺乏有效的制衡机制也会对地方的环境管理产生负面的影响和冲击。一方面，缺乏科学合理的政绩考核体系。现行各级政府的政绩考核制度倾向于经济增长优先，多把 GDP、招商引资和钩子项目作为主要指标，很少考虑环境绩效指标，这样容易诱发各级官员不顾本地生态环境和自然状况大上高污染、高消耗项目的短期行为和利用权力滋生寻租的腐败现象。另一方面，配套制度的缺失或不完善，如没有建立领导干部任期环境质量责任制、行政问责制等，难以对地方政府官员的决策行为形成强有力的约束。

⑦环境管理的效率和有效性低，难以适应新形势的需要。

我国的环境管理模式脱胎于计划经济时代，带有鲜明的官僚等级体制特点，即单方面强调政府的作用，基本上采用自上而下的决策机制和管理方式。这种模式具有一般官僚体制的共性特点和缺陷：以命令—控制手段为主导，能够保证政策的执行和效果，而且见效快，但是由于需要支付巨大的直接和间接成本，以及有效的监督和执法措施，通常难以有效落实。同时缺少权力监督和制衡，容易导致有些政府官员滥用权力、寻租和滋生腐败。在环境保护政策、计划和方案的制订过程中由于缺乏公平和效率考虑，容易削弱或降低政策和方案的成本有效性，要么目标过高难以实现或者目标的实现建立在过度管理基础上，要么目标过低，牺牲环境质量和环境资源。中国环境管理效率低或总体环境绩效差也可以通过由耶鲁大学耶鲁环境法与政策中心和哥伦比亚大学地球科学信息网络中心（2006）利用其提出的环境绩效指数（Environmental Performance Index，EPI）对世界上133个国家或地区的环境绩效评估结果进行反映。环境绩效指数主要衡量的是环保工作的成效或迈向预定政策目标进步状况，由16个与政策密切相关的核心指标复合而成。评估结果显示中国环境绩效得分在133个国家中位列第94位，说明环境绩效水平较差，与发达国家还存在很大的差距（表3-3-27）。

表3-3-27　　中国与一些发达国家环境绩效指数的比较

国家	环境绩效指数得分/分	排序
澳大利亚	80.1	20
奥地利	85.2	6
比利时	75.9	39
加拿大	84.0	8
丹麦	84.2	7
芬兰	87.0	3
法国	82.5	12
德国	79.4	22
希腊	80.2	19
冰岛	82.1	13
爱尔兰	83.3	10
以色列	73.7	45
意大利	79.8	21
日本	81.9	14
荷兰	78.7	27
新西兰	88.0	1
挪威	80.2	18
葡萄牙	82.9	11
韩国	75.2	42
西班牙	79.2	23
瑞典	87.8	2
瑞士	81.4	16
英国	85.6	5
美国	78.5	28
中国	56.2	94

资料来源：耶鲁大学耶鲁环境法与政策中心和哥伦比亚大学地球科学信息网络中心（2006）。

中国的环境管理模式也缺乏有效的反馈和学习机制，包括对以往政策、方案制订和实施过程取得的经验和教训的反馈；对基层意见、建议、信息和经验的反馈和学习。向基层实践经验的学习往往是国外发达国家环境治理的有效途径之一，这一点在中国往往被忽视。事实上，中国不少地方在资源和环境管理方面取得的成功经验值得学习、总结、借鉴和推广。试想如果没有安徽凤阳小岗村的先行试点，可以说就没有中国农村经济体制取得丰硕成果的今天，这个例子也佐证了基层实践经验学习的重要性。

当然这种管理模式在我国环保历史上已经发挥了巨大的作用，并取得比较显著的成果，但是这种管理模式由于其自身的局限性也越来越难以适应新形势的需要，主要体现在两个方面：一是环境问题的多样性和复杂性不断增加，环境治理比以往任何时候更加需要部门之间、政府和公众的合作，更加需要治理手段的灵活性和弹性来适应当地的自然和社会经济条件；二是随着计划经济向市场经济的过渡，利益呈现多元化格局，政策作用环境、主体对象和范围发生变化对计划经济体制下建立的环境政策体系产生了冲击，必然要求对其进行调整和创新，以适应新形势的需求。如果这种状况继续延续，有可能进一步加深环境保护与经济发展之间的矛盾和对立。

⑧环境法规体系有待健全，环境执法能力需要加强。

法制性是环境治理的基本要求。20 世纪 90 年代以来，中国环境立法进程明显加快，法制建设不断增强。迄今已制定了包括《环境保护法》、《水污染防治法》等 9 部环境法律和《森林法》、《水法》等 15 部资源法律；修订后增加了“破坏环境与资源保护罪”的规定；国务院发布了《危险化学品安全管理条例》等 50 多件行政法规；环保部门规章和规范性文件近 200 件；国家环境标准 500 多项；批准和签署多边国际环境条约 51 项；各省、区、市人大和政府颁布地方性环境法规 1 600 余件（张坤民等，2007）。这些法律、法规、规章、标准基本构成了中国的环境法规体系。但是作为环境治理的最高行为准则，中国法制还存在不少问题，尚需进一步完善。主要体现在以下几个方面：一是一些法律之间缺乏协调和配合，存在矛盾和冲突，直接影响到法律的权威性和效能，也有可能造成人力、财力和物力上的浪费和损失。以《水污染防治法》和《水法》为例，两者不仅对一些词语如“水污染”、“水环境”、“水事”、“水量”、“水质”、“水资源”、“纳污能力”、“环境容量”、“排放负荷”等界定不清楚或缺少界定，容易产生理解上的歧义和带来执行上的困难，而且在相关规定上存在矛盾和冲突，如对于监测而言，《水污染防治法》第十八条规定：地面水体的水环境质量状况由环保部门组织监测；重要江河流域的水资源保护机构，负责监测其所在流域的省界水体的水环境质量状况，并向国家水利部门、环境保护部门和流域水资源保护领导机构报告。但根据新《水法》第三十二条的规定：“县级以上地方人民政府水行政主管部门和流域管理机构应当对水功能区的水质状况进行监测”。对于流域总量控制而言，《水污染防治法》第十七条：环境保护部门负责确定排污总量、组织水环境功能区划，但《水法》第三十二条规定：水利部门或者流域机构负责核定水体的纳污能力、提出水域的限制排污总量意见、组织水功能区划。这样很容易产生水环境功能区划和水功能区划、水体纳污能力和排污总量、水域的限制排污总量和实际排污总量之间的脱钩和不协调现象（中国流域管理现状及战略研究，2007）。二是一些法律缺乏程序性规定和可操作性。如《中华人民共和国环境保护法》第十二、第十五条对县以上环境保护行政主管部门的职能、责任、权限进行了定义，但缺乏具体性。特别对环保部门的隶属关系、级别没有予以明确规定，造成县级环保部门在地方政府组成和隶属上的混乱（郑易生，2001）。又如 2003 年实施的《环境影响评价法》明确规定了公众参与环境影响评价的条款，但是由于未能明确公众参与的权利、赋予公众合法获取与环境影响评价有关的信息和资料权利以及在环境影响评价的哪个阶段参与环境决策等问题直接影响到公众的实际参与（汪劲，2006）。三是部分法律之间和行政规定之间缺乏衔接，存在矛盾和断层。如一些自然资源权属没有明确界定，使得许多事关可持续发展大局的问题陷入无休止的扯皮和冲突中；部门立法痕迹重，也容易导致法律之间的冲突和协调不力，令实施者苦不堪言；社区或基层实施条例对各方责任的界定和对具体细则的规定与环境保护法的要求不符合，从而弱化环保部门的执法地位（OECD，2005）等。此外，在一些重要的环保领域，缺乏专门法律法规，如荒漠化防治、生物多样性保护与生物技术安全控制、野生植物保护等（李启家，2001）。四是有法不依，执法不严问题比较突出。执法问题有多种原因，其中一个重要的原因是缺乏程序性立法，特别是缺乏听取利益相关者的意见致使制定的法规不切合实际；地方保护主义和地方环保部门对政府优先考虑问题的屈从也会导致执法不严问题。另外一个原因，虽然法律法规赋予环境管理一定的行政权力，但对于严重违规行为，环境保护部门缺乏行政权限对其处罚。尽管已经存在大量关于环境保护、企业排污、严格执法方面的规定，但“执行难”问题依然存在。

⑨政策手段存在缺陷，政策效能需要提高。

除环境法规体系基本形成外，中国的环境政策框架也基本确立，政策手段不断丰富，既有命令—控制手段，又有市场经济手段；既有国家强制性手段，又有企业的自愿性手段和公众的参与（表 3-3-28）。但是从整体上看，目前的环境保护政策主要存在以下几方面的问题：一是由于体制分割和制度安排不合理，环境政策被迫压缩在绿色部门之内，难以积极影响、干预或纳入到环境问题产生源头或上游的社会经济发展决策或考虑中，从而呈现出边缘化和末端治理的特征。这种被动“反应式”而不是主动“预防式”的政策手段工具总是滞后于社会经济发展过程，不能从根本上解决环境污染和生态破坏问题，因此与可持续发展追求的目标相背离。二是存在政策性内耗，削弱政策的效能。如基于许可浓度的排污许可制度与基于排放浓度标准的征收排污费制度之间在标准上的差异导致环保工作人员难以开展管理工作（OECD，2005）。三是政策体系存在盲点，消费领域的环境政策缺失。消费方式不合理带来的环境问题不容忽视，必须通过政策制度来引导可持续消费领域。而目前我国对危害环境的消费方式尚无有效的管理措施（闫世辉，2004）。四是政策手段在环境污染防治和生态保护领域之间存在一定程度的不平衡。传统的污染防治政策手段比较丰富和齐全，尤其是大气和水污染控制。而在资源的合理利用与生态保护方面，虽然国家自 1998 年长江发生特大洪灾后相继出台了诸如全面停止长江、黄河上中游天然林的砍伐、退耕还林还草等一系列政策措施和配合使用一定的经济手段，但在整个环境政策体系中，环境法规、政策和制度仍起主导作用。

五是环境经济手段缺乏有效的执行环境和公平的激励作用。我国采取的环境经济政策手段主要是征收排污费及资源使用费、补偿费等，但是资源低价和环境无价使这些手段失去应有的刺激作用。这包括对资源价格的补贴如能源价格补贴、水资源价格补贴等造成能源和资源的使用者并没有支付其全部成本，刺激了使用者对能源和资源的过度利用；污染物排放造成的外部费用没有在市场价格中体现出来；排污收费标准偏低，长期低于环境治理成本，即“违法成本低，守法成本高”，致使一些排污企业宁肯缴纳排污费也不愿治理污染而弱化环境政策的调节作用，使排污收费难以达到预期目标，如在现有技术水平下，治理 1 t 二氧化硫所需的费用约为 800 元，但实际上对排放 1 t 二氧化硫的收费则只有 200 元，这种情况根本就不可能激发企业减少污染排放的积极性。六是政策手段比较单一，缺乏多种类型政策手段的组合。而且政策体系以行政、法律手段为主，效率低下，经济手段的使用范围有限，必然影响政策功能和环境治理水平的有效发挥和提升。七是政策执行和实施效果差强人意，与目标存在较大的差距，往往背离政策设计的初衷。可能的原因有：计划经济体制下形成的一些政策手段和管理体制不能适应市场经济体制的要求；在政策制定过程中，缺乏对公平和效率的考虑，很少顾及政策作用对象的行为影响因素和行为方式，在很大程度上依靠决策者的意愿或专家学者的理论，没有听取或吸取利益相关者的意见和建议，导致政策目标往往脱离实际；政策实施过程缺乏相应的监督和监测手段以及管理机构缺乏必要的、对严重违反政策的行为进行处罚的行政执法权。八是由于国内企业的环境意识非常差，加之缺乏有效的激励机制，在一定程度上限制了自愿性手段如 ISO 14000 和产品环境标志的运用（表 3-3-28）。

表 3-3-28　　中国目前常用的环境保护政策手段

命令—控制手段	市场经济手段	自愿行为	公众参与
污染物排放浓度控制 污染物排放总量控制 环境影响评价制度 “三同时”制度 限期治理制度 排污许可证制度 污染物集中控制 城市环境综合整治定量考核制度 环境行政督察	征收排污费 超过标准处以罚款 二氧化硫排污收费 二氧化硫排放权交易 二氧化碳排放权交易 对于节能产品的补贴 生态补偿费试点	环境标志 ISO14000 环境管理体系 清洁生产 生态农业 生态示范区（县、市、省） 生态工业园 环境保护非政府组织 环保模范城市 环境优美乡镇 环境友好企业 绿色 GDP 核算试点	公布环境状况公报 公布环境统计公报 公布河流重点断面水质 公布大气环境质量指数 公布企业环保业绩试点 环境影响评价公众听证 加强各级学校环境教育 中华环保世纪行（舆论媒体监督）

资料来源：张坤民等（2007）。

⑩公众参与比较薄弱，难以有效发挥监督和制衡作用。

在过去十几年中，中国在公众参与和政府信息公开方面取得了比较明显的进展。第一，立法进程不断加快，为公众参与提供了法律依据。早在 20 世纪 90 年代初期，中国政府已经在一系列新制定的或者修订的环境法律中增加了有关公众参与的规定。2003 年中国实施了《环境影响评价法》，对政府规划和建设项目的公众参与问题作出了具体规定。2004 年 7 月中国通过了《行政许可法》，赋予公众在听证会上有发表意见的权利。2006 年 2 月，环保总局制定出台了《环境影响评价公众参与暂行办法》，明确了公众参与的组织形式。2007 年 1 月，国务院通过了《信息公开条例》，对保障公众依法获取政府信息，作出了具体规定。国家环保总局随之公布了《环境信息公开办法（试行）》，从 2008 年 5 月 1 日起施行，这将大大拓宽公众参与环保的渠道和形式。国务院和国家环保部还要求企业向大众公开环境信息，部分地方已经开展了企业环境绩效评级等制度的试点工作。第二，环境信息披露取得重要进展，包括相关机构发布一系列环境状况公报、环境信息和公开环境数据等。第三，环保非政府组织发展迅速，从 1994 年中国第一个环保非政府组织建立以来到 2005 年底已经达到 2 768 家。环保非政府组织在提高公众环境意识、直接参与环境保护、开展环境监督和环境法律援助等方面，发挥着越来越重要的作用，是连接公众与政府的桥梁与纽带，已经成为推动我国环境保护事业的一支重要社会力量。第四，公众参与意识不断增强，参与途径、范围和程度不断增加、加大和加深，包括参与立法、执法、决策、环境教育和宣传活动以及新闻媒介的舆论监督等方面。这可以从环境行政处罚听证以及环境信访和人大、政协关于环保提案部分地加以反映（表 3-3-29，表 3-3-30）。

表 3-3-29 环境行政处罚听证情况

年份	当年实施行政处罚案件数（起）	其中：举行听证案件数	当年实施行政处罚案件中举行听证案件数的比例/%
1998	39 754	639	1.61
1999	53 101	799	1.50
2000	55 209	715	1.30
2001	71 089	1 026	1.44
2002	100 103	880	0.88
2003	92 818	3 689	3.97
2004	80 079	1 887	2.36
2005	93 265	1 462	1.57
2006	92 404	1 699	1.84
2007	109 074	—	—

资料来源：中国环境年鉴 1999—2008。

表 3-3-30　各地区信访和人大、政协关于环保提案情况

年份	来信总数（件）	来访人次（人次）	来访人次（批次）	人大、政协关于环保建议议案（件）
1993	53 752	84 743	44 455*	8 964
1994	59 499	95 061	47 839*	8 525
1995	58 678	94 798	50 972*	7 242
1996	67 268	96 379	47 714	6 177
1997	106 210	71 528	29 677	6 590
1998	147 630	93 791	40 151	9 637
1999	230 346	89 872	38 246	10 686
2000	247 741	139 424	62 059	11 467
2001	369 712	80 575		10 762
2002	435 420		90 746	11 165
2003	525 988	120 246	85 028	11 791
2004	595 852	130 340	86 892	12 532
2005	608 245	142 360	88 237	12 343
2006	616 122	110 592	71 287	10 295
2007	123 357	77 399	43 909	11 992

*为来访问题总项数；
资料来源：中国环境年鉴 1994—2008。

在公众参与方面取得较大的进展的同时，一些问题也暴露出来，突出地表现为：第一，关于公众参与的立法还不完善。如《环境影响评价法》只规定了公众参与的原则，而未就公众参与所必需的参与决定权利、参与程序、参与方式、参与中的信息获取等作出具体的规定，因此公众参与是被动的，仍流于形式（汪劲，2006）。在环境立法方面过于强调国家环境保护权力，忽视公民的环境权，使得公民的环境权保护要求缺乏法律依据，例如，知情权受限、诉讼和索赔权缺失以及议事权仅限于学者层面（付涛，2004）。第二，公众参与范围和规模还都很有限，参与水平不高和参与能力不足，难以对政府的决策进行监督和制约。首先，公众的环保意识整体上比较低，严重影响其参与程度。而且环保意识呈现出不均衡的格局：大中城市居民环保意识较高，中小城市和农村居民环保意识较低；受教育程度较高的居民环保意识较高，而受教育程度较低的居民环保意识较低。其次，公众参与环保活动的形式比较单一，严重影响了其实际作用的发挥。社会公众参与环保主要限于少数人大代表、政协委员或环保专家提案、建议和人民群众的来信来访、教育宣传等，而对于社会调查、科学研究、信息发布、业务咨询等专业化的活动参与比较少。再次，我国公众参与环境保护，缺乏超前性即在环境法律、法规、政策、规划等制定过程和开发建设项目实施之前的决策参与及其在实施过程中的行为参与，削弱了环境保护的效果。最后，我国公众参与缺乏比较具体的、权威的、可操作的技术规范，以及有效的参与渠道（李东兴等，2003）。此外，我国的《社会团体登记管理条例》对非政府组织建立设置了很多限制条件，如非政府组织在申请登记时必须依托一个政府主管单位，而且规定同一行政区域内不允许有业务范围相同或者相似的社会团体等，这在一定程度上影响到环保非政府组织的成立、发展和作用的有效发挥。专家参与环境治理

决策虽然获得很大的重视，但是由于独立性差，易受到政府官员的行政干预，其权威性和公正性大打折扣。

⑪环境问题的全球化挑战中国环境治理，国际合作仍需进一步加强。

中国的环境治理不仅要应对国内日益增长的环境压力，而且也要应对日益严峻的全球化环境问题所带来的挑战。由于环境要素的流动性和环境问题时间和空间上的关联性把地方、区域、国家和全球紧密地结合在一起。因此，可以说发生在当地的环境问题既是当地问题，也是全球问题。从全球的高度来看，环境治理需要与当地的实践联系起来，即“全球思考，局地行动”(Think globally，Act locally)。在这样一个人类相互依存的地球上，正如《21 世纪议程》所指出的，“没有任何一个国家能够单独实现可持续发展目标，但只要我们共同努力，建立促进可持续发展的全球伙伴关系，这个目标是可以实现的”。这也为加强环境领域的国际合作提出了希望和要求。

自 1972 年出席联合国人类环境会议以来，中国积极参与和开展国际交流与合作，先后签署并批准了一系列有关全球性环境问题的公约，积极履行公约规定的义务。不久前发布了《气候变化国家评估报告》，充分展示和体现了中国以对全球事务负责任的态度，积极应对全球气候变化的形象和努力，为中国赢得了良好的声誉。根据《2005 可持续性指数》报告，中国参与国际合作的努力得分在世界上 146 个国家或地区中名列第 40 位。但是中国已经成为世界第一的二氧化硫排放大国，世界第二的碳排放大国，面临的国际压力越来越大。上述报告也表明了中国在减少温室气体排放和减缓越境环境压力方面的得分很低，分别排在第 115 位和第 134 位。严峻的现实迫切需要中国大力加强国际合作。

三、中国环境问题成因的实证分析

上述是对中国环境问题成因的经验分析。由于影响因素之间相互作用，并且存在直接或间接的联系，而经验分析无法鉴别出各因素的相对重要性和贡献程度。有鉴于此，需要开展相关的实证研究。考虑到数据的可得性，我们选择 1990—2005 年为时间段。对中国环境问题成因进行实证分析的前提是首先要揭示中国环境问题的发展变化趋势。由于环境问题实质是资源利用低效、无效的表现，因此分析环境问题必须与物质的消耗利用联系在一起。而两者之间存在投入—产出上的因果关系，这也是由物质守恒定律所决定的。目前国际上比较流行的物质流核算或物质流分析（MFA）方法旨在通过分析经济系统使用的物质量来反映人类活动对环境的影响（Sílvia Cañellas et al，2004）。但是不同的物质流具有不同的环境影响，如有些物质尽管使用量很少，但对环境的危害很大，如汞原料。因此，经济系统使用的总物质量只能作为人类活动环境影响或可持续性的间接指标。鉴于环境问题既涉及自然资源的消耗，又涉及环境容量的占用，因此我们试图从自然资本的角度出发来对其进行定量刻画。

（一）经济系统非物质化的三阶段论

从物质流的角度来看，人类避免环境系统功能退化的最根本的办法就是减少和控制经济社会系统消耗的物质数量和向环境中排放污染物的数量或者剥离（Delinking）经济增长与资源消耗、环境退化之间的正向联系。实现这一过程基本上要经历三个阶段（陈劭锋，2006）。

阶段 1：实现资源消耗或污染排放强度的稳定下降。也就是单位 GDP（或产值）的资源消耗或污染排放量随着时间的推移逐步减少。这是实现经济系统非物质化目标的重要前提。资源消耗或污染排放强度通常代表一个国家或地区的广义的技术进步，包括结构调整和管理水平提高等作用。只有通过技术进步大幅度地降低资源消耗或污染排放强度，才有可能降低或减缓因人口增加、生活或消费水平提高而导致的资源消耗或污染排放的增长幅度，也才有可能实现资源节约型、环境友好型社会的最终目标。从一些发达国家工业化阶段的资源消耗状况来看，均经历一个资源消耗强度由逐渐增大到逐渐减小的转变，即资源消耗强度的“倒 U 型”曲线。而资源消耗强度增大的阶段往往对应着工业化的中前期阶段。该阶段资源消耗的增长速度普遍高于经济的增长速度，此时技术进步不但没有降低资源消耗或污染物的排放强度，反而对资源的消耗和污染的排放起到强化作用，经济增长方式显示出典型的以牺牲资源环境为代价的粗放型特征，我们不妨将这种技术进步称为资源消耗型或污染增加型的技术进步。只有当资源消耗或污染排放强度实现零增长，并开始逐步降低时，才具备了经济增长方式由粗放型向集约型转变的基本条件，也才能为资源节约型、环境友好型社会带来希望。目前，发达国家已经实现了第一阶段的转变。我国正处于工业化的中期阶段，主要矿产资源消耗不但强度高而且尚未出现平稳下降态势。其中不少资源消耗或污染排放强度在经历连续一段时间的下降后又出现了反弹现象，如能源、钢材、水泥、常用有色金属、纸和纸板、工业废气等消耗或排放强度自最近几年来连续增加。而水资源、木材、消耗强度以及废水（包括工业废水）、二氧化硫、燃料燃烧二氧化碳、工业固体废弃物等污染物的排放强度基本上呈连续下降态势。当在总体上实现了资源消耗或污染排放强度的稳定下降后，随之转入第二阶段。

阶段 2：实现人均资源消耗或污染排放的稳定下降。这意味着由资源消耗强度的下降必须能够克服或抵消生产或消费增加所导致的资源消耗的额外增加。该阶段实际上对应着人均资源消耗或污染排放由逐渐增大向逐渐减小方向转变的“倒 U 型”曲线。在倒 U 型曲线左侧，资源效率提高所导致的资源节约速度小于生产或消费增加导致的资源消耗的增加速度，结果人均资源消费或污染排放量呈现上升态势。只有实现人均资源消耗或污染排放的零增长，并稳定连续下降，资源消耗或污染排放的增长速度才能得到明显的放缓。我国目前能源、钢材、水泥、常用有色金属、废气排放等资源消耗或污染物排放强度呈现上升趋势的资源，其人均资源消耗量增长的幅度更大。而对于其消耗强度或污染排放强度呈现稳定下降的资源或污染物，其人均量或呈明显上升，如人均纸和纸板消费，或呈现波动中上升，如人均木材消费、人均废水排放（包括人均工业废水排放）、人均二氧化硫排放、人均二氧化碳排放，或呈现波动中下降，如人均水资源消耗、人均工业固体废弃物排放。但是要实现这些大部分资源或污染排放人均量的稳定下降，至少在短期内难以实现。当这一阶段总体上实现后，紧接着进入第三阶段。

阶段 3：实现资源消耗总量或污染排放总量的稳定下降。资源消耗或污染排放总量经历由逐渐增大到逐渐减小的方向转变，即资源消耗总量或污染排放总量的“倒 U 型”曲线。该阶段意味着资源消耗强度的下降能够完全抵消因人口增加、生产或消费水平导致的资源消耗和污染排放的增加。由于环境污染与物质或资源的投入或消耗存在着潜在的联系，只要物质消耗总量保持零增长及稳定下降，那么环境恶化的势头才能从根本上得以扭转。也只有跨越了这一阶段，资源节约型社会的最终目标才能得到实现，环境的可持续性才能有了根本性的保证。阶段 2 和阶段 3 只有在人口总量保持稳定时才是基本一致的，即人均资源消耗或污染排放下降之时，也基本是资源消耗总量或污染排放总量保持下降的时候。一般由于人口增速相对较缓，所以阶段 2 和阶段 3 之间的时间差距不会很长。我国目前的能源、钢材、水泥、木材、纸和纸板、有色金属消耗总量、工业废气排放总量的上升势头还是比较强劲。而水资源消耗总量波动中趋于平稳，废水排放总量虽然总体上升但幅度较缓，工业废水排放总量总体上保持下降势头，但最近几年又开始抬头；二氧化硫和二氧化碳排放总量则在波动中呈现上升势头。

总之，经济系统非物质化目标的实现必须依次达到“三个稳定下降”即：资源消耗或污染排放强度的稳定下降、人均资源消耗或污染排放的稳定下降和资源消耗总量或污染排放总量的稳定下降，或者跨越“三个倒 U 型曲线”：资源消耗或污染排放强度的“倒 U 型”曲线、人均资源消耗或污染排放的“倒 U 型”曲线和资源消耗或污染排放总量的“倒 U 型”曲线。当然各个阶段的拐点可以降低，各阶段之间的时间间隔可以缩短，最终的目标可以提前实现，这些均取决于能否成功地突破资源消耗或污染排放主要影响因素的制约。

（二）中国的环境态势分析——自然资本消耗指数法

1．自然资本消耗指数（NCCI）

自然资本可以被定义为一种自然存量，包括自然资源存量、生态环境容量、生态系统的结构和多样性。这种存量能够为人类持续产生有价值的物品和多样化的生态服务流，或称可持续收入。鉴于自然资本重要性，世界银行在其 1995 年扩展的新国民财富核算体系中，把自然资本作为人类财富的重要组成部分。但是，自然资本为人类提供的生态服务或者承受人类消耗利用的强度毕竟是有限的。从经济学的角度来看，单纯使用存在银行里的本金所产生的全部利息就是一种可持续的过程，因为它保持了本金的数目不变，而任何比这更高的使用速度则会破坏本金。因此，以 Pearce 等为代表的伦敦学派把保持不递减的自然资本存量（尤其是关键自然资本的存量——即向经济系统提供不可替代服务的自然要素）作为迈向可持续发展的一个准则和必要条件（强可持续性）。而 Costanza 和 Daly（1992）则认为把总自然资本存量维持在当前的水平或者之上是确保持续性的、审慎的、最低必要条件，因为社会在很大的不确定性和如果决策错误将带来不利后果的情况下，不允许自然资本的下降。

由于人类活动与自然生态系统之间主要是通过物质流、能量流和废物流联系在一起的。自然资本的消耗或占用在很大程度上表征的是人类活动或经济过程对自然生态系统的压力、破坏或影响。为了比较全面地反映其发展变化趋势，有必要发展一种直接或间接地监测该过程的定量评价方法。考虑到生态环境的破坏或退化与物质和能量的投入和消耗存在着潜在的联系，Picton 等（1999）在研究澳大利亚经济的生态重组过程中，提出了一个由能源、交通运输量、水泥、纸产品、钢铁、铝、塑料 7 种环境影响显著因子（Environmentally Significant Factors）组成的综合环境指数（AEI，Aggregated Environmental Index）（假定各环境影响显著因子的贡献相同），来考察和评估经济活动尤其是制造业部门对自然生态环境的影响或者生态化趋势。该指数的特点是简单、综合、可操作性强，而且年际具有可比性，能够反映变化趋势。但是仅考虑到制造业部门的情形，只包含了几种物质的生产或消费，而未考虑到经济增长所带来的其他生态环境问题，如废物排放、水土流失等。这些问题都应视为经济增长的环境成本或者理解为对自然资本的消耗或占用。有鉴于此，我们在 AEI 指数的基础上对其进行扩展，把资源能源的消耗（即物质的消耗，表达对环境的间接影响）与生态环境的污染和破坏（表达对环境容量的直接占用和消耗）统筹考虑，便形成了自然资本消耗指数（Natural Capital Consumption Index，NCCI），以此从宏观上衡量经济增长对自然资本的消耗状况和趋势。

NCCI 的计算公式如下：

$$\mathrm{NCCI}_t = \frac{\sum_{i=1}^{n}\left(\frac{X_{it}}{X_{it_0}} \cdot 100\right)}{n}$$

式中，X_{it} 为第 t 年第 i 种物质消费或者因子总量（i=1, 2, …, n），X_{it_0} 为基年第 i 种物质消费或者因子总量，基期设定为 100，同时假定各环境影响显著因子的贡献相同。在确定了 NCCI 计算方法之后，在实证研究中，存在的主要问题就转化为环境影响显著因子的选择问题。

2. 中国自然资本消耗实证分析

（1）中国自然资本消耗指数变化趋势

根据数据的可获得性，我们遴选了 17 种与环境质量状况密切相关的环境影响显著因子对中国的自然资本消耗指数进行估算。这些因子大致可以分为两类：一类是对资源（可再生资源和不可再生资源)、能源等自然资本的消耗，包括能源消耗、主要物质消耗包括钢材、水泥、常用有色金属等、水资源消耗、海洋捕捞量、纸和纸板消费量、农用化肥施用量、农用薄膜使用量、农药使用量；另一类是对环境资本或容量的消耗、占用或破坏，包括废水排放量、废气排放量、工业固体废弃物排放量、二氧化硫排放量、二氧化碳排放量、烟尘排放量、水土流失。这些因子涉及工业、农业等部门的人类活动对能源和物质资源消耗以及对生态环境的应力或破坏。数据的时间序列为 1990—2005 年。以 1990 年为基年，利用上述公式对各年 NCCI 进行了计算，结果如表 3-3-31 和图 3-3-12 所示。

表 3-3-31　　　　1990—2005 年中国的经济增长与 NCCI

年份	GDP 指数（1990=100）	GDP 比上年增长/%	NCCI	NCCI 增长率/%	NCCI 增长弹性系数
1990	100.0	—	100.0	—	—
1991	109.2	9.2	105.6	5.6	0.61
1992	124.7	14.2	116.6	10.4	0.73
1993	142.1	14.0	122.3	4.9	0.35
1994	160.7	13.1	132.0	7.9	0.60
1995	178.3	10.9	144.9	9.8	0.90
1996	196.2	10.0	155.0	7.0	0.70
1997	214.4	9.3	163.3	5.3	0.57
1998	231.2	7.8	174.8	7.0	0.90
1999	248.8	7.6	176.0	0.6	0.09
2000	269.8	8.4	182.6	3.8	0.45
2001	292.2	8.3	190.0	4.0	0.49
2002	318.7	9.1	207.1	9.0	0.99
2003	350.7	10.0	231.8	11.9	1.19
2004	386.0	10.1	257.1	10.9	1.08
2005	425.5	10.2	280.4	9.0	0.89
1990—2005 平均增长率/%	—	10.1	—	7.1	0.70

注：NCCI 弹性系数为 NCCI 增长率与 GDP 增长率之比。

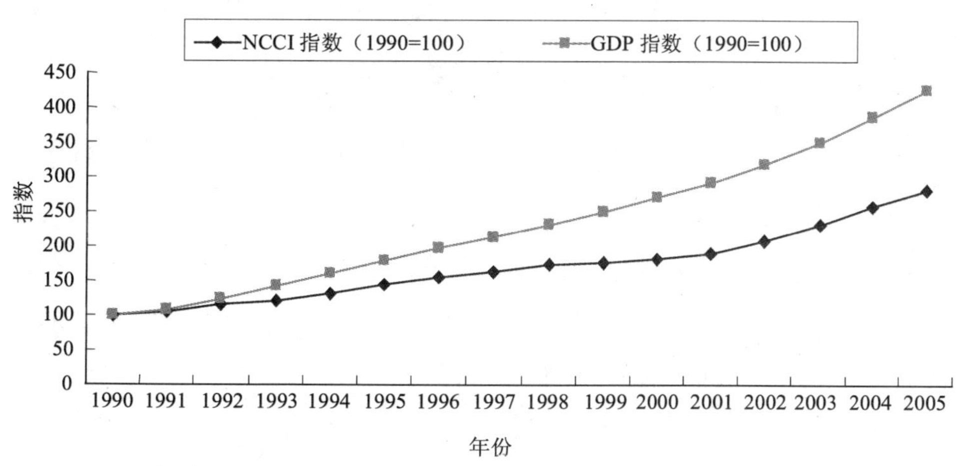

图 3-3-12　1990—2005 年中国的经济增长与 NCCI 变化趋势图

由表 3-3-31 和图 3-3-12 大体可以反映出：

①中国的自然资本消耗总量呈上升趋势。自 1990 年以来到 2005 年的 16 年间，中国的自然资本消耗随着经济的增长一直呈上升趋势，自然资本消耗翻了一番多（2005 年自然资本消耗量是 1990 年的 2.8 倍），年平均增长速度为 7.1%。这表明中国的环境压力仍在持续增大。在 20 世纪 90 年代末期以前，自然资本消耗增长速度相对比较缓慢，其中 1990—1999 年平均增长率为 6.5%，而在此后增长较为迅速，其中 2000—2005 年平均增长 8.9%。其中增长最快的年份是 2003 年，比上年增长 11.9%，其次为 2004 年，比上年增长 10.9%，再者为 1992 年的 10.4%和 1995 年的 9.8%。2002 年和 2005 年各自比上年增长 9.0%。除上述六个增长最快的年份外，增长速度超过 5%的年份还有 1991 年、1994 年、1996 年、1997 年、1998 年、2001 年。增长速度最低的年份为 1999 年，只有 0.6%。

②中国的经济增长方式比较粗放。经济的高速增长在很大程度上伴随着自然资本消耗速度的较快增长。从 1990—2005 年，GDP 的年平均增长率为 10.1%，而自然资本年平均消耗速度为 7.1%，自然资本消耗弹性系数为 0.70，即经济每增长 1%导致自然资本消耗增长 0.7%左右。其中，2003 年和 2004 年自然资本消耗速度超过 GDP 增长速度，其弹性系数分别达到 1.19 和 1.08，再者为 2002 年的 0.99。除 1993 年、1999 年、2000 年、2001 年的少数几个年份自然资本消耗弹性系数未超过 0.5 外，其他年份均超过 0.5，这些数据充分地说明该时期中国经济高速的增长在很大程度上是以环境为代价的。

（2）中国经济系统非物质化的阶段性分析

结合经济系统非物质化三阶段论，可以对中国 1990—2005 年间非物质化进行阶段性分析。在此定义两个相对指数：单位 GDP 自然资本消耗相对指数（用于反映广义上的技术进步）和人均自然资本消耗相对指数。

$$单位\ GDP\ 自然资本消耗相对指数=\frac{\text{NCCI}}{\text{CDP指数}}\times 100$$

$$人均自然资本消耗相对指数=\frac{\text{NCCI}}{\text{总人口指数}}\times 100$$

公式中的单位 GDP 自然资本消耗指数、NCCI、GDP 指数、人均自然资本消耗指数、总人口指数，在 1990 年均为 100。

具体计算结果如表 3-3-32 和图 3-3-13 所示。由表 3-3-32 和图 3-3-13 可以看出：

①经济增长方式转变有了一定的改观。单位 GDP 自然资本消耗即广义上的技术进步在一定程度上反映了经济增长质量的高低。尽管自 1990 年以来，自然资本的消耗总量随着经济的增长保持着上升的势头，但是自然资本的消耗强度从总体上呈现出下降势头。如果以 1990 年 1 个单位的 GDP 消耗的自然资本为 100 的话，那么到 2005 年则下降到 65.89，平均年下降 2.7%，说明这一时期经济增长方式的转变有了一定的改观，经济增长的质量正在逐步提高。但是单

位 GDP 自然资本消耗这种下降势头并不稳定，从 2002 年开始，又出现反弹。

②我国仍未跨越非物质化的第一阶段。根据非物质化的三阶段论，要实现环境与发展的协调或可持续发展，必须依次实现单位 GDP 自然资本消耗、人均自然资本消耗和自然资本消耗总量的稳定下降三个阶段。而我国单位 GDP 的自然资本消耗虽然总体上有所下降，但是仍处于波动状态。因此我国社会经济发展尚未跨越第一阶段。这种状况造成人均自然资本消耗和自然资本消耗总量自 2000 年后出现了较大幅度的增长，也就是仍处在环境倒 U 型曲线的左侧或上升阶段。因此，可以预期，在今后相当长的一段时间内，中国要实现自然资本消耗总量稳定下降或生态环境的良性循环任重道远。

表 3-3-32　1990—2005 年中国单位 GDP 自然资本消耗和人均自然资本消耗相对指数

年份	单位 GDP 自然资本消耗相对指数（1990=100）	人均自然资本消耗相对指数（1990=100）	NCCI（1990=100）
1990	100.00	100.00	100.0
1991	96.73	104.27	105.6
1992	93.47	113.77	116.6
1993	86.08	118.03	122.3
1994	82.10	125.89	132.0
1995	81.24	136.74	144.9
1996	79.03	144.83	155.0
1997	76.18	151.04	163.3
1998	75.63	160.21	174.8
1999	70.72	159.93	176.0
2000	67.71	164.76	182.6
2001	65.04	170.21	190.0
2002	64.98	184.32	207.1
2003	66.11	205.09	231.8
2004	66.61	226.17	257.1
2005	65.89	245.15	280.4

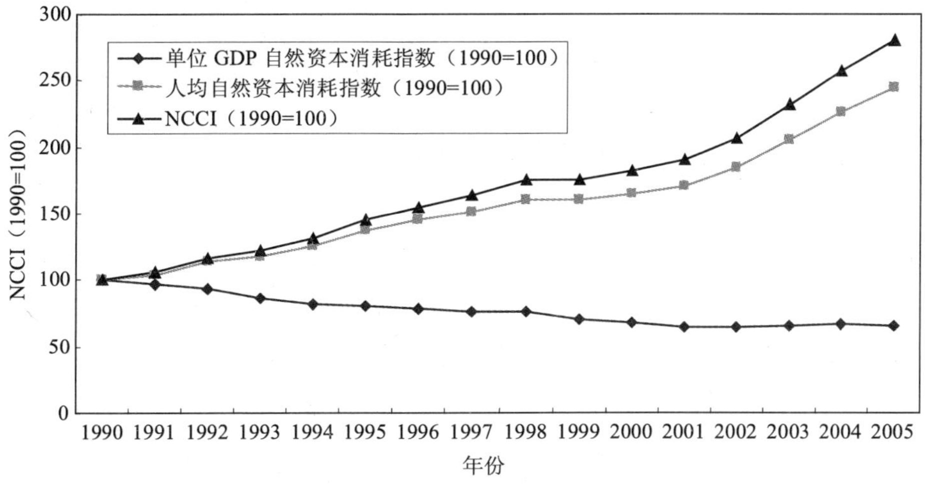

图 3-3-13　1990—2005 年中国单位 GDP 自然资本消耗和人均自然资本消耗相对指数变化趋势

（三）中国环境影响因素实证分析

在定量分析 20 世纪 90 年代以来中国环境态势基础上，可以进一步对环境影响因素进行实证分析。由于环境受自然、社会、经济等多种因素直接或间接的影响，而这些影响具有一定的随机性、模糊性、不确定性和不稳定性的特点，因此，我们拟采取两种途径进行处理：首先对主要的单个影响因素分别进行分析，以便对环境成因的理论和经验分析进行验证，但是单因子分析局限性在于不能对因素之间的影响或贡献程度进行比较。有鉴于此，我们在第一种途径基础上，将环境系统视为一个既含有已知信息又包含未知信息的灰色系统，采用灰色关联分析方法对系统主要影响因素进行综合分析，其实质是利用因子间的几何接近，诊断和确定各因子对系统主体行为的直接或间接的贡献或影响程度。关联度越大，说明因子对环境系统的变化发挥的直接作用越明显，而关联度越小，说明直接作用减小，更多地体现为间接作用。

1. 中国环境成因单因素相关分析

在单因素分析中，我们将 1990—2005 年中国的 NCCI 作为因变量，其他社会经济变量作为自变量。在环境问题成因定性和理论分析基础上，考虑到数据的可得性，选取一些比较直观的指标分别对其进行实证分析。

（1）经济因素对环境影响相关分析

①经济规模对环境影响相关分析。

在技术水平一定的情况下，经济规模越大，对环境的影响越大。这可以从图 3-3-14 反映出来。我国正处于经济高速增长期，其对环境效应呈明显的线性增长关系。这也在一定程度上说明了中国的经济增长是以环境为代价的。

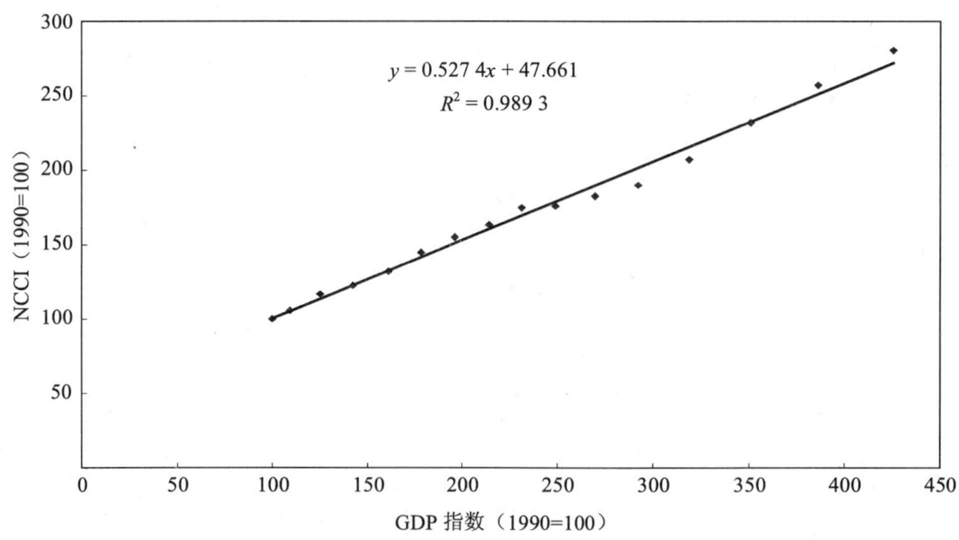

图 3-3-14 NCCI 随 GDP 的变动图

②经济结构对环境影响相关分析。

经济结构主要用工业产值增长和工业产值占 GDP 的比例分别来表达。从图 3-3-15、3-3-16 可以反映出，随着工业产值的增加和工业产值占 GDP 比重的增加，环境的压力也越大。这与我国处于工业化中期阶段的重化工业占主导地位的基本特征相符合。

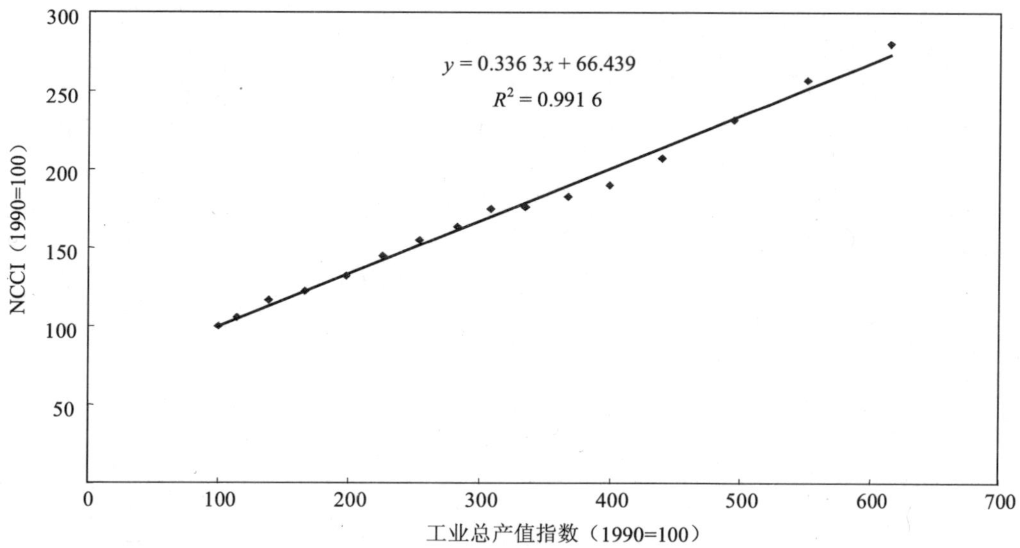

图 3-3-15 NCCI 随工业总产值指数变动图

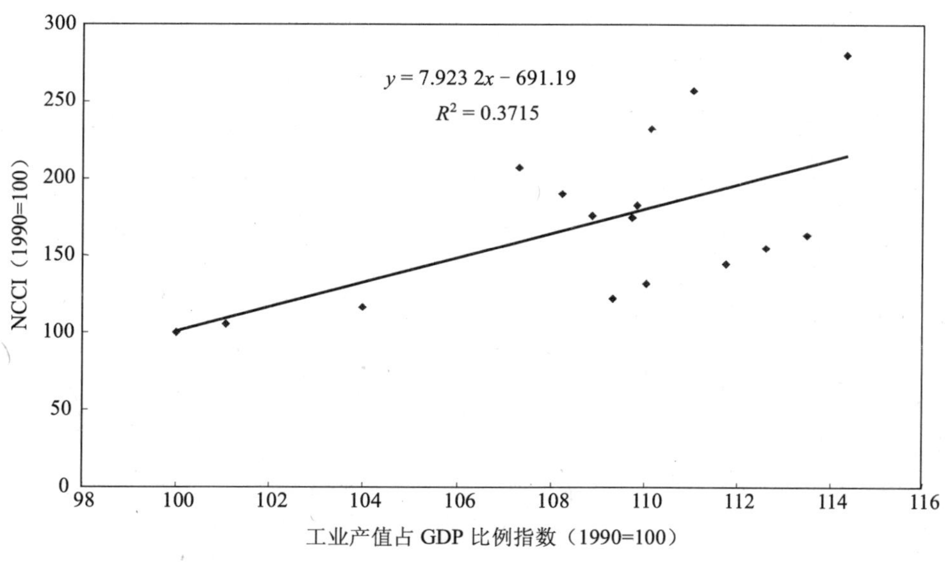

图 3-3-16 NCCI 随工业产值占 GDP 比例指数变动图

③经济技术对环境影响相关分析。

经济技术水平用单位 GDP 的 NCCI 或者单位 NCCI 所产生的 GDP 即 NCCI 生产力来表征，它代表的是一种广义上的技术进步，又受到人口素质、科教水平和决策管理水平等因素的间接作用。从图 3-3-17 可以看出，尽管自 1990 年以来，NCCI 生产力有了较大的提高，但是其带来的环境压力的缓解程度仍抵不上人口增加和经济增长所导致的环境压力增长速度。说明这种技术进步仍然具有“粗放型”特征。

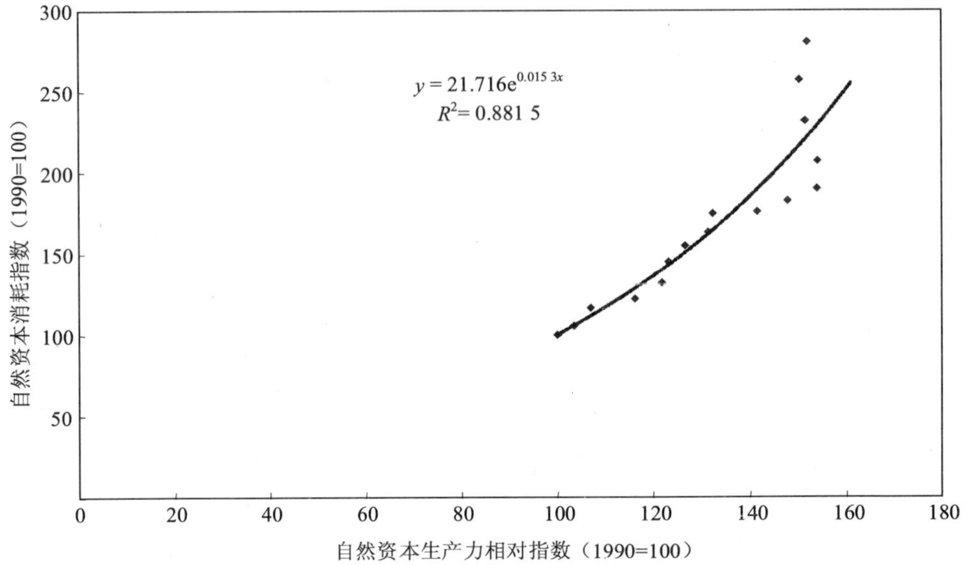

图 3-3-17 经济技术水平与 NCCI 之间的关系

④对外开放对环境影响相关分析。

中国对外开放政策也对中国的环境产生比较大的影响。由于中国在国际产业分工体系中位于产业链低端，出口贸易一半以上来自附加值较低的加工贸易，而且资源和能源密集型产品出口仍占较大比例。因此，出口商品中蕴涵着大量的能源消耗。最近在印尼巴厘岛召开联合国气候变化峰会上，社科院的研究表明了在传统国际贸易与温室气体减排的研究以及国际气候谈判中，外贸进出口商品的内涵能源问题（指产品上游加工、制造、运输等全过程所消耗的总能源）往往都被忽略。2002 年，中国通过外贸净出口内涵能源 2.4 亿吨标煤，占当年一次能源消费的比例高达 16%；而 2006 年，内涵能源净出口高达 6.3 亿吨标煤，占当年一次能源消费的 25.7%。这些数据很好地印证了中国作为“世界加工厂”的独特角色，说明了近年来中国温室气体排放的快速增长不仅是国内消费需求增长的结果，外贸出口也是重要的驱动力（解放网，2007）。为了进一步反映对外开放对中国的环境效应，我们分别从对外贸易增长、对外贸易依存度（进出口总值占 GDP 比例）和贸易结构（用初级产品来反映）三个方面来进行，见图 3-3-18 至图 3-3-20。

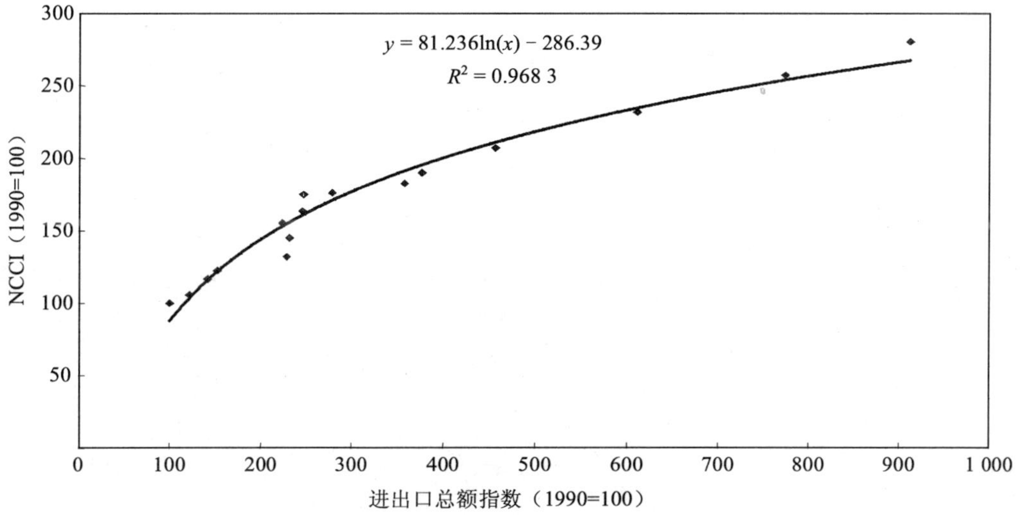

图 3-3-18　NCCI 随进出口总额指数变动图

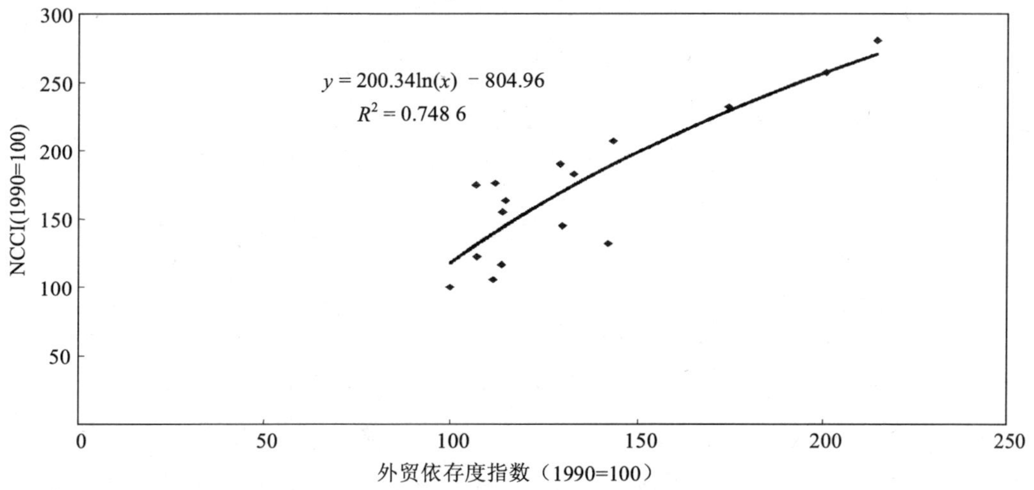

图 3-3-19　外贸依存度与 NCCI 之间的关系

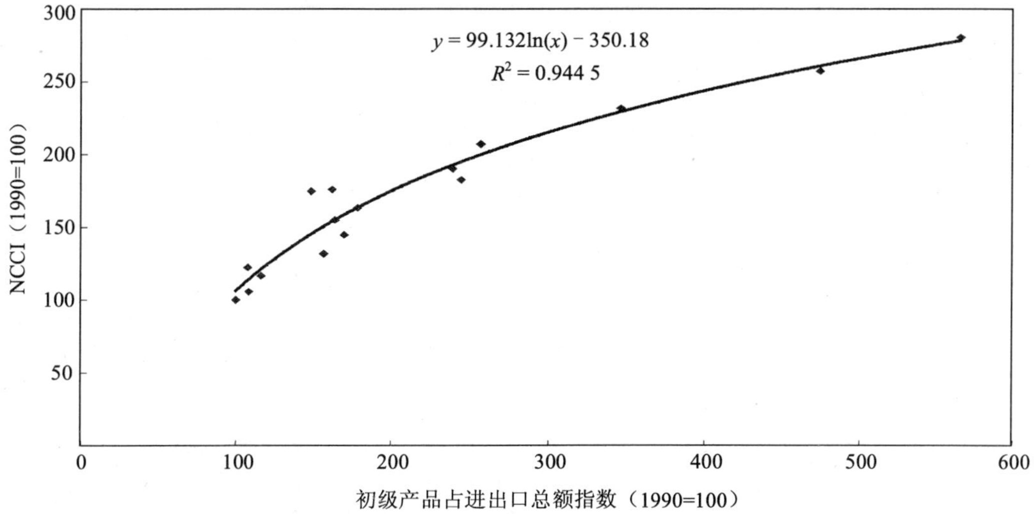

图 3-3-20　NCCI 随初级产品占进出口总额指数变动图

（2）社会因素对环境影响相关分析

①人口规模对环境影响相关分析。

随着人口总量的增加，即使在生活水平保持不变的情况下，满足人口生存所需要的资源和排放的废弃物也会增加。从图 3-3-21 可以明显地印证这一点。

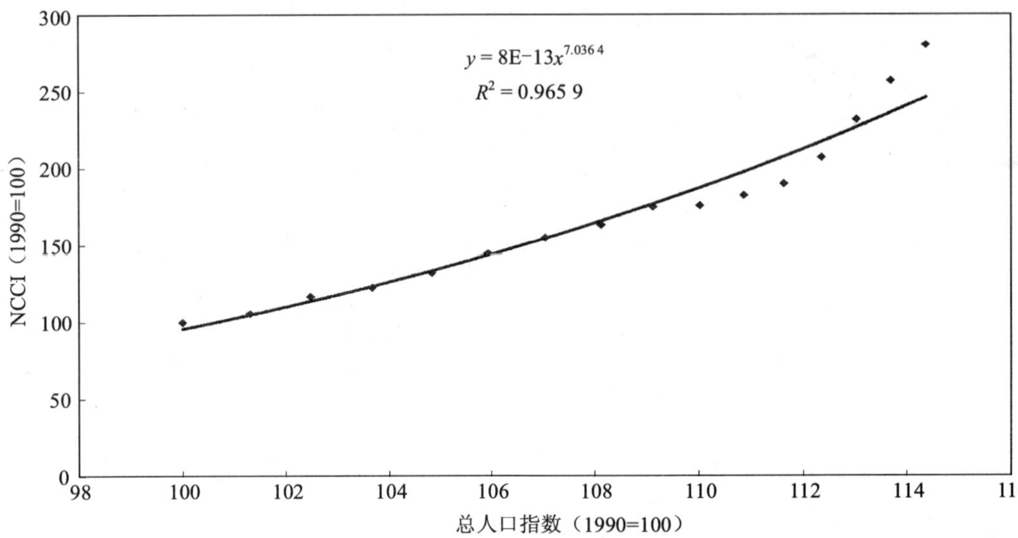

图 3-3-21 NCCI 随总人口指数变动图

②人口消费水平和消费结构对环境影响相关分析。

随着人口消费水平和生活质量的提高，对环境的压力也在不断增大。往往一个发达国家人均所消耗的资源是一个发展中国家的几十倍甚至上百倍。我国人均 GDP 已超过 1 000 美元，消费水平快速增长，而且消费结构也处于比较剧烈的调整升级过程中，这种状况对环境的压力是不言而喻的，图 3-3-22、图 3-3-23 可以明显地反映这一点。

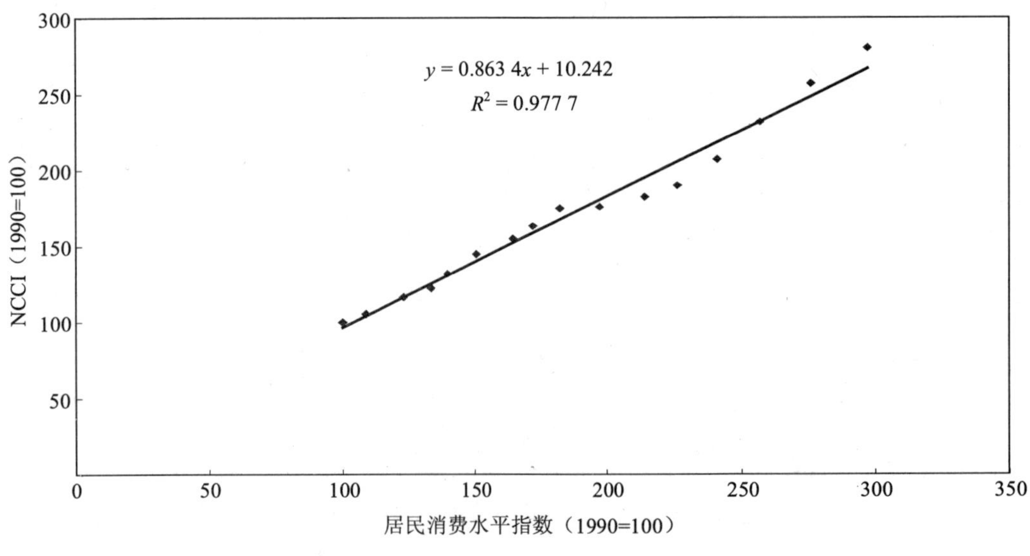

图 3-3-22 NCCI 随居民消费水平指数变动图

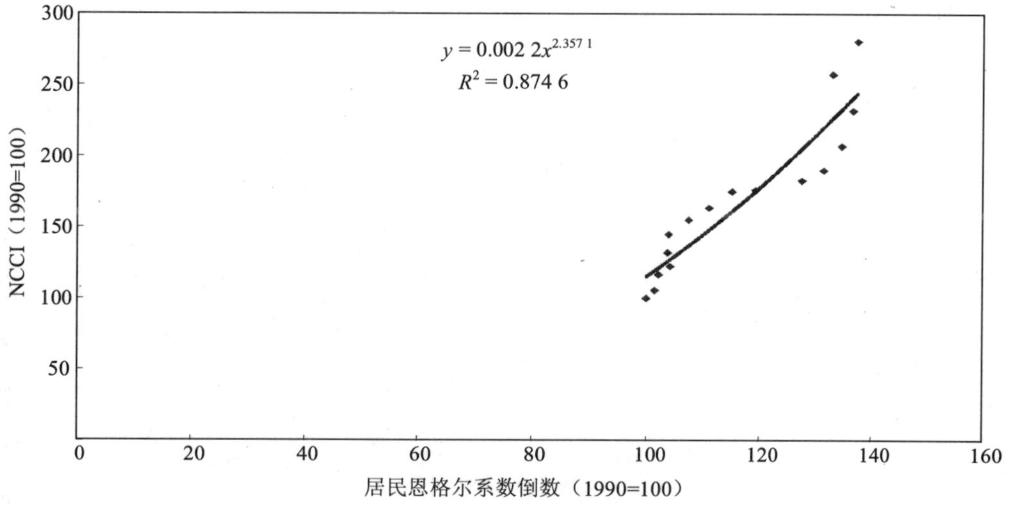

图 3-3-23　NCCI 随居民生活质量（恩格尔系数倒数）变动图

③城市化对环境影响相关分析。

快速的城市化已成为中国社会经济发展的重要推动力，它通过人口和消费的高度聚集、高密度的基础设施建设等途径加剧了中国的环境压力。图 3-3-24、图 3-3-25 反映了中国城市化进程对环境的推动作用。

（3）制度因素对环境影响相关分析

政策制度通过影响和调节生产者、消费者的行为进而对经济、社会发展和环境施加全方位的影响和作用。根据环境经济学的理论，中国严峻的环境问题是制度失灵（包括市场和政府失灵）的综合体现。政策制度由于不容易量化，同时考虑到决策一般通过投资来落实，因此，我们选取投资项目失误率和环境保护投资来分别反映决策水平和环境保护的力度，如图 3-3-26、图 3-3-27 所示。

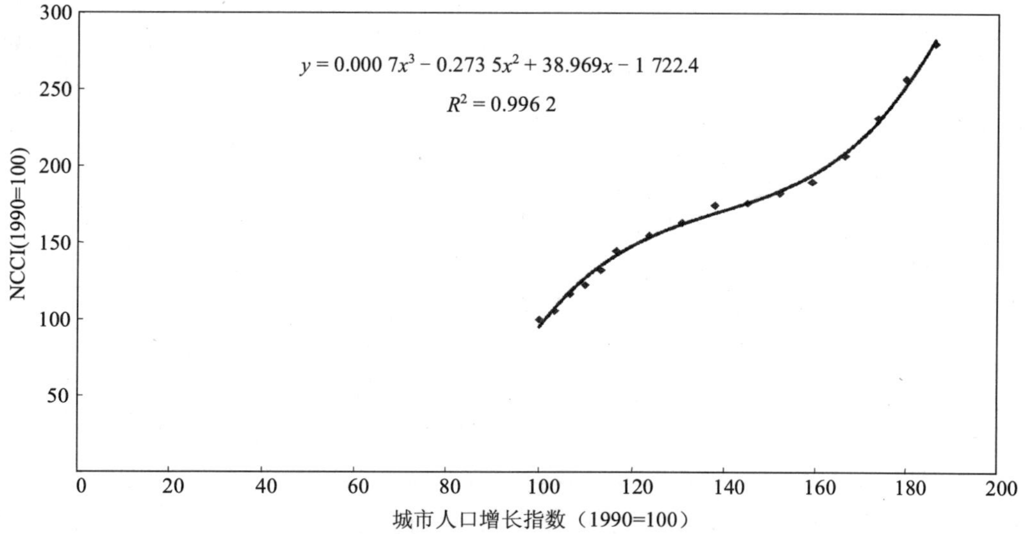

图 3-3-24　城市人口增长对环境压力的变化趋势

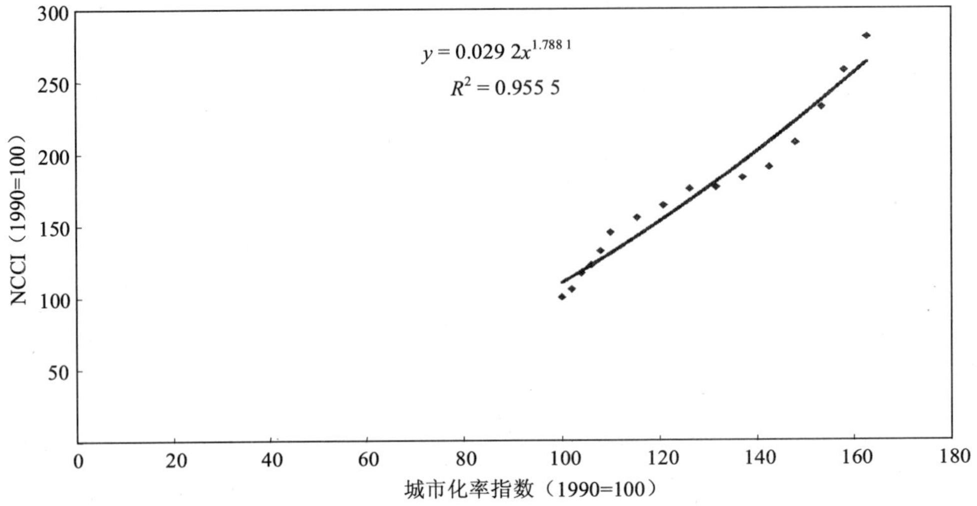

图 3-3-25　NCCI 随城市化率指数变动图

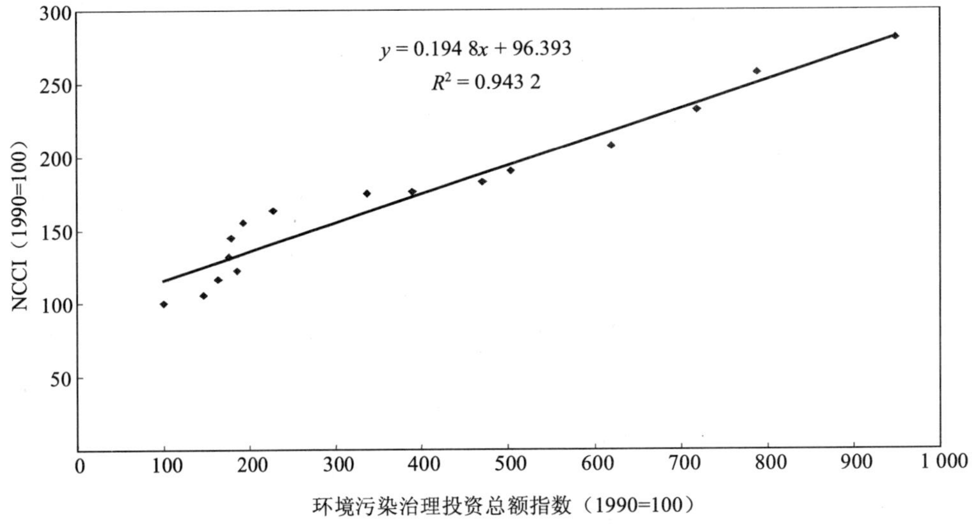

图 3-3-26　NCCI 随环境污染治理投资总额指数变动图

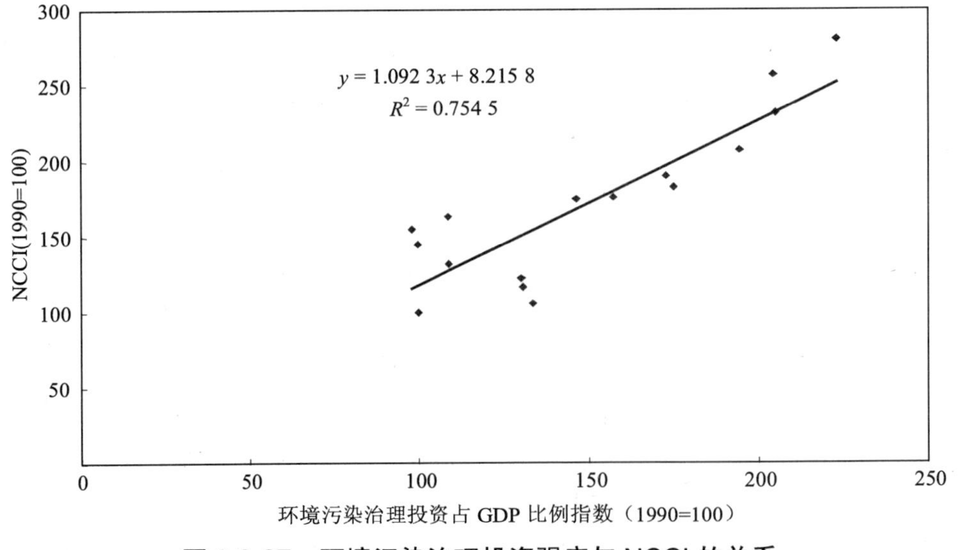

图 3-3-27　环境污染治理投资强度与 NCCI 的关系

图 3-3-26 和图 3-3-27 表明，随着环境污染治理投资的增加，环境压力仍在增大，这至少说明了环境的保护力度仍跟不上环境的破坏速度，难以扭转环境恶化的态势。

图 3-3-28 显示，随着投资项目失误率的增加，环境压力也在增加。两者之间的关系比较微弱，这可能与投资项目本身具有一定周期的特点以及投资失误率采用当年数据有关。据世界银行资料表明，投资项目失误率给中国所带来的损失是非常严重的。

以上单因素实证分析的结果基本上与理论或经验分析相吻合，但是这种分析的缺陷是不能定量地反映各因素对中国环境问题的贡献或影响程度。

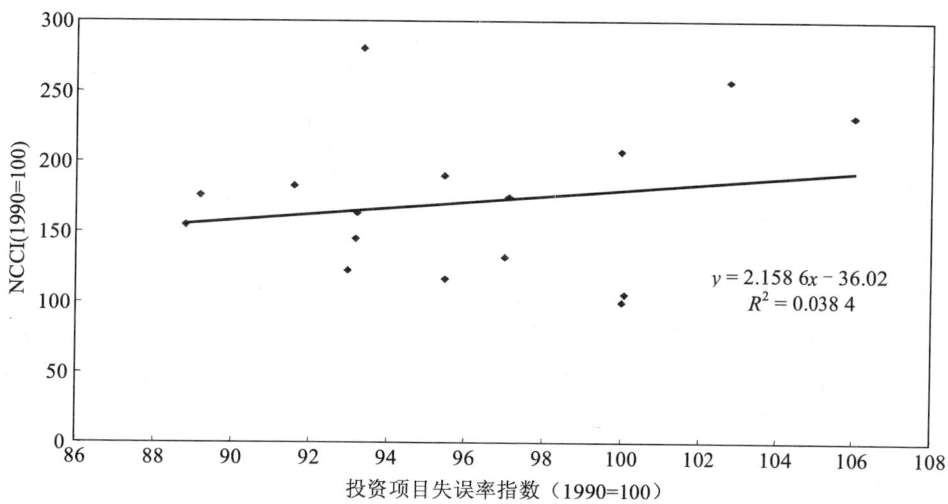

图 3-3-28　投资项目失误率与 NCCI 之间的关系

2. 中国环境成因多因素综合关联分析

中国的环境问题是多种因素综合作用的结果，而各个因素对其影响的程度是不同的。因此我们在单因素分析的基础上，采用灰色关联分析法（兰玉杰，1997）对 1990—2005 年这一阶段的中国环境问题成因进行综合定量研究。

（1）灰色关联分析法

灰色关联分析法的具体步骤如下：

①确定参考数列 $X_0=\{X_0(1), X_0(2), \cdots\cdots, X_0(k)\}$和比较数列 $X_i=\{X_i(1), X_i(2), \cdots\cdots, X_i(k)\}$，（$k$=1，2，……，$n$），$i$ 为比较数列数或因子数；

②对数据进行标准化，以便消除量纲的影响。灰色关联分析的数据标准化一般有初值化、均值化、标准差标准化三种。考虑到统计数据的特点，本文选取了初值化的处理方法；

③利用标准化数据求两级数列 X_0 和 X_i 差值，即 $\Delta_i(k)=\left|X_0(k)-X_i(k)\right|$；

④找出两级最小差和最大差即 $\min\limits_i \min\limits_k \left|X_0(k)-X_i(k)\right|$ 和 $\max\limits_i \max\limits_k \left|X_0(k)-X_i(k)\right|$；

⑤计算关联系数$\xi_i(k)$即：

$$\xi_i(k)=\frac{\min\limits_i\min\limits_k\left|X_0(k)-X_i(k)\right|+\rho\max\limits_i\max\limits_k\left|X_0(k)-X_i(k)\right|}{\left|X_0(k)-X_i(k)\right|+\rho\max\limits_i\max\limits_k\left|X_0(k)-X_i(k)\right|};$$

式中，ρ为分辨系数，一般在 0～1 之间取值，本研究取ρ=0.5。

⑥计算关联度：

$$r_i=\frac{1}{n}\sum_{k=1}^{n}\xi_i(k)$$

（2）中国环境成因多因素灰色关联分析

①社会经济变量选择。

在本研究中，我们将 1990—2005 年中国的 NCCI 作为参考数列，其他社会经济变量为比较数列，以反映各因素对环境的影响和贡献程度。选择的社会经济变量如下：GDP——衡量经济总规模；人均 GDP——衡量经济发展水平或富裕度；工业产值占 GDP 比例和第三产业产值占 GDP 比例——衡量经济结构；NCCI/GDP——衡量经济技术水平；资本形成总额——衡量投资总规模；第二产业投资——衡量投资结构；消费支出总额——衡量消费总规模；人均消费支出——衡量消费水平；恩格尔系数——衡量消费结构；总人口——衡量人口总规模；千人拥有中学以上学生数——衡量人口的素质；城镇人口和城市化率——衡量城市化水平和人口的城乡构成；进出口总额——衡量对外贸易规模；进出口总额占 GDP 比例——衡量经济对贸易的依存程度；初级产品进出口总额——衡量贸易结构；科技经费投入占 GDP 比例——衡量科技发展水平；污染治理投资占 GDP 比例——衡量环境保护水平；投资项目失误率——衡量项目决策管理水平。由于上述变量对环境的影响有的是直接的，有的是间接的，因此我们分层次对各变量对环境的影响进行评估。制度安排可以视为广义技术进步的组成部分。

②NCCI 与社会经济变量之间的关联分析。

a. 基于 *IPAT* 方程的环境问题影响因素分析。

第一，根据 *IPAT* 方程 $I=P\times A\times T$，人类对环境的影响是由人口规模、富裕度和技术综合作用的结果。如果 I 用 NCCI 表达，A 用人均 GDP 表征，技术用 NCCI/GDP，那么采用灰色关联分析法可以得到 NCCI 与这三个变量之间的关联度，如表 3-3-33 所示。

表 3-3-33　自然资本消耗指数与经济社会变量间的灰色关联分析结果

社会经济变量	关联度
总人口	0.667 5
人均 GDP	0.746 5
NCCI/GDP	0.572 6

从表 3-3-33 可以看到，经济发展对环境的影响最大，其次为人口规模，再者为技术水平。

第二，从经济增长的动力来看，目前投资、消费、进出口已经成为拉动中国经济增长的三驾马车。这三者与 NCCI 的关联度如表 3-3-34 所示：

表 3-3-34　　自然资本消耗指数与经济增长动力变量间的灰色关联分析结果

社会经济变量	关联度
消费支出规模	0.902 0
资本形成总额	0.787 6
进出口总额	0.702 9

由表 3-3-34 可以看出，目前在中国经济增长的三个基本驱动力中，消费规模对 NCCI 影响最大，其次为投资规模，再者为进出口规模。

第三，NCCI/GDP 代表一种广义的技术进步，它也受多种因素的影响，包括产业结构调整（也是广义技术进步的一种表现）、人口素质、科技发展水平、环境的治理状况、决策管理水平等，我们选择第三产业产值比例占 GDP 比例、万人拥有的中学以上学生数、科技经费投入占 GDP 比例、环境污染治理投资占 GDP 比例以及投资项目失误率来综合表征广义技术进步的影响因素。它们与 NCCI 的关联度，如表 3-3-35 所示。

表 3-3-35　　自然资本消耗指数与经济技术变量间的灰色关联分析结果

社会经济变量	关联度
万人拥有的中学以上学生数	0.730 8
科技经费投入占 GDP 比例	0.623 0
环境污染治理投资占 GDP 比例	0.779 9
投资项目失误率	0.588 1
第三产业产值比例	0.661 4

由表 3-3-35 可知在技术对环境的影响中，环境污染治理投资占 GDP 比重即环境保护力度对 NCCI 影响最大，其次为人口素质，再者为结构调整，第四，为科技水平，最后为项目的决策管理水平。由此也可以反映出环境保护在应对中国环境问题方面起着非常重要的作用。上述逻辑关系可以用图 3-3-29 表示。

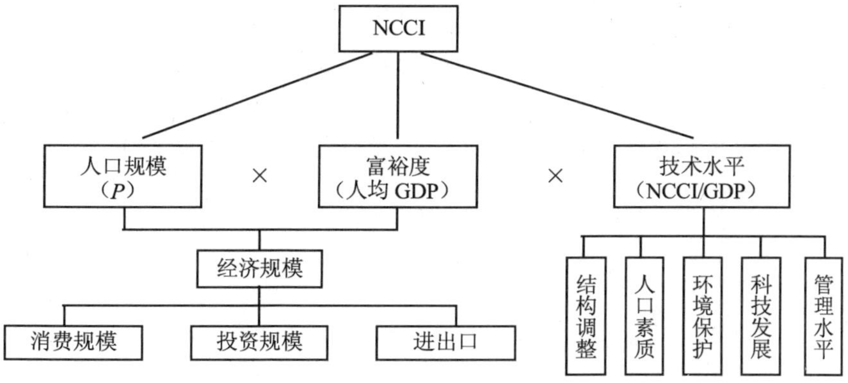

图 3-3-29　基于 *IPAT* 方程的环境问题成因分析逻辑框架图

b. 基于矩阵模型的环境问题影响因素分析

在本研究提出的环境问题成因矩阵模型（图 3-3-4）基础上，进一步运用灰色关联分析方法对中国环境问题成因进行系统诊断，具体逻辑架构如图 3-3-30 所示。该图是矩阵模型的简化形式，主要由三个核心模块构成即生产的环境效应、消费的环境效应以及科技和制度安排的环境效应，这些模块以及构成要素之间相互作用形成了一个不可分割的整体。

由于环境问题是一个复杂的系统，而影响整个系统变化的因素多种多样，既包括慢变量，又包括快变量；既包括总量因素，又包括结构因素；既涉及经济因素，又涉及社会因素；既包括直接作用，又包括间接作用。灰色关联分析方法的优点在于能把这些不同的因素有机地结合起来。

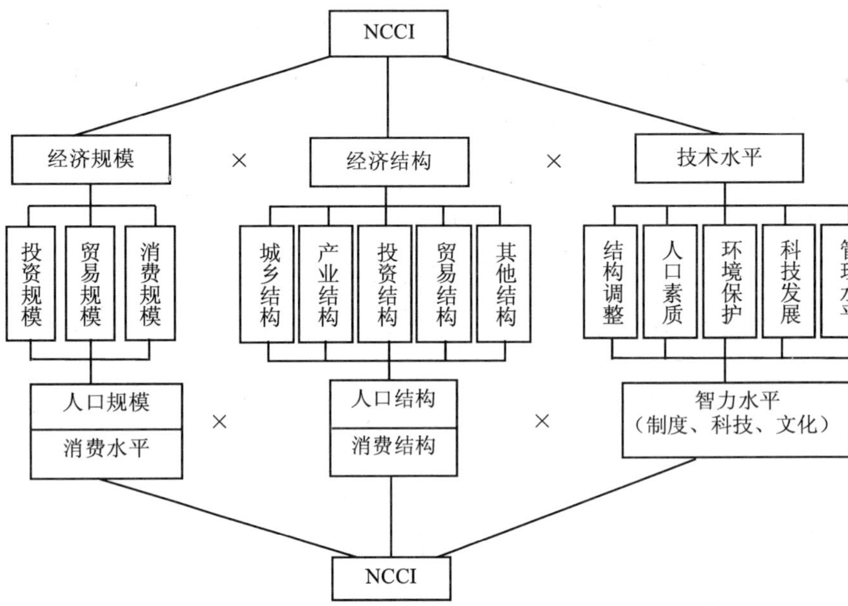

图 3-3-30　基于矩阵模型的环境问题成因分析逻辑框架图

表 3-3-36　　基于矩阵模型的环境问题成因关联度分析结果

基础变量	关联度	中间变量	关联度	综合变量	关联度
人口规模 消费水平	0.835 8 0.952 9	消费规模	0.901 0	经济规模	0.836 1
		投资规模	0.786 7		
		贸易规模	0.702 1		
城镇人口增长	0.902 9	—	—	经济结构	0.838 9
城市化率	0.875 5	—	—		
贸易结构	0.869 1	—	—		
消费结构	0.853 5	—	—		
投资结构	0.869 8	—	—		
环境保护水平	0.915 8	—	—	经济技术	0.774 7
人口素质	0.893 9	—	—		
科技发展水平	0.831 9	—	—		
投资项目决策水平	0.809 5	—	—		
产业结构调整	0.851 3	—	—		

由表 3-3-36 可知，从宏观经济的角度看，20 世纪 90 年代以来，在影响中国环境问题及其发展态势的三大基本因素即经济规模、经济结构和经济技术因素中，经济结构的直接影响作用最大，其次为规模增长因素，再者为技术因素，这说明技术因素发挥着基础性的作用。就经济结构而言，中国正处于工业化的中期阶段，能耗高、污染大的重化工业占据绝对优势，并且保持着较快的增长速度，这就使得中国的环境问题带有结构性的特征。而规模因素和技术因素均与增长方式联系在一起。由于中国的整体技术水平比较低下，这在很大程度上决定了中国经济增长方式的粗放型特征，也就是经济的高速增长主要依靠高投入、高消耗来拉动，由此导致了大量的环境问题，同时也给中国的生态环境造成了巨大的压力。因此，中国目前的环境问题成因总体上可以归结为结构问题成因和增长方式问题成因两个方面。

再从具体的影响因素来看，导致中国环境问题的更为直接的原因有：消费水平的迅速提高、环境保护和管理的滞后、城市化的加速推进、人口素质和环境意识偏低、工业尤其是重工业投资规模的不断扩张、贸易结构和增长方式粗放。而影响作用更为间接的因素有：消费结构的快速调整和升级、人口规模庞大及其增长、科技水平整体较低、决策管理水平落后。这些间接因素对环境问题的产生及其发展态势往往起着长期性和基础性的制约作用，短期内难以发生根本性的变化。因此，中国环境问题的产生既有直接影响因素，也有间接影响因素，而直接因素对目前中国环境问题及其态势的影响作用更大、更明显，间接因素虽然其影响效果越来越不明显，但是仍然发挥着长期性、基础性的作用。

上述实证分析实质上揭示了 1990—2005 年这一时段中国环境问题的演化态势及其影响因素的贡献。如果说中国环境问题成因的理论分析揭示了中国环境问题影响因素的全貌，那么实证分析则着重反映了现阶段主要影响因素对环境问题及其发展态势的贡献程度和相对重要性。因此要完整地揭示中国环境问题成因，需要把历史分析和现状分析、理论分析和实证分析充分地结合起来。

四、主要结论和战略对策

中国环境问题的形成虽然有其客观的原因，但更重要的是后天多种因素相互叠加、综合作用的结果，包括经济因素、社会因素和制度因素等。

从宏观经济的角度来看，20 世纪 90 年代以来，影响中国环境问题和发展态势的第 1 位因素是结构性因素即经济结构不合理。我国目前正处于工业化的中期阶段，能耗高、污染大的重化工业在工业结构中占主导地位，这种经济结构特点决定了我国环境问题的结构性特征。第 2 位的因素是规模因素即经济规模迅速扩大所导致的环境效应增大。第 3 位的因素是经济技术水平因素。相对于前两位因素而言，技术因素则发挥着基础性的作用。而规模因素与经济技术因素均与经济增长方式联系在一起的。由于中国的整体技术水平比较低下，使得中国的经济增长方式比较粗放，也就是经济的高速增长主要依靠高投入、高消耗来拉动，由此产生了大量的环境问题。因此，中国目前的环境问题实质上可以归结为结构问题和增长方式问题两个方面。

从具体的影响因素来看，导致目前中国环境问题的原因既有直接因素，也有间接因素。直接因素主要包括消费水平的迅速提高、环境保护和管理的滞后、城市化的加速推进、人口素质和环境意识偏低、工业尤其是重工业投资规模的不断扩张、贸易结构和增长方式粗放等。间接因素包括消费结构的快速调整和升级、人口规模庞大及其增长、科技水平整体较低、决策管理水平落后等。直接因素对目前中国环境问题及其发展态势的影响作用更大、更为明显，而间接因素虽然其影响效果越来越不明显，但是仍然发挥着长期性、基础性的作用。

再从历史的角度总体考察，中国环境问题的影响因素在不同的阶段下发挥的作用也有所不同。通过改革开放前后的对比来看，中国环境问题的形成从根本上首先来源于体制和制度安排的不合理，由此引发了政府失灵。改革开放后，随着经济体制的转型，市场失灵成为中国环境问题日益加重的又一重要根源。与此同时，人口增长对环境的影响作用逐渐变弱，但人口素质和环境意识的制约作用在增强；城市化、消费水平和消费结构调整对环境的影响作用明显增大；贸易成为改革开放后中国环境恶化的新诱因，包括贸易规模扩大和贸易结构的变化，其对环境的负面影响不断扩大等。

在理论分析和实证分析、历史和现状分析基础上，对新中国成立以来环境问题的主要成因概括如下：

第一，政府失灵和市场失灵是造成中国环境问题的根源。中国环境问题首先源于体制和制度安排不合理而导致的政府失灵。改革开放后，随着经济体制由计划经济向市场经济的转变，市场失灵成为中国环境问题的又一重要根源。加之环境保护始终处于被动地位，政策体系存在缺陷，实施监控不力、环保投资不足、环境保护滞后等，均导致中国环境问题历史欠账太多，旧账未清，又添新账，总体上没有摆脱“先污染、后治理”模式的束缚。

第二，科技整体水平低、环境绩效水平差是导致中国环境问题的关键。新中国成立以来，中国的科技水平虽然取得了明显的进步，但是科技水平整体不高，产品科技含量低，资源利用效率低下，这在很大程度上导致了中国经济增长方式的粗放型特征，即中国持续、高速的经济增长是建立在高投入、高消耗、高污染的基础上，从而使得环境的压力不断增大。

第三，人口因素始终是影响中国环境态势的长期性和基础性的因素。中国的人口基数庞大，尽管 20 世纪 90 年代以来人口增速开始趋缓，但人口总量将持续增长到 2030 年的约 15 亿人。庞大的人口规模将对环境产生巨大的、持久性的压力。与此同时，人口素质和环境意识不断提高。但是总体环境意识依然低下，人们主动投身保护环境的行动不足。

第四，消费水平的迅速提高已成为目前影响中国环境问题的首要直接因素。随着中国人均 GDP 超过 1 000 美元，居民消费不可抑制的增长正在驱动资源的快速消耗，使得对生态系统的压力和生活排放快速增加。同时消费结构也处于快速的升级时期，对住房、汽车等产品的旺盛需求进一步刺激了重工业的增长，从而也对中国的环境产生了巨大的压力。

第五，中国正处于工业化和城市化的加速推进阶段，两者之间的互动与合力加速了中国环境的恶化速度。新中国成立以来，中国走的是一条压缩型的工业化道路，这种特征使得中国的环境问题短时间内集中爆发出来。目前，中国的工业化进程已经进入中期阶段，工业投资规模不断扩张，重工业比重接近 70%，这种结构性的压力不仅导致资源的加速消耗和污染物的不断增加，也决定了目前中国环境问题的结构性特征。与此同时，中国城市化进程也步入快车道，在城市环境基础设施建设相对滞后的情况下，其粗放型的增长方式、新增的产能的不断释放也使中国的环境付出了沉重的代价。

第六，中国的贸易结构及其增长方式也是目前中国环境问题的重要根源。对外贸易快速发展已成为推动中国经济增长的重要驱动力之一，也是改革开放后导致中国环境问题恶化的新的驱动因素。由于中国处于国际产业分工价值链的低端，导致我国的出口结构以初级产品为主和资源、能源、污染密集型产品比重较高，而且长期沿用“大进大出”型的粗放型贸易发展模式更是加剧了中国环境的恶化。同时在引进外资和贸易过程中由于配套制度不完善和监管不力，造成大量污染密集型产业和各类废旧物品从国外转移到国内，也对中国的环境退化起到推波助澜的作用。

在上述中国环境问题成因中，由于中国正处于工业化和城市化的加速发展阶段，消费水平迅速提高、消费结构快速升级的势头难以逆转，人口素质和科技水平的提高短期内难以取得明显成效，提高决策管理水平、改变粗放型的贸易增长方式也绝非易事。因此，这种状况决定了中国环境总体严峻态势还将持续比较长的时期。但是这并不意味着无所作为，上述因素的变化强度和幅度仍然存在可调的空间。相对于其他因素而言，制度的可控性最强，而其他因素的发展变化都直接或间接地受其影响和作用。因此，应对中国的环境问题也应从制度安排着手，纠正政府和市场失灵，把经济发展和环境保护目标统筹兼顾起来。

针对 20 世纪 90 年代以来中国环境问题的宏观成因和各因素的影响程度，我们认为今后中国环境保护战略的重点和优先序概括为：“结构优化、适度增长、技术创新、管理转型”（表 3-3-37）。结构优化是指考虑到中国目前正处于重化工业居主导地位的工业化中期阶段，资源能源消耗高、污染严重这一现实，要将结构调整和优化放在中国环境保护的首要位置，通过多种措施调整和优化产业结构、消费结构、投资结构、贸易结构、城乡结构等，减轻和降低资源消耗和污染物的排放强度。适度增长意味着要防止经济增长过快而导致的环境压力急剧增加。由于经济数量高速增长不仅是国内环境难以承受，也对国际环境产生强烈冲击而面临一系列严峻的国际压力，因此必须压缩过剩投资规模、控制不合理消费规模及其过快增长，严禁高能耗、高资源消耗产品的出口规模等。技术创新就是要变革传统以利润为导向的技术创新模式而转向可持续发展的技术创新模式，这意味着需要调整技术投资方向，构建节约型社会的绿色技术创新体系，以技术创新促进经济增长模式的转变。管理转型是针对传统管理模式的缺陷和弊端而言的。由于传统环境管理主要由环境保护部门负责，并且处于决策链的末端，因此具有典型的被动式、末端治理特征，难以适应市场经济环境的变化以及环境问题复杂性、多样化的特点。这就迫切需要从环境管理向环境治理（Governance）的转型，即由单部门主导向倡导多部门合作尤其是经济部门和环境部门合作、从政府主导向政府、企业和社会公众合作的方向转变、从自上而下的管理模式向上下互动的管理模式转变，形成新型的环境治理模式。

表 3-3-37　宏观综合变量与中国环境保护战略重点和优先序

宏观综合变量	环境压力表现	中国环境保护战略重点和优先序
经济结构	重化工业化 结构不合理	结构优化
经济规模	规模迅速提升 经济增速过快	适度增长
经济技术	技术水平落后 增长质量低下	技术创新 管理转型

针对环境问题的具体影响因素，可以提出中国环境保护的战略对策为：①促进环境与发展综合决策，完善战略环境评价制度和重大决策失误追究制度等配套制度，提高项目决策的科学化和监管水平，加强决策的源头控制，消除环境污染和生态破坏；加大环保投入，建立第三方监督评估机制，提高资金利用效率；完善相关环境法律、政策制度，有效改善环境治理结构和提升环境治理水平。②加大资源节约型、环境友好型科技研究开发的投入，促进发展循环经济和清洁生产，大力发展环保产业，提升科技创新能力和经济增长质量，同时，将可持续发展理念渗透到技术创新过程中。③继续控制人口增长，提高人口素质和环境意识。完善相关配套政策，包括计划生育、医疗保险等政策，控制人口规模，尤其是农村人口和流动人口生育控制；加强培训、教育和宣传力度，提高公众环境保护意识和资源节约意识，树立生态文明观念。④积极引导消费模式、控制消费水平，调控消费结构，反对和抑制盲目消费、高消费和超前消费。这意味着环境调控重点应从生产领域向生产和消费领域并重转移，并逐步加强需求侧管理。⑤调整贸易结构，改变贸易增长方式，加强节能和提高能效，不断降低高耗能、高耗材、高污染行业的环境影响，逐步优化产业结构。⑥科学规划、合理引导、稳步推进中国的城市化进程，建设紧凑型、节约型城市或城市体系。

五、促进中国环境治理的思路和对策

环境保护是政府必须发挥中心作用的重要领域。从经济学的角度来看，导致资源破坏和环境污染的两大重要原因是市场失灵和政府失灵，这两方面原因都同发展和政府有着密切的关系。私人市场几乎不可能为改善环境提供鼓励性措施，社会经济行为的环境外部性和环境质量的公共物品性质决定了必须采取公共行动来解决环境问题；同样，不适宜的机构设置和政策扭曲也是加剧环境恶化的基本动因。所以，环境保护在很大程度上依赖于政府，建立强有力的政府环境管理体制并不断完善治理结构（Governance）是纠正政府和市场失灵、保证环境质量的基本前提。政府是宏观制度建设、政策制定和执行激励机制的重要主体，政府结构不仅受到制度的规范，而且还会随时间而发展变化。管理体制的变革不仅要反映历史经验和教训的积累，更重要的是要解决各种冲突和新世纪面临的新挑战。

环境问题的关联性决定了可持续发展治理需要采用“综合”或“一体化”（Integration）的管理思维和方法，打破部门之间、部门内部单元之间、政府与企业之间、政府与社会公众之间彼此分割，促进它们联合起来相互合作、一致行动，共同应对环境问题，有效地利用、保护和改善环境，最终实现可持续发展目标。这同时也对传统的环境管理模式提出挑战，需要其作出相应的调整和变革。结合良治的基本要求和我国环境管理模式存在的主要问题，提出如下对策和建议，这些建议基本上涵盖了环境治理的制度安排，包括法律、体制、制度、工具和能力建设等方面。

（一）建立健全法律法规体系，有效规范政府的环境监管行为

依法治理是对环境治理的基本要求，也是环境治理的出发点和规范政府环境行为的基本准则。其暗含的一个前提是有法可依，而且法律要明确、清晰、易于理解和可操作性强。中国与可持续发展相关的资源、环境法律、法规体系虽然基本确立，但是在清晰性、可操作性等方面仍然存在不少问题，需要进一步的改进和完善：一是对已有的法律、法规进行系统的梳理和评估，消除不同法律之间、法律与规章之间的矛盾和冲突，增强法律、规章之间互补性和协调性，降低成本和提高效率，以改善法律体系的质量和提高法律的适应性。这方面可以借鉴经合组织的经验即通过规制影响分析考察已有法律之间、建议的法律与现行法规之间的一致性，同时允许更多公众参与到从立法到执法的全程过程中（OECD，2005）。如消除《水污染防治法》与《水法》之间在术语和内容之间的不一致和冲突之处。法律原则的细化与领域性法律法规制定。二是细化和补充一些原则性的法律条款，增强法律的可操作性或可执行性。包括直接对法律自身进行修改，增加详细、具体的规定；在法律出台之后，及时制定实施细则，使法律原则能够及时得到细化和实施等。如《环境影响评价法》应就公众参与权利（包括知情权、表达权等）、参与程序、参与方式、参与阶段等作出明确的规定或实施细则。《社会团体登记管理条例》应作出修改，适当放松限制以鼓励和促进环境非政府组织发展和有效地发挥其监督和制衡作用。三是适当增加或补充可持续发展领域相关的法律或法律条款，以消除法律之间或法律与规章之间的空白或断档，增强法律体系完整性和衔接性，如建立体现

科学发展观要求的《中国环境法》。在专门立法过程中要弱化部门在立法中的主导作用，强化多个相关部门和公众参与，避免与其他法律、规章之间的严重分歧和差异。如适当增加自然保护领域的立法，包括荒漠化防治法、湿地保护法等。特别是在现有法律体系中补充或增加环境管理体制的相关法律条款，按照权责统一的原则，明确划分资源、环境相关管理机构的权力和责任，最大限度地减少机构之间的职能交叉和重叠，理顺中央与各级地方政府在资源、环境管理上的关系和权限，增强环境管理机构的行政执法权以强化环境保护这一政府的基本职责。

环境治理固然需要进一步完善法律、法规，但是更需要使已有的法律、法规得到更有效的执行。除了增加法律、法规本身的可操作性外，还需要加大执法、监察力度，充分发挥现有法律、法规的效能，包括配套制度的完善和公众的有效参与。

（二）变革传统环境管理模式，形成环境治理长效机制

针对传统的自上而下环境管理模式的缺陷和弊端，根据集权和分权相结合、权力、能力与责任相匹配的原则，促进政府部门垂直和水平方向的整合，强化而不是削弱政府在可持续发展这一社会公共领域提供服务的职能。即通过建立和完善相关制度，在水平方向上，促进部门分割封闭式管理模式向部门综合协调治理模式转变；在垂直方向上，促进自上而下的管理模式向上下互动的治理模式转变。同时促进包括政府部门在内的系统整合，从政府绝对主导管理模式向包括政府、企业和社会公众在内的主体多元化合作管理模式转变。

1. 加强水平方向或横向整合，促进部门综合协调

要加强水平方向的整合，打破部门分割、彼此独立的封闭式决策管理模式。其重点在于构建和完善三种机制：即部门之间分工与合作机制、跨部门的协调机制和环境与发展综合决策机制。部门分工与合作机制旨在加强部门之间在环境事务上的沟通与协作。虽然国家环保总局已升格为环境保护部，但是其一些职能仍需进一步加强，如综合协调职能。对分散于各行业、各部门环境事务的管理职能进行适当调整或整合（尤其是水资源管理和自然保护区管理），以进一步加强和完善“环保部门统一监督管理，各部门分工负责执行”的运行机制。

环境保护工作并不只是环保部门内部的事，涉及社会、经济的各个方面，跨越不同部门、行业、地区，而环保行政主管部门不可能执行所有环境保护政策和管理所有的环境保护事务，需要在其统一监督管理下，由有关部门和地方政府分工负责执行。因此，需要在政府部门内部建立一个跨部门、高层次的协调机制来协调各部门之间有关环境保护的利益关系、矛盾和冲突等，提升综合协调能力，促进各部门之间的一致行动。这类似于原国务院环境保护委员会。也有学者（如郑易生，2001）提议建立具有真正综合能力的可持续发展委员会。

环境问题只有纳入到经济决策的源头考虑（包括社会经济发展战略、政策、行动方案等）

中，才能得到根本性的缓解和解决，即就是要建立环境与发展综合决策机制。这也是可持续发展的内在要求。环境与发展综合决策要求在各级决策的政府部门中，将经济、社会和环境因素综合考虑，实现决策或政策制定的综合化、一体化，从而从源头上减轻和预防污染和生态破坏。目前，欧盟和其他发达国家如美国、瑞典、澳大利亚、德国、荷兰等均呈现出决策一体化趋势。如 1992 年的《欧洲联盟条约》明确规定“环境保护要求必须纳入欧共体其他政策的制定和执行之中”，并有多种机制如司法审查和原则，如平衡原则来保证将环境政策完全纳入到欧盟的决策中（万劲波，2000）。环境与发展综合决策机制不仅需要体现在法律法规中，而且需要配套的制度、政策和执行机制来保障。《中国 21 世纪议程》（1994）提出要建立有利于可持续发展的决策机制，并且《国务院关于环境保护若干问题的决定》（1996）也强调国务院有关部门在制定重大决策时，“必须综合考虑经济、社会和环境效益”，但是缺乏具体的要求、制度保障和可操作的审查程序，至今仍停留在指导方针及政策宣告层面。因此，应考虑在国家和地方层面将环境与发展综合决策以法律形式确定下来，明确环保行政主管部门参与综合决策的职责、权力和相应的操作、审查程序，从根本上改变环保部门的被动地位。

建立环境与发展综合决策机制，一个重要的环节或技术支撑就是要建立战略环境评价（Strategic Environmental Assessment，SEA）制度，即对一项战略，包括法律、政策、计划、规划以及战略替代方案的环境影响进行正式、系统和综合的评价过程，目的在于通过 SEA 消除或降低因战略失效造成的环境影响，从源头上控制环境问题的产生（尚金城等，2003）。目前，美国、加拿大、荷兰、英国、丹麦、新西兰等发达国家、欧盟以及一些发展中国家已经在不同程度上实施了 SEA。作为环境影响评价（EIA）在战略层次上的应用，SEA 成为连接抽象、宏观的可持续发展战略和具体的、可操作项目之间的桥梁，因此可以被认为是实现可持续发展战略目标的重要工具之一。传统的 EIA 主要针对项目作出反应，缺乏对环境问题的长远考虑。尽管项目 EIA 基本上能够保证决策部门获得较为系统的关于建设项目环境影响的信息，但由于项目决策经常处于整个决策链的末端，所以也只能在项目层次上做减污努力，并不能解决环境问题的根源。同时 EIA 也缺乏对于多个项目累积环境影响的充分考虑。因此，SEA 一般应先于项目进行，并且 EIA 要以相关的 SEA 为依据，将 SEA 在项目层次的具体化。开展 SEA 不仅被确定为国家环保部的主要职责之一，而且原《国家环境保护局“三定”方案》、《国务院关于环境保护若干问题的决定》、《中国 21 世纪议程》等文件以及 2003 年颁布的《环境影响评价法》中明确提出要开展重大政策、法规的 EIA。但是我国的 SEA 研究与实践刚刚起步，缺乏一套系统的理论和可操作的方法。建议在加强 SEA 理论和方法研究的基础上，借鉴和学习国外开展 SEA 的先进经验和方法，尽快出台有关 SEA 的操作指南，为落实环境与发展综合决策提供有效的技术支撑。

2．加强垂直方向或纵向整合，促进部门上下联动

要加强垂直方向整合，改变传统自上而下的管理模式。其关键在于理顺各级政府之间在环境管理事务上的关系以及明确各级环境保护机构的职能和作用。由于中央和地方在环境事务管理上的权责不匹配，地方政府担负着环境保护的重大职责，却缺乏相应的财力支持，不仅导致政府的规制能力软弱，而且容易导致部门利益化即提供公共服务机构退化为准经济利益主体。因此，第一，应在明确各级政府环保职责的基础上，赋予其相应的财权，包括中央财政预算支持和通过税费改革，包括环境税费改革，增加地方政府在环境保护上的投入。第二，要进一步明确各级环保部门的职责、权力和作用，理顺地方政府与地方环保部门之间的关系。鉴于地方环保部门的经费和人事任免依赖于地方政府，而不得不受地方政府的行政干预。因此适当加强国家环保部对地方环保局的领导或垂直管理，保持地方环保部门的相对独立性，既可以对政府部门产生一定的制衡，又有利于发挥地方环保部门的职能，例如建立省级以下环境直管制度，赋予省政府任命下级环保局局长的权力并要求省政府为下级环保局提供运行经费；将环境执法职能从地方环保局中独立出来等。目前国家环保部已参与到地方环保局局长的选任中。一些省份要求地方环保局直接向省级而不是省级以下的地方政府负责以及将地方环保局升格为与经济部门机构同级的做法值得借鉴（OECD，2006）。第三，在各级政府部门内部建立和形成有效的监督制约或制衡机制。要把环境保护绩效指标纳入到各级政府的政绩考核体系中，配套建立健全环境重大决策失误责任追究制度以及相应的激励和惩罚制度（包括针对政府官员的违法和行政机关的不作为行为），以强化各级政府尤其是政府“一把手”的环境保护责任意识和责任，这是协调地方经济发展与环境保护关系中至关重要的一环；保持有关环境保护决策权、执行权和监督权的适度分离，加强监督检查力度，以提高环境法律和决策的执行效率和效果。第四，开辟多种途径和渠道建立各级部门之间的信息交流、共享和信息传导反馈机制。在环境规划和决策的制定和实施过程中，通过多种方式吸纳基层或一线工作人员的广泛参与，并征求他们的意见和建议，学习和借鉴当地的工作经验，以提高决策质量；保证自下而上的信息渠道畅通，使得地方部门或基层日常工作中存在的严重问题能够及时有效地反馈给上级部门，供上级部门决策参考，形成上下良性互动。第五，要加强各级环保系统的能力建设，包括扩大环保系统人员编制，加强环保工作人员专业和技术培训，提高环保部门的科研、分析和监测能力等，使得环保部门的职责和能力相适应。

3．加强系统整合，促进多主体合作和制衡

要加强政府部门内外的整合，打破政府部门绝对主导、单向推动的管理模式。其关键在于建立政府、企业和社会之间互动合作、相互监督、相互制约的网络化制衡机制。虽然环境保护是政府的基本职责，但是由于政府能力和资源的有限性决定了单独依靠政府推动是很不

现实的，必须引入和调动整个社会的资源和力量，与政府一道共同推进环境治理。这就要求加强政府与企业、社会公众之间的对话、交流与合作，并结成一种伙伴关系。主要对策如下：

第一，促进公众参与。包括：完善公众参与法律制度，如建立环境公益诉讼制度，明确公众参与程序，调整社团法促进环境非政府组织发展和参与、把公众参与体现在决策的制定和实施的全过程中等，为公众参与提供合法化途径和制度保障，以增强决策的民主性、科学性和可操作性。通过教育、培训、宣传等多种途径努力提高公众环境保护意识和公众参与意识，如将环境和可持续发展教育列入从幼儿园到大学的教学大纲中，通过广播、电视、报刊、网络媒体进行宣传等。建立和完善信息公开或政务公开制度，如环境质量、环境管理等环境信息的公开发布制度，环境保护政策法规、项目审批、案件处理等政务的公告公示制度等，充分保障公民的知情权，为公众参与和监督、制约创造条件等。环境治理更加需要重视科学界和专家的参与。在决策方案论证过程中，要加强专家的独立性、客观公正性，避免行政干预和专家作秀。同时考虑到环境问题的整体性和跨学科性，需要进一步加强自然科学领域、社会科学领域和不同部门专家的通力合作，为决策提供坚实的科学基础，以提高决策的科学性。根据我国的国情，公众参与应该有步骤地推进：首先是政府部门和专家参与，然后逐步过渡到社会公众参与。

第二，强化企业自律。企业是市场经济的主体，也应成为污染治理的主体。要通过多种途径和手段，尤其是运用市场机制和发挥社会监督作用，强化企业环境自律，提高企业社会责任感。包括：充分运用经济手段鼓励企业治理和预防环境污染，如加大排污收费标准，通过补贴、税收优惠和信贷支持等手段鼓励企业发展清洁生产和技术革新等。明确企业环保责任和目标，加大对企业监督和检查力度，授权或发动公众和环境非政府组织对企业的环境损害行为进行监督，调整违法行为的处罚制度，使其不能获得任何经济收益。建立企业责任延伸制度，如对环境有害产品实行“押金制”或“预付金制度”，促进废物回收。建立企业环境报告或信息披露制度，增强社会对污染企业的了解、监督和压力，让企业对自己危害环境的行为负责，让对环境负责的企业赢得更多的优势，因为“用户的苛求往往是企业竞争优势的主要来源”。向企业提供环境管理信息咨询和教育培训服务，扩大自愿性手段如 ISO 14000 和环境标志认证的运用，积极提高企业的环境意识和防治污染自觉性，更好地引导消费者作出有利于环境的产品和服务的选择。综合运用多种手段促进绿色环保技术的研发和扩散，大力发展环保产业，为企业和社会开展环境治理提供有效的技术支撑等。

第三，创建交流平台。推动建立各种形式的交流和对话平台，如通过举办论坛、听证会、论证会、座谈会、访谈、成立俱乐部等正式或非正式的组织形式，加强利益相关者的对话、交流与沟通，广泛听取各方面的意见和声音。尤其是要建立政府与企业和社会公众之间、社会公众与企业之间制度平台，促进持续对话机制的形成，以解决目标差异和协调行动，包括开辟企业和社会公众参与决策渠道；完善征求意见制度；加强信息平台建设，促进信息开放共享，并将其作为公众交流和反馈意见的虚拟平台，推动建立全方位的信息传导机制等。

第四，共建合作机制。环境问题涉及每个人的利益，需要大家联合起来采取一致行动共同应对。政府、企业和公民社会作为三个最主要的主体，虽然各自的能力和资源有限，但是各自又具有不同的优势，只有通过互动、合作和互补，才能有效地整合力量和资源，完成任何一方都不可能独自完成的环境治理任务。这就要求在增进对话、共同协商、加强了解的基础上建立三者之间的伙伴关系。当政策实施成本过于高昂，而导致环保部门无力承担时，可以授权社会，广泛动员和激励社会力量对企业、机构和个人的环境损害行为进行监督和制约。在环境和可持续发展这一政府“掌舵”的公共管理领域，某些公共物品服务的提供可以借助市场和社会组织的优势和能力来进行。例如，在城市供水、环境基础设施等需要大量投入的领域，鼓励私有部门和民营资本投入，建立政府和私营部门的合作伙伴关系。另外，政府可以与企业和公众结成伙伴关系一道执行其他一些具体的项目和计划。

（三）创新完善环境治理工具，提升环境治理的效果和有效性

这里的治理工具着重强调除法律法规以外的政策手段和工具，包括狭义上的制度和政策。针对中国目前环境保护政策主要存在的问题，建议如下：第一，站在国家可持续发展的高度，借鉴 OECD 的规制影响分析方法，对现有的部门政策、宏观经济政策和环境保护政策之间以及各部门内部的政策进行系统的评估和清理，最大限度地降低政策性内耗，有效发挥政策工具的作用和功能。如消除环境政策的排污许可证制度和排污收费制度之间操作上的冲突和矛盾。第二，切实改变部门主要政策和规划主要由部门自身设计与决定的做法，有关重大环境问题决策至少应在更高级别的综合部门、相关部门包括环境保护部门、专家和相关社会群体的共同参与下作出，削弱部门利益痕迹，避免与其他政策制度产生新的矛盾和冲突。第三，可持续发展原则应成为经济政策、社会政策、技术创新政策、部门政策制定的基本原则，也应当从可持续发展的角度进行评价和调整。如将环境因素纳入到经济政策、产业技术政策和部门政策如农业政策、贸易政策的制定中等。第四，优化和完善现有的环境政策体系。在消除或降低现有政策手段内部冲突基础上，积极研发、制定和补充新的环境经济政策，包括绿色税收政策、绿色消费政策、建立绿色资本市场，诸如绿色信贷、证券、贸易、保险等。特别是制定和出台消费领域的相关环境政策，鼓励和引导绿色消费和可持续消费。第五，扩大和加强经济手段的激励作用，纠正市场失灵。市场经济导向为经济手段的激励作用发挥提供了比较广阔的空间。包括：完善各种有关环境资源的税费制度；取消能源、资源的价格补贴，合理定价以反映其经济成本和稀缺性，促进资源节约和使用效率提高；提高排污收费标准，使其略高于企业治理污染的实际成本，扩展排污收费领域，增加排污收费项目；鼓励清洁能源的开发；扩大排污收费、使用者收费、排污权交易和其他经济手段的使用范围；完善生态补偿机制等。第六，发挥政策手段的组合效应。由于环境问题的复杂性决定了环境治理不可

能运用单一的治理工具，需要综合运用多种手段。由于每个政策工具都有其最佳适用对象、范围、时机和条件，也各有其先天缺陷和使用特性的局限，因此在综合运用不同的政策工具时，有可能削弱政策功能。因此需要对各个政策工具进行评估，以更好地促进政策工具的有机整合，有效地发挥"政策组合/包"的协同效应。其中一个行之有效的分析手段是世界银行提出的环境政策矩阵（简新华等，2003）。第七，应加强政策工具制定过程中的成本—有效性分析，防止政策目标与实际过大的偏差。第八，加强政策执行过程的监控力度，提高政策实施的效果。

（四）加强可持续发展领域国际合作，积极推动全球环境治理

伴随着环境问题的全球化，越来越需要通过各国之间加强有效合作和一致行动即全球环境治理来解决全人类共同面临的问题，实现全球层次的可持续发展目标。全球环境治理方案是建立在从地方到全球的多层级方案的基础上，因此，推进全球环境治理必须和国家、地方的实践结合起来，把"全球着眼，局地行动"的理念落到实处。保护地球是各国的共同责任，需要各国在国际组织的架构内积极开展富有成效的互动与合作，共建全球伙伴关系，并把各自承担的责任和义务内化到各国的具体行动中。中国先于改革开放就开始了环保领域的国际合作，先后签署并认真履行一系列国际公约，积极参与国际环境事务等，赢得了良好的国际声誉，并树立了负责任大国的形象。但是由于中国高速经济增长的大规模环境效应也给全球市场和环境带来巨大的冲击，使得中国面临的国际压力越来越大。这种不利的形势迫切要求中国在强化自身环境治理能力建设的同时，继续加强国际之间的交流、对话与合作。包括：坚持按照"共同但有区分的原则"以对全球事务负责任的态度，承诺并履行与自己能力、职责相一致的国际义务；积极参与双边、多边的国际合作计划，尽快缩小与发达国家的差距；积极推进环保和可持续发展领域的国际交流与合作，引进资金、先进的技术和管理经验，提升中国环境事业的发展速度；积极争取国际清洁发展机制的项目支持、国际组织的环境基金和发达国家的技术转让等。

参考文献

[1] [法]OECD. 环境绩效评估. 曹东，等，译. 北京：中国环境科学出版社，2007.

[2] [美]霍尔姆茨·罗尔斯顿. 环境伦理学. 杨通进，译. 北京：中国社会科学出版社，2000.

[3] K. A. 沃科特，J. C. 戈尔登，J. P. 瓦尔格，等. 生态系统——平衡与管理的科学. 欧阳华，王政权，王群力，等，译. 北京：科学出版社，2002.

[4] P. 达斯古柏塔. 环境资源问题的经济学思考，何勇田，译. 国外社会科学，1997（3）.

[5] Pearce，D. W，等（1993）. 经济学、环境与可持续发展. 北京：中国财政经济出版社，1996.

[6] Thomas Anderson，Carl Folke，Stefan Nystrom. 环境与贸易——生态、经济、体制和政策. 黄晶，周乃君，陆永

祺，译. 北京：清华大学出版社，1998.

[7] WWF、流域综合管理核心专家组. 中国流域综合管理现状与战略研究•综合报告. 内部资料，2007.

[8] 蔡志刚. 投资项目损失知多少. 中国投资，2004（2）：111-114.

[9] 陈劭锋. 建设节约型社会需跨越三个“倒U型”曲线. 科学时报，2006-01-10.

[10] 陈效逑，等. 中国经济——环境系统的物质流分析. 自然资源学报，2000，15（1）：17-23.

[11] 程序，等. 可持续农业导论. 北京：中国农业出版社，1997.

[12] 国家统计局工业交通统计司，国家发展和改革委员会能源局. 中国能源统计年鉴 2005. 北京：中国统计出版社，2006.

[13] 洪大用. 社会变迁与环境问题. 北京：首都师范大学出版社，2001.

[14] 侯伟丽. 中国经济增长与环境质量. 北京：科学出版社，2005.

[15] 黄鼎成，王毅，康晓光. 人与自然关系导论. 武汉：湖北科学技术出版社，1997.

[16] 简新华，彭善枝. 中国环境政策矩阵的构建与分析. 中国人口•资源与环境，2003，13（6）：29-34.

[17] 经济合作与发展组织（OECD）. 中国治理. 中国科学院——清华大学国情研究中心，译. 北京：清华大学出版社，2008.

[18] 经济合作与发展组织. 贸易的环境影响. 北京：中国环境科学出版社，1996.

[19] 兰玉杰. 我国粮食生产系统的灰色辨识与动态关联分析，农业现代化，1997，18（4）.

[20] 李东兴，田先红. 我国公众参与环境保护的现状及其原因探析. 湖北社会科学，2003（9）：118-119.

[21] 李启家. 中国环境法规. 中国社会科学院环境与发展研究中心. 中国环境与发展评论第一卷. 北京：社会科学文献出版社，2001.

[22] 李善同，刘勇. 环境与经济协调发展的经济学分析，经济研究参考，2002（6）.

[23] 李巍，李贞，李天威. 战略环境评价发展、经验与应用实践. 北京：化学工业出版社，2006.

[24] 林群慧，金时编. 新环境问题研究——对 2000 年以来环境热点问题研究. 北京：中国环境科学出版社，2005.

[25] 刘爱玲. 绿色科学技术与可持续发展. 北京：科学出版社，2006.

[26] 刘东坡. 环境问题成因的经济学分析及对策探讨，环境污染与防治，2003（41）.

[27] 刘慧晏. 工业产业布局与城镇建设协调发展问题的思考，理论前沿，2007（1）：31-32.

[28] 马中，吴建. 走向公共管理的环境保护管理体制. 中国社会科学院环境与发展研究中心. 中国环境与发展评论第二卷. 北京：社会科学文献出版社，2004.

[29] 聂国卿. 我国转型时期环境治理的经济分析. 北京：中国经济出版社，2007.

[30] 钱文潮. 中国新型工业化与环境保护问题[J]. 上海企业，2007（3）：62-64.

[31] 曲格平. 中国的环境问题及对策. 北京：中国环境科学出版社，1989.

[32] 尚金城，包存宽. 战略环境评价导论. 北京：科学出版社，2003.

[33] 史东明. 和谐的增长——新时期经济增长动力与机会研究. 北京：清华大学出版社，2007.

[34] 世界环境与发展委员会（WECD）. 我们共同的未来. 王之佳，等，译. 长春：吉林人民出版社，1997.

[35] 童玉芬. 人口对干旱区生态环境演变的作用机制与问题分析——以新疆为例[J]. 人口与经济，2003（6）：16-20.

[36] 托马斯·思纳德. 环境与自然资源管理的政策工具. 张蔚文，黄祖辉，译. 上海：上海三联书店、上海人民出版社，2005.

[37] 万劲波. 可持续发展与环境政策一体化研究. 再生资源研究，2000（6）：4-8.

[38] 汪劲. 中外环境影响评价制度比较研究——环境与开发决策的正当法律程序. 北京：北京大学出版社，2006.

[39] 王慧炯，甘师俊，李善同，等. 可持续发展与经济结构. 北京：科学出版社，1999.

[40] 王金南，李康，杨金田. 中国环境技术政策设计. 北京：中国环境科学出版社，2000.

[41] 王金南. 环境经济学：理论·方法·政策. 北京：清华大学出版社，1994.

[42] 王梦奎. 中国中长期发展的重要问题（2006—2020）. 北京：中国发展出版社，2005.

[43] 魏羡慕. 我国环境问题的经济学分析和对策研究，天津社会科学，2000（5）.

[44] 夏友富. 外商投资中国污染密集产业现状、后果及其对策研究，管理世界，1999（3）.

[45] 肖广岭. 科技与生态环境协调发展. //中国科技发展战略研究小组. 2001 中国科技发展研究报告[M]. 北京：经济管理出版社，2002.

[46] 闫世辉. 我国环境政策的反思与创新. 环境经济杂志. 2004（6）：23-28.

[47] 叶文虎. 可持续发展之路. 北京：北京大学出版社，1994.

[48] 余昌谋. 生态文化论. 石家庄：河北教育出版社，2001.

[49] 张红军，王学军，陶雪良. 社会经济政策的环境分析. 北京：北京大学出版社，1994.

[50] 张镜湖. 世界的资源与环境. 台北："中国文化大学出版部"，2002.

[51] 张坤民，温宗国，彭立颖. 当代中国的环境政策：形成、特点与评价. 中国人口•资源与环境，2007，17（2）：1-7.

[52] 张坤民. 可持续发展的能力建设：现状与对策. 环境保护 2001（11）：33-35.

[53] 张坤民. 可持续发展论. 北京：中国环境科学出版社，1997.

[54] 张世秋. 环境政策边缘化现实与改革方向辨析. 中国人口·资源与环境，2004，14（3）：14-18.

[55] 张学智. 调整沈阳市产业布局改善环境质量的探讨. 环境保护科学，2007，2（33）：70-72.

[56] 赵贺. 发达国家高污染产业转移及我国的对策，中州学刊，2001（5）：30-31.

[57] 郑易生. 从部门模式走向综合模式——关于中国的环境与发展. 中国社会科学院环境与发展研究中心. 中国环境与发展评论第一卷. 北京：社会科学文献出版社，2001.

[58] 郑易生. 环境政策与经济政策应相融合. 经济研究参考，2001（29）.

[59] 郑易生. 中国环境与发展评论——从突进走向协调. 中国社会科学院环境与发展研究中心. 中国环境与发展评论第二卷. 北京：社会科学文献出版社，2004.

[60] 中国环境年鉴编委会. 中国环境年鉴 2004—2006. 北京：中国环境年鉴社，2006.

[61] 中国社会科学院环境与发展研究中心. 中国环境与发展评论（第一卷）. 北京：社会科学文献出版社，2001.

[62] 中国科学院可持续发展战略研究组. 2000 中国可持续发展战略报告. 北京：科学出版社，2000.

[63] 中国科学院可持续发展战略研究组. 2006 中国可持续发展战略报告. 北京：科学出版社，2006.

[64] 朱达. 经济结构调整与环境政策走向，环境保护，1998（11）.

[65] 朱坦. 环境伦理学理论与实践. 北京：中国环境科学出版社，2001.

[66] Arnulf Grübler. Technology and Global Change. International Institute for Applied Systems Analysis Laxenburg, Austria. Cambridge University Press，2003.

[67] Arrow K，Bolin B，Costanza R. et al.. Economic Growth，Capacity，and the Environment，Science，1995（1）：520-521.

[68] Commoner B，Carr M，Stamler P J. The Causes of Pollution. Environment，1971，13（3）：2-19.

[69] Commoner B. The Closing Circle New York：Knopf，1971.

[70] Ehrlich P R，Ehrlich A H. Population，Resources，Environment：Issues in Human Ecology. San Francisco：Freeman，1970.

[71] Eliezer Geisler. The metrics of Science and Technology. Greenwood Publishing Group Inc，2000.

[72] Esty Daniel C，Marc A Levy. Tanja Srebotnjak，Alexander de Sherbinin，Christine H. Kim，and Bridget Anderson. Pilot 2006 Environmental Performance Index. New Haven：Yale Center for Environmental Law & Policy，2006.

[73] Esty Daniel C，Marc A Levy. Tanja Srebotnjak，and Alexander de Sherbinin. 2005 Environmental Sustainability Index：Benchmarking National Environmental Stewardship. New Haven，Conn：Yale Center for Environmental Law & Policy，2005.

[74] Gleick P H. Making everydrop count. Scientific American，2001，284（2）：41-45.

[75] Goudie A. The Human Impact on the Natural Environment：Past，Present and Future（6th ed.）. Blackwell Publishing，2006.

[76] Hardin G. The Tragedy of Commons. Science，1968（162）：1243-1248.

[77] Irmi Seidl，Clem A Tisdell. Carrying capacity reconsidered：from Malthus' population theory to cultural carrying capacity，Ecological Economics，1999（38）：395-408.

[78] Miller G Tyler. Sustaining the Earth：An Integrated Approach（3rd ed.）. Wadsworth Publishing Company，1998.

[79] Niu Wen Yuan，M Harris. China：The Forecast of Its Environmental Situation in the 21st Century. Journal of Environmental Management，1996（47）：101-114.

[80] Picton T，Daniels，P L. Ecological restructuring for sustainable development：evidence from the Australian economy. Ecological Economics，1999（29）：405-425.

[81] Reisch L A，Røpke I（ed.）. The Ecological Economics of Consumption. Edward Elgar Publishing Limited，2003.

[82] Robert Costanza，Herman E Daly. Natural Capital and Sustainable Development. Conservation Biology，1992，6（1）：37-46.

[83] Sílvia Cañellas，Ana Citlalic González，Ignasi Puig，et al.. Material Flow Accounting of Spain. International Journal of Global Environmental Issues，2004（4）：229-241.

[84] Vitousek P. M，Mooney H. A，Lubchenco J，Melillo J. M，Human Domination of Earth's Ecosystem. Science，1997，277（25）：494-499.

第四章
环境宏观战略若干理论问题研究

党的十七大作出了高举中国特色社会主义伟大旗帜、夺取全面建设小康社会新胜利的重大部署，中国环境宏观战略研究是在环境保护领域落实这一重大部署而进行的基础性工程。

本专题是总论课题组的第四专题，主要任务是研究环境宏观战略的有关理论问题。本报告认为，在建设中国特色社会主义的伟大征程上，环境保护担负着增进人民福祉和优化经济发展的双重使命，具有非常重要的战略地位和历史重任。为了实现这种不同以往的历史重任，环境保护的思想、方针、目标、任务、措施等都必须进行重大调整，环境保护所需的法制、体制、机制、能力等各方面都需要进行重大的改进，实现根本性、战略性和全局性的转变，即历史性转变。温家宝总理在第六次全国环境保护大会上提出“三个转变”，是环境保护历史性转变开始的标志。因此，中国环境宏观战略的主题，就是要加快推进环境保护历史性转变，积极探索中国环境保护新道路，为实现全面建设小康社会和环境友好型社会的奋斗目标作出贡献。

为此，本报告阐释了新时期环境保护的双重使命，分析了当前推动环境保护历史性转变的若干驱动因素，提出了对中国环境保护新道路的几点认识，并对环境宏观战略的总体思路和政策建议进行了研究。

环境保护历史性转变是一个长期、持续和逐步加快的过程。当前，我国和世界不断发生着广泛而深刻的变化，环境保护处在历史性转变的关键时刻。通过制定和实施环境宏观战略，有利于把“环境”这一当前制约我国发展的矛盾和障碍，转化为保障和促进发展的条件和优势，使环境保护成为科学发展的推动力量。

一、新时期环境保护的双重使命

党的十七大作出了高举中国特色社会主义伟大旗帜、夺取全面建设小康社会新胜利的重大部署，带领全国人民踏上了新的伟大征程。在这个新的伟大征程中，环境保护具有非常重要的战略地位。党的十七大提出“坚持节约资源和保护环境的基本国策，关系人民群众切身利益和中华民族生存发展。必须把建设资源节约型、环境友好型社会放在工业化、现代化发展战略的突出位置，落实到每个单位、每个家庭”，把环境保护提到了关系国家发展前途的高度。

为什么环境保护具有这种突出的重要地位？主要是由于它担负着重大的双重使命：一是增进人民福祉，二是优化经济发展。

（一）增进人民福祉：中国特色社会主义蕴涵着环境保护的重要使命

中国特色社会主义的伟大旗帜，是当代中国发展进步的旗帜。高举中国特色社会主义伟大旗帜，就是要立足基本国情，以经济建设为中心，建设富强民主文明和谐的社会主义现代化国家。

建设中国特色社会主义，目的是为了增进全体人民的福祉，实现人的解放和全面发展。环境保护的直接效果是改善人民的生活环境，提高健康水平，增加人民福祉，这就是说，中国特色社会主义必然包含着环境保护的要求。

1. 改善环境质量成为增进人民福祉的重点方向

改善民生，增进人民福祉，这是建设中国特色社会主义的根本目标。党的十七大指出“必须在经济发展的基础上，更加注重社会建设，着力保障和改善民生。”环境福祉是人民福祉的重要方面，因此，改善民生，增进人民福祉必然包含着改善环境的内容。

马克思主义经典作家最重视人的全面发展，最关注人的生活，并把人的发展和人的生活作为自己理论的价值目的。马克思说：“人们为了能够‘创造历史’，必须能够生活。但是为了生活，首先就需要吃喝住穿以及其他一些东西。”[①]“民为邦本，本固邦宁”。改善民生，增进人民福祉，就是以人为本，相对于人对人的依赖、人对物的依赖而言，把人当做主体；相对于人被边缘化而言，把人看做一切事物的最终本质和尺度；相对于人作为手段而言，把人作为目的（张杰，2008）。进一步看，以人为本就是要促进人的全面发展，做到发展为了人民、发展依靠人民、发展成果由人民共享。

环境福祉（Environmental Welfare）是人们从良好的环境状况中所享受到的安全、健康和舒适的价值，是人民最关心、最直接、最现实的利益之一。以解决危害群众健康和影响可持续发展的环境问题为重点，让人民喝上干净的水、呼吸清洁的空气、吃上放心的食物，在良好的环境中生产生活，这是最起码的民生要求。胡锦涛同志指出，良好的生态环境是社会生产力持续发展和人们生存质量不断提高的重要基础（2008）。1995 年哥本哈根世界社会发展峰会提出，“社会发展的最终目标是改善和提高全体人民的生活质量。人民生活质量的提高是衡量社会进步的尺度。改善和提高人民的生活质量是社会进步的标志”。2020 年我国要实现的全面建设小康社会目标，其根本出发点和落脚点就是要坚持以人为本，不断提高人民群众

① 《马克思恩格斯选集》（第 1 卷），北京：人民出版社，1995：79。

的生活水平和生活质量。如果那时经济发展了，生活富裕了，但人居环境恶化了，那就不能说全面建成了小康社会。

目前，实现建设全面小康社会的目标，环境质量是最大的“短板”之一。全面小康的经济目标，经过努力完全可以达到，而要达到小康社会对环境的要求，距离还很大（温家宝，2006）。“小康全面不全面，环境质量是关键。”人民的福祉水平与环境问题密切相关，例如许多地方农民遭受的疾病就与水污染、重金属污染有很大关系。近年来，很多地区频频出现的癌症高发村都与饮用水污染高度相关。环境问题解决不好，可能引爆许多社会问题。据报道，2008 年近八成中国公众认为我国环境问题严重。①

周生贤部长在调研云南省阳宗海砷污染事件时指出，云南省阳宗海砷污染事件，就是违背科学发展观，以牺牲环境换取一时一己之利造成的恶果。一个开工 3 年半，工业总产值 6 亿多元，上缴税金 1 000 多万元的企业，已造成的污染损失高达几十亿元，治理污染还要大投入，要花数年时间。周边 2.6 万群众的生产生活受到极大影响，教训极其深刻。在社会主义初级阶段，绝不能以减缓发展的方式保护环境，但社会主义初级阶段也绝不宽容污染。以人为本最基本的要求是关爱生命。如果经济发展了，衣食住行都上了档次，老百姓却深受环境污染和生态退化之害，发展还有什么意义？老百姓说得好：宁愿骑自行车，喝干净水，也不愿坐宝马车，喝污水。如果真是坐宝马车、喝污水，那就是对现代化的极大讽刺。

总之，中国特色社会主义无论从目标和价值追求上，还是从历史起源上，都是为了人民福祉，而当前全体人民最关心、最直接、最现实的福祉大部分都涉及环境问题。党的十七大提出推进以改善民生为重点的社会建设，对环境质量提出了更高要求，并把环境保护作为实现全面小康社会目标的重要内容，这深刻地说明，中国特色社会主义蕴涵着环境保护的重要使命。

2. 促进环境公平是增进人民福祉的重要体现

社会主义本质，一是解放和发展生产力，极大地增加全社会的物质财富；二是逐步实现社会公平与正义，极大地激发全社会的创造活力和促进社会和谐。这两大任务相互联系、相互促进，是统一的整体，并且贯穿于社会主义不同发展阶段。巩固和发展社会主义，需要逐步实现社会公平与正义，正如温家宝总理指出的“公平正义是社会主义制度的首要价值”。②

社会主义公平正义与环境保护的指向具有相当的一致性。人民群众是环境最大的利益相关人，也是保护环境的最大动力。人的生存和发展的核心权利中包括环境权益。1972 年联合国人类环境会议上通过的《人类环境会议宣言》序言宣示：“人类有权在一种能够过着尊严和福利的生活的环境中，享有自由、平等和充足的生活条件的基本权利，并且负有保护和改善

① 《中国经济时报》，2009-01-16，第一版。

② 温家宝接受英国《金融时报》专访，2009-02-02。

这一代和将来的世世代代的环境的庄严责任。”

中国特色社会主义必然要求促进环境公平。社会不公导致环境不公，环境不公加剧社会不公。社会公平与环境公平是紧密相关的。机会公平、分配公平、结果公平都与自然资源的利用和占有有关。如果不能实现环境公平，所谓实现社会公平也就失去了现实的内容。这也就是马克思所说的，“物与物的关系后面，从来是人与人的关系”。某些人和某些地区的发展牺牲了大多数人的环境和别的地区的环境质量，导致了环境不公。大多数的环境不公无法得到相当的经济补偿，加剧了社会不公。从这个角度看，环境问题的本质是社会公平问题（潘岳，2006）。

党的十七大提出“坚定不移地发展社会主义民主政治是我们党始终不渝的奋斗目标。”可以说，保障人民群众的环境权益是社会主义政治建设的应有之义。经济越发展，政治越民主，社会越和谐，生态环境越得到保护，社会文明程度越高，人民的环境福祉就越有保障。

3．保护环境是增进人民福祉的重要途径

我国的基本国情，总体上可以归纳为两点：第一是自然条件基础薄弱，即人们常说的“人口多、资源少、底子薄”。这个特点长期以来被人们反复提及和强调，已经深入人心，构成了我国进行一切重大决策的基础。偏离这个特点而作出的选择，必然不会是“中国特色”的，中国特色社会主义也首先是因为适应这个特点而被选择和确定的。第二个特点是全社会拥有极其强烈的发展愿望，迫切要求加快经济发展，增加全体人民的福祉。这是由我国特殊的近现代历史所决定的。中华民族的百年屈辱历史和未来生存挑战都极大地强化了我们的发展意识，而经济实力是决定一个国家社会状态和国际地位的根本因素。一个国家，不论其政治意识形态多么高调，军事手段如何强硬，如果没有强大的经济实力，都不可能有稳固的国家内政和必要的国际尊严，所以，发展经济实际上是我国长期不变的社会主流意识。我国以工业化为核心的经济发展已经进行了半个多世纪，除了某些特殊时期，实现经济快速发展一直是我们首要的国家战略。这就是说，极其强烈的发展愿望，本身已经成为我国的“基本国情”之一。

以经济建设为中心，建设富强民主文明和谐的社会主义现代化国家，就是基于以上两个基本国情而确立的新的国家战略。在实现这个战略中，环境保护是解决我国“自然条件弱、发展愿望强”特殊矛盾的必然途径。这是因为“发展愿望强”遇到了“自然条件弱”这个特殊的约束条件，唯一的选择就是在合理利用资源、维护生存环境的前提下不断地满足发展的愿望。可以说，中国特色社会主义包含着中国特殊的人与自然的关系，没有适合中国特殊需要的人与自然关系，就没有中国特色社会主义。

4．社会主义的起源包含着改善人与自然关系的价值诉求

中国特色社会主义是社会主义的特殊表现，其中必然包含着社会主义的基本元素。社会

主义的起源，我们过去一般都是从人与人关系的角度来认识的，认识到社会主义的目的是为了把人从资本压迫人、人压迫人的关系中解放出来，现在我们认识到，人与自然关系的紧张化也是社会主义思想诞生的源头之一。

在自然条件宽裕、人与自然关系宽松的社会中，大自然对人类活动的容纳和净化能力很强，所以环境问题并不突出，这个时候的改善民生，主要矛盾不在自然条件的限制，而在生产能力不足。但在一个自然条件局促、人均资源紧张的社会里，每个人改善生活质量的努力，都可能与他人利用自然的行为相冲突，这个时候改善民生的行为就必须放在一个“全社会整体利益”的大框架下来协调或统筹，这就出现了社会主义的萌芽。

社会主义关于公平公正、人的全面发展等思想与环境保护，具有天然的、内在的联系。而且随着时代发展，生态环境问题日益成为社会主义和资本主义共同面对的挑战。资本主义以追求利润为生产的最高目的和决定动机，造成了生产无限性和地球资源有限性的矛盾。可以预计的是，作为价值观和社会制度的社会主义在这场挑战将会赢得主动和新的优势——社会主义的出发点不是以利润为主要目的，其现实环境问题并非是社会主义的内在本质造成的，恰恰是对这种内在本质违反的结果。世界资源环境矛盾为社会主义重新崛起创造了条件，进而人类有可能借助生态文明找到一条共同通向社会主义的道路。

马克思、恩格斯在《共产党宣言》中对当时资本主义工业化的概貌进行了这样描述：“资产阶级在它不到一百年的阶级统治中所创造的生产力，比过去一切世代创造的全部生产力还要多，还要大。自然力的征服，机器的采用，化学在工业和农业中的应用，轮船的行驶，铁路的通行，电报的使用，整个大陆的开垦，河川的通航，仿佛用法术从地下呼唤出来的大量人口，——过去哪一个世纪能够料想到有这样的生产力潜伏在社会劳动里呢？”①这种资本主义工业化对环境的破坏达到了极为惊人的程度：“可以毫不夸张地说，从来没有一个文明，能够创造出这种手段，可以摧毁一个城市，而且可以毁灭整个地球。从来没有整个海洋面临中毒的问题。由于人类贪婪或疏忽，整个空间可以突然一夜之间从地球上消失。从未有开采矿山如此凶猛，挖得大地满目疮痍。从未有过让头发喷雾剂使臭氧层消耗殆尽，还有热污染造成对全球气候的威胁”（托夫勒，1983）。这些资本主义工业文明对环境的破坏在马克思、恩格斯创立科学社会主义理论虽然还不能完全预见到，但是在他们的理论中包含了对当时资本主义工业的反思，这些反思主要是通过对人与自然关系的论述体现出来的。

马克思主义主要从经济政治入手对资本主义制度进行批判，以法兰克福学派为代表的西方马克思主义强调人和意识的作用从文化价值角度对资本主义社会进行批判，生态社会主义则从生态合理性角度对资本主义社会进行了有力抨击。从根本上说，马克思主义对资本主义制度的批判最为科学和彻底，但是西方马克思主义、生态社会主义等批判资本主义的角度也值得我们思考，因为社会主义向来不是一种封闭自守的运动。

① 《马克思恩格斯选集》，第1卷，北京：人民出版社，1972：256。

社会主义理论和道路的拓展，与生态环境日趋关系密切，生态社会主义出现了由“绿”到“红”发展的态势。在这方面，西方“生态社会主义”或“生态马克思主义”理论提供了有益的认识。生态社会主义产生于 20 世纪 70 年代，是西方生态运动和社会主义思潮相结合的产物。生态社会主义理论把生态危机的根源归结于资本主义制度本身，试图用马克思主义来引导生态运动，为社会主义寻找新的出路。

生态社会主义揭示了造成生态危机的根本原因是资本主义生产的无政府状态，并对“生态殖民主义”进行了强烈抨击，将生态问题作为反对资本主义和建立社会主义的重要依据，从而凸显了马克思主义关于环境保护的观点。生态社会主义者认为资本主义不可能重建生态合理性。在他们看来，生态合理性在于以尽可能好的方式、尽可能少的、有高使用价值和耐用性的物品满足物质需要，并因此以最小化的劳动、资本和自然资源来实现这一点。生态社会主义理论认为只有社会主义才能真正实现人类、社会、资源和环境的可持续发展。可持续发展甚至被认为“纯粹是社会主义的新宣传”（滕藤等，2001）。

生态社会主义的主要观点是：资本主义制度是造成全球生态危机的根本原因；生态危机成为转移经济危机的新手段；环境问题的本质是社会公平问题；必须用生态理性取代经济理性；未来社会应是一个经济效率、社会公正、生态和谐相统一的可持续发展的社会；变革力量的主要是以知识分子和青年学生为主体以及工会（潘岳，2006；韩孝成，2006）。

生态社会主义由于将生态文明与社会主义相结合，可以说是对社会主义本质的重大发现。一方面，生态武器成为社会主义批判资本主义制度的思想武器；另一方面，发展中国家终将在社会主义旗帜下团结起来向发达国家讨还生态成本。从现实性看，生态社会主义的理论和实践仍然单薄无力，仍具有浓厚的理想主义色彩，但确为社会主义回应全球性问题提供了想象空间，是对科学社会主义的进一步完善。

中国为什么要走中国特色社会主义道路？原因之一就是我们处在一个人均拥有资源量很低的特殊社会里，必须用一种社会统筹的方式来改善每个人的生活质量，而不能通过一部分人剥夺另一部分人的资源的方式来实现。环境保护是中国特色社会主义的一部分。坚持中国特色社会主义，必须从处于社会主义初级阶段的中国国情出发，将科学社会主义的基本原理与中国的实际结合起来，找出符合中国实际的发展社会主义经济、政治、文化、社会、环境保护等的途径和方式。

5. 生态文明扩展了新时期人民福祉的范围

党的十七大提出“建设生态文明，基本形成节约能源资源和保护生态环境的产业结构、增长方式和消费模式”，并把建设生态文明作为全面建设小康社会奋斗目标新要求之一，扩展了广大人民群众福祉的范围，进一步丰富了中国特色社会主义的特征，使环境保护的特殊使命在这里再一次得到强化。

“生态文明”（eco-civilization，ecological civilization）一词主要被中国学者使用。①从人类文明发展进程的角度，西方学者提出的相近词汇是“生态学世纪”、“生态时代”、“后工业文明”、“生态社会”等。生态文明是人类文明的一种形态，它以尊重和维护自然为前提，以人与人、人与自然、人与社会和谐共生为宗旨，以建立可持续的生产方式和消费方式为内涵，引导人们走上持续、和谐的发展道路。潘岳指出“生态文明，是指人类遵循人、自然、社会和谐发展这一客观规律而取得的物质与精神成果的总和；是指人与自然、人与人、人与社会和谐共生、良性循环、全面发展、持续繁荣为基本宗旨的文化伦理形态”（潘岳，2006）。俞可平（2005）认为：“生态文明就是人类在改造自然以造福自身的过程中为实现人与自然之间的和谐所做的全部努力和所取得的全部成果，它表征着人与自然相互关系的进步状态。”生态文明强调人的自觉与自律，强调人与自然环境的相互依存、相互促进、共处共融，既追求人与生态的和谐，也追求人与人的和谐。可以说，生态文明是人类文明形态和文明发展理念、道路和模式的重大进步（周生贤，2007）。

中国特色社会主义必然要求建设生态文明。第一，生态文明体现了中国特色社会主义的基本原则。生态文明首先强调以人为本原则，同时反对极端人类中心主义与极端生态中心主义。在可持续发展与公平公正方面，生态文明也与当代社会主义原则基本一致。第二，生态文明为社会主义理论的融合提供了平台。生态文明代表了一种更为高级的人类文明形态，社会主义代表了一种更为美好的社会和谐理想，两者内在的一致性使得它们能够互为基础，互为发展。生态文明为各派社会主义理论在更高层次的融合提供了发展空间。第三，生态文明是社会主义文明体系的基础，没有良好的生态条件，人不可能有高度的物质享受、政治享受和精神享受。没有生态安全，人类自身就会陷入不可逆转的生存危机。

生态文明的具体形态是环境友好型社会。2002 年世界可持续发展首脑会议后，世界各国开始使用“环境友好”的概念。胡锦涛总书记在 2006 年中央人口资源环境工作座谈会上提出要建设环境友好型社会。2006 年的中国共产党第十六届五中全会正式将建设资源节约型和环境友好型社会确定为国民经济与社会发展中长期规划的一项战略任务。

环境友好型社会是一种以环境资源承载力为基础、以自然规律为准则、以可持续社会经济文化政策为手段，致力于倡导人与自然、人与人和谐的社会形态。就中国而言，环境友好型社会的基本目标就是建立一种低消耗的生产体系、适度消费的生活体系、持续循环的资源环境体系、稳定高效的经济体系、不断创新的技术体系、开放有序的贸易金融体系、注重社会公平的分配体系和文明进步的社会主义民主体系（潘岳，2006）。这就使可持续发展成为造福广大人民群众的基础。

可以看到，环境友好型社会实质上就是生态文明理念的具体实现形态。如果说生态文明是一种理念的话，环境友好型社会则是建设生态文明的必然结果和外在体现。生态文明理念

① 科技查新结果，教育部北京师范大学科技查新工作站，2007 年 12 月。

在生产体系、生活体系、经济体系、技术体系、贸易金融体系、分配体系和民主体系等方面的展开就是环境友好型社会。

总之，中国特色社会主义根本上是为全体人民谋福祉的，环境保护是增进人民福祉的重要领域，因此，中国特色社会主义蕴涵了环境保护的重大使命。在建设中国特色社会主义中，应该把环境保护摆在突出的重要位置。

（二）优化经济发展：科学发展观赋予环境保护的重要功能

在发展中国特色社会主义中，科学发展观是必须坚持和贯彻的重大战略思想，是我国经济社会发展的重要指导方针。

科学发展观赋予了环境保护非常重要的地位和作用。科学发展观的第一要义是发展，而我国粗放型经济增长方式尚未根本改变，难以维持经济的长期稳定发展，因此，环境保护可以作为一种合理的约束条件，起到优化和促进经济增长作用，这是环境保护一个新的重要使命。科学发展观的核心是以人为本，而环境保护的直接目的是改善人民的生活环境，提高健康水平，所以环境保护必然具有重要的地位。科学发展观的基本要求和根本方法是全面协调可持续和统筹兼顾，环境保护作为可持续发展的三大支柱之一，是统筹人与自然和谐发展的重要手段，必然在落实科学发展观中发挥独特和重要的作用。

1. 加快转变经济发展方式是落实科学发展观的主要途径

胡锦涛同志指出："加快转变经济发展方式是落实科学发展观的主要途径，是关系国民经济全局紧迫而重大的战略任务，是提高我国经济国际竞争力和抗风险能力的根本举措，是实现全面建设小康社会奋斗目标的重要保证。我们要深刻认识转变经济发展方式的重大意义，大力推进经济增长由粗放型向集约型转变，由片面追求经济增长向全面协调可持续发展转变。"①

根据"增长的核算"，我国经济增长中资本（包括资源环境投入）的贡献为 60%左右，劳动的贡献为 10%左右，全要素生产率提高（技术进步）的贡献为 30%左右（国务院发展研究中心，2005）。可以看到我国经济发展总体上还是资源环境消耗型的，相对于国际上比较先进的经济发展方式而言（发达国家的经济增长 60%以上依靠科学创新和技术进步的贡献），我国经济发展方式需要逐步降低资源环境消耗而提高技术进步的含量。

根据中国科学院可持续发展战略研究组的研究，总体上，我国的经济仍然是粗放式增长方式，以牺牲资源环境为代价，表现出高资本投入、高资源消耗、高污染排放和低效率产出四大特征。①高资本投入。近 50 年来，我国 GDP 增长 10 多倍（不变价），而矿产资源消耗增长 40 多倍。以 2004 年为例，我国消耗的各类国内资源和进口资源约 50 亿 t，原油、原煤、

① 胡锦涛在中共中央政治局第五次集体学习会上的讲话，2008-04-28。

铁矿石、钢材、氧化铝和水泥的消耗量，分别为世界消耗量的7.4%、31%、30%、25%和40%，而创造的GDP却只相当于世界总量的4%（按现行汇率计算）（2005年，我国GDP占世界的份额提高到5.5%，主要资源消耗比例变化不大）。资本形成占GDP的比重，1980年为34.9%，1995年为40.8%，2000年为36.4%，2003年为42.7%，大大高于美国、德国、法国一般（20%左右）的水平。“六五”、“七五”、“八五”、“九五”和“十五”头四年，每增加1亿元GDP需要的固定资产投资分别是1.8亿元、2.15亿元、1.6亿元、4.49亿元和5.01亿元。②高资源消耗。目前，我国五类主要资源（淡水、一次能源、钢材、水泥、常用有色金属）的节约指数为1.8%（GDP按购买力平价计算），意味着我国这五类资源的平均消耗强度高出世界平均约90%，位列世界59个主要国家（占世界GDP的93.7%）中第54位。我国目前的综合能源效率约为33%，比发达国家低10个百分点；农业灌溉用水利用系数是国外先进水平的一半左右，工业万元产值用水量是国外先进水平的10倍；工业用水重复利用率比发达国家低15%～25%；矿产资源的总回收率为30%，比国外先进水平低20%；单位建筑面积采暖耗能高于气候条件相近的发达国家的2～3倍。我国工业部门的能源消耗占全国能源消费总量的70%以上，而钢铁、有色金属、化工、建材等高能耗行业的能源消费又占整个工业终端能源消费的70%以上。也就是说，高能耗行业差不多消耗了全国能源消费总量的一半。③高污染排放。目前，我国单位GDP的废水排放量比发达国家高4倍，甚至比印度高出59%，是巴西的4倍；单位工业产值产出的固体废物比发达国家高10多倍；单位GDP二氧化硫和氮氧化物排放强度分别是OECD国家的9倍和8倍。④低效率产出。高资本投入、高资源消耗、高污染排放，必然导致低效率产出。我国第二产业劳动生产率只相当于美国的1/30、日本的1/18、法国的1/16、德国的1/12、韩国的1/7。资源生产率相当于美国的28.6%、欧盟的16.8%、日本的10.3%（中国科学院可持续发展战略研究组，2006）。

粗放和落后的经济发展方式，不但带来包括环境问题在内的各种社会矛盾，而且阻碍提升我国经济的国际竞争力，对长期经济发展不利，所以加快转变经济发展方式是落实科学发展观的主要途径。环境问题成因的定量分析表明，经济结构、经济规模、技术水平是影响环境问题的三个主要因素，这说明环境问题的主要原因是经济发展方式问题。

2. 环境保护具有优化经济发展的重要功能

为什么我国经济发展方式会变成粗放和落后？这与过去我国偏于软弱的环境保护措施有关系。本来我国环境基础条件比较脆弱，在经济发展不断增加环境压力的情况下应该采取比较严格的环境保护措施，但从实际过程来看，环境保护的措施和能力一直是十分薄弱的。一是法律中对环境质量负责制的规定过于原则，对环境质量恶化，究竟应该追究谁的责任、如何追究责任都没有明确的规定，导致环境质量责任制长期得不到落实；二是环保投入不足和投入效率不高制约了环境目标的实现，环保投资总量与经济发展带来的环境污染治理需求相比差距巨大，难以满足污染削减的资金需求，尤其是环境保护投资结构不合理，环境保护规划的重点任务与工程措施资金难以保障，重点项目进度严重滞后；三是环境法制建设有待完善，环境法律体系尚不完备、一些环境管理制度不适应需要、环境法律配套滞后等问题严重，环境标准偏低，有法不依、执法不严、违法不究的现象还比较普遍；四是体制弊端严重制约政府环境保护职能的发挥，统一监督管理难以实施，综合协调能力不够，对地方政府监管不力，环境管理模式缺乏整合性；五是环境管理上过分依赖行政手段，忽视经济手段的应用，导致运动过后，污染必然故态复萌，甚至变本加厉；六是公众参与比较薄弱，难以有效发挥监督与制衡作用。这说明我国到目前为止的环境保护还失之于偏软偏弱，强度远远不够。

偏弱的环境保护措施所导致的一个重大不利后果是放任产生了一个粗放落后的经济体系，这个体系一旦形成，既成事实，殊难调整，成为我国当前和今后继续发展的难题。在这个意义上，我国在一定程度上错失了用严格的环保要求来规范、引导和塑造经济发展的有利时机，这是一个深刻的教训。

回顾我国经济发展的历程，可以看到经济发展总体上具有“以牺牲环境换取经济增长”的特征，导致我国“经济增长的资源环境代价过大”（十七大报告）。这种经济发展方式是当时历史条件下不自觉的选择，有历史客观原因，但显然不是一种可以长期采用的经济发展方式。为了转变经济发展方式，需要采取一切必要的手段，环境保护就是一项非常重要和有效的调控手段。

由此看到，对我国环境问题的认识经历了这样一个循环：软弱的环境保护政策未能有效约束粗放的经济发展方式，后者带来了严重的环境问题，因此，改变经济发展方式要回过头来从加强环境保护的法律法规标准做起。这就是说，科学发展观中赋予了环境保护一个特殊而重要的功能：以保护环境优化经济发展。

以保护环境优化经济发展，就是从环境保护的角度对经济发展提出基础性要求，通过加强环境保护的法律、法规、标准等，促使经济发展提高资源利用效率、转变经济发展方式，使之改善和促进经济发展，从而实现经济发展与环境保护的双重目标。

环境保护之所以能够优化经济发展，是因为环境保护要求把环境承载力作为经济发展的基础条件，要求经济发展走少排放、低排放（最好是零排放）的道路，这对经济行为主体是一种外在的强制的约束条件，促使他们努力进行技术创新，提高资源利用效率并尽量循环利用再生资源，而且还能激励他们通过发展绿色产业而获得新的经济效益，这在客观上都会提高经济系统的质量，增强国家经济竞争能力。环境保护对于经济发展，犹如考试制度对于学生的学习进步，尽管考试会增加学生压力，但有利于提高学生成绩。环保政策所调控的对象是具有强烈适应能力和自我调节能力的主体，他们能够根据外部约束条件的变化而及时调整自己的行为，甚至还能从这种外部条件的变化中发现或创造出新的获利机会，所以那种认为企业会因为严格的环保政策而影响发展的担心是不必要的。

关于加强环境保护是否会妨碍经济发展，有研究环境保护与产业国际竞争力的学者通过对国内外环境保护与产业发展的实证研究，并比较了中国与美国的实际经验，认为加强环境保护不会削弱产业的国际竞争力：①环境保护强度不是影响产业国际竞争力大小的决定性因素，对中国制造业 17 个主要产业的实证分析表明，环境保护强度的高低与产业国际竞争力的大小之间并未呈现出一种规律性的变化。②中美比较分析的结果显示，美国实施较严厉的环境保护措施并没有削弱其污染密集产业的国际竞争力（赵细康，2003）。

从“以牺牲环境换取经济增长”到“以保护环境优化经济发展”，这个转变实际上是经济发展与环境保护关系的一个变化。在这种新型关系下，环保不再是被经济发展所牺牲、排斥的因素，相反是促进和改善经济发展的因素。

3. 以保护环境优化经济发展：中国经验

国内一些研究表明，当环境管理增加 1%时，企业的研发投入强度、专利授权数量以及新产品销售收入分别增加 0.12%、0.30%和 0.22%，证明了适当的环境规制对于企业的赢利是有好处的（赵红，2008）。一些实证案例也证明了保护环境可以促进国家工业发展模式的优化转变，直接促进企业生产利润的提高，加快推进区域产业结构的转型，促进行业市场竞争力的大幅提升。

（1）环境保护可以促进传统工业发展模式的转变

举汽车工业发展的例子来说明这种转变。我国在改革开放初期引进国外汽车生产技术的时候，对汽车尾气排放标准要求并不是很高，甚至把尾气治理生产线和车上的尾气净化装置给省略了，这样做的目的是为了降低成本，使当时还不富裕的人们能够用得起汽车，满足人民对汽车生活的强烈渴望，当然付出的代价就是汽车尾气污染加重，城市环境质量下降，这就是环境换取增长的阶段。到了现在，随着汽车数量大增，城市大气环境容量越来越小，公众对环境质量的要求日益提高，原来那种发展方式就不能再延续了，而必须把尾气排放标准提高（例如北京从 2005 年起开始实施欧III标准）。这个环保标准的提高，所引起的结果不仅是改善了城市大气环境，而且引起了汽车工业本身的大幅度变革，那些落后的污染重的汽车生产技术被逐步淘汰了，新的先进技术和工艺得到开发和应用。现在再看我国的汽车工业，哪里还有 20 世纪八九十年代那些落后技术的影子？反而是，汽车环保水平提高后，能够满足国际上较高的环保标准要求，又有较强的价格竞争优势，所以我国也开始成为汽车出口国，打入欧美和发展中国家市场。类似的例子绝不仅限于汽车工业发展，而是可以在整个经济体系中得到体现，这说明在到达一定的发展阶段后，环境保护的要求可以促使传统工业脱胎换骨，实现科学发展，这是环境优化增长的一个典型（夏光，2006）。

（2）环境保护还可以直接促进企业产生经济利润

循环经济和环保产业是最典型的两个领域（二者都是经济活动）。《中国环境报》报道说，江苏省昆山市 IT 产业蓬勃崛起，大量 IT 产品产生的废液、废渣以及固体废物，对周围生态环境造成了污染。精明的昆山人把眼睛紧紧盯住了 IT 产业产生的各类废物，通过积极引进发展循环经济的先进技术，巧妙构织成一个个 IT 产业的“延长链”，组建成立了 20 多家专门“吃废”的企业，使 IT 产业产生的各类废物，“摇身一变”成为高附加值的新产品。短短几年间，在昆山市已形成了以 IT 产业为依托，以大力发展循环经济和构筑资源节约型体系为特色的新型工业化“链环群”。这个事例说明环境保护对经济增长的促进作用和直接贡献是明显的。在环境优化增长的发展方式下，过去被作为废物而被抛弃的部分资源，经过循环经济和环保产业的作用，又被提取了新的价值，这构成了经济增长的新内容。

（3）环境保护可以促进区域产业结构的优化升级

山西在全国率先实施“区域限批”（停止环境违法严重区域环保部门的环保审批权和停止对于区域所有项目的环保审批）。山西省对 1 500 多家污染企业实行了停电、停运、停贷的“三停”措施，关闭了六七千家小煤矿、两三千家小焦化厂，这些企业的设备被运走，高炉被炸毁，场地被推土机推平。2006 年，对未完成限期治理任务的 20 台电力机组予以关闭，对 32 台机组停产治理，对 124 台机组进行了处罚。山西省 2006 年经济预计增长 11.5%，环境治理和污染减排工作都取得了积极进展，11 个重点城市二级以上天数比上一年增长 8.67%，实现了“经济增长较快、环境有所改善”的目标。山西全国污染第一的城市临汾退出了第一，山西全国污染第二的城市阳泉也退出了第二。环境保护不仅使地区的环境质量得到改善，更使这些地区的产业结构发生了根本性的转变，实现区域发展的成功转型。

（4）环境保护可以促进行业市场竞争力的大幅提升

加强环境保护，促进了行业技术进步和改造，使行业的单位生产效能大大提高，使行业的市场竞争力得到大幅提升。钢铁行业是国民经济发展的支柱产业，同时也属于高耗能、高排放行业。“十一五”期间对节能减排的要求，加快了关停和淘汰钢铁行业的落后生产能力，有利于钢铁行业自身结构的优化和整体竞争力的提高。

在产业政策的引导下，钢铁企业正加大节能减排力度，实施余热余能回收及重大环保工程。到目前为止，全国已有干熄焦装置 50 套，有 121 座 1 000 m^3 以上高炉配备余压发电装置，有 10 套利用低热值煤气的联合循环发电装置。截至 2007 年底，中国大中型钢铁企业吨钢综合能耗以标煤计由上年同期的 624.4 kg/t，下降 2.32%，节约标准煤 1 765 万 t；吨钢耗用新水 5.64 t/t，下降 16.24%，节水 3.5 亿 t；二氧化硫排放总量下降 0.4%，减排二氧化硫 2 535 t。钢铁工业在产量增长的同时，实现了排放总量下降，循环经济成效显著。

4．以保护环境优化经济发展：国际经验

加强环境保护可以更好地促进而不是妨碍经济发展，这一结论在一些发达国家的发展历程上得到了印证。

瑞典、德国、日本、美国等发达国家都经历过用严格的环境政策促使经济转型的历史阶段。那些经历了严格的国家环境政策“洗礼”而生存和发展的企业，发展为先进生产力的典型，很多都已成为具有强大竞争力的跨国公司，驰骋于世界，这说明严格的环保政策可以起到优化和促进经济发展的作用。

荷兰是一个土地和气候条件都很恶劣的国家，长期以来与海争地，并不具备发展大农业、大花卉产业的条件。长期以来，荷兰花卉企业面对施用化学药剂日益严苛的法规的压力，不得不着眼于环境问题，在花卉栽培上进行创新，大力提高资源使用效率。荷兰通过增加环保政策力度，不仅大大降低了该产业对环境的压力，也降低了成本，获得更佳的产品品质，进而提升其花卉产业在全球的竞争力，使荷兰出口的鲜花占全球市场数量的65%（波特，2007）。

传统经济学观点认为，增加环境管制压力会削弱一国企业的国际竞争力。但美国企业竞争力专家、哈佛商学院教授迈克尔・波特指出，妥善设计的环保标准有助于引发创新，降低产品的总成本或提高产品的价值，这类创新容许企业使用一系列更有生产力的原料、能源及劳动力等，抵消了改善环境影响的成本，进而提高资源生产力，使得企业更有竞争力（《竞争论》）。他的这个论点被人们称为“波特假说”。

波特指出，严格的环境规制并不一定会降低企业的竞争力，严格的环境规制反而会通过鼓励创新和技术进步促进企业竞争力的提升。企业在充满竞争的市场中运作，绝非处于静止状态，面对来自竞争对手、客户、法规等各样的压力，它们常以创新的解决办法来应对。因此妥善设计良好的环保标准有助于引发创新，降低产品的总成本或提高产品的价值（波特，1991；2007）。

传统经济学从静态角度认为环保造成经济的沉重负担，引起社会福利与私人成本之间的抵消。而波特认为严格的环保可刺激企业从事技术创新，并借此提高生产力，有助于国际竞争力的提升，两者之间并不一定存在抵消关系。虽然企业在从事污染防治过程中，开始可能因为成本增加而产生竞争力下降的现象，尤其是在国际市场上面对其他没有从事污染防治的国外企业，更可能表现出暂时的竞争力劣势，但是，这种情况不会永远不变，企业技术等条件的进步将促使其调整生产程序，利用新技术提高生产效率，进而提高生产力与竞争力，因此，环保通过引发企业的创新，最后会达成降低污染与增加竞争力的结果（周国梅，唐志鹏，2008）。

1992 年波特进行一系列受到环境法规严重冲击的产业与产业部门的跨国性调查，研究创新在其中扮演的角色，以及它在改善环境与资源生产力之间的联系。以化工部门为例，29 家工厂为了避免浪费进行技术创新，成功地抵消了环境保护对竞争力的冲击，在 181 项预防浪费的活动中，只有一项活动的结果导致成本增加。在 70 项产量有所变化的活动中，有 68 项活动报道说产量明显上升；其中还有 30 项活动的平均产量上升了 7%。一些研究数据表明，提高环境保护力度，对于提高企业的创新能力是有作用的（波特，2007）。

日本对汽车的氮氧化物进行严格控制，控制标准远远超过了美国和欧洲。同时，日本通过提高环境标准，鼓励支持工业、城市建设和生活节能，促进了全行业的能效大大提高，其单位GDP能耗是其他发达国家的一半，是中国的1/5。

5．以保护环境优化经济发展：理论解释

如何从理论上理解“环境优化经济”？英国经济学者迪姆·斯瓦松（Tim Swanson）作出了一个经济学的解释[①]。

他假设在封闭的经济条件下，整个社会仅生产两种产品A和B（图3-4-1①）。产品A的生产除了需要资本和劳动力的投入外，还需消耗大量的环境资源；而生产B产品只需要资本和劳动力的投入。

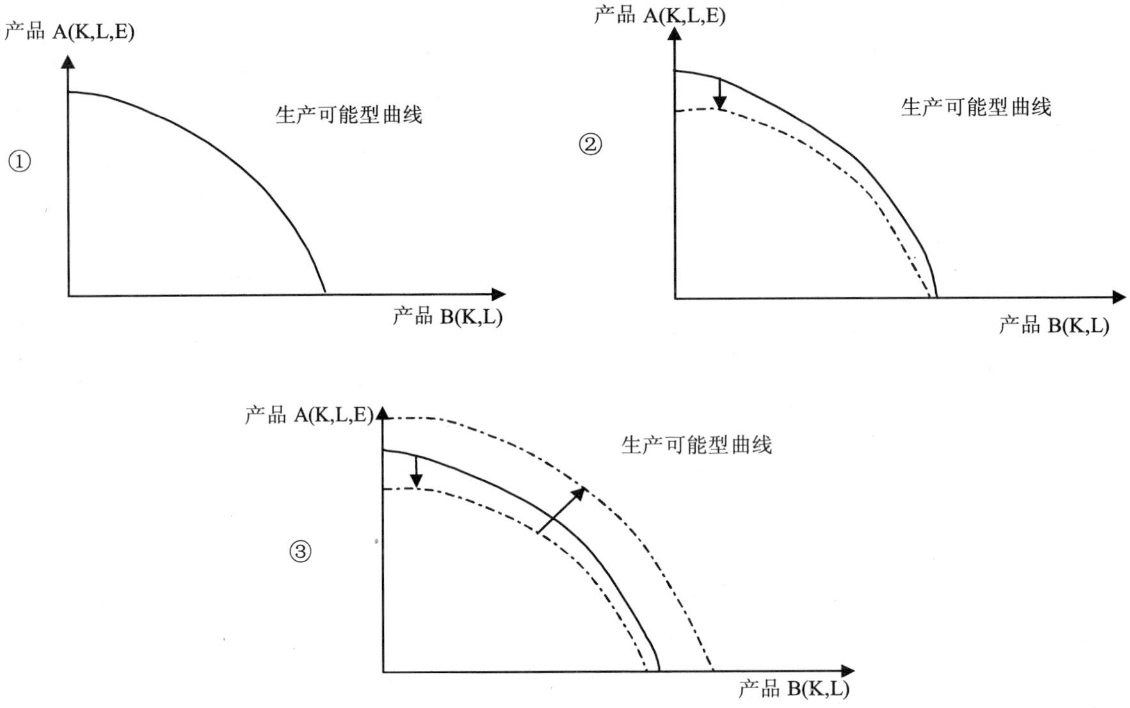

图3-4-1　环境规制下的生产可能型曲线变化图

当对企业增加环境管制压力的时候，在开始阶段，企业会因为增加新的生产成本而出现产量降低的现象（图3-4-1②），企业为了规避由于环境规制压力造成的成本压力，部分企业会增加技术研发投入，以规避由于环境压力带来的成本增加，最后由于技术进步反而促使了企业生产能力的扩大，从全社会的角度来看，生产可能型曲线由开始的向内萎缩变成了最后的向外扩张（图3-4-1③）。从经济学的理论推导可以得出这样的结论：加强环境保护虽然在短时期内会影响到企业的竞争力，导致社会生产力下降，但从动态、长期的角度来看，企业

① Tim Swanson.“环境规制与经济增长”，《亚洲开发银行项目报告》，伦敦大学经济与法学系，2008。

会根据环境规制的压力调整企业行为，促进技术创新，反而会更加提高生产效率，最终实现全社会的生产效率整体提高。

可见，环境保护可以优化经济发展，是因为经济活动的主体都有很强的适应能力和创新能力的群体，他们为了适应环保要求，会积极进行技术创新和制度创新，采取更好的发展方式，形成更强的经济竞争力，这样反过来对经济发展有益。

那么，环境保护是通过哪些具体途径来优化经济发展的呢？英国经济学者迪姆·斯瓦松指出了环境保护优化经济发展的三种机制。他认为，环境问题是由于对环境资源不加节制滥用造成的，对一些环境资源（如空气、水）不加以管理，就会造成环境的恶化，保护环境是对无节制使用环境资源而采取的一种行动，由此产生了对环境管制的需求，这种需求随着人们的收入的增加也在增加。因此最初的环境治理需求是针对现有的环境问题采取的一种反应行为。随着社会不断发展，环境治理的动机也在变化，对环境进行治理的主要原因也由被动反应性变成了主动性治理，使环境保护成为引领工业发展方向的重要因素，而这种主动的环境保护有利于诱发创新。具体而言，这种引导可以通过三种机制来实现。

（1）促进市场转型

通过加强环境保护，提高环境标准可以不断改变现有市场结构和功能[①]。通过普及处于技术前沿的产品和工艺，缩小行业技术差距，从而提高整体市场的绩效、收益率和竞争力。通常采用两种方式来实现先进技术的推广，实现市场转型的目标：首先是直接命令式让企业选择“最好的技术”，其次是基于市场的环境产品标志方式。直接命令式的例子如：1996 年欧洲委员会宣布制冷电机（如冰箱和冷冻机）最低标准将在 1999 年生效。该标准禁止制造商和进口商在欧盟市场出售 D-G 能效产品。Schiellerup 分析得出最低标准使得产品平均的能源消费减少，甚至比规制者的最初期望还要减少得多，大大减少了企业的成本（Schiellerup，2002）。环境产品标志的例子如欧盟能源标志，通过信息公开消费者获得的不仅是商品的当前价格，还有在整个产品的生命周期内使用产品的总花费（如节能冰箱）（Boadman，2004）。通过消费者的选择使得生产者不得不去生产有利于节能，有利于环保的产品，从而促进市场结构的转型，这种手段最关键的环节就是实现节能产品效能的信息公开化。

无论何种手段，都必须政府的主动介入，才能提高环境标准实现市场结构转型的目的。强制命令手段需要政府监督企业进行技术改造，基于市场的环保标志手段，也需要政府作为第三方或者由政府建立一个独立的第三方机构来进行认证，从而实现市场产品的信息公开。因此国家统一执行严格的环境政策，可以使得高效的技术能够在短时间内在整个行业以至区域范围内传播开来，协调不同地区之间的平衡发展，通过采用统一的国家环境标准，避免了地方政府间的“竞相趋劣（不顾环境代价进行经济竞争）”，以实现行业和区域间的协调发展。

① 环境规制与市场转型，《亚洲开发银行项目报告》研究报告之四，2008 年 10 月，第 1 页。

（2）建立国家技术引领地位

国家通过加大环境保护力度，必定促进特定行业的技术进步。当一个国家预见到了将要发生的环境问题，率先实行鼓励政策，引入先进技术，最终就会获得巨大的收益。丹麦开始大力发展风力发电技术时并没有预见到气候变化问题，但是预见到世界发展已经过于依赖化石燃料，因此比世界其他国家提前十多年关注到这个问题，如今丹麦已经从这个行业获得巨大利益[①]。在丹麦最初发展的 20 多年后，才出现全球性的对风力发电技术投资高潮。当从 20 世纪 80 年代初风力发电市场呈指数增长时（基于目前的矿物燃料价格和发展趋势，这种增长还很可能继续），丹麦已率先具有了技术领导权和丰富开发经验，在技术认证和进出口方面也是如此。2004 年，丹麦的风车制造约占全球市场份额的 38.7%。与此相比，德国为 20.5%，美国为 10.8%。而且丹麦还是个仅有 500 万人的小国家。此外，相当多的风力涡轮机技术的专利由丹麦人享有。自 1975 年以来，丹麦公司已经获得 33 项与风力发电有关的专利。其他国家都必须以购买专利，或终端产品附加值的形式购买这项技术。在国际舞台上，赢得某项专利技术的国家也会带来巨大的收益。之后采取相关政策的国家都要向第一个采用的国家交纳专利使用费。如英国的环境标准很低，在过去的几十年里英国的环境技术的进出口比例由原来的 1∶8 变成现在的 1∶1，丧失了一个环境技术输出大国的地位（Porter，1991）。丹麦的例子说明要实现某项技术的领先，单靠市场自发的投入研发是不可能的，只有通过国家从政策、资金投入、大力研发等多各方面同时进行才能确保技术的国际领先地位。

（3）促进国际贸易的顺利进行

国际贸易是拉动一国经济增长的三个重要措施之一。产品、服务、资本、企业和技术的全球流动需要符合相同的标准。标准统一才能使贸易顺畅，而不因各国标准的不同而中断国家之间的贸易，统一标准将大大减少全球贸易中的交易成本。环境标准就是国际贸易标准中一项重要的内容。2007 年美国消费者产品安全委员会因为铅超标向中国出口到美国的 670 万件珠宝产品发布了 18 个召回令（Fairclough，2007）。虽然中国并非有意向美国出口不符合对方消费者产品安全法的产品，但铅在中国作为一种合法的生产资料，两个国家不同的环境标准就导致了贸易冲突的出现。每个国家都有权力允许铅在不同的产品或生产过程中使用，这并非哪个国家有什么过错，而是不同的标准导致了这种国际贸易的中断，使双方特别是出口方的经济利益严重损失。实行与国际一致的产品环境标准，对于促进国际贸易顺利开展至关重要。因此，我们通过加强环境保护，提高环境标准，以保证我国在国际贸易中处于不败之地。

总之，一个国家进行环境治理的原因是随着发展阶段不同而不同的。最初的环境治理是一种对问题的反应——是对现有资源配置机制的补充。跨过最初的发展阶段后，环境治理需

① 环境规制与技术领先，《亚洲开发银行项目报告》研究报告之五， 2008 年 10 月， 第 7 页。

要更加具有主动性——要成为引领经济沿特定方向发展的一种方式[①]。

6. 实现以保护环境优化经济发展需要强大的国家行动

以保护环境优化经济发展，实际上就是通过环境保护政策的引导，使经济发展向着一个特定的方向前进。这一点并非能自动发生，而必须有国家的主动调控才能实现，这是因为环境保护是一种国家行为而非市场行为。具体而言，国家应该在以下方面采取行动。

（1）制定严格的环境法规和标准

有人认为，如果加强环境保护具有促进企业技术进步的特点，企业自己就会自发地进行环境保护。但这是一种错误的假设，因为它假设所有的企业主具备充分的信息。事实上，在真实世界里，经济当事人通常处于信息高度不完整的状态（波特，2007）。例如，美国环保局推动的绿色照明计划（Green Light Program）主要是协助企业节约照明用电的，一份调查表明，80%执行这个项目的企业，在两年内就收回了投入的成本，但还有很多企业还是没有加入此项行动，原因是企业信息不足，不知道实行这个项目会有环境和经济两方面的效益（Stephen，1993）。只有在企业加入这个项目，并从环保局的资料中理解了其中的好处，才会试着去进行这样的新技术尝试。因此仅靠企业自主地通过加强环保促进技术更新换代是存在一定局限性的，这个时候国家强制的环境标准和强制执行就变得重要。

（2）加大对环境保护及相关产业的投入

丹麦和日本分别在非石化能源需求的基础性工作上进行大量投资，政府在促进这种优化模式的形成过程中起了重要作用。丹麦在鼓励发展风电的同时，增加了一系列支持风电发展的投入，其中包括：先于其他国家对风力发电技术和风力发电进行补贴、对风力电价给予保证、对企业研发给予投入、对风能研究部门进行大量政府投资等。[②]

（3）全面提升环境保护的地位

我国经济发展方式粗放落后的原因之一是环境保护的地位偏低，监管松弛，容忍那些落后产业长期运行，不但导致环境问题突出，而且使经济发展本身失去了及时调整和改进的机会。以环境保护现有的地位，是难以实现从环境换取增长转变到环境优化发展的，必须对环境保护与经济发展的关系进行重大调整，把环境保护作为落实科学发展观的重要手段和示范领域，使之渗透到经济发展的全过程。总之，环境保护具有优化经济发展的功能，这是过去我们未能充分强调的认识，现在必须提到战略的高度来看待，通过制定环境宏观战略使这一功能得到充分实现。

---

① 经济增长与环境治理，《亚洲开发银行项目报告》研究报告之一， 2008 年 10 月，第 1 页。

② 环境规制与技术领先，《亚洲开发银行项目报告》研究报告之五， 2008 年 10 月，第 8 页。

二、环境保护处在历史性转变的关键时刻

（一）历史性转变的重要意义

环境保护在建设中国特色社会主义和落实科学发展观中所具有的这种特殊地位和重要使命，表明无论在人们的思想认识上还是在客观实际工作的需要上，环境保护都处在一个重大转折的时刻。党和国家及时抓住这个变化，做出了实现环境保护历史性转变的重大决策。随着全国贯彻落实科学发展观逐步展开和不断深入，环境保护的历史性转变也进入了关键时刻。

1.“三个转变”的内涵

在第六次全国环境保护大会上，温家宝总理代表党中央、国务院提出了“三个转变”的重要论断和要求：“一是要从重经济增长、轻环境保护转变为保护环境和经济增长并重。二是从环境保护滞后于经济发展转变为环境保护和经济发展同步。三是从主要用行政办法保护环境转变为综合运用法律、经济、技术和必要的行政手段来解决环境问题。”这三个转变是方向性、战略性、历史性的，统称为“环境保护的历史性转变”。

“三个转变”要求，必须不断地对发展的战略或政策进行调整。促使鼓励发展的政策与鼓励保护环境的政策充分融合，在发展布局上遵循自然规律，开展全国生态功能区划，根据资源特点和环境承载能力确定不同地区的主导功能。在发展规划上，要进一步优化重化工工业的布局，调整产业结构，凡是污染严重的落后工艺、技术、装备、生产能力或产品一律淘汰，凡是不符合环保要求的建设项目一律不允许新建。在发展政策上要抓紧制定有利于环境保护的价格、财政、税收、金融、土地等方面的环境经济政策。

“三个转变”要求，必须像控制人口、保护耕地一样实行最严格的环境保护制度。建立健全严格的法律法规，逐步提高环境标准，建设训练有素的执法队伍和行之有效的执法手段。凡是超标或者超过总量质量指标排污的工业企业一律停产治理，凡是未完成主要污染物排放总量控制任务的地区，实行区域限批，凡是破坏环境的违法犯罪行为一律要受到严惩。杜绝一切环境违法行为，让任何对环境造成危害的个人或单位补偿环境损失，绝不允许少数人发财，人民群众受害，全社会埋单的情况一再出现。

“三个转变”要求，必须优先解决危害群众健康和影响可持续发展的突出环境问题。把污染防治作为环境保护工作的重中之重，把群众的饮水安全作为首要任务，严禁向水体排放有害有毒的物质，加快淘汰落后产能，加快工业和城市污水处理的步伐，让不堪重负的江河湖泊休养生息，让江河湖泊重新焕发生机和活力。

“三个转变”要求，必须动员全社会的力量共同参与环境保护。充分调动一切积极因素，

聚集保护环境的社会力量，倡导生态文明，强化社会监督，进行科学决策，健全公众参与的制度，发挥社会团体的作用，为各种社会力量参加环境保护搭建平台，鼓励公众检举揭发各种环境违法行为，推动环境公益诉讼。引导公民在享受环境权益的同时，自觉地履行环境保护的法定义务。

2.“三个转变”的重要意义

“三个转变”的论断指出了在环境保护领域落实科学发展观的方向和原则，具有非常重要的意义。“三个转变”与科学发展观所要求的“以经济建设为中心，坚持以人为本，实行统筹兼顾，达到全面协调可持续发展”是完全一致的，而且是对这个要求的具体落实。“三个转变”实际上是明确要求提升环境保护的地位，使之达到与经济发展“并重”、“同步”、“综合”的地步。如果说过去经济发展与环境保护之间是一条腿长、一条腿短的话，那么“三个转变”的原则是把环保这条短腿拉长，而不是把发展这条腿缩短，这就体现了科学发展观“发展是第一要务”的精神。

“三个转变”揭示了新型的环境保护与经济发展关系。如果我国过去是靠牺牲环境换取经济增长的话，那么“三个转变”强调了把环境保护完全融入经济发展之中，成为经济发展的应有之义，并且通过加强环境保护而优化和促进经济发展，形成良性循环。它说明经济发展和环境保护不是对立的，是可以统一起来的，关键是要通过积极的探索找到有效的统一途径。

“三个转变”把环境保护推到了国家建设发展的主干线、主战场和大舞台。它要求不断地对发展的战略或政策进行调整，促使鼓励发展的政策与鼓励保护环境的政策充分融合，在发展布局上遵循自然规律，开展全国生态功能区划，根据资源特点和环境承载能力确定不同地区的主导功能。在发展规划上，要进一步优化重化工工业的布局，调整产业结构。在发展政策上要抓紧制定有利于环境保护的价格、财政、税收、金融、土地等方面的环境经济政策。转变贸易增长方式，限制资源环境密集产品出口。建立可持续消费模式，实现资源节约、环境友好、社会和谐的可持续发展。

“三个转变”内涵丰富。从经济增长与环境保护的关系来看，要把两者摆上同等重要的位置；从环境保护与经济发展的进程来看，两者的推进力度应保持一致；从保护环境的手段来看，不能靠“单打一”的行政办法，要综合运用各种办法，特别要适应社会主义市场经济体制的要求，更多地运用法律、经济和技术的办法。从“三个转变”的关系来看，第一个转变既是核心又是途径，第二个转变既是目标又是模式，第三个转变既是手段又是保障，三者相辅相成、相得益彰，共同构成历史性转变。

“三个转变”是当前我国政府在环境问题上最重要的政治主张和指导思想，其核心是解决我国环境问题的根本点，是改善经济发展与环境保护的关系，以保护环境优化经济增长。“三个转变”是对我国经济发展与环境保护关系认识的新飞跃，是方向性、战略性、历史性的转变，是我国环境保护发展史上一个新的里程碑。

历史性转变是一个具有中国特色、基于中国国情、符合发展实际、融入发展全局的转变，是继承与发展相连、希望与困难同在、机遇与挑战并存时期的转变。实行历史性转变，是全面落实科学发展观的重大措施，是全面建设小康社会的根本要求，是构建社会主义和谐社会的重要保障，是推动环保事业蓬勃发展的强大动力。加快推进环境保护历史性转变，是对建设中国特色社会主义的贡献，也是中国对促进世界和谐与发展的贡献。

（二）国内外新形势要求加快推进环境保护历史性转变

自 2006 年第六次全国环境保护大会提出“三个转变”以来，已经取得了初步成效。在科学发展观、和谐社会、新型工业化、资源节约型环境友好型社会、生态文明等一系列与环境保护密切相关的新的治国理念下，国家开始实施《体现科学发展观要求的地方党政领导班子和领导干部综合考核评价试行办法》，在机构精简的总体背景下组建环境保护部，并组建了六个区域环保督察中心和五个区域核安全监督机构，节能减排实现了重大突破，全国主要污染物排放量连续下降。经济增长方式开始朝着环境友好的方向转变。地方都在积极调整产业结构、大力推进节能减排、加快江河湖泊治理。生态保护和农村环境保护成为新农村建设内容。

环境保护的历史性转变是一个较长时期的渐变过程，“三个转变”是其承上启下的及时反映。同时，环境保护历史性转变作为一场新的重大变革，不可能一帆风顺，也不可能一蹴而就。最根本的是，历史性转变符合科学发展观的要求，顺应人民群众的期待，方向和道路是正确的。

当前，环境保护正处在历史性转变的关键时刻，这主要是因为国内外形势都对环境保护提出了新的要求。

1. 环境问题影响国家核心竞争力和可持续发展能力

我国明确了全面建设小康社会的目标，经济发展和人民生活还需要使用和消耗较多的环境容量，特别是用一定的环境介质来容纳和净化生产和生活中排放的污染物。我国环境容量总体来说是很大的，这使我国环境支撑了过去快速的工业化和城市化进程。但目前环境容量已基本耗尽，除了已经受到特殊保护的自然保护区外，全国生态系统基本上都受到了人类经济活动的影响。迄今，我国以占有世界 9%的耕地、6%的水资源、4%的森林、1.8%的石油、0.7%的天然气、不足 9%的铁矿石、不足 5%的铜矿、不足 2%的铝土矿和不足世界平均水平一半的其他多数矿产资源，养活着占世界 22%的人口（张坤民等，2007）。只有大量压缩原来的经济活动所占用的环境容量，才能为未来的发展腾出空间，因此，极大地强化环境保护，是实现未来发展目标必须采取的措施。

长期以来，我国环境状况一直处在不断退化的过程之中。到目前，环境形势仍然非常严峻。一是环境污染正在从城市向农村转移，从人口稠密区、经济发达区向人口稀疏、经济欠发达地区转移。二是从局地向区域扩散，从城市江段向流域蔓延，从常规性污染向非常规性污染、有毒有害污染转化，从浅层次向深层次的环境问题演变。老的问题没有解决，新的问题接踵而至。污染范围在扩大，污染程度在加重，污染风险在加剧，污染危害在加大，治理难度在增加，同时，在新型环境问题、全球环境问题等方面也面临着前所未有并且越来越大的压力。

目前，地表水总体为中度污染，污染范围已由支流向干流、下游向上游、区域向流域、地表向地下蔓延，污染来源已由工业为主转变为工业农业和生活并存；湖泊富营养化问题突出，已由城市内湖向大多数湖泊蔓延；饮用水安全存在严重隐患，已影响人体健康。空气环境质量不容乐观，污染范围已由城市向郊区和农村、局地向区域蔓延，污染类型已由煤烟型污染向煤烟—机动车尾气复合型污染转变，空气中细颗粒物和有机污染加重，部分大城市臭氧污染突出，大气环境处于临界状态。酸雨污染呈加重趋势，酸雨面积基本保持稳定，但酸雨污染严重的城市比例增加。局部海域污染严重，赤潮发生频繁。1/3 的城市声环境为轻度污染，夜间超标突出，社会生活噪声覆盖面积逐步扩大。我国生态形势不容乐观，区域生态系统结构破坏严重，生态过程盲目无序，生态服务功能持续下降。核与辐射安全形势紧迫。

总之，我国环境问题处在比较严重的状态，其中最为突出的是大面积水污染、城市大气污染、生态系统功能退化、农村面源污染、温室气体排放总量大等。

2. 未来环境需求与可供环境容量的缺口很大

未来一段时间，我们既要面对经济总量增长、人口增加、城市化水平提高，社会消费能力不断增强的现实发展趋势，同时又要面对环境容量相对不足、环境风险不断加大，环境问题日趋复杂的巨大挑战。

经济总量增长仍将是未来相当长时期不可逆转的趋势。如果我国经济按照 2005—2010 年 9%、2011—2015 年 8.5%、2016—2020 年 7.5%的速度增长，同时保持目前的产业结构、能源结构、技术水平、污染治理水平等条件不变，那到 2020 年主要工业污染物的排放量将是 2005 年的 3 倍，也就意味着新增污染物需要占用原来 2 倍的环境容量。

如果到 2020 年，我国总人口相比 2005 年增长 13%，同时城市率达到 52%左右，以目前的城市污水处理水平，届时城镇生活污水排放量将是 2005 年的 2 倍，主要污染物也将是 2005 年的 1.5 倍。如果再加上城市机动车辆大幅增加导致的汽车尾气污染、农业面源污染、工业固体废物和生活垃圾污染、有毒有害物质的有机物污染，这些都需要大量的环境容量来承纳和净化。

如果继续沿用粗放的经济增长方式，我国以这样的资源家底和生态环境严峻的形势能否实现 2020 年全面小康社会的目标和 2050 年达到中等发达国家的水平，是一个令人质疑的问题。据预测（王梦奎，2005；何邢，2007），到 2010 年，我国 45 种主要矿产品中，关系国计民生的大宗矿产将难以保证需求；到 2020 年，石油的进口依存度将可能达到 58%、铁为 52%、锰为 38%、铜为 82%、铅为 52%、锌为 69%。

中国科学院对 2020 年我国经济社会发展的资源环境影响进行了三种情景分析（王梦奎，2005）：以 2000 年的情况为基点，即假定 2000 年经济社会发展的资源环境影响为 1。情景一，按现有资源、能源效率和污染排放水平，2020 年经济社会发展对资源环境的影响将是 2000 年的 4～5 倍；情景二，保持 2000 年的环境质量，那么 2020 年资源生产率（单位资源消耗的 GDP 产出）或生态效率（单位污染排放或生态消耗的 GDP 产出）就必须提高 4～5 倍；情景三，如果使 2020 年的环境质量有很大改善（资源环境影响比 2000 年减少一半），则资源效率或生态效率必须提高 8～10 倍。

3．经济全球化和技术发展对我国环境产生一定风险①

在目前经济全球化格局下，我国处于国际产业链的低端，因国际贸易产生环境风险的可能性较高。一方面，国际“两高一资”产品的大量出口对国内资源环境的压力加大，一些工业产品在生产、包装等环节环境标准偏低，甚至没有环境标准，出口易受到发达国家环境标准的限制；另一方面，我国大量进口石油、天然气及部分大宗矿产品，也将增大国内能源安全、资源安全的风险，对全球资源供需产生深远影响。

20 世纪 90 年代以来，以信息技术为基础，以资本流动为主导的经济全球化趋势，以惊人的速度席卷世界每个角落，渗透到人类社会的方方面面，极大地促进了生产要素及其产品和服务在全球范围内的自由流动和重新配置，使国与国之间的经济关联更加密切。可以说，全球化已经成为我们这个时代的显著特征。

全球化正惠及世界经济发展和环境保护。全球化大大促进了国际经济分工合作和贸易自由化的发展，世界经济在全球化浪潮推动下，取得了长足发展。全球化打破了封闭经济下的资源约束，促进了资源合理配置，提高了资源的使用效率；全球化也为科学技术进步、转移和知识传播创造了更有利的条件；正因为这些积极作用，全球化也为各国和国际社会解决环境问题提供了更多可供选择的现实途径和潜在机遇。

然而，由于全球化利益的不均衡分配，南北贫富差距进一步扩大，贫困、饥饿、灾荒、疾病等问题继续蔓延，严重阻碍着人类社会的可持续发展。20 世纪 90 年代以来，伴随着快速的经济全球化，全球环境也在以前所未有的速度恶化。环境污染、能源短缺、资源匮乏、气候变暖、森林退化、生物多样性锐减和土地退化等资源环境问题日益凸显。至少可以说，在全球化进程中，我们的环境面临着更大的和新的挑战。

① 引自任勇，陈刚. 我国环境与发展战略转型的规律、特征、挑战与对策//中国环境与发展国际合作委员会年度政策报告编辑委员会，《中国环境与发展的战略转型》，北京：中国环境科学出版社，2007.

经济全球化与新的环境挑战之间有其内在的必然联系。经济全球化的本质是市场机制支配下的生产要素及其产品和服务的全球流动与重新配置。全球化进程中的环境恶化是经济全球化模式及其内在机制的某些缺陷所导致的结果。所以，在经济全球化背景下，我国环境保护面临着来自世界的压力和挑战，同时，我国也对世界带来影响。

首先，我国处于新一轮全球产业结构调整的下游，承接着产业转移和积聚的污染风险，加剧了局部地区的环境问题。世界银行（2006）的研究显示：世界 28 个行业中，仅钢铁、炼油、食品、工业化学、纸及纸制品、有色金属、水泥 7 个部门的大气和水污染物排放就占到了全球的 90%，这一污染负荷在 1960—1990 年的 30 年里几乎没有大的变化，所变化的只是从一地转移到另一地。我国目前是世界第三贸易大国，在国际贸易中的比重超过了 7%；我国工业制成品出口已占到了其整个货物贸易出口的 90%以上，但主要从事低端产品环节的生产加工，发明专利仅占世界的 1.8%，国内具有自主知识产权核心技术的企业仅占万分之三左右，我国的对外技术依存度高达 50%，高技术含量产品的 80%以上依靠进口；外资企业出口在我国出口中所占比重达到 58%（陈文玲，2007）。这三组数据基本可以说明，我国正是高消耗高污染行业转移的集聚地和“世界工厂”。

其次，我国在赢得贸易顺差的同时，也承担着“生态逆差”。改革开放的 30 多年来，我国进出口总额从 1978 年的 206.9 亿美元，扩大到 2006 年的 1.76 万亿美元，累计增长近 70 倍。在庞大的货物贸易中，我国既遭受着环境贸易技术壁垒造成的经济损失，也承受着贸易留下的环境代价。我国出口贸易中，初级产品出口比重在 20 世纪 80 年代曾高达 51.6%。我国出口的很多商品价格很低，甚至不能真实体现劳动力成本，更不要说支付环境成本。目前，我国为世界每一个人生产 1 双鞋、2 米布和 3 件衣服，出口服装 177 亿件，而每件只售 3.51 美元；出口鞋子 60 亿双，每双仅售 2.5 美元。我国稀土出口量 2004 年是 1990 年的 9 倍，平均价格却下降 46%。据测算，我国每年出口的高能耗产品相当于出口掉全国能源消耗总量的 1/5，中国为此牺牲的环境污染代价是可想而知的（陈文玲，2007）。

最后，我国巨大的贸易量在给世界人民带来经济和生活实惠的同时，也会有一些不利的资源环境影响，如资源能源进口问题，这些问题经常会被别有用心的人作为“中国资源或环境威胁论”的口实。同时，我国目前是温室气体的第二排放大国，尽管在“共同但有区别的责任”原则下，我国对减缓气候变化作出了实质性的贡献，但关于在后京都进程中的承诺问题，目前承受着空前的国际压力。

与此同时，一些区域环境问题和全球环境压力进一步加大，我国 2008 年前后二氧化碳排放总量将居全球第一，2020 年人均二氧化碳排放量将接近全球人均平均排放水平，国际环境履约任务繁重，责任重大。另外，新技术发展在为解决环境问题提供有力工具的同时，可能会产生许多新的环境问题，带来新的环境挑战：一是生物技术对生态环境的影响具有很大的不确定性。一些新的生物物种和转基因农作物对生物安全、食品安全和生态环境安全存在风险；二是科学技术的快速发展导致和促进了大量的新化学物质的合成，而有些化学物质可能成为自然系统中新的持久性有机污染物（POPs），反过来对人类健康和自然生态平衡构成威胁；三是随着现代信息技术的发展，产生大量的“现代垃圾”和电磁污染，如处置不当，对水环境和土壤环境造成新的危害。

因此，在全球化背景下，中国与世界之间出现了一些新的双向环境挑战，要有效应对这些挑战，仅仅依靠 WTO 规则和外交手段不能解决本质问题，中国必须调整国内环境与发展的战略关系，转变经济增长方式和贸易方式，以和平发展和绿色发展屹立世界。

4．应对金融危机和扩内需保增长更需加强环保调控

2008 年下半年以来，由次贷危机引发的金融风暴席卷全球，并对实体经济产生了严重影响。中国政府为了进一步扩大内需，促进经济平稳较快增长，出台了总额为 4 万亿元的经济刺激措施，其中，生态环境投资明确为 3 500 亿元。在这场不期而至的金融危机面前，中国的环境保护工作又一次被推到了风口浪尖，人们再次对未来环境形势表现出了极大的关注：环保会不会成为保增长的牺牲品？

金融危机是一次全球性的挑战，教训是十分深刻的。金融危机是一个经济现象，同时也是国家治理中的一个共性问题。从金融危机中我们可以总结出对我国环境保护工作的三点警示：

第一，经济要监管。资本的内在倾向是追求最大的利益，以次贷危机为发端的金融危机就是金融资本为了追求利益最大化而把成本和风险向外转移造成的，这在经济学上称为“外部不经济性”。国家监管是国际上公认的克服外部性的重要措施，它要求各国政府要对包括生产、流通、分配和消费在内的经济活动进行必要和有效的约束、引导和规范。美国金融危机的严重教训之一是政府有意放松了对金融衍生产品的监管，致使华尔街老板们用复杂晦涩和风险极大的金融产品忽悠全世界投资者，造成难以收拾的危险局面。过去我们认为国家对经济活动进行监管，对社会是有益的，但不利于经济发展，现在我们看到了，如果缺乏监管或监管过弱，不但对社会产生损害，其实对经济发展本身也很不利，犹如父母放弃对孩子的管教不但会危害社会同时也会害了孩子本身一样。

监管就是政府对市场交易和社会运行进行干预的行为和过程，按照 OECD 提出的定义，监管包括“由政府或政府授予监管权力的所有非政府部门或自律组织所颁布的所有法律、法规、正式与非正式条款、行政规章等，是政府为保证市场有效运行所做的一切。”（在这里顺便提一下，“政府”这个词在西方语境里有时泛指所有的国家权力机构，而在我国，“政府”主要是指行政系统而不包括立法、司法体系，所以西方所说的“政府监管”在我国译成“国家监管”较宜）。监管又分为经济性监管和社会性监管。经济性监管是指政府出于防止出现劣质、垄断、欺诈、暴利等负面经济后果而进行的干预活动，社会性监管是指政府出于安全、

环保、卫生等公共利益目的而对经济活动进行的管理。

环境监管是社会性监管中的主要内容，其目的是防止和克服经济活动给社会带来环境污染和生态破坏等外部不经济性后果。党的十七大指出“我国经济增长的资源环境代价过大”，说明我们的经济发展中环境监管的力度远远不够。缺少环保要求的经济一定是一种粗放落后的经济，而粗放落后的经济是缺乏竞争力的。环境污染和生态破坏是资本的逐利动机衍生出来的后果，仅仅依靠资本（企业）的自觉行为很难纠正，必须有强有力的外部约束。金融危机的教训告诉我们，必须加强对经济活动的环境监管，这样做既可以降低环境风险，也可以降低经济风险。

第二，环保要实化。金融危机的另一个重要教训是没有很好地摆正虚拟经济与实体经济的关系。知识创新、金融创新等虚拟经济是有重要意义的，因为通过这些活动可以大大扩展人类对自然规律和经济规律的认识，提高人类的生产能力和有效需求。但虚拟经济要建立在实体经济的基础之上，与实体经济相互匹配，相得益彰。金融危机的发生在一定程度上反映了把经济虚拟化的倾向，以为通过不断的金融产品的衍生，而不必从事实体性的产业建设，就可以获得持续的经济增长，事实证明这种看法是危险的。这个教训对环境保护也是适用的。环保要实化，就是指不但要重视环境保护的理念、口号、方针、指示、政策、要求等这些上层建筑的构建，同时必须进行体制、机制、工程、监测、监察、科研、信息等“实体性”的环保能力建设，这种“实体环保”是整个环境保护大厦的基础和主体。环保要实化就是要有实实在在、真金白银的投入。近几年来，国家不仅出台了一系列的环境保护的激励性政策措施，而且还专门设立了节能减排、环保能力建设的专项资金，很多地方通过创建国家环保模范城市和生态省建设等，在产业结构调整、城市环境整治等方面投入了巨大的力量，这些都是将环保“实化”的重要举措。但是，总体来讲我国的环境执法、监测、决策、信息等方面的能力，相对于经济发展带来的巨大环境影响而言，是远远滞后的。国家成立环境保护部，这是环保在体制上实化的一个进展，但如果职能和能力都没有大的变化，那就仍然停留在虚拟阶段。

第三，债务要控制。金融的本质是债务关系，通过债务来融通资金，提高人类的生产能力，促进经济发展，因此债务并非坏事，利用得当是有益的。金融危机是不当的债务关系的总反映。美国通过金融衍生品而形成的债务高达数百万亿美元，超过美国 GDP 数十倍，其金融风险通过这种庞大的债务链条而被几乎无限放大，这就远远超出了良性债务的范围，因此，债务规模和风险都必须控制在可以接受和调节的范围内，这是这次金融危机的又一个教训。通过这一点，我们来看看对环境保护有什么启示。我国在经济发展过程中，实际上也欠下了巨额“环境债务”，是把当代和后代所应享有的环境福利进行了较大程度的透支。如果说在经济发展的初期阶段难免会付出一些环境代价的话，那么今天环境问题的程度实际上已经超出了良性债务的范围了，形成了我国历史上范围最广、程度最深、影响最大的环境污染和生态破坏，说我国已经出现了“环境危机”也不为过，这种危机也已经开始威胁我们的经济安全，因此，及时清理和偿还巨大的环境欠账，是保证环境安全和经济安全的必要选择。

总之，在全世界都在反思金融危机产生、蔓延和爆发的教训的时候，及时和认真地吸取教训，提高对于环境保护在新形势下的地位和作用的认识，是十分必要和有益的。

从扩大内需的 10 大措施出台，到中央经济工作会议重申保增长的调控目标，再到目前国务院办公厅关于当前金融促进经济发展的 30 条意见出台，越来越细化的调控举措逐步勾勒出新一轮宏观调控的路径——既要保当前经济增长，又要抓住难得契机优化经济结构，促进经济发展方式转变。

在国家为进一步扩大内需安排的约 4 万亿元投资中，保障性安居工程占 2 800 亿元，农村民生工程和农村基础设施占 3 700 亿元，铁路、公路、机场、城乡电网占 18 000 亿元，医疗卫生、文化教育事业占 400 亿元，生态环境投资占 3 500 亿元，自主创新结构调整占 1 600 亿元，灾后恢复重建占 1 万亿元。从这一投资结构中可以看出，国家安排这 4 万亿元资金投入，并不是为了简单地直接刺激经济，依靠工业企业的复苏在短时间内迅速增加产值，应对国际金融危机对实体经济的影响，而是要借力打力，转“危”为“机”，同时达到改善民生和调整结构的目的。

对于这次金融危机以及国家拉动内需措施对环境可能产生的影响，目前还无法清楚地得出结论性意见，因为还没有为此进行系统的实地调研，而且经济界对这两个事件的实际效应也众说纷纭，各持己见，我们现在能做的是进行一定的理性推测。我们可以对当前宏观经济形势对环境的影响进行正反两个方向的趋势分析：一是从正面来看，受金融危机影响，很多企业停产、歇业或关闭，在一定程度上减少了污染排放，这一点已有人民日报记者在宁夏等地的报道给予了一定佐证。同时，国家扩大内需的经济刺激计划中，有相当一部分投资是投向生态环境建设和环保能力建设，这会使很多地方的环境基础设施和环保能力上一个台阶，这对控制环境污染和恢复生态功能是有利的。二是从负面来看，金融危机使很多企业流动性缺乏，无钱投入污染治理，可能使污染减排更加困难。同时，随着国家经济刺激计划的实施，一些原来停产或歇业的落后产能又恢复生产，形成污染反弹。

上述正反两个趋势，究竟谁强谁弱，可能各地情况不同，近期负面趋势可能更大一些。这是因为，我们当前的经济困难主要是由外需不足导致的市场有效需求不足造成的，而我国是一个人口众多并有一定经济实力的大国，内生需求不可限量，一旦采取措施扩大内需，我国的经济可能比较快地实现好转，每年仍能达到 8%以上的增长率，这与美国是由于金融系统严重恶化而导致经济衰退的情况是完全不同的。这种由于人口众多而产生的经济自我循环的现象，就是经济学家所说的“巨国效应”。而我国又是一个具有独特政治资源的国家，政府对经济的调控能力很强，一旦国家确定要保增长，尽管要付出较大的代价，也一定能达到目标，所以我们可以对经济恢复抱有很强的信心。但在这个恢复过程中，由于经济增长方式难以很快改善，“两高一资”产业延续运行，被市场周期性波动所淘汰的落后产业可能在欠发达地区“克隆”再生，所以对环境的压力会先抑后扬，我们应该对困难估计得更足一些。

在扩大投资中，一些地方上报的项目中包含了不少产能扩张的项目，总投资达 360 多亿元，环境保护部卡住了这些项目，但是又可能出现“未批先建”的问题，今后可能会出现“拉锯战”或者是重复建设。在这种形势下，环保工作应该支持地方经济发展，积极促进经济转型，防止不科学的发展。

从国家保增长、调结构的双重取向来看，环境保护获得了一个特殊的地位：一方面开展生态环境建设可以极大地增加对经济产品的需求，有利于推动经济增长；另一方面环境保护又是一种对经济活动的外在要求，有利于经济体系朝着环境友好的方向转变，二者合起来，就赋予环境保护在当前形势下的一个明确定位：以环境监管促经济转型。它是当前环境保护工作的一个重要思路，既是新的环保增长点，也是新的经济增长点。这次国家拉动内需的投资计划，对环境保护是一个机遇，将对过去欠账较多的环境基础设施和环境监管能力有一个很大的提升。

将加强生态环境保护建设与保持经济平稳较快发展有机结合起来，把加强生态环境建设作为扩大内需的重要措施，这是中央确定的在应对金融危机对策中的环保方针。目前，环境保护部围绕保增长、扩内需、调结构的大局已经出台了 8 条措施，一要坚定不移地加强污染减排工作，确保完成“十一五”减排目标；二要坚定不移地强化环评审批服务，竭尽全力促进经济发展进步；三要坚定不移地严格环境准入，控制“两高一资”项目和产能过剩行业的过快增长；四要坚定不移地抓住国家加大投入的有利时机，加强生态环境保护和环境管理基础能力建设；五要坚定不移地加强农村环境保护工作，下大力气切实改善农村环境质量；六要坚定不移地强化环境管理，促进经济建设与环境保护协调发展；七要坚定不移地加快完善环境经济政策，建立健全环境保护工作的长效机制；八要坚定不移地强化环境监督执法，维护人民群众环境权益。

通过这些措施我们可以看到，它们分别从结构、准入、监控、能力等方面准确地定位了环保工作与保增长大局的关系，反映了中央把战胜金融危机作为实现我国经济结构转型、转变经济增长方式重大机遇的精神。越是在加大经济投资的时候，越要加强环境保护的调控，而不是让环保为经济让路，这是同以前靠牺牲环境来发展经济的思路完全不同的指导思想，是一种根本性变化的思路，这就是历史性转变的要求。

总之，当前环境保护机遇与挑战并存，国家把应对这场国际金融危机作为调整经济结构、转变发展方式的机遇，把加强生态环境建设作为扩内需保增长的重要措施，表明了继续推动科学发展、促进社会和谐的坚定决心，也为环保事业的大发展带来了难得的历史机遇。

以上分析表明，实现环境保护历史性转变是完全必要的，也是必然的。随着我国参与经济全球化进程，相关的环境问题也会逐步凸显。我国作为“世界工厂”的状况短期不会发生变化。我国目前正是这些行业的集聚地，环境压力可想而知。从国际上看，国际环境保护形势给我国带来重大压力和机遇。我国经济迅速发展的重要条件之一是积极利用国际市场，深刻参与经济全球化过程，经济发展的外贸依存度很高。党的十七大提出我国继续坚定不移地坚持对外开放的基本政策，表明我国将继续积极参与经济全球化进程。当前，与这种经济全球化紧密伴随，国际环境保护行动也出现了新的特征，特别是国际环境保护行动与国际贸易的有关政策日益紧密地联系起来，环境问题成为 WTO 的重要议题。气候变化等全球环境问题及其相应的全球行动（例如清洁发展机制、低碳经济等）都带来外部条件的改变，为我国实施科学发展提供了新的机遇。我国由于参与经济全球化的程度较深，在国际环境问题上的影响和作用也更加受到国际社会的关注和期待。因此，必须及时调整我国在环境问题上的对外政策，同样实行深刻的转变。

中国环境与发展国际合作委员会的报告指出，很显然，今天的我国已没有部分发达国家完成工业化进程所具备的可以通过武力和廉价贸易掠夺的世界范围供给资源的环境，纵然时光倒流百年，我国全面小康社会建设和现代化建设即使有了资源供给的国际环境，现有的经济增长方式也会使我们美丽的山河污浊不堪，丧失安居的家园。我国目前以牺牲资源环境为代价的经济增长方式已走到了尽头，也就是说环境不仅要主动去优化经济发展，经济发展也要主动反哺环境，经济增长必须与资源环境相协调，必须发生历史性的转型，别无他途。①

三、深化对中国环境保护新道路的认识

我国环境保护的历程和经验表明，30 多年来，我国一直在根据我国的具体国情，努力开拓和探索一条具有中国特色的环境保护道路，这条道路从无到有，不断完善，逐渐成形，还在继续延伸，既有成功经验，也付出了一定代价，这条道路就是中国环境保护新道路。毛泽东同志说过："主义譬如一面旗子，旗子立起了，大家才有所指望，才知所趋赴。"中国环境保护新道路是我国环境保护事业发展的一个纲领性概念，是一面旗帜，起到指引方向、凝聚人心、鼓舞斗志的作用。

中国环境保护新道路是一个完整的理论和实践体系，它包含了从理论到实践、从中央到基层、从历史到现在等各个层面、各种主体和各个时期的大量相关因素，因此是一个十分综合和庞大的体系。

中国环境保护新道路是中国环境宏观战略的重大命题，或者说，积极探索中国环保新道路是环境宏观战略研究所要实现的主要目的。由于中国环保新道路的这种重要性，所以我们在开展环境宏观战略研究时，十分需要进一步深化对中国环保新道路的认识。

---

① 任勇，陈刚. 我国环境与发展战略转型的规律、特征、挑战与对策//中国环境与发展国际合作委员会年度政策报告编辑委员会，《中国环境与发展的战略转型》，北京：中国环境科学出版社，2007.

（一）中国环保新道路的核心思想是实现经济发展与环境保护的高度融合

深入理解中国环保新道路，最重要的是搞清楚其核心思想是什么？从字面上看，“中国环保新道路”是一个中性的表述，还不能直接看出新道路的核心思想，我们建议以“实现经济发展与环境保护高度融合”作为这个核心思想的表述。①

1．经济发展与环境保护高度融合的含义

经济发展与环境保护高度融合，其主要含义就是把环境保护的要求全面地纳入经济社会发展的全过程之中，使经济发展的各个环节和各个过程，都有利于保护和改善环境；同时，环境保护也要积极地发挥作用，促进经济结构调整和经济发展方式转变。总之，高度融合的含义就是使经济发展与环境保护不分彼此、相得益彰、互惠共赢。“正确的经济政策就是正确的环境政策，正确的环境政策就是正确的经济政策”。

具体而言，经济发展与环境保护高度融合包含三个要点：① 实行从严从紧的环境保护政策；② 对重要的生态系统实行休养生息的战略部署；③ 在特殊区域实行环境优先的战略方针。

（1）实行从严从紧的环境保护政策

实现经济发展与环境保护的高度融合，主要要求之一是实行从紧的和严厉的环境保护政策。所谓实施从紧和严厉的环境政策，是指国家在环境保护的深度和力度上有极大增强，使我国环境保护政策（包括环境标准、法律责任等）具备比过去大得多的约束力和实际执行率，比发达国家在相应发展阶段上采取的环境政策更为严格，部分环境政策要达到发达国家当前的程度。②

具体而言，从严从紧的环保政策主要是指：① 采取严格的环境监管措施，提高各种环境准入门槛。按照环境保护的要求首先调整经济结构，加快淘汰落后产能。对排污企业实行严格的达标治理。② 强化环境法治，对国家的法律体系进行生态化改造，在民法、刑法、物权法、经济法、资源法中，全面强化对环境保护的要求。跳出环保范围内的法制建设，不能仅仅局限于修改环保法、水法、大气法，要在国家整个法律体系中把环保的内容充实进去。③ 更多地使用经济手段来管理环境，使国家整个经济政策全面“绿化”，通过绿色信贷、绿色税收、绿色保险、绿色价格体系、绿色证券等，促使国家整个税收、信贷、财政、税收、价格体系朝着环境友好的方向改变。④ 把加强环境保护能力建设作为探索中国环保新道路的重要措施，国家和地方都拿出更多的经济发展成果来修复受到损害的环境，大幅度提高环境监管能力，形成“经济反哺环境，环境优化发展”的良性关系。

为什么要在我国实行从紧的和严厉的环境政策？主要是基于我国特殊的国情条件和环境

① “实现经济发展与环境保护的高度融合“是周生贤首先提出的。

② 以造纸行业为例，中国现行造纸行业排放标准只相当于 1990 年代的世界平均水平，与发达国家相比还存在较大差距，大部分企业吨浆综合取水量高出国际先进水平一倍。（中国环境与发展国际合作委员会《实现“十一五”环境目标政策机制》报告，2007）

形势。

一是我国环境形势仍然十分严峻，已经突破或接近我国环境可以承受的限度，“环境形势十分严峻”的评价已经说了二十多年了，这表明我国的发展政策、贸易政策、环保政策等存在着很大的问题，今后如果仍然延续原有强度的政策，则环境形势难以逆转。

二是环境问题已经对经济社会发展和人民生活产生了严重的负面影响，如果继续延续原有相对比较软弱和低效的环保政策，则无法改善群众的环境福利，更无法实现环境公平和环境正义，不能体现以人为本的科学发展观要求，人民群众不答应，也不符合中央提出的关注民生的要求。①

三是未来引发更大环境压力的各种因素仍然十分强劲，相当长时期内我国将处于“土木钢铁经济时代”，对资源和环境密集型产品（如钢铁、水泥等）的需求高度旺盛，这些产业的发展要求消耗大量的环境容量。只有采取从紧的和严厉的环保政策，才能压缩现有的环境负荷，腾出一定的环境承载力满足经济快速发展的需要。对此，我国一位著名经济学家提出“我国应该实行世界上最严厉的环境政策。”

四是我国人口对环境的压力将会发生结构性和突变性的增加，因为城市人口快速增加和人均生活消费量的快速提高，都会大幅度地增加对环境的排放，这比单纯的人口总量增加对环境的压力增大来得更强，在这一点上，我国比发达国家的回旋余地小得多，因此，只有采取严格的环保政策来引导建立可持续的消费方式，建立环境友好型社会，才能防止出现我国由于人口与环境的特殊紧张关系而出现社会危机。

五是经济全球化和环境问题国际化的趋势在客观上要求我们大幅度强化环境保护，特别是中国逐渐成为世界经济大国后，国际社会对中国的期待和要求明显提升，对中国的国家形象（包括环境形象）要求有质的转变，而且以付出重大环境代价为特征的贸易发展方式也逐步受到国际上的批评和抵制，这是一种逐步显现的利益损失。这些新情况都要求在环保政策上做出重大改变，这样才能缓解日益突出的“国家形象焦虑”，并避免重大的国家利益损失。②

（2）对重要生态系统实行休养生息的战略部署

实行经济发展与环境保护高度融合，必须对我国重要的生态系统进行战略性的规划和部署，对维护完好的生态系统要重在预防，对已经出现退化的生态系统要部署修复，对损害严重、不堪重负的生态系统则要实施休养生息。环境问题反映了生态系统功能的减弱或丧失，我们过去所长期沿用的针对表象采取治理措施的做法应该改革，这是对以科学发展观指导环境保护工作的重大问题。回顾过去，我国在江河湖海等生态系统的治理中，试图在不减轻环境负荷的情况下进行达标排放，效果不彰，说明这种方式存在较大局限，应该从根本上更新思路，实行休养生息的新政策。

① “实现社会公平正义是中国共产党人的一贯主张，是发展中国特色社会主义的重大任务。”（十七大报告）

② 1956年毛泽东说过：要把我们国家建设成为一个大强国而又使人可亲。（《作家文摘2007年10月30日》）

“休养生息”（又称“与民休息”）本是战乱后的新建王朝所采取的重要国策，其基本精神是通过轻徭薄赋，减轻百姓的负担，使之摆脱困境，重获生机，从而实现经济繁荣和社会稳定。休养生息是谋求长远发展的决策，是我国古老生态智慧的体现。将休养生息的古老含义应用于今天的环境保护战略，是对我国历史智慧的积极借鉴和发扬光大。

对重要的生态系统实行休养生息，是对“先污染、后治理”错误思路的匡正，从更深层次上说也是对自西方发端、全球跟进的整个工业化和城市化进程负面后果的深刻反思，是在总结发达国家水环境治理经验，借鉴社会治理实践，充分尊重江河湖泊自然演替规律的基础上，提出的新的治理思路和对策。

让重要的生态系统（特别是江河湖泊）休养生息，就要从全局出发，采取综合、科学的措施。要通过休养生息，对长期困扰我国经济发展的粗放型增长方式形成强大压力，引导各地转变发展观念、创新发展模式、提高发展质量，从根本上缓解发展过程中对环境的压力。休养生息不是消极、被动等待，而是积极、主动的进取，不是迟滞，而是蓄积。围绕着长远发展的目标推动休养生息是前进路上的必经之路。前人可以通过避免战争、减轻赋税实现休养生息，今人却不能让经济止步以保护环境，今天的休养生息具有更加丰富的内涵和深刻含义。让重要生态系统休养生息，必须控制“两高一资”产业的过快增长，加快淘汰落后产能，关闭浪费资源、污染环境的违法排污企业，推动循环经济和清洁生产，促进产业结构优化升级。要以更严格的环境保护措施优化经济增长，努力做到以环境准入促进生产技术换代升级，以环境功能分区促进产业布局合理有序，以环境成本促进资源优化配置。必须全面实行流域环境综合治理，从流域全局出发统筹考虑、综合治理。今后流域环境问题的解决应该从生态系统完整性功能出发的，而不局限于针对污染的产生应急性防护措施。要实行工业、农业、生活污染全面治理，实现上游、中游、下游水环境保护协调发展，统筹生产、生活和生态用水合理分配，综合运用工程、技术、生态措施，以及经济、法律和必要的行政手段和谐推进。让重要的生态系统休养生息，必须从人口和产业的布局上采取措施。对已经不堪重负的生态系统（例如流域），必须扬弃扬汤止沸的老方，施以釜底抽薪的猛药，对经济布局进行战略性重组，下决心退出一部分人口、退出一部分产业，使之调整到环境承载力更强的地方去。无疑，这是一场重要的战役，只有这样，才能使那些特殊的地方获得缓解和恢复，逐步实现经济发展与环境保护的协调和融合。

（3）*在特殊区域实行环境优先的战略方针*

实现经济发展与环境保护的高度融合，在不同的地方有不同的实现方式，对于一些特殊区域或领域，或国家发展的一些特殊阶段，应实行环境优先的战略方针。

环境优先，又称“生态优先”、“环保优先”，是指在一些特殊区域或领域，把环境质量状况作为指导包括经济发展在内的各项工作的基本衡量标准之一，以环境承载能力为基础和底线来规划和约束各方面工作，使环境保护成为保障人民生存环境、优化经济发展方式的重要和首选的手段。

实施环境优先的战略方针，要求把生态文明作为国家执政的优先准则之一，置于重大决策前端，以生态文明为基本要求制定国民经济和社会发展规划等重大发展蓝图，在国家有关发展的重大决策中，增强环境保护参与决策的程度。对区域和产业发展规划和政策进行环境影响评价并赋予一票否决的权力。

在具体实施层面上，环境优先主要体现在以下“十优先”：一是在制定法律法规时，优先进行环保立法；二是在编制发展规划时，优先编制环保规划；三在做出发展决策时，优先考虑环保影响；四是在调整经济结构时，优先发展清洁产业；五是在利用有限资源时，优先节约环境资源；六是在新上投资项目时，优先进行环保评估；七是将环保投入作为公共财政支出的重点，环保开支的增速要高于财政开支的增速；八是在建设公共设施时，优先安排环保设施；九是在进行技术改造时，优先采用环保型技术；十是在考核发展政绩时，优先考核环保指标。

实施环境优先的地区，一般有两种情况：一是经济比较发达、环境容量资源已得到比较大的开发利用、环境压力比较大的地方。在这种情况下，这个区域未来的发展主要是要改变结构、提升质量，此时实施环境优先就是为了促进这种转变，经济比较发达为实施这种转变提供了条件。二是在自然条件非常脆弱，难以承载大规模经济开发活动的地区，或是在自然条件非常优越，大规模开发将毁坏良好的自然遗产的地区（我国西部地区很多地方属于这样两种区域），无论这些地区经济是否发达，都应该实施生态优先、环境优先，禁止开发或限制开发，国家对这些地区实行生态补偿和生态移民以保障他们的发展权利和发展机会。

当前，提出在特殊区域或领域实行环境优先战略，需要澄清几个认识问题：

问题 1：如何看待“环境优先”与“发展是第一要务”的关系？

科学发展观的第一要义是发展，这里所说的发展，是经济社会政治文化的全面发展，环境的基础性地位和基本要求是贯穿在所有这些发展过程之中的。“环境优先”就是“先行一步，走在前面”，是指在所有这些发展过程中，要首先考虑环境的起码支撑能力和最大可能的支撑强度，基于这种能力来安排发展规划，从而为全面和科学的发展提供充分和持久的保障，这是“环境优先”也称为“环保先行”的原因。可见，环境优先不是用“环境”否定“发展”，而是用“环境”来保障和促进“发展”。环境优先与发展是第一要务是互相促进的共赢关系，而非此消彼长的替代关系。

问题 2：如何理解“环境优先”与“三个转变”的关系？

第六次全国环境保护大会提出“环境保护与经济发展要并重、同步、综合”的战略部署，是环境保护的历史性转变。这个重大的部署是针对当时我国环境保护严重滞后于经济发展的现实情况而做出的，经过近几年的贯彻实施，已经开始使环境与经济严重失衡的状况有所改变，特别是节能减排前所未有地成为各级领导者高度重视的重中之重的工作，这是历史性转变的重要成果。

"环境优先"是在"并重、同步、综合"基础上的进一步发展，主要是针对未来的环境保护战略进行的部署，从时间上看，最早也要从"十二五"开始才能提"环境优先"，所以环境优先与现在正在实施的"三个转变"并不冲突。

应该说，"环境优先"包含了"三个转变"所承载的内涵，即使在从"十二五"开始的一段时间内还不适宜提实施环境优先，也不妨碍"环境优先"作为长期的环境宏观战略（国家发展战略）方针。我们可以把从"三个转变"到"环境优先"的过渡看做是"第二次环境保护历史性转变"。

问题3：为什么要把"环境优先"作为经济发展与环境保护高度融合的一项内容？

第一，党的十七大提出"在优化结构、提高效益、降低消耗、保护环境的基础上，实现人均国内生产总值到二〇二〇年比二〇〇〇年翻两番。"这是把保护环境确定为经济发展的前提条件和基本要求，体现了"环境优先"的含义。2006年《国务院关于落实科学发展观加强环境保护的决定》也指出"在环境容量有限、自然资源供给不足而经济相对发达的地区实行优化开发，坚持环境优先"。2008年，胡锦涛总书记在考察海南省时指出"海南要坚持生态立省，坚持把建设生态文明、保护生态环境放在经济社会发展的首要位置，做到在保护中发展，在发展中保护"。环境优先作为一个长远的要求，对全国很多地方具有指导和引领作用。

第二，国际经验表明环境优先具有改善环境和优化经济的双重作用。"环境优先"的提法原来是在日本20世纪60年代的公害防治立法实践中出现的，当时日本经历了十多年的经济高速增长，出现了严重的环境污染和大量公害事件，成为当时世界有名的"公害列岛"，民众身体健康和生活环境受到极大损害，强烈要求立法防治污染。1970年日本第六十四届临时国会修改了《公害对策基本法》，删除了"维护生活环境要与经济发展相协调"的条款，实际上是否定了"经济优先"原则，确定了"环境优先"原则。从此，日本的环境立法力度加大，迫使企业大幅度增加公害防治投入，到1975年企业公害防治投资额达到历史最高水平，从而使日本从"公害列岛"的困境中走了出来，成为受到世界赞誉的"公害防治先进国"。在这个过程中，日本产业界积极开发污染小、效率高的新型技术和设备，对原有产业结构和技术路线进行了大幅度改造，使日本产业技术水平达到世界领先水平，形成了强大的产业竞争力。日本的这段历史说明，一种正确和适时的发展理念及其立法原则的确立，会对发展的路径和实绩产生多么大的影响！

第三，我国一些地区采取环境优先战略已经取得了明显效果。① 2004年，广东省明确提出在珠江三角洲地区实行环境优先的总体方针，要求珠三角各城市按照环境优先的原则来布局和安排"十一五"规划，创新思维，细化措施，科学指引，用实际行动建设"和谐广东"。经过几年来实施以环境优先为宗旨的《珠江三角洲环境保护规划》，珠三角环境发生了很大的变化，珠江又可以游泳了，同时经济发展也进入了一个新阶段。② 2005年，江苏省开始在全省范围内实行“环保优先”的发展方针，这是根据江苏省经济发达但环境问题十分突出的具体省情条件做出的选择，具体表现为“十优先”。③ 2006 年，上海浦东新区正式把“环境优先”作为浦东今后的发展方针，努力建设“生态城区”。在十多年前开发开放浦东时，《浦东开发“八五”计划和十年设想》明确提出了“坚持经济、社会和生态环境协调统一的开发原则”，从此以后，按照这一开发原则，浦东在人口数量剧增、国民经济平均每年以约 20%的速度快速增长的情况下，使污染物排放总量逐年削减，万元 GDP 能耗、水耗都达到了国内先进水平，十多年来，浦东依托环境、养育环境、利用环境，使环境成为吸引人才、支撑产业、发展事业的重要资源，从保护环境中获得了丰厚的回报。

可以看到，环境优先是一种旨在促进发展的环境保护战略方针，其目的是通过实施严格的环境保护措施而提升经济质量，以更好更快的方式实现发展目标。对于发达地区，实施环境优先的目的不仅仅是出于保护环境，而且是为了通过实施环境保护措施而提升经济质量。对于欠发达地区，实施环境优先是为了吸取其他地方的经验教训，直接达到较高的发展起点，以更好更快的方式实现发展目标。有些欠发达地区对于全国具有生态屏障的作用，所以保持这些生态服务的价值，就需要由全国来分担相应的压力。

2. 为什么要把经济与环境高度融合作为环保新道路的核心思想

① 温家宝总理在第六次全国环境保护大会上提出了以经济发展与环境保护要并重、同步，要综合运用多种手段保护环境为内容的“三个转变”，其核心是塑造一种新型的经济发展与环境保护关系。这个要求是在对我国环境保护的历程进行总结和回顾的基础上，结合国际环境保护的历史经验教训而提出的，是一项对环境保护的基础性和长期性的部署，而非对短期工作的部署，所以，作为对我国环境保护具有长期意义的中国环保新道路，应该把这个要求作为核心思想来贯彻。周生贤部长提出“经济发展与环境保护高度融合”这个表述，比较集中和深入地体现了“并重、同步和综合”的要求，形式上比较简练和通俗，所以用作环保新道路的核心思想表述应是合适的。

② 在环境问题的成因分析中已经得到结论，粗放式的经济发展方式是已引起我国环境问题的首要原因，所以改善经济发展方式就是中国环保新道路的首要任务和主要措施。怎样改善经济发展方式？提高环境保护对经济发展的引导和调控作用，把环境保护的理念和要求纳入到经济发展的全过程之中，这是推动转变经济发展方式的主要途径，所以，使经济发展与环境保护全面和深入地融合在一起，实现经济发展与环境保护的“双赢”，这是环保新道路达到的主要目的。

③ 如同中国特色社会主义这面旗帜上写着“以经济建设为中心，坚持四项基本原则，坚持改革开放”这样的核心思想一样，中国环境保护新道路这面旗帜上也应该有一个明确的核心思想。“实现经济发展与环境保护的高度融合”是一个比较凝练的归纳，有利于人们直观

和明确地把握中国环保新道路的核心主张，也有利于把环境宏观战略研究的成果向中央汇报和向社会宣讲。

（二）探索中国环保新道路的着力点是全面增强环境保护的国家力量

中国环境保护新道路是中国特色社会主义道路的组成部分，环境保护在一个特定的方面反映了国家综合发展水平和发展能力。环境问题纷繁复杂，环保对策丰富多样，在探索中国环保新道路中，十分需要有一条主线把整个探索过程整合起来，达到纲举目张的效果，这条主线可以归纳为“全面增强环境保护的国家力量”。

1．什么是环境保护的国家力量

环境保护的国家力量，是指一个国家在环境保护方面所具有的综合实力，又称“环境保护国力”。只有在环境保护方面投入必要和足够的力量，才能实现科学发展观、建设生态文明所要求的环境保护目标，因此，强调 “增强环境保护国力”的意义是毋庸置疑的。

可以看到，环境保护的国家力量是一个综合的概念，它把一个国家内所有环境保护的力量都包含在内。从所源自的主体来讲，该力量包含了政党、人大、政府、司法、社会等各种主体的能力。我们过去讲到国家力量，主要理解为国家权力机构（特别是政府）的力量，而在这里，国家力量也包括社会的力量。从上下层面上讲，环境保护的国家力量包含了中央、地方、单位（如企业）等各个层次的力量，而不仅仅是指“中央”所具有的环境保护能力。从所覆盖的领域来说，该力量包含了政治、经济、社会、科技、外交等方面支持环境保护的力度。

近年来人们使用的“环境执政能力”、“绿色控制力”、“绿色领导力”等概念，都是属于环境保护国家力量中的一种或一类。在环保工作中，我们经常强调“要引起中央的高度重视”，其含义就是要求增强中央对环境保护的领导力。犹如 GDP 这样的经济指标大体上反映了一个国家的经济实力一样，“环境保护的国家力量”这个概念可以总体上反映我国在环境保护方面所具有的能力。

之所以要反映并重视我国环境保护的综合实力，是因为它是我国综合国力的一部分，而综合国力具有“水桶原理”中的“短板效应”，在一定条件下环境保护的综合实力可能成为影响综合国力的主要因素。近年来，随着我国综合国力快速提升，人们对我国综合国力的关注程度也越来越高，环境保护在其中的分量也日益增加。人们之所以关注绿色 GDP 的测算，就是因为环境保护的能力过弱在一定程度上抵消了国家的整体实力。

测算一个国家的综合国力，最早的是 1965 年德国的福克斯国力方程，它以钢产量、能源产量和人口数量为指标来标志国家力量的强弱。后来，人们又发展出了克莱因国力方程，把决定综合国力的因素分为物质要素和精神要素两部分，认为国家实力是由国家的有形实体（人口与领土）、经济实力（GDP、能源、关键性非燃料矿物、工业生产能力等）、军事能力（战略核力量和常规力量）、国家战略（政治目的、生产和贸易等）、国家意志（国家动员能力等）等因素所决定的，国力计算结果取决于物质要素与精神要素的乘积。此后，日本综合研究所等机构又提出了由国际贡献能力、生存能力和强制能力三个层次构建的综合国力评价体系，其中把“资源”作为生存能力的一项指标。中国现代国际关系研究所的评估报告把综合国力定义为主权国家经济、军事、科教、资源等方面的实力和影响力的总和。可见，人们对综合国力的认识也是在不断发展的，资源、环境等这些基本国情要素逐渐进入了衡量综合国力的指标体系之中。

2006 年中国社会科学院发布的《全球政治与安全报告》将中国的综合国力排为第六，世界上其他机构所做的排序虽有所差别，但也把中国列为综合国力较强国家，这说明我国综合国力在总量上已有了很大提高，特别是经济力量增长很快，基本具有大国、强国的地位。

我国综合国力进入到世界前列之中，这其中就包含了环境保护综合实力的提高。2008 年 12 月 16 日，《中国环境报》发表了“纪念改革开放 30 周年特刊”，包含“环境保护发展之综合篇、理念篇、地位篇、法制篇、外交篇、公众篇”几大部分，对 30 年来环境保护的主要成就和重大事件进行了详细和清晰的回顾和总结，从中我们看到了一个逐渐成长壮大起来的力量，它是我们国家在应对环境问题过程中逐步构建和积累起来的一种综合能力，即环境保护的国家力量。

2. 我国在环境保护方面仍然是一个“弱国”

在看到我国综合国力进入大国行列的同时，也要看到总量掩盖下的结构问题。我国虽然已经在经济、政治、军事等方面成为大国、强国，但在环境保护方面仍然是一个“弱国”，这是因为从很多方面看，我国都存在“环保力量薄弱”的问题。

从中央与地方的角度看，我们经常批评地方和企业不能遵守环境保护法律法规，搞上有政策下有对策，环保投资不足等，这实际上就是说在地方和基层上环境保护的力度不够；从各种主体执政或参政的角度看，环境保护的立法、执法、司法都不够有力。立法体系的最大问题是很多经济、社会方面的法律本身没有体现可持续发展和环境保护的理念；执法体系的最大问题是环保法律的处罚力度规定软弱，执法手段缺乏；司法体系的最大问题是社会公众缺乏环境权益依据，司法救助无能为力。从所涉及的几个领域看，环境保护所需的政治保障力量（如政绩考核）、经济与环境综合决策机制、公众参与途径、科技支撑力度、国际合作（谈判）力量等，都差距甚大。这些都是公认的状况。集中到一点，就是环境保护的综合力量十分薄弱。

形象一点说，我们目前所具有的环境保护力量，可能只能应对 20 世纪 90 年代那个时期的经济发展规模所产生的环境压力，而要应对当前或未来的经济发展对环境的压力，现有的环境保护力量必须成倍强化。

2008年12月中旬，在由人民网发起并主办的“回顾与展望·改革开放30年中国环保事业论坛”上，一位前国家环保部门的领导同志很感慨地讲了这样一段话：“今年年初，全国人大通过了政府的机构改革方案，设立了环境保护部，当时很多记者采访我，大家都觉得这是一个很受鼓舞的消息，我觉得也是一个好消息，但是如果细想起来也感到很不是滋味。30多年了，现在成立环境保护部，虽然成立是好消息，但是从历史看，应该更早一点，似乎更好一点。”这段话反映了一种真切而复杂的感受，既表明了对我国环境保护事业的挚爱，也表达了对长期以来环境保护力量偏弱的遗憾。相对于经济和社会发展对环境的冲击而言，国家在环境保护方面的力量本来应该强大得多。

2008年12月，环保部党组召开专题民主生活会，分析检查影响和制约环保事业科学发展的突出问题，认为主要反映在“六个滞后”上：一是生态环境改善滞后于保障和维护人民群众日益增长的环境权益的需要；二是基础能力建设滞后于承担的全面履行中央赋予的环境保护职责的需要；三是机制体制法制建设滞后于环境集中统一有序监管协调性的需要；四是农村环境保护滞后于实现城乡环境公平的需要；五是对直属单位和行业的管理、指导和监督滞后于环保事业快速发展的需要；六是干部队伍建设滞后于推进历史性转变的需要。这些分析集中到一点，也是说明环境保护的力量远远不能满足需要。

2009年8月，韩国一家研究机构公布一项对世界主要国家的综合国力排名，认为中国综合国力排世界第二，但若以单项指标计，唯独“环境管理能力”一项，在受评价的18个国家中几乎垫底，可见中国的环境保护力量不足在世界上也是有一定共识的。

3. 增强环保力量是探索中国环保新道路的关键着力点

探索中国环保新道路是一项艰巨的任务，我们需要为之找到一个关键的着力点。如果把各种工作所具有的性质抽象出来，我们看到，所有的工作最终都聚焦到一个命题上：全面增强环境保护的国家力量。

为什么说增强环保国力是探索环保新道路的关键着力点？这是由中国环保新道路的特性决定的。

探索中国环保新道路，就是采取一套适合我国国情的环境保护战略和政策。我国的国情，不仅体现在人口多、底子薄这种特殊的资源条件上，还反映在我国具有独特的历史文化和政治体制上，因此，探索中国的环保新道路，就是要发挥我国独特的文化和政治优势，应对特殊的人口和资源压力。这里所说的独特的文化和政治优势，就是中国特色社会主义。社会主义天然地包含着动员和依靠所有社会成员的力量来共同建设自己国家的理念，因此，中国环保新道路也就自然地要求增强环境保护的国家力量。

环境保护“三个转变”的提出，也说明增强环境保护国家力量的必然性。经济发展与环境保护要达到并重、同步、综合，其含义就是原来经济与环境之间、各种环保手段之间，出现了“力”的失衡，经济发展带来的环境压力远远超过环境保护的应对能力，从而出现环境问题日益严重的后果。我们不能采取把经济发展压下来的办法以保持经济与环境的平衡，而只能采取把环境保护提上去的办法使二者达到并重和同步，这就要求全面增强环境保护综合实力。

在增强环境保护的国家力量中，强化国家行动最为重要。只有国家才能对环境有关的基本法律关系作出规定，才能影响、调控甚至决定地方和全社会的环境保护行为。有一种观点认为，我国环境问题的主要难点出在执行环节，是地方未能全面和完整地贯彻国家的环境保护部署，因此探索环保新道路的重点应该放在调整地方的环境保护行为。这种观点虽有道理，但没有看到地方行为对国家调控的依赖性。地方的行为是受国家政策主导的，如果地方没有很好地贯彻中央的环保意志，说明在国家层面还缺少具有足够作用力的引导性政策。[①] 中国古代兵法说“上无疑令，则众不二听”，就是说上级的指令要逻辑一致，下级才能明确贯彻执行。过去，国家一方面强烈要求地方采取坚决的环境保护措施，另一方面又在干部考核任用上使用经济指标为上的评价标准，谁 GDP 搞得快谁上得快，对完不成环境保护目标的地方领导并不追究责任，这就使地方受到错误的引导，显然不利于地方干部树立生态文明、科学发展的观念。同样的，过去国家一方面强烈要求地方采取环境保护措施；另一方面在一些只有国家才能决定的环保政策方面却又颇费踌躇（例如关于大幅度提高排污收费标准的政策建议，在 20 世纪 90 年代被多次提出，但一些经济部门以加重企业负担为由加以反对，结果使排污收费政策一直处在弱政策状态）。一方面确立环境保护的基本国策地位；另一方面又把环保机构设置得十分薄弱。这种宏观层面上的政令不一和前后矛盾，实际上向地方发出了含糊不清的信号，使地方不能准确地把握和贯彻国家的环保要求。这些情况都说明，在探索环保新道路中，国家行为至关重要。在明确要求地方加强执行环保法律法规的同时，迫切需要加强国家自身的环保行动。总之，解决我国环境问题的重点突破口是在国家层面，强化环境保护的国家行动是探索环保新道路的关键问题之一。

在所有的国家行动中，建立强大的国家环境执政能力是最基本的行动。一方面确立环境保护的基本国策地位；另一方面又把环保机构设置得十分薄弱，这种不对称、不自洽的体制设置，本身就反映了国家在环境保护上的两难困境和担心加强环保会妨碍经济发展的真实考虑。实际上，如果环境与经济是此消彼长、二者取一的关系，那么在过去那种特定的历史条件下，任何执政的决策者都会做出轻环保重经济的选择，即使知道资源环境付出了很大的代价也是如此。现在，已经出现了环境保护优化和促进经济发展的客观条件，国家应该及时增强环境执政能力，特别是加强环境保护体制能力。一旦国家做出这样的决策，地方就会很快

① 中国古代兵法说“上无疑令，则众不二听”（上级的指示必须逻辑一致，下级才能明确贯彻执行）。

跟进，环境保护相对于经济发展的“短腿”局面就会很快改观。

在增强国家行动的同时，也必须同时强调社会行动的重要性。我国环境保护具有国家权力很大、社会权利不足的特点，形成了政府奋力奔走、社会无能为力的失衡局面。总体上看，企业的环境保护积极性没有调动起来，公众的环境保护积极性没有调动起来，这是一种局限性很大的不完善的“环境治理结构”。我国未来民众与政府的激烈矛盾甚至“对抗”，很可能最先出现在环境领域。这种局面的实质是环境价值的代言人不充分，基本上把环境价值都交给政府来代表，政府负担过重。在政府力量比较薄弱的农村地区、贫困地区、边远地区，环境的价值甚至无人代表，被随意使用、过度使用。为此，在探索环保新道路中，必须形成一种新的“环境治理结构”，在其中，国家与社会都有很强的责任和权力（权利），让全社会都有机会、有权利来代表和管理环境。为此，必须对国家环境立法体系进行重大改革，在强化国家的环境执政权威的同时，较大幅度地扩展社会享有的环境权益（例如知情权、监督权、索赔权、参政权等），从主要用行政手段保护环境转变为综合运用法律、经济、技术和必要的行政手段解决环境问题。这种法律的改革是体现以人为本、关注民生导向的。只有在这样改革后的国家与社会关系基础上，实行从紧的和严厉的环保政策才有足够的力量支撑。

总之，探索中国环保新道路，必须调整环境保护的若干基本关系，对过去环境保护所赖以进行的基础进行重大改变，而不是停留于对某些环保措施的一般性补充和完善，这些基本关系的改变才是环境保护的历史性转变。

4．怎样增强环境保护的国家力量

环境保护的国家力量是国家意志与社会力量的集合，而环境保护的国家意志是指国家最高权力系统关于环境保护的政治意愿和行动部署的集合，其中国家最高权力系统包含国家层面的政党、立法、行政、司法等权力机构。

全面增强环境保护的国家力量，就是既要增强环境保护的国家意志，也要强化环境保护的社会力量。具体而言，主要在以下方面：

一是增强对环境保护的政治领导力。发挥我国特有的政治优势，提高党和国家对环境保护的领导和保障力度，增加环境保护在干部考核任用制度中的权重，强化中央对各级政府的环境保护问责制。进一步强化环境保护的国家意志，提高环境保护在国家宏观调控中的地位和权威。全面提升政治体制对环境保护的保障作用，增加人大代表和政协委员中来自环境保护领域的成员名额。

二是增强环境保护的立法力度。全面提升环境保护在国家法制建设中的地位和强度，对经济和社会领域的各种法律法规进行生态化改造，实行更严格的环境保护奖励和处罚制度。加快环境保护立法进程，建立科学的环境保护制度体系，使环境保护法律缺位或薄弱的局面尽快改变。

三是增强环境保护的执行力。扩大各级政府的环境保护职责和权能，扩大环境保护机构规模，加快实施环境保护“大部制”。大幅度提高环境保护所需的监测、执法、应急、管理等方面的能力及其水平。提升环境保护领域的人力资源规模和素质，特别是使基层环境保护力量逐步延伸到农村地区。

四是增强环境保护的司法力度。法院和检察院系统更多地担负起环境保护的责任，积极推动环境保护领域的司法实践，在立案和审案过程中力保环境公正，通过判例为环境保护法制发展提供支持。

五是增强环境保护的社会权利。把与环境有关的公众健康作为基本民生问题，动员社会力量有序参与环境保护共同行动。扩展和保护公众的环境权益，有序发展环保非政府组织。引导企业增强环境保护责任意识，鼓励新闻媒体发挥监督作用，倡导公众可持续消费的生活方式。

六是增强环境保护的科技支撑力。提高环境保护的科学技术含量，以绿色技术改造传统产业，在环境保护领域大力推进原始创新、集成创新和引进消化吸收再创新。突出加强环境保护的基础研究、关键技术、前沿技术、工程应用性技术。提高环境保护的科学决策与管理水平，在科技领域率先建立“环境保护统一战线”，建立健全环境保护宏观决策咨询制度。改革教育体系，提高全民族环境意识。

七是增强环境保护的国际合作能力。把环境保护纳入国家的外交议程，向国际社会传播中国环境保护道路的经验。按照十七大“相互帮助、协力推进，共同呵护”的精神调整和完善我国有关环境保护的外交政策，把应对气候变化等国际环境问题作为调整我国能源结构和产业结构的机遇，以积极和务实的态度参与全球可持续发展进程。

四、环境宏观战略的思路

“战略”最初是军事用语，最早见于中国西晋司马彪著的《战略》一书。主要是指导战争全局的方略。它是为了达到战争的政治目的，依据战争的客观规律制定和采取的准备和实施战争的方针、原则、计划和方法。战略要研究和解决的主要问题是：对国内外形势的估量以及对敌对双方军事、政治、经济、地理、科学技术等因素的分析；对战争可能爆发的时机、战争的性质、特点及发展趋势的判断；战略方针、战略任务、战略方向、战略阶段和主要作战形式的确定；武装力量的建设；武器装备的研制和更新；战区划分；战场准备；动员体制的确立；战略后方布局和物资储备；战略预备队的组建；军事科学技术的研究；经济和工业布局的调整；战略指挥系统的组建和完善；全民战争的准备等。战争中各种情况瞬息变化，应关照好战争全局的各个方面、各个阶段之间的关系，掌握关节，适应实施战略转变，夺取战略主动权，进行战略决战。现在，“战略”一词已被各个领域所借用，如政治战略、经济战略、外交战略、人口战略、资源战略等。

中国环境宏观战略作为一项国家战略，一是要始终站在国家的角度和高度，克服部门和地方视角的局限性，提出国家行动的方案；二是要以环境保护历史性转变、探索环保新道路为主题，突出体现环境保护与经济发展关系的重大调整；三是在时间跨度上要远近结合，以2020年为主要时段，重点在“十二五”期间（2011—2015），远期为2030年和2050年。

根据推动环境保护历史性转变、积极探索中国环保新道路的主题要求，总体上，中国环境宏观战略应该体现以下几个层面的含义：

第一，把生态文明作为治国理政的核心价值之一。即坚持节约资源和保护环境的基本国策，把生态文明作为建设社会主义核心价值体系的重要内容，用生态文明指导国家的执政行为，努力推进生态文明建设。提出强化环境保护的国家意志，提高国家对环境保护的政治承诺。弘扬环境文化，提升社会环境道德价值水准，优化生产生活消费方式，切实维护人民群众的环境权益。

第二，确立新型的经济发展与环境保护关系。从重经济增长轻环境保护转变为保护环境与经济增长并重，从环境保护滞后于经济发展转变为环境保护和经济发展同步，形成“经济反哺环境，环境优化发展”的良性关系。调整国家衡量经济发展的标准，提升环境指标在评价国家财富和社会福祉中的比重。建立强有力的环境保护与经济发展综合决策机制。把环境保护作为经济发展的调控手段，以保护环境优化和促进经济发展。从控制资源使用效率的环节上，大幅度降低单位产品所消耗的资源。

第三，改善国家环境执政方式，强化环境执政能力。从主要用行政手段保护环境转变为综合运用法律、经济、技术和必要的行政手段解决环境问题，重点是改善环境保护法制体系和建立环境经济政策体系。调整国家与地方在环境保护方面的基本关系，科学划分国家和地方的环境保护事权，强化国家在环境保护中的责任、权威和问责权力，增强地方应对发展经济与保护环境双重压力的能力。改革干部考核任用制度，在考核任用体系中大幅度增加科学发展、环境保护的内容和指标。构建政府、企业、社会相互合作和共同行动的环境保护新格局，扩展企业和社会的环境保护义务和权利，鼓励和保护全社会对环境保护的有序的政治参与，发挥环境保护民间组织和力量的作用。大幅度提高政府环保行政执行力，提高经济活动的环境准入门槛。推动科技进步，增加环境保护投入，完善体制机制，增强科学决策能力和环境执法能力。显著提高环境决策的科学化和民主化水平，进行科学的功能区划，分类保护监管。实施若干重大的生态恢复和环境建设工程，对重点流域和区域主要环境问题进行综合整治，保障重要生态系统的完整、稳定和安全。以与我国地位相适应的方式，积极参与和协力推进全球可持续发展，树立负责任的大国形象。采取积极的应对气候变化国家战略，推动节约能源和提高能源利用效率，发展低碳经济模式，减少温室气体排放。

总之，中国环境宏观战略应以提高国家可持续发展能力为目的，把改善环境质量满足人民群众环境需求为基本出发点和落脚点，采取从严从紧的环境保护政策，在特殊区域或领域实行环境优先方针，对重要的生态系统实行休养生息，大幅度提高环保执政能力，重建国家环境保护体制架构，积极参与全球可持续发展进程，力争用 20 至 30 年时间使我国环境状况得到根本改善，基本建成资源节约型和环境友好型社会，其核心是走出一条把经济发展与环境保护高度融合起来的环保新道路。

基于这个思路，环境宏观战略应该在进行相应的战略部署时确立以下原则：**环境优先，防治并举；民生为重，休养生息；强化法治，社会制衡**。

环境优先（又称生态优先、环保优先）、防治并举：从近期看，在生态脆弱地区、环境承载力耗竭地区、生态功能特别重要地区等特殊区域，以及在那些对环境承载力有很强依赖性或对环境影响特别突出的产业领域，在其经济社会发展的规划、政策、决策、投资、项目、考核等各个环节上，把环境保护作为第一考虑因素，使环保措施都“先行一步”。从长期看，逐步从局部地区或领域，过渡到在全国范围内都实行环境优先，全面提高环境准入门槛，严格环境监管，强化从源头防治污染、保护生态。加大环境投入力度，高度重视以前发展中遗留下的特别是群众反映强烈的各类环境问题，区分轻重缓急，努力还清旧账。

民生为重、休养生息：贯彻以人为本的基本要求，以保护人体健康、解决人民群众最根本最迫切的环境问题为重点确定工作目标，让人民群众充分享受环境改善的实惠。休养生息就是要实行最为严格的污染治理和生态保护措施，以环境容量和生态承载力确定发展方式和发展规模；尊重自然规律，充分发挥生态系统的自我修复能力，积极开展生态建设；综合运用工程、技术、生态的方法，促进生态系统步入良性循环的轨道。

强化法治、社会制衡：以加大对违法行为处罚力度为突破口，以增强立法可操作性为关键，以落实政府环境责任为重点，以改进立法方式为手段，提高环境立法质量，加快环境立法进程，形成覆盖环境保护各个领域、门类齐全、功能完备、措施有力的环境法规体系，建立健全统一、协调、高效的环境监管体制。构建政府、企业、社会相互合作和共同行动的环境保护新格局，调动全社会的力量来保护环境。强化政府责任，明确企业是环境污染防治的主体，鼓励全社会对环境保护的共同参与。加强环境信息公开和舆论监督，扩展公众环境权益，建立生态补偿制度和环境污染损害赔偿制度，引导环境公益团体依法有序参与环境保护，构建最广泛的保护环境的统一战线，实现互惠共赢。

五、环境宏观战略目标的相关因素

（一）环境保护的目标指标追溯及对比

1．环境保护目标指标的发展

（1）“六五”期间：萌芽阶段

“六五”的环境保护规划是社会经济发展规划中的一章，未形成独立的规划文本，在环境目标的设定也是比较笼统：加强环境保护，制止环境污染的进一步发展，并使一些重点地区的环境状况有所改善。

（2）“七五”期间：开始制定

从“七五”计划时期开始制订国家环境保护计划。国家环境保护“七五”计划由国家计划委员会和国务院环境保护委员会联合下发，对环境保护的目标、指标和措施都作了比较明确的规定。各地区、各部门也都根据各自的情况制订了相应的环境保护五年计划。在“七五”计划中，继续列有环境保护专章，规定了“七五”期间环境保护的基本任务和主要措施。

（3）“八五”期间：逐步加强

“八五”计划中的环境保护有了加强，无论从方法和体系方面都取得了较大的发展，形成了国家、地方、行业、重点项目、重点工程、重点流域等一体的环境规划体系。

a．1992 年，环境保护年度计划正式纳入国民经济和社会发展计划体系；b．中共中央七届三中全会上《关于国民经济和社会发展十年规划和“八五”计划的建议》将环境保护作为一个重要方面的任务纳入（第 44 节）；c．环境保护计划指标纳入“八五”国民经济和社会发展计划指标体系，在总表中纳入 1 项指标，在详表中纳入 10 项 23 个指标。“八五”期间的实践为以后的环保计划工作的开展奠定了良好基础。

（4）“九五”后期：逐步完善

在“九五”期间，环境保护年度计划中的环境保护指标就做过多次调整，这从指标体系的名称变化上就可看出端倪，如从“环境保护计划”的名称变成“环境保护和资源综合利用计划”的名称，最后再变成 2000 年的“环境（生态）保护和资源综合利用计划”的名称，当然它们的指标构成随之也发生了一些变化，甚至是根本性的变化。

“环境保护和资源综合利用计划”指标体系实施一段时期后，越来越显露出其缺陷，因此需要对其加以修改与完善，经过努力，提出了“2000 年环境（生态）保护和资源综合利用计划（草案）”。由于多方的意见，最后将该草案修改成 2000 年的“环境（生态）保护和资源综合利用计划”，也无非是对指标的减少而已。

“九五”后期的环境保护指标体系相对于“八五”而言，其变化是非常大的，无论是指标的个数数量，还是指标的总体质量，都远远超过了“八五”期间实施的指标体系，突出生态保护是其最大的特点。

《国家环境保护“九五”计划和2010年远景目标》

①总体目标：到 2000 年，基本建立比较完善的环境管理体系和与社会主义市场经济体制相适应的环境法规体系，力争使环境污染和生态破坏加剧的趋势得到基本控制，部分城市和地区的环境质量有所改善，建成若干经济快速发展、环境清洁优美、生态良性循环的示范城市和示范地区。

到 2010 年，可持续发展战略得到较好贯彻，环境管理法规体系进一步完善，基本改变环境污染和生态恶化的状况，环境质量有比较明显的改善，建成一批经济快速发展、环境清洁优美、生态良性循环的城市和地区。

②具体指标：水污染防治（废水排放量，工业废水处理率，城市污水集中处理率，化学需氧量排放量）；大气污染防治，（烟尘排放量、二氧化硫排放量，工业粉尘排放量）固体废物污染防治（工业固体废弃物，工业固体废物综合利用率，工业固体废弃物排放量，城市垃圾无害化处理率）；生态保护（森林覆盖率，自然保护区、风景名胜区和森林公园占国土面积）。

“十五”《国家环境保护“十五”计划》

①目标。

总体目标：到 2005 年，环境污染状况有所减轻，生态环境恶化趋势得到初步遏制，城乡环境质量特别是大中城市和重点地区的环境质量得到改善，健全适应社会主义市场经济体制的环境保护法律、政策和管理体系。

具体目标：2005 年，二氧化硫、尘（烟尘及工业粉尘）、化学需氧量、氨氮、工业固体废物等主要污染物排放量比 2000 年减少 10%；工业废水中重金属、氰化物、石油类等污染物得到有效控制；危险废物得到安全处置。

酸雨控制区和二氧化硫控制区二氧化硫排放量比 2000 年减少 20%，降水酸度和酸雨发生频率有所降低。

重点流域、海域的水污染防治实现规划目标，国控断面水质主要指标基本消除劣 V 类，水环境质量得到改善。

城市地下水污染加重的趋势开始减缓，集中式饮用水水源地水质达到标准，大中城市的空气、地表水、声环境质量明显改善，建成一批国家环境保护模范城市。

核安全与辐射环境监管水平有较大提高，辐射环境保持良好状态，核电站、核设施排放废物的放射性水平符合国家标准。

人为破坏生态环境的违法行为得到遏制，重要的生态功能区开始得到保护，自然保护区和生态示范区的建设与管理水平有所提高。

农村环境保护得到加强，集中式饮用水水源地水质基本达到标准，规模化畜禽养殖污染得到基本控制，农业面源污染加重的趋势有所减缓，建成一批生态农业示范县，创建一批环境优美小城镇。

环境保护法律、政策与管理体系进一步健全，环境规划、环境标准与环境影响评价得到加强，环境科研条件与监测手段明显改善，环境信息统一发布与宣传教育得到强化，环境保护统一监督管理与执法能力有较大提高。

②主要计划指标。

主要污染物排放总量控制指标

二氧化硫排放量控制在 1 800 万 t;

尘（烟尘和工业粉尘）排放量控制在 2 000 万 t;

化学需氧量排放量控制在 1 300 万 t;

氨氮排放量控制在 165 万 t;

工业固体废物排放量控制在 2 900 万 t，其中危险废物得到安全贮存或处置。

工业污染防治指标

二氧化硫排放量控制在 1 450 万 t;

烟尘排放量控制在 850 万 t;

粉尘排放量控制在 900 万 t;

化学需氧量排放量控制在 650 万 t;

氨氮排放量控制在 70 万 t;

工业用水重复利用率达到 60%;

固体废物综合利用率达到 50%。

城市环境保护指标

50%地级以上城市空气质量达到国家二级标准;

60%地级以上城市地表水环境质量按功能区划达标;

50%地级以上城市道路交通和区域环境噪声达到国家标准;

城市生活污水集中处理率达到 45%;

城市居民燃气普及率达到 92%;

新增城市垃圾无害化处理能力 15 万 t/d;

城市建成区绿化覆盖率达到 35%。

生态环境保护指标

自然保护区面积达到陆地国土面积的 13%以上，海洋自然保护区面积达到 4 万 km^2;

天然林和成熟林、过熟林的面积保持稳定，质量稳中有升;

新的水土流失面积、“三化”草地面积和沙化土地面积的增速比 2000 年的增速降低 60%;

矿山生态恢复治理率达到25%以上。

农村环境保护指标

集中式饮用水水源地水质基本达到环境质量标准；

秸秆禁烧区的秸秆禁烧率达到95%，全国秸秆综合利用率达到80%；

规模化畜禽养殖场的污水排放达标率达到60%，粪便资源化率达到70%；

农业灌溉用水基本达到农田灌溉水质标准，农产品质量和安全水平全面提高。

重点地区环境保护指标

继续推进“九五”期间确定的环境保护重点区域，三河（淮河、海河、辽河）、三湖（太湖、巢湖、滇池）、两区（酸雨控制区和二氧化硫控制区）、一市（北京市）、一海（渤海）的污染防治工作，“十五”期间务必抓出成效。抓紧治理三峡库区和南水北调工程沿线的水污染，启动长江上游、黄河中游和松花江流域水污染综合治理。

淮河流域2005年化学需氧量入河量控制在46.6万t/a、排放量控制在64.3万t/a，氨氮入河量控制在9.2万t/a、排放量控制在11.3万t/a，在淮河干流和主要支流不断流的情况下，淮河干流水质进一步好转。

海河流域2005年化学需氧量入河量控制在77.6万t/a、排放量控制在106.5万t/a，氨氮入河量控制在14.9万t/a、排放量控制在20.5万t/a，海河干流及主要支流水质有明显改善，饮用水水源地控制断面水质达到饮用水标准。

辽河流域2005年化学需氧量入河量控制在29.32万t/a、排放量控制在32.58万t/a，氨氮入河量控制在4.69万t/a、排放量控制在5.2万t/a，集中式地表饮用水水源地水质达标，全流域水体水质进一步改善。

太湖流域2005年化学需氧量排放量控制在37.8万t/a、氨氮排放量控制在9.9万t/a、总磷排放量控制在1.24万t/a，2005年13条主要入湖河流化学需氧量入湖量控制在7.08万t/a、氨氮入湖量控制在1.5万t/a、总磷入湖量控制在659.6 t/a。太湖水质有所改善，梅梁湖、五里湖水质有明显改善；主要出、入湖河流断面水质高锰酸钾指数达Ⅲ类标准，总磷与氨氮分别提高一类达Ⅳ类或Ⅴ类标准。

滇池流域2005年化学需氧量入湖量控制在35 170 t/a，总氮入湖量控制在8 750 t/a，总磷入湖量控制在1 060 t/a；草海高锰酸盐指数小于15 mg/L，总氮与总磷平均浓度比2000年下降10%，基本消除黑臭；外海高锰酸盐指数小于8 mg/L，总氮与总磷平均浓度比2000年下降10%。

巢湖流域2005年化学需氧量入湖量控制在47 110 t/a、排放量控制在59 148 t/a，总氮入湖量控制在9 081 t/a、排放量控制在11 351 t/a，总磷入湖量控制在804 t/a、排放量控制在1 072 t/a，主要出、入湖河流水质接近或达到国家地表水环境质量标准Ⅲ类，湖区高锰酸盐指数达到Ⅲ类，总氮与总磷平均浓度比1999年下降10%。

"两控区"2005 年二氧化硫排放量控制在 1 053 万 t 以内，酸雨污染有所减轻，80%以上城市的二氧化硫浓度达到国家空气环境质量二级标准。

北京市 2005 年水体、大气及声环境按功能区划达到国家环境质量标准，城市和郊区生态环境有较明显改善；建设包括河北、内蒙古、山西和天津有关地区在内的首都生态圈，初步形成环首都的生态屏障。

渤海 2005 年化学需氧量入海量控制在 102.6 万 t/a，总氮和总磷的入海量分别控制在 13 万 t/a 和 1 万 t/a。近岸海域水质按环境功能区基本达标。

三峡库区 2005 年基本遏制住人为因素造成新的水土流失，化学需氧量入库量控制在 11 万 t/a，总氮和总磷入库量得到控制，主要水质指标达到或好于国家地表水环境质量标准III类。

南水北调（东线）2005 年化学需氧量入河量控制在 10 万 t/a、排放量控制在 54.7 万 t/a，氨氮入河量控制在 0.9 万 t/a、排放量控制在 7.0 万 t/a，输水干线 39 个控制断面水质达III类标准，6 个控制断面水质达IV类标准。

制定和实施长江、黄河和松花江流域水污染防治规划，综合治理水土流失和水污染，合理调配水资源，力争 2005 年长江上游、黄河中游和松花江流域的水质得到改善。

"十一五"期间《"十一五"国家环境保护规划》

①总体目标。

到 2010 年，二氧化硫和化学需氧量排放总量得到控制，重点地区和城市的环境质量有所改善，生态环境恶化趋势基本遏制，确保核与辐射环境安全。

②具体指标（表 3-4-1）。

表 3-4-1　　"十一五"主要环保指标

	指标	2005 年	2010 年	"十一五"增减率/%
1	二氧化硫排放总量/万 t	2 549	2 295	−10
2	化学需氧量排放总量/万 t	1 414	1 270	−10
3	地表水国控断面劣 V 类水质的比例/%	26.1	＜22	-4.1
4	七大水系国控断面好于III类的比例/%	41	＞43	2
5	重点城市空气质量好于 II 级标准的天数超过 292 天的比例/%	69.4	75	5.6

对比分析"六五"至"十一五"我国环保规划目标指标变化情况，以"八五"作为承前启后的分界线来看，自"九五"以来，我国环保规划目标指标逐步趋于全面化，优化目标指标体系使之更能反映环境质量，同时确保目标指标的实际可达性是今后目标指标体系转变的主要方向。

2. 不同时期环境保护目标指标对比

对比分析"六五"至"十一五"我国环保规划目标指标变化情况，以"八五"作为承前启后的分界线来看，自“九五”以来，我国环保规划目标指标逐步趋于全面化。主要表现在一是环境目标指标的可操作性逐步加强，二是环境目标指标进一步明确化，三是环境目标指标范围逐步增大，四是环境保护目标约束性逐步加强。优化目标指标体系使之更能反映环境质量，同时确保目标指标的实际可达性是今后目标指标体系转变的主要方向（表 3-4-2）。

表 3-4-2 “六五”至“十一五”环境保护目标指标对比

时期	层次体系	形式	目标和指标设定
“六五”期间	国家	社会经济发展规划中的专章，未形成独立的规划文本	比较笼统：加强环境保护，制止环境污染的进一步发展，并使一些重点地区的环境状况有所改善
“七五”期间	国家、地方、部门	社会经济发展规划中的专章；开始制定国家环境保护计划	逐步趋于明确化
“八五”期间	国家、地方、行业、重点项目、重点工程、重点流域	作为一个重要方面纳入社会经济发展规划；各层次环境规划体系开始全面化	环境保护计划指标纳入“八五”国民经济和社会发展计划指标体系，在总表中纳入 1 项指标，在详表中纳入 10 项 23 个指标
“九五”至“十一五”期间	国家、地方、行业、重点项目、重点工程、重点流域、重点区域、重点海域	社会经济发展规划的重要组成部分；各层次环境规划体系逐步全面化、系统化	指标的数量质量均远远超过了“八五”期间实施的指标体系，涵盖领域逐步全面化的同时保证了工作重点

（二）环境压力的趋势分析①

中国目前正处于人均 GDP 2 000～4 000 美元的工业化中期的爬坡阶段，由汽车和房地产驱动的经济高速增长至少还可以维持 20～30 年，因此环境库兹涅茨曲线（Kuznet Curve）仍然处于上升阶段。可以预计，在 2030 年之前，由于我国人口持续增长并达到峰值、工业化和城市化过程的快速推进，以及汽车和房地产主导的产业特征决定了我国经济在这一时期仍具有高能耗、高物耗、高污染的环境特征，我国的环境污染、资源消耗和温室气体排放总量与增量都将是惊人的。2030 年之后，当人口开始缓慢减少，经济增长变缓，如果经济结构能够成功向技术密集型转变，我国的常规污染物排放将出现拐点，但是具有长期累积特征的特殊污染物 2050 年仍然可能持续上升，危害进一步加大。

以污染物和污染介质而言，我国常规污染物，例如有机污染物、氮磷、颗粒物、二氧化硫和氮氧化物等在 2030 年左右随着人口高峰的过去会有所降低，但是温室气体、重金属、持久性有机污染物等累积性污染物的污染程度即便在 2030 年之后也将有所增加，但是增速会有所减缓。与此对应，我国水环境质量在 2030 年之后可能会略有改善，大气环境质量会有较大好转，土壤环境的污染范围在扩大，程度则一直在增加，但是扩展速度将大大降低。以污染的来源来看，工业和城市生活是大气环境和土壤环境最主要的污染源。水环境的状况则略有不同，随着对点源污染控制的加强和农业生产规模的日益增加，2030 年之后农业将成为我国

① 《中国环境宏观战略研究第三课题组综合报告》，2008 年 12 月版。

水环境污染控制的重点污染源（图 3-4-2）。

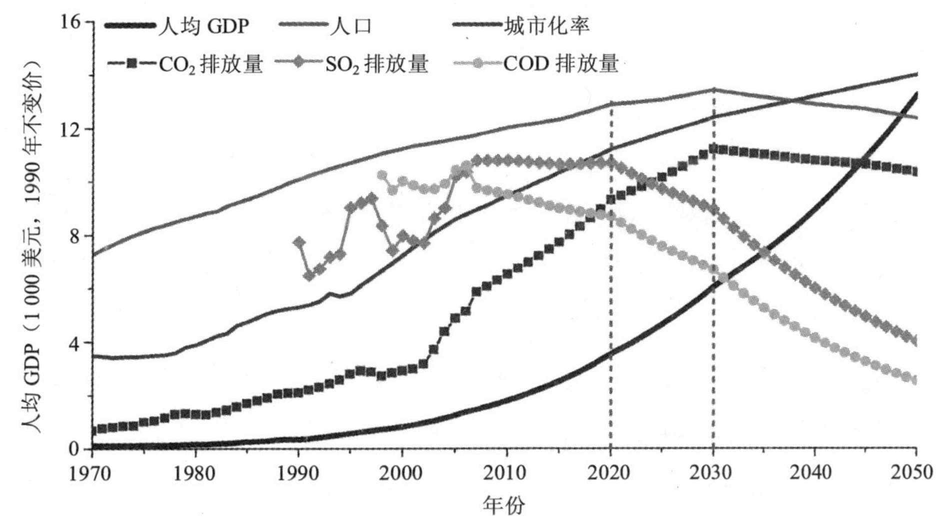

图 3-4-2　中国环境形势的趋势分析

分析研究表明，我国未来环境发展趋势可大致分为三个阶段。

在第一阶段，我国人均 GDP 低于 4 000 美元，经济处于工业化的中后期，城市化发展速度十分迅速，因此各种污染将呈现增加的趋势。这一阶段的污染增量主要由各种结构变化导致，例如消费结构变化、城乡结构变化、工业结构变化（继续加重）等。因此，在这一阶段，我国大气和水污染的常规污染物排放量有略微降低，温室气体的排放量将急速增加，带来较大的国内国外的治理压力。由于这一阶段尚无力进行累积性污染物的治理，累积性污染物在各种介质中的浓度仍然持续上升。

在第二阶段，我国人口达到峰值，人均 GDP 达到 4 000～6 000 美元的水平，工业化过程在这一阶段基本完成，但消费结构和产业结构的转型刚刚开始，城市化发展速度仍然十分迅速，但慢于第一阶段，因此各种污染将继续呈现增加的趋势。但是随着国内国际压力的增加和城市化发展速度趋缓，这一阶段我国大气和水常规性污染物的排放量将急速降低，温室气体排放的增加速度与第一阶段相比趋缓。但是随着常规污染物控制的日益严格，累积性污染物的问题逐渐凸显，因此这一阶段环境更为脆弱，也是最危险的时期。考虑到污染的时滞效应，我国环境质量的拐点可能会延后到 2040 年出现。

在第三阶段，我国人口越过峰值开始缓慢减少，人均 GDP 逐渐增长到 12 000 美元，达到中等发达国家的水平，消费结构和产业结构逐渐转型，但远未完成，城市化发展速度趋于缓慢，大气和水污染的常规污染物继续迅速下降，温室气体排放量的拐点出现。在这一阶段，随着累积性污染物的问题得到日益重视和逐步治理，环境质量总体好转。

因此，今后到 2030 年之前是中国环境压力最大的一段时期，主要环境压力要素在时间尺度上高度叠加、持续增长，且增长处于高速轨道，处于环境质量恶化遏制的关键期，也是决定是否出现大规模恶性环境事件的危险期和敏感期。因此这个阶段是污染总量的遏制和控制阶段，在该阶段应该以保障人的健康作为环境管理的首要目标，重点避免大规模、恶性的环境损害造成的健康问题（食品安全、饮用水安全和公共安全问题）；首要的环境战略任务是降低环境污染的负荷，控制环境负荷的增量；控制的首要环境污染物是常规污染物。

2030—2040 年人口越过峰值，是环境质量恶化和改善的交织期，是实现环境质量根本转变的战略决战期。2040 年之后，常规环境污染物污染负荷增量逐渐减小，与各种特殊污染物相关的环境污染问题逐渐凸显，进入环境全面改善阶段，在该阶段人类健康问题依然重要，但是必须兼顾其他的环境目标（例如生态目标）；首要的环境战略是进行环境修复，逐步减少人类活动对环境的影响；控制的首要污染物是各种特殊污染物。

2040 年之后进入环境改善期。

六、关于“把环境保护作为实践科学发展观的示范领域”的建议

我国将进入第十二个五年发展规划时期，环境保护面临着深刻变化和加快发展的好时机。在“十二五”时期，国家将进一步推动落实科学发展观，积极应对国际金融危机的挑战，在全球事务中发挥更加重要的作用，这些都与环境保护有着非常直接和密切的关系，因此，在此时刻，更加需要思考环境保护的谋篇布局，从总体上确定中长期环保战略和对策。

目前，战略研究的各个专题都提出了各自领域的具体建议，都很有价值，但如果直接把这些建议往中央报告，则内容过多，难以把握，不易引起重视。在这种情况下，十分需要有一个比较明确的总体性的提法，把上述各种建议集中起来，进行聚焦。

为此，这里拟提出一个政策建议：由环境宏观战略研究向中央提出一个总体性和综合性的建议：“把环境保护作为实践科学发展观的示范领域”。

（一）“把环境保护作为实践科学发展观的示范领域”的含义

“把环境保护作为实践科学发展观的示范领域”的确切含义是：在环境保护方面进行重大的改革创新，采取一系列超常措施，较大幅度地强化环境保护在政治、经济、社会、科技、国际（外交）等领域的地位和作用，使环境保护率先成为促进各个行业、各个领域实践科学发展观的推动力量。

由此看到，把环境保护作为实践科学发展观的示范领域，就是建议中央把环境保护作为一个特殊领域对待，使之相对于其他具有公共服务属性的工作（例如卫生、工商、质检、安全等）而言，率先按照科学发展观要求进行改革创新，提高环境保护标准和执行力度，以此促进改善经济增长方式，推动全社会的科学发展进程。

把环境保护作为实践科学发展观的示范领域，是借鉴“经济特区”、“全国资源节约型环境友好型社会建设配套改革实验区”等经验而提出的，只是“经济特区”和“‘两型’社会建设实验区”是以地域范围为划分的尺度，而“环保示范领域”是以工作领域为划分尺度。

具体而言，这个建议包含以下要点：

1. 在政治决策上，发挥我国特有的政治优势，提高对环境保护的领导和保障力度

进一步强化环境保护的国家意志，提高国家环境保护宏观调控权威和效率。全面提升政治体制对环境保护的保障作用（例如增强人大、政协在环境保护中的作用，强化对各级政府的环境考核制和问责制等）。坚持依法治国方略，对各种法律法规的进行生态化改造，提升司法体系对环境保护的支持作用。

2. 在经济发展上，实行“经济发展与环境保护高度融合，逐步达到环境优先”的战略

经济决策基于环境支撑能力，经济发展成果反哺环境保护。环境保护参与宏观经济决策，以保护环境优化经济发展。把环境保护延伸到生产、流通、分配、消费全过程。在经济发展中采取从紧和严厉的环境标准和执法管理。在特殊区域实行环境优先，并逐步过渡到全面实行环境优先。让重要的生态系统休养生息，通过实施国土规划和生态修复的总体规划，退出部分产业和人口，大幅度提高污染治理的能力和水平，修复生态环境容量。把控制资源消耗量作为减轻环境压力的第一道关口，把降耗作为经济发展的约束性指标。发展循环经济和低碳经济。

3. 在社会治理上，动员全社会共同行动，形成良好的“环境治理”

把与环境有关的公众健康作为基本民生问题和环境宏观战略的主要出发点。构建良好的“环境治理”，鼓励和保护公众对环境保护的有序政治参与。探索环境产权改革，扩展公众环境权益，有序发展环保非政府组织，引导企业增强社会责任，发挥新闻媒体的监督作用。改革教育体系，提高全民族环境意识。改变公众的生活方式，实行可持续消费。

4. 在科技政策上，遵循客观规律，提高环境保护科学化水平

依靠科技创新解决环境问题，以绿色技术改造传统产业，在环境保护领域大力推进原始创新、集成创新和引进消化吸收再创新。突出加强环境保护的基础研究、关键技术、前沿技术、工程应用性技术。提高环境保护的科学决策与管理水平，制定科学的环境控制指标，采取科学平衡的环保工作方针。在科技领域率先建立“环境保护统一战线”，建立健全环境保护宏观决策咨询制度。

5．在国际合作上，把环境保护纳入国家的外交议程

按照十七大“环保上相互帮助、协力推进，共同呵护人类赖以生存的地球家园”的精神调整和完善我国外交政策，把应对气候变化等国际环境问题作为调整我国能源结构和产业结构的机遇，以积极和务实的态度参与全球可持续发展进程。

（二）“把环境保护作为实践科学发展观的示范领域”的意义

提出“把环境保护作为实践科学发展观的示范领域”的建议，具有积极的意义。

1．可以争取得到中央对环境保护的一个系统授权

由于我国环境保护长期滞后于经济社会发展，所以，在中央提出深入贯彻落实科学发展观的今天，需要国家做的环境保护事情很多。越是在这样的时候，越需要把分散的建议用一个系统的框架统一起来，构成一个具有内在逻辑的思路，才能便于国家理解和支持。国家很难面对一个一个问题单独处理。建立示范领域的做法，就是把这些众多的建议“打捆”，形成一个整体。一旦中央批准建立示范领域，就等于对环境保护进行了一个系统授权，里面的具体文章就可以展开来做了。

2．为探索中国环境保护新道路建立一个实施平台

积极探索中国环境保护新道路是我国环境保护的一项长期任务，也是确定中长期环保战略的总体要求。以现有的政策、法规、体制、机制等框架，是难以支撑积极探索中国环境保护新道路的要求的，各方面都需要有大的突破，因此，在原有基础上发展一个与探索新道路相适应的新的平台，是十分必要的。把环境保护作为实践科学发展观的示范领域，可以使探索环保新道路有一个总体的依托，从而使提出来的各种政策建议都在这个平台上找到一个位置。

3．有利于实现环境保护的重大突破

这是建立这个示范领域的主要目的。党的十七大反复强调“解放思想是发展中国特色社会主义的一大法宝，改革开放是发展中国特色社会主义的强大动力”。改革开放以来的主要经验之一也是发扬求真务实、开拓进取精神，坚持理论创新和实践创新。这都表明，我国建设中国特色社会主义还处在探索开拓阶段，贯彻落实科学发展观也是新的任务，建设生态文明和“两型社会”更是刚刚起步，中央要求各个方面、各个领域在十七大所确定的大方向下进行积极的探索和实践，不断总结经验，在全面建设小康社会实践中坚定不移地把改革开放伟大事业继续推向前进。因此，把环境保护作为落实科学发展观的示范领域，是贯彻十七大精

神、响应中央要求的积极行动。通过建立这个示范领域，可以把实现环境保护历史性转变所需要的政策法规体制机制等进行较大幅度的加强，在过去很受掣肘的一些方面实现重大突破。

（三）“把环境保护作为实践科学发展观的示范领域”的现实基础

提出把环境保护作为实践科学发展观的示范领域，有一定的现实基础和可行性。

当前，全国正在开展学习实践科学发展观的活动，这是我们可以向中央提出“把环境保护作为实践科学发展观的示范领域”建议的最有力基础。科学发展观作为我国经济社会发展的重要指导方针和战略部署，也必然是指导探索中国环境保护新道路的“主旋律”。

开展学习实践科学发展观活动，表明我国在走科学发展道路方面还处在积累经验的阶段，非常需要进行大胆的探索和实践。实践科学发展观是人类的伟大探索，是千百万人的奋斗，通过实践而不断总结经验是其必经的历程，因此有意识地组织试点和示范是经常采用的方法。中组部已选择了 20 个国家机关党组织和 3 个省党组织作为“学习实践科学发展观活动”试点单位，这表明中央十分重视逐步、渐进的方法，并采取了基层实践、积累经验、稳步推进的策略。这项工作主要是从党建的角度来展开的，是把党建工作作为实践科学发展观的示范领域，这给我们提出把环境保护作为实践科学发展观的示范领域提供了很好的借鉴。

同样，国家已批准重庆、成都作为统筹城乡发展改革示范区，批准武汉城市群、长株潭城市群作为全国资源节约型环境友好型社会建设配套改革实验区，这都是中央在推动实践科学发展观方面的重大行动。深圳市委全会一致通过了《努力建设中国特色社会主义示范市的若干意见》，提出了全面探索政治、经济、社会体制改革的方案。这些做法都表明局部地区、局部领域先行一步的做法，对于全局具有积极、稳妥、有效的意义。

当前正在开展的环境宏观战略研究和制定“十二五”环境保护规划的工作，为提出上述建议提供了一个很好的时机。战略研究和中长期规划就是要提出和解决一些环境保护的重大问题。环境保护部周生贤部长多次要求战略研究“要从宏观上提出问题，研究解决的办法，体现环境政治，放开思想，突出改革创新”，祝光耀前副部长也提出“要敢于触及一些深层次问题，有亮点、有突破”，这都要求要在一般性的对策研究的基础上，敢于从宏观上提出重要的认识和建议。“把环境保护作为落实科学发展观的示范领域”可以作为向中央提出的最综合和可操作的重大建议之一。

总之，提出把环境保护作为实践落实科学发展观的示范领域，是符合中央决策的，时机是合适的。

（四）“把环境保护作为实践科学发展观的示范领域”的重点举措

把环境保护作为实践科学发展观的示范领域，需要采取五个方面的重点举措。

1. 改革国家环境立法，构筑国家环境保护“大法制”体系

完善环境法制建设，体现环境保护基本国策的地位。环境保护法制建设要突破仅仅针对环境要素或环境问题本身的立法框架，重点解决政府环境质量责任法律规定不具体，环境保护部门参与政府综合决策的法律保障机制不足，环境保护规划法律地位不明确、环境执法监督法制基础薄弱等法制建设关键问题，推动我国依法行政、依法治国方略的贯彻。

建立健全维护环境法治权威的司法保障体系。明确规定政府及相关部门涉及环境执法监督的职责，环境执法监督队伍的法律地位及职责，环境保护行政管理者失职、渎职处罚，企业等环境参与者的义务等内容，重点解决环境保护中有法不依、执法不严、违法不究等关键问题；通过建立环境公益诉讼、污染损害赔偿等法律制度改变“违法成本低、守法成本高”的现状。

2. 建立稳定、高效的环境保护投入机制，形成环境保护“大投入”体系

在国家公共财政体系中，将环境保护提升到与农业、教育、科技等并重的位置上，探索建立事权与财权相匹配的环保投入保障机制；制定激励政策，形成中央、地方、社会团体、企业、个人多元化、多渠道的环保投、融资体系，确保环境保护投入的稳定、充足。探索建立环保投入资金的绩效审计制度，促进环境保护公共财政投入资金的高效利用。

3. 完善国家环境管理体制，逐步推进“大部制”改革

着重解决我国环境保护机构重叠、职责交叉、政出多门、低效的环境管理体制问题。首先，建立信息共享的环境监测体系，加强环保部统一管理环境监测数据的职能；其次，落实国务院机构调整新三定方案确立的统一监管的职能，理顺环境执法监督体系，从环境联合执法到逐步整合优化环境执法资源，最终形成统一的环境执法监督体制；第三，逐步强化环保部综合管理和宏观协调跨行业、跨部门、跨地区的各种污染源和污染要素治理的职能；最后，在环保体制改革试验区，从国家整体利益、生态系统的完整性和环境要素的关联性出发，合理划分各相关部门的环境事权，整合林业部、住房与城乡建设部、国土资源部等部门的生态保护职能。

4. 调动各方力量参与环境保护，构建环境保护统一战线的“大格局”

通过推进环境信息公开化、听证制度扩大公众环境知情权和监督权，促进环境决策民主化；通过建立和完善环境公益诉讼制度、有奖举报制度等，发挥公众的监督作用。

树立企业在环境保护中的社会责任意识，建立生产者责任延伸制度和企业环境报告制度；通过企业融资、贸易、税费管理等经济手段，以及为企业提供环境管理信息咨询服务等，促

使企业成为绿色产品研究与开发、微观环境保护的主体。

充分发挥环境非政府组织（NGO）在普及环境知识和倡导公众参与方面的重要作用，引导环境 NGO 支持我国环境保护工作。

5. 保障国家环境安全，实施国家环境保护“大工程”

实施若干针对空气、水体、农村等重要环境要素和地域范围的重大环境保护工程。对退化的森林、草原、湿地等重要生态系统实行休养生息，制定一系列产业退出机制、环境准入机制等重要手段，积极开展污染治理活动，大幅度提高污染治理的能力和水平，削减排入生态系统的污染负荷，采取措施修复生态环境。

参考文献

[1] Boadman，B. Achieving energy efficiency through product policy：the U.K. experience. Environmental Science and Policy. 2004（7）：165-176.

[2] Dobson，Andrew. Green Political Thought，Unmin Hynan，1990：74.

[3] Fairclough，G. China：Lead toxins take a global round trip，Wall Street Journal，2007-7-12.

[4] Kelly，K. Petra，Nonviolence Speaks to Power，Center for Global Nonviolence Planning Project，1992：22.

[5] Porter Michael E. America’s green strategy Scientific American，1991，264（4）：96.

[6] Schiellerup，P. An examination of the effectiveness of the E.U. minimum standard on cold appliances：the British case. Energy Policy . 2002（30）：327-332.

[7] Stephen J.DeCanio.“Why do profitable energy-saving projects languish”working paper，second international research-conference of the greening of industry network .Cambridge，massachusetts，1993.

[8] 包庆德，包红梅. 生态社会主义研究之评述. 南京理工大学学报：社会科学版，2005，18（3）.

[9] 包庆德，刘桂英. 生态学：学科视界的扩充与研究层次的提升. 科学学研究，2005，23（5）：606-611.

[10] 曹凤中. 国外环境发展战略研究. 北京：中国环境科学出版社，1993.

[11] 陈家刚. 生态文明的政治选择. 绿叶，2007（9）.

[12] 陈文玲. 加快转变对外贸易增长方式. 中国经济时报，2007-03-27.

[13] 邓聿文. 消费主义会过早耗损中国的发展资本吗. 中国党政干部论坛，2006（3）.

[14] 段昌群，杨雪清，等. 生态环境与经济社会关系互动的案例分析. 北京：科学出版社，2006.

[15] 国家环保总局，中共中央文献研究室. 新时期环境保护重要文献选编. 北京：中央文献出版社，中国环境科学出版社，2001：494.

[16] 国家环保总局，中共中央文献研究室. 新时期环境保护重要文献选编. 北京：中央文献出版社，中国环境科学出版社，2001.

[17] 国家环保总局. 第六次全国环境保护大会文件汇编. 北京：中国环境科学出版社，2006.

[18] 国家环境保护总局规划与财务司. 国家环境保护“十五”计划读本. 北京：中国环境科学出版社，2002.

[19] 国家计划委员会国土规划和地区经济司，等. 中国环境与发展. 北京：科学出版社，1992.

[20] 国务院发展研究中心. “十一五”规划战略研究. 北京：北京科学技术出版社，2005.

[21] 韩孝成. 一种西方社会主义新思潮——生态社会主义的前景. 西安电子科技大学学报：社科版，2006（5）.

[22] 何邢. 我国国土资源知多少. 中国国土资源报，2007-04-22.

[23] 胡锦涛. 在中央人口资源环境工作座谈会上的讲话. //中共中央文献研究室. 科学发展观重要论述摘编. 中央文献出版社，北京：党建读物出版社，2008：37.

[24] 姬振海. 生态文明建设的若干思考. 中国环境管理干部学院学报，2005（2）.

[25] 姬振海. 生态文明论. 北京：人民出版社，2007.

[26] 姜春云. 中国生态演变与治理方略. 北京：农业出版社，2004.

[27] 解振华. 国家环境安全战略报告. 北京：中国环境科学出版社，2005.

[28] 雷毅. 20 世纪生态运动理论：从浅层走向深层. 国外社会科学，1999（6）.

[29] 雷毅. 环境整体主义的生态学基础. 清华大学学报：哲学社会科学版，2006（4）.

[30] 李博. 生态学. 北京：高等教育出版社，2000.

[31] 厉以宁，Jeremy Warford. 中国的环境与可持续发展. 北京：经济科学出版社，2004：385-400.

[32] 联合国开发计划署驻华代表处等编. 绿色发展，必选之路. 北京：中国财政经济出版社，2002.

[33] 刘鸿亮. 国家环境咨询委员会和国家环保总局科学技术委员会暑期座谈会，2007 年 8 月.

[34] 刘仁胜. 生态马克思主义概论. 北京：中央编译出版社，2007.

[35] 刘思华. 当代社会生产领域变革及其第三次产业革命——兼与欧阳志远同志商榷[J]. 生产力研究. 1995（6）：58-60.

[36] 刘思华. 生态马克思主义经济学原理. 北京：人民出版社，2006.

[37] 刘思华. 生态时代与社会主义现代化建设. 理论月刊，1993（6）：20-23.

[38] 刘思华. 生态文明与可持续发展问题的再探讨. 东南学术，2002（6）：60-66.

[39] 刘湘溶. 生态文明论. 长沙：湖南教育出版社，1999.

[40] 陆钟武，毛建素. 穿越“环境高山”——论经济增长过程中环境负荷的上升与下降. 中国工程科学，2003（12）：36-42.

[41] 陆钟武. 经济增长与环境负荷之间的定量关系[J]. 环境保护. 2007（7）. 13-18.

[42] 陆钟武. 以控制资源消耗量为突破口做好环境保护规划. 环境科学研究. 2005（6）：1-6.

[43] 马凯. 推进经济增长方式的根本性转变. 中国经济导报，2004-03-29.

[44] 马凯. “十一五”规划战略研究（上），北京：科学技术出版社. 2005.

[45] 马中，吴健. 环保目标与环保投入. //中国环境与发展评论（第三卷）.北京：中国环境科学出版社，200：43-54.

[46] 迈克尔. 波特. 竞争论. 北京：中信出版社，2007.

[47] 潘岳. 科学发展观与环保五大关系. 绿叶，2007（10）.

[48] 潘岳. 论社会主义生态文明. 学习时报，2006-09-26.

[49] 潘岳. 社会主义与生态文明. 绿叶，2006（10）.

[50] 潘岳. 社会主义与生态文明. 学习时报，2006-09-26.

[51] 潘岳. 生态文明的前夜. 瞭望，2007（43）.

[52] 潘岳. 生态文明与社会主义. 国有资产管理，2006（10）.

[53] 邱耕田，张荣洁. 利益调控：生态文明建设的实践基础. 社会科学，2002（2）.

[54] 任勇，陈刚. 我国环境与发展战略转型的规律、特征、挑战与对策. 见：中国环境与发展：世纪挑战与战略抉择 中国环境与发展. 国际合作委员会中共中央党校国际战略研究所. 北京：中国环境科学出版社，2007.

[55] 邵汉明，漆思. “和而不同”：儒道释和谐思想分流及其当代启示. 新华文摘，2008（1）：40-42.

[56] 申曙光. 生态文明及其理论与现实基础. 北京大学学报（哲学社会科学版），1994（3）.

[57] 石山. 建设生态文明的思考. 中国生态农业学报，1995（2）：1-3.

[58] 世界银行. 2020 年的中国：新世纪的发展挑战. 北京：中国财政经济出版社，1997.

[59] 世界银行. 碧水蓝天：展望 21 世纪的中国环境. 北京：中国财政经济出版社，1997.

[60] 世界银行. 世界发展报告 2005. 北京：中国发展出版社，2006.

[61] 舒惠国. 生态环境与生态经济. 北京：科学出版社，2001.

[62] 苏杨. 对我国“基本国策”提法和使用情况的分析. 政研参考，2008（2）：9.

[63] 托夫勒•A. 第三次浪潮. 北京：三联书店，1983.

[64] 万劲波. 生态文明时代的环境法治与伦理. 北京：化学工业出版社，2007.

[65] 王梦奎. 中国中长期发展的重要问题 2006—2020. 北京：中国发展出版社，2005.

[66] 王诺. 生态危机的思想文化根源——当代西方生态思潮的核心问题. 南京大学学报（哲学. 人文科学. 社会科学版），2006（4）：37-46.

[67] 温家宝. 在第六次全国环境保护大会上的讲话. //第六次全国环境保护大会文件汇编，北京：中国环境科学出版社，2006：4.

[68] 滕藤，等. 中国可持续发展研究. 北京：经济管理出版社，2001.

[69] 夏光. 从“环境换取增长”到“环境优化增长”——“十一五”环境与经济关系的转机及对环境保护的意义. 环境保护，2006（2）B.

[70] 夏光. 环境经济政策助推江河湖泊休养生息. 中国环境报，2007-08-23.

[71] 熊家学，刘明光. 生态社会主义的基本主张与发展态势. 当代世界社会主义问题，1994，40（2）.

[72] 许振成，周广飞. 主动环保战略构成分析. 中国环境管理. 2007（4）：1-4.

[73] 薛晓源，陈家刚. 从生态启蒙到生态治理——当代西方生态理论对我们的启示. 马克思主义与现实，2005（4）.

[74] 薛晓源，李惠斌. 生态文明研究前沿报告. 上海：华东师范大学出版社，2007.

[75] 杨朝飞. 环境法制必须适应和推动“历史性转变”. 中国环境报，2006-05-19.

[76] 俞可平. 科学发展观与生态文明. 马克思主义与现实，2005（5）.

[77] 俞可平. 治理与善治. 北京：社会科学文献出版社. 2000.

[78] 张捷. 在成熟社会主义条件下培养个人生态文明的途径. 科学社会主义，1985（2）：57.

[79] 张杰. “以人为本”的法哲学解读. 中华环保联合会会刊，2008（8）：37.

[80] 张坤民，等. 当代中国的环境政策：形成、特点与评价. 中国人口、资源与环境，2007，17（2）.

[81] 张霞，张连国. 西方社会关于生态文明的重叠共识. 山东理工大学学报：社会科学版，2004，20（6）：11-15.

[82] 赵成. 科学发展观与生态文明建设——生态文明建设的基本原则、行为规范及其意义. 科学技术与辩证法，2005，22（1）：6-9.

[83] 赵红. 环境规制对企业技术创新影响的实证研究——以中国 30 个省份大中型工业企业为例. 软科学，2008，22（6）.

[84] 赵细康. 环境保护与产业国际竞争力——理论与实证分析. 北京：中国社会科学出版社，2003.

[85] 赵载光. 中国古代有机自然论的生态观. 湘潭大学社会科学学报，2002，26（3）：52-56.

[86] 中国 21 世纪议程——中国 21 世纪人口、环境与发展白皮书. 北京：中国环境科学出版社，1994.

[87] 中国环境保护行政二十年编委会. 中国环境保护行政二十年. 北京：中国环境科学出版社，1994.

[88] 中国环境与发展国际合作委员会. 给中国政府的环境与发展政策建议. 北京：中国环境科学出版社，2005.

[89] 中国环境与发展国际合作委员会. 环境绩效评估. 北京：中国环境科学出版社，2007.

[90] 中国环境与发展国际合作委员会《实现“十一五”环境目标政策机制》报告. 2007.

[91] 中国环境与发展国际合作委员会年度政策报告编辑委员会. 中国环境与发展的战略转型. 北京：中国环境科学出版社，2007.

[92] 中国环境与发展回顾和展望高层课题组. 中国环境与发展回顾和展望. 北京：中国环境科学出版社，2007.

[93] 中国科学院可持续发展战略研究组. 2006 中国可持续发展战略报告——建设资源节约型和环境友好型社会. 北京：科学出版社，2006.

[94] 中国社会科学院环境与发展研究中心. 中国环境与发展评论. 北京：社会科学文献出版社，2007.

[95] 中华人民共和国国务院新闻办公室. 中国的环境保护（1996—2005）. 北京：外文出版社，2006.

[96] 周国梅，唐志鹏. 环境优化经济发展的机制与政策研究. 环境保护，2008. 10B：20.

[97] 周生贤. 采取最严格的措施，让江河湖泊休养生息. 环境保护，2007（6）.

[98] 周生贤. 积极建设生态文明. 人民日报，2007-12-24.

[99] 周生贤. 机遇与抉择——松花江事件的深度思考. 北京：新华出版社，2007.

[100] 周生贤. 让不堪重负的江河湖泊休养生息. 求是杂志，2007（16）.

[101] 朱坦. 中国环境保护与可持续发展. //路甬祥，牛文元. 中国可持续发展总纲（第 10 卷）. 北京：科学出版社，2007.

[102] 祝光耀. 青山绿水蓝天——人与自然和谐之路的探索与实践. 北京：中国林业出版社，2006.

后　记

中国环境宏观战略研究包括第一课题（含 4 个专题）、环境要素保护战略课题（含 9 个专题）、主要环境领域保护战略课题（含 6 个专题）和战略保障课题（含 10 个专题）。

《中国环境宏观战略研究综合报告卷》汇集了综合报告、成果要点报告、课题组综述报告以及第一课题组四个专题研究报告。为汇总各课题、专题研究成果，项目办公室专门组成统稿组，在充分吸收各课题和专题成果的基础上，进一步凝练、提高和集成，组织完成了“综合报告”和“成果要点报告”。项目办公室先后邀请国家环境咨询委和环境保护部科技委有关委员、项目领导小组各成员单位、部分重点省市区地方环保厅局负责人进行论证，召开了多次专家研讨会和论证会，听取专家意见。经过反复论证，不断深化，数易其稿，最终形成了“综合报告”和“成果要点报告”。“综合报告”和“成果要点报告”是集体智慧的结晶，集中了各相关部门和各领域专家学者的智慧和心血，值此出版之际，对参与环境宏观战略研究和贡献智慧的各部门和各位专家表示衷心感谢！